UG NX 模具工程师宝典
（适合 8.5/8.0 版）

北京兆迪科技有限公司　编著

中国水利水电出版社
www.waterpub.com.cn

内 容 提 要

本书是从零开始全面、系统学习和运用 UG NX 软件进行模具设计的宝典类书籍，全书分为三篇，第一篇为模具工程师基础知识，包括模具塑料及成型工艺、模具设计理论知识；第二篇为模具工程师必备的 UG NX 知识，包括 UG NX 概述和安装、UG NX 工作界面与基本操作、二维草图设计、零件设计、曲面设计、自顶向下设计、装配设计、模型的测量与分析、工程图设计等；第三篇为 UG NX 模具设计入门、进阶与精通，包括 UG NX 模具设计概述与快速入门、工件和型腔布局、注塑模设计工具、分型工具、模具分析、各种结构和特点的模具设计、模架和标准件、浇注和冷却系统的设计、镶件、滑块和斜销机构的设计、UG NX 的其他模具设计功能、在 UG NX 建模环境下设计模具和 UG NX 模具设计实际综合应用等。

本书根据北京兆迪科技有限公司为国内外众多著名公司提供的培训教案整理而成，具有很强的实用性和广泛的适用性。本书附有两张多媒体 DVD 学习光盘，制作了 390 个 UG 模具设计技巧和具有针对性范例的教学视频，并进行了详细的语音讲解，长达 22 个小时（1322 分钟），光盘还包含本书所有的教案文件、范例文件及练习素材文件（两张 DVD 光盘的教学文件容量共计 6.7GB）；另外，为方便 UG 低版本用户和读者的学习，光盘中特提供了 UG NX 8.0 版本的素材源文件。读者在系统学习本书后，能够迅速地运用 UG NX 完成复杂产品的模具设计工作。

本书可作为技术人员的 UG NX 8.5 模具自学教程和参考书籍，也可供大专院校师生教学参考。

图书在版编目（ＣＩＰ）数据

UG NX模具工程师宝典 : 适合8.5/8.0版 / 北京兆迪
科技有限公司编著. -- 北京 : 中国水利水电出版社,
2013.11
　ISBN 978-7-5170-1342-6

　Ⅰ．①U… Ⅱ．①北… Ⅲ．①模具－计算机辅助设计
－应用软件 Ⅳ．①TG76-39

中国版本图书馆CIP数据核字(2013)第257396号

策划编辑：杨庆川/杨元泓　责任编辑：宋俊娥　加工编辑：宋　杨　封面设计：李　佳

书　　名	UG NX 模具工程师宝典（适合 8.5/8.0 版）
作　　者	北京兆迪科技有限公司　编著
出版发行	中国水利水电出版社 （北京市海淀区玉渊潭南路 1 号 D 座　100038） 网址：www.waterpub.com.cn E-mail: mchannel@263.net（万水） 　　　　sales@waterpub.com.cn 电话：(010) 68367658（发行部）、82562819（万水）
经　　售	北京科水图书销售中心（零售） 电话：(010) 88383994、63202643、68545874 全国各地新华书店和相关出版物销售网点
排　　版	北京万水电子信息有限公司
印　　刷	北京蓝空印刷厂
规　　格	184mm×260mm　16 开本　45.5 印张　850 千字
版　　次	2013 年 11 月第 1 版　2013 年 11 月第 1 次印刷
印　　数	0001—3000 册
定　　价	89.80 元（附 2DVD）

凡购买我社图书，如有缺页、倒页、脱页的，本社发行部负责调换

本书导读

为了能更好地学习本书的知识，请您仔细阅读下面的内容。

读者对象

本书可作为工程技术人员的 UG NX 8.5 模具设计自学教程和参考书籍，也可供大专院校师生教学参考。由于本书内容的完整性和实用性，对于意欲进入模具行业的读者，本书是一本不可多得的快速入门、快速见效的指南。

写作环境

本书使用的操作系统为 Windows XP，对于 Windows 2000/Server 操作系统，本书的内容和范例也同样适用。本书的写作蓝本是 UG NX 8.5 版。

光盘使用

由于本书随书光盘中有完整的素材源文件和全程语音讲解视频，读者学习本书时如果配合光盘使用，将达到最佳学习效果。

为方便读者练习，特将本书所有素材文件、已完成的实例文件、配置文件和视频语音讲解文件等放入随书附带的光盘中，读者在学习过程中可以打开相应素材文件进行操作和练习。

本书附有两张多媒体 DVD 光盘，建议读者在学习本书前，先将两张 DVD 光盘中的所有文件复制到计算机的 D 盘中，然后再将第二张光盘 ug85mo-video2 文件夹中的所有文件复制到第一张光盘的 video 文件夹中。在 D 盘上 ug85mo 目录下共有 4 个子目录。

（1）ugnx85_system_file 子目录：包含一些系统文件。

（2）work 子目录：包含本书的全部素材文件和已完成的范例、实例文件。

（3）video 子目录：包含本书讲解中的视频录像文件（含语音讲解）。读者学习时，可在该子目录中按顺序查找所需的视频文件。

（4）before 子目录：为方便 UG 低版本用户和读者的学习，光盘中特提供了 UG NX 8.0 版本的素材源文件。

光盘中带有 ok 的文件或文件夹表示已完成的范例。

本书约定

● 本书中有关鼠标操作的简略表述说明如下：
　☑　单击：将鼠标指针移至某位置处，然后按一下鼠标的左键。

- ☑ 双击：将鼠标指针移至某位置处，然后连续快速地按两次鼠标的左键。
- ☑ 右击：将鼠标指针移至某位置处，然后按一下鼠标的右键。
- ☑ 单击中键：将鼠标指针移至某位置处，然后按一下鼠标的中键。
- ☑ 滚动中键：只是滚动鼠标的中键，而不能按中键。
- ☑ 选择（选取）某对象：将鼠标指针移至某对象上，单击以选取该对象。
- ☑ 拖移某对象：将鼠标指针移至某对象上，然后按下鼠标的左键不放，同时移动鼠标，将该对象移动到指定的位置后再松开鼠标的左键。

- ● 本书中的操作步骤分为 Task、Stage 和 Step 三个级别，说明如下：
  - ☑ 对于一般的软件操作，每个操作步骤以 Step 字符开始，例如，下面是草绘环境中绘制矩形操作步骤的表述：

    Step 1 单击 🔲 按钮。

    Step 2 在图形区某位置单击，放置矩形的第一个角点，此时矩形呈"橡皮筋"样变化。

    Step 3 单击 XY 按钮，再次在图形区某位置单击，放置矩形的另一个角点。此时，系统即在两个角点间绘制一个矩形。

  - ☑ 每个 Step 操作视其复杂程度，其下面可含有多级子操作，例如 Step1 下可能包含（1）、（2）、（3）等子操作，（1）子操作下可能包含①、②、③等子操作，①子操作下可能包含 a）、b）、c）等子操作。

  - ☑ 如果操作较复杂，需要几个大的操作步骤才能完成，则每个大的操作冠以 Stage1、Stage2、Stage3 等，Stage 级别的操作下再分 Step1、Step2、Step3 等操作。

  - ☑ 对于多个任务的操作，则每个任务冠以 Task1、Task2、Task3 等，每个 Task 操作下则可包含 Stage 和 Step 级别的操作。

- ● 由于已建议读者将随书光盘中的所有文件复制到计算机 D 盘中，所以书中在要求设置工作目录或打开光盘文件时，所述的路径均以 D:开始。

技术支持

读者在学习本书的过程中如果遇到问题，可通过访问北京兆迪科技有限公司的网站 http://www.zalldy.com 来获得技术支持。

咨询电话为：010-82176248，010-82176249。

前　　言

　　UG 是由美国 UGS 公司推出的功能强大的三维 CAD/CAM/CAE 软件系统，其内容涵盖了产品从概念设计、工业造型设计、三维模型设计、分析计算、动态模拟与仿真、工程图输出，到生产加工成产品的全过程，应用范围涉及航空航天、汽车、机械、造船、通用机械、数控（NC）加工、医疗器械和电子等诸多领域。UG NX 8.5 是目前功能最强、最新的 UG 版本，对以前版本进行了数百项以客户为中心的改进。本书是从零开始全面、系统学习和运用 UG NX 软件进行模具设计的宝典类书籍，其特色如下：

- 内容全面，本书一本书中就包含了模具工程师必备的模具基本知识、UG NX 知识以及模具设计所有知识和技能；书中融入了 UG 生产一线模具设计高手的多年的经验和技巧，因而本书具有很强的实用性。

- 前呼后应，浑然一体。书中后面章节大部分产品的模具设计范例，都在前面的零件设计、曲面设计等章节中详细讲述其三维建模的方法和过程，这样的安排有利于提升模具工程师产品的三维建模能力，使其具有更强的职业竞争力。

- 范例丰富，对软件中的主要命令和功能，先结合简单的范例进行讲解，然后安排一些较复杂的综合范例和实际应用帮助读者深入理解、灵活运用。

- 讲解详细，条理清晰，保证自学的读者能独立学习和运用 UG NX 软件。

- 写法独特，采用 UG NX 中文版中真实的对话框和按钮等进行讲解，使初学者能够直观、准确地操作软件，从而大大地提高学习效率。

- 附加值高，本书附有两张多媒体 DVD 学习光盘，制作了 390 个 UG 模具设计技巧和具有针对性范例的教学视频，并进行了详细的语音讲解，长达 22 个小时（1322 分钟），两张 DVD 光盘的教学文件容量共计 6.7GB，可以帮助读者轻松、高效地学习。

　　本书根据北京兆迪科技有限公司为国内外众多著名公司（含国外独资和合资公司）提供的培训教案整理而成，具有很强的实用性，其主要参编人员主要来自北京兆迪科技有限公司，该公司专门从事 CAD/CAM/CAE 技术的研究、开发、咨询及产品设计与制造服务，并提供 UG、ANSYS、ADAMS 等软件的专业培训及技术咨询，在编写过程中得到了该公司的大力帮助，在此表示衷心的感谢。

　　本书由北京兆迪科技有限公司编著，主要编写人员为展迪优，参加编写的人员还有冯元超、刘江波、周涛、詹路、刘静、雷保珍、刘海起、魏俊岭、任慧华、赵枫、邵为龙、侯俊飞、龙宇、施志杰、詹棋、高政、孙润、李倩倩、黄红霞、尹泉、李行、詹超、尹佩文、赵磊、王晓萍、陈淑童、周攀、吴伟、王海波、高策、冯华超、周思思、黄光辉、党辉、冯峰、詹聪、平迪、管璇、王平、李友荣、杨慧、龙保卫、李东梅、杨泉英和彭伟辉。本书已经过多次审核，如有疏漏之处，恳请广大读者予以指正。电子邮箱为：zhanygjames@163.com。

编　者

2013 年 8 月

目　　录

第三篇 UG NX 模具设计入门、进阶与精通

第一篇
模具工程师基础知识

1

模具塑料及成型工艺

1.1 模具塑料

塑料在日常用品和工业上被广泛应用，在有些环境下还可以替代钢铁，比如有些弯管，发动机里以前用铸铁制造的零件，现在有些也可用塑料代替，工业上经常会提出"以塑代钢"设计，这样会使模具产品更轻便、耐用。

1.1.1 塑料的概述

塑料是以高分子合成树脂为主要成分，加入其他助剂而构成的人造材料，具有质量轻、强度高、耐腐蚀性好、耐热性、耐寒性、绝缘性能好、良好的力学性能、可塑性良好、易于成型，无污染等特点。因此在机械、医学、日常生活等领域中得到了广泛的应用。

1.1.2 塑料的分类

目前，塑料品种已达 300 多种，常见的约 30 多种。根据塑料的成型用途、工艺性能和加工方法可以对塑料进行分类。

1. 按"用途"分类

按用途塑料可分为通用塑料、工程塑料和特种塑料三种。通用塑料常见的如 PE（聚乙烯）、PP（聚丙烯）、PS（聚苯乙烯）、PVC（聚氯乙烯）等；工程塑料常见的如 ABS、PA（俗称尼龙）、PC（聚碳酸脂）、POM（聚甲醛）、PMMA（有机玻璃）等；特种塑料是指具有特种功能（如导电、导磁和导热等）可用于航天航空等特殊应用领域的塑料，常见的如氟塑料和有机硅等。

2．按"成型工艺性能"分类

按成型工艺性能塑料可分为热固性塑料和热塑性塑料两种。热固性塑料指冷却凝固成型后不可以重新融化的塑料，如酚醛塑料、脲醛塑料和环氧树脂等；热塑性塑料指在特定温度范围内能反复加热软化和冷却硬化的塑料，通用和工程塑料都属于热塑性塑料。

3．按"加工方法"分类

根据不同的加工成型方法，塑料可以分为膜压、层压、注塑、挤出、吹塑和反应注塑塑料等多种类型。膜压塑料多为物性的加工性能与一般固性塑料相类似的塑料；层压塑料是指浸有树脂的纤维织物，经叠合、热压而结合成为整体的塑料；注塑、挤出和吹塑塑料多物性和加工性能与一般热塑性塑料相类似；反应注塑塑料是将液态原料注入型腔内，使其反应固化成一定形状制品的塑料，如聚氨酯。

1.1.3　塑料的性能

塑料的性能主要是指塑料在成型工艺过程中所表现出来的成型特征。在模具设计过程中，要充分考虑这些因素对塑料成型过程和成型效果的影响。

1．塑料的收缩性

塑料制品的收缩不仅与塑料本身的热胀冷缩有关，而且还与模具结构及成型工艺条件等因素有关，将塑料制品的收缩称为成型收缩，以收缩率表示收缩性的大小，即单位长度塑料制品收缩量的百分数。

设计模具型腔尺寸时，应该按塑料的收缩性进行设计，在注塑成型过程中控制好模温、注塑压力、注塑速度及冷却时间等因素以控制零件成型后的最终尺寸。

2．塑料的流动性

塑料流动性是指在流动过程中，塑料熔体在一定温度和压力作用下填充型腔的能力。

流动性差的塑料，在注塑成型时不易填充型腔，易产生缺料，在塑料熔体回合处不能很好地熔接而产生熔接痕。这些缺陷会导致零件的报废；反之，若材料的流动性好，注塑成型时容易产生飞边和流延现象。浇注系统的形式、尺寸和布置，包括型腔的表面粗糙度、浇道截面厚度、型腔形式、排气系统和冷却系统等模具结构都对塑料的流动性有重要影响。

3．塑料的取向和结晶

取向是由于各异性导致塑料在各个方向上收缩不一致的现象。影响取向的因素主要有塑料品种、制品壁厚和温度等。除此之外，模具的浇口位置、数量和断面大小对塑料制品的取向方向、取向程度和各个部位的取向分子情况也有重大影响，是模具设计时必须重视的问题。

结晶是塑料中树脂大分子的排列呈三向远程有序的现象，影响结晶的主要因素有塑料类型、添加剂、模具温度和冷却速度。结晶对于塑料的性能有重要影响，因此，在模具设计和塑件成型过程中应予以特别注意。

4. 热敏性

热敏性是指塑料对于在稳定变化后，塑料性能的改变情况，如热稳定性。热稳定性差的塑料，在高温受热条件下，若浇口截面过小，剪切力过大或料温增高时就容易发生变色、降解和分解等情况。为防止热敏性塑料材料出现过热分解现象，可以采取加入稳定剂、合理选择设备、合理控制成形温度及成型周期和及时清理设备等措施。

1.2 模具成型工艺

模具成型工艺主要包括原理、过程和参数三个部分。

1.2.1 注塑成型工艺原理

注塑成型又称为注射成型，是热塑性材料常用加工方法之一，是指借助螺杆（或柱塞）的推力，将已塑化好的熔融状态（即粘流态）的塑料注射入闭合好的模腔内，经固化定型后取得制品的工艺过程，如图 1.2.1 所示为塑料的融化原理图。

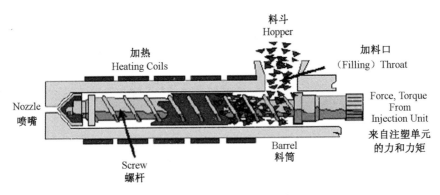

图 1.2.1 塑料融化原理图

注射成型是一个循环的过程，每一周期主要包括：定量加料—熔融塑化—施压注射—充模冷却—启模取件，取出塑件后又再闭模，进行下一个循环。

1.2.2 注塑成型工艺过程

塑件的注塑成型工艺过程主要包括填充—保压—冷却—脱模等 4 个阶段，这 4 个阶段直接决定着制品的成型质量，而且这 4 个阶段是一个完整的连续过程。

1. 填充阶段

填充是整个注塑循环过程中的第一步，时间从模具闭合开始注塑算起，到模具型腔填充到大约 95% 为止。理论上，填充时间越短，成型效率越高，但是实际中，成型时间或者注塑速度要受到很多条件的制约。

高速填充。高速填充时剪切率较高，塑料由于剪切变稀的作用而存在粘度下降的情形，使整体流动阻力降低；局部的粘滞加热影响也会使固化层厚度变薄。因此在流动控制阶段，填充行为往往取决于待填充的体积大小。即在流动控制阶段，由于高速填充，熔体的剪切变稀效果往往很大，而薄壁的冷却作用并不明显，于是速率的效用占了上风。

低速填充。热传导控制低速填充时，剪切率较低，局部粘度较高，流动阻力较大。由于热塑料补充速率较慢，流动较为缓慢，使热传导效应较为明显，热量迅速为冷模壁带走。加上较少量的粘滞加热现象，固化层厚度较厚，又进一步增加壁部较薄处的流动阻力。

由于喷泉流动的原因，在流动波前面的塑料高分子链排向几乎平行流动波前。因此两股塑料熔胶在交汇时，接触面的高分子链互相平行；加上两股熔胶性质各异（在模腔中滞留时间不同，温度、压力也不同），造成熔胶交汇区域在微观上结构强度较差。在光线下将零件摆放适当的角度用肉眼观察，可以发现有明显的接合线产生，这就是熔接痕的形成机理。熔接痕不仅影响塑件外观，同时由于微观结构的松散，易造成应力集中，从而使得该部分的强度降低而发生断裂。

一般而言，在高温区产生熔接的熔接痕强度较佳，因为高温情形下，高分子链活动性较佳，可以互相穿透缠绕，此外高温度区域两股熔体的温度较为接近，熔体的热性质几乎相同，增加了熔接区域的强度；反之在低温区域，熔接强度较差。

2. 保压阶段

保压阶段的作用是持续施加压力，压实熔体，增加塑料密度（增密），以补偿塑料的收缩行为。在保压过程中，由于模腔中已经填满塑料，背压较高。在保压压实过程中，注塑机螺杆仅能慢慢地向前作微小移动，塑料的流动速度也较为缓慢，这时的流动称作保压流动。由于在保压阶段，塑料受模壁冷却固化加快，熔体粘度增加也很快，因此模具型腔内的阻力很大。在保压的后期，材料密度持续增大，塑件也逐渐成型，保压阶段要一直持续到浇口固化封口为止，此时保压阶段的模腔压力达到最高值。

在保压阶段，由于压力相当高，塑料呈现部分可压缩特性。在压力较高区域，塑料较为密实，密度较高；在压力较低区域，塑料较为疏松，密度较低，因此造成密度分布随位置及时间发生变化。保压过程中塑料流速极低，流动不再起主导作用；压力为影响保压过程的主要因素。保压过程中塑料已经充满模腔，此时逐渐固化的熔体作为传递压力的介质。模腔中的压力借助塑料传递至模壁表面，有撑开模具的趋势，因此需要适当的锁模力进行锁模。涨模力在正常情形下会微微将模具撑开，对于模具的排气具有帮助作用；但若涨模力过大，易造成成型品毛边、溢料，甚至撑开模具。因此在选择注塑机时，应选择具有足够大锁模力的注塑机，以防止涨模现象并能有效进行保压。

3. 冷却阶段

在注塑成型模具中，冷却系统的设计非常重要。这是因为成型塑料制品只有冷却固化到一定刚性，脱模后才能避免塑料制品因受到外力而产生变形。由于冷却时间约占整个成型周期的 70%～80%，因此设计良好的冷却系统可以大幅缩短成型时间，提高注塑生产率，降低成本。设计不当的冷却系统会使成型时间拉长，增加成本；冷却不均匀更会进一步造成塑料制品的翘曲变形。

根据实验，由熔体进入模具的热量大体分两部分散发，一部分有 5%经辐射、对流传递到大气中，其余 95%从熔体传导到模具。塑料制品在模具中由于冷却水管的作用，热量由模腔中的塑料通过热传导经模架传至冷却水管，再通过热对流被冷却液带走。少数未被冷却水带走的热量则继续在模具中传导，至接触外界后散溢于空气中。

注塑成型的成型周期由合模时间、充填时间、保压时间、冷却时间及脱模时间组成。其中以冷却时间所占比重最大，大约为 70%～80%。因此冷却时间将直接影响塑料制品成型周期长短及产量大小。脱模阶段塑料制品温度应冷却至低于塑料制品的热变形温度，以防止塑料制品因残余应力导致的松弛现象或脱模外力所造成的翘曲及变形。

影响制品冷却速率的因素有：

- 塑料制品设计方面，主要是指塑料制品的壁厚。制品厚度越大，冷却时间越长。一般而言，冷却时间约与塑料制品厚度的平方成正比，或是与最大流道直径的 1.6 次方成正比。即塑料制品厚度加倍，冷却时间增加 4 倍。

- 模具材料及其冷却方式。模具材料，包括模具型芯、型腔材料以及模架材料对冷却速度的影响很大。模具材料热传导系数越高，单位时间内将热量从塑料传递出去的效果越佳，冷却时间也越短。

- 冷却水管的配置方式。冷却水管越靠近模腔，管径越大，数目越多，冷却效果越佳，冷却时间越短。

- 冷却液流量。冷却水流量越大（一般以达到紊流为佳），冷却水以热对流方式带走热量的效果也越好。

- 冷却液的性质。冷却液的粘度及热传导系数也会影响到模具的热传导效果。冷却液粘度越低、热传导系数越高、温度越低，冷却效果越佳。

- 塑料选择。塑料的热传导系数是指塑料将热量从热的地方向冷的地方传导速度的量度。塑料热传导系数越高，代表热传导效果越佳，或是塑料比热低，温度容易发生变化，因此热量容易散逸，所需冷却时间较短。

- 加工参数设定。料温越高、模温越高、顶出温度越低，所需冷却时间越长。

冷却系统的设计规则：

（1）所设计的冷却通道要保证冷却效果均匀而迅速。设计冷却系统的目的在于维持模具适当而有效率的冷却。冷却孔应使用标准尺寸，以方便加工与组装。

（3）设计冷却系统时，模具设计者必须根据塑件的壁厚与体积决定下列设计参数——冷却孔的位置与尺寸、孔的长度、孔的种类、孔的配置与连接以及冷却液的流动速率与传热性质。

4. 脱模阶段

脱模是一个注塑成型循环中的最后一个环节。虽然制品已经冷固成型，但脱模还是对制品的质量有很重要的影响，脱模方式不当，可能会导致产品在脱模时受力不均，顶出时引起产品变形等缺陷。脱模的方式主要有两种：顶杆脱模和脱料板脱模。设计模具时要根据产品的结构特点选择合适的脱模方式，以保证产品质量。对于选用顶杆脱模的模具，顶杆的设置应尽量均匀，并且位置应选在脱模阻力最大以及塑件强度和刚度最大的地方，以免塑件变形损坏。而脱料板则一般用于深腔薄壁容器以及不允许有推杆痕迹的透明制品的脱模，这种机构的特点是脱模力大且均匀，运动平稳，无明显的遗留痕迹。

1.2.3　注塑成型工艺参数

塑件的注塑成型工艺中影响产品质量的参数包括压力、时间与温度等。

1. 注塑压力

注塑压力是由注塑系统的液压系统提供的。液压缸的压力通过注塑机螺杆传递到塑料熔体上，塑料熔体在压力的推动下，经注塑机的喷嘴进入模具的竖流道（对于部分模具来说也是主流道）、主流道、分流道，并经浇口进入模具型腔，这个过程即为注塑过程，或者称之为填充过程。压力的存在是为了克服熔体流动过程中的阻力，或者反过来说，流动过程中存在的阻力需要注塑机的压力来抵消，以保证填充过程顺利进行。

在注塑过程中，注塑机喷嘴处的压力最高，以克服熔体全程中的流动阻力。其后，压力沿着流动长度往熔体最前端波前处逐步降低，如果模腔内部排气良好，则熔体前端最后的压力就是大气压。

影响熔体填充压力的因素很多，概括起来有三类：①材料因素，如塑料的类型、粘度等；②结构性因素，如浇注系统的类型、数目和位置，模具的型腔形状以及制品的厚度等；③成型的工艺要素。

2. 注塑时间

这里所说的注塑时间是指塑料熔体充满型腔所需要的时间，不包括模具开、合等辅助时间。尽管注塑时间很短，对于成型周期的影响也很小，但是注塑时间的调整对于浇口、流道和型腔的压力控制有着很大作用。合理的注塑时间有助于熔体理想填充，而且对于提高制品的表面质量以及减小尺寸公差有着非常重要的意义。

注塑时间要远远低于冷却时间，大约为冷却时间的 1/10～1/15，这个规律可以作为预测塑件全部成型时间的依据。在做模流分析时，只有当熔体完全是由螺杆旋转推动注满型腔的情况下，分析结果中的注塑时间才等于工艺条件中设定的注塑时间。如果在型腔充满前发生螺杆的保压切换，那么分析结果将大于工艺条件的设定。

3. 注塑温度

注塑温度是影响注塑压力的重要因素。注塑机料筒有 5～6 个加热段，每种原料都有其合适的加工温度（详细的加工温度可以参阅材料供应商提供的数据）。注塑温度必须控制在一定的范围内。温度太低，熔料塑化不良，影响成型件的质量，增加工艺难度；温度太高，原料容易分解。在实际的注塑成型过程中，注塑温度往往比料筒温度高，高出的数值与注塑速率和材料的性能有关，最高可达 30℃。这是由于熔料通过注料口时受到剪切而产生很高的热量造成的。在做模流分析时可以通过两种方式来补偿这种差值，一种是设法测量熔料对空注塑时的温度，另一种是建模时将射嘴也包含进去。

4. 保压压力与时间

在注塑过程将近结束时，螺杆停止旋转，只是向前推进，此时注塑进入保压阶段。保压过程中注塑机的喷嘴不断向型腔补料，以填充由于制件收缩而空出的容积。如果型腔充满后不进行保压，制件大约会收缩 25% 左右，特别是筋处由于收缩过大会形成收缩痕迹。保压压力一般为充填最大压力的 85% 左右，当然要根据实际情况来确定。

5. 背压

背压是指螺杆反转后退储料时所需要克服的压力。采用高背压有利于色料的分散和塑料的融化，但却同时延长了螺杆回缩时间，降低了塑料纤维的长度，增加了注塑机的压力，因此背压应该低一些，一般不超过注塑压力的 20%。注塑泡沫塑料时，背压应该比气体形成的压力高，否则螺杆会被推出料筒。有些注塑机可以将背压编程，以补偿熔化期间螺杆长度的缩减，这样会降低输入热量，令温度下降。不过由于这种变化的结果难以估计，故不易对机器做出相应的调整。

2

模具设计理论知识

2.1　模具的结构和类别

模具是用装配形成的空腔（一个或多个），以成型制品所需的形状来生产零件的一种装置。

2.1.1　注塑模具的基本结构

塑料注塑成型所用的模具称为注塑模具，简称注塑模。塑料的注塑成型过程，借助于注塑机内的螺杆或柱塞的能力，将已熔化的塑料熔体以一定的压力和速率注射到闭合的模具型腔内，经冷却、固化和定型后开模从而获得制品。

注塑模由定模和动模两部分组成。动模安装在注塑机的移动工作台上；定模安装在注塑机的固定工作台上。动模和定模闭合后已熔化的塑料通过浇注系统注入到模具型腔内冷却、固化与定型。根据模具中各个零件的不同功能，注塑模可由以下 7 个系统或机构组成。

1. 成型零部件

成型零部件是指构成模具型腔直接与塑料熔体相接触的成型制品的模具零部件。通常有凸模、型芯、成型杆、凹模和镶块等零件或部件。在动模与定模闭合后，成型零部件便确定了制品的内外轮廓和尺寸。

2. 浇注系统

由注塑机喷嘴到型腔之间的进料通道称为浇注系统。通常由主流道、分流道、浇口和冷料井组成。

3. 导向与定位机构

为了确保动模和定模闭合时能够准确导向和定位，需要分别在动模和定模上设置导柱和导套。深腔注塑模还应该在主分型面上设置锥面定位装置。

4. 脱模机构

脱模机构指开模过程的后期，将制品从模具中脱出的机构。

5. 侧向分型抽芯机构

带有侧凹或侧孔的制品，在被脱出模具之前，必须先进行侧向分型将侧向型芯抽出。

6. 温度调节系统

为了满足注塑成型工艺性对模具温度的要求，模具应该设有冷却或加热的温度调节系统。模具的冷却主要采用循环水冷却方式，模具的加热有通入热水、蒸汽、热油和置入加热元件等方法，有的注塑模还配备了模温自动调节装置。

7. 排气系统

为了在注塑成型过程中将型腔内原有空气和塑料熔体中的气体排出，在模具分型面上常开有排气槽。当型腔内的排气量不大时，可以直接利用分型面之间的间隙自然排气，也可以利用模具的锥杆与配合孔之间的活动间隙排气。

2.1.2　塑料模具的一般类别

虽然目前市面上塑料模具的结构类型多种多样，但按照其结构特征来说，主要分为以下几种。

1. 二板式注塑模

二板式注塑模（单分型面模）是最简单的一种注塑模，它仅由动模和定模两块组成，如图 2.1.1 所示。这种简单的二板式注塑模在塑件生产中的应用十分广泛，根据实际塑件的要求，也可增加其他部件，如嵌件支承销、螺纹成型芯和活动成型芯等，从而这种简单的二板式结构也可以演变成多种复杂的结构被使用。在大批量生产中，二板式注塑模可以被设计成多型腔模。

2. 三板式模具

三板式模具（双分型面模）中流道和模具分型面在不同的平面上，单模具打开时，流道凝料能和制品一起被顶出并与模具分离。这种模具的一大特点是制品必须适合于中心浇口注射成型，可以在制品和流道自模具的不同平面落下，能够很容易的分开送出。

三板式模具的组成包括定模板（也称浇道、流道板或者锁模板）、中间板（也称型腔板和浇口板）和动模板，如图 2.1.2 所示。和两板式模具相比，这种模具在定模板和动模板之间多了一个浮动模板，浇注系统常在定模板和中间板之间，而塑件侧在浮动部分和动模板之间。

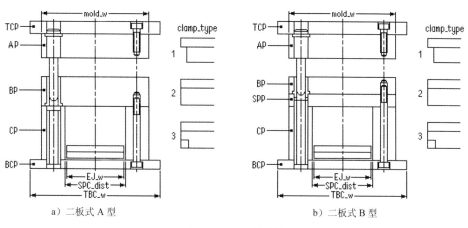

a）二板式 A 型　　　　　　　　　　　b）二板式 B 型

图 2.1.1　二板式模具

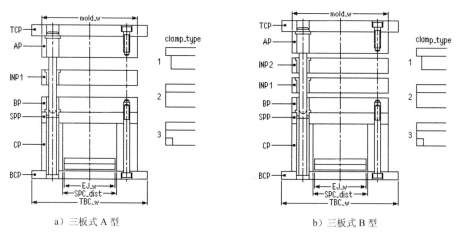

a）三板式 A 型　　　　　　　　　　　b）三板式 B 型

图 2.1.2　三板式模具

3. 热流道模具

热流道模具在生产过程中被电热丝加热，塑料一直处于熔融状态，其相比普通模具会减少很多流道废料，且注塑过程更容易控制，其也称为"无流道模具"，不是真的没有流道，只是不产生流道废料。

2.2　注塑模具的设计流程

由于注塑模具的多样性和复杂性，很难总结其标准的设计流程，这里列出的设计流程仅供参考。

1. 接收任务书

塑件任务书通常由塑件设计者提出，其内容主要包括：

（1）经过审核、会签的正式塑件图纸，并注明采用塑料的牌号、表面粗糙度和尺寸精度等技术信息。

（2）塑料说明书或技术要求（对于常规工程塑料可通过查阅相关技术手册获得）。

（3）塑件预期产量情况。

（4）塑件样品（改进型或仿制类制品可提供）。

模具设计任务书由塑件工艺员根据塑件任务书提出，模具设计人员则根据塑件任务书和模具设计任务书来进行模具设计。

2. 收集、分析、消化原始资料

收集整理有关塑件设计、成型工艺、所用设备、机械加工及特殊加工方面的资料，为模具设计做准备。

（1）消化塑件图，了解塑件的用途，分析其工艺性、尺寸精度等技术要求。如塑件的形状、颜色、透明度、使用性能、几何结构、斜度、有无嵌件等；熔接痕、收缩等成型缺陷的许可程度；有无涂装、电镀、胶接、机械加工等后加工工序。对塑件图中精度要求最高的尺寸进行分析，估计成型公差是否低于塑件的公差，可否成型出合乎要求的塑件来。此外，还要了解塑料的塑化及成型工艺参数。

（2）消化工艺资料，分析工艺任务书所提出的成型方法、设备型号、材料规格、模具结构类型等要求是否恰当。成型材料应当满足塑料制件的强度要求，具有好的流动性、均匀性和各向同性、热稳定性。根据塑件的用途，成型材料应满足染色、电镀的条件、装饰性能、必要的弹性和塑性、透明性或者反射性能、胶接性或者焊接性等要求。

（3）选择成型设备，了解要采用的注塑机的注射量、锁模压力、注射压力、模具安装形式及尺寸、顶出装置及尺寸、喷嘴孔直径及喷嘴球面半径、主流道浇口套定位圈尺寸、模具最大厚度和最小厚度、模板行程等。初步估计模具外形尺寸，判断模具能否在所选的注塑机上安装和使用。

3. 模具详细结构方案

（1）型腔布置。根据塑件的特点，考虑设备条件，决定型腔数量和分布形式。

（2）确定分型面。分型面的位置要有利于模具加工、排气、脱模及成型操作，有利于保证塑件的表面质量。

（3）确定浇注系统。即主流道、分流道和内浇口的形式、位置、大小。

（4）排气系统。排气方法、排气位置、尺寸。

（5）选择顶出方式。顶杆、顶管、顶板、组合式顶出等。

（6）决定侧凹处理方法，即抽芯方式。

（7）决定冷却、加热方式及加热冷却沟槽的形状、位置、加热元件的设计或选用及安装部位。

（8）模具材料，进行强度计算或查阅经验数据，确定模具各部分厚度及外形尺寸、结构及所有连接、定位、导向件位置。

（9）确定主要成型零件的结构形式。

（10）计算成型零件的工作尺寸。

4. 绘制模具图

（1）绘制总装图。

尽量按比例绘制，并由型腔部分开始。模具总装图包括如下内容：模具成型部分结构；浇注系统、排气系统的结构形式；分型面及脱模方式；外形结构及所有连接件、定位、导向件的位置；模具的总体尺寸，即长、宽、闭合高度；按顺序编出全部零件序号，并填写明细表；标注技术要求和使用说明；塑件图。

（2）绘制零件图。

一般来说，由总装图拆绘零件图的顺序为：先内后外；先复杂后简单；先成型零件，后结构零件。图纸表达的各种信息要完整、准确，原则上按比例绘制，视图选择要合理，投影正确，使加工者容易看得懂，给装配人员提供尽量准确有用的信息，零件图尽可能与装配图一致；标注尺寸要统一、集中、有序、完整。尺寸标注时应按照先主要零件尺寸和脱模斜度，再配合尺寸，最后其他尺寸的顺序；其他内容如：零件名称、模具图号、材料牌号、热处理和硬度要求、表面处理、图形比例、自由尺寸精度等级、技术要求等均要填写完整；校对、审图，校对的内容包括：复算主要零件、成型零件尺寸和配合尺寸；检查总装图上有无遗漏零件，总装图与零件图有无矛盾；检查零件图有无尺寸遗漏；材料、热处理等要求是否恰当。

5. 模具设计的标准化

一副模具从设计到制造完成的时间过去需要三个月左右的时间，目前最短也需要一个半月到两个月，其制造工时从几百小时到几万小时不等，如何设法减少繁重的设计和制造工作量，缩短生产准备时间，以降低制造成本，最大限度地推行标准化设计是实现上述目的的有效途径。标准化工作的内容包括以下几个方面：

（1）模具整体结构标准化。根据生产设备的规格，定出若干种标准结构和外形尺寸，在设计模具时，仅绘制部分零件图，标准部分可以预先制造，这样一来可以大大缩短设计和制造周期。

（2）常用模具零件标准化。凡是能够标准化的模具零件和部件，应尽量标准化，使模具零件具有一定的互换性。

（3）模架的标准化。对于生产批量小、品种多、形状简单、生产急用的模具，尽量采用标准模架，不仅缩短设计和制造周期，而且能够降低成本。

6. 结束语

模具设计是一项技术含量很高的工作，不仅要求设计人员具备相当的理论知识基础和丰富的实践经验，而且要求他们养成认真细致的工作习惯，如果按照设计流程来展开工作，一定会减少不必要的技术失误，进而对提高设计工作效率，缩短整个模具周期，降低生产成本产生积极的影响。

2.3 注塑模 CAD 技术

模具的设计与加工水平直接关系到产品的质量与更新换代。随着工业的发展，人们愈来愈关注如何缩短模具设计与加工的生产周期及怎样提高模具加工的质量，传统的模具设计与制造方法已不能适应产品及时更新换代和提高质量的要求。将计算机应用于模具工业，即使用计算机进行产品设计、工艺设计与成型工艺的模拟等，可以提高模具设计效率与加工质量，缩短模具生产的周期。

2.3.1 模具 CAX 技术

1. 模具 CAD

CAD（Computer Aided Design）是利用计算机硬件、软件系统辅助人们对产品或工程进行设计、绘图和工程分析与技术文档编制等设计活动的总称。利用计算机运算速度快、精确度高和信息存储量大的优势进行数值分析计算、图形处理及信息管理等，将人从繁杂的重复任务中解放出来，使其专注于创造性的工作。模具工业中 CAD 的应用，使模具设计的水平得以迅速发展，提高了生产率、改善了质量、降低了成本和减轻了劳动强度。

（1）CAD 可以提高模具的设计质量。在计算机系统内存储了各个有关专业的综合性的技术知识，为模具的设计和工艺的制造提供了科学的依据。计算机与设计人员的相互作用，有利于发挥人、机各自的特长，使模具设计和制造工业更加合理化。系统采用的优化设计方法有助于某些工艺参数和模具结构的优化。

（2）CAD 可以节省时间，提高生产效率。设计计算和图样绘制的自动化大大缩短了设计时间，CAD 与 CAM 的一体化可以明显缩短从设计到制造的周期。

（3）CAD 可以大幅降低成本。计算机的高速运算和自动绘图大大节省了劳动力。

（4）CAD 技术将设计人员从繁冗的计算、绘图和 NC 编程工作中解放出来，使其可以从事更多的创造性劳动。

2. 模具 CAE

CAE（Computer Aided Engineering）技术，借助于有限元法、有限差分法和边界元法等数值计算方法，分析型腔中塑料的流动、保压和冷却过程，计算制品和模具的应力分布，预测制品的翘曲变形，并由此分析工艺条件、材料参数，以及模具结构对制品质量的影响，以达到优化制品、模具结构和优选成型工艺参数的目的。塑料注塑成型 CAE 软件主要包括流动保压模拟、流道平衡分析、冷却模拟、模具刚度、强度分析和应力计算、翘曲预测等功能。其中流动保压模拟软件能提供不同时刻型腔内塑料熔体的温度、压力和剪切应力分布，其预测结果能直接指导工艺参数的选定及流道系统设计；流道平衡分析软件能帮助用户对一模多腔模具的流道系统进行平衡设计，计算各个流道和浇口的尺寸，以保证塑料熔体能同时充满各个型腔；冷却模拟软件能计算冷却时间，强度分析能够对模具结构力学性能进行分析，以协助设计人员对模具型腔壁厚和模板的刚度和强度进行校核。

3. 模具 CAM

CAM（Computer Aided Manufacture）技术，是用计算机辅助完成产品制造过程的统称。有狭义的 CAM 和广义的 CAM。狭义的 CAM 主要指产品的数控加工，它的输入信息是零件的工艺路线和工序内容，输出信息是刀具的运动轨迹和数控程序。而广义的 CAM 主要是指利用计算机进行零件的工艺规划、数控程序编程和加工过程仿真等，还包括制造活动中与物流有关的所有过程（加工、装配、检验、存储和输送）的监视、控制和管理。

2.3.2　塑料模具 CAD 技术

1. 注塑模具 CAD 的主要内容

塑料注塑成型生产包括塑料产品设计、模具结构设计、模具加工制造和模塑生产等几个主要方面，它需要产品设计师、模具设计师、模具加工工艺师及熟练操作工协同来完成，它是一个设计、修改、再设计的反复迭代、不断优化的过程。CAD 技术在注塑模中的应用表现在以下几个方面。

（1）塑料制品的设计。

塑料制品应该根据使用要求进行设计，同时，考虑塑料性能的要求、成型的工艺特点、模具结构及制造工艺、成型设备、生产批量及生产成本，以及外形的美观大方等各方面的因素。基于特征的三维造型 CAD 软件为设计师提供了方便的设计平台，强大的编辑功能和曲面造型功能，逼真的显示效果使设计者可以运用自如地表达自己的设计意图，真正做到所想即所得，而且制品的各种参数全部计算保存，为后续的模具设计和分析打下良好的基础。

（2）模具结构设计。

注塑模具结构要根据塑料制品的形状、精度、大小、工艺要求和生产批量来决定，它包括型腔数目及排列方式、浇注系统、成型部件、冷却系统、脱模机构和侧抽芯结构等几大部分，同时，尽量采用标准模架。CAD 技术在注塑模具中的应用主要体现在注塑结构设计中。

（3）模具开、合模运动仿真。

注塑模具结构复杂，要求各部件运行自如、互不干涉且对模具零件的顺序动作、行程有严格的控制。运动 CAD 技术可以对模具开模、合模，以及对制品被顶出的全过程进行仿真，从而检查出模具结构设计的不合理之处，并及时更正，以减少修模时间。

2．应用注塑模 CAD 系统进行模具设计的通用流程

（1）制品制造，可以直接采用通用的三维造型软件。

（2）根据注塑制品采用专家系统进行模具的概念设计，专家系统包括模具结构设计、模具制造工艺规划和模具价格估计等模块，在专家系统的推理过程中，采用基于知识与基于实例相结合的推理方法，推理的结果是注塑工艺和模具的初步方案。方案设计包括型腔数目与布置、浇口类型、模架类型、脱模方式和抽芯方式等。

在模具初步方案确定后，用 CAE 软件进行流动、保压、冷却和翘曲分析，以确定合适的浇注系统和冷却系统等。如果分析结构不能满足生产要求，那么可以根据用户的要求修改注塑制品的结构或修改模具的设计方案。

2.4　国内塑料模具行业的发展现状

塑料制品在日常社会中得到广泛利用，模具技术已成为衡量一个国家产品制造水平的重要标志之一。国内注塑模在质与量上有了较快的发展。与国外的先进技术相比，我国还有大部分企业仍然处于需要技术改造、技术创新、提高产品质量、加强现代化管理以及体制转轨的关键时期。

塑料制品在汽车、机电、仪表、航天航空等国家支柱产业及与人民日常生活相关的各个领域得到了广泛的应用。整体来看我国塑料模具无论是在数量上，还是在质量、技术和能力等方面都有了很大进步，但与国民经济发展的需求、世界先进水平相比，差距仍很大。一些大型、精密、复杂、长寿命的中高档塑料模具每年仍需大量进口。在总量供不应求的同时，一些低档塑料模具却供过于求，市场竞争激烈，还有一些技术含量不太高的中档塑料模具也有供过于求的趋势。

经过近几年的发展，塑料模具已显示出一些新的发展趋势：

（1）大力提高注塑模开发能力。

将开发工作尽量往前推，直至介入到模具用户的产品开发中去，甚至在尚无明确用户对象之前进行开发，变被动为主动。

目前，电视机和显示器外壳、空调器外壳、摩托车塑件等已采用这种方法，手机和电话机模具开发也已开始尝试。这种做法打破了长期以来模具厂只能等有了合同，才能根据用户要求进行模具设计的被动局面。

（2）注塑模具从依靠钳工技艺转变为依靠现代技术。

随着模具企业设计和加工水平的提高，注塑模具的制造正在从过去主要依靠钳工的技

艺转变为主要依靠技术。这不仅是生产手段的转变，也是生产方式的转变和观念的提升。这一趋势使得模具的标准化程度不断提高，模具精度越来越高，生产周期越来越短，钳工比例越来越低，最终促进了模具工业整体水平不断提高。

（3）模具生产正在向信息化迅速发展。

在信息社会中，作为一个高水平的现代模具企业，仅应用 CAD/CAM 已远远不够。目前许多企业已经采用了 CAE、CAT、PDM、CAPP、KBE、KBS、RE、CIMS、ERP 等技术及其他先进制造技术和虚拟网络技术等，这些都是信息化的表现。向信息化方向发展这一趋向已成为行业共识。

（4）注塑模向更广的范围发展。

随着人类社会的不断进步，模具必然会向更广泛的领域和更高水平发展。现在，能把握机遇、开拓市场，不断发现新的增长点的模具企业和能生产高技术含量模具企业的业务很是红火，利润水平和职工收入都很好。因此，模具企业应把握这个趋向，不断提高综合素质和国际竞争力。

第二篇
模具工程师必备的
UG NX 知识

3

UG NX 概述和安装

3.1　UG NX 软件的特点

UG NX 8.5 系统在数字化产品的开发设计领域具有以下几大特点：

- 创新性的用户界面将高端功能与易用性和易学性相结合。

UG NX 8.5 建立在 UG NX 5.0 中引入的基于角色的用户界面基础之上，把此方法的覆盖范围扩展到整个应用程序，以确保在核心产品领域里的一致性。

为了提供一个能够随着用户技能水平增长而成长并且保持用户效率的系统，UG NX 8.5 以可定制的、可移动弹出的工具条为特征。移动弹出工具条减少了用户的鼠标移动，并且使其能够把他们常用的功能集成到由简单操作过程所控制的动作之中。

- 完整统一的全流程解决方案。

UG 产品开发解决方案完全受益于 Teamcenter 的工程数据和过程管理功能。通过 UG NX 8.5，进一步扩展了 UG 和 Teamcenter 之间的集成。利用 UG NX 8.5，能够在 UG 中查看来自 Teamcenter Product Structure Editor（产品结构编辑器）的更多数据，为用户提供关于结构以及相关数据更加全面的表示。

UG NX 8.5 系统无缝集成的应用程序能快速传递产品和工艺信息的变更，从概念设计到产品的制造加工，可使用一套统一的方案把产品开发流程中涉及的学科融合到一起。在 CAD 和 CAM 方面，大量吸收逆向软件 Imageware 的操作方式以及曲面方面的命令；在钣金设计等方面，吸收 SolidEdge 先进的操作方式；在 CAE 方面，增加 I-DEAS 的前后处理程序及 NX Nastran 求解器；同时 UG NX 8.5 使用户在产品开发过程中，在 UGS 先进的 PLM（产品生命周期管理）Teamcenter 环境的管理下，可以随时与系统进行数据交流。

- 可管理的开发环境。

UG NX 8.5 系统可以通过 NX Manager 和 Teamcenter 工具把所有的模型数据进行紧密集成，并实施同步管理，进而实现在一个结构化的协同环境中转换产品的开发流程。UG NX 8.5 采用的可管理的开发环境，增强了产品开发应用程序的性能。

Teamcenter 项目支持。利用 UG NX 8.5，用户能够在创建或保存文件时分配项目数据（既可以是单一项目，也可以是多个项目）。扩展的 Teamcenter 导航器，使用户能够立即把 Project（项目）分配到多个条目（Item）。可以过滤 Teamcenter 导航器，以便只显示基于 Project 的对象，使用户能够清楚了解整个设计的内容。

- 知识驱动的自动化。

使用 UG NX 8.5 系统，用户可以在产品开发的过程中获取产品及其设计制造过程的信息，并将其重新用到开发过程中，以实现产品开发流程的自动化，最大程度地重复利用知识。

- 数字化仿真、验证和优化。

利用 UG NX 8.5 系统中的数字化仿真、验证和优化工具，可以减少产品的开发费用，实现产品开发的一次成功。用户在产品开发流程的每一个阶段，通过使用数字化仿真技术，核对概念设计与功能要求的差异，以确保产品的质量、性能和可制造性符合设计标准。

- 系统的建模能力。

UG NX 8.5 基于系统的建模，允许在产品概念设计阶段快速创建多个设计方案并进行评估，特别是对于复杂的产品，利用这些方案能有效地管理产品零部件之间的关系。在开发过程中还可以创建高级别的系统模板，在系统和部件之间建立关联的设计参数。

3.2 UG NX 的安装

3.2.1 安装要求

1. 硬件要求

UG NX 8.5 软件系统可在工作站（Workstation）或个人计算机（PC）上运行，如果安装在个人计算机上，为了保证软件安全和正常使用，对计算机硬件的要求如下：

- CPU 芯片：一般要求 Pentium 3 以上，推荐使用 Intel 公司生产的 Pentium 4/1.3GHz 以上的芯片。

- 内存：一般要求为 256MB 以上。如果要装配大型部件或产品，进行结构、运动仿真分析或产生数控加工程序，则建议使用 1024MB 以上的内存。

- 显卡：一般要求支持 Open_GL 的 3D 显卡，分辨率为 1024×768 以上，推荐使用 64MB 以上的显卡。如果显卡性能太低，打开软件后，其会自动退出。

- 网卡：以太网卡。
- 硬盘：安装 UG NX 8.5 软件系统的基本模块，需要 3.5GB 左右的硬盘空间，考虑到软件启动后虚拟内存及获取联机帮助的需要，建议在硬盘上准备 4.2GB 以上的空间。
- 鼠标：强烈建议使用三键（带滚轮）鼠标，如果使用二键鼠标或不带滚轮的三键鼠标，会极大地影响工作效率。
- 显示器：一般要求使用 15in 以上的显示器。
- 键盘：标准键盘。

2. 操作系统要求

UG NX 8.5 对操作系统的要求如下：

- 操作系统：操作系统为 Windows 2000 以上的 Workstation 或 Server 版均可，要求安装 SP3（Windows 补丁）以上版本，XP 系统要求安装 SP1 以上版本。对于 UNIX 系统，要求 HP-UX（64bit）的 11 版、Sun Solaris（64bit）的 Solaris 8 2/02、IBM-AIX 的 4.3.3、Maintenance Lecel 8 和 SGI IRIX 的 6.5.11。
- 硬盘格式：建议 NTFS 格式，FAT 也可。
- 网络协议：TCP/IP 协议。
- 显卡驱动程序：分辨率为 1024×768 以上，真彩色。

3.2.2 UG NX 安装前的准备

1. 安装前的计算机设置

为了更好地使用 UG NX 8.5，在软件安装前需要对计算机系统进行设置，主要是操作系统的虚拟内存设置。设置虚拟内存的目的是为软件系统进行几何运算预留临时存储数据的空间。各类操作系统的设置方法基本相同，下面以 Windows XP Professional 操作系统为例说明设置过程。

Step 1 选择 Windows 的 开始 ➡ 设置(S) ➡ 控制面板(C) 命令。

Step 2 在"控制面板"窗口中双击 系统 图标。

Step 3 在"系统属性"对话框中单击 高级 选项卡，在 性能 区域中单击 设置(S) 按钮。

Step 4 在"性能选项"对话框中单击 高级 选项卡，在 虚拟内存 区域中单击 更改(C) 按钮。

Step 5 系统弹出"虚拟内存"对话框，可在 初始大小(MB)(I): 文本框中输入虚拟内存的最小值，在 最大值(MB)(X): 文本框中输入虚拟内存的最大值。虚拟内存的大小可根据计算机硬盘空间的大小进行设置，但初始大小至少要达到物理内存的 2 倍，最大值可达到物理内存的 4 倍以上。例如，用户计算机的物理内存为 256MB，初始值一般设置为 512MB，最大值可设置为 1024MB；如果装配大型部件或产品，建议将初始值设置为 1024MB，最大值设置为 2048MB。单击 设置(S) 和 确定 按钮后，计算机会提示用户重新启动计算机后设置才生效，然后一直单击 确定 按钮。重新启动计算机后，完成设置。

2. 查找计算机的名称

下面介绍查找计算机名称的操作。

Step 1 选择 Windows 的 开始 ➡ 设置(S) ➡ 控制面板(C) 命令。

Step 2 在"控制面板"窗口中双击 系统 图标。

Step 3 在图 3.2.1 所示的"系统属性"对话框中单击 计算机名 选项卡，即可看到在 完整的计算机名称: 位置显示出当前计算机的名称。

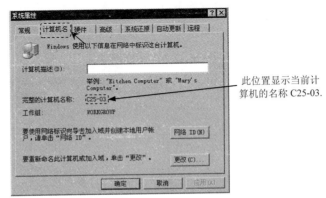

图 3.2.1 "系统属性"对话框

3.2.3 UG NX 安装的一般过程

Stage1. 在服务器上准备好许可证文件

Step 1 首先将合法获得的 UG NX 8.5 许可证文件 NX8.5.lic 复制到计算机中的某个位置，例如 C:\ug85mo\NX8.5.lic。

Step 2 修改许可证文件并保存，如图 3.2.2 所示。

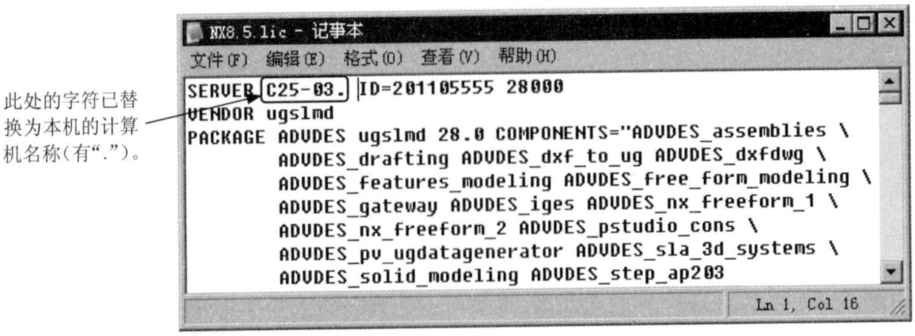

此处的字符已替换为本机的计算机名称（有"."）。

图 3.2.2 修改许可证文件

Stage2．安装许可证管理模块

Step 1 将 UG NX 8.5 软件（NX 8.5.0.23 版本）的安装光盘放入光驱内（如果已经将系统安装文件复制到硬盘上，可双击系统安装目录下的 Launch.exe 文件），等待片刻后，会弹出 NX 8.5 Software Installation 对话框，在此对话框中单击 Install License Server 按钮。

Step 2 系统弹出"选择语言"对话框，接受系统默认的语言 简体中文，单击 确定 按钮。

Step 3 在系统弹出的 Siemens PLM License Server v5.3.1.7 对话框中单击 下一步(N) 按钮。

Step 4 接受系统默认的安装路径，单击 下一步(N) > 按钮。

Step 5 单击 选择(O)... 按钮，找到目录 C:\ug85mo 下的许可证文件 NX8.5.lic，单击 下一步(N) > 按钮。

Step 6 单击 安装(I) 按钮。

Step 7 系统显示安装进度，等待片刻后，在 Siemens PLM License Server v5.3.1.7 对话框中单击 完成(F) 按钮，完成许可证的安装。

Stage3．安装 UG NX 8.5 软件主体

Step 1 在 NX 8.5 Software Installation 对话框中单击 Install NX 按钮。

Step 2 系统弹出 Siemens NX 8.5-InstallShield Wizard 对话框，接受系统默认的语言 中文（简体），单击 确定(0) 按钮。

Step 3 数秒钟后，单击其中的 下一步(N) > 按钮。

Step 4 采用系统默认的安装类型 ⊙ 典型 单选按钮，单击 下一步(N) > 按钮。

Step 5 接受系统默认的路径，单击 下一步(N) > 按钮。

Step 6 系统弹出 Siemens NX 8.5-InstallShield Wizard 对话框，确认 输入服务器名或许可证文件。 文本框中的 "28000@" 后面已是本机的计算机名称，单击 下一步(N) > 按钮。

Step 7 选中 ⊙ 简体中文 单选按钮，单击 下一步(N) > 按钮。

Step 8 单击 安装(I) 按钮。

Step 9 系统显示安装进度，等待片刻后，在 "Siemens NX 8.5-InstallShield 向导" 对话框中单击 完成(F) 按钮，完成安装。

4

UG NX 工作界面与基本操作

4.1 创建用户工作文件目录

使用 UG NX 软件时，应该注意文件的目录管理。如果文件管理混乱，会造成系统找不到正确的相关文件，从而严重影响 UG NX 软件的相关性，同时也会使文件的保存、删除等操作产生混乱，因此应按照操作者的姓名、产品名称（或型号）建立用户文件目录，如本书要求在 E 盘上创建一个名为 ug-course 的文件目录（如果用户的计算机上没有 E 盘，在 C 盘或 D 盘上创建也可）。

4.2 启动 UG NX 软件

一般来说，有两种方法可启动并进入 UG NX 软件环境。

方法一： 双击 Windows 桌面上的 UG NX 8.5 软件的快捷图标。

说明： 如果软件安装完毕后，桌面上没有 UG NX 8.5 软件快捷图标，请参考下面介绍的方法二启动软件。

方法二： 从 Windows 系统"开始"菜单进入 UG NX 8.5，操作方法如下：

Step 1　单击 Windows 桌面左下角的 开始 按钮。

Step 2　选择 程序(P) ➡ Siemens NX 8.5 ➡ NX 8.5 命令，进入 UG NX 8.5 软件环境。

4.3　UG NX 工作界面

4.3.1　用户界面简介

在学习本节时，请先打开文件 D:\ug85mo\work\ch04\support_base.prt。

UG NX 用户界面包括标题栏、下拉菜单区、顶部工具条按钮区、消息区、图形区、部件导航器区、资源工具条区及底部工具条按钮区，如图 4.3.1 所示。

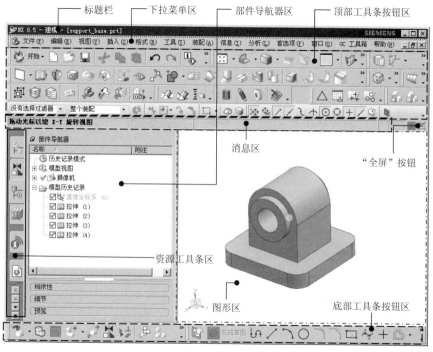

图 4.3.1　UG NX 中文版界面

1．工具条按钮区

工具条中的命令按钮为快速选择命令及设置工作环境提供了极大的方便，用户可以根据具体情况定制工具条。

注意：用户会看到有些菜单命令和按钮处于非激活状态（呈灰色，即暗色），这是因为它们目前还没有处在发挥功能的环境中，一旦它们进入有关的环境，便会自动激活。

2．下拉菜单区

下拉菜单中包含创建、保存、修改模型和设置 UG NX 环境的所有命令。

3．资源工具条区

资源工具条区包括"装配导航器"、"约束导航器"、"部件导航器"、Internet Explorer、

"历史记录"和"系统材料"等导航工具。用户通过使用该工具条区可以方便地进行一些操作。对于每一种导航器，都可以直接在其相应的项目上右击，快速地进行各种操作。

资源工具条区主要选项的功能说明如下：

- "装配导航器"：用于显示装配的层次关系。
- "约束导航器"：用于显示装配的约束关系。
- "部件导航器"：用于显示建模的先后顺序和父子关系。父对象（活动零件或组件）显示在模型树的顶部，其子对象（零件或特征）位于父对象之下。在"部件导航器"中右击，从弹出的快捷菜单中选择 时间戳记顺序 命令，则按"模型历史"显示。"模型历史树"中列出了活动文件中的所有零件及特征，并按建模的先后顺序显示模型结构。若打开多个 UG NX 模型，则"部件导航器"只反映活动模型的内容。
- Internet Explorer：用于直接浏览网站。
- "历史记录"：用于显示曾经打开过的部件。
- "系统材料"：用于设定模型的材料。

说明：本书在编写过程中用 首选项(P) ➡ 用户界面(I)... 命令，将"资源工具条"显示在左侧。

4. 图形区

图形区是 UG NX 用户主要的工作区域，建模的主要过程、绘制前后的零件图形、分析结果和模拟仿真过程等都在这个区域内显示。用户可以直接在图形区中选取相关对象进行操作。

同时还可以选择多种视图操作方式：

方法一：右击图形区，弹出快捷菜单，如图 4.3.2 所示。

方法二：在图形区中按住右键，弹出挤出式菜单，如图 4.3.3 所示。

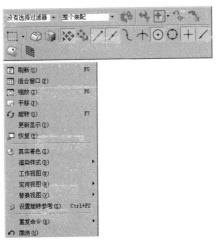

图 4.3.2　快捷菜单

图 4.3.3　挤出式菜单

5. 消息区

执行有关操作时，与该操作有关的系统提示信息会显示在消息区。消息区中间有一个可见的边线，左侧是提示栏，用来提示用户如何操作；右侧是状态栏，用来显示系统或图形当前的状态，例如显示选取结果信息等。执行每个操作时，系统都会在提示栏中显示用户必须执行的操作，或者提示下一步操作。对于大多数的命令，用户都可以利用提示栏的提示来完成操作。

6. "全屏" 按钮

在 UG NX 中使用 "全屏" 按钮 ▣，允许用户将可用图形窗口最大化。在最大化窗口模式下再次单击 "全屏" 按钮 ▣，即可切换到普通模式。

4.3.2　用户界面的定制

进入 UG NX 系统后，在建模环境下选择下拉菜单 工具(T) ➡ 定制(Z)... 命令，系统弹出 "定制" 对话框（图 4.3.4），可对用户界面进行定制。

1. 工具条设置

在图 4.3.4 所示的 "定制" 对话框中单击 工具条 选项卡，即可打开工具条定制选项卡。通过此选项卡可改变工具条的布局，可以将各类工具条按钮放在屏幕的顶部、左侧或下侧。下面以图 4.3.4 所示的 □ 标准 选项（控制基本操作类工具按钮的选项）为例说明定制过程。

图 4.3.4　"定制" 对话框

Step 1　单击 □ 标准 选项中的 □，出现 √ 号，此时可看到标准类的命令按钮出现在界面上。

Step 2　单击 关闭 按钮。

Step 3　添加工具按钮。

（1）单击工具条中的 ” 按钮（图 4.3.5），系统弹出图 4.3.6 所示的工具条。

图 4.3.5　"工具条选项" 按钮　　　图 4.3.6　工具条

（2）单击 添加或移除按钮 按钮，弹出一个下拉列表框，把鼠标移到相应的列表项（一般是当前工具条的名称），会在后面显示出列表项包含的工具按钮（图 4.3.7），单击每个按钮可以对该按钮进行显示或隐藏操作。

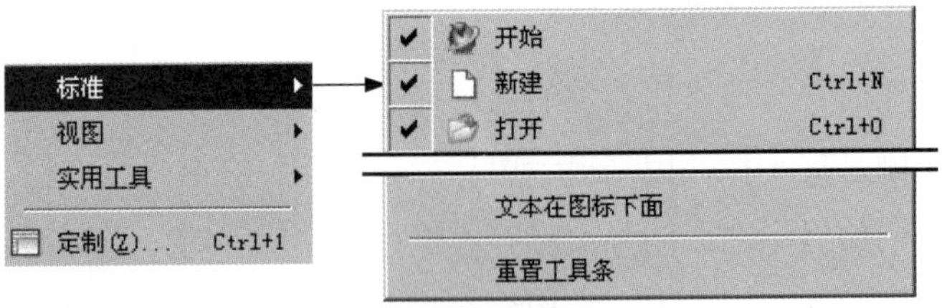

图 4.3.7　显示或隐藏按钮

Step 4　拖动工具条到合适的位置，完成设置。

2. 在下拉菜单中定制（添加）命令

在图 4.3.8 所示的"定制"对话框中单击 命令 选项卡，即可打开定制命令的选项卡。通过此选项卡可改变下拉菜单的布局，可以将各类命令添加到下拉菜单中。

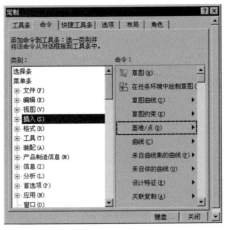

图 4.3.8　"命令"选项卡

下面以下拉菜单 插入(S) ➡ 基准/点(D)▶ ➡ 平面(L)... 命令为例说明定制过程。

Step 1　在图 4.3.8 中的 类别: 列表中选择按钮的种类 插入(S)，在 命令: 区域中出现该种类的所有按钮。

Step 2　右击 基准/点(D)▶ 选项，在弹出的快捷菜单中选择 添加或移除按钮 ▶ 中的 平面(L)... 命令。

Step 3　单击 关闭 按钮，完成设置。

Step 4　选择下拉菜单 插入(S) ➡ 基准/点(D)▶ 选项，可以看到 平面(L)... 命令已被添加。

说明："定制"对话框弹出后，可将下拉菜单中的命令添加到工具条中成为按钮，方法是单击下拉菜单中的某个命令，并按住左键不放，将鼠标指针拖到屏幕的工具条中。

3. 选项设置

在"定制"对话框中单击 选项 选项卡，可以对菜单的显示、工具条图标大小以及菜单图标大小进行设置。

4. 布局设置

在"定制"对话框中单击  选项卡，可以保存和恢复菜单、工具条的布局，还可以设置提示/状态的位置以及窗口融合优先级。

5. 角色设置

在"定制"对话框中单击 选项卡，可以载入和创建角色（角色就是满足用户需求的工作界面）。

6. 图标下面的文本

在"定制"对话框的列表框中，单击其中任意一个选项（如 ），可激活 ☑ 文本在图标下面 复选框，勾选该复选框可以使文本在工具条中进行显示，如图 4.3.9 所示。

a）选中时 　　　　　　　b）取消选中时

图 4.3.9　图标下面的文本显示

4.4　UG NX 鼠标操作

用鼠标可以控制图形区中模型的显示状态。

- 滚动中键滚轮，可以缩放模型：向前滚，模型缩小；向后滚，模型变大。
- 按住中键，移动鼠标，可旋转模型。
- 先按住 Shift 键，然后按住中键，移动鼠标可移动模型。

注意：采用以上方法对模型进行缩放和移动操作时，只是改变模型的显示状态，而不能改变模型的真实大小和位置。

5

二维草图设计

5.1 进入与退出草图环境

1. 进入草图环境的操作方法

Step 1 打开 UG NX 后，选择下拉菜单 文件(F) ➡ 新建(N)... 命令（或单击"新建"按钮 ），系统弹出"新建"对话框，在 模板 选项卡中选取模板类型为 模型 ，在 名称 文本框中输入文件名（如 model.prt），在 文件夹 文本框中输入模型的保存目录，然后单击 确定 按钮，进入 UG NX 建模环境。

Step 2 选择下拉菜单 插入(S) ➡ 在任务环境中绘制草图(V)... 命令，系统弹出"创建草图"对话框，选择"XY 平面"为草图平面，单击对话框中的 确定 按钮，系统进入草图环境。

2. 选择草图平面

进入草图工作环境后，在创建新草图之前，一个特别要注意的事项就是要为新草图选择草图平面，也就是要确定新草图在三维空间的放置位置。草图平面是草图所在的某个空间平面，它可以是基准平面，也可以是实体的某个表面。

"创建草图"对话框用于选择草图平面，在对话框中选择某个平面作为草图平面，然后单击 < 确定 > 按钮予以确认。

"创建草图"对话框中部分选项说明如下：

* 类型区域：
  ☑ 在平面上：选取该选项后，用户可以在图形区选择任意平面为草图平面（此选项为系统默认选项）。

　　☑　**基于路径**：选取该选项后，系统在用户指定的曲线上建立一个与该曲线垂直的平面，作为草图平面。

● **草图平面** 区域：

　　☑　**现有平面**：选取该选项后，用户可以选择基准面或者图形中现有的平面作为草图平面。进入草图环境后，系统默认的平面为 XY 平面，单击　**确定**　按钮后，系统默认 XY 平面为草图平面。

　　☑　**创建平面**：选取该选项后，用户可以通过"平面"按钮　，创建一个基准面作为草图平面。

　　☑　**创建基准坐标系**：选取该选项后，可通过"创建基准坐标系"按钮　，创建一个坐标系，用户可以选取该坐标系中的基准面作为草图平面。

　　☑　　（反向）：单击该按钮可以切换基准轴法线的方向。

● **草图方向** 区域：

　　☑　**水平**：选取该选项后，用户可定义参考平面与草图平面的位置关系为水平。

　　☑　**竖直**：选取该选项后，用户可定义参考平面与草图平面的位置关系为竖直。

3.　退出草图环境的操作方法

单击　**完成草图**　按钮，退出草图环境。

4.　直接草图工具

在 UG NX 8.5 中，系统还提供了另一种草图创建的环境——直接草图，进入直接草图环境的具体操作步骤如下。

Step 1　新建模型文件，进入 UG NX 8.5 建模环境。

Step 2　选择下拉菜单 **插入(S)** ➡ **草图(H)...** 命令，系统弹出"创建草图"对话框，选择 XY 平面为草图平面，单击对话框中的　**确定**　按钮，系统进入直接草图环境，此时可以使用屏幕下方的"直接草图"工具条（图 5.1.1）绘制草图。

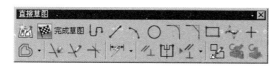

图 5.1.1　"直接草图"工具条

Step 3　单击工具条中的"完成草图"按钮　**完成草图**，即可退出直接草图环境。

说明：

● "直接草图"工具创建的草图，在部件导航器中同样会显示为一个独立的特征，也能作为特征的截面草图使用。此方法本质上与"任务环境中的草图"没有区别，只是实现方式较为"直接"。

● 在"直接草图"创建环境中，系统不会自动将草图平面与屏幕对齐，需要将草图平面旋转到大致与屏幕对齐的位置，然后使用快捷键 F8 对齐草图平面。

● 单击"直接草图"工具条中的"在草图任务环境中打开"按钮 ，系统即可进入 "任务环境中的草图"环境。

● 在三维建模环境下，双击已绘制的草图也能进入直接草图环境。

为保证内容的一致性，本书中的草图均以"任务环境中的草图"来创建。

5.2 坐标系的介绍

UG NX 8.5 中有三种坐标系：绝对坐标系、工作坐标系和基准坐标系。在使用软件的 过程中经常要用到坐标系，下面对这三种坐标系做简单的介绍。

1. 绝对坐标系（ACS）

绝对坐标系是指原点在（0，0，0）的坐标系，是固定不变的。

2. 工作坐标系（WCS）

工作坐标系包括坐标原点和坐标轴，如图 5.2.1 所示。它的轴通常是正交的（即相互 间为直角），并且遵守右手定则。

说明：

● 工作坐标系不受修改操作（删除、平移等）的影响，但允许非修改操作，如隐藏 和分组。

● UG NX 8.5 的部件文件可以包含多个坐标系，但是其中只有一个是 WCS。

● 用户可以随时挑选一个坐标系作为"工作坐标系"（WCS）。系统用 XC、YC 和 ZC 表示工作坐标系的坐标。工作坐标系的 XC-YC 平面称为工作平面。

3. 基准坐标系（CSYS）

基准坐标系（CSYS）由单独的可选组件组成，如图 5.2.2 所示。

● 整个基准 CSYS。

● 三个基准平面。

● 三个基准轴。

● 原点。

a) 俯视图   b) 正二等轴测

图 5.2.1   工作坐标系（WCS）

图 5.2.2   基准坐标系（CSYS）

可在基准 CSYS 中选择单个基准平面、基准轴或原点。可隐藏基准 CSYS 以及其单个组成部分。

4. 右手定则

● 常规的右手定则。

如果坐标系的原点在右手掌，拇指向上延伸的方向对应于某个坐标轴的方向，则可以利用常规的右手定则确定其他坐标轴的方向。例如，假设拇指指向 ZC 轴的正方向，食指伸直的方向对应于 XC 轴的正方向，中指向外延伸的方向则为 YC 轴的正方向。

● 旋转的右手定则。

旋转的右手定则用于将矢量和旋转方向关联起来。

当拇指伸直并且与给定的矢量对齐时，则弯曲的其他四指就能确定该矢量关联的旋转方向。反过来，当弯曲手指表示给定的旋转方向时，则伸直的拇指就确定关联的矢量。

例如，如果要确定当前坐标系的旋转反时针方向，那么拇指就应该与 ZC 轴对齐，并指向其正方向，这时逆时针方向即为四指从 XC 轴正方向向 YC 轴正方向旋转。

5.3　草图环境的设置

进入草图环境后，选择下拉菜单 首选项(P) ➡ 草图(S)... 命令，弹出"草图首选项"对话框，在该对话框中可以设置草图的显示参数和默认名称前缀等参数。

"草图首选项"对话框的 草图样式 和 会话设置 选项卡的主要选项及其功能说明如下：

● 尺寸标签 下拉列表框：控制草图标注文本的显示方式。

● 文本高度 文本框：控制草图尺寸数值的文本高度。在标注尺寸时，可以根据图形大小适当的在该文本框中输入数值来调整文本高度，以便于用户观察。

● 捕捉角 文本框：绘制直线时，如果起点与光标位置连线接近水平或垂直，捕捉功能会自动捕捉到水平或垂直位置。捕捉角是自动捕捉的最大角度，例如捕捉角为 3，当起点与光标位置连线，与 XC 轴或 YC 轴夹角小于 3 时，会自动捕捉到水平或垂直位置。

● □保持图层状态 复选框：如果选中该复选框，当进入某一草图对象时，该草图所在图层自动设置为当前工作图层，退出时恢复原图层为当前工作图层；否则，退出时保持草图所在图层为当前工作图层。

● ☑显示自由度箭头 复选框：如果选中该复选框，当进行尺寸标注时，在草图曲线端点处用箭头显示自由度，否则不显示。

● ☑动态约束显示 复选框：如果选中该复选框，当相关几何体很小时，则不会显示约束符号。如果要忽略相关几何体的尺寸查看约束，则可以取消该复选框。

- **名称前缀** 区域：在此区域中可以指定多种草图几何元素的名称前缀。默认前缀及其相应几何元素类型，如图 5.3.1 所示。

"草图首选项"对话框中的 **部件设置** 选项卡包含曲线、尺寸和参考曲线等的颜色设置，这些设置和用户默认设置中的草图生成器的颜色相同。一般情况下，我们都采用系统默认的颜色设置。

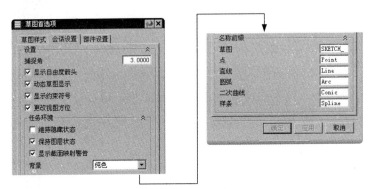

图 5.3.1 "草图首选项"对话框

5.4 草图的绘制

5.4.1 草图绘制概述

要绘制草图，应先从草图环境的工具条按钮区或 **插入(S)** ➡ **曲线(C)▶** 下拉菜单中选取一个绘图命令（由于工具条按钮简明而快捷，因此推荐优先使用），然后可通过在图形区选取点来创建对象。在绘制对象的过程中，当移动鼠标指针时，系统会自动确定可添加的约束并将其显示。绘制对象后，用户还可以对其继续添加约束。

在本节中主要介绍利用"草图工具"工具条来创建草图对象。

草图环境中使用鼠标的说明：

- 绘制草图时，可以在图形区单击以确定点，单击中键中止当前操作或退出当前命令。
- 当不处于草图绘制状态时，单击可选取多个对象；选择对象后，右击将弹出带有最常用草图命令的快捷菜单。
- 滚动鼠标中键，可以缩放模型（该功能对所有模块都适用）：向前滚，模型缩小；向后滚，模型变大。
- 按住鼠标中键，移动鼠标，可旋转模型（该功能对所有模块都适用）。
- 先按住 Shift 键，然后按住鼠标中键，移动鼠标可移动模型（该功能对所有模块都适用）。

5.4.2　直线的绘制

Step 1 进入草图环境后，采用默认的平面（XY 平面）为草图平面，单击 确定 按钮。

说明：

- 进入草图工作环境后，如果是创建新草图，则必须首先选取草图平面，也就是要确定新草图在空间的哪个平面上绘制。

- 以后在创建新草图时，如果没有特别的说明，则草图平面为默认的 XY 平面。

Step 2 选择命令。选择下拉菜单 插入(S) ➡ 曲线(C)▶ ➡ 直线(L)... 命令，系统弹出图 5.4.1 所示的"直线"工具条。

图 5.4.1 所示的"直线"工具条的说明如下：

- **XY**（坐标模式）：选中该按钮（默认），系统弹出图 5.4.2 所示的动态输入框（一），可以通过输入 XC 和 YC 的坐标值来精确绘制直线，坐标值以工作坐标系（WCS）为参照。要在动态输入框的选项之间进行切换，可按 Tab 键。要输入值，可在文本框内输入值，然后按 Enter 键。

- ⌐（参数模式）：选中该按钮，系统弹出图 5.4.3 所示的动态输入框（二），可以通过输入长度值和角度值来绘制直线。

图 5.4.1　"直线"工具条　　　图 5.4.2　动态输入框（一）　　　图 5.4.3　动态输入框（二）

Step 3 定义直线的起始点。在系统 选择直线的第一点 的提示下，在图形区中的任意位置单击，以确定直线的起始点，此时可看到一条"橡皮筋"线附着在鼠标指针上。

说明：系统提示 选择直线的第一点 显示在消息区，有关消息区的具体介绍请参见 4.3.1 节"用户界面简介"的相关内容。

Step 4 定义直线的终止点。在系统 选择直线的第二点 的提示下，在图形区中的另一位置单击，以确定直线的终止点，系统便在两点间创建一条直线（在终点处再次单击，在直线的终点处出现另一条"橡皮筋"线）。

Step 5 单击中键，结束直线的创建。

说明：

- 直线的精确绘制可以利用动态输入框实现，其他曲线的精确绘制也一样。

- "橡皮筋"是指操作过程中的一条临时虚构线段，它始终是当前鼠标光标的中心点与前一个指定点的连线。因为它可以随着光标的移动而拉长或缩短并可绕前一点转动，所以形象地称其为"橡皮筋"。

- 在绘制或编辑草图时，单击"标准"工具条上的 ↶ 按钮，可撤消上一个操作；单击 ↷ 按钮（或者选择下拉菜单 编辑(E) ➡ ↷ 重做(R) 命令），可以重新执行被撤消的操作。

5.4.3 圆的绘制

选择下拉菜单 插入(S) ➡ 曲线(C)▶ ➡ ○ 圆(C)... 命令，系统弹出图 5.4.4 所示的"圆"工具条，有以下两种绘制圆的方法。

方法一：圆心和直径决定的圆——通过选取中心点和圆上一点来创建圆。其一般操作步骤如下。

Step 1 选择方法。选中"圆心和直径定圆"按钮 ⊙。

Step 2 定义圆心。在系统 选择圆的中心点 的提示下，在某位置单击，放置圆的中心点。

Step 3 定义圆的半径。在系统 在圆上选择一个点 的提示下，拖动鼠标至另一位置，单击确定圆的大小。

Step 4 单击中键，结束圆的创建。

方法二：通过三点的圆——通过确定圆上的三个点来创建圆。

5.4.4 圆弧的绘制

选择下拉菜单 插入(S) ➡ 曲线(C)▶ ➡ ↷ 圆弧(A)... 命令，系统弹出图 5.4.5 所示的"圆弧"工具条，有以下两种绘制圆弧的方法。

图 5.4.4 "圆"工具条　　　　　　图 5.4.5 "圆弧"工具条

方法一：通过三点的圆弧——确定圆弧的两个端点和弧上的一个附加点来创建一个三点圆弧。其一般操作步骤如下。

Step 1 选择方法。选中"三点定圆弧"按钮 ↷。

Step 2 定义端点。在系统 选择圆弧的起点 的提示下，在图形区中的任意位置单击，以确定圆弧的起点；在系统 选择圆弧的终点 的提示下，在另一位置单击，放置圆弧的终点。

Step 3 定义附加点。在系统 在圆弧上选择一个点 的提示下，移动鼠标，圆弧呈"橡皮筋"样变化，在图形区另一位置单击以确定圆弧。

Step 4 单击中键，完成圆弧的创建。

方法二：用中心和端点确定圆弧。其一般操作步骤如下。

Step 1 选择方法。选中"中心和端点决定的圆弧"按钮 ◠。

Step 2 定义圆心。在系统 **选择圆弧的中心点** 的提示下，在图形区中的任意位置单击，以确定圆弧中心点。

Step 3 定义圆弧的起点。在系统 **选择圆弧的起点** 的提示下，在图形区中的任意位置单击，以确定圆弧的起点。

Step 4 定义圆弧的终点。在系统 **选择圆弧的终点** 的提示下，在图形区中的任意位置单击，以确定圆弧的终点。

Step 5 单击中键，结束圆弧的创建。

5.4.5 矩形的绘制

选择下拉菜单 插入(S) ➡ 曲线(C)▶ ➡ ▢ 矩形(R)... 命令，系统弹出图 5.4.6 所示的"矩形"工具条，可以在草图平面上绘制矩形。在绘制草图时，使用该命令可省去绘制四条线段的麻烦。共有三种绘制矩形的方法，分别介绍如下。

方法一：按两点——通过选取两对角点来创建矩形，其一般操作步骤如下。

Step 1 选择方法。选中"按 2 点"按钮 ▱。

Step 2 定义第一个角点。在图形区某位置单击，放置矩形的第一个角点。

Step 3 定义第二个角点。单击 **XY** 按钮，再次在图形区另一位置单击，放置矩形的另一个角点。

Step 4 单击中键，结束矩形的创建，结果如图 5.4.7 所示。

图 5.4.6 "矩形"工具条

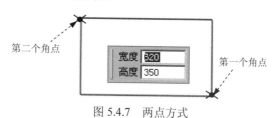

图 5.4.7 两点方式

方法二：通过三点来创建矩形，其一般操作步骤如下。

Step 1 选择方法。单击"按 3 点"按钮 ▱。

Step 2 定义第一个顶点。在图形区某位置单击，放置矩形的第一个顶点。

Step 3 定义第二个顶点。单击 **XY** 按钮，在图形区另一位置单击，放置矩形的第二个顶点（第一个顶点和第二个顶点之间的距离即矩形的宽度），此时矩形呈"橡皮筋"样变化。

Step 4 定义第三个顶点。单击 **XY** 按钮，再次在图形区单击，放置矩形的第三个顶点（第二个顶点和第三个顶点之间的距离即矩形的长度）。

Step 5 单击中键，结束矩形的创建，结果如图 5.4.8 所示。

　　方法三：从中心——通过选取中心点、一条边的中点和顶点来创建矩形，其一般操作步骤如下。

Step 1 选择方法。单击"从中心"按钮 。

Step 2 定义中心点。在图形区某位置单击，放置矩形的中心点。

Step 3 定义第二个点。单击 XY 按钮，在图形区另一位置单击，放置矩形的第二个点（一条边的中点），此时矩形呈"橡皮筋"样变化。

Step 4 定义第三个点。单击 XY 按钮，再次在图形区单击，放置矩形的第三个点。

Step 5 单击中键，结束矩形的创建，结果如图 5.4.9 所示。

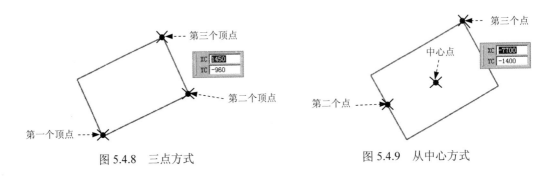

图 5.4.8　三点方式　　　　　　　　　图 5.4.9　从中心方式

5.4.6　圆角的绘制

　　选择下拉菜单 插入(S) ➡ 曲线(C)▶ ➡ 圆角(F)...命令，系统弹出图 5.4.10 所示的"圆角"工具条。可以在指定的两条或三条曲线之间创建一个圆角。该工具条中包括四个按钮："修剪"按钮 、"取消修剪"按钮 、"删除第三条曲线"按钮 和"创建备选圆角"按钮 。

　　创建圆角的一般操作步骤如下。

Step 1 在"圆角"工具条中单击"修剪"按钮 。

Step 2 定义圆角曲线。单击选取图 5.4.11 所示的两条直线。

Step 3 定义圆角半径。拖动鼠标至适当位置，单击确定圆角的大小（或者在动态输入框中输入圆角半径，以确定圆角的大小）。

Step 4 单击中键，结束圆角的创建。

　　说明：

● 如果选中"取消修剪"按钮 ，则绘制的圆角如图 5.4.12 所示。

● 如果选中"创建备选圆角"按钮 ，则可以生成每一种可能的圆角（或按 Page Down 键选择所需的圆角），如图 5.4.13 和图 5.4.14 所示。

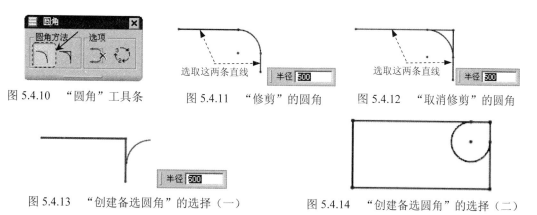

图 5.4.10　"圆角"工具条　　图 5.4.11　"修剪"的圆角　　图 5.4.12　"取消修剪"的圆角

图 5.4.13　"创建备选圆角"的选择（一）　　　　图 5.4.14　"创建备选圆角"的选择（二）

5.4.7　轮廓线的绘制

选择下拉菜单 插入(S) ➡ 曲线(C)▶ ➡ ⌒ 轮廓(O)... 命令，系统弹出图 5.4.15 所示的"轮廓"工具条。

具体操作过程参照前面直线和圆弧的绘制，不再赘述。

绘制轮廓线的说明：

- 轮廓线与直线和圆弧的区别在于，轮廓线可以绘制连续的对象，如图 5.4.16 所示。
- 绘制时，按下、拖动并释放鼠标左键，直线模式变为圆弧模式，如图 5.4.17 所示。
- 利用动态输入框可以绘制精确的轮廓线。

图 5.4.15　"轮廓"工具条　　图 5.4.16　绘制连续对象　　图 5.4.17　用"轮廓线"命令绘制圆弧

5.4.8　派生直线的绘制

派生直线的绘制是将现有的参考直线偏置生成另外一条直线，或者通过选择两条参考直线，可以在此两条直线之间创建角平分线。

选择下拉菜单 插入(S) ➡ 来自曲线集的曲线(F)▶ ➡ 派生直线(I)... 命令，可绘制派生直线，其一般操作步骤如下：

Step 1　打开文件 D:\ug85mo\work\ch05.04\derive_line.prt。

Step 2　进入草绘环境后，选择下拉菜单 插入(S) ➡ 来自曲线集的曲线(F)▶ ➡ 派生直线(I)... 命令。

Step 3　定义参考直线。单击选取直线为参考。

Step 4 定义派生直线的位置。拖动鼠标至另一位置单击，以确定派生直线的位置。

Step 5 单击中键，结束派生直线的创建，结果如图 5.4.18 所示。

说明：

● 如需要偏置多条直线，可以在上述 Step4 中，在图形区合适的位置继续单击，然后单击中键完成，结果如图 5.4.19 所示。

图 5.4.18　直线的偏置（一）　　　　图 5.4.19　直线的偏置（二）

● 如果选择两条平行线，系统会在这两条平行线的中点处创建一条直线。可以通过拖动鼠标以确定直线长度，也可以在动态输入框中输入值，如图 5.4.20 所示。

● 如果选择两条不平行的直线时（不需要相交），系统将构造一条角平分线。可以通过拖动鼠标以确定直线长度（或在动态输入框中输入一个值），也可以在成角度两条直线的任意象限放置平分线，如图 5.4.21 所示。

图 5.4.20　派生两条平行线中间的直线　　　图 5.4.21　派生角平分线

5.4.9　艺术样条曲线的绘制

艺术样条曲线是指利用给定的若干个点拟合出的多项式曲线，样条曲线采用的是近似拟和的方法，但可以很好地满足工程需求，因此得到较为广泛的应用。下面通过创建图 5.4.22a 所示的曲线来说明创建艺术样条的一般过程。

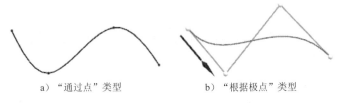

a）"通过点"类型　　　　　　b）"根据极点"类型

图 5.4.22　创建艺术样条曲线

Step 1 选择命令。选择下拉菜单 插入(S) ➡ 曲线(C)▶ ➡ 艺术样条(D)... 命令，系统弹出"艺术样条"对话框。

Step 2 选择方法。在"艺术样条"对话框 类型 下拉列表框中选择 通过点 选项，依次在图 5.4.22a 所示的各点位置单击，系统生成图 5.4.22a 所示的"通过点"方式创建的样条。

说明：如果选择 根据极点 选项，依次在图 5.4.22b 所示的各点位置单击，系统则生成图 5.4.22b 所示的"根据极点"方式创建的样条。

Step 3 在"艺术样条"对话框中单击 确定 按钮（或单击中键）完成样条曲线的创建。

5.4.10　将草图对象转化为参考线

在为草图对象添加几何约束和尺寸约束的过程中，有些草图对象是作为基准、定位来使用的，或者有些草图对象在创建尺寸时可能引起约束冲突，此时可利用"草图约束"工具条中的"转换至/自参考对象"按钮将草图对象转换为参考线；当然必要时，也可利用该按钮将其激活，即从参考线转化为草图对象。下面以图 5.4.23 为例，说明其操作方法及作用。

将此两条直线变成参考对象

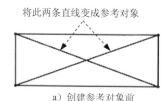
a）创建参考对象前

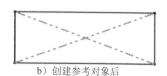
b）创建参考对象后

图 5.4.23　转换参考对象

Step 1 打开文件 D:\ug85mo\work\ch05.04\reference.prt。

Step 2 进入草图工作环境。在部件导航器中右击 草图 (1)，选择 可回滚编辑... 命令。

Step 3 选择下拉菜单 工具(T) ➡ 约束(T) ➡ 转换至/自参考对象(V)... 命令，系统弹出"转换至/自参考对象"对话框，选中 ⊙ 参考曲线或尺寸 单选按钮。

Step 4 根据系统 选择要转换的曲线或尺寸 的提示，选取图 5.4.23a 中的线，单击 应用 按钮，被选取的对象就转换成参考对象，结果如图 5.4.23b 所示。

Step 5 在"转换至/自参考对象"对话框中选中 ⊙ 活动曲线或驱动尺寸 单选按钮，然后选取图 5.4.23b 中创建的参考对象，单击 应用 按钮，参考对象被激活，变回图 5.4.23a 所示的形式，然后单击 取消 按钮。

5.4.11　点的创建

使用 UG NX 软件绘制草图时，经常需要构造点来定义草图平面上的某一位置。下面通过图 5.4.24 所示的图形来说明点的创建过程。

Step 1 打开文件 D:\ug85mo\work\ch05.04\point.prt。

图 5.4.24 构造点

Step 2 进入草图环境。在部件导航器中右击 ☑🗂草图 (1)，选择 🔧可回滚编辑...命令。

Step 3 选择命令。选择下拉菜单 插入(S) ➡ 基准/点(D)▶ ➡ ✛ 点(P)...命令，系统弹出"草图点"对话框。

Step 4 选择构造点。在"草图点"对话框中单击"点对话框"按钮 ✛ ，系统弹出图 5.4.25 所示的"点"对话框，在"点"对话框中的 类型 下拉列表框中选择 圆弧/椭圆上的角度 选项。

图 5.4.25 "点"对话框

Step 5 定义点的位置。根据系统 选择圆弧或椭圆用作角度参考 的提示，选取图 5.4.24a 所示的圆弧，在"点"对话框的 角度 文本框中输入数值 120。

Step 6 单击"点"对话框中的 确定 按钮，完成点的构造，结果如图 5.4.24b 所示。

Step 7 单击 🏁 完成草图(K) 命令（或单击 🏁 完成草图 按钮），完成草图并退出草图环境。

图 5.4.25 所示的"点"对话框中的 类型 下拉列表框中各选项说明如下：

- ⚡自动判断的点：根据光标的位置自动判断所选的点。它包括了下面介绍的所有点的选择方式。

- 光标位置：将光标移至图形区某位置并单击，系统则在单击的位置处创建一个点。如果创建点是在一个草图中进行，则创建的点位于当前草图平面上。

- 现有点：在图形区选择已经存在的点。

- 终点：通过选取已存在曲线（如线段、圆弧、二次曲线及其他曲线）的端点创建一个点。在选取端点时，光标的位置对端点的选取有很大的影响，一般系统会选取曲线上离光标最近的端点。

- **控制点**：通过选取曲线的控制点创建一个点。控制点与曲线类型有关，可以是存在点、线段的中点或端点，开口圆弧的端点、中点或中心点，二次曲线的端点和样条曲线的定义点或控制点。

- **交点**：通过选取两条曲线的交点、一曲线和一曲面或一平面的交点创建一个点。在选取交点时，若两对象的交点多于一个，系统会在靠近第二个对象的交点创建一个点；若两段曲线并未实际相交，则系统会选取两者延长线上的相交点；若选取的两段空间曲线并未实际相交，则系统会选取最靠近第一个对象处创建一个点或规定新点的位置。

- **圆弧中心/椭圆中心/球心**：通过选取圆/圆弧、椭圆或球的中心点创建一个点。

- **圆弧/椭圆上的角度**：沿圆弧或椭圆的一个角度（与坐标轴 XC 正向所成的角度）位置上创建一个点。

- **象限点**：通过选取圆弧或椭圆弧的象限点，即四分点创建一个点。创建的象限点是离光标最近的那个四分点。

- **点在曲线/边上**：通过选取曲线或物体边缘上的点创建一个点。

- **两点之间**：在两点之间指定一个位置。

- **按表达式**：使用点类型的表达式指定点。

5.5 草图的编辑

5.5.1 直线的操纵

UG NX 提供了对象操纵功能，可方便地旋转、拉伸和移动对象。

操纵 1 的操作流程，如图 5.5.1 所示：在图形区，把鼠标指针移到直线端点上，按下左键不放，同时移动鼠标，此时直线以远离鼠标指针的那个端点为圆心转动，达到绘制意图后，松开左键。

操纵 2 的操作流程，如图 5.5.2 所示：在图形区，把鼠标指针移到直线上，按下左键不放，同时移动鼠标，此时会看到直线随着鼠标移动，达到绘制意图后，松开左键。

图 5.5.1 操纵 1：直线的转动和拉伸   图 5.5.2 操纵 2：直线的移动

5.5.2 圆的操纵

操纵 1 的操作流程，如图 5.5.3 所示：把鼠标指针移到圆的边线上，按下左键不放，同时移动鼠标，此时会看到圆在变大或缩小，达到绘制意图后，松开左键。

操纵 2 的操作流程，如图 5.5.4 所示：把鼠标指针移到圆心上，按下左键不放，同时移动鼠标，此时会看到圆随着指针一起移动，达到绘制意图后，松开左键。

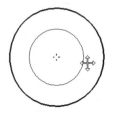

图 5.5.3　操纵 1：圆的缩放

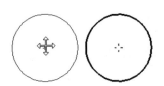

图 5.5.4　操纵 2：圆的移动

5.5.3 圆弧的操纵

操纵 1 的操作流程，如图 5.5.5 所示：把鼠标指针移到圆弧上，按下左键不放，同时移动鼠标，此时会看到圆弧半径变大或变小，达到绘制意图后，松开左键。

操纵 2 的操作流程，如图 5.5.6 所示：把鼠标指针移到圆弧的某个端点上，按下左键不放，同时移动鼠标，此时会看到圆弧以另一端点为固定点旋转，并且圆弧的包角也在变化，达到绘制意图后，松开左键。

操纵 3 的操作流程，如图 5.5.7 所示：把鼠标指针移到圆心上，按下左键不放，同时移动鼠标，此时圆弧随着指针一起移动，达到绘制意图后，松开左键。

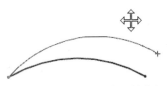  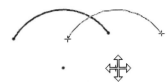

图 5.5.5　操纵 1：改变弧的半径　　图 5.5.6　操纵 2：改变弧的位置　　图 5.5.7　操纵 3：弧的移动

5.5.4 样条曲线的操纵

操纵 1 的操作流程，如图 5.5.8 所示：把鼠标指针移到样条曲线的某个端点或定位点上，按下左键不放，同时移动鼠标，此时样条线的拓扑形状（曲率）不断变化，达到绘制意图后，松开左键。

操纵 2 的操作流程，如图 5.5.9 所示：把鼠标指针移到样条曲线上，按下左键不放，同时移动鼠标，此时样条曲线随着鼠标移动，达到绘制意图后，松开左键。

图 5.5.8　操纵 1：改变曲线的形状

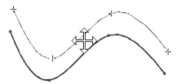
图 5.5.9　操纵 2：曲线的移动

5.5.5　制作拐角

"制作拐角"命令是指通过两条曲线延伸或修剪到公共交点来创建拐角。此命令适用于直线、圆弧、开放式二次曲线和开放式样条等，其中开放式样条仅限修剪。创建"制作拐角"的一般操作步骤如下：

Step 1　选择下拉菜单 编辑(E) ➡ 曲线(V)▸ ➡ ✚ 制作拐角(M)... 命令。

Step 2　定义要制作拐角的两条曲线。选取图 5.5.10a 所示的两条直线。

第二条拐角边　　第一条拐角边

a）创建前　　　　　　　　　　　　　　　　　　　b）创建后
图 5.5.10　创建"制作拐角"特征

Step 3　单击中键，完成制作拐角的创建。

5.5.6　删除对象

Step 1　在图形区单击或框选要删除的对象（框选时要框住整个对象），此时可看到选中的对象加亮显示。

Step 2　按 Delete 键，所选对象即被删除。

说明：要删除所选的对象，还有下面四种方法。

- 在图形区右击，在弹出的快捷菜单中选择 ✕ 删除(D) 命令。
- 选择 编辑(E) 下拉菜单中的 ✕ 删除(D)... 命令。
- 单击"标准"工具条中的 ✕ 按钮。
- 按 Ctrl+D 组合键。

注意：如要恢复已删除的对象，可使用 Ctrl+Z 组合键来完成。

5.5.7　复制/粘贴对象

Step 1　在图形区单击或框选要复制的对象（框选时要框住整个对象）。

Step **2**　先选择下拉菜单 编辑(E) ➡ 复制(C) 命令，然后选择下拉菜单 编辑(E) ➡

粘贴(E) 命令，则图形区出现图 5.5.11 所示的对象。

a）要复制的对象　　　　　　　　　　　　　　　　b）复制/粘贴后的结果

图 5.5.11　对象的复制/粘贴

5.5.8　快速修剪

Step **1**　选择命令。选择下拉菜单 编辑(E) ➡ 曲线(V)▶ ➡ 快速修剪(Q)... 命令。

Step **2**　定义修剪对象。依次单击图 5.5.12a 所示的需要修剪的部分。

Step **3**　单击中键。完成对象的修剪，结果如图 5.5.12b 所示。

a）修剪前　　　　　　　　　　　　　　　　　　　b）修剪后

图 5.5.12　快速修剪

5.5.9　快速延伸

Step **1**　选择下拉菜单 编辑(E) ➡ 曲线(V)▶ ➡ 快速延伸(X)... 命令。

Step **2**　选取图 5.5.13a 中所示的曲线，完成曲线到下一个边界的延伸。

　　说明：在延伸时，系统自动选择最近的曲线作为延伸边界。

a）延伸前　　　　　　　　　　　　　　　　　　b）延伸后

图 5.5.13　快速延伸

5.5.10　镜像

　　镜像操作是指将选取的草图对象以一条直线为对称中心进行复制，生成新的草图对象。镜像拷贝的对象与原对象形成一个整体，并且保持相关性。"镜像"操作在绘制对称图形时是非常有用的。下面以图 5.5.14 所示的实例来说明"镜像"的一般操作步骤。

5
Chapter

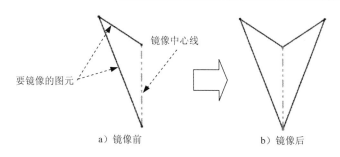

a）镜像前   b）镜像后

图 5.5.14 镜像操作

Step 1 打开文件 D:\ug85mo\work\ch05.05\mirror.prt，如图 5.5.14a 所示。

Step 2 双击草图，单击 按钮，进入草图环境。

Step 3 选择命令。选择下拉菜单 插入(S) ➡ 来自曲线集的曲线(F)▶ ➡ 镜像曲线(M)... 命令，系统弹出图 5.5.15 所示的"镜像曲线"对话框。

Step 4 定义镜像对象。在"镜像曲线"对话框中单击"曲线"按钮，在图形区中选取图 5.5.14 所示的图元作为镜像对象。

图 5.5.15 "镜像曲线"对话框

Step 5 定义中心线。单击"镜像曲线"对话框中的"中心线"按钮，选取图 5.5.14 所示线作为镜像中心线。

Step 6 单击 ＜ 确定 ＞ 按钮，完成镜像操作，结果如图 5.5.14b 所示。

图 5.5.15 所示的"镜像曲线"对话框中各选项的功能说明如下：

- （镜像中心线）：用于选择直线或轴作为镜像的中心线。选择草图中的直线作为镜像中心线时，所选的直线会变成参考线，暂时失去作用。如果要将其转化为正常的草图对象，可用"草图约束"工具条中的"转换至/自参考对象"功能。

- （要镜像的曲线）：用于选择一个或多个要镜像的草图对象。在选取镜像中心线后，用户可以在草图中选取要进行"镜像"操作的草图对象。

5.5.11 偏置曲线

"偏置曲线"是指对当前草图中的曲线进行偏移，从而产生与源曲线相关联、形状相似的新的曲线。可偏移的曲线包括基本绘制的曲线、投影曲线、边缘曲线等。创建图 5.5.16 所示的偏置曲线的具体步骤如下：

Step 1 打开文件 D:\ug85mo\work\ch05.05\offset.prt。

Step 2 双击草图，单击 按钮，进入草图环境。

Step 3 选择命令。选择下拉菜单 插入(S) ➡ 来自曲线集的曲线(F)▶ ➡ 偏置曲线(V)... 命令，系统弹出图 5.5.17 所示的"偏置曲线"对话框。

a）偏置前　　　　　　　　b）圆弧帽形体　　　　　　c）延伸端盖

图 5.5.16　偏置曲线的创建

Step 4 定义偏置曲线。在图形区选取图 5.5.16a 所示的草图。

Step 5 定义偏置参数。在 距离 文本框中输入偏置距离值为 20，取消选中 □创建尺寸 复选框。

Step 6 定义端盖选项。在 端盖选项 下拉列表框中选择将偏置曲线修剪或延伸到它们的交点处的方法（图 5.5.16b 和图 5.5.16c 分别为选取 圆弧帽形体 和 延伸端盖 后生成的效果）。

Step 7 定义阶次。接受 阶次 文本框中默认的偏置曲线阶次。

图 5.5.17　"偏置曲线"对话框

Step 8 定义公差。接受 公差 文本框中默认的偏置曲线精度值。

注意：可以单击"偏置曲线"对话框中的 按钮改变偏置的方向。

图 5.5.17 所示的"偏置曲线"对话框中的 端盖选项 下拉列表框中的选项说明如下：

- 圆弧帽形体：用于偏置曲线，在拐角处自动进行圆角过渡。
- 延伸端盖：用于偏置曲线，在拐角处不会生成圆角。

5.5.12　编辑定义截面

草图曲线一般可用于拉伸、旋转和扫掠等特征的剖面，如果要改变特征截面的形状，可以通过"编辑定义截面"功能来实现。图 5.5.18 所示的编辑定义截面的具体操作步骤如下。

a）编辑定义线串前　　　　　　　　　　　　　　　　b）编辑线串后

图 5.5.18　编辑定义截面

Step 1 打开文件 D:\ug85mo\work\ch05.05\edit_defined_curve.prt。

Step 2 在特征树中右击草图 1 特征，在弹出的
快捷菜单中选择 🔲 可回滚编辑.. 命令，进
入草图编辑环境。选择下拉菜单
编辑(E) ➡ 🔲 编辑定义截面(F).. 命令，系
统弹出图 5.5.19 所示的"编辑定义截面"
对话框（一）（如果当前草图中没有曲
线经过拉伸、旋转等操作来生成几何
体，系统弹出图 5.5.20 所示的"编辑定
义截面"对话框（二））。

图 5.5.19 "编辑定义截面"对话框（一）

注意："编辑定义截面"操作只适合于经过拉伸、旋转生成特征的曲线，如果不符合
此要求，该操作就不能实现。

Step 3 按住 Shift 键，在草图中选取图 5.5.21 所示的曲线（曲线以高亮显示）的任意部
分（如矩形），系统则排除整个草图曲线；再选取图 5.5.21 所示的曲线——矩形
的 4 条线段（此时不用按住 Shift 键）作为新的草图截面，单击对话框中的"替
换助理"按钮🔲。

图 5.5.20 "编辑定义截面"对话框（二）

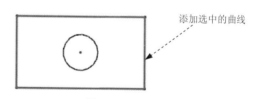

添加选中的曲线

图 5.5.21 添加选中的曲线

说明：用 Shift+左键选择要移除的对象；用左键选择要添加的对象。

Step 4 单击 确定 按钮，完成草图截面的编辑。单击 🏁 完成草图 按钮，退出草图环境。

Step 5 更新模型。选择下拉菜单 工具(T) ➡ 更新(U) ▶ ➡ 更新以获取外部更改(E) 命令。

5.5.13 相交曲线

"相交曲线"命令可以通过用户指定的面与草图基准平面相交产生一条曲线。如图
5.5.22 所示的相交操作的步骤如下。

Step 1 打开文件 D:\ug85mo\work\ch05.05\intersect.prt。

Step 2 进入草图环境。选择下拉菜单 插入(S) ➡ 🔲 在任务环境中绘制草图(V)... 命令，系统弹
出"创建草图"对话框，接受系统默认的草图平面，单击对话框中的 确定 按
钮，进入草图环境。

Step 3 选择命令。选择下拉菜单 插入(S) ➡ 处方曲线(U) ▶ ➡ 🔲 相交曲线(U)... 命令，

系统弹出图 5.5.23 所示的"相交曲线"对话框。

Step 4　选取要相交的面。依次选取图 5.5.22a 所示的面为要相交的面，即产生图 5.5.22 所示的相交曲线链，接受系统默认的 距离公差 和 角度公差 值。

Step 5　单击"相交曲线"对话框中的 〈 确定 〉 按钮，完成相交曲线的创建。

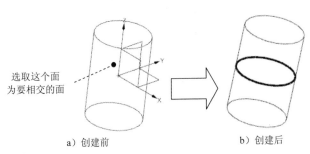

a）创建前　　　　　　　b）创建后

图 5.5.22　相交操作

图 5.5.23　"相交曲线"对话框

图 5.5.23 所示的"相交曲线"对话框中部分选项的功能说明如下：

- ◻（面）：用于选择草图相交的面。
- ☑忽略孔 复选框：当选取的"要相交的面"上有孔特征时，勾选此复选框后，系统会在曲线遇到的第一个孔处停止相交曲线。
- ◻连结曲线 复选框：用于多个"相交曲线"之间的连结。勾选此复选框后，系统会自动将多个相交曲线连结成一个整体。

5.5.14　投影曲线

"投影曲线"功能是指将选取的对象按垂直于草图工作平面的方向投影到草图中，使之成为草图对象。创建图 5.5.24 所示的投影曲线的步骤如下。

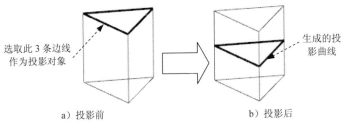

选取此 3 条边线作为投影对象

生成的投影曲线

a）投影前　　　　　　　b）投影后

图 5.5.24　投影曲线

Step 1　打开文件 D:\ug85mo\work\ch05.05\projection.prt。

Step 2　进入草图环境。选择下拉菜单 插入(S) ➡ 品 在任务环境中绘制草图(V)... 命令，接受系统默认的草图平面，单击 确定 按钮。

Step 3　选择命令。选择下拉菜单 插入(S) ➡ 处方曲线(U)▶ ➡ ⚏ 投影曲线(T)... 命令，系统弹出图 5.5.25 所示的"投影曲线"
对话框。

Step 4 定义要投影的对象。在"投影曲线"对
话框中单击"曲线"按钮 ⊕，选取图
5.5.24a 所示的曲线为要投影的对象。

Step 5 单击 确定 按钮，完成图 5.5.24b 所示
的投影曲线。

图 5.5.25 "投影曲线"对话框

图 5.5.25 所示的"投影曲线"对话框中部分选项的功能说明如下：

- ⊕ （曲线）：用于选择要投影的对象，默认情况下为按下状态。

- ⊞ （点）：单击该按钮后，系统将弹出"点"对话框。

- ☑ 关联 复选框：定义投影曲线与投影对象之间的关联性。选中该复选框时，
  投影曲线与投影对象将存在关联性。即投影对象发生改变时，投影曲线也随之
  改变。

- 输出曲线类型 下拉列表框：该下拉列表框包括 原先的 、样条段 和 单个样条 三个选项。

5.6 草图的约束

5.6.1 草图约束概述

"草图约束"主要包括"几何约束"和"尺寸约束"两种类型。"几何约束"用来定
位草图对象和确定草图对象之间的相互关系，而"尺寸约束"是用来驱动、限制和约束草
图几何对象的大小和形状的。

进入草图环境后，屏幕上会出现绘制草图时所需要的"草图工具"工具条，如图 5.6.1
所示。

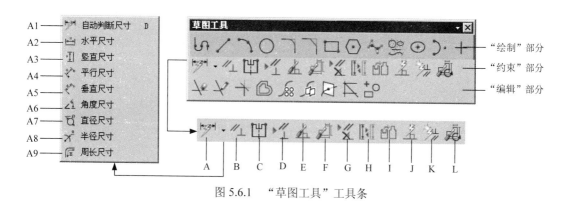

图 5.6.1 "草图工具"工具条

图 5.6.1 所示的"草图工具"工具条中"约束"部分各选项的说明如下：

- A1: 自动判断尺寸。通过基于选定的对象和光标的位置自动判断尺寸类型来创建尺寸约束。

- A2: 水平尺寸。该按钮对所选对象进行水平尺寸约束。

- A3: 竖直尺寸。该按钮对所选对象进行竖直尺寸约束。

- A4: 平行尺寸。该按钮对所选对象进行平行于指定对象的尺寸约束。

- A5: 垂直尺寸。该按钮对所选的点到直线的垂直距离进行垂直尺寸约束。

- A6: 角度尺寸。该按钮对所选的两条直线进行角度约束。

- A7: 直径尺寸。该按钮对所选的圆进行直径尺寸约束。

- A8: 半径尺寸。该按钮对所选的圆进行半径尺寸约束。

- A9: 周长尺寸。该按钮对所选的多个对象进行周长尺寸约束。

- B: 约束。用户自己对存在的草图对象指定约束类型。

- C: 设为对称。将两个点或曲线约束为相对于草图上的对称线对称。

- D: 显示所有约束。显示施加到草图上的所有几何约束。

- E: 自动约束。单击该按钮，系统会弹出图 5.6.2 所示的"自动约束"对话框，用于自动地添加约束。

- F: 自动标注尺寸。根据设置的规则在曲线上自动创建尺寸。

- G: 显示/移除约束。显示与选定的草图几何图形关联的几何约束，并移除所有这些约束或列出信息。

图 5.6.2 "自动约束"对话框

- H: 转换至/自参考对象。将草图曲线或草图尺寸从活动转换为参考，或者反过来。下游命令（如拉伸）不使用参考曲线，并且参考尺寸不控制草图几何体。

- I: 备选解。备选尺寸或几何约束解算方案。

- J: 自动判断约束和尺寸。控制哪些约束或尺寸在曲线构造过程中被自动判断。

- K: 创建自动判断约束。在曲线构造过程中启用自动判断约束。

- L: 连续自动标注尺寸。在曲线构造过程中启用自动标注尺寸。

在草图绘制过程中，读者可以自己设定自动约束的类型，单击"自动约束"按钮 ，系统弹出"自动约束"对话框，如图 5.6.2 所示，在对话框中可以设定自动约束类型。

图 5.6.2 所示的"自动约束"对话框中所建立的都是几何约束，它们的用法如下：

- ➡ （水平）：约束直线为水平直线（即平行于 XC 轴）。
- ⬆ （竖直）：约束直线为竖直直线（即平行于 YC 轴）。
- ⊘ （相切）：约束所选的两个对象相切。
- ∥ （平行）：约束两直线互相平行。
- ⊥ （垂直）：约束两直线互相垂直。
- ⫽ （共线）：约束多条直线对象位于或通过同一直线。
- ◎ （同心）：约束多个圆弧或椭圆弧的中心点重合。
- ＝ （等长）：约束多条直线为同一长度。
- ⌆ （等半径）：约束多个弧有相同的半径。
- ⊺ （点在曲线上）：约束所选点在曲线上。
- ⌐ （重合）：约束多点重合。

在草图中，被添加完约束的对象中约束符号的显示方式如表 5.6.1 所示。

表 5.6.1　约束符号列表

约束名称	约束显示符号
固定/完全固定	⅂
固定长度	 ↔
水平	➡
竖直	⬆
固定角度	∠
等半径	⌆
相切	○
同心	◎
中点	┼
点在曲线上	✦
垂直的	⌐
平行的	⫽
共线	⫻
等长	＝
重合	⌐

在一般的绘图过程中，我们习惯先绘制出对象的大概形状，然后通过添加"几何约束"来定位草图对象和确定草图对象之间的相互关系，再添加"尺寸约束"来驱动、限制和约束草图几何对象的大小和形状，下面将先介绍如何添加"几何约束"，再介绍添加"尺寸约束"的具体方法。

5.6.2 添加几何约束

在二维草图中，添加几何约束主要有两种方法：手工添加几何约束和自动产生几何约束。一般在添加几何约束时，要先单击"显示所有约束"按钮▶，则二维草图中存在的所有约束都显示在图中。

方法一：手工添加约束。手工添加约束是指对所选对象由用户自己来指定某种约束。在"草图工具"工具条中单击┷按钮，系统弹出"几何约束"对话框，在对话框中选择需要添加的几何约束类型，然后选取需要添加几何约束的对象，即可完成约束的添加。

根据所选对象的几何关系，在几何约束类型中选择一个或多个约束类型，则系统会添加指定类型的几何约束到所选草图对象上，这些草图对象会因所添加的约束而不能随意移动或旋转。

下面通过图 5.6.3 所示的相切约束来说明创建约束的一般操作步骤。

a）约束前　　　　　　　　　　　b）约束后

图 5.6.3　添加相切约束

Step 1　打开文件 D:\ug85mo\work\ch05.06\add_01.prt。

Step 2　双击已有草图，单击品按钮，进入草图工作环境，单击"显示所有约束"按钮▶和"约束"按钮┷，系统弹出图 5.6.4 所示的"几何约束"对话框。

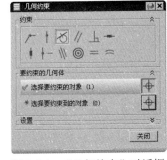

图 5.6.4　"几何约束"对话框

Step 3　定义约束类型。单击⊘按钮，即可添加"相切"约束。

Step 4　定义约束对象。根据系统**选择要约束的对象**的提示，选取图 5.6.3a 所示的直线和圆弧作为约束对象。

Step 5　单击　关闭　按钮，完成约束的添加，草图中会自动添加约束符号，如图 5.6.3b所示。

下面通过图 5.6.5 所示的约束来说明创建多个约束的一般操作步骤。

Step 1　打开文件 D:\ug85mo\work\ch05.06\add_02.prt。

Step 2　双击已有草图，单击品按钮，进入草图工作环境，单击"显示所有约束"按钮▶和"约束"按钮┷，系统弹出"几何约束"对话框，单击"等长"按钮═，根据系统**选择要约束的对象**的提示，选取图 5.6.5a 所示的两条直线，则直线之间会添

5
Chapter

加"等长"约束，单击"平行"按钮 // ，再单击选取两条直线，则直线之间会添加"平行"约束。

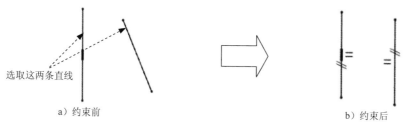

a）约束前　　　　　　　　　　　　　　　　　b）约束后

图 5.6.5　添加多个约束

Step 3　单击中键完成约束的创建，草图中会自动添加约束符号，如图 5.6.5b 所示。

关于其他类型约束的创建，与以上两个范例的创建过程相似，这里就不再赘述，读者可以自行研究。

方法二：自动产生几何约束。自动产生几何约束是指系统根据选择的几何约束类型以及草图对象间的关系，自动添加相应约束到草图对象上。一般都利用"自动约束"按钮 来让系统自动添加约束。其操作步骤如下：

Step 1　单击"草图工具"工具条中的"自动约束"按钮 ，系统弹出"自动约束"对话框。

Step 2　在"自动约束"对话框中单击要自动创建的约束的相应按钮，然后单击 确定 按钮。通常用户都选择自动创建所有的约束，这样只需在对话框单击 全部设置 按钮，则对话框中的约束复选框全部被选中，单击 确定 按钮，完成自动创建约束的设置。

这样，在草图中画任意曲线，系统会自动添加相应的约束，而系统没有自动添加的约束就需要用户利用手工添加约束的方法自行添加。

5.6.3　添加尺寸约束

添加尺寸约束是指在草图上标注尺寸，并设置尺寸标注线的形式与尺寸大小，来驱动、限制和约束草图几何对象。选择下拉菜单 插入(S) ➡ 尺寸(M) 命令，其中主要包括以下几种标注方式。

1. 标注水平距离

标注水平距离是指标注直线或两点之间的水平投影长度。下面通过标注图 5.6.6b 所示的尺寸来说明创建水平距离的一般操作步骤。

Step 1　打开文件 D:\ug85mo\work\ch05.06\add_dimension_01.prt。

Step 2　双击图 5.6.6a 所示的直线，单击 按钮，进入草图工作环境，选择下拉菜单 插入(S) ➡ 尺寸(M) ▶ 水平(H)... 命令。

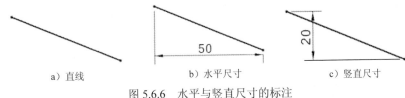

图 5.6.6　水平与竖直尺寸的标注

Step 3　定义标注尺寸的对象。选取图 5.6.6a 所示的直线，系统生成水平尺寸。

Step 4　定义尺寸放置的位置。移动鼠标至合适位置，单击放置尺寸。如果要改变直线尺寸，则可以在弹出的动态输入框中输入所需的数值。

Step 5　单击中键完成水平尺寸的标注，如图 5.6.6b 所示。

2. 标注竖直距离

标注竖直距离是指标注直线或两点之间的竖直投影长度。下面通过标注图 5.6.6c 所示的尺寸来说明创建竖直距离的步骤。

Step 1　选择刚标注的水平距离右击，在弹出的快捷菜单中选择 ✕ 删除(D) 命令，删除该水平距离。

Step 2　选择下拉菜单 插入(S) ➡ 尺寸(M) ➡ 竖直(V)... 命令，单击选取图 5.6.6a 所示的直线，系统生成竖直尺寸。

Step 3　移动鼠标至合适位置，单击放置尺寸。如果要改变距离数值，则可以在弹出的动态输入框中输入所需的数值。

Step 4　单击中键完成竖直尺寸的标注，如图 5.6.6c 所示。

3. 标注平行距离

标注平行距离是指标注所选直线两端点之间的平行投影长度。下面通过标注图 5.6.7b 所示的尺寸来说明创建平行距离的步骤。

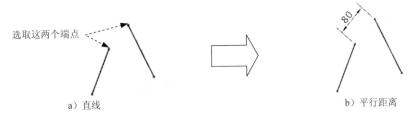

图 5.6.7　平行距离的标注

Step 1　打开文件 D:\ug85mo\work\ch05.06\add_dimension_02.prt。

Step 2　双击图 5.6.7a 所示的直线，单击 🔲 按钮，进入草图工作环境。选择下拉菜单 插入(S) ➡ 尺寸(M) ➡ 平行(P)... 命令，选择两条直线的两个端点，系统生成平行尺寸。

Step 3　移动鼠标至合适位置，单击放置尺寸。

Step **4**　单击中键完成平行尺寸的标注，如图 5.6.7b 所示。

4. 标注垂直距离

标注垂直距离是指标注所选点与直线之间的垂直距离。下面通过标注图 5.6.8b 所示的尺寸来说明创建垂直距离的步骤。

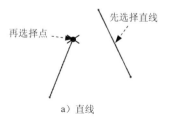

图 5.6.8　垂直距离的标注

Step **1**　打开文件 D:\ug85mo\work\ch05.06\add_dimension_02.prt。

Step **2**　双击图 5.6.8a 所示的直线，单击 ![按钮] 按钮，进入草图工作环境，选择下拉菜单 插入(S) ➡ 尺寸(M) ➡ 垂直(E)... 命令，标注点到直线的距离，先选择直线，然后再选择点，系统生成垂直尺寸。

Step **3**　移动鼠标至合适位置，单击放置尺寸。

Step **4**　单击中键完成垂直距离的标注，如图 5.6.8b 所示。

注意：要标注点到直线的距离，必须先选择直线，然后再选择点。

5. 标注两条直线间的角度

标注两条直线间的角度是指标注所选直线之间夹角的大小，且角度有锐角和钝角之分。下面通过标注图 5.6.9 所示的角度来说明标注直线间角度的步骤。

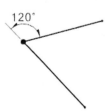

图 5.6.9　角度的标注

Step **1**　打开文件 D:\ug85mo\work\ch05.06\add_angle.prt。

Step **2**　双击已有草图，单击 ![按钮] 按钮，进入草图工作环境，选择下拉菜单 插入(S) ➡ 尺寸(M) ➡ 角度(A)... 命令，选取两条直线（图 5.6.9a），系统生成角度。

Step **3**　移动鼠标至合适位置（移动的位置不同，生成的角度可能是锐角或钝角，如图 5.6.9b、c 所示），单击放置尺寸。

Step **4**　单击中键完成角度的标注，如图 5.6.9b、c 所示。

Chapter **5**

6. 标注直径

标注直径是指标注所选圆直径的大小。下面通过标注如图 5.6.10 所示圆的直径来说明标注直径的步骤。

Step 1 打开文件 D:\ug85mo\work\ch05.06\add_d.prt。

Step 2 双击已有草图，单击 ⿰ 按钮，进入草图工作环境，选择下拉菜单 插入(S) ➡
尺寸(M) ➡ 直径(D)... 命令，选取图 5.6.10a 所示的圆，系统生成直径尺寸。

Step 3 移动鼠标至合适位置，单击放置尺寸。

Step 4 单击中键完成直径的标注，如图 5.6.10b 所示。

7. 标注半径

标注半径是指标注所选圆或圆弧半径的大小。下面通过标注图 5.6.11 所示圆弧的半径来说明标注半径的步骤。

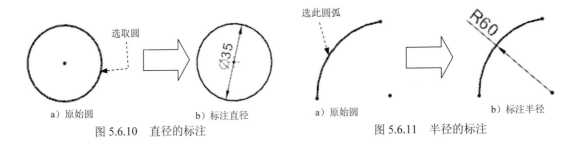

图 5.6.10　直径的标注　　　　图 5.6.11　半径的标注

Step 1 打开文件 D:\ug85mo\work\ch05.06\add_arc.prt。

Step 2 双击已有草图，单击 ⿰ 按钮，进入草图工作环境，选择下拉菜单 插入(S) ➡
尺寸(M) ➡ 半径(R)... 命令，选择圆弧（图 5.6.11a），系统生成半径尺寸。

Step 3 移动鼠标至合适位置，单击放置尺寸。如果要改变圆的半径尺寸，则可在弹出的动态输入框中输入所需的数值。

Step 4 单击中键完成半径的标注，如图 5.6.11b 所示。

5.7　修改草图约束

5.7.1　显示/移除约束

"显示/移除约束"主要是用来查看现有的几何约束，设置查看的范围、查看类型和列表方式以及移除不需要的几何约束。

单击"草图工具"工具条中的 按钮，显示施加到草图上的所有几何约束，然后单击"草图工具"工具条中的 按钮，系统弹出图 5.7.1 所示的"显示/移除约束"对话框。

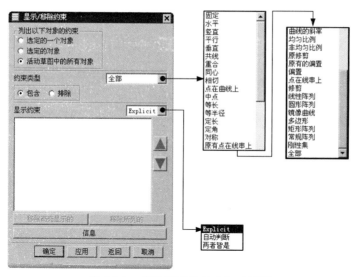

图 5.7.1 "显示/移除约束"对话框

图 5.7.1 所示的"显示/移除约束"对话框中各选项用法的说明如下：

- 列出以下对象的约束 区域：控制在显示约束列表窗口中要列出的约束。它包含 3 个单选按钮。

  - ☑ ⊙ 选定的一个对象：每次仅允许选择一个对象。选择其他对象将自动取消选择以前选定的对象。"显示约束"列表中显示与选定对象相关的约束。这是默认设置。

  - ☑ ⊙ 选定的对象：可选择多个对象，选择其他对象不会取消选择以前选定的对象，它允许用户选取多个草图对象，"显示约束"列表中将显示所有选定对象包含的全部几何约束。

  - ☑ ⊙ 活动草图中的所有对象：在"显示约束"列表中列出当前草图对象中所有的约束。

- 约束类型 下拉列表框：选择需要显示的约束类型。当选择此下拉列表框时，系统会列出可选的约束类型（图 5.7.1），用户从中选择要显示的约束类型名称即可。在"约束类型"的 ⊙ 包含 和 ⊙ 排除 两个单选按钮中只能选择一个，通常都选中 ⊙ 包含 单选按钮。

- 显示约束 下拉列表框：控制"显示约束"列表中显示指定类型的约束，还是显示指定类型以外其他所有的约束。显示约束 下拉列表框包含三个选项，分别介绍如下。

  - ☑ Explicit：显示所有由用户显示或非显示创建的约束，包括所有非自动判断的重合约束，但不包括所有系统在曲线创建期间自动判断的重合约束。

  - ☑ 自动判断：显示所有自动判断的重合约束，它们是在曲线创建期间由系统自动创建的。

  - ☑ 两者皆是：显示包括 Explicit 和 自动判断 两种类型的约束。

- 显示约束 列表：该列表用于显示当前选定的草图几何对象的几何约束。当在该列表中选择某约束时，约束对应的草图对象在图形区中会呈高亮显示，并显示出草图对象的名称。列表右侧的上下箭头用于按顺序选择约束。

- 移除高亮显示的 按钮：用于移除一个或多个约束，方法是在"显示约束"列表中选择需要移除的约束，然后单击此按钮。
- 移除所列的 按钮：用于移除在"显示约束"列表中的所有约束。
- 信息 按钮：在"信息"窗口中显示有关活动的草图的所有几何约束信息。如果要保存或打印出约束信息，该按钮很有用。

5.7.2 尺寸的移动

为了使草图的布局更清晰合理，可以移动尺寸文本的位置，操作步骤如下：

Step 1 将鼠标移至要移动的尺寸处，按住左键。

Step 2 左右或上下移动鼠标，可以移动尺寸箭头和文本框的位置。

Step 3 在合适的位置松开左键，完成尺寸位置的移动。

5.7.3 编辑尺寸值

修改草图的标注尺寸有如下两种方法。

打开文件 D:\ug85mo\work\ch05.07\edit_dimension.prt。

方法一：

Step 1 双击要修改的尺寸，如图 5.7.2 所示。

Step 2 系统弹出动态输入框，如图 5.7.3 所示。在动态输入框中输入新的尺寸值，并按中键完成尺寸的修改，如图 5.7.4 所示。

图 5.7.2 标注尺寸（一）

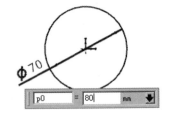

图 5.7.3 标注尺寸（二）

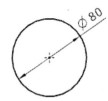

图 5.7.4 标注尺寸（三）

方法二：

Step 1 将鼠标移至要修改的尺寸处右击。

Step 2 在弹出的快捷菜单中选择 编辑值(U)... 命令（图 5.7.5）。

Step 3 在弹出的动态输入框中输入新的尺寸值，单击中键完成尺寸的修改。

图 5.7.5 快捷菜单

5.8　二维草图范例1

范例概述

本范例主要介绍草图的绘制、编辑和标注的过程，读者要重点掌握添加约束与尺寸的标注方法。范例图形如图 5.8.1 所示，其绘制过程如下。

Step **1**　新建一个文件。

（1）选择下拉菜单 文件(F) ➡ 新建(N)... 命令，系统弹出"新建"对话框。

（2）在"新建"对话框中的 模板 下拉列表框中，选取模板类型为 模型 ，在 名称 文本框中输入文件名为 sketch01，然后单击 确定 按钮。

Step **2**　选择下拉菜单 插入(S) ➡ 在任务环境中绘制草图(V)... 命令，系统弹出"创建草图"对话框，选择 XY 平面为草图平面，单击该对话框中的 确定 按钮，系统进入草图环境。

Step **3**　选择下拉菜单 插入(S) ➡ 曲线(C)▶ ➡ 圆(C)... 命令，绘制图 5.8.2 所示的 5 个圆。

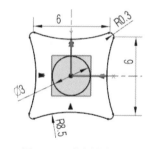

图 5.8.1　草图范例 1

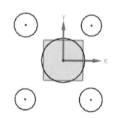

图 5.8.2　绘制圆

Step **4**　选择下拉菜单 插入(S) ➡ 曲线(C)▶ ➡ 圆弧(A)... 命令，绘制图 5.8.3 所示的圆弧。

Step **5**　选择下拉菜单 编辑(E) ➡ 曲线(Y) ➡ 快速修剪(Q)... 命令，选取图 5.8.4a 所示的要剪切的部分，修剪后的图形如图 5.8.4b 所示。

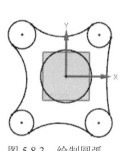

图 5.8.3　绘制圆弧

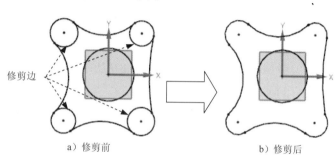

修剪边

a）修剪前　　　　　　　　　　　b）修剪后

图 5.8.4　修剪曲线

Step **6** 添加几何约束。

（1）单击"显示所有约束"按钮 和"几何约束"按钮 ，系统弹出图 5.8.5 所示的"几何约束"对话框，单击 按钮，选取图 5.8.6 所示的两端圆弧，则在圆弧与圆弧之间添加图 5.8.6 所示的"相切"约束。

图 5.8.5 "几何约束"对话框

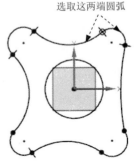

选取这两端圆弧

图 5.8.6 定义约束对象

（2）参照上述步骤（1）完成图 5.8.7 所示的相切约束。

（3）单击"设为对称"按钮 ，选取图 5.8.8 所示的圆弧 1 为主对象，选取圆弧 2 为次对象，选取 X 轴为对称中心线。

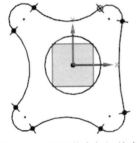

图 5.8.7 添加其余相切约束

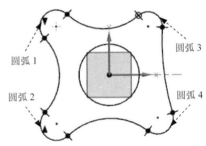

圆弧 1
圆弧 2
圆弧 3
圆弧 4

图 5.8.8 添加对称约束（一）

（4）参照上一步骤（3）将图 5.8.8 所示的圆弧 3 与圆弧 4 关于 X 轴对称，同样的操作添加图 5.8.8 所示的圆弧 1 与圆弧 3 关于 Y 轴对称，圆弧 2 与圆弧 4 关于 Y 轴对称。

（5）单击"约束"按钮 ，系统弹出"几何约束"对话框，单击 按钮，选取图 5.8.8 所示的圆弧 1 与圆弧 2，则在两圆弧间添加了相等的约束。

（6）参照上一步骤（5）创建其余相等约束，使图 5.8.8 所示的圆弧 1、圆弧 2、圆弧 3 和圆弧 4 均相等，如图 5.8.9 所示。

（7）参照上一步骤（6），将图 5.8.9 所示的圆弧 1 与圆弧 2 半径相等。

Step **7** 添加尺寸约束。

（1）标注水平尺寸。选择下拉菜单 插入(S) ➡ 尺寸(M) ▶ ➡ 水平(H)... 命令，选取图 5.8.10 所示的两个圆心点，在弹出的动态输入框中输入尺寸值 6，单击中键，完成两圆心水平尺寸的标注。

（2）标注竖直尺寸。选择下拉菜单 插入(S) ➡️ 尺寸(M) ▸ ➡️ I 竖直(V)... 命令，选取图 5.8.11 所示的圆心点与圆心点，在弹出的动态输入框中输入尺寸值 6，单击中键，完成两圆心竖直尺寸的标注。

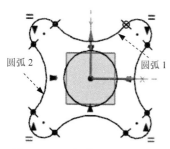
图 5.8.9　添加等半径约束

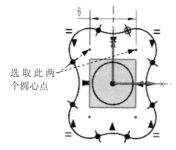
图 5.8.10　水平尺寸标注

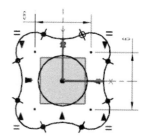
图 5.8.11　竖直尺寸标注

（3）标注半径尺寸。

① 选择下拉菜单 插入(S) ➡️ 尺寸(M) ▸ ➡️ 半径(R)... 命令，标注圆弧 1（图 5.8.12），半径尺寸为 0.3。

② 参照上一步①，创建其余半径标注，完成后如图 5.8.13 所示。

（4）标注直径尺寸。选择下拉菜单 插入(S) ➡️ 尺寸(M) ▸ ➡️ 直径(D)... 命令，标注圆 1（图 5.8.14），直径尺寸为 3；此时系统提示 草图已完全约束。

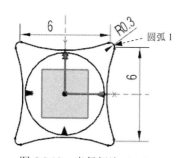
图 5.8.12　半径标注（一）

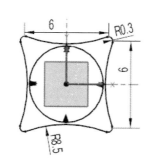
图 5.8.13　半径标注（二）

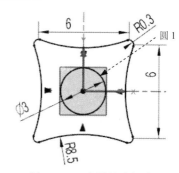
图 5.8.14　直径尺寸标注

5.9　二维草图范例 2

范例概述

本范例主要介绍草图的绘制、编辑和标注的过程，读者要重点掌握约束与尺寸的标注，范例图形如图 5.9.1 所示，其绘制过程如下。

Step 1　新建一个文件。

（1）选择下拉菜单 文件(F) ➡️ 新建(N)... 命令，

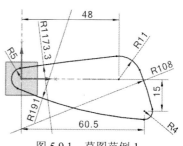
图 5.9.1　草图范例 1

系统弹出"新建"对话框。

（2）在"新建"对话框中的 模板 下拉列表框中，选取模板类型为 模型 ，在 名称 文本框中输入文件名为 sketch02，然后单击 确定 按钮。

Step 2 选择下拉菜单 插入(S) ➡ 在任务环境中绘制草图(V)...命令，系统弹出"创建草图"对话框，选择 XY 平面为草图平面，单击该对话框中的 确定 按钮，系统进入草图环境。

Step 3 选择下拉菜单 插入(S) ➡ 曲线(C)▶ ➡ 圆(C)...命令，绘制图 5.9.2 所示的 3 个圆。

Step 4 选择下拉菜单 插入(S) ➡ 曲线(C)▶ ➡ 圆弧(A)...命令，绘制图 5.9.3 所示的圆弧。

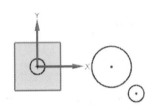

图 5.9.2　绘制圆

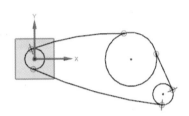

图 5.9.3　绘制圆弧

Step 5 选择下拉菜单 编辑(E) ➡ 曲线(V) ➡ 快速修剪(Q)...命令，选取图 5.9.4a 所示的要剪切的部分，修剪后的图形如图 5.9.4b 所示。

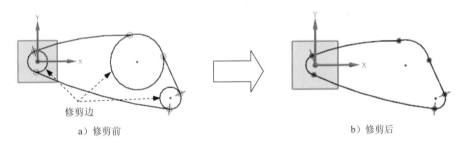

a）修剪前　　　　　　　　　　　　　b）修剪后

图 5.9.4　修剪曲线

Step 6 添加几何约束。

（1）单击"显示所有约束"按钮 和"约束"按钮 ，系统弹出图 5.9.5 所示的"几何约束"对话框，单击 按钮，选取图 5.9.6 所示的两端圆弧，则在圆弧与圆弧之间添加图 5.9.6 所示的"相切"约束。

（2）参照上述步骤（1）完成图 5.9.7 所示的相切约束。

（3）单击"点在曲线上"按钮 ，选取图 5.9.8 所示的点与 X 轴，添加"点在曲线上"约束。

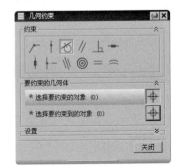

图 5.9.5　"几何约束"对话框

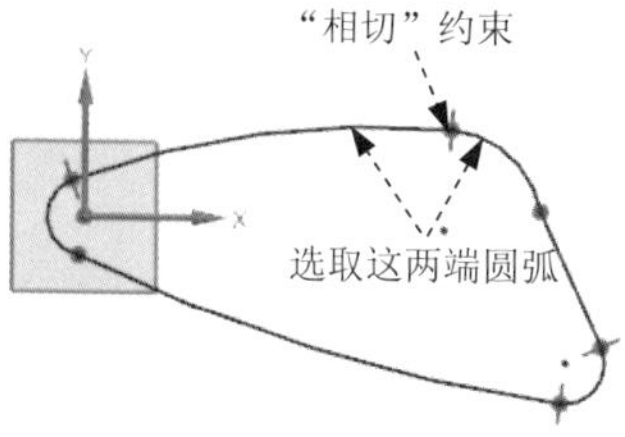

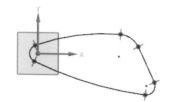

图 5.9.6　定义约束对象

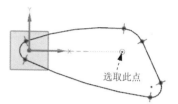

图 5.9.7　添加其余相切约束

图 5.9.8　添加点在曲线上约束

Step 7　添加尺寸约束。

（1）标注水平尺寸。

①　选择下拉菜单 插入(S) ➡ 尺寸(M) ▶ ➡ 水平(H)...命令，选取图 5.9.9 所示的两个圆心点，在弹出的动态输入框中输入尺寸值 48，单击中键，完成两圆心水平尺寸的标注。

②　参照上一步①，创建其余水平标注，完成后如图 5.9.10 所示。

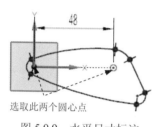

图 5.9.9　水平尺寸标注

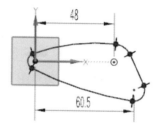

图 5.9.10　其余水平尺寸标注

（2）标注竖直尺寸。选择下拉菜单 插入(S) ➡ 尺寸(M) ▶ ➡ 竖直(V)...命令，选取图 5.9.11 所示的圆心点与坐标原点，在弹出的动态输入框中输入尺寸值 15，单击中键，完成两圆心竖直尺寸的标注。

（3）标注半径尺寸。

①　选择下拉菜单 插入(S) ➡ 尺寸(M) ▶ ➡ 半径(R)...命令，标注圆弧 1（图5.9.12），半径尺寸为 5。

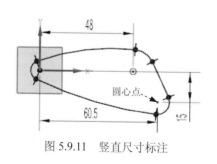

图 5.9.11　竖直尺寸标注

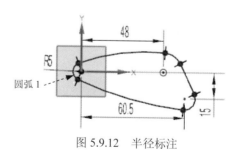

图 5.9.12　半径标注

②　参照上一步①，创建其余半径标注，完成后如图 5.9.1 所示。

③　此时系统提示 草图已完全约束 。

5.10　二维草图范例 3

范例概述

本范例从新建一个草图开始，详细介绍草图的绘制、编辑和标注的过程，要重点掌握绘图前的设置、约束的处理的操作过程与细节。本节主要绘制图 5.10.1 所示的图形，其具体绘制过程如下。

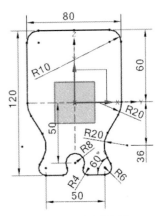

图 5.10.1　草图范例 3

Stage1．新建一个草图文件

Step 1　选择下拉菜单 文件(F) ➡ 新建(N)...命令，系统弹出"新建"对话框，在 模板 下拉列表框中，选取模板类型为 模型，在 名称 文本框中输入文件名为 sketch03，然后单击 确定 按钮。

Step 2　选择下拉菜单 插入(S) ➡ 在任务环境中绘制草图(V)...命令，系统弹出"创建草图"对话框，选择 XY 平面为草图平面，单击对话框中的 确定 按钮，进入草图环境。

Stage2．绘制草图

Step 1　选择下拉菜单 插入(S) ➡ 曲线(C)▶ ➡ 轮廓(O)...命令。大致绘制图 5.10.2 所示的草图（一）。

Step 2　选择下拉菜单 插入(S) ➡ 曲线(C)▶ ➡ 圆角(F)...命令。大致绘制图 5.10.3 所示的草图（二）。

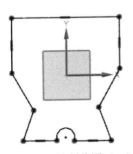

图 5.10.2　绘制草图（一）

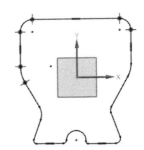

图 5.10.3　绘制草图（二）

Stage3．添加几何约束

Step 1　单击"显示所有约束"按钮 和"约束"按钮 ，系统弹出"几何约束"对话框，单击 按钮，选取图 5.10.4 所示的点与 Y 轴，则添加"点在曲线上"约束。

Step 2　单击"设为对称"按钮 ，选取图 5.10.5 所示的直线 1 为主对象，选取直线 2 为次对象，选取 Y 轴为对称中心线。

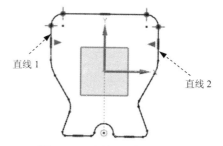

图 5.10.4　添加点在曲线上约束 1　　　　图 5.10.5　添加对称约束

Step 3　参照上一步创建其余对称约束（共包括 3 对直线与 5 对圆弧），完成后如图 5.10.6 所示。

Step 4　单击"约束"按钮，系统弹出"几何约束"对话框，单击　按钮，选取图 5.10.7 所示的点与 X 轴，则添加了"点在曲线上"约束。

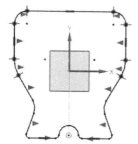
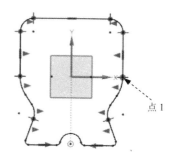

图 5.10.6　添加其余对称约束　　　　图 5.10.7　添加点在曲线上约束 2

Stage4．添加尺寸约束

Step 1　选择下拉菜单 插入(S) ➡ 尺寸(M) ➡ 自动判断(I)...命令，选取图 5.10.8 所示的直线与 X 轴，在弹出的动态输入框中输入尺寸值 60，单击中键，完成直线与点间的竖直标注。

Step 2　参照上述步骤标注其余竖直尺寸（图 5.10.9），尺寸值为 36。

Step 3　参照上述步骤可标注图 5.10.10 所示的其余尺寸标注。

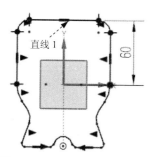
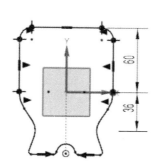
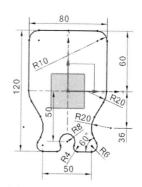

图 5.10.8　竖直尺寸标注（一）　　图 5.10.9　竖直尺寸标注（二）　　图 5.10.10　其余尺寸标注

6

零件设计

6.1　UG NX 文件的操作

6.1.1　新建文件

新建一个部件文件，可以采用以下步骤：

Step 1　选择下拉菜单 文件(F) ➤ ☐ 新建(N)... 命令。

Step 2　系统弹出"新建"对话框，在 模板 下拉列表框中，选取模板类型为 ▣ 模型，在 名称 文本框中输入文件名称（如 aaa.prt），单击 文件夹 文本框后方的"打开"按钮 ▣，设置文件存放路径（或者在 文件夹 文本框中直接输入文件保存路径）。

Step 3　单击 确定 按钮，完成新部件的创建。

注意：UG NX 8.5 不支持含中文字符的目录，即在保存和打开文件时文件的路径不能含有任何中文字符。

6.1.2　打开文件

打开一个部件文件，一般采用以下步骤：

Step 1　选择下拉菜单 文件(F) ➤ ▣ 打开(O)... 命令，系统弹出如图 6.1.1 所示的"打开"对话框。

Step 2　在对话框的 查找范围(I): 下拉列表框中，选择打开文件所在的目录（如 D:\ug85mo\work\ch06.01），在 文件名(N): 文本框中输入部件名称（如 support_base.prt），文件类型(T): 下拉列表框中保持系统默认选项。

Step 3　单击 OK 按钮，即可打开部件文件。

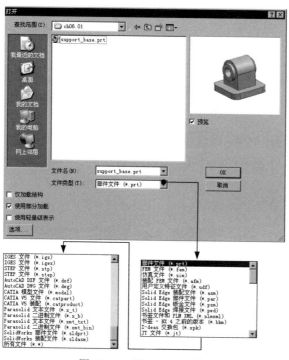

图 6.1.1　"打开"对话框

图 6.1.1 所示的"打开"对话框中主要选项的说明如下：

- ☑ 预览 复选框：选中该复选框，将显示选择部件文件的预览图像。利用此功能观看部件文件而不必在 UG NX 8.5 软件中一一打开，这样可以很快地找到所需要的部件文件。"预览"功能仅支持存储在 UG NX 8.5 中的部件，在 Windows 平台上有效。如果不想预览，取消选中该复选框即可。

- 文件名(N): 文本框：显示选择的部件文件，也可以输入一部件文件的路径名，路径名长度最多为 256 个字符。

- 文件类型(T): 下拉列表框：用于选择文件的类型。选择某类型后，在"打开"对话框的列表中仅显示该类型的文件，系统也自动地用显示在此区域中的扩展名存储部件文件。

- 选项... ：单击此按钮，系统弹出"装配加载选项"对话框，利用该对话框可以对加载方式、加载组件和搜索路径等进行设置。

在同一进程中，UG NX 8.5 允许同时创建和打开多个部件文件，可以在几个文件中不断切换并进行操作，很方便地同时创建彼此有关联的零件。选择下拉菜单 窗口(O) ➡ 1. support_base.prt 命令（或其他选项），每次选中不同的文件即可互相切换，窗口(O) 下拉菜单如果打开的文件超过 10 个，选择下拉菜单 窗口(O) ➡ 更多(M)... 命令，则系统弹出"更改窗口"对话框，可以在该对话框中选择所需的部件。

6.1.3　保存文件

1. 保存

在 UG NX 8.5 中，选择下拉菜单 文件(F) ➡ 📁 保存(S) 命令，即可保存文件。

2. 另存为

选择下拉菜单 文件(F) ➡ 📄 另存为(A)... 命令，系统弹出"另存为"对话框，可以利用不同的文件名存储一个已有的部件文件作为备份。

6.1.4　关闭部件和退出 UG NX

选择下拉菜单 文件(F) ➡ 关闭(C) ▶ ➡ 选定的部件(P)... 命令，系统弹出图 6.1.2 所示的"关闭部件"对话框，通过此对话框可以关闭选择的一个或多个打开的部件文件，也可以通过单击 关闭所有打开的部件 按钮，关闭系统当前打开的所有部件，此方式关闭部件文件时不存储部件，它仅从工作站的内存中清除部件文件。

注意：

- 选择下拉菜单 文件(F) ➡ 关闭(C) ▶ 命令后，系统弹出图 6.1.3 所示的"关闭"子菜单。

- 对于旧的 UG NX 8.5 版本中保存的部件，在新版本中加载时，系统将其作为已修改的部件来处理，因为在加载过程中对其进行了基本的转换，而这个转换是自动的。这意味着当从先前的版本中加载部件且未曾保存该部件，在关闭该文件时将得到一条信息，指出该部件已修改，即使根本就没有修改过文件也是如此。

图 6.1.2　"关闭部件"对话框

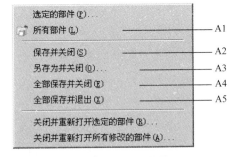

图 6.1.3　"关闭"子菜单

图 6.1.3 所示的"关闭"子菜单中相关选项的说明如下：

- A1：关闭当前所有的部件。

- A2：以当前名称和位置保存并关闭当前显示的部件。

- A3: 以不同的名称和（或）不同的位置保存并关闭当前显示的部件。

- A4: 以当前名称和位置保存并关闭所有打开的部件。

- A5: 保存所有修改过的已打开部件（不包括部分加载的部件），然后退出 UG NX 8.5。

6.2　创建体素

特征是组成零件的基本单元。一般而言，长方体、圆柱体、圆锥体和球体四个基本体素特征常常作为零件模型的第一个特征（基础特征）使用，然后在基础特征之上通过添加新的特征，以得到所需的模型，因此体素特征对零件的设计而言是最基本的特征。下面分别介绍以上四种基本体素特征的创建方法。

1. 创建长方体

进入建模环境后，选择下拉菜单 插入(S) ➡ 设计特征(E)▸ ➡ 长方体(K)... 命令（或单击工具条中的 按钮），系统弹出图 6.2.1 所示的"块"对话框，在该对话框的 类型 区域中可以选择三种创建长方体的方法。

注意：如果下拉菜单 插入(S) ➡ 设计特征(E)▸ 中没有 长方体(K)... 命令，则需要定制，具体定制过程请参见 4.3.2 节"用户界面的定制"的相关内容。在后面的章节中如有类似情况，将不再做具体说明。

下面以图 6.2.2 所示的长方体 1 为例，来说明使用"原点，边长度"方法创建长方体的一般过程。

图 6.2.1　"块"对话框

图 6.2.2　长方体特征 1

Step **1**　新建一个三维零件文件，文件名为 cuboid。

Step **2**　选择命令。选择下拉菜单 插入(S) ➡ 设计特征(E)▸ ➡ 长方体(K)... 命令，系统弹出图 6.2.1 所示的"块"对话框。

Step **3**　选择创建长方体的方法。在 类型 下拉列表框中选择 原点和边长 选项（图 6.2.1）。

Step **4**　定义长方体的原点（即长方体的一个顶点）。选择坐标原点为长方体顶点（系统默认选择坐标原点为长方体原点）。

Step **5**　定义长方体的参数。在 长度 (XC) 文本框中输入数值 200，在 宽度 (YC) 文本框中输入数值 100，在 高度 (ZC) 文本框中输入数值 20。

Step **6**　单击 确定 按钮，完成长方体的创建。

说明：长方体创建完成后，如果要对其进行修改，可直接双击该长方体，然后根据系统信息提示编辑其参数。

2. 创建圆柱体

"轴、直径和高度"方法要求确定一个矢量方向作为圆柱体的轴线方向，再设置圆柱体的直径和高度参数，以及设置圆柱体底面中心的位置。下面以图 6.2.3 所示的圆柱体 1 为例来说明使用"轴、直径和高度"方法创建圆柱体的一般操作过程。

图 6.2.3　圆柱体 1

Step **1**　新建一个三维零件文件，文件名为 cylinder。

Step **2**　选择命令。选择下拉菜单 插入(S) ➡ 设计特征(E) ➡ 圆柱体(C)... 命令，系统弹出图 6.2.4 所示的"圆柱"对话框。

Step **3**　选择创建圆柱体的方法。在 类型 下拉列表框中选取圆柱的创建类型为 轴、直径和高度。

Step **4**　定义圆柱体的轴线方向。单击"圆柱"对话框中的 按钮，系统弹出图 6.2.5 所示的"矢量"对话框。在"矢量"对话框的 类型 下拉列表框中选择 ZC 轴 选项，单击 确定 按钮。

图 6.2.4　"圆柱"对话框

图 6.2.5　"矢量"对话框

Step **5**　定义圆柱体参数。在"圆柱"对话框中的 直径 文本框中输入数值 80，在 高度 文本框中输入数值 130。

Step **6** 单击 确定 按钮，完成圆柱体的创建。

3. 创建圆锥体

"直径和高度"方法是指通过设置圆锥体的底部直径、顶部直径、高度以及圆锥轴线方向来创建圆锥体。下面以图 6.2.6 所示的圆锥体 1 为例，来说明使用"直径和高度"方法创建圆锥体的一般操作过程。

Step **1** 新建一个三维零件文件，文件名为 cone。

Step **2** 选择命令。选择下拉菜单 插入(S) ➡ 设计特征(E) ▶ ➡ △ 圆锥(O)... 命令，系统弹出图 6.2.7 所示的"圆锥"对话框。

图 6.2.6 圆锥体 1

图 6.2.7 "圆锥"对话框

Step **3** 选择创建圆锥体的方法。在 类型 下拉列表框中选择 △ 直径和高度 选项。

Step **4** 定义圆锥体轴线方向。在"圆锥"对话框中单击 按钮，系统弹出"矢量"对话框，在"矢量"对话框的 类型 下拉列表框中选择 ZC 轴 选项。

Step **5** 定义圆锥体底面原点（圆心）。接受系统默认的原点（0，0，0）为底圆原点。

Step **6** 定义圆锥体参数。在 底部直径 文本框中输入数值 80，在 顶部直径 文本框中输入数值 0，在 高度 文本框中输入数值 100，单击 确定 按钮。

4. 创建球体

"中心点和直径"方法是指通过设置球体的直径和球体圆心点位置的方法创建球特征。下面以图 6.2.8 所示的零件基础特征——球体 1 为例，说明使用"中心点和直径"方法创建球体的一般操作过程。

Step **1** 新建一个三维零件文件，文件名为 sphere。

Step **2** 选择命令。选择下拉菜单 插入(S) ➡ 设计特征(E) ▶ ➡ ● 球(S)... 命令，系统弹出如图 6.2.9 所示的"球"对话框。

Step **3** 选择创建球体的方法。在 类型 下拉列表框中选择 ⊕ 中心点和直径 选项。

图 6.2.8　球体 1　　　　　　　　　图 6.2.9　"球"对话框

Step 4　定义球中心点位置。在"球"对话框中单击 ➕ 按钮，系统弹出"点"对话框，接受系统默认的坐标原点（0，0，0）为球心。

Step 5　定义球体直径。在 直径 文本框中输入数值 120。单击 确定 按钮，完成球体特征的创建。

6.3　三维建模的布尔操作

6.3.1　布尔操作概述

布尔操作可以对两个或两个以上已经存在的实体进行求和、求差及求交运算，（注意：编辑拉伸、旋转、变化的扫掠特征时，用户可以直接进行布尔运算操作）可以将原先存在的多个独立的实体进行运算以产生新的实体。进行布尔运算时，首先选择目标体（即被执行布尔运算的实体，只能选择一个），然后选择工具体（即在目标体上执行操作的实体，可以选择多个），运算完成后工具体成为目标体的一部分，而且如果目标体和工具体具有不同的图层、颜色、线型等特性，产生的新实体具有与目标体相同的特性。如果部件文件中已存在实体，当建立新特征时，新特征可以作为工具体，已存在的实体作为目标体。布尔操作主要包括以下三部分内容：

- 布尔求和操作。
- 布尔求差操作。
- 布尔求交操作。

6.3.2　布尔求和操作

布尔求和操作用于将工具体和目标体合并成一体。下面以图 6.3.1 所示的模型为例，来介绍布尔求和操作的一般过程。

Step 1 打开文件 D:\ug85mo\work\ch06.03\unite.prt。

Step 2 选择下拉菜单 插入(S) ➡ 组合(B) ▶ ➡ 求和(U)...命令，系统弹出图 6.3.2 所示的"求和"对话框。

Step 3 定义目标体和工具体。在图 6.3.1a 中，依次选择目标体（大圆柱体）和工具体（小圆柱体），单击 确定 按钮，完成该布尔操作，结果如图 6.3.1b 所示。

注意：布尔求和操作要求目标体和工具体必须在空间上接触才能进行运算，否则提示出错。

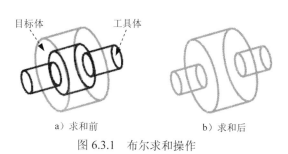

a）求和前　　　　b）求和后

图 6.3.1　布尔求和操作

图 6.3.2　"求和"对话框

图 6.3.2 所示的"求和"对话框中各复选框的功能说明如下：

- ☑ 保存工具 复选框：为求和操作保存工具体。如果需要在一个未修改的状态下保存所选工具体的副本时，选中该复选框。在编辑"求和"特征时，取消选中该复选框。

- ☑ 保存目标 复选框：为求和操作保存目标体。如果需要在一个未修改的状态下保存所选目标体的副本时，选中该复选框。

6.3.3　布尔求差操作

布尔求差操作用于将工具体从目标体中移除。下面以图 6.3.3 所示的模型为例，介绍布尔求差操作的一般过程。

Step 1 打开文件 D:\ug85mo\work\ch06.03\subtract.prt。

Step 2 选择下拉菜单 插入(S) ➡ 组合(B) ▶ ➡ 求差(S)...命令，系统弹出图 6.3.4 所示的"求差"对话框。

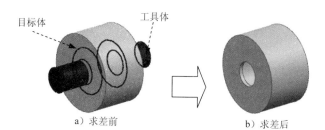

a）求差前　　　　　　b）求差后

图 6.3.3　布尔求差操作

图 6.3.4　"求差"对话框

Step 3 定义目标体和工具体。依次选取图 6.3.3a 所示的目标体和工具体，单击 确定 按钮，完成该布尔操作。

6.3.4　布尔求交操作

布尔求交操作用于创建包含两个不同实体的共有部分。进行布尔求交运算时，工具体与目标体必须相交。下面以图 6.3.5 所示的模型为例，介绍布尔求交操作的一般过程。

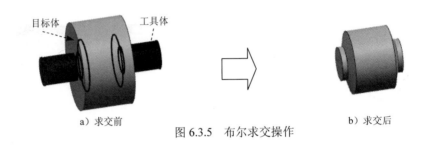

a）求交前　　　　　　　　图 6.3.5　布尔求交操作　　　　　　b）求交后

Step 1 打开文件 D:\ug85mo\work\ch06.03\intersection.prt。

Step 2 选择下拉菜单 插入(S) ➡ 组合(B) ▶ ➡ 求交(I)... 命令，系统弹出"求交"对话框。

Step 3 定义目标体和工具体。依次选取图 6.3.5a 所示的实体为目标体和工具体，单击 确定 按钮，完成该布尔操作。

6.3.5　布尔出错消息

如果布尔运算的使用不正确，可能出现错误，其出错信息如下：

- 在进行实体的求差和求交运算时，所选工具体必须与目标体相交，否则系统会发布警告信息："工具体完全在目标体外"。

- 如果工具体横断目标体，将目标体一分为二，则系统会发布警告信息："操作使产生的实体非参数化"。

- 在进行操作时，如果没有使用复制目标，且没有创建一个或多个特征，则系统会发布警告信息："仅为选定的（数量）刀具创建了（数量）特征"。

- 在进行操作时，如果使用复制目标，且没有创建一个或多个特征，则系统会发布警告信息："不能创建任何特征"。

- 在进行操作时，如果不能创建任何特征，则系统会发布警告信息："不能创建任何特征"。

- 如果在执行一个片体与另一个片体求差操作时，则系统会发布警告信息："非歧义实体"。

● 如果在执行一个片体与另一个片体求交操作时，则系统会发布警告信息："无法执行布尔运算"。

注意：如果创建的是第一个特征，此时不会存在布尔运算，"布尔操作"的列表框为灰色。从创建第二个特征开始，以后加入的特征都可以选择"布尔操作"，而且对于一个独立的部件，每一个添加的特征都需要选择"布尔操作"，系统默认选中"创建"类型。

6.4 拉伸特征

6.4.1 拉伸特征概述

拉伸特征是指将截面沿着某一特定方向拉伸而成的特征，它是最常用的零件建模方法。下面以一个简单的零件实体三维模型（图 6.4.1）为例，说明拉伸特征的基本概念及其创建方法，同时介绍用 UG 软件创建零件三维模型的一般过程。

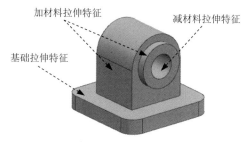

图 6.4.1　实体三维模型

6.4.2 创建基础特征——拉伸

下面以创建图 6.4.2 所示的拉伸特征为例，说明创建拉伸特征的一般步骤。创建前请先新建一个模型文件，命名为 support_base。

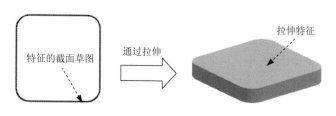

图 6.4.2　拉伸特征

1. 选取拉伸特征命令

选取特征命令一般有如下两种方法：

方法一：从下拉菜单中获取特征命令。选择下拉菜单 插入(S) ➡ 设计特征(E) ▶

➡ ▯ **拉伸(E)...** 命令。

方法二：从工具条中获取特征命令。直接单击"特征"工具条中的 ▯ 按钮。

2. **定义拉伸特征的截面草图**

定义拉伸特征截面草图的方法有两种：选择已有草图作为截面草图；创建新草图作为截面草图。本例中，介绍定义拉伸特征截面草图的第二种方法，具体定义过程如下：

Step 1 选取新建拉伸命令。选择特征命令后，系统弹出图 6.4.3 所示的"拉伸"对话框，在该对话框中单击 ▣ 按钮，创建新草图。

图 6.4.3 "拉伸"对话框

图 6.4.3 所示的"拉伸"对话框中相关选项的功能说明如下：

- ▮ （曲线）：选择已有的草图或几何体边缘作为拉伸特征的截面。
- ▣ （草图截面）：创建一个新草图作为拉伸特征的截面。完成草图并退出草图环境后，系统自动选择该草图作为拉伸特征的截面。
- **体类型** 下拉列表框：用于指定拉伸生成的是片体（即曲面）特征还是实体特征。

Step 2 定义草图平面。

对草图平面的概念和有关选项介绍如下：

- 草图平面是特征截面或轨迹的绘制平面。
- 选择的草图平面可以是 XY 平面、YZ 平面和 XZ 平面中的一个，也可以是模型的某个表面。

完成上步操作后，选取 XY 平面作为草图平面，单击 **确定** 按钮，进入草图环境。

Step 3 绘制截面草图。

基础拉伸特征的截面草图图形是图 6.4.4 所示的几何形状。绘制特征截面草图图形的一般步骤如下：

（1）设置草图环境，调整草图区。

① 进入草图环境后，若图形被移动至不方便绘制的方位，应单击"草图生成器"工具条中的"定向视图到草图"按钮 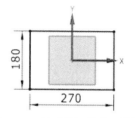，调整到正视于草图的方位（即使草图基准面与屏幕平行）。

图 6.4.4　基础特征的截面草图

② 除可以移动和缩放草图区外，如果用户想在三维空间绘制草图或希望看到模型截面图在三维空间的方位，可以旋转草图区，方法是按住中键并移动鼠标，此时可看到图形跟着鼠标旋转。

（2）创建截面草图。下面将介绍创建截面草图的一般流程，在以后的章节中，创建截面草图时，可参照这里的内容。

① 绘制截面几何图形的大体轮廓。

注意：绘制草图时，开始没有必要很精确地绘制截面的几何形状、位置和尺寸，只要大概的形状与图 6.4.5 相似就可以。

② 建立几何约束。建立图 6.4.6 所示的相切、等长及对称约束。

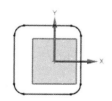

图 6.4.5　草图截面的初步图形

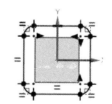

图 6.4.6　建立几何约束

③ 建立尺寸约束。单击"草图工具"工具条中的"自动判断的尺寸"按钮 ，标注图 6.4.7 所示的两个尺寸，建立尺寸约束。

④ 修改尺寸。将尺寸修改为设计要求的尺寸，如图 6.4.8 所示。其操作提示与注意事项如下：

● 尺寸的修改应安排在建立完约束以后进行。

● 注意修改尺寸的顺序，先修改对截面外观影响不大的尺寸。

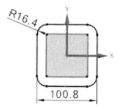

图 6.4.7　建立尺寸约束

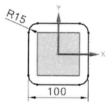

图 6.4.8　修改尺寸

Step 4 完成草图绘制后，选择下拉菜单 任务(K) ➡ 完成草图(K) 命令（或单击工具条中的 完成草图 按钮）退出草图环境。

3. 定义拉伸类型

退出草图环境后，图形区出现拉伸的预览，在对话框中不进行选项操作，创建系统默认的实体类型。

说明：

利用"拉伸"对话框可以创建实体和薄壁两种类型的特征，分别介绍如下。

- 实体类型：创建实体类型时，实体特征的草图截面完全由材料填充，如图 6.4.9 所示。
- 薄壁类型：在"拉伸"对话框的 偏置 下拉列表框中，通过设置起始值与结束值可以创建拉伸薄壁类型特征（图 6.4.10），起始值与结束值之差的绝对值为薄壁的厚度。

4. 定义拉伸深度属性

Step 1 定义拉伸方向。拉伸方向采用系统默认的矢量方向（图 6.4.11）。

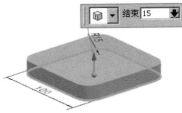

图 6.4.9　实体类型

图 6.4.10　薄壁类型

图 6.4.11　定义拉伸方向

说明："拉伸"对话框中的 选项用于指定拉伸的方向，单击对话框中的 按钮，从系统弹出的下拉列表框中选取相应的方式，即可指定拉伸的矢量方向，单击 按钮，系统就会自动使当前的拉伸方向反向。

Step 2 定义拉伸深度类型。在"拉伸"对话框的 限制 区域的 开始 下拉列表框中选择 值 选项。

Step 3 定义拉伸深度值。在 结束 的 距离 文本框中输入数值 15。

说明：

- 限制 区域：包括六种拉伸控制方式。
  - ☑ 值：在 开始/结束 文本框中输入具体的数值（可以为负值）来确定拉伸的高度，起始值与结束值之差的绝对值为拉伸的高度。
  - ☑ 对称值：特征将在截面所在平面的两侧进行拉伸，且两侧的拉伸深度值相等。
  - ☑ 直至下一个：特征拉伸至下一个障碍物的表面处终止。
  - ☑ 直至选定：特征拉伸到选定的实体、平面、辅助面或曲面为止。
  - ☑ 直至延伸部分：把特征拉伸到选定的曲面，但是如选定面的大小不能与拉伸体完全相交，系统就会自动按照面的边界延伸面的大小，然后再切除生成拉伸体。

☑ **贯通**：沿指定方向，使其完全贯通所有。

● 图 6.4.12 显示了应用不同拉伸控制方式，凸台特征的有效深度。

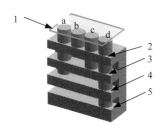

a. 值
b. 直至下一个
c. 直至选定
d. 贯通

1. 草图基准平面
2. 下一个曲面（平面）
3、4、5. 模型的其他曲面（平面）

图 6.4.12　拉伸深度选项示意图

● **布尔** 区域：如果图形区在拉伸之前已经创建了其他实体，则可以在进行拉伸的同时，与这些实体进行布尔操作，包括创建、求和、求差和求交。

● **拔模** 区域：对拉伸体沿拉伸方向进行拔模。角度大于 0 时，沿拉伸方向向内拔模；角度小于 0 时，沿拉伸方向向外拔模。

☑ **从起始限制**：该方式将直接从设置的起始位置开始拔模。

☑ **从截面**：该方式用于设置拉伸特征拔模的起始位置为拉伸截面处。

☑ **从截面 - 不对称角**：用于在拉伸截面两侧进行不对称的拔模。

☑ **从截面 - 对称角**：用于在拉伸截面两侧进行对称的拔模。

☑ **从截面匹配的终止处**：用于在拉伸截面两侧进行拔模，输入的角度为"结束"侧的拔模角度，且起始面与结束面的大小相同。

● **偏置** 区域：通过设置起始值与结束值，可以创建拉伸薄壁类型特征，起始值与结束值之差的绝对值为薄壁的厚度。

5. 完成拉伸特征的定义

Step 1 特征的所有要素被定义完毕后，预览所创建的特征，以检查各要素的定义是否正确。

说明：预览时，可按住中键进行旋转查看，如果所创建的特征不符合设计意图，可选择对话框中的相关选项重新定义。

Step 2 预览完成后，单击"拉伸"对话框中的 < 确定 > 按钮，完成特征的创建。

6.4.3　添加其他特征

1. 添加加材料拉伸特征

在创建零件的基本特征后，可以增加其他特征。下面接着上一小节的内容添加图 6.4.13

所示的加材料拉伸特征，操作步骤如下。

Step 1 选择下拉菜单 插入(S) ➡ 设计特征(E)▶ ➡ 🔳 拉伸(E)... 命令，系统弹出"拉伸"对话框。

Step 2 创建截面草图。

（1）选取草图基准面。在"拉伸"对话框中单击 🔲 按钮，然后选取 YZ 平面作为草图基准面，单击 确定 按钮，进入草图环境。

（2）绘制特征的截面草图。

① 绘制草图轮廓。绘制图 6.4.14 所示的截面草图。

② 建立约束。建立图 6.4.14 所示的图形关于基准轴对称的约束，并标注图 6.4.14 所示的尺寸。

图 6.4.13　添加加材料拉伸特征

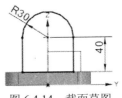

图 6.4.14　截面草图

③ 完成草图绘制后，单击"草图"工具条中的 🏁 完成草图 按钮，退出草图环境。

Step 3 定义拉伸属性。

（1）定义拉伸深度类型。在"拉伸"对话框的 开始 下拉列表框中选择 对称值 选项。

（2）定义拉伸深度值。在 结束 的 距离 文本框中输入数值 27；在 布尔 区域中选择 求和 选项，采用系统默认的求和对象。

注意：此处进行的布尔操作是将基础拉伸特征与加材料拉伸特征合并为一体，如果不进行此操作，基础拉伸特征与加材料拉伸特征将是两个独立的实体。

Step 4 单击"拉伸"对话框中的 < 确定 > 按钮，完成特征的创建。

Step 5 参照上一步的详细操作步骤，选取 YZ 平面为草图平面，绘制图 6.4.15 所示的草图，拉伸对称深度值为 35，然后添加加材料拉伸特征 2，结果如图 6.4.16 所示。

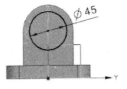

图 6.4.15　截面草图

图 6.4.16　添加加材料拉伸特征 2

2. 添加减材料拉伸特征

减材料拉伸特征的创建方法与加材料拉伸基本一致，只不过加材料拉伸是增加实体，而减材料拉伸则是减去实体。现在要添加图 6.4.17 所示的减材料拉伸特征 1，具体操作步骤如下。

Step 1 选择命令。选择下拉菜单 插入(S) ➡️ 设计特征(E)▶ ➡️ 拉伸(E)... 命令，系统弹出"拉伸"对话框。

Step 2 创建截面草图。

（1）选取草图基准面。在"拉伸"对话框中单击 按钮，然后选取 YZ 平面作为草图基准面，单击 确定 按钮，进入草图环境。

（2）绘制特征的截面草图。

① 绘制草图轮廓。绘制图 6.4.18 所示的截面草图的大体轮廓。

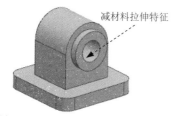

图 6.4.17 添加减材料拉伸特征 1

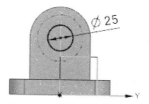

图 6.4.18 截面草图

② 建立尺寸约束。标注图 6.4.18 所示的尺寸。

③ 完成草图绘制后，单击"草图"工具条中的 完成草图 按钮，退出草图环境。

Step 3 定义拉伸属性。

（1）定义拉伸深度方向。采用系统默认的拉伸方向。

（2）定义拉伸深度类型和深度值。在"拉伸"对话框的 开始 下拉列表框中选择 贯通 选项；在 结束 下拉列表框中选择 贯通 选项。在 布尔 下拉列表框中选择 求差 选项，进行求差操作。

注意： 此处进行的布尔操作是将已有实体与减材料拉伸特征合并为一体，如果不进行此操作，已有实体与减材料拉伸特征将是两个独立的实体，系统也不会进行减材料操作。

Step 4 单击"拉伸"对话框中的 〈 确定 〉 按钮，完成特征的创建。

Step 5 选择下拉菜单 文件(F) ➡️ 保存(S) 命令，保存模型文件。

6.5 回转特征

6.5.1 回转特征概述

回转特征是指将截面绕着一条中心轴线旋转一定的角度形成的特征（图 6.5.1）。选择

下拉菜单 插入(S) ➡ 设计特征(E) ▶ ➡ 🔲 回转(R)... 命令，系统弹出图 6.5.2 所示的"回转"对话框。

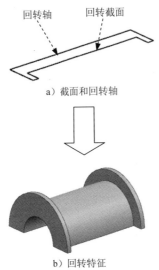

回转轴　回转截面

a）截面和回转轴

b）回转特征

图 6.5.1　回转特征

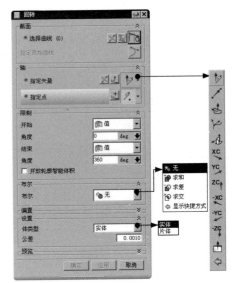

图 6.5.2　"回转"对话框

图 6.5.2 所示的"回转"对话框中各选项的功能说明如下：

- 🔲（选择截面）：选择已有的草图或几何体边缘作为回转特征的截面。

- 🔲（草图截面）：创建一个新草图作为回转特征的截面。完成草图并退出草图环境后，系统自动选择该草图作为回转特征的截面。

- 限制 区域：包含 开始 和 结束 两个下拉列表框及两个位于其下的 角度 文本框。

  - ☑ 开始 下拉列表框：用于设置回转的类项，其下方的 角度 文本框用于设置回转的起始角度，其值的大小是相对于截面所在的平面而言的，其方向以与回转轴成右手定则的方向为准。在 开始 下拉列表框中选择 值 选项，则需设置起始角度和终止角度；在 开始 下拉列表框中选择 直至选定 选项，则需选择要开始或停止回转的面或相对基准平面。

  - ☑ 结束 下拉列表框：用于设置回转的类项，其下方的 角度 文本框用于设置回转对象回转的终止角度，其值的大小也是相对于截面所在的平面而言的，其方向也是以与回转轴成右手定则为准。

- 偏置 区域：利用该区域可以创建回转薄壁类型特征。

- ☑ 预览 复选框：使用预览功能可确定创建回转特征之前参数的正确性。系统默认选中该复选框。

- 🔲 按钮：可以选取已有的直线或者轴作为回转轴矢量，也可以使用"矢量构造器"方式构造一个矢量作为回转轴矢量。

-  按钮：如果用于指定回转轴的矢量方法需要单独再选定一点，例如用于平面法向时，此选项将变为可用。

- 布尔 区域：创建回转特征时，如果已经存在其他实体，则可以与其进行布尔操作，包括创建、求和、求差和求交。

注意：在如图 6.5.2 所示的"回转"对话框中单击 按钮，系统将弹出"矢量"对话框，其应用将在下一节中详细介绍。

6.5.2　关于"矢量"对话框

在建模的过程中，"矢量"对话框的应用十分广泛，如对定义对象的高度方向、投影方向和回转中心轴等进行设置。单击"矢量对话框"按钮 ，系统弹出图 6.5.3 所示的"矢量"对话框，下面将对"矢量"对话框的使用进行详细的介绍。

图 6.5.3　"矢量"对话框

图 6.5.3 所示的"矢量"对话框中的 类型 下拉列表框中的部分选项功能说明如下：

- 自动判断的矢量：可以根据选取的对象自动判断所定义矢量的类型。

- 两点：利用空间两点创建一个矢量，矢量方向为由第一点指向第二点。

- 与 XC 成一角度：用于在 XC-YC 平面上创建与 XC 轴成一定角度的矢量。

- 曲线/轴矢量：通过选取曲线上某点的切向矢量来创建一个矢量。

- 曲线上矢量：在曲线上的任一点指定一个与曲线相切的矢量。可按照圆弧长或百分比圆弧长指定位置。

- 面/平面法向：用于创建与实体表面（必须是平面）法线或圆柱面的轴线平行的矢量。

- XC 轴：用于创建与 XC 轴平行的矢量。注意这里的"与 XC 轴平行的矢量"不是 XC 轴，例如，在定义回转特征的回转轴时，如果选择此项，只是表示回转轴的方向与 XC 轴平行，并不表示回转轴就是 XC 轴，所以这时要完全定义回转轴还必须再选取一点定位回转轴。下面五项与此项相同。

- YC 轴：用于创建与 YC 轴平行的矢量。

- **ZC 轴**：用于创建与 ZC 轴平行的矢量。

- **-XC 轴**：用于创建与 -XC 轴平行的矢量。

- **-YC 轴**：用于创建与 -YC 轴平行的矢量。

- **-ZC 轴**：用于创建与 -ZC 轴平行的矢量。

- **视图方向**：指定与当前工作视图平行的矢量。

- **按系数**：按系数指定一个矢量。

- **按表达式**：使用矢量类型的表达式来指定矢量。

6.5.3 回转特征创建的一般过程

下面以图 6.5.4 所示的回转特征为例，说明创建回转特征的一般操作过程。

Step 1 打开文件 D:\ug85mo\work\ch06.05\revolve.prt。

Step 2 选择下拉菜单 **插入(S)** ➡ **设计特征(E)▶** ➡ **回转(R)...** 命令，系统弹出"回转"对话框。

Step 3 定义回转截面。单击 **按钮**，选取图 6.5.5 所示的回转截面曲线。

图 6.5.4 模型及模型树

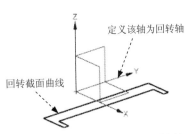

图 6.5.5 定义回转截面和回转轴

Step 4 定义回转轴。单击 **按钮**，在"矢量"对话框中的 **类型** 下拉列表框中选择 **曲线/轴矢量** 选项，选取 Y 轴为回转轴，单击"矢量"对话框中的 **确定** 按钮。

Step 5 确定回转角度的开始值和结束值。在"回转"对话框 **开始** 下的 **角度** 文本框中输入数值 0，在 **结束** 下的 **角度** 文本框中输入数值 180。

Step 6 单击 **< 确定 >** 按钮，完成回转特征的创建。

6.6 倒斜角

构建特征不能单独生成，只能在其他特征上生成，孔特征、倒角特征和圆角特征等都是典型的构建特征。使用"倒斜角"命令可以在两个面之间创建用户需要的倒角。下面以图 6.6.1 所示的实例说明创建倒斜角的一般过程。

Step 1 打开文件 D:\ug85mo\work\ch06.06\chamfer.prt。

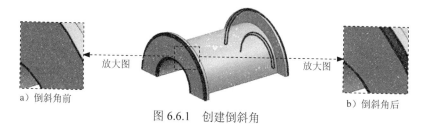

a）倒斜角前   放大图   放大图   b）倒斜角后

图 6.6.1 创建倒斜角

Step 2 选择下拉菜单 插入(S) ➡ 细节特征(L) ▶ ➡ 倒斜角(C)... 命令，系统弹出图 6.6.2 所示的"倒斜角"对话框。

图 6.6.2 "倒斜角"对话框

图 6.6.2 所示的"倒斜角"对话框中部分选项的说明如下：

- 横截面 下拉列表框：用于定义横截面的形状。

  - ☑ 对称：用于创建沿两个表面的偏置值相同的斜角。

  - ☑ 非对称：用于创建指定不同偏置值的斜角，对于不对称偏置可利用 ⤭ 按钮反转倒角偏置顺序从边缘一侧到另一侧。

  - ☑ 偏置和角度：用于创建由偏置值和角度决定的斜角。

- 偏置方法 下拉列表框：用于定义偏置面的方式。

  - ☑ 偏置面并修剪：倒角的面很复杂，此选项可延伸用于修剪原始曲面的每个偏置曲面。

Step 3 选择倒斜角方式。选中 对称 选项，如图 6.6.2 所示。

Step 4 选取图 6.6.1a 所示的边线为倒角的参照边。

Step 5 定义倒角参数。在弹出的动态输入框中，输入偏置值为 1（可拖动屏幕上的拖拽手柄至用户需要的偏置值）。

Step 6 单击"倒斜角"对话框中的 确定 按钮，完成倒斜角的创建。

6.7 边倒圆

如图 6.7.1 所示，使用"边倒圆"（倒圆角）命令可以使多个面共享的边缘变光滑。既可以创建圆角的边倒圆（对凸边缘则去除材料），也可以创建倒圆角的边倒圆（对凹边缘则添加材料）。

1. 创建等半径边倒圆

下面以图 6.7.1 所示的模型为例，说明创建等半径边倒圆的一般操作过程。

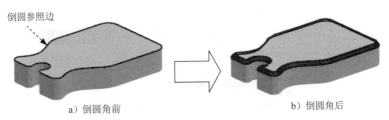

倒圆参照边

a）倒圆角前   b）倒圆角后

图 6.7.1   "边倒圆"模型

Step 1   打开文件 D:\ug85mo\work\ch06.07\round_01.prt。

Step 2   选择下拉菜单 插入(S) ➡ 细节特征(L) ▶ ➡
边倒圆(E)... 命令，系统弹出图 6.7.2 所示的"边倒圆"对话框。

Step 3   定义圆角形状。在对话框中的 形状 下拉列表框中选择 圆形 选项。

Step 4   选取要倒圆的边。单击 要倒圆的边 区域中的 按钮，输入倒圆参数，输入圆角半径值 3。

Step 5   单击 确定 按钮，完成倒圆特征的创建。

图 6.7.2   "边倒圆"对话框

图 6.7.2 所示的"边倒圆"对话框中部分选项及按钮的说明如下：

- （边）：该按钮用于创建一个恒定半径的圆角，恒定半径的圆角是最简单的、也是最容易生成的圆角。

- 形状 下拉列表框：用于定义倒圆角的形状，包括以下两个形状：
  - ☑ 圆形：选择此选项，倒圆角的截面形状为圆形。
  - ☑ 二次曲线：选择此选项，倒圆角的截面形状为二次曲线。

- 可变半径点：通过定义边缘上的点，然后输入各点的圆角半径值，沿边缘的长度改变倒圆半径。在改变圆角半径时，必须至少已指定了一个半径恒定的边缘，才能使用该选项对它添加可变半径点。

- 拐角倒角：添加回切点到一倒圆拐角，通过调整每一个回切点到顶点的距离，对拐角应用其他的变形。

- 拐角突然停止：通过添加突然停止点，可以在非边缘端点处停止倒圆，进行局部边缘段倒圆。

2. 创建变半径边倒圆

下面以图 6.7.3 所示的模型为例，说明创建变半径边倒圆的一般操作过程。

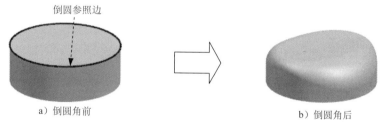

a）倒圆角前   b）倒圆角后

图 6.7.3 变半径边倒圆

Step 1 打开文件 D:\ug85mo\work\ch06.07\round_02.prt。

Step 2 选择下拉菜单 插入(S) ➡ 细节特征(L) ▶ ➡ 边倒圆(E)... 命令，系统弹出"边倒圆"对话框。

Step 3 定义倒圆对象。单击图 6.7.3a 所示的倒圆参照边。

Step 4 选择边倒圆类型。在"边倒圆"对话框中的 可变半径点 区域中单击"点对话框"按钮 ⊥，如图 6.7.4 所示。

Step 5 定义变半径点。单击参照边上的点 1 处，如图 6.7.5 所示，在动态文本框的 弧长百分比 文本框中输入数值 0。

图 6.7.4 "边倒圆"对话框

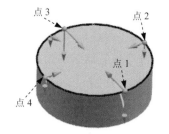

图 6.7.5 创建"变半径点"

Step 6 输入参数。在弹出的动态输入框中输入半径值 15。

Step 7 参照 Step4～Step6 的详细操作步骤，定义其他半径点；点 2 处其圆角半径值为 5，弧长百分比值 25；点 3 处其圆角半径值为 15，弧长百分比值 50；点 4 处其圆角半径值为 5，弧长百分比值 75。

Step 8 单击"边倒圆"对话框中的 确定 按钮，完成可变半径倒圆特征的创建。

6.8　UG NX 的部件导航器

6.8.1　部件导航器概述

部件导航器提供了在工作部件中特征父—子关系的可视化表示，允许在那些特征上执行各种编辑操作。

单击资源板中的 按钮，可以打开部件导航器。部件导航器是 UG NX 8.5 资源板中的一个部分，它可以用来组织、选择和控制数据的可见性，以及通过简单浏览来理解数据，也可以在其中更改现存的模型参数以得到所需的形状和定位表达，另外，"制图"和"建模"数据也包括在"部件导航器"中。

"部件导航器"被分隔成四个面板："名称"面板、"相依性"面板、"细节"面板以及"预览"面板。构造模型或图纸时，数据被填充到这些面板窗口中，使用这些面板导航部件，并执行各种操作。

6.8.2　部件导航器界面简介

部件导航器"名称"面板提供了最全面的部件视图。可以使用它的树状结构（简称"模型树"）查看和访问实体、实体特征和所依附的几何体、视图、图样、表达式、快速检查以及模型中的引用集。打开文件 D:\ug85mo\work\ch06.08\support_base.prt，模型如图 6.8.1 所示，在与之相应的模型树（图 6.8.2）中，圆括号内的时间戳记跟在各特征名称的后面。部件导航器"名称"面板有两种模式："时间戳记顺序"和"设计视图"模式。

图 6.8.1　参照模型

（1）在部件导航器中右击，在弹出的快捷菜单中选择 ✔ 时间戳记顺序 命令，可以在两种模式间进行切换，如图 6.8.3 所示。

（2）在"设计视图"模式下，工作部件中的所有特征在模型节点下显示，包括它们的特征和操作，先显示最近创建的特征（按相反的时间戳记顺序）；在"时间戳记顺序"模式下，工作部件中的所有特征都按它们创建的时间戳记显示为一个节点的线性列表，"时间戳记顺序"模式不包括"设计视图"模式中可用的所有节点。

部件导航器"相依性"面板可用来查看部件中特征几何体的父子关系，可以帮助用户了解要执行的修改对部件的潜在影响。单击 相依性 选项，可以打开和关闭该面板，选择其中一个特征，其界面如图 6.8.4 所示。

图 6.8.2　"部件导航器"界面　　　　图 6.8.3　"部件导航器"内右击后弹出的快捷菜单

部件导航器"细节"面板显示属于当前所选特征的特征和定位参数。如果特征被表达式抑制，则特征抑制也将显示。单击 细节 选项，可以打开和关闭该面板，选择其中一个特征，其界面如图 6.8.5 所示。

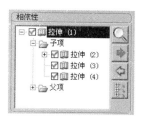

图 6.8.4　部件导航器"相依性"面板　　　图 6.8.5　部件导航器"细节"面板

"细节"面板有三列：参数 、 值 和 表达式 ▲ 。在此仅显示单个特征的参数，可以直接在"细节"面板中编辑相应值：双击要编辑的值进入编辑模式，可以更改表达式的值，按回车键结束编辑。可以通过右击，在弹出的快捷菜单中选择 导出至浏览器 或 导出到电子表格 命令，将"细节"面板的内容导出至浏览器或电子表格，并且可以按任意列排序。

部件导航器"预览"面板显示可用的预览对象的图像。单击 预览 选项，可以打开和关闭该面板。"预览"面板的性质与上述部件导航器"细节"面板类似，不再赘述。

6.8.3　部件导航器的作用与操作

1. 部件导航器的作用

部件导航器可以用来抑制或释放特征和改变它们的参数或定位尺寸等，部件导航器在所有 UG NX 应用环境中都是有效的，而不只是在建模环境中。可以在建模环境中执行特征编辑操作。在部件导航器中，编辑特征可以引起一个在模型上执行的更新。

在部件导航器中使用时间戳记顺序，可以按时间序列排列建模所用到的每个步骤，并且可以对其进行参数编辑、定位编辑、显示设置等各种操作。

部件导航器中提供了正等测、前、后和右等八个模型视图，用于选择当前视图的方向，以方便从各个视角观察模型。

2. 部件导航器的显示操作

部件导航器对识别模型特征是非常有用的。在部件导航器窗口中选择一个特征，该特征将在图形区高亮显示，并在部件导航器窗口中高亮显示其父特征和子特征。反之，在图形区中选择一特征，该特征和它的父、子层级也会在部件导航器窗口中高亮显示。

为了显示部件导航器，可以在图形区右侧的资源条上单击 按钮，弹出部件导航器界面。当光标离开部件导航器窗口时，部件导航器窗口立即关闭，以方便图形区的操作，如果需要固定部件导航器窗口的显示，单击 按钮，使之变为 状态，则窗口始终固定显示，直到再次单击 按钮。

如果需要以某个方向观察模型，可以在部件导航器中双击 模型视图 下的选项，可以得到图 6.8.6 中八个方向的视角，当前应用视图后有 "（工作）" 字样。

图 6.8.6   "模型视图" 中的选项

3. 在部件导航器中编辑特征

在 "部件导航器" 中，有多种方法可以选择和编辑特征，在此列举两种。

方法一：

Step 1　双击树列表中的特征，打开其编辑对话框。

Step 2　在创建时的对话框控制中编辑其特征。

方法二：

Step 1　在树列表中选择一个特征。

Step 2　右击，在弹出的快捷菜单中选择 编辑参数 (P)... 命令，打开其编辑对话框。

Step 3　在创建时的对话框控制中编辑其特征。

4. 显示表达式

在部件导航器中会显示 "用户表达式" 文件夹内定义的表达式，且其名称前会显示表达式的类型（即距离、长度或角度等）。

5．抑制与取消抑制

通过抑制（Suppressed）功能可使已显示的特征临时从图形区中移去。取消抑制后，该特征显示在图形区中，例如，图 6.8.7a 中的拉伸特征处于抑制的状态，此时其模型树如图 6.8.8a 所示；图 6.8.7b 中的拉伸特征处于取消抑制的状态，此时其模型树如图 6.8.8b 所示。

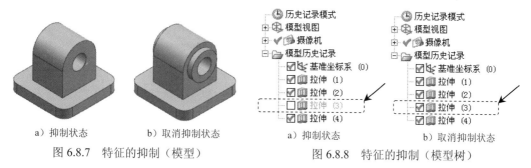

a）抑制状态　　b）取消抑制状态

图 6.8.7　特征的抑制（模型）

a）抑制状态　　b）取消抑制状态

图 6.8.8　特征的抑制（模型树）

说明：

- 选取 抑制(S) 命令可以使用另外一种方法，即在模型树中选择某个特征后右击，在弹出的快捷菜单中选择 抑制(S) 命令。

- 抑制某个特征时，其子特征也将被抑制；在取消抑制某个特征时，其父特征也将被取消抑制。

6．特征回放

用户使用下拉菜单 编辑(E) ➡ 特征(F) ➡ 回放(B)... 命令，可以一次显示一个特征，逐步表示模型的构造过程。

注意：被抑制的特征在回放的过程中是不显示的；如果草图是在特征内部创建的，则在回放过程中不显示，否则草图会显示。

7．信息获取

"信息"（Information）下拉菜单提供了获取有关模型信息的选项。

"信息"窗口显示所选特征的详细信息，包括特征名、特征表达式、特征参数和特征的父子关系等。特征信息的获取方法：在部件导航器中选择特征并右击，然后选择 信息(I) 命令，系统弹出"信息"窗口。

说明：

- 在"信息"窗口中可以选择下拉菜单 文件(F) ➡ 另存为...(A) 命令或 打印...(P) 命令。另存为...(A) 命令用于以文本格式保存在"信息"窗口中列出的所有信息，打印...(P) 命令用于打印信息列表。

- 编辑(E) 下拉菜单中的 查找...(F) 命令用于搜索特定表达式。

8．细节

在模型树中选择某个特征后，在"细节"面板中会显示该特征的参数、值和表达式，对某个表达式右击，在弹出的快捷菜单中选择 编辑 命令，可以对表达式进行编辑，以便对模型进行修改。例如，在图 6.8.9 所示的"细节"面板中显示的是一个拉伸特征的细节，右击表达式 p3＝15，选择 编辑 命令，在文本框中输入新值 60 并按回车键，则该拉伸特征会立即变化。

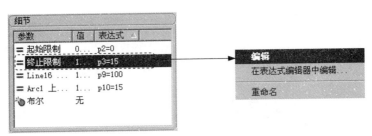

图 6.8.9　表达式的编辑操作

6.9　对象操作

通常在对模型特征进行操作时，需要对目标对象进行显示、隐藏、分类和删除等操作，使用户能更快捷、更容易地达到目的。

6.9.1　控制对象模型的显示

模型的显示控制主要通过图 6.9.1 所示的"视图"工具条来实现，也可通过 视图(V) 下拉菜单中的命令来实现。

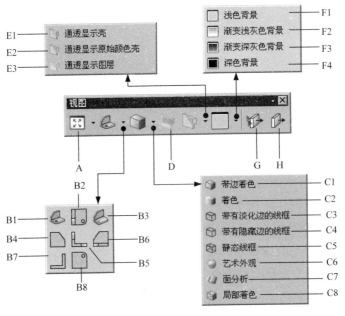

图 6.9.1　"视图"工具条

图 6.9.1 所示的"视图"工具条中部分按钮的说明如下：

A: 适合窗口。调整工作视图的中心和比例以显示所有对象。

B1: 正三轴测图。　　　　　　　　　B2: 俯视图。

B3: 正等测图。　　　　　　　　　　B4: 左视图。

B5: 前视图。　　　　　　　　　　　B6: 右视图。

B7: 后视图。　　　　　　　　　　　B8: 仰视图。

C1: 以带线框的着色图显示。　　　　C2: 以纯着色图显示。

C3: 不可见边用虚线表示的线框图。　C4: 隐藏不可见边的线框图。

C5: 可见边和不可见边都用实线表示的线框图。

C6: 艺术外观。在此显示模式下，选择下拉菜单 视图(V) ➡ 可视化(V) ➡
材料/纹理(M)... 命令，可以为它们指定的材料和纹理特性进行实际渲染。没有指定材料或
纹理特性的对象，看起来与"着色"渲染样式下所进行的着色相同。

C7: 在"面分析"渲染样式下，选定的曲面对象由小平面几何体表示并渲染小平面以
指示曲面分析数据，剩余的曲面对象由边缘几何体表示。

C8: 在"局部着色"渲染样式下，选定的曲面对象由小平面几何体表示，这些几何体
通过着色和渲染显示，剩余的曲面对象由边缘几何体显示。

D: 全部通透显示。

E1: 使用指定的颜色将已取消着重的着色几何体显示为透明壳。

E2: 将已取消着重的着色几何体显示为透明壳，并保留原始的着色几何体颜色。

E3: 使用指定的颜色将已取消着重的着色几何体显示为透明图层。

F1: 浅色背景。　F2: 渐变浅灰色背景。　F3: 渐变深灰色背景。　　F4: 深色背景。

G: 剪切工作截面。　　　　　　　　　　　H: 编辑工作截面。

6.9.2　删除对象

利用 编辑(E) 下拉菜单中的 ✕ 删除(D)... 命令可以删除一个或多个对象。下面以图 6.9.2
所示的模型为例，来说明删除对象的一般操作过程。

要删除的特征

a）删除前　　　　　　　　　　　　b）删除后

图 6.9.2　删除对象

Step 1　打开文件 D:\ug85mo\work\ch06.09\delete.prt。

Step 2 选择命令。选择下拉菜单 编辑(E) ➡ ✕ 删除(D)... 命令，系统弹出"类选择"对话框。

Step 3 定义删除对象。选取图 6.9.2 a 所示的实体。

Step 4 单击 确定 按钮，完成对象的删除。

6.9.3 隐藏与显示对象

对象的隐藏是指通过一些操作，使该对象在零件模型中不显示。下面以图 6.9.3 所示的模型为例，来说明隐藏与显示对象的一般操作过程。

要隐藏的特征

a）隐藏前　　　　　　　　　　　b）隐藏后

图 6.9.3　隐藏对象

Step 1 打开文件 D:\ug85mo\work\ch06.09\hide.prt。

Step 2 选择命令。选择下拉菜单 编辑(E) ➡ 显示和隐藏(H)▶ ➡ 隐藏(H)... 命令，系统弹出"类选择"对话框。

Step 3 定义隐藏对象。单击图 6.9.3 a 所示的实体。

Step 4 单击 确定 按钮，完成对象的隐藏。

说明：显示被隐藏的对象的方法为：选择下拉菜单 编辑(E) ➡ 显示和隐藏(H)▶ ➡ 显示(S)... 命令（或按快捷键 Ctrl+Shift+U），选择要显示的对象，即可将隐藏的对象显示。

6.9.4 编辑对象的显示

编辑对象的显示是指修改对象的层、颜色、线型和宽度等。下面以图 6.9.4 所示的模型为例，来说明编辑对象显示的一般过程。

a）编辑前　　　　　　　　　　　b）编辑后

图 6.9.4　编辑对象的显示

Step 1 打开文件 D:\ug85mo\work\ch06.09\display.prt。

Step 2 选择命令。选择下拉菜单 编辑(E) ➡ 对象显示(J)... 命令，系统弹出"类选择"对话框。

Step 3　定义需编辑的对象。选取图 6.9.4a 所示的实体，单击 确定 按钮，系统弹出"编辑对象显示"对话框。

Step 4　修改对象显示属性。在"编辑对象显示"对话框中单击 颜色 右侧的色块，在弹出的"颜色"对话框中选择 ■ 选项，在 线型 下拉列表框中选择 ┌──────┐ 选项，在 宽度 下拉列表框中选择 0.25 mm 选项，如图 6.9.5 所示。

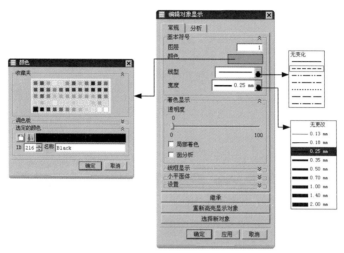

图 6.9.5　"编辑对象显示"对话框

Step 5　单击 确定 按钮，完成对象显示的编辑。

6.10　基准特征

6.10.1　基准平面

　　基准平面也称基准面。是用户在创建特征时的一个参考面，同时也是一个载体。如果在创建一般特征时，模型上没有合适的平面，用户可以创建基准平面作为特征截面的草图平面或参照平面；也可以根据一个基准平面进行标注，此时它就好像是一条边。并且基准平面的大小是可以调整的，以使其看起来更适合零件、特征、曲面、边、轴或半径。UG NX 8.5 中有两种类型的基准平面：相对的和固定的。

　　相对基准平面：相对基准平面是根据模型中的其他对象而创建的。可使用曲线、面、边缘、点及其他基准作为基准平面的参考对象，可创建跨过多个实体的相对基准平面。

　　固定基准平面：固定基准平面不参考，也不受其他几何对象的约束，在用户定义特征中使用除外。可使用任意相对基准平面方法创建固定基准平面，方法是：取消选择"基准平面"对话框中的 ☑关联 复选框；还可根据 WCS 和绝对坐标系并通过改变方程式中的系数，使用一些特殊方法创建固定基准平面。

要选择一个基准平面，可以在模型树中单击其名称，也可在图形区中选择它的一条边界。

1．基准平面的创建方法：成一角度

下面以图 6.10.1 所示的实例来说明创建基准平面的一般过程。

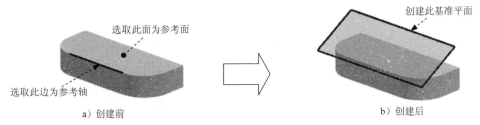

创建此基准平面

选取此面为参考面

选取此边为参考轴

a）创建前　　　　　　　　　　b）创建后

图 6.10.1　创建基准平面

Step 1　打开文件 D:\ug85mo\work\ch06.10.01\datum_plane_01.prt。

Step 2　选择下拉菜单 插入(S) ➡ 基准/点(D) ➡ □ 基准平面(D)... 命令，系统弹出图 6.10.2 所示的"基准平面"对话框（可创建各种形式的基准平面）。

Step 3　定义创建方式。在"基准平面"对话框中的 类型 下拉列表框中，选择 ■成一角度 选项（图 6.10.2）。

图 6.10.2　"基准平面"对话框

图 6.10.2 所示的"基准平面"对话框中 类型 下拉列表框中的部分选项的功能说明如下：

- ☑ 自动判断：通过选择的对象自动判断约束条件。例如选取一个表面或基准平面时，系统自动生成一个预览基准平面，可以输入偏置值和数量来创建基准平面。

- ■ 按某一距离：通过输入偏置值创建与已知平面（基准平面或零件表面）平行的基准平面。

- ■ 成一角度：通过输入角度值创建与已知平面成一角度的基准平面。先选择一个平面或基准平面，然后选择一个与所选面平行的线性曲线或基准轴，以定义回转轴。

- **曲线和点**：用此方法创建基准平面的步骤为：先指定一个点，然后指定第二个点或者一条直线、线性边、基准轴、面等。如果选择直线、基准轴、线性曲线或特征的边缘作为第二个对象，则基准平面同时通过这两个对象；如果选择一般平面或基准平面作为第二个对象，则基准平面通过第一个点，但与第二个对象平行；如果选择两个点，则基准平面通过第一个点并垂直于这两个点所定义的方向；如果选择三个点，则基准平面通过这三个点。

- **两直线**：通过选择两条现有直线，或直线与线性边、面的法向向量或基准轴的组合，创建的基准平面包含第一条直线且平行于第二条线。如果两条直线共面，则创建的基准平面将同时包含这两条直线。否则，还会有下面两种可能的情况。

  - ☑ 这两条线不垂直。创建的基准平面包含第二条直线且平行于第一条直线。
  - ☑ 这两条线垂直。创建的基准平面包含第一条直线且垂直于第二条直线，或是包含第二条直线且垂直于第一条直线（可以使用循环解实现）。

- **通过对象**：根据选定的对象创建基准平面，对象包括曲线、边缘、面、基准、平面、圆柱、圆锥或回转面的轴、基准坐标系、坐标系以及球面和回转曲面。如果选择圆锥面或圆柱面，则在该面的轴线上创建基准平面。

- **点和方向**：通过定义一个点和一个方向来创建基准平面。定义的点可以是使用点构造器创建的点，也可以是曲线或曲面上的点；定义的方向可以通过选取的对象自动判断，也可以使用矢量构造器来构建。

- **曲线上**：创建一个过曲线上的点并在此点与曲线法向方向垂直或相切的基准平面。

- **XC-YC 平面**：沿工作坐标系（WCS）或绝对坐标系（ACS）的 XC-YC 轴创建一个固定的基准平面。

- **XC-ZC 平面**：沿工作坐标系（WCS）或绝对坐标系（ACS）的 XC-ZC 轴创建一个固定的基准平面。

- **YC-ZC 平面**：沿工作坐标系（WCS）或绝对坐标系（ACS）的 YC-ZC 轴创建一个固定的基准平面。

- **视图平面**：创建平行于视图平面并穿过绝对坐标系（ACS）原点的固定基准平面。

- **按系数**：通过使用系数 a、b、c 和 d 指定一个方程的方式，创建固定基准平面，该基准平面由方程 $ax+by+cz=d$ 确定。

Step 4 定义参考对象。分别选取图 6.10.1a 所示的平面和边线为基准平面的参考平面和参考轴。

Step 5 定义参数。在弹出的 **角度** 动态输入框中输入数值 30，单击"基准平面"对话框中的 **< 确定 >** 按钮，完成基准平面的创建。

2．基准平面的创建方法：点和方向

用"点和方向"创建基准平面是指通过定义一点和平面的法向方向来创建基准平面。下面通过一个实例来说明用"点和方向"创建基准平面的一般过程。

Step 1 打开文件 D:\ug85mo\work\ch06.10.01\datum_plane_02.prt。

Step 2 选择命令。选择下拉菜单 插入(S) ➡ 基准/点(D)▸ ➡ □ 基准平面(D)... 命令，系统弹出"基准平面"对话框。

Step 3 定义创建方式。在 类型 区域的下拉列表框中选择 □ 点和方向 选项，选取图 6.10.3a 所示的圆心，在 指定矢量 下拉列表框中选择 XC 选项为平面的法向方向，单击 〈 确定 〉 按钮，完成基准平面的创建，如图 6.10.3b 所示。

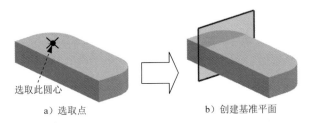

a）选取点   b）创建基准平面

图 6.10.3　利用"点和方向"创建基准平面

3．基准平面的创建方法：按某一距离

用"按某一距离"创建基准平面是指创建一个与指定平面平行且相距一定距离的基准平面。下面通过一个实例说明用"按某一距离"创建基准平面的一般过程。

Step 1 打开文件 D:\ug85mo\work\ch06.10.01\datum_plane_03.prt。

Step 2 选择命令。选择下拉菜单 插入(S) ➡ 基准/点(D)▸ ➡ □ 基准平面(D)... 命令，系统弹出"基准平面"对话框。

Step 3 定义创建方式。在 类型 区域的下拉列表框中选择 按某一距离 选项，选取图 6.10.4a 所示的平面为参考面。

Step 4 在弹出的 距离 动态输入框内输入数值 14，单击"基准平面"对话框的 〈 确定 〉 按钮，完成基准平面的创建，如图 6.10.4b 所示。

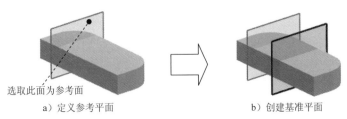

选取此面为参考面

a）定义参考平面   b）创建基准平面

图 6.10.4　利用"按某一距离"创建基准平面

4．基准平面的创建方法：平分平面

用"平分平面"创建基准平面是指创建一个与指定两平面相距相等距离的基准平面。

下面通过一个实例说明用"平分平面"创建基准平面的一般过程。

Step 1 打开文件 D:\ug85mo\work\ch06.10.01\datum_plane_04.prt。

Step 2 选择命令。选择下拉菜单 插入(S) ➡ 基准/点(D)▶ ➡ ☐ 基准平面(D)... 命令，系统弹出"基准平面"对话框。

Step 3 定义创建方式。在 类型 区域的下拉列表框中选择 ✔ 自动判断 选项，选取图 6.10.5a 所示的平面为参考面。

Step 4 单击 ⟨ 确定 ⟩ 按钮，完成基准平面的创建，如图 6.10.5b 所示。

5. 调整基准平面的显示大小

尽管基准平面实际上是一个无穷大的平面，但在默认情况下，系统根据模型大小对其进行缩放显示。显示的基准平面的大小随零件尺寸而改变。除了那些即时生成的平面以外，其他所有基准平面的大小都可以调整，以适应零件、特征、曲面、边、轴或半径。改变基准平面大小的方法是：双击基准平面，拖动基准平面的控制点即可改变其大小（图 6.10.6）。

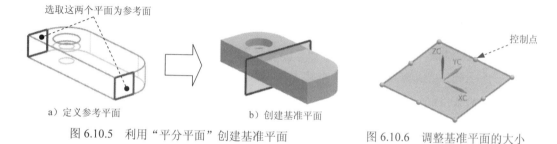

图 6.10.5　利用"平分平面"创建基准平面　　　图 6.10.6　调整基准平面的大小

6.10.2　基准轴

基准轴既可以是相对的，也可以是固定的。以创建的基准轴为参考对象，可以创建其他对象，比如基准平面、回转体和拉伸特征等。

1. 基准轴的创建方法：两点

下面通过图 6.10.7 所示的实例说明创建基准轴的一般操作步骤。

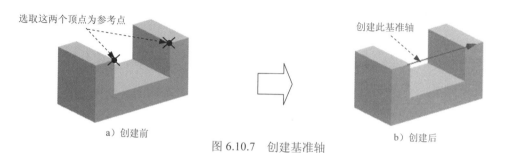

图 6.10.7　创建基准轴

Step 1 打开文件 D:\ug85mo\work\ch06.10.02\datum_axis_01.prt。

Step 2 选择下拉菜单 插入(S) ➡ 基准/点(D)▸ ➡ ↑ 基准轴(A)... 命令，系统弹出图 6.10.8 所示的"基准轴"对话框。

Step 3 在"基准轴"对话框的 类型 下拉列表框中选取 两点 选项，选择"两点"方式创建基准轴（图 6.10.8）。

图 6.10.8 "基准轴"对话框

图 6.10.8 所示的"基准轴"对话框 类型 下拉列表框中有关选项的功能说明如下：

- 自动判断：根据所选的对象自动判断基准轴类型。
- 点和方向：通过定义一个点和一个矢量方向来创建基准轴。通过曲线、边或曲面上的一点，可以创建一条平行于线性几何体或基准轴、面轴，或垂直于一个曲面的基准轴。
- 两点：通过定义轴通过的两点来创建基准轴。第一点为基点，第二点定义了从第一点到第二点的方向。
- 交点：通过两个平面相交，在相交处产生基准轴。
- 曲线/面轴：创建一个起点在选择曲线上的基准轴。
- 曲线上矢量：通过选择曲线上一点并确定与曲线的方位关系（法向垂直或相切或与某一对象平行或垂直等）而创建基准轴。
- XC 轴：用于通过沿 XC 轴创建固定基准轴。
- YC 轴：用于通过沿 YC 轴创建固定基准轴。
- ZC 轴：用于通过沿 ZC 轴创建固定基准轴。

Step 4 定义参考点。选取图 6.10.7a 所示的两个顶点为参考点。

注意：创建的基准轴与选择点的先后顺序有关，可以通过单击"基准轴"对话框中的"反向"按钮 调整其方向。

Step 5 单击 ＜确定＞ 按钮，完成基准轴的创建。

2. 基准轴的创建方法：点和方向

用"点和方向"创建基准轴是指通过定义一个点和矢量方向来创建基准轴，下面通过图 6.10.9 所示的范例来说明用"点和方向"创建基准轴的一般过程。

Step 1　打开文件 D:\ug85mo\work\ch06.10.02\datum_axis_02.prt。

Step 2　选择下拉菜单 插入(S) ➡ 基准/点(D) ▶ ➡ ↑ 基准轴(A) 命令，系统弹出"基准轴"对话框。

Step 3　在"基准轴"对话框的 类型 下拉列表框中选取 点和方向 选项，选择图 6.10.10 所示的点作为参考对象。

创建此基准轴

选取此圆弧圆心作为参考点

a）创建前　　　　b）创建后

图 6.10.9　利用"点和方向"创建基准轴　　　　图 6.10.10　定义参考点

Step 4　在对话框 方向 区域的 方位 下拉列表框中选择 平行于矢量 选项，在 ✓ 指定矢量 下拉列表框中选择 XC 选项。

Step 5　单击 < 确定 > 按钮，完成基准轴的创建。

6.10.3　基准点

基准点用来为网格生成加载点、在绘图中连接基准目标和注释、创建坐标系及管道特征轨迹，也可以在基准点处放置轴、基准平面、孔和轴肩。

默认情况下，UG NX 8.5 将一个基准点显示为加号"+"，其名称显示为 point（n），其中 n 是基准点的编号。要选取一个基准点，可选择基准点自身或其名称。

1. 通过给定坐标值创建点

无论用哪种方式创建点，得到的点都有唯一的坐标值与之相对应。只是不同方式的操作步骤和简便程度不同。在可以通过其他方式方便快捷的创建点时，就没有必要再通过给定点的坐标值来创建。仅在读者确定点的坐标值时推荐使用此方式。

本节将创建如下几个点，坐标值分别是（60.0，40.0，0.0）、（-20.0，-50.0，10.0）、（35.0，-80.0，60.0）和（-60.0，100.0，30.0），操作步骤如下。

Step 1　打开文件 D:\ug85mo\work\ch06.10.03\point_01.prt。

Step 2　选择下拉菜单 插入(S) ➡ 基准/点(D) ▶ ➡ ＋ 点(P) 命令，系统弹出"点"对话框。

Step 3　在"点"对话框的 X、Y、Z 文本框中输入相应的坐标值，单击 < 确定 > 按钮，完成四个点的创建，结果如图 6.10.11 所示。

2. 在端点上创建点

在端点上创建点是指在直线或曲线的末端创建点。下面以图 6.10.12 所示的范例说明在端点创建点的一般过程。现要在模型的顶点处创建一个点，其操作步骤如下。

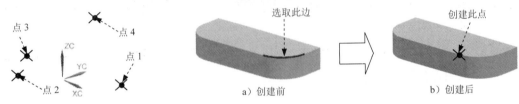

图 6.10.11　利用坐标值创建点　　　　　图 6.10.12　通过端点创建点

Step 1 打开文件 D:\ug85mo\work\ch06.10.03\point_02.prt。

Step 2 选择下拉菜单 插入(S) ➡ 基准/点(D)▶ ➡ 十 点(P)... 命令，系统弹出"点"对话框（在对话框 设置 区域中默认的设置是 ☑ 关联 复选框被选中，即所创建的点与所选对象参数相关）。

Step 3 选择以"端点"的方式创建点。在对话框 类型 下拉列表框中选择 终点 选项，选取图 6.10.12a 所示的模型边线，单击 < 确定 > 按钮，完成点的创建，如图 6.10.12b 所示。

说明：系统默认的线的端点是离点选位置最近的点，读者在选取边线时应注意点选位置，以免所创建的点不是所需的点。

6.10.4　基准坐标系

坐标系是可以增加到零件和装配件中的参照特征，它可用于：

● 计算质量属性。

● 装配元件。

● 为有限元分析（FEA）放置约束。

● 为刀具轨迹提供制造操作参照。

● 用于定位其他特征的参照（坐标系、基准点、平面和轴线、输入的几何等）。

在 UG NX 8.5 系统中，可以使用下列三种形式的坐标系：

● 绝对坐标系（ACS）：系统默认的坐标系，其坐标原点不会变化，在新建文件时系统会自动产生绝对坐标系。

● 工作坐标系（WCS）：系统提供给用户的坐标系，用户可根据需要移动它的位置来设置自己的工作坐标系。

● 基准坐标系（CSYS）：该坐标系常用于模具设计和数控加工等操作。

根据所选的三个点来定义坐标系，X 轴是从第一点到第二点的矢量，Y 轴是从第一点到第三点的矢量，原点是第一点。下面以一个范例说明用三点创建坐标系的一般过程，其操作步骤如下。

Step 1 打开文件 D:\ug85mo\work\ch06.10.04\csys_create_01.prt。

Step 2 选择下拉菜单 插入(S) ➡ 基准/点(D)▶ ➡ 基准 CSYS... 命令，系统弹出图 6.10.13 所示的"基准 CSYS"对话框。

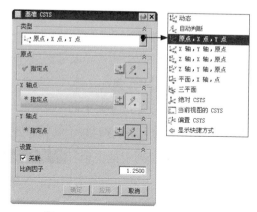

图 6.10.13　"基准 CSYS"对话框

图 6.10.13 所示的"基准 CSYS"对话框中部分选项功能的说明如下：

- **自动判断**：创建一个与所选对象相关的 CSYS，或通过 x、y 和 z 分量的增量来创建 CSYS。实际所使用的方法是基于所选择的对象和选项。要选择当前的 CSYS，可选择自动判断的方法。

- **原点,X 点,Y 点**：根据选择的三个点或创建三个点来创建 CSYS。要想指定三个点，可以使用点方法选项或使用相同功能的菜单，打开"点构造器"对话框。X 轴是从第一点到第二点的矢量；Y 轴是从第一点到第三点的矢量；原点是第一点。

- **三平面**：根据所选择的三个平面来创建 CSYS。X 轴是第一个"基准平面/平的面"的法线；Y 轴是第二个"基准平面/平的面"的法线；原点是这三个"基准平面/平的面"的交点。

- **X 轴,Y 轴,原点**：根据所选择或定义的一点和两个矢量来创建 CSYS。选择的两个矢量作为坐标系的 X 轴和 Y 轴；选择的点作为坐标系的原点。

- **Z 轴,X 轴,原点**：根据所选择或定义的一点和两个矢量来创建 CSYS。选择的两个矢量作为坐标系的 Z 轴和 X 轴；选择的点作为坐标系的原点。

- **Z 轴,Y 轴,原点**：根据所选择或定义的一点和两个矢量来创建 CSYS。选择的两个矢量作为坐标系的 Z 轴和 Y 轴；选择的点作为坐标系的原点。

- **平面,X 轴,点**：根据所选择的一个平面、X 轴和原点来创建 CSYS。其中选择的平面为 Z 轴平面，选取的 X 轴方向即为 CSYS 中的 X 轴方向，选取的原点为 CSYS 的原点。

- **绝对 CSYS**（绝对坐标系）：指定模型空间坐标作为坐标系。X 轴和 Y 轴是"绝对 CSYS" 的 X 轴和 Y 轴，原点为 "绝对 CSYS" 的原点。

- **当前视图的 CSYS**：将当前视图的坐标系设置为坐标系。X 轴平行于视图底部；Y 轴平行于视图侧面；原点为视图的原点（图形屏幕中间）。如果通过名称来选择，CSYS 将不可见或在不可选择的层中。

- **偏置 CSYS**：根据所选择的现有基准 CSYS 的 x、y 和 z 的增量来创建 CSYS。

- **比例因子**：使用此文本框更改基准 CSYS 的显示尺寸。每个基准 CSYS 都可具有不同的显示尺寸。显示大小由比例因子参数控制，1 为基本尺寸。如果指定比例因子为 0.5，则得到的基准 CSYS 将是正常大小的一半；如果指定比例因子为 2，则得到的基准 CSYS 将是正常比例大小的两倍。

Step 3 在 "基准 CSYS" 对话框的 **类型** 下拉列表框中选择 **原点, X 点, Y 点** 选项，选取图 6.10.14a 所示的三点，其中 X 轴是从第一点到第二点的矢量，Y 轴是从第一点到第三点的矢量，原点是第一点。

Step 4 单击 **< 确定 >** 按钮，完成基准坐标系的创建，如图 6.10.14b 所示。

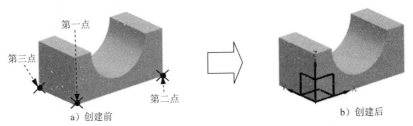

图 6.10.14 创建基准坐标系（一）

说明：在建模过程中，经常需要对工作坐标系进行操作，以便于建模。选择下拉菜单 **格式(R)** ➤ **WCS** ➤ **定向(N)...** 命令，系统弹出图 6.10.15 所示的 CSYS 对话框，对所建的工作坐标系进行操作。该对话框的上部为创建坐标系的各种方式的选项，其余为涉及到的参数。其创建的操作步骤和创建基准坐标系一致。

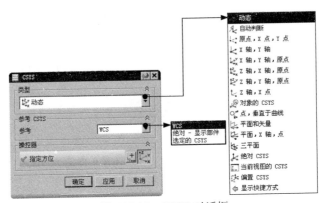

图 6.10.15 CSYS 对话框

图 6.10.15 所示的 CSYS 对话框的 类型 下拉列表框中部分选项说明如下：

- **自动判断**：通过选择的对象或输入坐标分量值来创建一个坐标系。

- **原点, X 点, Y 点**：通过三个点来创建一个坐标系。这三点依次是原点、X 轴方向上的点和 Y 轴方向上的点。第一点到第二点的矢量方向为 X 轴正向，Z 轴正向由第二点到第三点按右手法则确定。

- **X 轴, Y 轴**：通过两个矢量来创建一个坐标系。坐标系的原点为第一矢量与第二矢量的交点，XC-YC 平面为第一矢量与第二矢量所确定的平面，X 轴正向为第一矢量方向，从第一矢量至第二矢量按右手螺旋法则确定 Z 轴的正向。

- **X 轴, Y 轴, 原点**：创建一点作为坐标系原点，再选取或创建两个矢量来创建坐标系。X 轴正向平行于第一矢量方向，XC-YC 平面平行于第一矢量与第二矢量所在平面，Z 轴正向为从第一矢量在 XC-YC 平面上的投影矢量至第二矢量在 XC-YC 平面上的投影矢量，按右手法则确定。

- **Z 轴, X 点**：通过选择或创建一个矢量和一个点来创建一个坐标系。Z 轴正向为矢量的方向，X 轴正向为沿点和矢量的垂线指向定义点的方向，Y 轴正向由从 Z 轴至 X 轴按右手螺旋法则确定，原点为三个矢量的交点。

- **对象的 CSYS**：用选择的平面曲线、平面或工程图来创建坐标系，XC-YC 平面为对象所在的平面。

- **点, 垂直于曲线**：利用所选曲线的切线和一个点的方法来创建一个坐标系。原点为切点，曲线切线的方向即为 Z 轴矢量，X 轴正向为沿点到切线的垂线指向点的方向，Y 轴正向由从 Z 轴至 X 轴矢量按右手螺旋法则确定。

- **平面和矢量**：通过选择一个平面、选择或创建一个矢量来创建一个坐标系。X 轴正向为面的法线方向，Y 轴为矢量在平面上的投影，原点为矢量与平面的交点。

- **三平面**：通过依次选择三个平面来创建一个坐标系。三个平面的交点为坐标系的原点，第一个平面的法向为 X 轴，第一个平面与第二个平面的交线为 Z 轴。

- **绝对 CSYS**：在绝对坐标原点（0，0，0）处创建一个坐标系，即与绝对坐标系重合的新坐标系。

- **当前视图的 CSYS**：用当前视图来创建一个坐标系。当前视图的平面即为 XC-YC 平面。

说明：CSYS 对话框中的一些选项与"基准 CSYS"对话框中的相同，此处不再赘述。

6.11　孔特征

在 UG NX 8.5 中，可以创建以下三种类型的孔（Hole）特征。

- 简单孔：具有圆截面的切口，它始于放置曲面并延伸到指定的终止曲面或用户定义的深度。创建时要指定"直径"、"深度"和"尖端尖角"。

- 埋头孔：允许用户创建指定"孔直径"、"孔深度"、"尖角"、"埋头直径"和"埋头深度"的埋头孔。

- 沉头孔：允许用户创建指定"孔直径"、"孔深度"、"尖角"、"沉头直径"和"沉头深度"的沉头孔。

下面以图 6.11.1 所示的零件为例，说明在一个模型上添加孔特征（简单孔）的一般操作过程。

Stage1．打开一个已有的零件模型

打开文件 D:\ug85mo\work\ch06.11\hole.prt。

Stage2．添加孔特征（简单孔）

Step 1 选择下拉菜单 插入(S) ➞ 设计特征(E) ▶ ➞ 孔(H) ... 命令（或在"特征"工具条中单击 按钮），系统弹出"孔"对话框，如图 6.11.2 所示。

图 6.11.1 创建孔特征

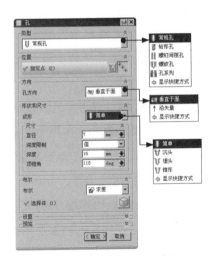

图 6.11.2 "孔"对话框

图 6.11.2 所示的"孔"对话框中部分选项的功能说明如下：

- 类型 下拉列表框：
  - ☑ 常规孔：创建指定尺寸的简单孔、沉头孔、埋头孔或锥孔特征等，常规孔可以是盲孔、通孔或指定深度条件的孔。
  - ☑ 钻形孔：根据 ANSI 或 ISO 标准创建简单钻形孔特征。
  - ☑ 螺钉间隙孔：创建简单、沉头或埋头通孔，它们是为具体应用而设计的，例如螺钉间隙孔。
  - ☑ 螺纹孔：创建螺纹孔，其尺寸标注由标准、螺纹尺寸和径向进给等参数控制。

☑ 　　孔系列：创建起始、中间和结束孔尺寸一致的多形状、多目标体的对齐孔。

- 位置 区域：

  ☑ 　　按钮：单击此按钮，打开"创建草图"对话框，并通过指定放置面和方位来创建中心点。

  ☑ 　　按钮：可使用现有的点来指定孔的中心。可以是"选择条"工具条中提供的选择意图下的现有点或点特征。

- 孔方向 下拉列表框：此下拉列表框用于指定将创建的孔的方向，有 　　垂直于面 和 　　沿矢量 两个选项。

  ☑ 　　垂直于面：沿着与公差范围内每个指定点最近的面法向的反向定义孔的方向。

  ☑ 　　沿矢量：沿指定的矢量定义孔方向。

- 成形 下拉列表框：用于指定孔特征的形状，有 　　简单、　　沉头、　　埋头 和 　　锥形 四个选项。

  ☑ 　　简单：创建具有指定直径、深度和尖端顶锥角的简单孔。

  ☑ 　　沉头：创建具有指定直径、深度、顶锥角、沉头孔径和沉头孔深度的沉头孔。

  ☑ 　　埋头：创建具有指定直径、深度、顶锥角、埋头孔径和埋头孔角度的埋头孔。

  ☑ 　　锥形：创建具有指定斜度和直径的孔，此项只有在 类型 下拉列表框中选择 　　常规孔 选项时可用。

- 直径 文本框：用于控制孔直径的大小，可直接输入数值。

- 深度限制 下拉列表框：用于控制孔的深度类型，包括 值 、直至选定对象 、直至下一个 和 贯通体 四个选项。

  ☑ 值：给定孔的具体深度值。

  ☑ 直至选定对象：创建一个深度为直至选定对象的孔。

  ☑ 直至下一个：对孔进行扩展，直至孔到达下一个面。

  ☑ 贯通体：创建一个通孔，贯通所有特征。

- 布尔 下拉列表框：用于指定创建孔特征的布尔操作，包括 　　无 和 　　求差 两个选项。

  ☑ 　　无：创建孔特征的实体表示，而不是将其从工作部件中减去。

  ☑ 　　求差：从工作部件或其组件的目标体减去工具体。

Step 2　选取孔的类型。在"孔"对话框的 类型 下拉列表框中选择 　　常规孔 选项。

Step 3　定义孔的放置面。单击 　　按钮，选取图 6.11.3 所示的端面为放置面，然后绘制图 6.11.4 所示的截面草图，绘制完成后系统以当前默认值自动生成孔的轮廓。

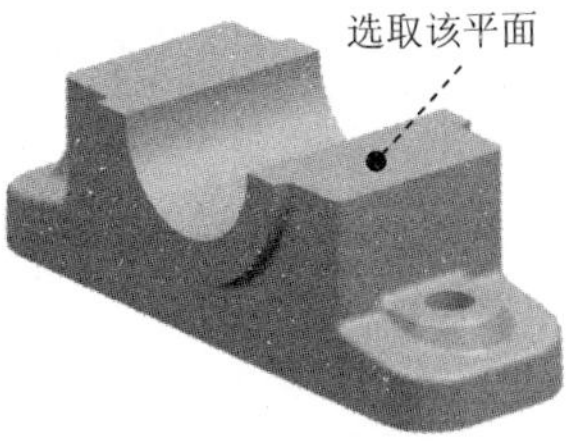

图 6.11.3 选取放置面

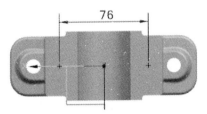

图 6.11.4 截面草图

Step 4 输入参数。在 成形 下拉列表框中选择 简单 选项，在"孔"对话框的 直径 文本框中输入数值 7，在 深度限制 下拉列表框中选择 值 选项，在 深度 文本框中输入数值 16。

Step 5 完成孔的创建。对话框中的其余设置保持系统默认，单击 < 确定 > 按钮，完成孔特征的创建。

6.12 螺纹特征

在 UG NX 8.5 中，可以创建两种类型的螺纹。

- 符号螺纹：以虚线圆的形式显示在要攻螺纹的一个或几个面上。符号螺纹可使用外部螺纹表文件（可以根据特殊螺纹要求来定制这些文件），以确定其参数。

- 详细螺纹：比符号螺纹看起来更真实，但由于其几何形状的复杂性，创建和更新都需要较长的时间。详细螺纹是完全关联的，如果特征被修改，则螺纹也相应更新。可以选择生成部分关联的符号螺纹，或指定固定的长度。部分关联是指如果螺纹被修改，则特征也将更新（但反过来则不行）。

在产品设计时，当需要制作产品的工程图时，应选择符号螺纹；如果不需要制作产品的工程图，而是需要反映产品的真实结构（如产品的广告图、效果图），则选择详细螺纹。

说明： 详细螺纹每次只能创建一个，而符号螺纹可以创建多组，而且创建时需要的时间较少。

下面以图 6.12.1 所示的零件为例，说明在一个模型上添加螺纹特征（符号螺纹）的一般操作过程。

a）添加螺纹前

图 6.12.1 添加螺纹特征

b）添加螺纹后

Stage1．打开一个已有的零件模型

打开文件 D:\ug85mo\work\ch06.12\thread.prt。

Stage2. 添加螺纹特征（符号螺纹）

Step 1 选择下拉菜单 插入(S) ➡️ 设计特征(E)▶ ➡️ 螺纹(T)... 命令，系统弹出"螺纹"对话框。

Step 2 选取螺纹的类型。在图 6.12.2 所示的"螺纹"对话框（一）中选中 ⊙ 符号 单选按钮。

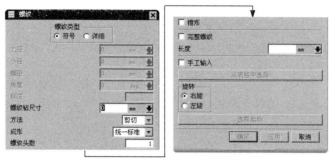

图 6.12.2　"螺纹"对话框（一）

Step 3 定义螺纹的放置。

（1）定义螺纹的放置面。选取图 6.12.3 所示的柱面为放置面。

（2）定义螺纹的起始面。此时系统自动生成螺纹的方向矢量，系统弹出"螺纹"对话框（二），如图 6.12.4 所示，选取图 6.12.5 所示的表面为螺纹的起始面，弹出"螺纹"对话框（三），如图 6.12.6 所示。

图 6.12.3　选取放置面

图 6.12.4　"螺纹"对话框（二）

图 6.12.5　选取起始面

图 6.12.6　"螺纹"对话框（三）

Step 4 单击 确定 按钮，返回至"螺纹"对话框（一）中，并在其 长度 文本框中输入数值 35，其他参数采用系统默认的设置值，单击 确定 按钮，完成螺纹特征的创建。

6.13 拔模特征

使用"拔模"命令可以使面相对于指定的拔模方向成一定的角度。拔模通常用于对模型、部件、模具或冲模的竖直面添加斜度，以便借助拔模面将部件或模型与其模具或冲模分开。用户可以为拔模操作选择一个或多个面，但它们必须都是同一实体的一部分。下面分别以面拔模和边拔模为例介绍拔模过程。

1. 面拔模

下面以图 6.13.1 所示的模型为例，来说明面拔模的一般操作过程。

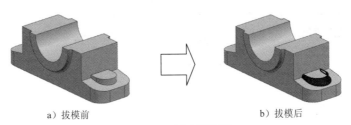

a）拔模前　　　　　　　　　　　　　　b）拔模后

图 6.13.1　创建面拔模

Step 1　打开文件 D:\ug85mo\work\ch06.13\draft_01.prt。

Step 2　选择下拉菜单 插入(S) ➡ 细节特征(L) ▶ ➡ 拔模(T)... 命令，系统弹出图 6.13.2 所示的"拔模"对话框。

图 6.13.2　"拔模"对话框

图 6.13.2 所示的"拔模"对话框中有关按钮和选项的说明如下：

● 类型 区域：该区域用于定义拔模类型。

　　☑ 从平面或曲面：选择该选项，在静止平面上实体的横截面通过拔模操作维持不变。

　　☑ 从边：选择该选项，使整个面在回转过程中保持通过部件的横截面是平的。

☑ **与多个面相切**：在拔模操作之后，拔模的面仍与相邻的面相切。此时，固定边未被固定，而是移动的，以保持与选定面之间的相切约束。

☑ **至分型边**：在整个面回转过程中保留通过该部件中平的横截面，并且根据需要在分型边缘创建突出部分。

- □（固定平面）：单击该按钮，允许通过选择的平面、基准平面或与拔模方向垂直的平面所通过的一点来选择该面。此选择步骤仅可用于从固定平面拔模和拔模到分型边缘这两种拔模类型。

- □（要拔模的面）：单击该按钮，允许选择要拔模的面。此选择步骤仅在创建从固定平面拔模类型时可用。

- ✗（反向）：单击该按钮，将显示的方向矢量反向。

Step 3 选择拔模方式。在对话框中的 **类型** 下拉列表框中，选取 **从平面或曲面** 选项。

Step 4 指定开模（拔模）方向。单击 按钮下的子按钮 **ZC**，选取 ZC 正向作为拔模方向。

Step 5 定义拔模固定平面。选取图 6.13.3 所示的模型的一个表面作为拔模固定平面。

Step 6 定义拔模面。选取图 6.13.4 所示的侧面（共 3 个）作为要加拔模角的面。

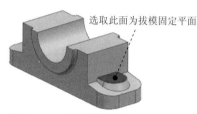 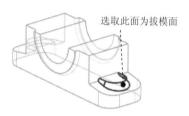

图 6.13.3 定义拔模固定平面　　　　图 6.13.4 定义拔模面

Step 7 定义拔模角。系统将弹出设置拔模角的动态文本框，输入拔模角度值 25（也可拖动拔模手柄至需要的拔模角度）。

Step 8 单击 < 确定 > 按钮，完成拔模操作。

2. 边拔模

下面以图 6.13.5 所示的模型为例，来说明边拔模的一般操作过程。

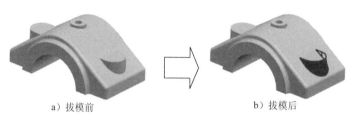

a）拔模前　　　　　　　b）拔模后

图 6.13.5 创建边拔模

Step 1 打开文件 D:\ug85mo\work\ch06.13\draft_02.prt。

Step 2 选择下拉菜单 插入(S) ➡ 细节特征(L) ▶ ➡ 拔模(T)... 命令，系统弹出"拔模"对话框。

Step 3 选择拔模类型。在对话框中的 类型 下拉列表框中，选取 从边 选项。

Step 4 指定开模（拔模）方向。单击 按钮下的子按钮 ZC↑。

Step 5 定义拔模边缘。选取图 6.13.6 所示的边线作为要拔模的边缘线。

Step 6 定义拔模角。系统弹出设置拔模角的动态文本框，在动态文本框内输入拔模角度值 10（也可拖动拔模手柄至需要的拔模角度），如图 6.13.7 所示。

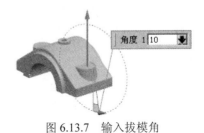

图 6.13.6 选择拔模边缘线   图 6.13.7 输入拔模角

Step 7 单击 ＜ 确定 ＞ 按钮，完成拔模操作。

6.14 抽壳特征

使用"抽壳"命令可以利用指定的壁厚值来抽空一实体，或绕实体建立一壳体。可以指定不同表面的厚度，也可以移除单个面。图 6.14.1 所示为底面抽壳和体抽壳后的模型。

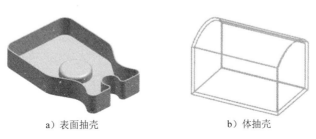

a）表面抽壳   b）体抽壳

图 6.14.1 抽壳特征

1. 面抽壳操作

下面以图 6.14.2 所示的模型为例，说明面抽壳的一般操作过程。

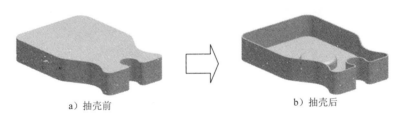

a）抽壳前   b）抽壳后

图 6.14.2 创建面抽壳

图 6.14.3 "抽壳"对话框

Step 1 打开文件 D:\ug85mo\work\ch06.14\shell_01.prt。

Step 2 选择下拉菜单 插入(S) ➡ 偏置/缩放(O)▶ ➡
🔲抽壳(H)...命令,系统弹出图 6.14.3 所示的"抽壳"
对话框。

图 6.14.3 所示的"抽壳"对话框中有关选项的说明如下:

- 🔲 移除面,然后抽壳 :指对几何实体中指定的面进行
  抽壳,且不保留抽壳面。

- 🔲 对所有面抽壳 :指对几何实体的所有面进行抽壳,
  且保留抽壳面。

Step 3 在对话框中的 类型 下拉列表框中选取🔲 移除面,然后抽壳 选项(图 6.14.3)。

Step 4 选取要抽壳的表面,如图 6.14.4 所示。

Step 5 输入参数。在"抽壳"对话框中的 厚度 文本框内输入数值 1,或者拖动抽壳手柄
至需要的数值,如图 6.14.5 所示。

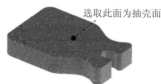
图 6.14.4 选取抽壳表面

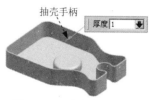
图 6.14.5 定义抽壳厚度

Step 6 单击 < 确定 > 按钮,完成抽壳操作。

2. 体抽壳操作

下面以图 6.14.6 所示的模型为例,说明体抽壳的一般操作过程。

Step 1 打开文件 D:\ug85mo\work\ch06.14\shell_02.prt。

Step 2 选择下拉菜单 插入(S) ➡ 偏置/缩放(O)▶ ➡ 🔲抽壳(H)...命令,系统弹出"抽壳"
对话框。

Step 3 在对话框中的 类型 下拉列表框中选取🔲 对所有面抽壳 选项。

Step 4 定义抽壳对象。选择图形区的实体为要抽壳的体。

Step 5 输入参数。在 厚度 文本框中输入厚度值 2(或者可以拖动抽壳手柄至需要的数值),
如图 6.14.7 所示。

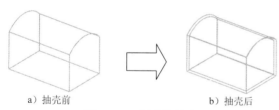
a)抽壳前   b)抽壳后
图 6.14.6 创建体抽壳

图 6.14.7 定义抽壳厚度

Step **6** 单击< 确定 >按钮，完成抽壳操作。

6.15 特征的编辑

特征的编辑是指在完成特征的创建以后，对其中的一些参数进行修改的操作。可以对特征的尺寸、位置和先后次序等参数进行重新编辑，在一般情况下，保留其与别的特征建立起来的关联性质。它包括编辑参数、特征重排序、抑制特征和取消抑制特征。

6.15.1 编辑参数

编辑参数用于在创建特征时使用的方式和参数值的基础上编辑特征。选择下拉菜单 编辑(E) ➡ 特征(F)▶ ➡ 编辑参数(P)... 命令，在系统弹出的"编辑参数"对话框中选取需要编辑的特征或在已绘图形中选择需要编辑的特征，系统会由用户所选择的特征弹出不同的对话框来完成对该特征的编辑。下面以一个范例来说明编辑参数的过程，如图 6.15.1 所示。

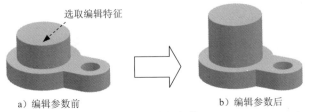

a）编辑参数前　　　　　　b）编辑参数后

图 6.15.1　编辑参数

Step **1** 打开文件 D:\ug85mo\work\ch06.15\edit_01.prt。

Step **2** 选择下拉菜单 编辑(E) ➡ 特征(F)▶ ➡ 编辑参数(P)... 命令，弹出图 6.15.2 所示的"编辑参数"对话框。

Step **3** 定义编辑对象。从图形区或"编辑参数"对话框中选择要编辑的第二个拉伸特征，然后单击对话框中的 确定 按钮，特征参数值显示在图形区域（图 6.15.3），系统弹出"拉伸"对话框。

图 6.15.2　"编辑参数"对话框

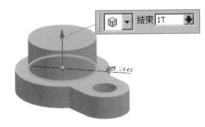

图 6.15.3　特征参数值

Step **4** 编辑特征参数。在"拉伸"对话框的 开始 下拉列表框中选择 值 选项，并在其下的 距离 文本框中输入数值 0，在 结束 下拉列表框中选择 值 选项，并在其下的 距离 文本框中输入数值 30，并按 Enter 键。

Step **5** 依次单击"拉伸"对话框和"编辑参数"对话框中的 确定 按钮，完成编辑参数的操作。

6.15.2 特征重排序

特征重排序可以改变特征应用于模型的次序，即将重定位特征移至选定的参考特征之前或之后。对具有关联性的特征重排序以后，与其关联的特征也被重排序。下面以一个范例说明"特征重排序"的操作步骤，如图 6.15.4 所示。

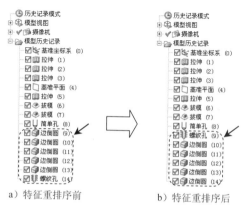

a）特征重排序前   b）特征重排序后

图 6.15.4 特征树

Step **1** 打开文件 D:\ug85mo\work\ch06.15\edit_02.prt。

Step **2** 选择下拉菜单 编辑(E) ➡ 特征(F)▶ ➡ 重排序(R)... 命令，弹出"特征重排序"对话框，如图 6.15.5 所示。

图 6.15.5   "特征重排序"对话框

图 6.15.5 所示的"特征重排序"对话框中 选择方法 区域的选项说明如下：

- ◉ 之前 单选按钮：选中的重定位特征被移动到参考特征之前。

- ◉ 之后 单选按钮：选中的重定位特征被移动到参考特征之后。

Step **3** 根据系统 选择参考特征 的提示，在该对话框中的 过滤器 列表中选取 边倒圆(9) 选项为参考特征，在 选择方法 区域中选中 ◉ 之前 单选按钮。

Step **4** 在 重定位特征 列表中将会出现位于该特征后面的所有特征，根据系统 选择重定位特征 的提示，在该列表中选取 螺纹孔(14) 选项为需要重排序的特征。

Step **5** 单击 确定 按钮，完成特征的重排序。

6.15.3 特征的抑制与取消抑制

特征的抑制操作可以从目标特征中移除一个或多个特征，当抑制相互关联的特征时，关联的特征也将被抑制。当取消抑制后，特征及与之关联的特征将显示在图形区。下面以一个范例来说明应用抑制特征和取消抑制操作的过程，如图 6.15.6 所示。

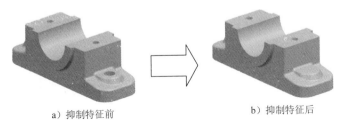

a）抑制特征前   b）抑制特征后

图 6.15.6   抑制特征

Stage1．抑制特征

Step 1　打开文件 D:\ug85mo\work\ch06.15\repress.prt。

Step 2　选择下拉菜单 编辑(E) ➡ 特征(E)▶ ➡ 抑制(S)...命令，系统弹出"抑制特征"对话框（图 6.15.7）。

Step 3　定义抑制对象。选取图 6.15.8 所示的特征。

图 6.15.7   "抑制特征"对话框

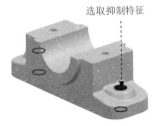

选取抑制特征

图 6.15.8   选取抑制特征

Step 4　单击 确定 按钮，完成抑制特征的操作，如图 6.15.6b 所示。

Stage2．取消抑制特征

Step 1　选择下拉菜单 编辑(E) ➡ 特征(E)▶ ➡ 取消抑制(U)...命令，系统弹出"取消抑制特征"对话框，如图 6.15.9 所示。

Step 2　在该对话框中选取需要取消抑制的特征，单击 确定 按钮，完成取消抑制特征的操作，如图 6.15.6a 所示，模型恢复到初始状态。

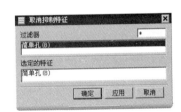

图 6.15.9   "取消抑制特征"对话框

6.16 扫掠特征

扫掠特征是指用规定的方法沿一条空间的路径移动一条曲线而产生的体。移动曲线称为截面线串，其路径称为引导线串。下面以图 6.16.1 所示的模型为例，说明创建扫掠特征的一般操作过程。

a）创建前   b）创建后

图 6.16.1 创建扫掠特征

Stage1. 打开一个已有的零件模型

打开文件 D:\ug85mo\work\ch06.16\sweep.prt。

Stage2. 添加扫掠特征

Step 1 选择下拉菜单 插入(S) ➡ 扫掠(W) ▶
⬧ 扫掠(S)… 命令，弹出图 6.16.2 所示的"扫掠"对话框。

图 6.16.2 所示的"扫掠"对话框中相关按钮的说明如下：

图 6.16.2 "扫掠"对话框

- 截面区域中的相关按钮：
  - ☑ : 用于选取截面曲线。
  - ☑ : 选择封闭环时，用于改变起始曲线。
  - ☑ : 可以重新排序或删除线串来修改现有截面串集。

- 引导线（最多 3 条）区域中的相关按钮：
  - ☑ : 用于选取引导线。
  - ☑ : 选择封闭环时，用于改变起始曲线。
  - ☑ : 可以重新排序或删除线串来修改现有截面串集。

Step 2 定义截面线串。在对话框中的截面区域中单击，选取图 6.16.1a 所示的截面线串。

Step 3 定义引导线串。在对话框中的引导线（最多 3 条）区域中单击，选取图 6.16.1a 所示的引导线串。

Step 4 在"扫掠"对话框中选用系统默认的设置，单击 确定 按钮或者单击中键，完成扫掠的特征操作。

Chapter 6

6.17 凸台特征

"凸台"功能用于在一个已经存在的实体面上创建一圆形凸台。下面以图 6.17.1 所示的凸台为例，说明创建凸台的一般操作步骤。

a）创建前　　　　　　　　　　　　　　　　b）创建后

图 6.17.1　创建凸台

Step 1　打开文件 D:\ug85mo\work\ch06.17\protruding.prt。

Step 2　选择下拉菜单 插入(S) ➡ 设计特征(E)▶ ➡ 凸台(B)... 命令，系统弹出图 6.17.2 所示的"凸台"对话框。

Step 3　选取图 6.17.1a 所示的实体表面为放置面。

Step 4　输入凸台参数。在"凸台"对话框中输入直径值 40、高度值 30、锥角值 10（图 6.17.2），单击 确定 按钮，系统弹出图 6.17.3 所示的"定位"对话框。

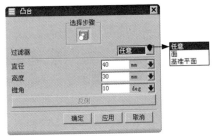

图 6.17.2　"凸台"对话框

Step 5　创建定位尺寸来确定凸台放置位置。

（1）定义参照 1。单击"垂直"按钮，选取图 6.17.4 所示的边线作为基准 1，然后在"定位"对话框中输入数值 40，单击 应用 按钮。

（2）定义参照 2。单击"平行"按钮，选取图 6.17.5 所示的圆形边线，此时在系统弹出的"设置圆弧的位置"对话框中单击 圆弧中心 按钮，然后在"定位"对话框中输入数值 45，单击 确定 按钮完成凸台的创建。

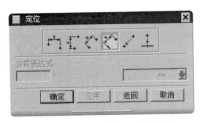

图 6.17.3　"定位"对话框

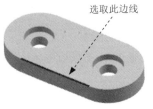

选取此边线

图 6.17.4　选取定位基准 1

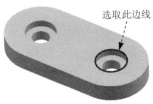

选取此边线

图 6.17.5　选取定位基准 2

6.18 垫块

选择下拉菜单 插入(S) ➡ 设计特征(E) ▸ ➡ 🔲垫块(A)...命令（或在"特征"工具条中单击🔲按钮），系统弹出图 6.18.1 所示的"垫块"对话框。可以创建两种类型的垫块：矩形垫块和一般垫块。

垫块和槽体基本上是一致的，唯一的区别就是一个是添加，一个是切除。其操作方法可以参考 6.20 节中创建槽体的操作方法。操作结果如图 6.18.2 所示。

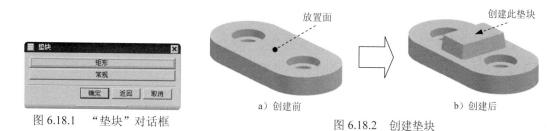

图 6.18.1 "垫块"对话框

图 6.18.2 创建垫块

6.19 键槽

用户可以使用"键槽"命令创建一个直槽穿过实体或通到实体内部，而且在当前目标实体上自动执行布尔运算。可以创建五种类型的键槽：矩形键槽、球形键槽、U 形键槽、T 型键槽和燕尾形键槽。其创建方法类似，下面以图 6.19.1 所示的矩形键槽为例，说明其创建的一般操作过程。

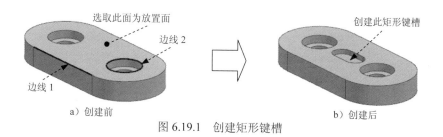

图 6.19.1 创建矩形键槽

Step 1 打开文件 D:\ug85mo\work\ch06.19\slot.prt。

Step 2 选择下拉菜单 插入(S) ➡ 设计特征(E) ▸ ➡ 🔲键槽(L)...命令（或在"特征"工具条中单击🔲按钮），系统弹出图 6.19.2 所示的"键槽"对话框。

Step 3 选择键槽类型。在"键槽"对话框中选中 ⊙ 矩形槽 单选按钮，单击 确定 按钮。

Step 4 定义放置面和水平参考。选取图 6.19.1a 所示的面为放置面，边线 1 为水平参考，系统弹出图 6.19.3 所示的"矩形键槽"对话框。

说明：水平参考方向即为矩形键槽的长度方向。

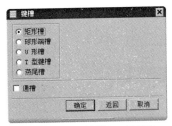

图 6.19.2 "键槽"对话框

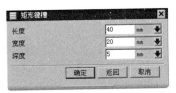

图 6.19.3 "矩形键槽"对话框

图 6.19.3 所示的"矩形键槽"对话框中各项的说明如下：

- 长度 文本框：用于设置矩形键槽的长度。按照平行于水平参考的方向测量。长度值必须是正的。

- 宽度 文本框：用于设置矩形键槽的宽度，即形成键槽的刀具宽度。

- 深度 文本框：用于设置矩形键槽的深度。按照与槽的轴相反的方向测量，是从原点到槽底面的距离。深度值必须是正的。

Step 5 定义键槽参数。在"矩形键槽"对话框中输入图 6.19.3 所示的数值，单击 确定 按钮，系统弹出"定位"对话框。

Step 6 确定放置位置。单击"定位"对话框中的"垂直"按钮 ，选取图 6.19.1a 所示的边线 1，选取图形区中与边线 1 平行的虚线，在弹出的"创建表达式"对话框的文本框中输入数值 40，单击 确定 按钮，系统重新弹出"定位"对话框；单击"水平"按钮，选取图 6.19.1a 所示的边线 2，此时在系统弹出的"设置圆弧的位置"对话框中单击 圆弧中心 按钮，选取图形区中未能与边线 2 相交的虚线，在弹出的"创建表达式"对话框的文本框中输入数值 45，单击 确定 按钮，系统重新弹出"定位"对话框；单击 确定 按钮，完成键槽的创建。

6.20 槽

用户可以使用"槽"命令在实体上创建一个沟槽，如同车削的操作一样，将一个成型工具在回转部件上向内（从外部定位面）或向外（从内部定位面）移动来形成沟槽。在 UG NX 中可以创建三种类型的沟槽：矩形沟槽、球形沟槽和 U 形沟槽。其创建方法类似，下面以图 6.20.1 所示的矩形沟槽为例，说明创建槽特征的一般操作过程。

a) 创建前   b) 创建后

图 6.20.1 创建矩形沟槽

Step 1 打开文件 D:\ug85mo\work\ch06.20\groove.prt。

Step 2 选择下拉菜单 插入(S) ➡ 设计特征(E)▸ ➡ 🗄 槽(G)... 命令（或在"成型特征"工具条中单击 🗄 按钮），系统弹出"槽"对话框，如图 6.20.2 所示。

Step 3 选择槽类型。单击 [矩形] 按钮，系统弹出"矩形槽"对话框（一），如图 6.20.3 所示。

图 6.20.2 "槽"对话框

图 6.20.3 "矩形槽"对话框（一）

Step 4 定义放置面。选取图 6.20.1a 所示的放置面，此时弹出"矩形槽"对话框（二），如图 6.20.4 所示。

Step 5 输入参数。在"矩形槽"对话框（二）中输入图 6.20.4 所示的参数，单击 确定 按钮，系统弹出图 6.20.5 所示的"定位槽"对话框，并且沟槽预览将显示为一个圆盘，如图 6.20.6 所示。

Step 6 定义目标边和工具边。选取图 6.20.6 所示的目标边和工具边，系统弹出图 6.20.7 所示的"创建表达式"对话框。

图 6.20.4 "矩形槽"对话框（二）

图 6.20.5 "定位槽"对话框

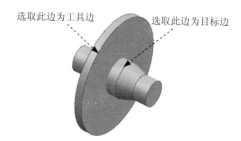

图 6.20.6 沟槽预览

图 6.20.7 "创建表达式"对话框

Step 7 定义表达式参数。输入定位值 15，单击 确定 按钮，完成沟槽的创建。

球形端槽和 U 形槽的创建与矩形沟槽相似，不再赘述。

关于创建沟槽的几点说明：

● 槽只能在圆柱形或圆锥形面上创建。回转轴是选中面的轴。在选择该面的位置(选择点）附近创建槽，并自动连接到选中的面上。

- 槽的定位面可以是实体的外表面，也可以是实体的内表面。
- 槽的轮廓垂直于回转轴，并对称于通过选择点的平面。
- 槽的定位和其他成型特征的定位稍有不同。只能在一个方向上定位槽，即沿着目标实体的轴，并且不能利用"定位"对话框定位槽，而是通过选择目标实体的一条边及工具（即槽）的边或中心线来定位槽。

6.21　三角形加强筋（肋）

用户可以使用"三角形加强筋"命令沿着两个面集的交叉曲线来添加三角形加强筋（肋）特征。要创建三角形加强筋特征，首先必须指定两个相交的面集，面集可以是单个面，也可以是多个面；其次要指定三角形加强筋的基本定位点，可以是沿着交叉曲线的点，也可以是交叉曲线和平面相交处的点。下面以图 6.21.1 所示的模型为例，说明创建三角形加强筋的一般操作过程。

a）创建前　　　　　　　　　　　　　　b）创建后

图 6.21.1　创建三角形加强筋特征

Step 1　打开文件 D:\ug85mo\work\ch06.21\heatedly.prt。

Step 2　选择下拉菜单 插入(S) ➡ 设计特征(E) ▶
➡ 三角形加强筋(D)... 命令，系统弹出
图 6.21.2 所示的"编辑三角形加强筋"对
话框，可以沿着两个面的交叉曲线来添加
三角形加强筋特征。

图 6.21.2 所示的"编辑三角形加强筋"对话框
中主要选项的说明如下：

- 选择步骤：用于选择操作步骤。

    ☑ （第一组）：用于选择第一组面。
    可以为面集选择一个或多个面。

    ☑ （第二组）：用于选择第二组面。

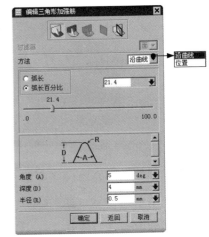

图 6.21.2　"编辑三角形加强筋"对话框

可以为面集选择一个或多个面。

☑ 　（位置曲线）：用于在有多条可能的曲线时选择其中一条位置曲线。

☑ 　（位置平面）：用于选择相对于平面或基准平面的三角形加强筋特征的位置。

☑ 　（方位平面）：用于对三角形加强筋特征的方位选择平面。

● **方法** 下拉列表框：用于定义三角形加强筋的位置。

☑ **沿曲线**：在交叉曲线的任意位置交互式地定义三角形加强筋基点。

☑ **位置**：定义一个可选方式，以查找三角形加强筋的位置，即可以输入坐标或单击位置平面、方位平面。

● ◉ **弧长百分比** 单选按钮：用于选择加强筋在交叉曲线上的位置。

● 尺寸区域：用于指定三角形加强筋特征的尺寸。

Step 3　定义面集 1。选取放置三角形加强筋的第一组面，如图 6.21.3a 所示。

Step 4　定义面集 2。单击"第二组"按钮 　（图 6.21.2），选取放置三角形加强筋的第二组面，如图 6.21.3b 所示，系统出现加强筋的预览。

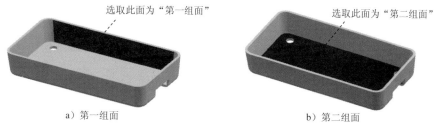

a）第一组面　　　　　　　　　b）第二组面

图 6.21.3　选取放置面

Step 5　在 **方法** 下拉列表框中选择 **沿曲线** 方式。

Step 6　定义放置位置。在"编辑三角形加强筋"对话框中选中 ◉ **弧长百分比** 单选按钮，输入需要放置加强筋的位置值 21.4。

Step 7　输入参数。在尺寸区域中的文本框中分别输入角度数值 5，深度数值 4，半径数值 0.5。

Step 8　单击 **确定** 按钮，完成三角形加强筋特征的创建。

6.22　缩放体

使用"缩放体"命令可以在"工作坐标系"（WCS）中按比例缩放实体和片体。可以使用均匀比例，也可以在 XC、YC 和 ZC 方向上独立地调整比例。比例类型有均匀、轴对称和通用比例。下面以图 6.22.1 所示的模型，说明使用"缩放体"命令的一般操作过程。

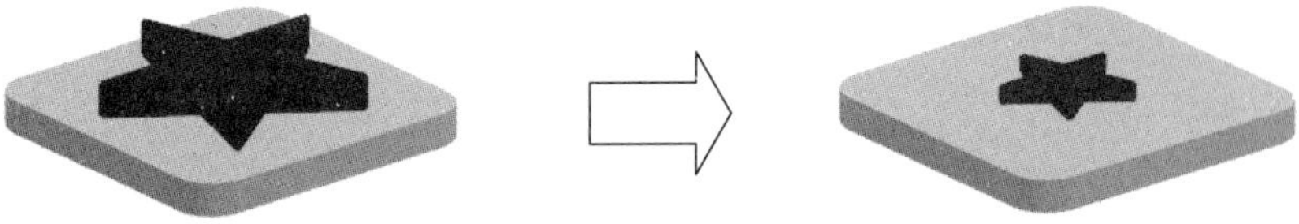

a）缩放前　　　　　　　　　　　　　　b）缩放后

图 6.22.1　比例操作

Step 1　打开文件 D:\ug85mo\work\ch06.22\scale.prt。

Step 2　选择下拉菜单 插入(S) ➡ 偏置/缩放(O) ▶ ➡ 缩放体(S)... 命令，系统弹出图 6.22.2 所示的"缩放体"对话框。

Step 3　选择类型。在 类型 下拉列表框中选择 均匀 选项（图 6.22.2）。

Step 4　定义"缩放体"对象。选择图 6.22.3 所示的实体。

图 6.22.2　"缩放体"对话框

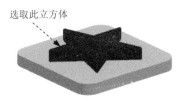

选取此立方体

图 6.22.3　选择体

图 6.22.2 所示的"缩放体"对话框中有关选项的说明如下：

- 类型 区域：比例类型有四个基本选择步骤，但对每一种比例"类型"方法而言，不是所有的步骤都可用。
    - ☑ 均匀：在所有方向上均匀地按比例缩放。
    - ☑ 轴对称：以指定的比例因子（或乘数）沿指定的轴对称缩放。
    - ☑ 常规：在 X、Y 和 Z 三个方向上以不同的比例因子缩放。
- （选择体）：允许用户为比例操作选择一个或多个实体或片体。三种"类型"方法都要求此步骤。

Step 5　定义参考点。单击 按钮，在系统弹出的"点"对话框中定义点的坐标为（0，0，8），单击 确定 按钮。

Step 6　输入参数。在 均匀 文本框中输入比例因子 0.5，单击 应用 按钮，完成均匀比例操作。

6.23　模型的关联复制

模型的关联复制主要包括 抽取几何体(E)... 和 阵列特征(A)... 两种，这两种方式都是对已有的模型特征进行操作，可以创建与已有模型特征相关联的目标特征，从而减少许多重复的操作，节约大量的时间。

6.23.1　抽取几何体

抽取几何体用来创建所选取特征的关联副本。抽取几何体操作的对象包括复合曲线、点、面、面区域和体等。如果抽取一个面或一个区域，则创建一个片体；如果抽取一个体，则新体的类型将与原先的体相同（实体或片体）。当更改原来的特征时，可以决定抽取后得到的特征是否需要更新。在零件设计中，常会用到抽取模型特征的功能，它可以充分地利用已有的模型，大大地提高工作效率。下面以几个实例说明如何进行抽取几何体操作。

1.　抽取面特征

图 6.23.1 所示的抽取面的操作过程如下（图 6.23.1b 中的实体模型已被隐藏）。

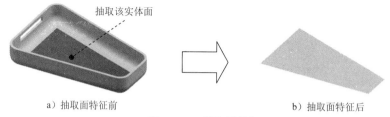

a）抽取面特征前　　　　b）抽取面特征后

图 6.23.1　抽取面特征

Step 1　打开文件 D:\ug85mo\work\ch06.23.01\extracted_01.prt。

Step 2　选择下拉菜单 插入(S) → 关联复制(A) ▸ → 抽取几何体(E)... 命令，系统弹出图 6.23.2 所示的"抽取几何体"对话框。

Step 3　定义抽取类型。在 类型 下拉列表框中选取 面 选项。

Step 4　定义抽取对象范围。在 面选项 下拉列表框中选取 单个面 选项，选取图 6.23.3 所示的面，其他设置如图 6.23.2 所示。

Step 5　单击 < 确定 > 按钮，完成对面的抽取。

图 6.23.2　"抽取几何体"对话框

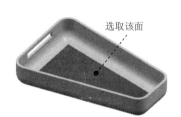

选取该面

图 6.23.3　选取面特征

图 6.23.2 所示的"抽取几何体"对话框中部分选项功能的说明如下：

- **类型** 下拉列表框：用于选择生成曲面的类型。
  - ☑ **复合曲线**：用来复制实体上的边线或要抽取的曲线。
  - ☑ **点**：用来复制点对象。
  - ☑ **基准**：用来复制基准对象。
  - ☑ **面**：用于从实体或片体模型中抽取曲面特征，能生成三种类型的曲面。
  - ☑ **面区域**：抽取区域曲面时，通过定义种子曲面和边界曲面来创建片体，创建的片体是从种子面开始向四周延伸到边界面的所有曲面构成的片体（其中包括种子曲面，但不包括边界曲面）。
  - ☑ **体**：用于生成与整个所选特征相关联的实体。
  - ☑ **镜像体**：用来对选定的对象进行镜像操作。
- **面选项** 下拉列表框：用于选择生成曲面的类型。
  - ☑ **单个面**：用于从模型中选取单独面进行抽取（可以是多个单独面）。
  - ☑ **面与相邻面**：定义一个面从而选中与它相连的面进行抽取。
  - ☑ **体的面**：定义抽取对象未选取体的表面。
- ☐ **删除孔**：用于表示是否删除选择曲面中的破孔（即未连接面）。
- ☐ **固定于当前时间戳记**：用于决定在改变特征编辑过程中，是否影响在此之前发生的特征抽取。
- ☐ **隐藏原先的**：用于决定在生成抽取特征时，是否隐藏原来的实体。
- ☑ **使用父部件的显示属性**：选中该复选框，则父特征显示该抽取特征，子特征也显示，父特征隐藏该抽取特征，子特征也隐藏。
- **曲面类型** 下拉列表框：用于选择生成曲面的类型。
  - ☑ **与原先相同**：用于从模型中抽取的曲面特征保留原来的曲面类型。
  - ☑ **三次多项式**：用于将模型的选中面抽取为三次多项式自由曲面类型。
  - ☑ **一般 B 曲面**：用于将模型的选中面抽取为一般的自由曲面类型。

2. 抽取面区域特征

抽取区域特征用于创建一个片体，该片体是一组和"种子面"相关的且被边界面限制的面。

用户根据系统提示选取种子面和边界面后，系统会自动选取从种子面开始向四周延伸直到边界面的所有曲面（包括种子面，但不包括边界面）。

抽取区域特征的具体操作在后面的 7.2.5 节"曲面的抽取"中有详细的介绍，在此就不再赘述。

3. 抽取体特征

抽取几何体可以创建整个体的关联副本，并将各种特征添加到抽取体特征上，而不在原先的体上出现。当更改原先的体时，还可以决定"抽取几何体"特征是否更新。

Step 1 打开文件 D:\ug85mo\work\ch06.23.01\extracted_02.prt。

Step 2 选择下拉菜单 插入(S) ➡ 关联复制(A) ▶ ➡ 抽取几何体(E)... 命令，系统弹出 "抽取几何体"对话框。

Step 3 定义抽取对象。在 类型 下拉列表框中选取 体 选项，选取图 6.23.4 所示的体特征。

Step 4 隐藏源特征。选中 ☑ 隐藏原先的 复选框，单击 < 确定 > 按钮，完成对体特征的抽取。
结果如图 6.23.1a 所示（建模窗口中所显示特征是原来特征的关联副本）。

注意：所抽取的体特征与原特征相互关联，类似于复制功能。

4. 复合曲线特征

复合曲线用来复制实体上的边线和要抽取的曲线。下面以图 6.23.5 所示的模型，说明使用"复合曲线"命令的一般操作过程。

图 6.23.5 所示的抽取曲线的操作过程如下（图 6.23.5b 中的实体模型已被隐藏）。

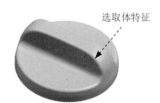

选取体特征

图 6.23.4　选取体特征

a）复合曲线特征前

b）复合曲线特征后

图 6.23.5　复合曲线特征

Step 1 打开文件 D:\ug85mo\work\ch06.23.01\rectangular.prt。

Step 2 选择下拉菜单 插入(S) ➡ 关联复制(A) ▶ ➡ 抽取几何体(E)... 命令，系统弹出"抽取几何体"对话框。

Step 3 定义抽取类型。在 类型 下拉列表框中选取 复合曲线
选项，选取图 6.23.6 所示的曲线对象。

Step 4 单击 < 确定 > 按钮，完成复合曲线特征的创建。

选取此边线

6.23.2　阵列特征

图 6.23.6　选取曲线特征

"阵列特征"操作是对模型特征的关联复制，类似于创建副本，可以生成一个或者多个特征组，而且对于一个特征来说，其所有的实例都是相互关联的，可以通过编辑原特征的参数来改变其所有的实例。对特征形成图样功能可以定义线性阵列、圆形阵列、多边形阵列、螺旋式阵列、沿曲线阵列、常规阵列和参考阵列等。

1. 线性阵列

线性阵列功能可以把一个或者多个所选的模型特征生成实例的线性阵列。下面以一个范例说明创建线性阵列的过程，如图 6.23.7 所示。

选取实例特征

a）线性阵列前

b）线性阵列后

图 6.23.7　创建线性阵列

Step 1 打开文件 D:\ug85mo\work\ch06.23.02\array_01.prt。

Step 2 选择下拉菜单 插入(S) ➡ 关联复制(A) ▸ ➡ 阵列特征(A)... 命令，系统弹
出图 6.23.8 所示的"阵列特征"对话框。

图 6.23.8 所示的"阵列特征"对话框中部分选项功能
的说明如下：

- 布局 下拉列表框：用于定义阵列方式。
  - ☑ 线性 选项：选中此选项，可以根据指定的
    一个或两个线性方向进行阵列。
  - ☑ 圆形 选项：选中此选项，可以绕着一根指
    定的回转轴进行圆形阵列，阵列实例绕着回
    转轴圆周分布。
  - ☑ 多边形 选项：选中此选项，可以沿着一个
    正多边形进行阵列。
  - ☑ 螺旋式 选项：选中此选项，可以沿着螺旋
    线进行阵列。

图 6.23.8　"阵列特征"对话框

- ☑ 沿 选项：选中此选项，可以沿着一条曲线路径进行阵列。
  - ☑ 常规 选项：选中此选项，可以根据空间的点或由坐标系定义的位置点进行
    阵列。
  - ☑ 参考 选项：选中此选项，可以参考模型中已有的阵列方式进行阵列。
- 间距 下拉列表框：用于定义各阵列方向的数量和间距。
  - ☑ 数量和节距 选项：选中此选项，通过输入阵列的数量和每两个实例的中心距离
    进行阵列。
  - ☑ 数量和跨距 选项：选中此选项，通过输入阵列的数量和每两个实例的间距进行
    阵列。
  - ☑ 节距和跨距 选项：选中此选项，通过输入阵列的数量和每两个实例的中心距离
    及间距进行阵列。
  - ☑ 列表 选项：选中此选项，通过定义的阵列表格进行阵列。

Step 3 定义阵列对象。在 阵列定义 下的 布局 下拉列表框中选择 线性 ，选取图 6.23.7a 所

示的拉伸特征为要阵列的特征。

Step 4 定义方向 1 阵列参数。在对话框中的 方向 1 区域中单击 ↓ 按钮，选择 X 轴为第一阵列方向；在 间距 下拉列表框中选择 数量和节距 选项，然后在 数量 文本框中输入阵列数量为 4，在 节距 文本框中输入阵列节距为 8。

Step 5 在"阵列特征"对话框 阵列方法 区域的 方法 下拉列表框中选择 简单 选项。单击 确定 按钮，完成线性阵列的创建。

2. 圆形阵列

圆形阵列功能可以把一个或者多个所选的模型特征生成实例的圆周阵列。下面以一个范例来说明创建圆形实例阵列的过程，如图 6.23.9 所示。

选取实例特征

a）圆形阵列前　　　　　　　　　　　　b）圆形阵列后

图 6.23.9　创建圆形阵列

Step 1 打开文件 D:\ug85mo\work\ch06.23.02\array_02.prt。

Step 2 选择下拉菜单 插入(S) ➡ 关联复制(A) ▶ ➡ 阵列特征(A)... 命令，系统弹出"阵列特征"对话框。

Step 3 选取阵列对象。在模型树中选取图 6.23.9a 所示的特征为要阵列的特征。

Step 4 定义阵列方法。在对话框的 布局 下拉列表框中选择 圆形 选项。

Step 5 定义回转轴和中心点。在对话框的 旋转轴 区域中单击 ✳指定矢量 后面的 ZC 按钮，选择 ZC 轴为回转轴，然后选取坐标系原点为指定点。

Step 6 定义阵列参数。在对话框的 角度方向 区域的 间距 下拉列表框中选择 数量和节距 选项，然后在 数量 文本框中输入阵列数量为 6，在 节距角 文本框中输入角度为 60。

Step 7 单击 确定 按钮，完成圆形阵列的创建。

6.23.3　镜像特征

镜像特征功能可以将所选的特征相对于一个平面或基准平面（称为镜像中心平面）进行镜像，从而得到所选特征的一个副本。使用此命令时，镜像平面可以是模型的任意表面，也可以是基准平面。下面以一个范例来说明创建镜像特征的一般过程，如图 6.23.10 所示。

Step 1 打开文件 D:\ug85mo\work\ch06.23.03\mirror.prt。

a）镜像特征前 　　　　　　　　　图 6.23.10　镜像特征 　　　　　　　b）镜像特征后

选取镜像对象

Step 2 选择下拉菜单 插入(S) ➡ 关联复制(A) ▶ ➡ 镜像特征(M)... 命令，系统弹出"镜像特征"对话框。

Step 3 定义镜像对象。选取图 6.23.10a 所示的拉伸特征为要镜像的特征。

Step 4 定义镜像基准面。在 平面 下拉列表框中选择 现有平面 选项，单击"平面"按钮 ，选取图 6.23.10a 所示的基准平面为镜像平面。

Step 5 单击对话框中的 确定 按钮，完成镜像特征的操作。

6.23.4　实例几何体

用户可以通过使用"生成实例几何特征"命令创建对象的副本，其可以复制几何体、面、边、曲线、点、基准平面和基准轴。可以在镜面、线性、圆形和不规则图样中沿相切连续截面创建副本。通过它，可以轻松地复制几何体和基准，并保持引用与其原始体之间的关联性。当图样关联时，编辑父对象可以重新放置引用。下面以一个范例来说明创建实例几何体特征的一般过程，如图 6.23.11 所示。

a）操作前 　　　　　　　　　　　　　　　b）操作后

图 6.23.11　实例几何体

Step 1 打开文件 D:\ug85mo\work\ch06.23.04\adduction_geometry.prt。

Step 2 选择下拉菜单 插入(S) ➡ 关联复制(A) ▶ ➡ 生成实例几何特征(G)... 命令，系统弹出图 6.23.12 所示的"实例几何体"对话框。

Step 3 定义引用类型。在 类型 下拉列表框中选择 旋转 选项。

Step 4 定义引用几何体对象。选取图 6.23.13 所示的实体为要引用的几何体。

Step 5 定义回转轴。选取图 6.23.13 所示的基准轴为回转轴。

Step 6 定义旋转角度、偏移距离和副本数。在 角度 文本框中输入角度值 24，在 距离 文本框中输入偏移距离 0，在 副本数 文本框中输入副本数量值 14。

6
Chapter

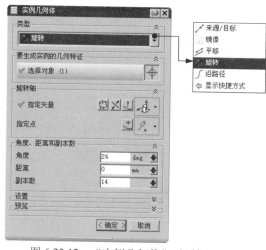

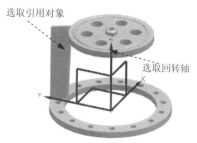

图 6.23.12 "实例几何体"对话框　　　图 6.23.13 定义回转轴和引用对象

图 6.23.12 所示的"实例几何体"对话框中，各选项的功能说明如下：

● **类型** 下拉列表框：

　　☑ **来源/目标** 选项：用于通过将对象从原先位置复制到指定位置的这种方式来创建引用几何体。

　　☑ **镜像** 选项：用于通过镜像的方式来创建引用几何实体。

　　☑ **平移** 选项：用于通过一个指定的方向来复制对象从而创建引用几何实体。

　　☑ **旋转** 选项：用于通过围绕指定回转轴旋转产生副本。

　　☑ **沿路径** 选项：用于沿指定的曲线或边的路径复制对象。

● **角度** 文本框：用于定义围绕回转轴旋转的角度值。

● **距离** 文本框：用于定义偏移的距离。

● **副本数** 文本框：用于定义副本的数量值。

Step 7 单击对话框中的 **〈 确定 〉** 按钮，完成操作。

6.24 UG 机械零件设计实际应用 1——塑料底座

应用概述

本应用介绍了塑料底座的设计过程。主要是讲述实体拉伸、抽壳、基准平面、镜像特征等特征命令的应用。本应用模型的难点在于"镜像特征"的使用，大大提高了建模效率，希望通过此应用的学习使读者对该命令有更好的理解。零件模型及相应的模型树如图6.24.1 所示。

注意：在后面的模具设计部分，将会介绍该三维模型零件的模具设计。

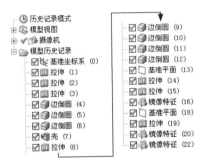

图 6.24.1　模型与模型树

说明：本应用前面的详细操作过程请参见随书光盘中 video\ch06.24\reference 文件下的语音视频讲解文件 trash_can_cover-r01.avi。

Step 1　打开文件 D:\ug85mo\work\ch06.24\trash_can_cover_ex.prt。

Step 2　创建图 6.24.2 所示的拉伸特征 3。选择下拉菜单 插入(S) ➡️ 设计特征(E) ▶ ➡️ 拉伸(E) 命令；选取 YZ 平面为草图平面，绘制图 6.24.3 所示的截面草图；在 限制 区域的 开始 下拉列表框中选择 值 选项，并在其下的 距离 文本框中输入值 0，在 限制 区域的 结束 下拉列表框中选择 值 选项，并在其下的 距离 文本框中输入值 15；在 偏置 区域的 偏置 下拉列表框中选择 对称 选项，在 结束 文本框中输入值 10.0；在 布尔 区域的下拉列表框中选择 求差 选项，采用系统默认的求差对象；在 指定矢量 下拉列表框中选择 ZC 选项为拉伸方向；单击 ＜确定＞ 按钮，完成拉伸特征 3 的创建。

图 6.24.2　拉伸特征 3

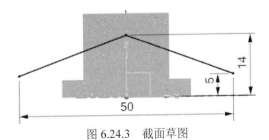

图 6.24.3　截面草图

Step 3　创建图 6.24.4 所示的边倒圆特征 1。选择下拉菜单 插入(S) ➡️ 细节特征(L) ▶ ➡️ 边倒圆(E) 命令；选择图 6.24.5 所示的 4 条边线为边倒圆参照，并在 半径 1 文本框中输入值 4；单击 ＜确定＞ 按钮，完成边倒圆特征 1 的创建。

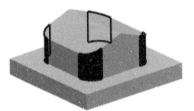

图 6.24.4　边倒圆特征 1

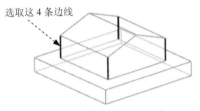

选取这 4 条边线

图 6.24.5　定义边倒圆边线

Step **4** 创建图 6.24.6 所示的边倒圆特征 2，其圆角半径值为 4。

Step **5** 创建图 6.24.7 所示的边倒圆特征 3，其圆角半径值为 1。

图 6.24.6 边倒圆特征 2

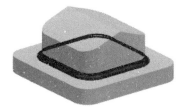

图 6.24.7 边倒圆特征 3

Step **6** 创建图 6.24.8 所示的抽壳特征 1。选择下拉菜单 插入(S) ➡ 偏置/缩放(O) ▸ ➡ 抽壳(H) 命令；在 类型 区域的下拉列表框中选择 移除面,然后抽壳 选项，选取图 6.24.9 所示的模型表面为要穿透的面，在 厚度 文本框中输入值 1.0，单击 < 确定 > 按钮，完成抽壳特征 1 的创建。

图 6.24.8 抽壳特征 1

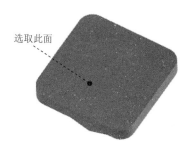

选取此面

图 6.24.9 定义移除面

Step **7** 创建图 6.24.10 所示的拉伸特征 4。选择下拉菜单 插入(S) ➡ 设计特征(E) ▸ ➡ 拉伸(E) 命令；选取 XY 平面为草图平面，绘制图 6.24.11 所示的截面草图；在 限制 区域的 开始 下拉列表框中选择 值 选项，并在其下的 距离 文本框中输入值 0，在 限制 区域的 结束 下拉列表框中选择 贯通 选项；在 布尔 区域的下拉列表框中选择 求差 选项，采用系统默认的求差对象；单击 < 确定 > 按钮，完成拉伸特征 4 的创建。

Step **8** 创建图 6.24.12 所示的边倒圆特征 4，其圆角半径值为 2。

图 6.24.10 拉伸特征 4

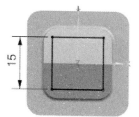

图 6.24.11 截面草图

图 6.24.12 边倒圆特征 4

Step 9 创建图 6.24.13 所示的边倒圆特征 5，其圆角半径值为 1。

Step 10 创建图 6.24.14 所示的边倒圆特征 6，其圆角半径值为 2。

Step 11 创建图 6.24.15 所示的边倒圆特征 7，其圆角半径值为 2。

图 6.24.13　边倒圆特征 5

图 6.24.14　边倒圆特征 6

图 6.24.15　边倒圆特征 7

Step 12 创建图 6.24.16 所示的基准平面 1（本步的详细操作过程请参见随书光盘中 video\ch06.24\reference 文件下的语音视频讲解文件 trash_can_cover-r02.avi）。

Step 13 创建图 6.24.17 所示的拉伸特征 5。选择下拉菜单 插入(S) ➡ 设计特征(E)▶ ➡ ▥ 拉伸(E)... 命令；选取基准平面 1 为草图平面，绘制图 6.24.18 所示的截面草图；在 限制 区域的 开始 下拉列表框中选择 ⑪ 值 选项，并在其下的 距离 文本框中输入值 0，在 限制 区域的 结束 下拉列表框中选择 ⑩ 直至下一个 选项；在 偏置 区域的 偏置 下拉列表框中选择 两侧 选项，在 开始 文本框中输入值 0，在 结束 文本框中输入值 0.5；在 布尔 区域的下拉列表框中选择 ⑩ 求和 选项，采用系统默认的求和对象；单击 ⟨确定⟩ 按钮，完成拉伸特征 5 的创建。

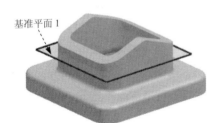
基准平面 1
图 6.24.16　基准平面 1

图 6.24.17　拉伸特征 5

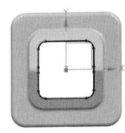
图 6.24.18　截面草图

Step 14 创建图 6.24.19 所示的拉伸特征 6。选择下拉菜单 插入(S) ➡ 设计特征(E)▶ ➡ ▥ 拉伸(E)... 命令；选取图 6.24.19 所示的模型表面为草图平面，绘制图 6.24.20 所示的截面草图；在 限制 区域的 开始 下拉列表框中选择 ⑪ 值 选项，并在其下的 距离 文本框中输入值 0，在 限制 区域的 结束 下拉列表框中选择 ⑩ 直至下一个 选项；在 布尔 区域的下拉列表框中选择 ⑩ 求差 选项，采用系统默认的求差对象；单击 ⟨确定⟩ 按钮，完成拉伸特征 6 的创建。

Step 15 创建图 6.24.21 所示的镜像特征 1。选择下拉菜单 插入(S) ➡ 关联复制(A)▶ ➡

　命令；选取上一步创建的拉伸特征 6 为要镜像的特征，选取 YZ
基准平面作为镜像平面，单击　确定　按钮，完成镜像特征 1 的创建。

图 6.24.19　拉伸特征 6

图 6.24.20　截面草图

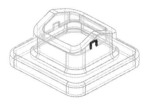
图 6.24.21　镜像特征 1

Step 16　后面的详细操作过程请参见随书光盘中 video\ch06.24\reference 文件下的语音视
频讲解文件 trash_can_cover-r03.avi。

6.25　UG 机械零件设计实际应用 2——异型塑料盖

应用概述

本应用介绍了异型塑料盖的三维模型设计过程。主要是讲述实体拉伸、拔模、抽壳、
镜像特征、实例几何体以及阵列等特征命令的应用。本应用模型的难点在于建模顺序的合
理安排以及求和和实例几何体特征在建模中的合理应用，希望通过此应用的学习使读者对
此有更好的理解。零件模型及相应的模型树如图 6.25.1 所示。

注意：在后面的模具设计部分，将会介绍该三维模型零件的模具设计。

图 6.25.1　模型与模型树

说明：本应用前面的详细操作过程请参见随书光盘中 video\ch06.25\reference 文件下的
语音视频讲解文件 case_cover-r01.avi。

Step 1　打开文件 D:\ug85mo\work\ch06.25\case_cover_ex.prt。

Step 2　创建图 6.25.2 所示的抽壳特征 1。选择下拉菜单 插入(S) ━━▶ 偏置/缩放(O) ▶
━━▶ 抽壳(H)... 命令；在 类型 区域的下拉列表框中选择 移除面，然后抽壳 选项，
选取图 6.25.3 所示的模型上表面和两侧表面为要移除的面，在 厚度 文本框中输
入值 5.0，单击 < 确定 > 按钮，完成抽壳特征 1 的创建。

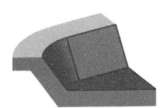

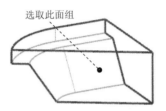

选取此面组

图 6.25.2　抽壳特征 1　　　　　　　图 6.25.3　定义移除面

Step 3 创建图 6.25.4b 所示的边倒圆特征 1。选择下拉菜单 插入(S) ➡ 细节特征(L) ▶ ➡ 边倒圆(E). 命令；选择图 6.25.4 所示的边链 1 为边倒圆参照，并在 半径 1 文本框中输入值 3；单击"添加新集"按钮 ，选择图 6.25.4 所示的边链 2 为边倒圆参照，并在 半径 2 文本框中输入值 1；单击 < 确定 > 按钮，完成边倒圆特征 1 的创建。

边链 2　　边链 1

a）倒圆角前　　　　　　　　　　　　　b）倒圆角后

图 6.25.4　边倒圆特征 1

Step 4 创建图 6.25.5 所示的拉伸特征 3。选择下拉菜单 插入(S) ➡ 设计特征(E) ▶ ➡ 拉伸(E)... 命令；选取 XY 平面为草图平面，绘制图 6.25.6 所示的截面草图；在 限制 区域的 开始 下拉列表框中选择 值 选项，并在其下的 距离 文本框中输入值 0，在 限制 区域的 结束 下拉列表框中选择 贯通 选项；在 布尔 区域的下拉列表框中选择 求差 选项，采用系统默认的求差对象；单击 < 确定 > 按钮，完成拉伸特征 3 的创建。

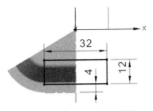

图 6.25.5　拉伸特征 3　　　　　　　图 6.25.6　截面草图

Step 5 创建图 6.25.7 所示的抽壳特征 2。选择下拉菜单 插入(S) ➡ 偏置/缩放(O) ▶ ➡ 抽壳(H)... 命令；在 类型 区域的下拉列表框中选择 移除面,然后抽壳 选项，选取图 6.25.8 所示的模型表面（共 5 个面）为要移除的面，在 厚度 文本框中输入值 2.5；在 备选厚度 区域中激活 选择面 (O)，选取图 6.25.9 所示的模型表面，在厚度 1 文本框中输入值 1.2；单击 < 确定 > 按钮，完成抽壳特征 1 的创建。

图 6.25.7 抽壳特征 2

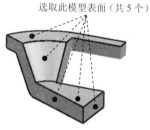

图 6.25.8 定义移除面

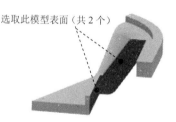

图 6.25.9 定义备选面

Step 6 创建图 6.25.10b 所示的边倒圆特征 2。选择下拉菜单 插入(S) ➡ 细节特征(L) ▶ ➡ 边倒圆(E) 命令；选择图 6.25.10 所示的边线 1 为边倒圆参照，并在 半径 1 文本框中输入值 1；单击"添加新集"按钮 ，选择图 6.25.10 所示的边线 2 为边倒圆参照，并在 半径 2 文本框中输入值 2；单击 < 确定 > 按钮，完成边倒圆特征 2 的创建。

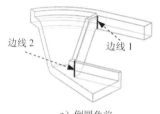

a）倒圆角前

b）倒圆角后

图 6.25.10 边倒圆特征 2

Step 7 创建图 6.25.11b 所示的边倒圆特征 3。选择下拉菜单 插入(S) ➡ 细节特征(L) ▶ ➡ 边倒圆(E) 命令；选择图 6.25.11a 所示的边线 1 为边倒圆参照，并在 半径 1 文本框中输入值 1；单击"添加新集"按钮 ，选择图 6.25.11a 所示的边线 2 为边倒圆参照，并在 半径 2 文本框中输入值 2.5；单击 < 确定 > 按钮，完成边倒圆特征 3 的创建。

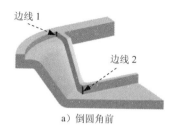

a）倒圆角前

b）倒圆角后

图 6.25.11 边倒圆特征 3

Step 8 创建图 6.25.12b 所示的边倒圆特征 4。选择下拉菜单 插入(S) ➡ 细节特征(L) ▶ ➡ 边倒圆(E) 命令，选择图 6.25.12a 所示的边线为边倒圆参照，并在 半径 1 文本框中输入值 1.0；单击 < 确定 > 按钮，完成边倒圆特征 4 的创建。

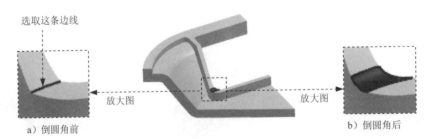

选取这条边线

放大图　　　　　　放大图

a）倒圆角前　　　　　　　　　　　　　b）倒圆角后

图 6.25.12　边倒圆特征 4

Step 9　创建图 6.25.13b 所示的边倒圆特征 5。选择下拉菜单 插入(S) ➡ 细节特征(L) ▸
➡ 边倒圆(E) 命令，选择图 6.25.13a 所示的边链为边倒圆参照，并在 半径 1 文
本框中输入值 1.0；单击 < 确定 > 按钮，完成边倒圆特征 5 的创建。

选取此边链

a）倒圆角前　　　　　　　　　　　　　　b）倒圆角后

图 6.25.13　边倒圆特征 5

Step 10　创建图 6.25.14 所示的镜像体特征 1。选择下拉菜单 插入(S) ➡ 关联复制(A) ▸
➡ 抽取几何体(E)... 命令；在 类型 下拉列表框中选择 镜像体 选项；选取整个
实体作为要镜像的体，选取 YZ 基准平面作为镜像平面，单击 确定 按钮，完
成镜像特征 1 的创建。

a）镜像前　　　　　　　　　　　　　　　b）镜像后

图 6.25.14　镜像特征 1

Step 11　创建求和特征 1。选择下拉菜单 插入(S) ➡ 组合(B) ▸ ➡ 求和(U)... 命令，
在模型树中选取拉伸 1 为目标体，选取镜像特征 1 为工具体；单击 确定 按钮，
完成求和特征 1 的创建。

Step 12　创建图 6.25.15 所示的实例几何体特征 1（本步的详细操作过程请参见随书光盘中
video\ch06.25\reference 文件下的语音视频讲解文件 case_cover-r02.avi）。

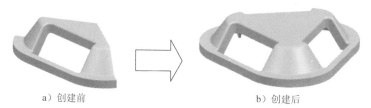

a) 创建前　　　　　　　　　　　　　b) 创建后

图 6.25.15　实例几何体特征 1

Step 13　创建求和特征 2。选择下拉菜单 插入(S) ➡ 组合(B) ▶ ➡ 🔧 求和(U)... 命令，选取图 6.25.16 所示的实体为目标体，选取图 6.25.17 所示的实体为工具体；单击 确定 按钮，完成求和特征 2 的创建。

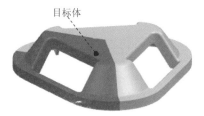

图 6.25.16　定义目标体

图 6.25.17　定义工具体

Step 14　创建图 6.25.18 所示的拉伸特征 4。选择下拉菜单 插入(S) ➡ 设计特征(E) ▶ ➡ 🔲 拉伸(E)... 命令；选取 XY 平面为草图平面，绘制图 6.25.19 所示的截面草图；在 限制 区域的 开始 下拉列表框中选择 📏 值 选项，并在其下的 距离 文本框中输入值 0，在 限制 区域的 结束 下拉列表框中选择 🔩 贯通 选项；在 布尔 区域的下拉列表框中选择 🔧 求差 选项，在模型树上选取求和特征 2 为求差对象；单击 < 确定 > 按钮，完成拉伸特征 4 的创建。

图 6.25.18　拉伸特征 4

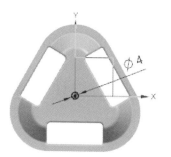

图 6.25.19　截面草图

Step 15　创建图 6.25.20 所示的拉伸特征 5。选择下拉菜单 插入(S) ➡ 设计特征(E) ▶ ➡ 🔲 拉伸(E)... 命令；选取图 6.25.20 所示的平面为草图平面，绘制图 6.25.21 所示的截面草图；在 限制 区域的 开始 下拉列表框中选择 📏 值 选项，并在其下的 距离 文本框

Chapter 6

中输入值 0，在 结束 下拉列表框中选择 值 选项，并在其下的 距离 文本框中输入值 0.5；在 布尔 区域的下拉列表框中选择 求差 选项，在模型树上选取求和特征 2 为求差对象；单击 < 确定 > 按钮，完成拉伸特征 5 的创建。

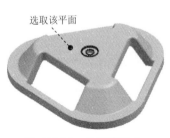

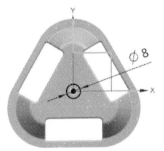

图 6.25.20　拉伸特征 5　　　　　　　图 6.25.21　截面草图

Step 16 创建图 6.25.22b 所示的边倒圆特征 6。选择下拉菜单 插入(S) ➡ 细节特征(L) ➡ 边倒圆(E) 命令，选择图 6.25.22a 所示的边链为边倒圆参照，并在 半径 1 文本框中输入值 1.0；单击 < 确定 > 按钮，完成边倒圆特征 6 的创建。

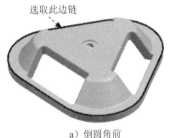

a）倒圆角前　　　　　　　　　　　　　　　　　b）倒圆角后

图 6.25.22　边倒圆特征 6

Step 17 后面的详细操作过程请参见随书光盘中 video\ch06.25\reference 文件下的语音视频讲解文件 case_cover-r03.avi。

6.26　UG 机械零件设计实际应用 3——手机充电器盖

应用概述

本应用介绍了一款手机充电器盖的设计过程。主要是讲述实体拉伸、镜像特征、抽壳、拔模、三角形加强筋、特征分组等特征命令的应用。本应用模型的难点在于建模先后顺序的合理安排以及复杂特征的镜像技巧，希望通过此应用的学习使读者对此有更好的理解。零件模型及相应的模型树如图 6.26.1 所示。

注意：在后面的模具设计部分，将会介绍该三维模型零件的模具设计。

图 6.26.1 模型与模型树

说明：本应用前面的详细操作过程请参见随书光盘中 video\ch06.26\reference 文件下的语音视频讲解文件 charger_down-r01.avi。

Step 1 打开文件 D:\ug85mo\work\ch06.26\charger_down_ex.prt。

Step 2 创建图 6.26.2 所示的抽壳特征 1。选择下拉菜单 插入(S) ➡ 偏置/缩放(O) ▸ ➡ 抽壳(H)... 命令；在 类型 区域的下拉列表框中选择 移除面,然后抽壳 选项，选取图 6.26.3 所示的模型表面为要穿透的面，在 厚度 文本框中输入值 1.0，单击 < 确定 > 按钮，完成抽壳特征 1 的创建。

Step 3 创建图 6.26.4 所示的拉伸特征 3。选择下拉菜单 插入(S) ➡ 设计特征(E) ▸ ➡ 拉伸(E)... 命令；选取图 6.26.4 所示的模型表面为草图平面，绘制图 6.26.5 所示的截面草图；在 限制 区域的 开始 下拉列表框中选择 值 选项，并在其下的 距离 文本框中输入值 0，在 限制 区域的 结束 下拉列表框中选择 值 选项，在其下的 距离 文本框中输入值 2；在 布尔 区域的下拉列表框中选择 求和 选项，采用系统默认的求和对象；单击 < 确定 > 按钮，完成拉伸特征 3 的创建。

图 6.26.2 抽壳特征 1

选取此面

图 6.26.3 定义移除面

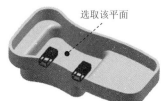

选取该平面

图 6.26.4 拉伸特征 3

Step 4 创建图 6.26.6 所示的拉伸特征 4。选择下拉菜单 插入(S) ➡ 设计特征(E) ▸ ➡ 拉伸(E)... 命令；选取图 6.26.6 所示的模型表面为草图平面，绘制图 6.26.7 所示的截面草图；在 限制 区域的 开始 下拉列表框中选择 值 选项，并在其下的 距离 文本框中输入值 0，在 限制 区域的 结束 下拉列表框中选择 值 选项，并在其下的 距离 文本框中输入值 1.5；在 布尔 区域的下拉列表框中选择 求差 选项，采用系统默认的求差对象；单击 < 确定 > 按钮，完成拉伸特征 4 的创建。

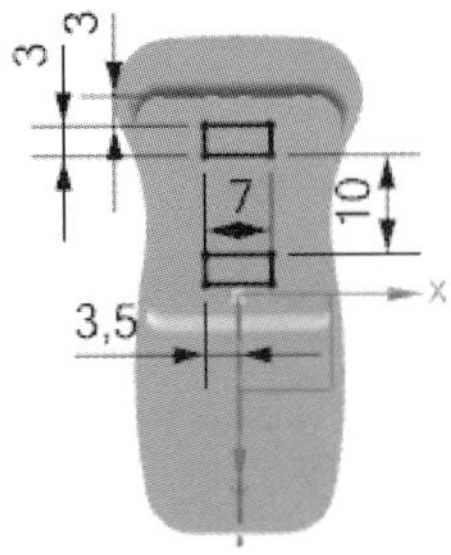

图 6.26.5　截面草图

图 6.26.6　拉伸特征 4

图 6.26.7　截面草图

Step **5**　创建图 6.26.8 所示的拉伸特征 5。选择下拉菜单 插入(S) ➡ 设计特征(E)▶ ➡ 拉伸(E)... 命令；选取图 6.26.8 所示的模型表面为草图平面，绘制图 6.26.9 所示的截面草图；在 限制 区域的 开始 下拉列表框中选择 值 选项，并在其下的 距离 文本框中输入值 0，在 限制 区域的 结束 下拉列表框中选择 贯通 选项；在 布尔 区域的下拉列表框中选择 求差 选项，采用系统默认的求差对象；单击 <确定> 按钮，完成拉伸特征 5 的创建。

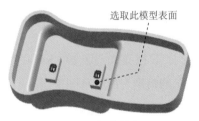

图 6.26.8　拉伸特征 5

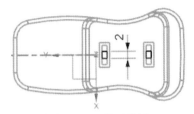

图 6.26.9　截面草图

Step **6**　创建图 6.26.10 所示的拉伸特征 6。选择下拉菜单 插入(S) ➡ 设计特征(E)▶ ➡ 拉伸(E)... 命令；选取图 6.26.10 所示的模型表面为草图平面，绘制图 6.26.11 所示的截面草图；在 限制 区域的 开始 下拉列表框中选择 值 选项，并在其下的 距离 文本框中输入值 0，在 限制 区域的 结束 下拉列表框中选择 值 选项，并在其下的 距离 文本框中输入值 0.8；在 偏置 区域的 偏置 下拉列表框中选择 两侧 选项，在 开始 文本框中输入值 0，在 结束 文本框中输入值 0.5；在 布尔 区域的下拉列表框中选择 求和 选项，采用系统默认的求和对象；单击 <确定> 按钮，完成拉伸特征 6 的创建。

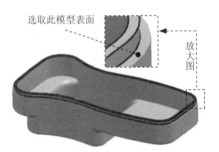

图 6.26.10　拉伸特征 6

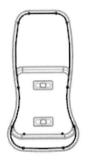

图 6.26.11　截面草图

Step 7 创建图 6.26.12 所示的拉伸特征 7。选择下拉菜单 插入(S) ➡ 设计特征(E) ➡
🔖 拉伸(E)... 命令；选取图 6.26.12 所示的模型表面为草图平面，绘制图 6.26.13 所示的截面草图；在 限制 区域的 开始 下拉列表框中选择 🔳 值 选项，并在其下的 距离 文本框中输入值 0，在 限制 区域的 结束 下拉列表框中选择 🔳 值 选项，并在其下的 距离 文本框中输入值 0.25；在 布尔 区域的下拉列表框中选择 🔗 求差 选项，采用系统默认的求差对象；单击 < 确定 > 按钮，完成拉伸特征 7 的创建。

Step 8 创建图 6.26.14 所示的拉伸特征 8。选择下拉菜单 插入(S) ➡ 设计特征(E) ➡
🔖 拉伸(E)... 命令；选取图 6.26.14 所示的模型表面为草图平面，绘制图 6.26.15 所示的截面草图；在 限制 区域的 开始 下拉列表框中选择 🔳 值 选项，并在其下的 距离 文本框中输入值 0，在 限制 区域的 结束 下拉列表框中选择 ⭐ 贯通 选项；在 布尔 区域的下拉列表框中选择 🔗 求差 选项，采用系统默认的求差对象；单击 < 确定 > 按钮，完成拉伸特征 8 的创建。

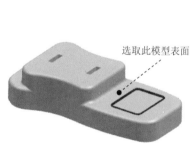

图 6.26.12 拉伸特征 7

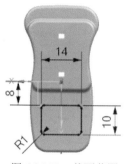

图 6.26.13 截面草图

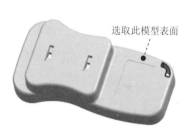

图 6.26.14 拉伸特征 8

Step 9 创建图 6.26.16 所示的镜像特征 1。选择下拉菜单 插入(S) ➡ 关联复制(A) ➡
🪞 镜像特征(M)... 命令；选取上一步创建的拉伸特征 8 为要镜像的特征，选取 YZ 基准平面作为镜像平面，单击 确定 按钮，完成镜像特征 1 的创建。

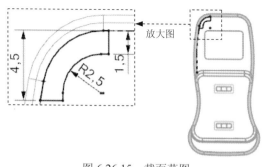

图 6.26.15 截面草图

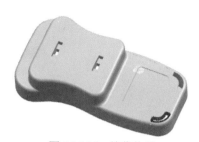

图 6.26.16 镜像特征 1

Step 10 创建图 6.26.17 所示的拉伸特征 9。选择下拉菜单 插入(S) ➡ 设计特征(E) ➡
➡ 🔖 拉伸(E)... 命令；选取图 6.26.17 所示的模型表面为草图平面，绘制图

6.26.18 所示的截面草图；在 限制 区域的 开始 下拉列表框中选择 值 选项，并在其下的 距离 文本框中输入值 0，在 限制 区域的 结束 下拉列表框中选择 直至延伸部分 选项，并选取图 6.26.17 所示的模型表面为直至延伸对象；在 布尔 区域的下拉列表框中选择 求和 选项，采用系统默认的求和对象；单击 < 确定 > 按钮，完成拉伸特征 9 的创建。

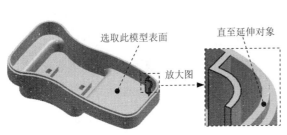

图 6.26.17　拉伸特征 9

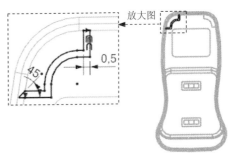

图 6.26.18　截面草图

Step 11 创建图 6.26.19 所示的镜像特征 2。选择下拉菜单 插入(S) ➡ 关联复制(A)▶ ➡ 镜像特征(M)... 命令；选取上一步创建的拉伸特征 9 为要镜像的特征，选取 YZ 基准平面作为镜像平面，单击 确定 按钮，完成镜像特征 2 的创建。

图 6.26.19　镜像特征 2

Step 12 创建图 6.26.20 所示的拉伸特征 10。选择下拉菜单 插入(S) ➡ 设计特征(E)▶ ➡ 拉伸(E)... 命令；选取图 6.26.20 所示的模型表面为草图平面，绘制图 6.26.21 所示的截面草图；在 限制 区域的 开始 下拉列表框中选择 值 选项，并在其下的 距离 文本框中输入值 0，在 限制 区域的 结束 下拉列表框中选择 直至延伸部分 选项，并选取图 6.26.20 所示的模型表面为直至延伸对象；在 布尔 区域的下拉列表框中选择 求和 选项，采用系统默认的求和对象；单击 < 确定 > 按钮，完成拉伸特征 10 的创建。

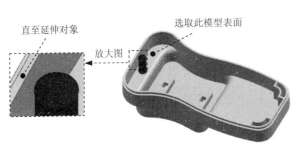

图 6.26.20　拉伸特征 10

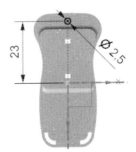

图 6.26.21　截面草图

Step 13 创建图 6.26.22 所示的拉伸特征 11。选择下拉菜单 插入(S) ➡ 设计特征(E)▶ ➡

[] [拉伸(E)...]命令；选取图 6.26.22 所示的模型表面为草图平面，绘制图 6.26.23 所示的截面草图；在[限制]区域的[开始]下拉列表框中选择[[值]]选项，并在其下的[距离]文本框中输入值 0，在[限制]区域的[结束]下拉列表框中选择[[值]]选项，并在其下的[距离]文本框中输入值 4.0；在[布尔]区域的下拉列表框中选择[[求差]]选项，采用系统默认的求差对象；单击[< 确定 >]按钮，完成拉伸特征 11 的创建。

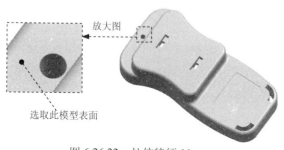

图 6.26.22 拉伸特征 11

图 6.26.23 截面草图

Step 14 创建图 6.26.24 所示的拉伸特征 12。选择下拉菜单[插入(S)] ➡ [设计特征(E) ▶] ➡ [] [拉伸(E)...]命令；选取图 6.26.24 所示的模型表面为草图平面，绘制图 6.26.25 所示的截面草图；在[限制]区域的[开始]下拉列表框中选择[[值]]选项，并在其下的[距离]文本框中输入值 0，在[限制]区域的[结束]下拉列表框中选择[[贯通]]选项；在[布尔]区域的下拉列表框中选择[[求差]]选项，采用系统默认的求差对象；单击[< 确定 >]按钮，完成拉伸特征 12 的创建。

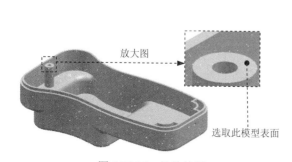

图 6.26.24 拉伸特征 12

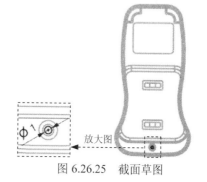

图 6.26.25 截面草图

Step 15 创建图 6.26.26 所示的拉伸特征 13。选择下拉菜单[插入(S)] ➡ [设计特征(E) ▶] ➡ [] [拉伸(E)...]命令；选取图 6.26.26 所示的模型表面为草图平面，绘制图 6.26.27 所示的截面草图；在[限制]区域的[开始]下拉列表框中选择[[值]]选项，并在其下的[距离]文本框中输入值 0，在[限制]区域的[结束]下拉列表框中选择[[直至延伸部分]]选项，并选取图 6.26.26 所示的模型表面为直至延伸对象；在[布尔]区域的下拉列表框中选择[[求和]]选项，采用系统默认的求和对象；单击[< 确定 >]按钮，完成拉伸特征 13 的创建。

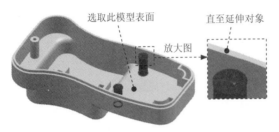

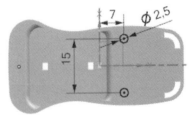

图 6.26.26　拉伸特征 13　　　　　　　　图 6.26.27　截面草图

Step 16 创建图 6.26.28 所示的拉伸特征 14。选择下拉菜单 插入(S) ➡️ 设计特征(E)▶ ➡️ 📖 拉伸(E)... 命令；选取图 6.26.28 所示的模型表面为草图平面，绘制图 6.26.29 所示的截面草图；在 限制 区域的 开始 下拉列表框中选择 值 选项，并在其下的 距离 文本框中输入值 0，在 限制 区域的 结束 下拉列表框中选择 值 选项，并在其下的 距离 文本框中输入值 2.5；在 布尔 区域的下拉列表框中选择 求差 选项，采用系统默认的求差对象；单击 < 确定 > 按钮，完成拉伸特征 14 的创建。

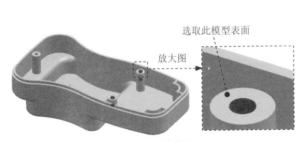

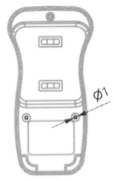

图 6.26.28　拉伸特征 14　　　　　　　图 6.26.29　截面草图

Step 17 后面的详细操作过程请参见随书光盘中 video\ch06.26\reference 文件下的语音视频讲解文件 charger_down-r02.avi。

7 曲面设计

7.1 曲线线框设计

曲线是曲面的基础，是曲面造型设计中必须用到的基础元素，并且曲线质量的好坏直接影响到曲面质量的高低。因此，了解和掌握曲线的创建方法，是学习曲面设计的基本要求。利用 UG 的曲线功能可以建立多种曲线，其中基本曲线包括点及点集、直线、圆及圆弧、倒圆角、倒斜角等，特殊曲线包括样条曲线、二次曲线、螺旋线和规律曲线等。

7.1.1 基本空间曲线

UG 基本曲线的创建包括直线、圆弧、圆等规则曲线的创建，以及曲线的倒圆角等操作。下面将进行介绍。

1. 直线

使用 ✏ 直线(点-点)(P)... 命令绘制直线时，用户可以在系统弹出的动态输入框中输入起始点和终点相对于原点的坐标值来完成直线的创建。下面以创建图 7.1.1 所示的直线为例说明利用"直线（点－点）"命令创建直线的一般过程。

a）创建前 　　　　　　　　　　b）创建后

图 7.1.1　直线的创建

Step 1　打开文件 D:\ug85mo\work\ch07.01.01\line.prt。

Step 2　选择下拉菜单 插入(S) ➡ 曲线(C) ➡ 直线和圆弧(A) ▶ ➡ ✏ 直线(点-点)(P)...

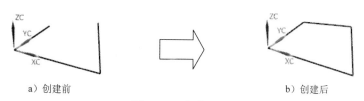

命令，系统弹出"直线（点－点）"对话框和动态文本框。

Step **3** 在图形区依次选取图 7.1.2 所示的点 1 和点 2，分别作为直线的起点与终点。

Step **4** 按鼠标中键（或键盘上的 Esc 键），退出"直线（点－点）"命令。

2. 圆弧/圆

选择下拉菜单 插入(S) ➡ 曲线(C) ➡ 🗇 圆弧/圆(C)... 命令，系统弹出"圆弧/圆"
对话框。通过该对话框可以创建多种类型的圆弧或圆，创建的圆弧或圆的类型取决于对与
圆弧或圆相关的点的不同约束。

下面通过图 7.1.3 所示的例子来介绍利用"三点画圆弧"方式创建圆的一般过程。

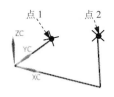

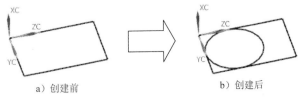

a）创建前　　　　　　　　　b）创建后

图 7.1.2　定义直线的起点与终点　　　　　图 7.1.3　圆弧/圆的创建

Step **1** 打开文件 D:\ug85mo\work\ch07.01.01\circle.prt。

Step **2** 选择下拉菜单 插入(S) ➡ 曲线(C) ➡ 🗇 圆弧/圆(C)... 命令，系统弹出"圆弧/
圆"对话框。

Step **3** 设置类型。在"圆弧/圆"对话框 类型 区域的下拉列表框中选择 三点画圆弧 选项。

Step **4** 选择起点参照。在 起点 区域的 起点选项 下拉列表框中选择 相切 选项，如图 7.1.4
所示（或者在图形区右击，在弹出的图 7.1.5 所示的快捷菜单中选择 ✔ 相切 命令）；
然后选取图 7.1.6 所示的曲线 1。

图 7.1.4　"圆弧/圆"对话框　　　图 7.1.5　快捷菜单　　　图 7.1.6　选取曲线 1

Step **5** 选择端点参照。在 端点 区域的 终点选项 下拉列表框中选择 相切 选项，然后选取图
7.1.7 所示的曲线 2。

Step **6** 选择中点参照。在 中点 区域的 中点选项 下拉列表框中选择 相切 选项，然后选取图
7.1.8 所示的曲线 3。

Step **7** 设置圆周类型。选中对话框 限制 区域的 ☑ 整圆 复选框。

Step **8** 完成圆弧的创建。单击对话框的 < 确定 > 按钮，完成圆弧的创建，如图 7.1.9 所示。

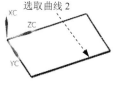

图 7.1.7 选取曲线 2

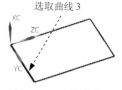

图 7.1.8 选取曲线 3

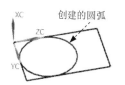

图 7.1.9 创建完成的圆弧

7.1.2 高级空间曲线

高级空间曲线在曲面建模中的使用非常频繁，主要包括螺旋线、样条曲线和文本曲线等。下面将对其一一进行介绍。

1. 样条曲线

艺术样条曲线的创建方法有两种：根据极点和通过点。下面将对"根据极点"和"通过点"两种方法进行说明，通过下面的两个例子可以观察出两个命令对曲线形状的控制的不同。

方法一：根据极点。

"根据极点"是指艺术样条曲线不通过极点，其形状由极点形成的多边形控制。用户可以对曲线类型、曲线阶次等相关参数进行编辑。下面通过创建图 7.1.10 所示的样条曲线，来说明使用"根据极点"命令创建样条曲线的一般过程。

a）极点生成的多边形   b）创建的样条曲线

图 7.1.10 使用"根据极点"命令

Step 1 打开文件 D:\ug85mo\work\ch07.01.02\spline_01.prt。

Step 2 选择命令。选择下拉菜单 插入(S) ➡ 曲线(C) ➡ 艺术样条(I)... 命令，系统弹出"艺术样条"对话框。

Step 3 定义曲线类型。在对话框的 类型 下拉列表框中选择 根据极点 选项，依次在图 7.1.11 所示的各点位置单击（点 1、点 2、点 3、点 4 和点 5，点的顺序不同生成的曲线形状也不同，如图 7.1.12 所示）。

Step 4 定义曲线阶次。在对话框的 参数化 区域的 次数 文本框中输入值 2。

Step 5 在"艺术样条"对话框中单击 < 确定 > 按钮，完成样条曲线的创建。

说明：本例中的极点是通过现有点选取的，同样可以通过输入点的坐标值来确定点的位置。

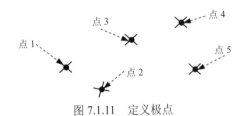

图 7.1.11　定义极点　　　　　　图 7.1.12　选点顺序不同生成的样条曲线

方法二： 通过点。

艺术样条曲线的形状除了可以通过极点来控制外，还可以通过样条曲线所通过的点（即样条曲线的定义点）来更精确地控制。下面通过创建图 7.1.13 所示的艺术样条曲线来说明利用"通过点"命令创建艺术样条曲线的一般步骤。

Step 1　打开文件 D:\ug85mo\work\ch07.01.02\spline_02.prt。

Step 2　选择命令。选择下拉菜单 插入(S) ➡ 曲线(C) ➡ 艺术样条(I)...命令，系统弹出"艺术样条"对话框。

Step 3　定义曲线类型。在对话框中的 类型 下拉列表框中选择 通过点 选项，依次在图 7.1.14 所示的各点位置单击（点 1、点 2、点 3、点 4 和点 5，点的顺序不同生成的曲线形状也不同，如图 7.1.15 所示）。

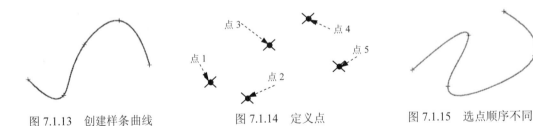

图 7.1.13　创建样条曲线　　　　　图 7.1.14　定义点　　　　　图 7.1.15　选点顺序不同

Step 4　定义曲线阶次。在对话框的 参数化 区域的 次数 文本框中输入值 2。

Step 5　在"艺术样条"对话框中单击 ＜确定＞ 按钮，完成样条曲线的创建。

2. 螺旋线

在建模或者造型过程中，螺旋线经常被用到。UG NX 8.5 通过定义转数、螺距、半径方式、旋转方向和方位等参数来生成螺旋线。下面具体介绍沿矢量方式创建螺旋线的方法。

图 7.1.16 所示螺旋线的一般创建过程如下：

Step 1　打开文件 D:\ug85mo\work\ch07.01.02\helix.prt。

Step 2　选择命令。选择下拉菜单 插入(S) ➡ 曲线(C) ➡ 螺旋线(X)...命令，系统弹出图 7.1.17 所示的"螺旋线"对话框。

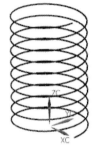

图 7.1.16　螺旋线

Step **3**　设置参数。在"螺旋线"对话框的 类型 下拉列
表框中选择 沿矢量 选项，单击 方位 区域中的
"CSYS 对话框"按钮 ，系统弹出 CSYS 对话
框，在 CSYS 对话框 参考 CSYS 区域的 参考 下拉
列表框中选择 绝对 - 显示部件 选项，单击 确定
按钮，返回到"螺旋线"对话框，设置图 7.1.17
所示的参数，其他参数采用系统默认设置，单击
< 确定 > 按钮，完成螺旋线的创建。

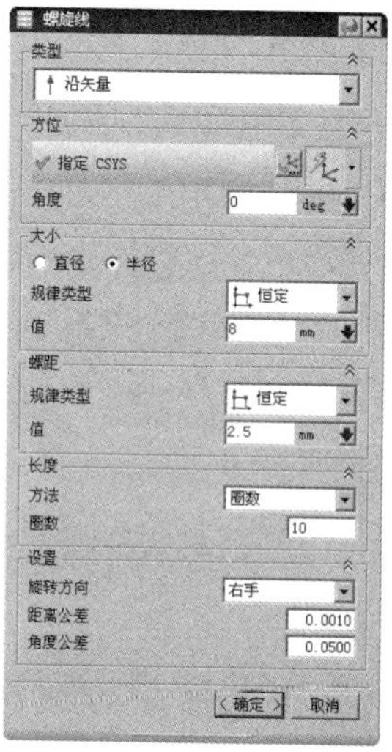

图 7.1.17　"螺旋线"对话框

说明：因为本例中使用当前的 WCS 作为螺旋线的方
位，使用当前的 XC=0、YC=0 和 ZC=0 作为默认基点，
所以在此没有定义方位和基点的操作。

3．文本曲线

使用 **A** 命令，可将本地的 Windows 字体库中的 True Type 字体中的"文本"生成 NX
曲线。无论何时需要文本，都可以将此功能作为部件模型中的一个设计元素使用。在"文
本"对话框中，允许用户选择 Windows 字体库中的任何字体，指定字符属性（粗体、斜
体、类型、字母）；在"文本"对话框字段中输入文本字符串，并立即在 NX 部件模型内
将字符串转换为几何体。文本将跟踪所选 True Type 字体的形状，并使用线条和样条生成
文本字符串的字符外形，可以在平面、曲线或曲面上放置生成的几何体。下面通过创建图
7.1.18 所示的文本曲线来说明创建文本曲线的一般步骤。

Step **1**　打开文件 D:\ug85mo\work\ch07.01.02\text_line.prt。

Step **2**　选择下拉菜单 插入(S) ➡ 曲线(C) ➡ **A** 文本(T)... 命令，系统弹出图 7.1.19 所
示的"文本"对话框。

Step **3**　定义类型。在 类型 区域的下拉列表框中选择 曲线上 选项，选取图 7.1.20 所示的曲
线为文本放置曲线。

图 7.1.18　创建的文本曲线

图 7.1.19　"文本"对话框

图 7.1.20　定义放置曲线

选取此曲线

图 7.1.19 所示的"文本"对话框中的部分选项的说明如下：

● 类型区域：该区域的下拉列表框中包括 平面副 、 曲线上 和 面上 三个选项，用于定义文本的放置类型。

　　☑ 平面副：该选项用于创建在平面上的文本。

　　☑ 曲线上：该选项用于沿曲线创建文本。

　　☑ 面上：该选项用于在一个或多个相连面上创建文本。

Step 4 定义文本属性。在对话框 文本属性 区域的文本框中输入文本字符串"北京兆迪"；在 线型 下拉列表框中选择 新宋体 选项。

Step 5 定义文本尺寸大小。在对话框中 尺寸 区域的 偏置 文本框中输入值 5，在 长度 文本框中输入值 200，在 高度 文本框中输入值 30，其他设置保持系统默认参数设置值。

Step 6 单击对话框中的 ＜ 确定 ＞ 按钮，完成文本曲线的创建。

7.1.3　来自曲线集的曲线

来自曲线集的曲线是指利用现有的曲线，通过不同的方式而创建的新曲线。在 UG NX 8.5 中，主要是通过在 插入(S) 下拉菜单的 来自曲线集的曲线(F) ▶ 子菜单中选择相应的命令来进行操作。下面将分别对镜像、偏置、在面上偏置和投影等方法进行介绍。

1. 镜像

曲线的镜像是指利用一个平面或基准平面（称为镜像中心平面）将源曲线进行复制，从而得到一个与源曲线关联或非关联的曲线。下面通过图 7.1.21b 所示的例子来说明创建镜像曲线的一般过程。

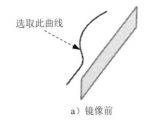
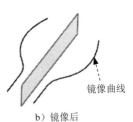

选取此曲线

镜像曲线

a）镜像前　　　　　　　　　　　　　　　　　　b）镜像后

图 7.1.21　镜像曲线

Step 1 打开文件 D:\ug85mo\work\ch07.01.03\mirror_curves.prt。

Step 2 选择下拉菜单 插入(S) ➡ 来自曲线集的曲线(F) ▶ ➡ 镜像(M)... 命令，系统弹出"镜像曲线"对话框。

Step 3 定义镜像曲线。在图形区选取图 7.1.21a 所示的曲线，单击鼠标中键确认。此时对话框中的 平面 下拉列表框被激活。

Step 4 选取镜像平面。在对话框中的 平面 下拉列表框中选择 现有平面 选项，定义图中平面为镜像平面。

Step 5　单击 确定 按钮（或单击中键），完成镜像曲线的创建。

2. 偏置

偏置曲线是通过移动选中的曲线对象来创建新的曲线。使用下拉菜单 插入(S) ➡

来自曲线集的曲线(F) ▶ ➡ 偏置(O)... 命令可以偏置由直线、圆弧、二次曲线、样条及边

缘组成的线串。下面通过图 7.1.22 所示的例子来说明用"拔模"方式创建偏置曲线的一般

过程。

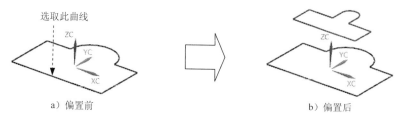

a）偏置前　　　　　　　　　　　　　　　b）偏置后

图 7.1.22　偏置曲线的创建

Step 1　打开文件 D:\ug85mo\work\ch07.01.03\offset_curve.prt。

Step 2　选择下拉菜单 插入(S) ➡ 来自曲线集的曲线(F) ▶ ➡ 偏置(O)... 命令，系统弹
　　　　出"偏置曲线"对话框。

Step 3　在对话框 类型 区域的下拉列表框中选择 拔模 选项；选取图 7.1.22a 所示的曲线为
　　　　偏置对象。

Step 4　在对话框 偏置 区域的 高度 文本框中输入数值 30；在 角度 文本框中输入数值-20；在
　　　　副本数 文本框中输入数值 1。

　　注意：可以单击对话框中的 按钮改变偏置的方向。

Step 5　在对话框中，单击 <确定> 按钮完成偏置曲线的创建。

3. 在面上偏置

在面上偏置曲线是指通过偏置片体上的曲线或片体边界而创建曲线的方法。通过创建
图 7.1.23 所示的曲线来说明在面上偏置曲线的一般过程。

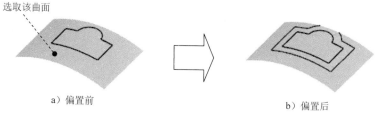

a）偏置前　　　　　　　　　　　　　b）偏置后

图 7.1.23　在面上偏置曲线

Step 1　打开文件 D:\ug85mo\work\ch07.01.03\offset_surface.prt。

Step 2　选择下拉菜单 插入(S) ➡ 来自曲线集的曲线(F) ▶ ➡ 在面上偏置... 命令，系统
　　　　弹出图 7.1.24 所示的"在面上偏置曲线"对话框。

图 7.1.24 "在面上偏置曲线"对话框

图 7.1.24 所示的"在面上偏置曲线"对话框中部分选项的功能说明如下：

- 修剪和延伸偏置曲线区域：此区域包括 ☑ 在截面内修剪至彼此 、 ☑ 在截面内延伸至彼此 、
☑ 修剪至面的边 、 ☑ 延伸至面的边 和 ☑ 移除偏置曲线内的自相交 五个复选框。

  - ☑ ☑ 在截面内修剪至彼此 ：对于偏置的曲线相互之间进行修剪。

  - ☑ ☑ 在截面内延伸至彼此 ：对于偏置的曲线相互之间进行延伸。

  - ☑ ☑ 修剪至面的边 ：对于偏置曲线裁剪到边缘。

  - ☑ ☑ 延伸至面的边 ：对于偏置曲线延伸到曲面边缘。

  - ☑ ☑ 移除偏置曲线内的自相交 ：移除偏置曲线中的自相交部分。

Step 3 选择面上的曲线为偏置对象；在对话框曲线区域的截面线1：偏置1文本框中输入偏置值 12，在面或平面区域选取图 7.1.23a 所示的曲面为参照。

注意：可以单击对话框中的 按钮改变偏置的方向，以达到用户想要的方向。

Step 4 在修剪和延伸偏置曲线区域选中所有复选框，单击 < 确定 > 按钮，完成曲线的偏置。

4. 投影

投影可以将曲线、边缘和点映射到片体、面、平面和基准平面上。投影曲线在孔或面边缘处都要进行修剪，投影之后，可以自动合并输出的曲线。创建图 7.1.25 所示的投影曲线的一般操作过程如下：

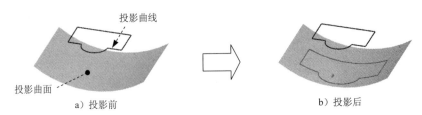

a）投影前   b）投影后

图 7.1.25 投影曲线的创建

Step **1** 打开文件 D:\ug85mo\work\ch07.01.03\project_01.prt。

Step **2** 选择下拉菜单 插入(S) ➡ 来自曲线集的曲线(F) ▶ ➡ 投影(P)... 命令，系统弹出图 7.1.26 所示的"投影曲线"对话框。

图 7.1.26 "投影曲线"对话框

图 7.1.26 所示的"投影曲线"对话框的 投影方向 区域的 方向 下拉列表框中的部分选项的说明如下：

- 沿面的法向：此方式是沿所选投影面的法向，向投影面投影曲线。
- 朝向点：此方式用于从原定义曲线朝着一个点，向选取的投影面投影曲线。
- 朝向直线：此方式用于从原定义曲线朝着一条现有曲线，向选取的投影面投影曲线。
- 沿矢量：此方式用于沿设定的矢量方向，向选取的投影面投影曲线。
- 与矢量成角度：此方式用于沿与设定矢量方向成一角度的方向，向选取的投影面投影曲线。

Step **3** 在图形区选取如图 7.1.25a 所示的曲线，单击中键确认。

Step **4** 定义投影面。在对话框 投影方向 区域的 方向 下拉列表框中选择 沿面的法向 选项，然后选取图 7.1.25a 所示的曲面作为投影曲面。

Step **5** 在"投影曲线"对话框中单击 < 确定 > 按钮，完成投影曲线的创建。

5. 组合投影

组合投影曲线是将两条不同的曲线沿着指定的方向进行投影和组合，而得到第三条曲线。两条曲线的投影必须相交。在创建过程中，可以指定新曲线是否与输入曲线关联，以及对输入曲线做保留、隐藏等方式的处理。创建图 7.1.27 所示的组合投影曲线的一般过程如下：

a）现有曲线   b）投影曲线

图 7.1.27 组合投影曲线的创建

Step **1** 打开文件 D:\ug85mo\work\ch07.01.03\project_02.prt。

Step **2** 选择下拉菜单 插入(S) ➡ 来自曲线集的曲线(F) ▶ ➡ 组合投影(C)... 命令，系统弹出"组合投影"对话框。

Step **3** 在图形区选取如图 7.1.27a 所示的曲线 1 作为第一曲线串，单击鼠标中键确认。

Step **4** 选取图 7.1.27a 所示的曲线 2 作为第二曲线串。

Step **5** 定义投影矢量。在投影方向 1 和投影方向 2 下拉列表框中选择 垂直于曲线平面 选项。

Step **6** 单击 确定 按钮，完成组合投影曲线的创建。

7.1.4 来自体的曲线

来自体的曲线主要是从已有模型的边、相交线等提取出来的曲线，主要类型包括相交曲线、截面线和抽取曲线等。

1. 相交曲线

利用 求交(I)... 命令可以创建两组对象之间的相交曲线。相交曲线可以是关联的或不关联的，关联的相交曲线会根据其定义对象的更改而更新。用户可以选择多个对象来创建相交曲线。下面以图 7.1.28 所示的例子来介绍创建相交曲线的一般过程。

a）创建前　　　　　　　　　　　　b）创建后

图 7.1.28 相交曲线的创建

Step **1** 打开文件 D:\ug85mo\work\ch07.01.04\inter_curve.prt。

Step **2** 选择下拉菜单 插入(S) ➡ 来自体的曲线(U) ▶ ➡ 求交(I)... 命令，系统弹出"相交曲线"对话框。

Step **3** 定义相交曲面。在图形区选取图 7.1.28a 所示的曲面 1，单击中键确认，然后选取曲面 2，其他选项均采用默认值。

Step **4** 单击"相交曲线"对话框中的 ＜确定＞ 按钮，完成相交曲线的创建。

2. 截面曲线

使用 截面(S) 命令可以在指定平面与体、面、平面和（或）曲线之间创建相关或不相关的相交曲线。平面与曲线相交可以创建一个或多个点。下面以图 7.1.29 所示的例子来介绍创建截面曲线的一般过程。

Step **1** 打开文件 D:\ug85mo\work\ch07.01.04\section_curve.prt。

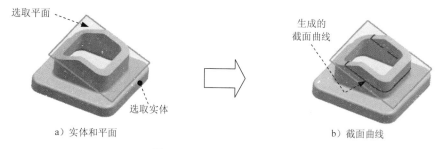

a）实体和平面   b）截面曲线

图 7.1.29　创建截面曲线

Step 2　选择下拉菜单 插入(S) ➡️ 来自体的曲线(U)▶ ➡️ 截面(S) 命令，系统弹出"截面曲线"对话框，如图 7.1.30 所示。

图 7.1.30　"截面曲线"对话框

图 7.1.30 所示的"截面曲线"对话框中的部分选项的说明如下：

- 类型 区域：该区域的下拉列表框中包括 选定的平面 选项、 平行平面 选项、 径向平面 选项和 垂直于曲线的平面 选项，用于设置创建截面曲线的类型。

  - ☑ 选定的平面 选项：该方法可以通过选定的单个平面或基准平面来创建截面曲线。

  - ☑ 平行平面 选项：使用该方法可以通过指定平行平面集的基本平面、步长值和起始及终止距离来创建截面曲线。

  - ☑ 径向平面 选项：使用该方法可以指定定义基本平面所需的矢量和点、步长值以及径向平面集的起始角和终止角。

  - ☑ 垂直于曲线的平面 选项：该方法允许用户通过指定多个垂直于曲线或边缘的剖截平面来创建截面曲线。

- 设置 区域的 ☑关联 复选框：如果选中该复选框，则创建的截面曲线与其定义对象和平面相关联。

Step 3　在图形区选取图 7.1.29a 所示的实体，单击中键。

Step 4　在对话框 剖切平面 区域中单击 * 指定平面 按钮，选取图 7.1.29a 所示的平面，其他选项均采用默认设置。

Step **5** 单击"截面曲线"对话框中的 确定 按钮，完成截面曲线的创建。

3. 抽取曲线

使用 抽取(E)... 命令可以通过一个或多个现有体的边或面创建直线、圆弧、二次曲线和样条曲线，而体不发生变化。大多数抽取曲线是非关联的，但也可选择创建相关联的等斜度曲线或阴影外形曲线。

下面以图 7.1.31 所示的例子来介绍利用"边曲线"创建抽取曲线的一般过程。

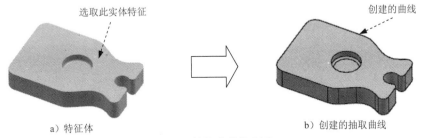

选取此实体特征

创建的曲线

a）特征体

b）创建的抽取曲线

图 7.1.31　抽取曲线的创建

Step **1** 打开文件 D:\ug85mo\work\ch07.01.04\solid_curve.prt。

Step **2** 选择下拉菜单 插入(S) ➡ 来自体的曲线(U) ➡ 抽取(E)... 命令，系统弹出"抽取曲线"对话框。

Step **3** 单击 边曲线 按钮，弹出"单边曲线"对话框。

Step **4** 在"单边曲线"对话框中单击 实体上所有的 按钮，弹出"实体中的所有边"对话框，选取图 7.1.31a 所示的实体。

Step **5** 单击 确定 按钮，返回"单边曲线"对话框。

Step **6** 单击"单边曲线"对话框中的 确定 按钮，完成抽取曲线的创建。单击 取消 按钮退出对话框。

7.2　创建简单曲面

UG NX 8.5 具有强大的曲面功能，并且对曲面的修改、编辑等非常方便。本节主要介绍一些简单曲面的创建，主要内容包括：曲面网格显示、有界平面的创建、拉伸/旋转曲面的创建、偏置曲面的创建以及曲面的抽取。

7.2.1　曲面网格显示

曲面的显示样式除了常用的着色、线框等外，还可以用网格线的形式显示出来，与其他显示样式相同，网格显示仅是对特征的显示，而对特征没有丝毫的修改或变动。下面以

图 7.2.1 所示的模型为例，来说明曲面网格显示的一般操作过程。

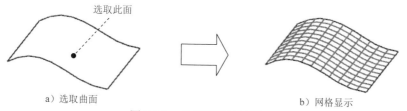

a）选取曲面　　　　　　　　　　　　　　　　b）网格显示

图 7.2.1　曲面网格的显示

Step 1　打开文件 D:\ug85mo\work\ch07.02.01\static_wireframe.prt。

Step 2　调整视图显示。在图形区右击，在弹出的快捷菜单中选择 渲染样式(D) ➡
　　　　 静态线框(W) 命令，图形区中的模型变成线框状态。

　　说明：模型在"着色"状态下是不显示网格线的，网格线只在"静态线框"、"面分析"和"局部着色"三种状态下才可以显示出来。

Step 3　选择命令。选择下拉菜单 编辑(E) ➡ 对象显示(J)... 命令，系统弹出"类选择"对话框。

Step 4　选取网格显示的对象。在图形区选取图 7.2.1a 所示的曲面，单击"类选择"对话框中的 确定 按钮，系统弹出"编辑对象显示"对话框。

Step 5　定义参数。在"编辑对象显示"对话框 线框显示 区域的 U 文本框中输入 10，在 V 文本框中输入 10，其他参数采用默认设置值。

Step 6　单击"编辑对象显示"对话框中的 确定 按钮，完成曲面网格显示的设置。

7.2.2　创建拉伸和回转曲面

　　拉伸曲面和回转曲面的创建方法与相应的实体特征相同，只是要求生成特征的类型不同。下面将对这两种方法做简单介绍。

1. 创建拉伸曲面

　　拉伸曲面是将截面草图沿着某一方向拉伸而成的曲面（拉伸方向多为草图平面的法线方向）。下面以图 7.2.2 所示的模型为例，来说明创建拉伸曲面特征的一般操作过程。

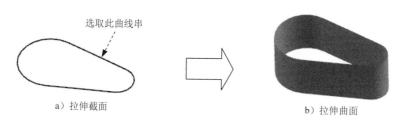

选取此曲线串

a）拉伸截面　　　　　　　　　　　　　　　　b）拉伸曲面

图 7.2.2　创建拉伸曲面

Step 1　打开文件 D:\ug85mo\work\ch07.02.02\extrude_surf.prt。

Step 2 选择下拉菜单 插入(S) ➡ 设计特征(E) ➡ ▥ 拉伸(E)... 命令，系统弹出"拉伸"对话框。

Step 3 定义拉伸截面。在图形区选取图 7.2.2a 所示的曲线串为特征截面。

Step 4 确定拉伸开始值和终止值。在"拉伸"对话框的 限制 区域中的 开始 下拉列表框中选择 ⌖ 值 选项，并在其下的 距离 文本框中输入数值 0，在 限制 区域的 结束 下拉列表框中选择 ⌖ 值 选项，并在其下的 距离 文本框中输入数值 35。

Step 5 定义拉伸特征的体类型。在对话框 设置 区域的 体类型 下拉列表框中选择 片体 选项，其他选用默认设置。

Step 6 单击"拉伸"对话框中的 ＜ 确定 ＞ 按钮，完成拉伸曲面的创建。

说明：在设置拉伸方向时可以与草图平面成一定的角度，如图 7.2.3b 所示的拉伸特征。

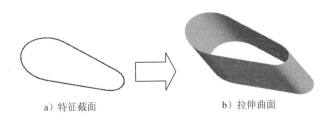

a）特征截面　　　　　　　　　　　　b）拉伸曲面

图 7.2.3　拉伸曲面

2. 创建回转曲面

图 7.2.4 所示的回转曲面特征的创建过程如下：

Step 1 打开文件 D:\ug85mo\work\ch07.02.02\rotate_surf.prt。

Step 2 选择 插入(S) ➡ 设计特征(E) ➡ ▦ 回转(R)... 命令，系统弹出"回转"对话框。

Step 3 定义回转截面。在图形区选取图 7.2.4a 所示的曲线为回转截面。

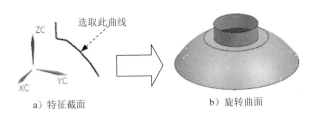

选取此曲线

a）特征截面　　　　　　　　　　　　b）旋转曲面

图 7.2.4　旋转曲面

Step 4 定义回转轴。在图形区选择 ZC 轴为回转轴，选取坐标系原点为指定点。

Step 5 定义回转角度。在 限制 区域的 开始 下拉列表框中选择 ⌖ 值 选项，并在其下的 角度 文本框中输入数值 0；在 结束 下拉列表框中选择 ⌖ 值 选项，并在其下的 角度 文本框中输入数值 360。

Step 6 定义回转特征的体类型。在对话框 设置 区域的 体类型 下拉列表框中选择 片体 选项，其他选用默认参数设置值。

Step 7　单击"回转"对话框中的 < 确定 > 按钮，完成回转曲面的创建。

说明：在定义回转轴时如选择系统的基准轴，则不再需要选取定义点，而可以直接创建回转曲面特征。

7.2.3　创建有界平面

使用"有界平面"命令可以创建平整曲面，利用拉伸也可以创建曲面，但拉伸创建的是有深度参数的二维或三维曲面，而有界平面创建的是没有深度参数的二维曲面。下面以图 7.2.5a 所示的模型为例，来说明创建有界平面的一般操作过程。

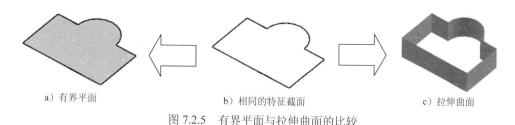

a）有界平面　　　　b）相同的特征截面　　　　c）拉伸曲面

图 7.2.5　有界平面与拉伸曲面的比较

Step 1　打开文件 D:\ug85mo\work\ch07.02.03\ambit_surf.prt。

Step 2　选择命令。选择下拉菜单 插入(S) ➡ 曲面(R)▶ ➡ ⬜ 有界平面(B)... 命令，系统弹出"有界平面"对话框。

Step 3　在图形区选取图 7.2.5b 所示的曲线串，在"有界平面"对话框中单击 < 确定 > 按钮，完成有界平面的创建。

说明：在创建"有界平面"时所选取的曲线串必须由同一个平面作为载体，即"有界平面"的边界线要求共面。否则不能创建曲面。

7.2.4　曲面的偏置

曲面的偏置用于创建一个或多个现有面的偏置曲面，从而得到新的曲面。下面分别对创建偏置曲面和偏移曲面进行介绍。

1. 创建偏置曲面

下面以图 7.2.6 所示的偏置曲面为例，来说明其一般创建过程。

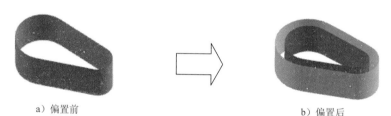

a）偏置前　　　　　　　　b）偏置后

图 7.2.6　偏置曲面的创建

Chapter 7

Step 1 打开文件 D:\ug85mo\work\ch07.02.04\offset_surface.prt。

Step 2 选择下拉菜单 插入(S) ➡ 偏置/缩放(O) ➡ 偏置曲面(O)... 命令，系统弹出图 7.2.7 所示的"偏置曲面"对话框。

Step 3 在图形区选取图 7.2.8 所示的曲面，系统弹出 偏置 1 文本框，同时图形区中出现曲面 的偏置方向（图 7.2.8）。

图 7.2.7　"偏置曲面"对话框

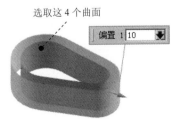

选取这 4 个曲面

偏置 1 10

图 7.2.8　偏置方向

Step 4 定义偏置的距离。在弹出的 偏置 1 文本框中输入偏置距离值 10，单击中键确认， 在"偏置曲面"对话框中单击 < 确定 > 按钮，完成偏置曲面的创建。

2. 偏置面

偏置面是将用户选定的面沿着其法向方向偏移一段距离，这一过程不会产生新的曲面。 下面以图 7.2.9 所示的模型为例，来说明偏置面的一般操作过程。

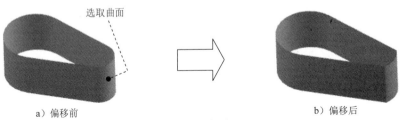

选取曲面

a）偏移前　　　　　　　　　　　　　　b）偏移后

图 7.2.9　偏移曲面

Step 1 打开文件 D:\ug85mo\work\ch07.02.04\offset_face.prt。

Step 2 选择下拉菜单 插入(S) ➡ 偏置/缩放(O) ➡ 偏置面(F)... 命令，系统弹出"偏 置面"对话框。

Step 3 在图形区选取图 7.2.9 所示的单个曲面，然后在"偏置面"对话框中的 偏置 文本框 中输入数值 5，单击 按钮，单击 < 确定 > 按钮，完成曲面的偏置操作。

7.2.5　曲面的抽取

　　曲面的抽取即从一个实体或片体抽取曲面来创建片体，曲面的抽取就是复制曲面的过 程。抽取独立曲面时，只需单击此面即可；抽取区域曲面时，是通过定义种子曲面和边界曲面来创建片体，创建的片体是从种子面开始向四周延伸到边界曲面的所有曲面构成的片体（其中包括种子曲面，但不包括边界曲面），这种方法在加工中定义切削区域时特别重要。下面分别介绍抽取独立曲面和抽取区域曲面。

1. 抽取独立曲面

下面以图 7.2.10 所示的模型为例，来说明创建抽取曲面的一般操作过程（图 7.2.10b 中实体模型已隐藏）。

Step 1　打开文件 D:\ug85mo\work\ch07.02.05\extracted_region_01.prt。

Step 2　选择下拉菜单 插入(S) ➡ 关联复制(A)▶ ➡ 抽取几何体(E)... 命令，系统弹出"抽取几何体"对话框。

Step 3　定义抽取类型。在对话框 类型 区域的下拉列表框中选择 面 选项。

Step 4　定义选取类型。在对话框 面 区域中的 面选项 下拉列表框中选择 单个面 选项。

Step 5　选取图 7.2.11 所示的曲面。

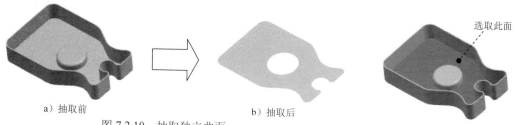

a）抽取前
b）抽取后
图 7.2.10　抽取独立曲面

选取此面
图 7.2.11　选取曲面

Step 6　在对话框 设置 区域中选中 ☑ 隐藏原先的 复选框，其他设置接受系统默认设置，单击对话框中的 < 确定 > 按钮，完成抽取独立曲面的操作。

2. 抽取区域曲面

抽取区域曲面就是通过定义种子曲面和边界曲面来选择曲面，这种方法将选取从种子曲面开始向四周延伸，直到边界曲面的所有曲面（其中包括种子曲面，但不包括边界曲面）。下面以图 7.2.12 所示的模型为例，来说明创建抽取区域曲面的一般操作过程（图 7.2.12b 中的实体模型已隐藏）。

a）抽取前
图 7.2.12　抽取区域曲面

b）抽取后

Step 1　打开文件 D:\ug85mo\work\ch07.02.05\extracted_region_02.prt。

Step 2　选择下拉菜单 插入(S) ➡ 关联复制(A)▶ ➡ 抽取几何体(E)... 命令，系统弹出"抽取几何体"对话框。

Step 3　定义抽取类型。在对话框 类型 区域的下拉列表框中选择 🔳 面区域 选项。

Step 4　定义种子面。在图形区选取图 7.2.13 所示的曲面作为种子面。

Step 5　定义边界曲面。选取图 7.2.14 所示的边界曲面。

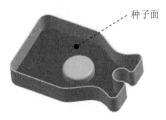

图 7.2.13　选取种子面

图 7.2.14　选择边界曲面

Step 6　在对话框 设置 区域中选中 ☑ 隐藏原先的 复选框，其他参数采用默认设置值。单击 < 确定 > 按钮，完成抽取区域曲面的操作。

7.3　创建自由曲面

自由曲面的创建是 UG 建模模块的重要组成部分。本节将学习 UG 中常用且较重要的曲面创建方法，其中包括网格曲面、扫掠曲面、桥接曲面、艺术曲面、截面体曲面、N 边曲面和弯边曲面。

7.3.1　网格曲面

在创建曲面的方法中网格曲面较为重要，尤其是四边面的创建。在四边面的创建中能够很好地控制面的连续性并且容易避免收敛点的生成，从而保证面的质量较高。这在后续的产品中尤为重要。下面分别介绍几种网格面的创建方法。

1. 直纹面

直纹面可以理解为通过一系列直线连接两组线串而形成的一张曲面。在创建直纹面时只能使用两组线串，这两组线串可以是封闭的，也可以不封闭。下面以图 7.3.1 为例，来说明创建直纹面的一般操作过程。

a）选取曲线串　　　　　　　　　　　b）创建的直纹面

图 7.3.1　直纹面的创建

Step 1 打开文件 D:\ug85mo\work\ch07.03.01\ruled.prt。

Step 2 选择命令。选择下拉菜单 插入(S) ➡ 网格曲面(M)▶ ➡ 直纹(R)...命令，系统弹出图 7.3.2 所示的"直纹"对话框。

图 7.3.2　"直纹"对话框

Step 3 选取截面线串 1。在图形区中选取图 7.3.1a 所示的曲线串 1，单击中键确认。

Step 4 选取截面线串 2。在图形区中选取图 7.3.1a 所示的曲线串 2。

Step 5 设置对齐方式。在"直纹"对话框 对齐 区域中选中 ☑ 保留形状 复选框，在 对齐 下拉列表框中选择 根据点 选项；在 设置 区域中的 体类型 下拉列表框中选择 片体 选项。

Step 6 在"直纹"对话框中单击 < 确定 > 按钮，完成直纹面的创建。

2. 通过曲线组

使用 通过曲线组(T)... 命令可以通过同一方向上的一组曲线轮廓线创建曲面（当轮廓线封闭时，生成的则为实体）。曲线轮廓线称为截面线串，截面线串可由单个对象或多个对象组成，每个对象都可以是曲线、实体边等。图 7.3.3 所示"通过曲线组"创建曲面的过程如下。

a）截面特征

b）创建的曲面

图 7.3.3　通过曲线组创建曲面

Step 1 打开文件 D:\ug85mo\work\ch07.03.01\through_curves.prt。

Step 2 选择命令。选择下拉菜单 插入(S) ➡ 网格曲面(M)▶ ➡ 通过曲线组(T)...命令，系统弹出图 7.3.4 所示的"通过曲线组"对话框（一）。

图 7.3.4　"通过曲线组"对话框（一）

Step 3　定义截面线串。在图形区中依次选取图 7.3.5 所示的曲线串 1、曲线串 2 和曲线串 3，并分别单击中键确认。

注意：选取截面线串后，图形区显示的箭头矢量应该处于截面线串的同侧（图 7.3.5c），否则生成的片体将被扭曲。后面介绍的通过曲线网格创建曲面也有类似问题。

Step 4　设置参数。其他均采用默认设置值，单击 < 确定 > 按钮完成曲面的创建。

选取曲线串 1

选取曲线串 2

选取曲线串 3

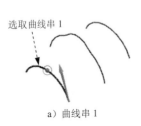

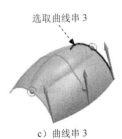

a）曲线串 1　　　　　　b）曲线串 2　　　　　　c）曲线串 3

图 7.3.5　定义截面线串

图 7.3.4 所示的"通过曲线组"对话框（一）中的部分选项说明如下：

- 截面 区域中的 列表 区域：用于显示被选取的截面线串。

- 连续性 区域的下拉列表框用于对所生成曲面的起始端和终止端定义约束条件。

  ☑ GO（位置）：生成的曲面与指定面点连续。

  ☑ G1（相切）：生成的曲面与指定面相切连续。

  ☑ G2（曲率）：生成的曲面与指定面曲率连续。

- 对齐 下拉列表框：该下拉列表框中的选项与"直纹面"命令中的相似，除了包括 参数 、弧长 、根据点 、距离 、角度 和 脊线 六种对齐方法外，还有一个 根据分段 选项，该选项中包含段数最多的截面曲线，按照每一段曲面的长度比例划分其余的截面曲线，并建立连接对应点。

- 阶次 文本框：用于设置生成曲面的 v 向阶次。

说明：当选取了截面线串后，在 列表 区域中选择一组截面线串，此时"通过曲线组"对话框显示如图 7.3.6 所示。

图 7.3.6 所示的"通过曲线组"对话框（二）中的部分按钮说明如下：

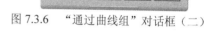

- ✕（移除线串）：单击该按钮，选中的截面线串被删除。

- ⬆（向上移动串）：单击该按钮，选中的截面线串移至上一个截面线串的上级。

图 7.3.6 "通过曲线组"对话框（二）

- ⬇（向下移动串）：单击该按钮，选中的截面线串移至下一个截面线串的下级。

3. 通过曲线网格

使用"通过曲线网格"命令可以沿着不同方向的两组线串创建曲面。一组同方向的线串定义为主线串，另外一组和主线串不在同一平面的线串定义为交叉线串，定义的主曲线与交叉线串必须在设定的公差范围内相交。这种创建曲面的方法定义了两个方向的控制曲线，可以很好地控制曲面的形状，因此它也是最常用的创建曲面的方法之一。下面将以图 7.3.7 为例说明通过曲线网格创建曲面的一般过程。

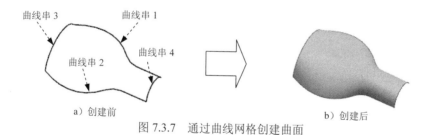

a）创建前　　　　　　　　b）创建后

图 7.3.7 通过曲线网格创建曲面

Step 1 打开文件 D:\ug85mo\work\ch07.03.01\through_mesh.prt。

Step 2 选择下拉菜单 插入(S) ➡ 网格曲面(M) ➡ 通过曲线网格(M)... 命令，系统弹出图 7.3.8 所示的"通过曲线网格"对话框。

Step 3 定义主线串。在图形区中依次选取图 7.3.7a 所示的曲线串 1 和曲线串 2 为主线串，并分别单击中键确认。

Step 4 定义交叉线串。单击中键完成主线串的选取，在图形区选取图 7.3.7a 所示的曲线串 3 和曲线串 4 为交叉线串，分别单击中键确认。

Step 5 单击 <确定> 按钮，完成通过曲线网格曲面的创建。

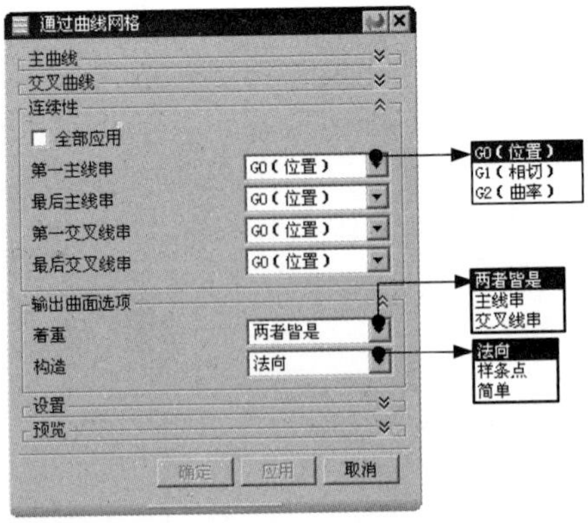

图 7.3.8　"通过曲线网格"对话框

图 7.3.8 所示的"通过曲线网格"对话框的部分选项说明如下：

- **着重** 下拉列表框：用于控制系统在生成曲面时更强调主线串还是交叉线串，或者两者有同样效果。
  - ☑ **两者皆是**：系统在生成曲面时，主线串和交叉线串有同样效果。
  - ☑ **主线串**：系统在生成曲面时，更强调主线串。
  - ☑ **交叉线串**：系统在生成曲面时，交叉线串更有影响。
- **构造** 下拉列表框：
  - ☑ **法向**：使用标准方法构造曲面，该方法比其他方法建立的曲面有更多的补片数。
  - ☑ **样条点**：利用输入曲线的定义点和该点的斜率值来构造曲面。要求每条线串都要使用单根 B 样条曲线，并且有相同的定义点，该方法可以减少补片数，简化曲面。
  - ☑ **简单**：用最少的补片数构造尽可能简单的曲面。

7.3.2　一般扫掠曲面

一般扫掠曲面就是用规定的方式沿一条（或多条）空间路径（引导线串）移动轮廓线（截面线串）而生成的曲面。

截面线串可以由单个或多个对象组成，每个对象可以是曲线、边缘或实体面，每组截面线串内的对象数量可以不同。截面线串的数量可以是 1～150 之间的任意数值。

引导线串在扫掠过程中控制着扫掠体的方向和比例。在创建扫掠体时，必须提供一条、两条或三条引导线串。提供一条引导线不能完全控制剖面大小和方向变化的趋势，需要进一步指定截面变化的方法；提供两条引导线时，可以确定截面线沿引导线扫掠的方向趋势，但是尺寸可以改变，还需要设置截面比例变化；提供三条引导线时，完全确定了截面线被扫掠时的方位和尺寸变化，无需另外指定方向和比例就可以直接生成曲面。

下面将介绍扫掠曲面特征的一般创建过程。

1. 选取一组引导线的方式进行扫掠

下面通过创建图 7.3.9b 所示的曲面，来说明用选取一组引导线方式进行扫掠的一般操作过程。

a）曲线串　　　　　　　　　　　　b）扫掠的曲面

图 7.3.9　通过一条引导线扫掠

Step 1 打开文件 D:\ug85mo\work\ch07.03.02\swept_01.prt。

Step 2 选择下拉菜单 插入(S) ➡ 扫掠(W)▶ ➡ 🔘 扫掠(S)…命令，系统弹出图 7.3.10 所示的"扫掠"对话框。

图 7.3.10 所示的"扫掠"对话框中各个选项的说明如下：

- 截面选项 区域的 截面位置 下拉列表框：包括 沿引导线任何位置 和 引导线末端 两个选项，用于定义截面的位置。
  - ☑ 沿引导线任何位置 选项：截面位置可以在引导线的任意位置。
  - ☑ 引导线末端 选项：截面位置位于引导线末端。
- 在扫掠时，截面线串的方向无法唯一确定，所以需要通过添加约束来确定。"扫掠"对话框 定位方法 区域的 方向 下

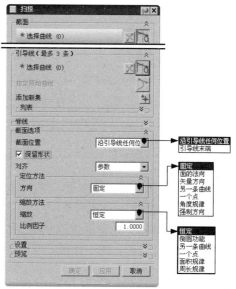

图 7.3.10　"扫掠"对话框

拉列表框的各选项即用来设置不同约束，下面是对此下拉列表框各选项的说明：

- ☑ 固定：在截面线串沿着引导线串移动时，保持固定的方向，并且结果是简单平行的或平移的扫掠。
- ☑ 面的法向：局部坐标系的第二个轴与一个或多个沿着引导线串每一点指定公有基面的法向向量一致，这样约束截面线串保持和基面的固定联系。
- ☑ 矢量方向：局部坐标系的第二个轴和用户在整个引导线串上指定的矢量一致。
- ☑ 另一条曲线：通过连接引导线串上相应的点和另一条曲线来获得局部坐标系的第二个轴（就好像在它们之间建立了一个直纹片体）。
- ☑ 一个点：与另一条曲线相似，不同之处在于第二个轴的获取是通过引导线串

和点之间的三面直纹片体的等价对象实现的。

☑ 角度规律：让用户使用规律子函数定义一个规律来控制方向。旋转角度规律的方向控制具有一个最大值（限制），为 100 圈（转），36000°。

☑ 强制方向：在沿引导线串扫掠截面线串时，用户使用一个矢量固定截面的方向。

● 除了对要创建的曲面可以添加约束外，还可以控制要创建面的大小，这一控制是通过对话框 缩放方法 区域的 缩放 下拉列表框及 比例因子 文本框来实现的。下面是对 缩放 下拉列表框各选项及 比例因子 文本框的说明：

☑ 恒定：在扫掠过程中，使用恒定的比例对截面线串进行放大或缩小。

☑ 倒圆功能：定义引导线串的起点和终点的比例因子，并且在指定的起始和终止比例因子之间允许线性或三次比例。

☑ 另一条曲线：使用比例线串与引导线串之间的距离作为比例参考值，但是此处在任意给定点的比例时是以引导线串和其他的曲线或实边之间的直纹线长度为基础的。

☑ 一个点：使用选择点与引导线串之间的距离作为比例参考值，选择此种形式的比例控制的同时，还可以（在构造三面扫掠时）使用同一个点做方向的控制。

☑ 面积规律：用户使用规律函数定义剖面线串的面积来控制截面线成比例缩放，截面线串必须是封闭的。

☑ 周长规律：用户使用规律函数定义截面线串的周长来控制剖面线成比例缩放。

☑ 比例因子 文本框：用于输入比例参数，大于 1 则是放大曲面，小于 1 则是缩小曲面。

注意：比例因子 文本框在引导线只有一条的情况下才能编辑。

Step 3 定义截面线串。在图形区选取图 7.3.9a 所示的曲线 1 作为截面线串，单击中键确认，再次单击中键完成截面线串的选取，准备选取引导线。

Step 4 定义引导线串。在图形区选取图 7.3.9a 所示的曲线 2 作为引导线串，单击中键确认（本例中只选择一条引导线）。

Step 5 完成扫掠曲面的创建。对话框的其他设置采用系统默认设置值，单击对话框中的 ＜确定＞ 按钮，完成曲面的创建。

2. 选取两组引导线的方式进行扫掠

下面通过创建图 7.3.11b 所示的曲面，来说明用选取两组引导线的方式进行扫掠的一般操作过程。

Step 1 打开文件 D:\ug85mo\work\ch07.03.02\swept_02.prt。

Step 2 选择下拉菜单 插入(S) ➡ 扫掠(W) ➡ 扫掠(S)… 命令，系统弹出"扫掠"对话框。

Step 3 定义截面线串。在图形区中选取图 7.3.11a 所示的曲线 1 为截面线串，单击中键确认，再次单击中键完成截面线串的选取。

Step 4 定义引导线串。在图形区选取图 7.3.11a 所示的曲线 2 和曲线 3 分别为一条引导线串，并分别单击中键确认。

a）曲线串   b）扫掠的曲面

图 7.3.11   通过两组引导线扫掠

Step 5 完成曲面的创建。其他设置保持系统默认值，单击对话框中的 <　确定　> 按钮，完成曲面的创建。

3. 选取三组引导线的方式进行扫掠

下面通过创建图 7.3.12b 所示的曲面，来说明用选取三组引导线的方式进行扫掠的一般操作过程。

Step 1 打开文件 D:\ug85mo\work\ch07.03.02\swept_03.prt。

Step 2 选择下拉菜单 插入(S) ➡ 扫掠(W) ➡ 扫掠(S)... 命令，系统弹出"扫掠"对话框。

Step 3 定义截面线串。在图形区中选取图 7.3.12a 所示的曲线 1 和曲线 2 分别为截面线串，并分别单击中键确认，再次单击中键完成截面线串的选取。

Step 4 定义引导线串。在图形区依次选取图 7.3.12a 所示的曲线 3、曲线 4 和曲线 5 为引导线串，并分别单击中键确认。

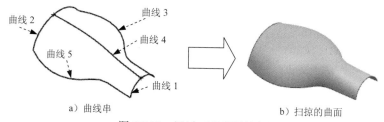

a）曲线串   b）扫掠的曲面

图 7.3.12   通过三条引导线扫掠

注意： 在选择截面线串时，一定要保证两个截面的方向相同，不然不能生成正确的曲面；同时引导线串的方向也应一致，避免扭曲曲面的产生或不能构建曲面（截面线串和引导线串方向如图 7.3.13 和图 7.3.14 所示）。

Step 5 完成曲面创建。对话框的其他设置保持系统默认值，单击对话框中的 <　确定　> 按钮，完成曲面的创建。

图 7.3.13　截面线串方向　　　　　　　图 7.3.14　引导线串方向

4. 扫掠脊线的作用

在扫掠过程中使用脊线是为了更好地控制截面线串的方向。下面通过创建图 7.3.15b 所示的曲面来说明扫掠过程中脊线的作用。

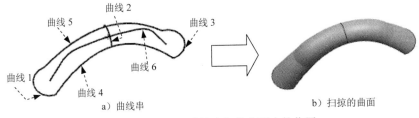

图 7.3.15　脊线在扫掠曲面中的作用

Step 1　打开文件 D:\ug85mo\work\ch07.03.02\swept_04.prt。

Step 2　选择下拉菜单插入(S) ➡ 扫掠(W)▶ ➡ 扫掠(S)…命令，系统弹出"扫掠"对话框。

Step 3　定义截面线串。在图形区中选取图 7.3.15a 所示的曲线 1、曲线 2 和曲线 3 分别为截面线串，并分别单击中键确认，再次单击中键完成截面线串的选取。

Step 4　定义引导线串。在图形区依次选取图 7.3.15a 所示的曲线 4 和曲线 5 为引导线串，并分别单击中键确认。

Step 5　定义脊线串。单击对话框脊线区域中的┌o按钮，选取图 7.3.15a 所示的曲线 6 为脊线串。

Step 6　完成曲面创建。对话框的其他设置保持系统默认值，单击对话框中的〈 确定 〉按钮，完成曲面的创建。

7.3.3　沿引导线扫掠

"沿引导线扫掠"命令是通过沿着引导线串移动截面线串来创建曲面（当截面线串封闭时，生成的则为实体）。其中引导线串可以由一个或一系列曲线、边或面的边缘线构成；截面线串可以由开放的或封闭的边界草图、曲线、边缘或面构成。下面通过创建图 7.3.16b 所示的曲面来说明沿引导线扫掠的一般操作步骤。

Step 1　打开文件 D:\ug85mo\work\ch07.03.03\sweep.prt。

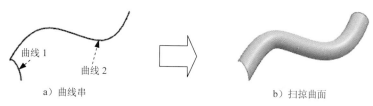

a）曲线串　　　　　　　　　　　　　b）扫掠曲面

图 7.3.16　沿引导线扫掠

Step 2　选择下拉菜单 插入(S) ➡ 扫掠(W)▶ ➡ 沿引导线扫掠(G)...命令，系统弹出图
7.3.17 所示的"沿引导线扫掠"对话框。

Step 3　选取图 7.3.16a 所示的曲线 1 为截面线串，
单击中键。

Step 4　选取图 7.3.16a 所示的曲线 2 为引导线串。

Step 5　单击 < 确定 > 按钮，完成曲面的创建。

7.3.4　桥接曲面

使用 桥接(B)...命令可以在两个曲面间建立
一张过渡曲面，且可以在桥接和定义面之间指定相
切连续性或曲率连续性。

图 7.3.17　"沿引导线扫掠"对话框

下面通过创建图 7.3.18b 所示的桥接曲面，来说明拖动控制桥接操作的一般步骤。

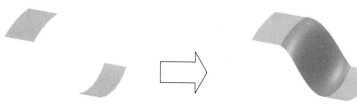

a）曲面组　　　　　　　　　　　　　b）桥接的曲面

图 7.3.18　拖动控制方式创建桥接曲面

Step 1　打开文件　D:\ug85mo\work\ch07.03.04\bridge_
surface.prt。

Step 2　选择下拉菜单 插入(S) ➡ 细节特征(L)▶ ➡
桥接(B)...命令，系统弹出图 7.3.19 所示的"桥
接曲面"对话框。

Step 3　分别选取两曲面相临近的两条边分别作为"边
1"和"边2"。

Step 4　定义相切约束。在"桥接曲面"对话框中的
连续性区域中分别选择 G1（相切）选项（此项为
系统默认）。

图 7.3.19　"桥接曲面"对话框

Step 5 单击 < 确定 > 按钮完成桥接曲面的创建。

7.3.5 N 边曲面

使用 N 边曲面(N)... 命令可以通过使用不限数目的曲线或边建立一个曲面，并指定其与外部曲面的连续性，所用的曲线或边组成一个简单的、封闭的环，可以用来移除曲面上的洞。形状控制选项可用来修复中心点处的尖角，同时保持与原曲面之间的连续性约束。该操作有两种生成曲面的类型，下面分别对其进行介绍。

1. 已修剪的单个片体类型

已修剪的单个片体类型用于创建单个曲面，并且覆盖选定曲面的封闭环内的整个区域。下面通过创建图 7.3.20 所示的曲面来说明单个片体类型创建 N 边曲面的步骤。

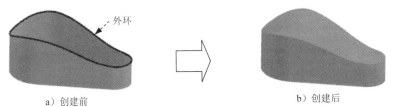

a）创建前　　　　　　　　　　　　　b）创建后

图 7.3.20　单个片体创建 N 边曲面

Step 1 打开文件 D:\ug85mo\work\ch07.03.05\N_side_surf_01.prt。

Step 2 选择下拉菜单 插入(S) ➡ 网格曲面(M)▸ ➡ N 边曲面(N)... 命令，系统弹出图 7.3.21 所示的"N 边曲面"对话框。

Step 3 在"N 边曲面"对话框 类型 区域的下拉列表框中选择 已修剪 选项，在图形区选取图 7.3.20a 所示的曲线作为外环。

Step 4 在 UV 方位 区域的 UV 方位 下拉列表框中选择 面积 选项，在 设置 区域选中 ☑ 修剪到边界 复选框。

Step 5 在"N 边曲面"对话框中单击 < 确定 > 按钮，完成 N 边曲面的创建。

图 7.3.21 所示的"N 边曲面"对话框中各个选项的说明如下：

图 7.3.21　"N 边曲面"对话框

- 类型 区域：包括"已修剪"和"三角形"两个选项。
    - ☑ 已修剪：用于创建单个曲面，覆盖选定曲面中封闭环内的整个区域。
    - ☑ 三角形：用于创建一个由单独的三角形补片构成的曲面，每个补片由各条边和公共中心点之间的三角形区域组成。
- UV 方位 区域：包含脊线、矢量和面积三个选项。

☑ **脊线**: 启用 "UV 方向-脊线" 选择步骤。

☑ **矢量**: 启用 "UV 方向-矢量" 选择步骤。

☑ **面积**: 启用 "UV 方向-面积" 选择步骤。

- ☑ **修剪到边界**: 指定是否按边界曲线对所生成的曲面进行修剪。

- ☑ **尽可能合并面**: 系统把环上相切连续的部分视为单个的曲线, 并为每个相切连续的截面建立一个面。

2. 多个三角补片类型

多个三角补片类型可以创建由多个单独的三角形补片构成的曲面, 每个补片由各条边和公共中心点之间的三角形区域组成。下面通过创建图 7.3.22b 所示的曲面来说明多个三角补片类型创建 N 边曲面的步骤。

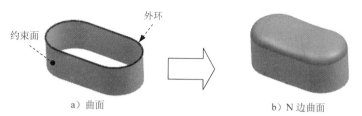

a) 曲面   b) N 边曲面

图 7.3.22　多个三角补片创建 N 边曲面

Step 1　打开文件 D:\ug85mo\work\ch07.03.05\N_side_surf_02.prt。

Step 2　选择下拉菜单 插入(S) ➡️ 网格曲面(M) ➡️ N 边曲面(N)... 命令, 在系统弹出的 "N 边曲面" 对话框 类型 区域的下拉列表框中选择 三角形 选项。

Step 3　在图形区选取图 7.3.22a 所示的曲线作为外环, 在图形区选取图 7.3.22a 所示的曲面作为约束面, 并设置图 7.3.23 所示的参数及选项。

Step 4　单击 < 确定 > 按钮, 完成 N 边曲面的创建。

图 7.3.23 所示 形状控制 区域的选项的说明如下:

- **中心控制** 区域 **控制** 下拉列表框: 包含 "位置" 和 "倾斜" 两个选项。

    - ☑ **位置**: 将 X、Y、Z 滑块设定为 "位置" 模式来移动曲面中心点的位置, 当拖动 X、Y 或 Z 滑块时, 中心点在指明的方向上移动。

    - ☑ **倾斜**: 将 X 滑块和 Y 滑块设定为 "倾斜" 模式, 用来倾斜曲面中心点所在的 X 平面和 Y 平面。当拖动 X 滑块或 Y 滑块时, 中心点的

图 7.3.23　"N 边曲面" 对话框

平面法向在指明的方向倾斜，中心点的位置不改变。在使用"倾斜"模式时，Z 滑块不可用。

- **X**：沿着曲面中心点的 X 法向轴重定位或倾斜。
- **Y**：沿着曲面中心点的 Y 法向轴重定位或倾斜。
- **Z**：沿着曲面中心点的 Z 法向轴重定位或倾斜。
- **中心平缓**：用户可借助此滑块使曲面上下凹凸，如同泡沫的效果。如果用"多个三角补片"，则中心点不受此选项的影响。
- ：把"中心控制"区域的所有设置返回到系统默认位置。
- **流向**下拉列表框：包含未指定、垂直、等 U/V 线和相邻边四个选项。
  - ☑ **未指定**：生成片体的 UV 参数和中心点等距。
  - ☑ **垂直**：生成曲面的 V 方向等参数的直线，以垂直于该边的方向开始于外侧边。只有当环中的所有曲线或边至少连续相切时才可用。
  - ☑ **等 U/V 线**：生成曲面的 V 方向等参数直线开始于外侧边并沿着外侧表面的 U/V 方向，只有当边界约束为斜率或曲率且已经选取了面时才可用。
  - ☑ **相邻边**：生成曲面的 V 方向等参数线将沿着约束面的侧边。
- **连续性**下拉列表框：包含 **G0（位置）**、**G1（相切）**和 **G2（曲率）**三个选项。
  - ☑ **G0（位置）**：通过仅基于位置的连续性（忽略外部边界约束）连接轮廓曲线和曲面。
  - ☑ **G1（相切）**：通过基于相切于边界曲面的连续性连接曲面的轮廓曲线。
  - ☑ **G2（曲率）**：在延续边界曲面（仅限于多个三角补片）的基础上，根据连续性连接曲面的轮廓曲线。

说明：**连续性**下拉列表框中各个选项生成曲面的不同形状，如图 7.3.24 ~ 图 7.3.26 所示。

图 7.3.24　G0（位置）　　　图 7.3.25　G1（相切）　　　图 7.3.26　G2（曲率）

7.4　曲面分析

曲面设计过程中或设计完成后要对曲面进行必要的分析，以检查是否达到设计过程的要求以及设计完成后的要求。曲面分析工具用于评估曲面品质，找出曲面的缺陷位置，从而方便修改和编辑曲面，以保证曲面的质量。下面将具体介绍 UG NX 8.5 中的一些曲面分析功能。

7.4.1　曲面连续性分析

曲面的连续性分析功能主要用于分析曲面之间的位置连续、斜率连续、曲率连续和曲率斜率的连续性。下面以图 7.4.1 所示的曲面为例，介绍如何分析曲面的连续性。

Step 1　打开文件 D:\ug85mo\work\ch07.04\continuity_analysis.prt。

Step 2　选择下拉菜单 **分析(L)** ➡ **形状(H)▶** ➡ **曲面连续性(C)...** 命令，系统弹出图 7.4.2 所示的"曲面连续性"对话框。

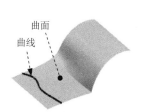

图 7.4.1　曲面模型

图 7.4.2　"曲面连续性"对话框

图 7.4.2 所示的"曲面连续性"对话框的选项说明如下：

- **类型** 区域：包括"边到边"按钮和"边到面"按钮，用于设置偏差类型。

  ☑ **边到边**：分析边缘与边缘之间的连续性。

  ☑ **边到面**：分析边缘与曲面之间的连续性。

- **连续性检查** 区域：包括"位置"复选框 **G0（位置）**、"相切"复选框 **G1（相切）**、"曲率"复选框 **G2（曲率）** 和"加速度"复选框 **G3（流）**，用于设置连续性检查的类型；**曲率检查** 下拉列表框。

  ☑ **G0（位置）**（位置）：分析位置连续性，显示两条边缘线之间的距离分布。

  ☑ **G1（相切）**（相切）：分析斜率连续性，检查两组曲面在指定边缘处的斜率连续性。

  ☑ **G2（曲率）**（曲率）：分析曲率连续性，检查两组曲面之间的曲率误差分布。

  ☑ **G3（流）**（加速度）：分析曲率的斜率连续性，显示曲率变化率的分布。

  ☑ **曲率检查** 下拉列表框：当检查 **G2（曲率）** 连续性时，用于指定曲率分析的类型。

Step 3　在"曲面连续性"对话框中，选中 **类型** 区域中的 **边到面**。

Step 4　在图形区选取图 7.4.1 所示的曲线作为第一个边缘集，单击中键，然后选取图 7.4.1 所示的曲面作为第二个边缘集。

Step 5　定义连续性分析类型。在 **连续性检查** 区域中，勾选"位置"复选框 **G0（位置）**，取消位置连续性分析；勾选"曲率"复选框 **G2（曲率）**，开启曲率连续性分析。

Step **6** 定义显示方式。在 显示标签 区域中，选择 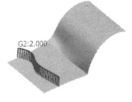 按钮，则
两曲面的交线上自动显示曲率梳，单击 确定 按钮
完成曲面连续性分析，如图 7.4.3 所示。

图 7.4.3　曲率连续性分析

说明：在图 7.4.3 所示的曲面连续性分析中可对针显示的
针比例及针数进行适当调整，以便进行观察。

7.4.2　反射分析

反射分析主要用于分析曲面的反射特性（从面的反射图中我们能观察曲面的光顺程度，
通俗的理解是：面的光顺度越好，面的质量就越高），使用反射分析可显示从指定方向观察
曲面上自光源发出的反射线。下面以图 7.4.4 所示的曲面为例，介绍反射分析的方法。

Step **1** 打开文件 D:\ug85mo\work\ch07.04\reflection.prt。

Step **2** 选择下拉菜单 分析(L) ➡ 形状(H) ➡ 反射(F)... 命令，系统弹出图 7.4.5 所
示的"面分析－反射"对话框。

图 7.4.4　曲面模型

图 7.4.5　"面分析－反射"对话框

图 7.4.5 所示的"面分析－反射"对话框中的部分选项及按钮说明如下：

- 图像类型 区域：用于指定图像显示的类型，包括 、 和 三种类型。

  ☑ （直线图像）：使用直线图形进行反射分析。

  ☑ （场景图像）：使用场景图像进行反射分析。

  ☑ （用户指定的图像）：使用用户自定义的图像进行反射分析。

- 面反射度 滑块：拖动其后的滑块，可以改变曲面反射的强度。

- 移动图像 滑块：拖动其后的滑块，可以对反射图像进行水平、竖直的移动或旋转。

- 图像大小 下拉列表框：用于指定图像的大小。

- 显示曲面分辨率 下拉列表框：用于设置面分析显示的公差。

- （显示小平面边缘）：使用高亮显示边界来显示所选择的面。
- （重新高亮显示面）：重新高亮显示被选择的面。
- 更改曲面法向区域：设置分析面的法向方向。
  - ☑ （指定内部位置）：使用单点定义全部所选的分析面的面法向。
  - ☑ （面法向反向）：反向分析面的法向矢量。

Step 3 选取图 7.4.4 所示的曲面作为反射分析的对象。

Step 4 选中图像类型区域中的"直线图像"选项 ，然后在颜色条纹类型中选择条纹 ，其他选项均采用系统默认设置值。

Step 5 在"面分析－反射"对话框中单击 确定 按钮，完成反射分析（图 7.4.6）。

说明：图 7.4.6 所示的结果与其所处的视图方位有关，如果调整模型的方位，会得到不同的显示结果。

图 7.4.6　反射分析

7.5　曲面的编辑

完成曲面的分析，我们只是对曲面的质量有了了解。要想真正得到高质量、符合要求的曲面，就要在进行完分析后对面进行修剪，这就涉及到了曲面的编辑。本节我们将学习 UG NX 8.5 中曲面编辑的几种工具。

7.5.1　曲面的修剪

曲面的修剪（Trim）就是将选定曲面上的某一部分去除。曲面的修剪有多种方法，下面将分别介绍。

1. 一般的曲面修剪

一般的曲面修剪就是在进行拉伸、旋转等操作时，通过布尔求差运算将选定曲面上的某部分去除。下面以图 7.5.1 所示的曲面的修剪为例，说明一般的曲面修剪的操作过程。

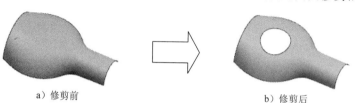

a）修剪前　　　　　　　　　　　　　　b）修剪后

图 7.5.1　一般的曲面修剪

Step 1 打开文件 D:\ug85mo\work\ch07.05.01\trim.prt。

Step 2 选择下拉菜单 插入(S) ➡ 设计特征(E)▶ ➡ 拉伸(E)... 命令，系统弹出"拉伸"对话框。

Step 3 在"拉伸"对话框中，单击截面区域中的"草图"按钮，选取 XY 基准平面为草图平面，接受系统默认的方向。单击"创建草图"对话框中的 确定 按钮，进入草图环境。

Step 4 绘制图 7.5.2 所示的截面草图。

Step 5 选择下拉菜单 任务 ➡ 完成草图(K) 命令。

Step 6 在"拉伸"对话框限制区域的开始下拉列表框中选择 值 选项，并在其下的距离文本框中输入数值 0，在限制区域的结束下拉列表框中选择 贯通 选项；在方向区域的 指定矢量 (0) 下拉列表框中选择 ZC 选项；在布尔区域的下拉列表框中选择 求差 选项，单击 〈 确定 〉 按钮完成曲面的修剪。

说明：用"旋转"命令也可以对曲面进行修剪，读者可以参照"拉伸"命令自行操作，这里就不再赘述。

2．修剪片体

修剪片体就是通过一些曲线和曲面作为边界，对指定的曲面进行修剪，形成新的曲面边界。所选的边界可以在将要修剪的曲面上，也可以在曲面之外通过投影方向来确定修剪的边界。图 7.5.3 所示的修剪片体的一般操作过程如下。

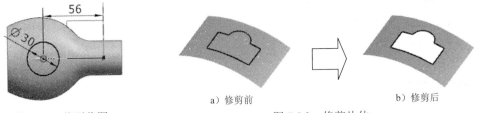

图 7.5.2　截面草图　　　　a）修剪前　　　　b）修剪后　　图 7.5.3　修剪片体

Step 1 打开文件 D:\ug85mo\work\ch07.05.01\trim_surface.prt。

Step 2 选择命令。选择下拉菜单 插入(S) ➡ 修剪(T) ➡ 修剪片体(R)... 命令，系统弹出图 7.5.4 所示的"修剪片体"对话框。

图 7.5.4　"修剪片体"对话框

图 7.5.4 所示的"修剪片体"对话框中的部分选项说明如下：

- 投影方向 下拉列表框：定义要做标记的曲面的投影方向。该下拉列表框中包含 ⊙ 垂直于面 、 ⊡ 垂直于曲线平面 和 沿矢量 选项。
    - ☑ ⊙ 垂直于面：定义修剪边界的投影方向垂直于选定曲面。
    - ☑ ⊡ 垂直于曲线平面：定义修剪边界的投影方向垂直于曲线所在的平面。
    - ☑ 沿矢量：定义修剪边界的投影方向沿用户指定的矢量方向。
- 区域 区域：定义所选的区域是被保留还是被舍弃。
    - ☑ ⊙ 保留：定义选定的曲面区域将被保留。
    - ☑ ⊙ 舍弃：定义选定的曲面区域将被舍弃。

Step 3　设置对话框选项。在"修剪片体"对话框中 投影方向 区域的 投影方向 下拉列表框中选择 ⊙ 垂直于面 选项，选择 区域 区域中的 ⊙ 保留 单选按钮（图 7.5.4）。

Step 4　定义目标片体和修剪边界。在图形区选取图 7.5.5 所示的曲面作为目标片体，然后选取图 7.5.5 所示的曲线作为修剪边界。

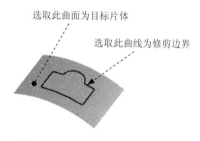

选取此曲面为目标片体

选取此曲线为修剪边界

图 7.5.5　选取曲面和修剪曲线

Step 5　在"修剪片体"对话框中单击 确定 按钮，完成曲面的修剪操作（图 7.5.3）。

3. 分割表面

分割表面就是用多个分割对象，如曲线、边缘、面、基准平面或实体，把现有体的一个面或多个面进行分割。在这个操作中，要分割的面和分割对象是关联的，即如果任一输入对象被更改，那么结果也会随之更新。图 7.5.6 所示的曲面分割的一般操作步骤如下。

a）分割前

b）分割后

图 7.5.6　分割表面

Step 1　打开文件 D:\ug85mo\work\ch07.05.01\divide_face.prt。

Step 2　选择下拉菜单 插入(S) ➡ 修剪(T) ➡ 分割面(D)... 命令，系统弹出图 7.5.7 所示的"分割面"对话框。

Step 3 定义需要分割的面。在图形区选取图 7.5.8 所示的曲面为被分割的曲面，单击中键确认。

Step 4 定义分割对象。在图形区选取图 7.5.8 所示的曲线串为分割对象。

图 7.5.7 "分割面"对话框

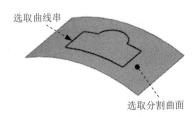

图 7.5.8 定义分割

Step 5 定义投影方向。在 投影方向 区域中的 投影方向 下拉列表框中选择 沿矢量 选项，在 ✱ 指定矢量 (0) 下拉列表框中选择 -ZC 选项。

Step 6 在"分割面"对话框中单击 < 确定 > 按钮，完成曲面的分割操作。

4. 修剪与延伸

使用 修剪与延伸(N)... 命令可以创建修剪曲面，也可以通过延伸所选定的曲面创建拐角，以达到修剪或延伸的效果。选择下拉菜单 插入(S) ➡ 修剪(T) ➡ 修剪与延伸(N)... 命令，系统弹出图 7.5.9 所示的"修剪和延伸"对话框。该对话框提供了"按距离"、"已测量百分比"、"直至选定"和"制作拐角"四种修剪与延伸方式。下面将以图 7.5.10 所示的修剪与延伸曲面为例，来说明"制作拐角"修剪与延伸方式的一般操作过程。

图 7.5.9 "修剪和延伸"对话框

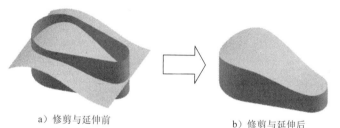

a）修剪与延伸前

b）修剪与延伸后

图 7.5.10 修剪与延伸曲面

Step 1 打开文件 D:\ug85mo\work\ch07.05.01\trim_extend.prt。

Step 2 选择下拉菜单 插入(S) ➡ 修剪(T)▸ ➡ 修剪与延伸(N)... 命令，系统弹出"修剪和延伸"对话框，如图 7.5.9 所示。

Step 3 设置对话框选项。在 类型 区域的下拉列表框中选择 制作拐角 选项，在 设置 区域的 延伸方法 下拉列表框中选择 自然曲率 选项，如图 7.5.9 所示。

Step 4 定义目标。在图形区选取图 7.5.11 所示的曲面，单击中键确定。

Step 5 定义工具。在图形区选取图 7.5.11 所示的曲面。

Step 6 定义修剪方向。在图形区中出现了修剪与延伸预览的方向箭头。双击箭头，定义修剪的方向如图 7.5.12 所示。在"修剪和延伸"对话框中单击 < 确定 > 按钮，完成曲面的修剪与延伸操作（图 7.5.10b）。

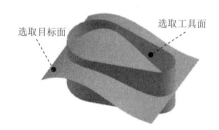

选取目标面　　　　选取工具面

图 7.5.11 定义修剪与延伸

图 7.5.12 改变修剪与延伸的方向

7.5.2 曲面的延伸

曲面的延伸就是在现有曲面的基础上，通过曲面的边界或曲面上的曲线进行延伸，扩大曲面。图 7.5.13 所示的延伸曲面的一般创建过程如下：

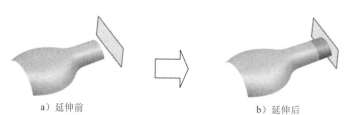

a）延伸前

b）延伸后

图 7.5.13 曲面延伸的创建

Step 1 打开文件 D:\ug85mo\work\ch07.05.02\extension.prt。

Step **2** 选择下拉菜单 插入(S) ➡ 弯边曲面(G) ▶ ➡ 延伸(E)...命令，系统弹出图 7.5.14 所示的"延伸曲面"对话框。

Step **3** 定义延伸类型。在"延伸曲面"对话框的 类型 下拉列表框中选择 边 选项。

Step **4** 选取要延伸的边。在图 7.5.15 所示的曲面边线附近选取面。

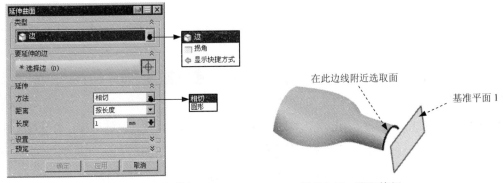

图 7.5.14　"延伸曲面"对话框　　　　图 7.5.15　选取特征

Step **5** 定义延伸方式。在"延伸曲面"对话框中的 方法 下拉列表框中选择 相切 选项，在 距离 下拉列表框中选择 按长度 选项。

Step **6** 定义延伸长度。在"延伸曲面"对话框中单击 长度 文本框后的 ⬇ 按钮，在系统弹出的快捷菜单中选择 测量(M)...命令，系统弹出"测量距离"对话框。在图形区选取图 7.5.15 所示的曲面边线和基准平面 1 为测量对象，单击"测量距离"对话框中的 < 确定 > 按钮，系统返回到"延伸曲面"对话框。单击 < 确定 > 按钮，完成延伸曲面的操作。

7.5.3　曲面的缝合与实体化

1．曲面的缝合

曲面的缝合功能可以将两个或两个以上的曲面连接形成一张曲面。图 7.5.16 所示的曲面缝合的一般过程如下：

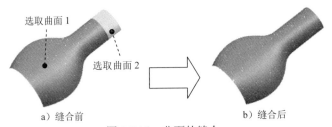

a）缝合前　　　　　　　　b）缝合后

图 7.5.16　曲面的缝合

Step **1** 打开文件 D:\ug85mo\work\ch07.05.03\sew.prt。

Step **2** 选择下拉菜单 插入(S) ➡ 组合(B) ▶ ➡ 缝合(W)...命令，系统弹出"缝合"

对话框。

Step 3 定义目标片体和工具片体。在图形区选取图 7.5.16a 所示的曲面 1 作为目标片体，选取曲面 2 为工具片体。

Step 4 单击 确定 按钮，完成曲面的缝合操作。

2. 曲面的实体化

曲面的创建最终是为了生成实体，所以曲面的实体化在设计过程中是非常重要的。曲面的实体化有多种类型，下面将分别介绍。

类型一： 封闭曲面的实体化。

封闭曲面的实体化就是将一组封闭的曲面转化为实体特征。图 7.5.17 所示的封闭曲面实体化的操作过程如下：

Step 1 打开文件 D:\ug85mo\work\ch07.05.03\surface_solid.prt。

Step 2 选择下拉菜单 视图(V) ➡ 截面(S) ▶ ➡ 新建截面(T)... 命令，系统弹出"视图截面"对话框。在 类型 区域中的下拉列表框中选取 一个平面 选项；然后单击 剖切平面 区域的"设置平面至 X"按钮 ，此时可看到在图形区中显示的特征为片体（图 7.5.18）。单击此对话框中的 取消 按钮。

Step 3 选择下拉菜单 插入(S) ➡ 组合(B) ▶ ➡ 缝合(H)... 命令，系统弹出"缝合"对话框。在图形区选取图 7.5.19 所示的曲面和片体特征，其他均采用默认设置值。单击"缝合"对话框中的 确定 按钮，完成实体化操作。

Step 4 选择下拉菜单 视图(V) ➡ 截面(S) ▶ ➡ 新建截面(T)... 命令，系统弹出"视图截面"对话框。在 类型 区域的下拉列表框中选取 一个平面 选项；在 剖切平面 区域中单击 按钮，此时可看到在图形区中显示的特征为实体（图 7.5.20）。单击此对话框中的 取消 按钮。

图 7.5.17 实体化

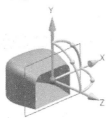

图 7.5.18 剖面视图

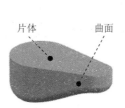

图 7.5.19 选取特征

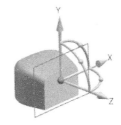

图 7.5.20 剖面视图

类型二： 使用补片创建实体。

曲面的补片功能就是使用片体替换实体上的某些面，或者将一个片体补到另一个片体上。图 7.5.21 所示的使用补片创建实体的一般过程如下：

Step 1 打开文件 D:\ug85mo\work\ch07.05.03\surface_solid_replace.prt。

Step 2 选择下拉菜单 插入(S) ➡ 组合(B) ▶ ➡ 补片(C)... 命令，系统弹出"补片"

对话框。

Step 3 在图形区选取图 7.5.21a 所示的实体为要修补的体特征，选取图 7.5.21a 所示的片体为用于修补的体特征。单击"反向"按钮 ⚡，使其与图 7.5.22 所示的方向一致。

Step 4 单击"补片"对话框中的 确定 按钮，完成补片操作。

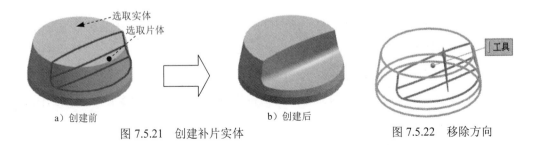

a）创建前   b）创建后

图 7.5.21   创建补片实体   图 7.5.22   移除方向

注意：在进行补片操作时，工具片体的所有边缘必须在目标体的面上，而且工具片体必须在目标体上创建一个封闭的环，否则系统会提示出错。

类型三：开放曲面的加厚。

曲面加厚功能可以将曲面进行偏置生成实体，并且生成的实体可以和已有的实体进行布尔运算。图 7.5.23 所示的曲面加厚的一般过程如下：

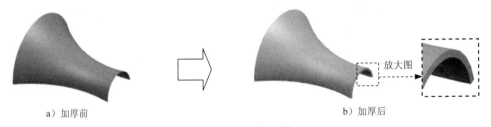

a）加厚前   b）加厚后

图 7.5.23   曲面的加厚

Step 1 打开文件 D:\ug85mo\work\ch07.05.03\thicken.prt。

Step 2 选择下拉菜单 插入(S) ➡ 偏置/缩放(O) ➡ 加厚(T)... 命令，系统弹出"加厚"对话框。

Step 3 在"加厚"对话框中的 偏置 1 文本框中输入数值 2，选取图 7.5.23a 所示的曲面为加厚的面，加厚方向采用默认设置，单击 < 确定 > 按钮，完成曲面加厚操作。

7.6   曲面倒圆

倒圆角在曲面建模中具有相当重要的地位。倒圆角功能可以在两组曲面或者实体表面之间建立光滑连接的过渡曲面，创建过渡曲面的截面线可以是圆弧、二次曲线和等参数曲线等。在创建圆角时，应注意：为了避免创建从属于圆角特征的子项，标注时，不要以圆角创建的边或相切边为参照；在设计中要尽可能晚些添加圆角特征。

倒圆角的类型主要包括边倒圆、面倒圆、软倒圆和样式圆角四种。下面介绍两种常用倒圆角的具体用法。

7.6.1　边倒圆

边倒圆可以使至少由两个面共享的选定边缘变光滑。倒圆时，就像它沿着被倒圆角的边缘（圆角半径）滚动一个球，同时使球始终与在此边缘处相交的各个面接触。边倒圆的方式有以下四种：恒定半径方式、变半径方式、空间倒角方式和突然停止点边倒圆方式。

下面对前两种方式进行说明。

1. 恒定半径方式

创建图 7.6.1 所示的恒定半径边倒圆的一般过程如下：

a）倒圆角前　　　　　　　图 7.6.1　恒定半径方式边倒圆　　　　　b）倒圆角后

Step 1　打开文件 D:\ug85mo\work\ch07.06\blend_01.prt。

Step 2　选择下拉菜单 插入(S) ➡ 细节特征(L) ▶ ➡ 边倒圆(E). 命令，系统弹出"边倒圆"对话框。

Step 3　在对话框的 形状 下拉列表框中选择 圆形 选项，在图形区选取图 7.6.1a 所示的边线，在 要倒圆的边 区域中的 半径1 文本框中输入数值 8。

Step 4　单击"边倒圆"对话框中的 ＜确定＞ 按钮，完成恒定半径方式的边倒圆操作。

2. 变半径方式

下面通过变半径方式创建图 7.6.2 所示的边倒圆。

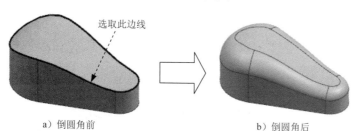

a）倒圆角前　　　　　　　　　　b）倒圆角后

图 7.6.2　变半径方式边倒圆

Step 1　打开文件 D:\ug85mo\work\ch07.06\blend_02.prt。

Step 2　选择下拉菜单 插入(S) ➡ 细节特征(L) ▶ ➡ 边倒圆(E). 命令，系统弹出"边倒圆"对话框。

Step 3 在图形区选取图 7.6.2a 所示的边线，在 可变半径点 区域中单击 指定新的位置 (0) 按钮，单击图 7.6.3 所示的边线上的点 1 和点 2，在 V 半径 文本框中输入数值 12，在 位置 文本框中选择 弧长百分比 选项，在 弧长百分比 文本框中分别输入数值 100 和 0。

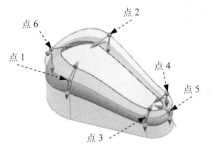

图 7.6.3 定义可变半径点位置

Step 4 单击图 7.6.3 所示的边线上的点 3 和点 4，在系统弹出的 V 半径 文本框中输入数值 7，在 弧长百分比 文本框中分别输入数值 0 和 100。

Step 5 单击图 7.6.3 所示的边线上的点 5 和点 6，在系统弹出的 V 半径 文本框中分别输入数值 6 和 15，在 弧长百分比 文本框中均输入数值 50。

Step 6 单击"边倒圆"对话框中的 < 确定 > 按钮，完成变半径边倒圆操作。

7.6.2 面倒圆

面倒圆(F)... 命令可用于创建复杂的圆角面，该圆角面与两组输入曲面相切，并且可以对两组曲面进行裁剪和缝合。圆角面的横截面可以是圆弧或二次曲线。

创建图 7.6.4 所示的圆形横截面面倒圆的一般步骤如下：

Step 1 打开文件 D:\ug85mo\work\ch07.06\face_blend.prt。

Step 2 选择下拉菜单 插入(S) ➡ 细节特征(L) ▶ ➡ 面倒圆(F)... 命令，系统弹出"面倒圆"对话框。

Step 3 定义面倒圆类型。在"面倒圆"对话框的 类型 下拉列表框中选择 两个定义面链 选项。

Step 4 在图形区选取图 7.6.4a 所示的曲面 1 和曲面 2。

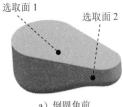 

选取面 1　　选取面 2

a）倒圆角前　　　　　　　　　　　　　　　　b）倒圆角后

图 7.6.4 面倒圆特征

Step 5 定义面倒圆横截面。在 截面方向 下拉列表框中选择 滚球 选项，在 形状 下拉列表框中选择 圆形 选项，在 半径方法 下拉列表框中选择 恒定 选项，在 半径 文本框中输入数值 5。

Step 6 单击"面倒圆"对话框中的 < 确定 > 按钮，完成面倒圆的创建。

7 Chapter

7.7　UG 曲面零件设计实际应用 1——香皂盒

应用概述

本应用详细讲解了一款香皂盒的整个设计过程，该设计过程中主要运用"拉伸"、"修剪体"、"壳"等特征命令，在设计此零件的过程中充分利用了"偏置曲面"命令，下面介绍该零件的设计过程，零件模型和模型树如图 7.7.1 所示。

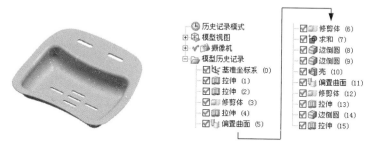

图 7.7.1　模型与模型树

说明： 本应用前面的详细操作过程请参见随书光盘中 video\ch07.07\reference 文件下的语音视频讲解文件 soap_box-r01.avi。

Step 1　打开文件 D:\ug85mo\work\ch07.07\soap_box_ex.prt。

Step 2　创建图 7.7.2 所示的零件基础特征——拉伸 3。选择下拉菜单 插入(S) ➡ 设计特征(E) ➡ 拉伸(E)... 命令，选取 XY 基准平面为草图平面，绘制图 7.7.3 所示的截面草图；在 限制 区域的 开始 下拉列表框中选择 直至延伸部分 选项，选取拉伸特征 2 为延伸的对象，在 限制 区域的 结束 下拉列表框中选择 值 选项，并在其下的 距离 文本框中输入值 60，在 布尔 区域的下拉列表框中选择 无 选项，单击 〈 确定 〉 按钮，完成拉伸特征 3 的创建（片体已隐藏）。

Step 3　创建图 7.7.4 所示的偏置曲面 1。选择下拉菜单 插入(S) ➡ 偏置/缩放(O) ➡ 偏置曲面(O)... 命令，系统弹出"偏置曲面"对话框。选择图 7.7.4 所示的模型表面为偏置曲面。在 偏置 1 文本框中输入值 5；单击 按钮调整偏置方向为 Z 基准轴正方向；其他采用系统默认设置。单击 〈 确定 〉 按钮，完成偏置曲面 1 的创建。

图 7.7.2　拉伸特征 3

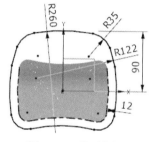

图 7.7.3　截面草图

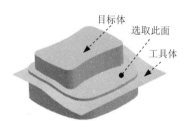

图 7.7.4　偏置曲面 1

Step 4 创建如图 7.7.5 所示的修剪特征 2。选择下拉菜单 插入(S) ➡ 修剪(T) ➡ 修剪体(T)... 命令，在图形区选取图 7.7.4 所示的实体特征为目标体，单击中键；选取图 7.7.4 所示的片体为工具体，单击中键，通过调整方向确定要保留的部分，单击< 确定 >按钮，完成修剪特征 2 的创建（片体已隐藏）。

Step 5 创建求和特征。选择下拉菜单 插入(S) ➡ 组合(B) ➡ 求和(U)... 命令，选取图 7.7.6 所示的目标体实体特征，选取图 7.7.6 所示的扫掠特征为工具体。单击< 确定 >按钮，完成求和特征的创建。

图 7.7.5　修剪特征 2

图 7.7.6　定义参照体

Step 6 创建边倒圆特征 1。选择下拉菜单 插入(S) ➡ 细节特征(L) ➡ 边倒圆(E)... 命令，在 要倒圆的边 区域中单击 按钮，选择如图 7.7.7 所示的边链为边倒圆参照，并在 半径 1 文本框中输入值 20。单击< 确定 >按钮，完成边倒圆特征 1 的创建。

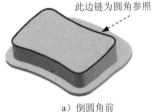

此边链为圆角参照

a）倒圆角前

b）倒圆角后

图 7.7.7　边倒圆特征 1

Step 7 创建边倒圆特征 2。选择如图 7.7.8 所示的边链为边倒圆参照，并在 半径 1 文本框中输入值 4。单击< 确定 >按钮，完成边倒圆特征 2 的创建。

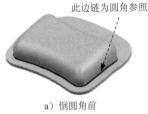

此边链为圆角参照

a）倒圆角前

b）倒圆角后

图 7.7.8　边倒圆特征 2

Step 8 创建图 7.7.9 所示的抽壳特征 1。选择下拉菜单 插入(S) ➡ 偏置/缩放(O) ➡ 抽壳(H)... 命令，在 类型 区域的下拉列表框中选择 移除面，然后抽壳 选项，

在面区域中单击 按钮，选取图 7.7.10 所示的曲面为要移除的对象。在 厚度 文本框中输入值 2，其他采用系统默认设置。单击 < 确定 > 按钮，完成抽壳特征 1 的创建。

图 7.7.9　抽壳特征 1

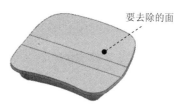

要去除的面

图 7.7.10　定义移除面

Step 9　后面的详细操作过程请参见随书光盘中 video\ch07.07\reference 文件下的语音视频讲解文件 soap_box-r02.avi。

7.8　UG 曲面零件设计实际应用 2——水杯盖

应用概述

本应用详细讲解了一款水杯盖的整个设计过程，该设计过程采用了组合曲面进行分割的方法，采用这种方法不仅操作简单，而且可以获得较复杂的整体造型。下面介绍该零件的设计过程，零件模型和模型树如图 7.8.1 所示。

图 7.8.1　模型与模型树

说明：本应用前面的详细操作过程请参见随书光盘中 video\ch07.08\reference 文件下的语音视频讲解文件 cup_cover-r01.avi。

Step 1　打开文件 D:\ug85mo\work\ch07.08\cup_cover_ex.prt。

Step 2　创建图 7.8.2b 所示的修剪和延伸。选择下拉菜单 插入(S) ➡ 修剪(T) ➡ 修剪与延伸(N)... 命令；在 类型 下拉列表框中选择 制作拐角 选项，分别选取图 7.8.2a 所示的目标体和工具体，并定义其修剪和延伸方向如图 7.8.2a 所示；单击 确定 按钮，完成修剪和延伸特征的创建。

Step 3　创建如图 7.8.3 所示的修剪特征。选择下拉菜单 插入(S) ➡ 修剪(T) ➡ 修剪体(T)... 命令，在图形区选取图 7.8.4 所示的目标体实体特征，单击中键，选取图 7.8.4 所示的片体为工具体，单击中键，通过调整方向确定要保留的部分，单击 < 确定 > 按钮，完成修剪特征的创建（片体已隐藏）。

Chapter 7

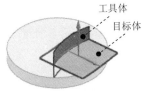

图 7.8.2　修剪和延伸

a）修剪和延伸前

b）修剪和延伸后

图 7.8.3　修剪特征

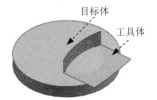

图 7.8.4　定义参照对象

Step 4　创建图 7.8.5 所示的镜像特征。选择下拉菜单 插入(S) ➡ 关联复制(A)▶ ➡
镜像特征(M)... 命令；选取上一步的修剪特征为要镜像的特征，选取 YZ 基准平面
作为镜像平面，单击 确定 按钮，完成镜像特征的创建。

a）镜像前

b）镜像后

图 7.8.5　镜像特征

Step 5　创建图 7.8.6 所示的抽壳特征。选择下拉菜单 插入(S) ➡ 偏置/缩放(O)▶ ➡
抽壳(H)... 命令，在 类型 区域的下拉列表框中选择 移除面，然后抽壳 选项，在 面 区
域中单击 按钮，选取图 7.8.7 所示的曲面为要移除的对象。在 厚度 文本框中输入
值 2，其他采用系统默认设置。单击 <确定> 按钮，完成面抽壳特征的创建。

图 7.8.6　抽壳特征

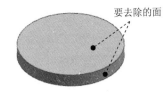

要去除的面

图 7.8.7　定义移除面

Step 6　创建图 7.8.8 所示的拉伸特征 3。选择下拉菜单 插入(S) ➡ 设计特征(E)▶ ➡
拉伸(E)... 命令；选取 XY 平面为草图平面，绘制图 7.8.9 所示的截面草图，在 限制
区域的 开始 下拉列表框中选择 直至延伸部分 选项，选取图 7.8.8 所示的面为延伸的
对象，在 结束 下拉列表框中选择 值 选项，并在其下的 距离 文本框中输入值-5，

在 偏置 区域的 偏置 下拉列表框中选择 两侧 选项，在 开始 文本框中输入 0，在 结束 文本框中输入 2，在 布尔 区域的下拉列表框中选择 求和 选项，采用系统默认的求和对象。单击 < 确定 > 按钮，完成拉伸特征 3 的创建。

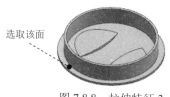

选取该面

图 7.8.8　拉伸特征 3

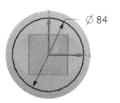

图 7.8.9　截面草图

Step 7　创建边倒圆特征。选择如图 7.8.10 所示的边链为边倒圆参照，并在 半径 1 文本框中输入值 1。单击 < 确定 > 按钮，完成边倒圆特征的创建。

放大图　　　　　　　　　　放大图

a）倒圆角前　　　　　　　　　　　　　　b）倒圆角后

图 7.8.10　边倒圆特征

Step 8　创建图 7.8.11 所示的拉伸特征 4。选择下拉菜单 插入(S) ➡ 设计特征(E) ➡ 拉伸(E)... 命令；选取 XY 平面为草图平面，绘制图 7.8.12 所示的截面草图；在 限制 区域的 开始 下拉列表框中选择 值 选项，并在其下的 距离 文本框中输入值 0，在 限制 区域的 结束 下拉列表框中选择 贯通 选项；在 布尔 区域的下拉列表框中选择 求差 选项，采用系统默认的求差对象。单击 < 确定 > 按钮，完成拉伸特征 4 的创建。

图 7.8.11　拉伸特征 4

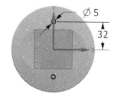

图 7.8.12　截面草图

Step 9　保存零件模型。选择下拉菜单 文件(F) ➡ 保存(S) 命令，即可保存零件模型。

7.9　UG 曲面零件设计实际应用 3——微波炉面板

应用概述

本应用详细讲解了一款微波炉面板的整个设计过程，该设计过程中主要运用"通过曲线组"、"有界平面"、"修剪片体"等特征命令，除此之外还应用了"镜像特征"命令，这样可以缩短产品造型时间，从而提高效率。微波炉面板零件模型和模型树如图 7.9.1 所示。

图 7.9.1　模型与模型树

说明：本应用前面的详细操作过程请参见随书光盘中 video\ch07.09\reference 文件下的语音视频讲解文件 microwave_oven_cover-r01.avi。

Step 1　打开文件 D:\ug85mo\work\ch07.09\microwave_oven_cover_ex.prt。

Step 2　创建图 7.9.2 所示的通过曲线组 2。选择下拉菜单 插入(S) ➡ 网格曲面(M) ➡ 通过曲线组(T)... 命令；依次选取图 7.9.3 所示的草图 2 和草图 3；在 对齐 区域中选中 ☑ 保留形状 复选框；在 设置 区域的 体类型 下拉列表框中选择 片体 选项；其他均采用默认设置值，单击 < 确定 > 按钮，完成曲面的创建。

图 7.9.2　通过曲线组 2

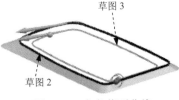

图 7.9.3　定义截面曲线

Step 3　创建图 7.9.4 所示的有界平面 1。选择下拉菜单 插入(S) ➡ 曲面(R) ➡ 有界平面(P)... 命令；选取图 7.9.5 所示的边线，单击 < 确定 > 按钮，完成有界平面 1 的创建。

图 7.9.4　有界平面 1

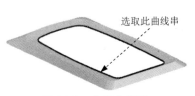

图 7.9.5　定义曲线串

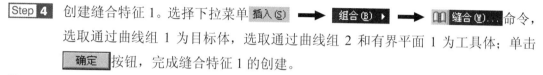

Step 4 创建缝合特征 1。选择下拉菜单 插入(S) ➡ 组合(B) ▸ ➡ 缝合(W)... 命令，选取通过曲线组 1 为目标体，选取通过曲线组 2 和有界平面 1 为工具体；单击 确定 按钮，完成缝合特征 1 的创建。

Step 5 创建图 7.9.6 所示的拉伸特征 1。选择下拉菜单 插入(S) ➡ 设计特征(E) ▸ ➡ 拉伸(E)... 命令；选取 XY 平面为草图平面,绘制图 7.9.7 所示的截面草图；在 限制 区域的 开始 下拉列表框中选择 值 选项，并在其下的 距离 文本框中输入值 0，在 结束 下拉列表框中选择 值 选项，并在其下的 距离 文本框中输入值 40；在布尔区域的下拉列表框中选择 无 选项；在 设置 区域中的 体类型 下拉列表框中选择 片体 选项，单击 < 确定 > 按钮，完成拉伸特征 1 的创建。

Step 6 创建图 7.9.8 所示的修剪片体特征 1（隐藏拉伸 1）。选择下拉菜单 插入(S) ➡ 修剪(T) ▸ ➡ 修剪片体(R)... 命令；在特征上选取缝合特征 1 为目标体，选取曲面拉伸 1 为边界对象；在 区域 区域中选中 ⊙ 舍弃 单选按钮，单击 确定 按钮，完成修剪片体特征 1 的创建。

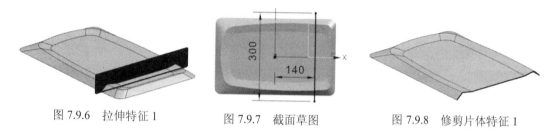

图 7.9.6　拉伸特征 1　　　　　图 7.9.7　截面草图　　　　　图 7.9.8　修剪片体特征 1

Step 7 创建图 7.9.9b 所示的边倒圆特征 1。选择下拉菜单 插入(S) ➡ 细节特征(L) ▸ ➡ 边倒圆(E)... 命令；选择图 7.9.9a 所示的边链为边倒圆参照，并在 半径 1 文本框中输入值 8；单击 < 确定 > 按钮，完成边倒圆特征 1 的创建。

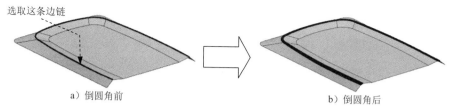

选取这条边链

a）倒圆角前　　　　　　　　　　　　　　　　　b）倒圆角后

图 7.9.9　边倒圆特征 1

Step 8 创建图 7.9.10b 所示的边倒圆特征 2。选择下拉菜单 插入(S) ➡ 细节特征(L) ▸ ➡ 边倒圆(E)... 命令；选择图 7.9.10a 所示的边链为边倒圆参照，并在 半径 1 文本框中输入值 10；单击 < 确定 > 按钮，完成边倒圆特征 2 的创建。

Step 9 创建基准平面 1（本步的详细操作过程请参见随书光盘中 video\ch07.09\reference 文件下的语音视频讲解文件 microwave_oven_cover-r02.avi）。

选取这条边链

放大图 ⟵ ⟶ 放大图

a）倒圆角前　　　　　　　　　　　b）倒圆角后

图 7.9.10　边倒圆特征 2

Step **10**　创建图 7.9.11 所示的拉伸特征 2。选择下拉菜单 插入(S) ➡ 设计特征(E)▶ ➡ ⬛拉伸(E)..命令；选取基准平面 1 为草图平面，绘制图 7.9.12 所示的截面草图；在 限制 区域的 开始 下拉列表框中选择 ⬛值 选项，并在其下的 距离 文本框中输入值 0，在 结束 下拉列表框中选择 ⬛值 选项，并在其下的 距离 文本框中输入值 50；在 布尔 区域的下拉列表框中选择 ⬛无 选项；在 设置 区域中的 体类型 下拉列表框中选择 片体 选项，单击 ‹确定› 按钮，完成拉伸特征 2 的创建。

图 7.9.11　拉伸特征 2

图 7.9.12　截面草图

Step **11**　创建图 7.9.13b 所示的修剪和延伸 1。选择下拉菜单 插入(S) ➡ 修剪(T)▶ ➡ 修剪与延伸(N)..命令；在 类型 下拉列表框中选择 制作拐角 选项，选取图 7.9.13 所示的模型表面为目标体，选取拉伸特征 2 为工具体，并定义其修剪和延伸方向如图 7.9.13a 所示；单击 确定 按钮，完成修剪和延伸特征的创建。

选取此模型表面

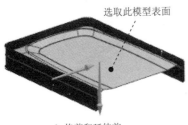

a）修剪和延伸前

b）修剪和延伸后

图 7.9.13　修剪和延伸 1

Step **12**　创建图 7.9.14b 所示的边倒圆特征 3。选择下拉菜单 插入(S) ➡ 细节特征(L)▶ ➡ ⬛边倒圆(E).命令；选择图 7.9.14a 所示的边链为边倒圆参照，并在 半径 1 文本框中输入值 8；单击 ‹确定› 按钮，完成边倒圆特征 3 的创建。

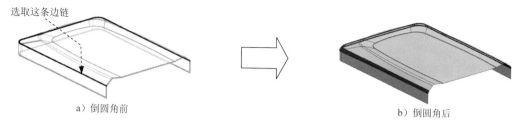

选取这条边链

a）倒圆角前

b）倒圆角后

图 7.9.14　边倒圆特征 3

Step 13 创建图 7.9.15b 所示的加厚特征 1。选择下拉菜单 插入(S) ➡ 偏置/缩放(O) ▶ ➡ 加厚(T)...命令；选取图 7.9.15a 所示的模型表面，加厚方向朝向模型的内部，在 偏置 1 文本框中输入 3.0；单击 < 确定 > 按钮，完成曲面加厚操作。

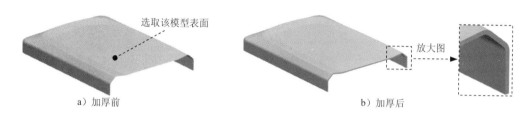

选取该模型表面

放大图

a）加厚前

b）加厚后

图 7.9.15　加厚特征 1

Step 14 创建图 7.9.16 所示的拉伸特征 3。选择下拉菜单 插入(S) ➡ 设计特征(E) ▶ ➡ 拉伸(E)...命令；选取基准平面 3 为草图平面，绘制图 7.9.17 所示的截面草图；在 限制 区域的 开始 下拉列表框中选择 值 选项，并在其下的 距离 文本框中输入值 0，在 限制 区域的 结束 下拉列表框中选择 直至下一个 选项；在 偏置 区域的 偏置 下拉列表框中选择 两侧 选项，在 开始 文本框中输入值 5，在 结束 文本框中输入值 0；在 布尔 区域的下拉列表框中选择 求和 选项，采用系统默认的求和对象；单击 < 确定 > 按钮，完成拉伸特征 3 的创建。

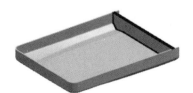

图 7.9.16　拉伸特征 3

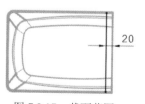

20

图 7.9.17　截面草图

Step 15 创建图 7.9.18 所示的拉伸特征 4。选择下拉菜单 插入(S) ➡ 设计特征(E) ▶ ➡ 拉伸(E)...命令；选取 XY 平面为草图平面，绘制图 7.9.19 所示的截面草图；在 限制 区域的 开始 下拉列表框中选择 值 选项，并在其下的 距离 文本框中输入值 0，在 限制 区域的 结束 下拉列表框中选择 直至下一个 选项；在 布尔区域的下拉列表框中选择 求差 选项，采用系统默认的求差对象；单击 < 确定 > 按钮，完成拉伸特征 4 的创建。

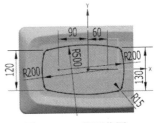

图 7.9.18　拉伸特征 4　　　　　　　　　　图 7.9.19　截面草图

Step 16　创建图 7.9.20b 所示的边倒圆特征 4。选择下拉菜单 插入(S) ➡ 细节特征(L) ▶
➡ 边倒圆(E) 命令；选择图 7.9.20a 所示的 2 条边链为边倒圆参照，并在 半径 1
文本框中输入值 1；单击 < 确定 > 按钮，完成边倒圆特征 4 的创建。

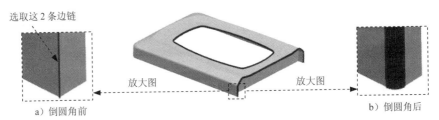

图 7.9.20　边倒圆特征 4

Step 17　创建图 7.9.21 所示的拉伸特征 5。选择下拉菜单 插入(S) ➡ 设计特征(E) ▶ ➡
拉伸(E).. 命令；选取基准平面 3 为草图平面，绘制图 7.9.22 所示的截面草图；
在 限制 区域的 开始 下拉列表框中选择 值 选项，并在其下的 距离 文本框中输入值
10，在 限制 区域的 结束 下拉列表框中选择 直至下一个 选项；在 偏置 区域的 偏置 下
拉列表框中选择 对称 选项，在 结束 文本框中输入值 2.5；在 布尔 区域的下拉列表框
中选择 求和 选项，采用系统默认的求和对象；单击 < 确定 > 按钮，完成拉伸特
征 5 的创建。

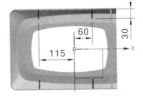

图 7.9.21　拉伸特征 5　　　　　　　　　图 7.9.22　截面草图

Step 18　创建图 7.9.23 所示的拉伸特征 6。选择下拉菜单 插入(S) ➡ 设计特征(E) ▶ ➡
拉伸(E).. 命令；选取 YZ 平面为草图平面，绘制图 7.9.24 所示的截面草图；在 限制
区域的 开始 下拉列表框中选择 值 选项，并在其下的 距离 文本框中输入值-120，
在 结束 下拉列表框中选择 值 选项，并在其下的 距离 文本框中输入值 70；在 布尔 区
域的下拉列表框中选择 求差 选项，采用系统默认的求差对象；单击 < 确定 > 按
钮，完成拉伸特征 6 的创建。

7
Chapter

图 7.9.23 拉伸特征 6

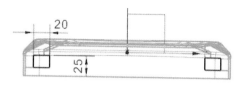

图 7.9.24 截面草图

Step 19 创建图 7.9.25 所示的拉伸特征 7。选择下拉菜单 插入(S) ➤ 设计特征(E)▶ ➤ 拉伸(E)... 命令；选取 XZ 平面为草图平面，绘制图 7.9.26 所示的截面草图；在 限制 区域的 开始 下拉列表框中选择 值 选项，并在其下的 距离 文本框中输入值 110，在 结束 下拉列表框中选择 直至下一个 选项；在 布尔 区域的下拉列表框中选择 求差 选项，采用系统默认的求差对象；单击 < 确定 > 按钮，完成拉伸特征 7 的创建。

图 7.9.25 拉伸特征 7

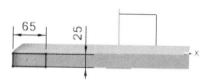

图 7.9.26 截面草图

Step 20 创建基准平面 4。选择下拉菜单 插入(S) ➤ 基准/点(D) ➤ 基准平面(D)... 命令；在 类型 区域的下拉列表框中选择 按某一距离 选项，选取 XY 平面为平面参考；在 偏置 区域的 距离 文本框中输入 3，并单击 ✕ 按钮；单击 < 确定 > 按钮，完成基准平面 4 的创建。

Step 21 创建图 7.9.27 所示的拉伸特征 8。选择下拉菜单 插入(S) ➤ 设计特征(E)▶ ➤ 拉伸(E)... 命令；选取基准平面 4 为草图平面，绘制图 7.9.28 所示的截面草图；在 限制 区域的 开始 下拉列表框中选择 值 选项，并在其下的 距离 文本框中输入值 0，在 限制 区域的 结束 下拉列表框中选择 直至下一个 选项；在 布尔 区域的下拉列表框中选择 求和 选项，采用系统默认的求和对象；单击 < 确定 > 按钮，完成拉伸特征 8 的创建。

图 7.9.27 拉伸特征 8

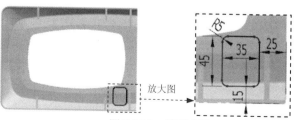

图 7.9.28 截面草图

Chapter 7

Step 22 创建图 7.9.29 所示的拉伸特征 9。选择下拉菜单 插入(S) ➡ 设计特征(E) ▶ ➡
拉伸(E)... 命令；选取 XY 平面为草图平面，绘制图 7.9.30 所示的截面草图；在
限制 区域的 开始 下拉列表框中选择 值 选项，并在其下的 距离 文本框中输入值 0，
在 限制 区域的 结束 下拉列表框中选择 直至下一个 选项；在 布尔 区域的下拉列表框
中选择 求差 选项，采用系统默认的求差对象；单击 < 确定 > 按钮，完成拉伸特
征 9 的创建。

图 7.9.29 拉伸特征 9

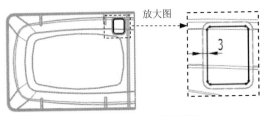
图 7.9.30 截面草图

Step 23 创建图 7.9.31 所示的拉伸特征 10。选择下拉菜单 插入(S) ➡ 设计特征(E) ▶ ➡
拉伸(E)... 命令；选取基准平面 4 为草图平面，绘制图 7.9.32 所示的截面草图；
在 限制 区域的 开始 下拉列表框中选择 值 选项，并在其下的 距离 文本框中输入值 0，
在 限制 区域的 结束 下拉列表框中选择 直至延伸部分 选项，并选取模型表面；在 布尔
区域的下拉列表框中选择 求差 选项，采用系统默认的求差对象；单击 < 确定 > 按
钮，完成拉伸特征 10 的创建。

图 7.9.31 拉伸特征 10

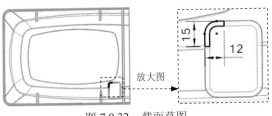
图 7.9.32 截面草图

Step 24 后面的详细操作过程请参见随书光盘中 video\ch07.09\reference 文件下的语音视
频讲解文件 microwave_oven_cover-r03.avi。

8

自顶向下（Top-Down）设计

8.1　自顶向下产品设计概述

自顶向下设计（Top-Down Design）是一种先进的模块化的设计思想，是一种从整体到局部的设计思想，即产品设计由系统布局、总图设计、部件设计到零件设计的一种自上而下、逐步细化的设计过程。

自顶向下设计（Top-Down Design）符合产品的实际开发流程。进行自顶向下设计时，设计者从系统角度入手，针对设计目的，综合考虑形成产品的各种因素，确定产品的性能、组成以及各部分的相互关系和实现方式，形成产品的总体方案；在此基础上分解设计目标，分派设计任务到分系统具体实施；分系统从上级系统获得关键数据和定位基准，并在上级系统规定的边界内展开设计，最终完成产品开发。

通过该过程，确保设计由原始的概念开始，逐渐地发展成熟为具有完整零部件造型的最终产品，把关键信息放在一个中心位置，在设计过程中通过捕捉中心位置的信息，传递到较低级别的产品结构中。如果改变这些信息，将自动更新整个系统。

自顶向下设计（Top-Down Design）方法主要包括以下特点：

（1）自顶向下的设计方法可以获得较好的整体造型，尤其适合以项目小组形式展开并行设计，极大提高产品更新换代的速度，缩短新产品的上市时间。

（2）零件之间彼此不会互相牵制，所有重要变动可以由主架构来控制，设计弹性较大。

（3）零件彼此间的关联性较低，机构可预先拆分给不同的人员进行设计工作，充分达到设计分工及同步设计的工作，从而缩短设计时程，使得产品能较早进入市场。

（4）可以在骨架模型中指定产品规格的参数，然后在全参数的系统中随意调整，理论上只要变动骨架模型中的产品规格参数，就可以产生一个新的机构。

（5）先期的规划时程较长，进入细部设计可能会需要经过较长的时间。

8.2　WAVE 几何链接器

WAVE（What-if Alternative Value Engineering）是一种实现产品装配的各组件间关联建模的技术，提供了实际工程产品设计中所需要的自顶向下的设计环境。WAVE 的存在不仅使得上下级之间的部件实现了外形和尺寸等的传递性（相关性），在同级别中也实现了传递性。本节将介绍创建同级别间传递性的一般操作过程。

1. 创建链接部件

WAVE 几何链接器是用于组件之间关联性复制几何体的工具。一般来讲，关联性复制几何体可以在任意两个组件之间进行，可以是同级组件，也可以在上下级组件之间。创建链接部件的一般操作过程为：

Step 1 打开文件 D:\ug85mo\work\ch08.02\wave.prt。

Step 2 在左侧的资源工具条区单击装配导航器按钮 ，在装配导航器区的空白处右击，在弹出的快捷菜单中选择 ✔ WAVE 模式 选项。

Step 3 在装配导航器区选择 ☑ WAVE 选项并右击，在弹出的快捷菜单中选择 WAVE ▶ ➡ 创建链接部件 命令，系统弹出图 8.2.1 所示的"创建链接部件"对话框。

Step 4 在"创建链接部件"对话框中单击 指定部件名 按钮，系统弹出图 8.2.2 所示的"选择部件名"对话框。

图 8.2.1　"创建链接部件"对话框

图 8.2.2　"选择部件名"对话框

Step 5 在"选择部件名"对话框的 文件名(N): 文本框中输入链接部件名 wave_02，并单击 OK 按钮，系统回到"创建链接部件"对话框。

Step 6 在"创建链接部件"对话框中选择 MODEL 选项，单击 确定 按钮，完成链接部件的创建，如图 8.2.3 所示。

图 8.2.3 创建链接部件

2. 编辑链接部件

从模型上得到所需的信息后要对创建的链接部件进一步细化。下面就上述例子继续讲解链接部件的编辑步骤。

Step 1 分割实体。选择下拉菜单 插入(S) ➡ 修剪(T) ▶ ➡ 修剪体(T)... 命令，系统弹出"修剪体"对话框。

Step 2 选取图 8.2.4 所示的实体为修剪的目标片体，单击中键，然后选取图 8.2.4 所示的曲面为工具片体。

Step 3 单击 < 确定 > 按钮，完成修剪体的创建。

Step 4 隐藏分割面。选择下拉菜单 编辑(E) ➡ 显示和隐藏(H) ➡ 隐藏(H)... 命令，系统弹出"类选择"对话框。

Step 5 选取图 8.2.5 所示的曲面，单击 确定 按钮，完成分割面的隐藏操作，结果如图8.2.6 所示。

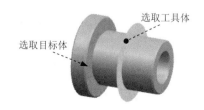

图 8.2.4 选取修剪体特征参照   图 8.2.5 选取隐藏曲面   图 8.2.6 隐藏分割面

Step 6 选择下拉菜单 文件(F) ➡ 保存(S) 命令。

8.3 自顶向下设计的一般过程

自顶向下设计（Top-Down Design）（图 8.3.1）是 WAVE 的重要应用之一，通过在装配中建立产品的总体参数或整体造型，并将控制几何对象的关联性复制到相关组件，来实现控制产品的细节设计。

在自顶向下设计过程中，当产品的总体参数被修改时，则"装配"控制的相关组件的属性也会随之自动更新，但是被控组件参数的修改不能传递到总组件。下面以耳机麦克外壳设计为例，说明自顶向下设计的一般方法。

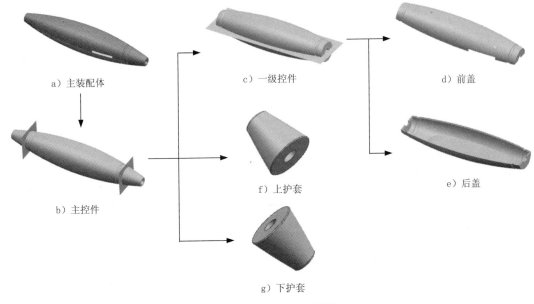

a）主装配体

c）一级控件

d）前盖

b）主控件

f）上护套

e）后盖

g）下护套

图 8.3.1　自顶向下设计

Stage1．创建主装配体

Step **1**　新建文件。选择下拉菜单 文件(F) ➡️ 新建(N)...命令，系统弹出"新建"对话框；在 模板 区域中选取模板类型为 装配 ；在 名称 文本框中输入文件名称 earphone_micro.prt；单击 确定 按钮，进入建模环境。

Step **2**　创建基准坐标系。选择下拉菜单 插入(S) ➡️ 基准/点(D) ▸ ➡️ 基准 CSYS...命令，采用系统默认的参数，单击 < 确定 > 按钮，完成基准坐标系的创建。

Step **3**　创建图 8.3.2 所示的回转特征 1。选择下拉菜单 插入(S) ➡️ 设计特征(F) ➡️ 回转(R)...命令，系统弹出"回转"对话框，选取 YZ 基准平面为草图平面，绘制图 8.3.3 所示的截面草图；选取 Y 轴为回转轴，在 限制 区域的 开始 下拉列表框中选择 值 选项，并在 角度 文本框中输入值 0，在 结束 下拉列表框中选择 值 选项，并在 角度 文本框中输入值 360；在 布尔 区域的下拉列表框中选择 无 选项；单击 < 确定 > 按钮，完成回转特征 1 的创建。

图 8.3.2　回转特征 1

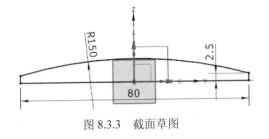

图 8.3.3　截面草图

Step 4　创建边倒圆特征 1。选取图 8.3.4a 所示的两条边线为边倒圆参照，并在 半径 1 文本框中输入 0.5，结果如图 8.3.4b 所示。

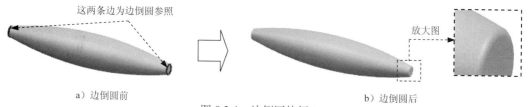

这两条边为边倒圆参照　　　　　　　　　　　　　　　　　　　放大图

a）边倒圆前　　　　　　　　　　　　　　　　　　　b）边倒圆后

图 8.3.4　边倒圆特征 1

Step 5　创建图 8.3.5 所示的拉伸特征 1。选择下拉菜单 插入(S) ➡ 设计特征(E) ▶ ➡ ▥ 拉伸(E)...命令；选取 YZ 基准平面为草图平面，绘制图 8.3.6 所示的截面草图；在 限制 区域的 开始 下拉列表框中选择 ✿ 贯通 选项，在 结束 下拉列表框中选择 ✿ 贯通 选项；在布尔区域的下拉列表框中选择 ✿ 求差 选项，采用系统默认的求差对象。单击 < 确定 > 按钮，完成拉伸特征 1 的创建。

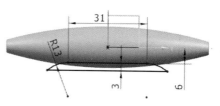

图 8.3.5　拉伸特征 1　　　　　　　　　　　　图 8.3.6　截面草图

Step 6　创建图 8.3.7b 所示的边倒圆特征 2。选取图 8.3.7a 所示的边线为边倒圆参照，并在 半径 1 文本框中输入 1。

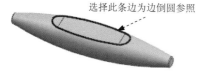

选择此条边为边倒圆参照

a）边倒圆前　　　　　　　　　　　　　　　　　　　b）边倒圆后

图 8.3.7　边倒圆特征 2

Step 7　创建图 8.3.8 所示的拉伸特征 2。选择下拉菜单 插入(S) ➡ 设计特征(E) ▶ ➡ ▥ 拉伸(E)...命令；选取 XZ 基准平面为草图平面，绘制图 8.3.9 所示的截面草图；在 限制 区域的 开始 下拉列表框中选择 ✿ 贯通 选项，在 结束 下拉列表框中选择 ✿ 贯通 选项；在布尔区域的下拉列表框中选择 ✿ 求差 选项，采用系统默认的求差对象。单击 < 确定 > 按钮，完成拉伸特征 2 的创建。

Step 8　创建图 8.3.10 所示的拉伸特征 3。选择下拉菜单 插入(S) ➡ 设计特征(E) ▶ ➡ ▥ 拉伸(E)...命令；选取 XY 基准平面为草图平面，绘制图 8.3.11 所示的截面草图；在 限制 区域的 开始 下拉列表框中选择 ✿ 对称值 选项，并在其下的 距离 文本框中输入

Chapter 8

7.5；在 布尔 区域的下拉列表框中选择 无 选项。单击 < 确定 > 按钮，完成拉伸特征 3 的创建。

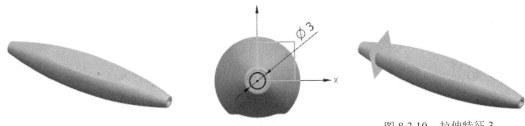

图 8.3.8　拉伸特征 2　　　　图 8.3.9　截面草图　　　　图 8.3.10　拉伸特征 3

Step 9　创建图 8.3.12 所示的镜像特征 1。选择下拉菜单 插入(S) ➡ 关联复制(A)▶ ➡ 镜像特征(M)... 命令；选取上一步创建的拉伸曲面 1 为要镜像的特征，选取 XZ 基准平面作为镜像平面，单击 确定 按钮，完成镜像特征 1 的创建。

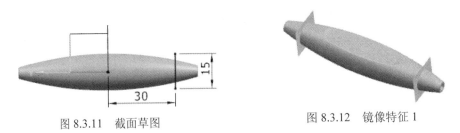

图 8.3.11　截面草图　　　　　　　　　　图 8.3.12　镜像特征 1

Step 10　创建图 8.3.13 所示的回转特征 2。选择 插入(S) ➡ 设计特征(E) ➡ 回转(R)... 命令，单击 截面 区域中的 按钮，在图形区选取 XY 基准平面为草图平面，绘制图 8.3.14 所示的截面草图。在图形区中选取 Y 轴为回转轴。在"回转"对话框的 限制 区域的 开始 下拉列表框中选择 值 选项，并在 角度 文本框中输入值 0，在 结束 下拉列表框中选择 值 选项，并在 角度 文本框中输入值 360；在 布尔 区域的下拉列表框中选择 求差 选项，选取回转特征 1 为求差对象。单击 < 确定 > 按钮，完成回转特征 2 的创建。

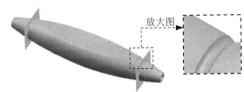

放大图

图 8.3.13　回转特征 2

图 8.3.14　截面草图

Step 11　创建图 8.3.15 所示的镜像特征 2。选择下拉菜单 插入(S) ➡ 关联复制(A)▶ ➡ 镜像特征(M)... 命令；选取上一步创建的回转特征 2 为要镜像的特征，选取 XZ 基准平面作为镜像平面，单击 确定 按钮，完成镜像特征 2 的创建。

Step 12　选择下拉菜单 文件(F) ➡ 💾 保存(S) 命令，保存零件模型。

Stage2. 创建一级控件

Step 1　在左侧的资源工具条区单击装配导航器按钮 ⊢⁻，在装配导航器区的空白处右击，在弹出的快捷菜单中选择 ✔ WAVE 模式 选项。

Step 2　在装配导航器区选择 ☑ 🗂 earphone_micro 节点并右击，在系统弹出的快捷菜单中选择 WAVE ▶ ➡ 新建级别 命令，系统弹出图 8.3.16 所示的"新建级别"对话框。

Step 3　在"新建级别"对话框中单击 指定部件名 按钮，系统弹出"选择部件名"对话框。

Step 4　在"选择部件名"对话框的 文件名(N): 文本框中输入链接部件名 FIRST_CONTRL，并单击 OK 按钮，系统回到"新建级别"对话框。

Step 5　在"新建级别"对话框中单击 类选择 按钮，选取图 8.3.17 所示的实体和曲面以及基准坐标系，单击"WAVE 组件间的复制"对话框中的 确定 按钮；系统回到"新建级别"对话框，然后单击 确定 按钮，完成组件间的复制。

图 8.3.15　镜像特征 2

图 8.3.16　"新建级别"对话框

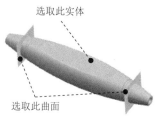

选取此实体

选取此曲面

图 8.3.17　选取实体和曲面

Step 6　在装配导航器区选择 ☑ 🗂 FIRST_CONTRL 节点并右击，在弹出的快捷菜单中选择 🖥 设为显示部件 选项，显示一级主控件 FIRST_CONTRL。

Step 7　创建图 8.3.18 所示的修剪体 1。选择下拉菜单 插入(S) ➡ 修剪(T) ▶ ➡ 🔲 修剪体(T)... 命令，系统弹出"修剪体"对话框；选取图 8.3.18a 所示的修剪目标体，单击中键确定；然后选取图 8.3.18a 所示的工具体，单击 🗶 按钮调整保留侧；单击 ⟨ 确定 ⟩ 按钮，修剪体结果如图 8.3.18b 所示。

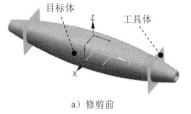

目标体　工具体

a）修剪前

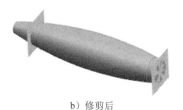

b）修剪后

图 8.3.18　修剪体 1

Step 8　创建图 8.3.19 所示的修剪体 2。参照上一步的详细操作过程，选取图 8.3.19a 所示的修剪目标体，选取图 8.3.19a 所示的工具体，结果如图 8.3.19b 所示。

图 8.3.19　修剪体 2

Step 9　创建图 8.3.20 所示的拉伸特征 1。选择下拉菜单 插入(S) ➡ 设计特征(E)▶ ➡ 拉伸(E)... 命令；选取 YZ 基准平面为草图平面，绘制图 8.3.21 所示的截面草图；在 限制 区域的 开始 下拉列表框中选择 对称值 选项，并在其下的 距离 文本框中输入 10；在 布尔 区域的下拉列表框中选择 无 选项。单击 < 确定 > 按钮，完成拉伸特征 1 的创建。

图 8.3.20　拉伸特征 1

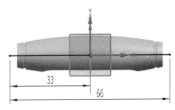

图 8.3.21　截面草图

Step 10　选择下拉菜单 文件(F) ➡ 保存(S) 命令，保存零件模型。

Stage3. 创建前盖

Step 1　在装配导航器区选择 ☑ FIRST_CONTRL 节点并右击，在弹出的快捷菜单中选择 WAVE ▶ ➡ 新建级别 命令，系统弹出"新建级别"对话框。

Step 2　在"新建级别"对话框中单击 指定部件名 按钮，系统弹出"选择部件名"对话框。

Step 3　在"选择部件名"对话框的 文件名(N): 文本框中输入链接部件名 FRONT_COVER，并单击 OK 按钮，回到"新建级别"对话框。

Step 4　在"新建级别"对话框中单击 类选择 按钮，选取图 8.3.22 所示的实体和曲面以及基准坐标系，单击"WAVE 组件间的复制"对话框中的 确定 按钮；系统返回"新建级别"对话框，然后单击 确定 按钮，完成组件间的复制。

Step 5　创建图 8.3.23 所示的修剪体 1。

（1）在左侧的资源工具条区单击装配导航器按钮 ，在装配导航器区选择 ☑ FRONT_COVER 节点并右击，在弹出的快捷菜单中选择 设为显示部件 选项，此时系统只显示一级主控件 FRONT_COVER。

（2）选择下拉菜单 插入(S) ➡ 修剪(T) ▶ ➡ 修剪体(T)...命令，系统弹出"修剪体"对话框。

（3）选取图 8.3.23a 所示的修剪目标体，单击中键，然后选取图 8.3.23a 所示的工具体，定义 Z 轴的负方向为修剪方向。

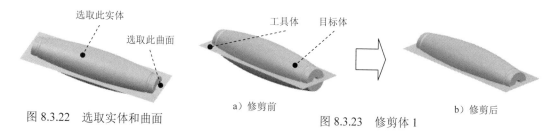

图 8.3.22　选取实体和曲面

a）修剪前

b）修剪后

图 8.3.23　修剪体 1

（4）单击 < 确定 > 按钮，完成修剪体 1 的创建。

Step 6 隐藏分割面。选择下拉菜单 编辑(E) ➡ 显示和隐藏(H) ➡ 隐藏(H)...命令，系统弹出"类选择"对话框。选取图 8.3.24 所示的曲面，单击 确定 按钮，完成分割面的隐藏操作。

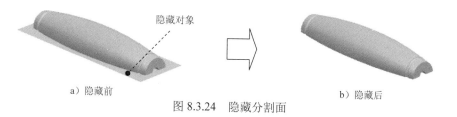

a）隐藏前

b）隐藏后

图 8.3.24　隐藏分割面

Step 7 创建图 8.3.25 所示的抽壳 1。选择下拉菜单 插入(S) ➡ 偏置/缩放(O)▶ ➡ 抽壳(H)...命令，在"抽壳"对话框 类型 区域的下拉列表框中选择 移除面，然后抽壳 选项；选取图 8.3.25a 所示的表面为移除面，并在 厚度 文本框中输入 0.5，采用系统默认的抽壳方向。单击 < 确定 > 按钮，完成抽壳 1 的操作。

a）抽壳前

b）抽壳后

图 8.3.25　抽壳 1

Step 8 创建图 8.3.26 所示的拉伸特征 1。选择下拉菜单 插入(S) ➡ 设计特征(E) ➡ 拉伸(E)...命令，选取图 8.3.27 所示的模型表面为草图平面，绘制图 8.3.28 所示的截面草图，在 限制 区域的 开始 下拉列表框中选择 值 选项，在 距离 文本框中输入 0，在 结束 下拉列表框中选择 值 选项，在 距离 文本框中输入 0.3；在 偏置 区域的 偏置 下拉列表框中选择 两侧 选项，在 开始 文本框中输入–0.25，在 结束 文本框中输入 0；在 布尔 区域的下拉列表框中选择 求和 选项，单击 < 确定 > 按钮，完成拉伸特征 1 的创建。

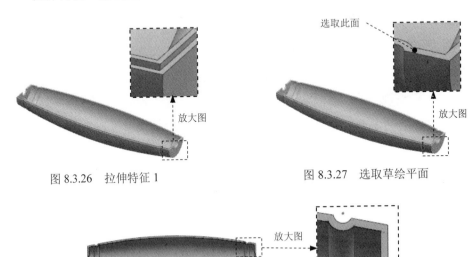

图 8.3.26　拉伸特征 1　　　　　　　　图 8.3.27　选取草绘平面

图 8.3.28　绘制截面草图

Step 9　创建图 8.3.29 所示的镜像特征 1。选择下拉菜单 插入(S) ➡ 关联复制(A) ➡ 镜像特征(M)... 命令；选取上一步创建的拉伸特征 1 为要镜像的特征，选取 YZ 基准平面作为镜像平面，单击 确定 按钮，完成镜像特征 1 的创建。

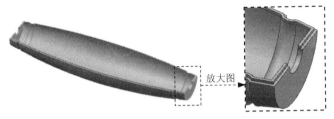

图 8.3.29　镜像特征 1

Step 10　创建图 8.3.30 所示的拉伸特征 2。选择下拉菜单 插入(S) ➡ 设计特征(E) ➡ 拉伸(E)... 命令；选取 YZ 基准平面为草图平面，绘制图 8.3.31 所示的截面草图；在 限制 区域的 开始 下拉列表框中选择 贯通 选项，在 结束 下拉列表框中选择 贯通 选项；在 布尔 区域的下拉列表框中选择 求差 选项。单击 < 确定 > 按钮，完成拉伸特征 2 的创建。

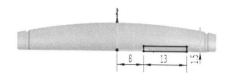

图 8.3.30　拉伸特征 2　　　　　　　　图 8.3.31　截面草图

Step 11 创建图 8.3.32 所示的拉伸特征 3。选择下拉菜单 插入(S) ➡ 设计特征(E)▶ ➡ ▥ 拉伸(E).. 命令；选取 XY 基准平面为草图平面，绘制图 8.3.33 所示的截面草图；在 限制 区域的 开始 下拉列表框中选择 ⬛ 值 选项，在对应的 距离 文本框中输入 0，在 结束 下拉列表框中选择 ⬛ 贯通 选项；在 布尔 区域的下拉列表框中选择 ⬛ 求差 选项。单击〈 确定 〉按钮，完成拉伸特征 3 的创建。

图 8.3.32　拉伸特征 3　　　　　　　　图 8.3.33　截面草图

Step 12 创建图 8.3.34b 所示的倒斜角特征 1。选择下拉菜单 插入(S) ➡ 细节特征(L)▶ ➡ ⬛ 倒斜角(C). 命令。在 边 区域中单击 ⬛ 按钮，选取图 8.3.34a 所示的边线为倒斜角参照，在 偏置 区域的 横截面 下拉列表框中选择 ⬛ 对称 选项，在 距离 文本框中输入值 0.35。单击〈 确定 〉按钮，完成倒斜角特征 1 的创建。

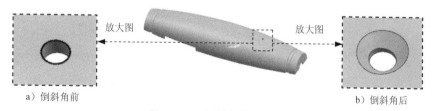

a）倒斜角前　　　　　　　　　　　　　　b）倒斜角后

图 8.3.34　倒斜角特征 1

Step 13 选择下拉菜单 文件(F) ➡ ▣ 保存(S) 命令，保存零件模型。

Stage4. 创建后盖

Step 1 切换至 2. FIRST_CONTRL.prt 窗口，在装配导航器区选择 ☑ FIRST_CONTRL 节点并右击，在弹出的快捷菜单中选择 WAVE ▶ ➡ 新建级别 命令，系统弹出"新建级别"对话框。

Step 2 在"新建级别"对话框中单击 指定部件名 按钮，系统弹出"选择部件名"对话框。

Step 3 在"选择部件名"对话框的 文件名(N): 文本框中输入链接部件名 BACK_COVER，并单击 OK 按钮，回到"新建级别"对话框。

Step 4 在"新建级别"对话框中单击 类选择 按钮，选取图 8.3.35 所示的实体和曲面以及基准坐标系，单击"WAVE 组件间的复制"对话框中的 确定 按钮；系统返回"新建级别"对话框，然后单击 确定 按钮，完成组件间的复制。

Step 5 在装配导航器区选择 ☑ BACK_COVER 节点并右击，在弹出的快捷菜单中选择 设为显示部件 选项，显示一级主控件 BACK_COVER。

Step 6 创建图 8.3.36 所示的修剪体 1。选择下拉菜单 插入(S) ➡ 修剪(T)▶ ➡ 修剪体(T)... 命令，系统弹出"修剪体"对话框。选取图 8.3.36a 所示的修剪目标体，单击中键，然后选取图 8.3.36a 所示的工具体，单击 ✕ 按钮调整修剪方向。单击 〈确定〉 按钮，完成修剪体 1 的创建。

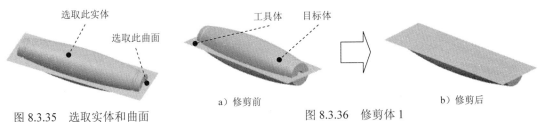

图 8.3.35 选取实体和曲面　　　　a）修剪前　　　　b）修剪后

图 8.3.36 修剪体 1

Step 7 隐藏分割面。选择下拉菜单 编辑(E) ➡ 显示和隐藏(H) ➡ ◇ 隐藏(H)... 命令，系统弹出"类选择"对话框。选取图 8.3.37 所示的曲面，单击 确定 按钮，完成分割面的隐藏操作。

a）隐藏前　　　　b）隐藏后

图 8.3.37 隐藏分割面

Step 8 创建图 8.3.38 所示的抽壳 1。选择下拉菜单 插入(S) ➡ 偏置/缩放(O)▶ ➡ 抽壳(H)... ，在"抽壳"对话框 类型 区域的下拉列表框中选择 移除面，然后抽壳 选项；选取图 8.3.38a 所示的表面为移除面，并在 厚度 文本框中输入 0.5，采用系统默认的抽壳方向。单击 〈确定〉 按钮，完成抽壳 1 的操作，结果如图 8.3.38b 所示。

a）抽壳前　　　　b）抽壳后

图 8.3.38 抽壳 1

Step 9　创建图 8.3.39 所示的拉伸特征 1。选择下拉菜单 插入(S) ➡ 设计特征(E) ➡ 拉伸(E)... 命令，选取图 8.3.40 所示的模型表面为草图平面，绘制图 8.3.41 所示的截面草图；在 限制 区域的 开始 下拉列表框中选择 值 选项，在对应的 距离 文本框中输入 0，在 结束 下拉列表框中选择 值 选项，在对应的 距离 文本框中输入 0.3；在 偏置 区域的 偏置 下拉列表框中选择 对称 选项，在 结束 文本框中输入 0.25；在 布尔 区域的下拉列表框中选择 求差 选项，单击 〈 确定 〉 按钮，完成拉伸特征 1 的创建。

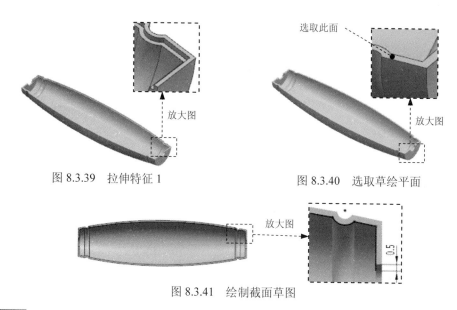

图 8.3.39　拉伸特征 1　　　　　　　图 8.3.40　选取草绘平面

图 8.3.41　绘制截面草图

Step 10　创建图 8.3.42 所示的镜像特征 1。选择下拉菜单 插入(S) ➡ 关联复制(A)▶ ➡ 镜像特征(M)... 命令；选取上一步创建的拉伸特征 1 为要镜像的特征，选取 YZ 基准平面作为镜像平面，单击 确定 按钮，完成镜像特征 1 的创建。

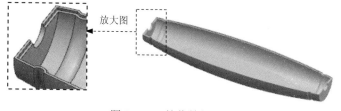

图 8.3.42　镜像特征 1

Step 11　选择下拉菜单 文件(F) ➡ 保存(S) 命令，保存零件模型。

Stage5．创建上护套

Step 1　切换至 earphone_micro.prt 窗口。

Step 2　在装配导航器区选择 ☑ earphone_micro 节点并右击，在系统弹出的快捷菜单中选择 WAVE ▶ ➡ 新建级别 命令。

Step 3 在"新建级别"对话框中单击 指定部件名 按钮，系统弹出"选择部件名"对话框。

Step 4 在"选择部件名"对话框的 文件名(N): 文本框中输入链接部件名 TOP_BUSH，并单击 OK 按钮，系统回到"新建级别"对话框。

Step 5 在"新建级别"对话框中单击 类选择 按钮，选取图 8.3.43 所示的实体和曲面以及基准坐标系，单击"WAVE 组件间的复制"对话框中的 确定 按钮；系统返回至"新建级别"对话框，然后单击 确定 按钮，完成组件间的复制。

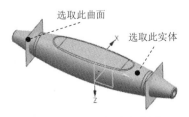

图 8.3.43　选取实体和曲面

Step 6 创建图 8.3.44 所示的修剪体 1。

（1）在装配导航器区选择 ☑ ⊙ TOP_COVER 节点并右击，在弹出的快捷菜单中选择 ⊡ 设为显示部件 选项，此时系统只显示一级主控件 TOP_BUSH。

（2）选择下拉菜单 插入(S) ➡ 修剪(T) ▶ ➡ 修剪体(T)... 命令，系统弹出"修剪体"对话框。选取图 8.3.44a 所示的修剪目标体，单击中键确定；然后选取图 8.3.44a 所示的工具体，单击 ☒ 按钮调整保留侧。单击 ＜ 确定 ＞ 按钮，完成修剪体 1 操作。

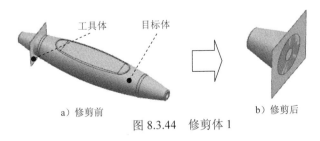

a）修剪前　　　　　　　　　　b）修剪后

图 8.3.44　修剪体 1

Step 7 隐藏分割面。选择下拉菜单 编辑(E) ➡ 显示和隐藏(H) ➡ 隐藏(H)... 命令，系统弹出"类选择"对话框。选取图 8.3.45a 所示的曲面，单击 确定 按钮，完成分割面的隐藏操作。

Step 8 创建图 8.3.46b 所示的倒斜角特征 1。选择下拉菜单 插入(S) ➡ 细节特征(L) ▶ ➡ 倒斜角(C)... 命令。在边区域中单击 ⊙ 按钮，选取图 8.3.46a 所示的边线为倒斜角参照，在 偏置 区域的 横截面 下拉列表框中选择 对称 选项，在 距离 文本框中输入值 0.15。单击 ＜ 确定 ＞ 按钮，完成倒斜角特征 1 的创建。

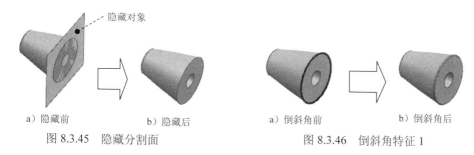

a）隐藏前　　　b）隐藏后　　　　　a）倒斜角前　　　b）倒斜角后

图 8.3.45　隐藏分割面　　　　　　图 8.3.46　倒斜角特征 1

Step 9 选择下拉菜单 文件(F) ➜ 🔲 保存(S) 命令，保存零件模型。

Stage6．创建下护套

Step 1 切换至 earphone_micro.prt 窗口。

Step 2 在装配导航器区选择 ☑ 🔗 earphone_micro 选项并右击，在系统弹出的快捷菜单中选择 WAVE ▶ ➜ 新建级别 命令。

Step 3 在"新建级别"对话框中单击 指定部件名 按钮，系统弹出"选择部件名"对话框。

Step 4 在"选择部件名"对话框的 文件名(N): 文本框中输入链接部件名 DOWN_BUSH，并单击 OK 按钮，系统回到"新建级别"对话框。

Step 5 在"新建级别"对话框中单击 类选择 按钮，选取图 8.3.47 所示的实体和曲面以及基准坐标系，单击"WAVE 组件间的复制"对话框中的 确定 按钮；系统自动返回至"新建级别"对话框，然后单击 确定 按钮，完成组件间的复制。

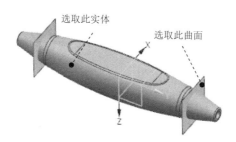

图 8.3.47　选取实体和曲面

Step 6 创建图 8.3.48 所示的修剪体 1。

（1）在装配导航器区选择 ☑ 🗂 TOP_COVER 节点并右击，在弹出的快捷菜单中选择 🖲 设为显示部件 选项，此时系统只显示一级主控件 DOWN_BUSH。

（2）选择下拉菜单 插入(S) ➜ 修剪(T) ▶ ➜ 🔲 修剪体(T)... 命令，系统弹出"修剪体"对话框。选取图 8.3.48a 所示的修剪目标体，单击中键确定；然后选取图 8.3.48a 所示的工具体，单击 🗙 按钮调整保留侧。单击 〈 确定 〉按钮，完成修剪体 1 的操作。

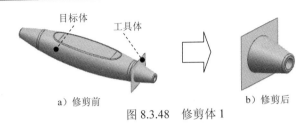

a) 修剪前　　　　　　　　　　　　　b) 修剪后

图 8.3.48　修剪体 1

Step 7　隐藏分割面。选择下拉菜单 编辑(E) ➡ 显示和隐藏(H) ➡ 隐藏(H)... 命令，系统弹出"类选择"对话框。选取图 8.3.49a 所示的曲面，单击 确定 按钮，完成分割面的隐藏操作。

Step 8　创建图 8.3.50b 所示的倒斜角特征 1。选择下拉菜单 插入(S) ➡ 细节特征(L) ▶ ➡ 倒斜角(C) 命令。在 边 区域中单击 按钮，选取图 8.3.50a 所示的边线为倒斜角参照，在 偏置 区域的 横截面 下拉列表框中选择 对称 选项，在 距离 文本框中输入值 0.15。单击 〈 确定 〉 按钮，完成倒斜角特征 1 的创建。

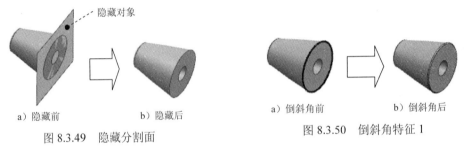

a) 隐藏前　　　　　　　　　b) 隐藏后　　　　　　　a) 倒斜角前　　　　　　　b) 倒斜角后

图 8.3.49　隐藏分割面　　　　　　　　　　　　图 8.3.50　倒斜角特征 1

Step 9　选择下拉菜单 文件(F) ➡ 保存(S) 命令，保存零件模型。

8.4　自顶向下设计实例——鼠标自顶向下设计

实例概述

本实例详细讲解了一款鼠标的整个设计过程，该设计过程中采用了较为先进的设计方法——自顶向下设计（Top-Down Design）方法。采用这种方法不仅可以获得较好的整体造型，并且能够大大缩短产品的上市时间。许多家用电器（如电脑机箱、吹风机、微波炉）都可以采用这种方法进行设计。鼠标产品模型如图 8.4.1 所示，其设计流程图如图 8.4.2 所示。

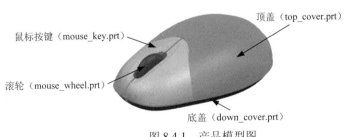

鼠标按键（mouse_key.prt）　　　　　　　顶盖（top_cover.prt）

滚轮（mouse_wheel.prt）

底盖（down_cover.prt）

图 8.4.1　产品模型图

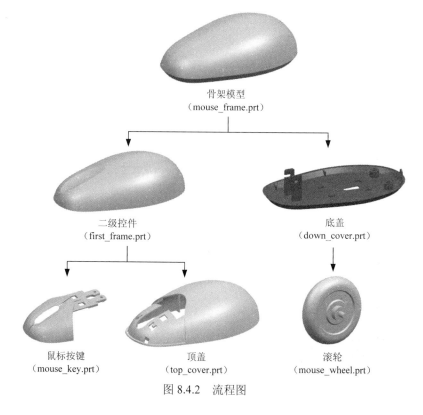

骨架模型
（mouse_frame.prt）

二级控件
（first_frame.prt）

底盖
（down_cover.prt）

鼠标按键
（mouse_key.prt）

顶盖
（top_cover.prt）

滚轮
（mouse_wheel.prt）

图 8.4.2　流程图

Task1. 创建骨架模型

下面讲解一级控件（mouse_frame.prt）骨架模型的创建过程，一级控件在整个设计过程中起着十分重要的作用，它不仅为二级控件提供原始模型并且确定了鼠标的整体外观形状。零件模型及模型树如图 8.4.3 所示。

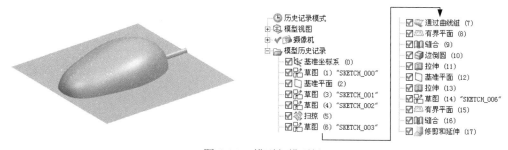

图 8.4.3　模型与模型树

说明：本例前面的详细操作过程请参见随书光盘中 video\ch08.04\reference 文件下的语音视频讲解文件"创建骨架模型-r01.avi"。

Step 1　打开文件 D:\ug85mo\work\ch08.04\mouse_frame_ex.prt。

Step 2　创建图 8.4.4 所示的通过曲线组 1。选择下拉菜单 插入(S) ➡ 网格曲面(M)▶ ➡

　　　 通过曲线组(T)... 命令；依次选取图 8.4.5 所示的曲线串 1 和边线；在 对齐 区域中

取消选中 ☐ 保留形状 复选框；其他均采用默认设置值，单击 < 确定 > 按钮，完成曲面的创建。

图 8.4.4　通过曲线组 1

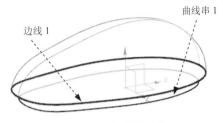

图 8.4.5　定义截面线串

Step 3　创建图 8.4.6 所示的有界平面 1。选择下拉菜单 插入(S) ➡ 曲面(R)▸ ➡ ▨ 有界平面(P)... 命令；选取图 8.4.7 所示的边线，单击 < 确定 > 按钮，完成有界平面 1 的创建。

图 8.4.6　有界平面 1

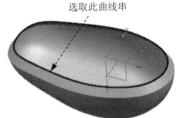

图 8.4.7　定义曲线串

Step 4　创建缝合特征 1。选择下拉菜单 插入(S) ➡ 组合(B) ▸ ➡ ▥ 缝合(W)... 命令，选取扫掠 1 为目标体，选取通过曲线组 1 和有界平面 1 为工具体；单击 确定 按钮，完成缝合特征 1 的创建。

Step 5　创建图 8.4.8b 所示的边倒圆特征 1。选择下拉菜单 插入(S) ➡ 细节特征(L)▸ ➡ ▨ 边倒圆(E) 命令，选择图 8.4.8a 所示的边链为边倒圆参照，并在 半径 1 文本框中输入值 2；单击 < 确定 > 按钮，完成边倒圆特征 1 的创建。

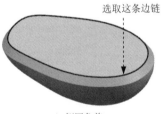

a）倒圆角前

b）倒圆角后

图 8.4.8　边倒圆特征 1

Step 6　创建图 8.4.9 所示的拉伸特征 1。选择下拉菜单 插入(S) ➡ 设计特征(E)▸ ➡ ▥ 拉伸(E)... 命令；选取 XY 平面为草图平面，绘制图 8.4.10 所示的截面草图；在 限制 区域的 开始 下拉列表框中选择 ▣ 对称值 选项，并在其下的 距离 文本框中输入值

80；在布尔区域的下拉列表框中选择 无 选项；在设置区域的 体类型 下拉列表框中选择 片体 选项，单击 〈确定〉 按钮，完成拉伸特征 1 的创建。

图 8.4.9　拉伸特征 1

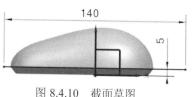

图 8.4.10　截面草图

Step 7　创建图 8.4.11 所示的基准平面 2 。选择下拉菜单 插入(S) ➡ 基准/点(D) ➡ □ 基准平面(D)... 命令；在类型区域的下拉列表框中选择 按某一距离 选项，选取 YZ 平面为平面参考；在偏置区域的 距离 文本框中输入 30；单击 〈确定〉 按钮，完成基准平面 2 的创建。

Step 8　创建图 8.4.12 所示的拉伸特征 2。选择下拉菜单 插入(S) ➡ 设计特征(E) ▶ ➡ 📖 拉伸(E)... 命令；选取基准平面 2 为草图平面，绘制图 8.4.13 所示的截面草图；在限制区域的开始下拉列表框中选择 值 选项，并在其下的距离文本框中输入值 0，在结束 下拉列表框中选择 值 选项，并在其下的距离文本框中输入值 40；在布尔区域的下拉列表框中选择 无 选项；在设置区域中的 体类型 下拉列表框中选择片体 选项，单击 〈确定〉 按钮，完成拉伸特征 2 的创建。

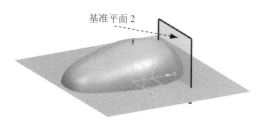

图 8.4.11　基准平面 2

图 8.4.12　拉伸特征 2

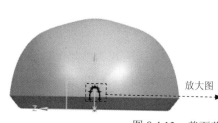

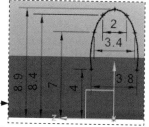

图 8.4.13　截面草图

Step 9　创建草图 5（隐藏缝合特征 1）。选择下拉菜单 插入(S) ➡ 🎨 在任务环境中绘制草图(V)... 命令，选取基准平面 2 为草图平面；绘制图 8.4.14 所示的草图。

Step 10 创建图 8.4.15 所示的有界平面 2。选择下拉菜单 插入(S) ➡ 曲面(R)▶ ➡ 📄 有界平面(P)... 命令；选取草图 5 为截面曲线，单击 < 确定 > 按钮，完成有界曲面 2 的创建。

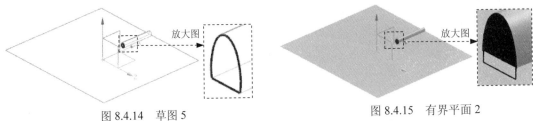

图 8.4.14　草图 5　　　　　　　　　　图 8.4.15　有界平面 2

Step 11 创建缝合特征 2。选择下拉菜单 插入(S) ➡ 组合(B) ▶ ➡ 📖 缝合(W)... 命令，选取拉伸 2 为目标体，选取有界平面 2 为工具体；单击 确定 按钮，完成缝合特征 2 的创建。

Step 12 创建图 8.4.16 所示的修剪和延伸 1。选择下拉菜单 插入(S) ➡ 修剪(T) ▶ ➡ 🖼 修剪与延伸(N)... 命令；在 类型 下拉列表框中选择 ☐ 制作拐角 选项，选取拉伸 1 为目标体,选取缝合 2 为工具体，并定义其修剪和延伸方向如图 8.4.16 所示；单击 确定 按钮，完成修剪和延伸特征 1 的创建（显示缝合特征 1）。

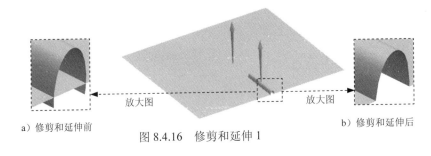

a）修剪和延伸前　　　　　　　　　　　　　　b）修剪和延伸后

图 8.4.16　修剪和延伸 1

Step 13 保存零件模型。选择下拉菜单 文件(F) ➡ 📄 保存(S) 命令，即可保存零件模型。

Task2. 创建底盖

下面要创建的底盖（down_cover.prt）是从一级控件（mouse_frame.prt）中分割出来的一部分，它继承了一级控件的相应外观形状，同时也为滚轮的创建提供必要的尺寸参考。下面讲解底盖的创建过程，零件模型及相应的模型树如图 8.4.17 所示。

Step 1 创建 down_cover 层。

（1）在"装配导航器"中右击 ☑ 📁 mouse_frame，在弹出的快捷菜单中选择 WAVE ▶ ➡ 新建级别 命令，系统弹出"新建级别"对话框。单击 指定部件名 按钮，在"选择部件名"对话框的 文件名(N): 文本框中输入 down_cover，单击 OK 按钮。

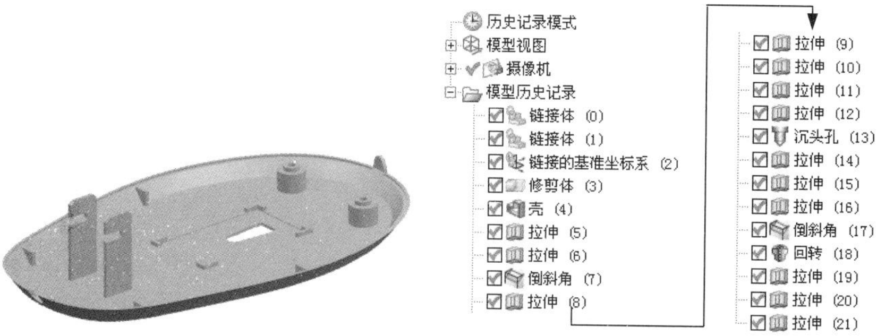

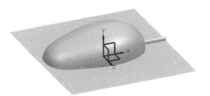

图 8.4.17　模型和模型树

（2）单击"新建级别"对话框中的 ▨▨▨ 类选择 ▨▨▨ 按钮，系统弹出"WAVE 组件间的复制"对话框，选取图 8.4.18 所示的一级控件（实体、片体及参考坐标系）为参照，单击两次 确定 按钮，完成 down_cover 层的创建。

（3）在"装配导航器"中右击 ☑🗃 down_cover，在弹出的快捷菜单中选择 🔲 设为显示部件 命令。

图 8.4.18　定义参照对象

Step 2　创建图 8.4.19 所示的修剪体特征 1。选择下拉菜单 插入(S) ➡ 修剪(T) ▸ ➡ 🔲 修剪体(T)... 命令；选取图 8.4.20 所示的目标体实体，选取图 8.4.20 所示的面为工具对象，并定义其修剪方向如图 8.4.20 所示；单击 确定 按钮，完成修剪特征 1 的创建。

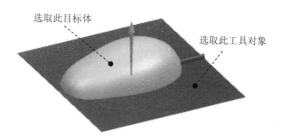

选取此目标体

选取此工具对象

图 8.4.19　修剪特征 1

图 8.4.20　定义修剪对象

Step 3　创建图 8.4.21 所示的抽壳特征 1。选择下拉菜单 插入(S) ➡ 偏置/缩放(O) ▸ ➡ 🔲 抽壳(H)... 命令；在 类型 区域的下拉列表框中选择 ⬡ 移除面，然后抽壳 选项，选取图 8.4.22 所示的模型表面（共三个面）为要移除的面，在 厚度 文本框中输入值 1.0，单击 ＜确定＞ 按钮，完成抽壳特征 1 的创建。

图 8.4.21　抽壳特征 1

选取此面组

图 8.4.22　定义移除面

Step 4　创建图 8.4.23 所示的拉伸特征 1。选择下拉菜单 插入(S) ➡ 设计特征(E) ▶ ➡ 拉伸(E)... 命令；选取图 8.4.23 所示的平面为草图平面，绘制图 8.4.24 所示的截面草图；在 限制 区域的 开始 下拉列表框中选择 值 选项，并在其下的 距离 文本框中输入值 0，在 限制 区域的 结束 下拉列表框中选择 值 选项，并在其下的 距离 文本框中输入值 20；在 布尔 区域的下拉列表框中选择 求和 选项，采用系统默认的求和对象；单击 < 确定 > 按钮，完成拉伸特征 1 的创建。

选取该平面

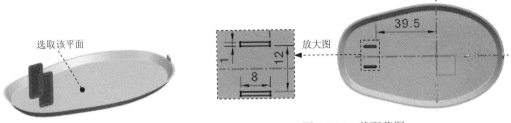

图 8.4.23　拉伸特征 1

放大图

39.5

图 8.4.24　截面草图

Step 5　创建图 8.4.25 所示的拉伸特征 2。选择下拉菜单 插入(S) ➡ 设计特征(E) ▶ ➡ 拉伸(E)... 命令；选取图 8.4.25 所示的平面为草图平面，绘制图 8.4.26 所示的截面草图；在 限制 区域的 开始 下拉列表框中选择 值 选项，并在其下的 距离 文本框中输入值 0，在 限制 区域的 结束 下拉列表框中选择 贯通 选项；在 布尔 区域的下拉列表框中选择 求差 选项，采用系统默认的求差对象；单击 < 确定 > 按钮，完成拉伸特征 2 的创建。

选取该平面

图 8.4.25　拉伸特征 2

放大图　R1　4

图 8.4.26　截面草图

Step 6　创建图 8.4.27b 所示的倒斜角特征 1。选择下拉菜单 插入(S) ➡ 细节特征(L) ▶ ➡ 倒斜角(C)... 命令；选择图 8.4.27a 所示的边线为倒斜角参照；在 偏置 区域的 横截面 下拉列表框中选择 对称 选项，并在 距离 文本框中输入值 1；单击 确定 按钮，完成倒斜角特征 1 的创建。

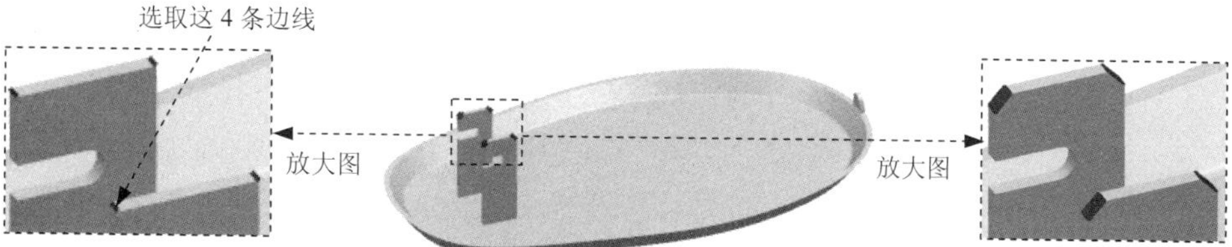

选取这 4 条边线

放大图　　　　　　　　放大图

a）倒斜角前　　　　　　　　　　　　　　　　　b）倒斜角后

图 8.4.27　倒斜角特征 1

Step 7 创建图 8.4.28 所示的拉伸特征 3。选择下拉菜单 插入(S) ➡ 设计特征(E) ➡ 拉伸(E)... 命令；选取图 8.4.28 所示的平面为草图平面，绘制图 8.4.29 所示的截面草图；在 限制 区域的 开始 下拉列表框中选择 值 选项，并在其下的 距离 文本框中输入值-1.6，在 限制 区域的 结束 下拉列表框中选择 值 选项，并在其下的 距离 文本框中输入值 4.8；在 布尔 区域的下拉列表框中选择 求和 选项，采用系统默认的求和对象；单击 < 确定 > 按钮，完成拉伸特征 3 的创建。

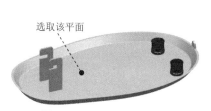

选取该平面

图 8.4.28　拉伸特征 3

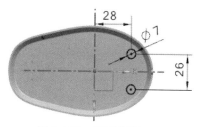

28　　φ7

26

图 8.4.29　截面草图

Step 8 创建图 8.4.30 所示的拉伸特征 4。选择下拉菜单 插入(S) ➡ 设计特征(E) ➡ 拉伸(E)... 命令；选取图 8.4.31 所示的模型边线为截面曲线；在 限制 区域的 开始 下拉列表框中选择 值 选项，并在其下的 距离 文本框中输入值 0，在 限制 区域的 结束 下拉列表框中选择 值 选项，并在其下的 距离 文本框中输入值 0.5；在 偏置 区域的 偏置 下拉列表框中选择 对称 选项，在 结束 文本框中输入值 0.5；在 布尔 区域的下拉列表框中选择 求差 选项，采用系统默认的求差对象；单击 < 确定 > 按钮，完成拉伸特征 4 的创建。

选取该边线

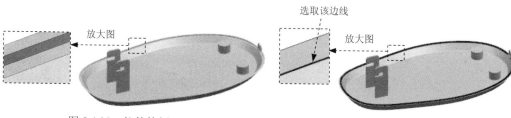

放大图　　　　　　　　　　　　　　　　放大图

图 8.4.30　拉伸特征 4　　　　　　　　　图 8.4.31　定义截面曲线

Step 9 创建图 8.4.32 所示的拉伸特征 5。选择下拉菜单 插入(S) ➡ 设计特征(E) ➡ 拉伸(E)... 命令；选取 YZ 平面为草图平面，绘制图 8.4.33 所示的截面草图；在 限制

区域的 开始 下拉列表框中选择 值 选项，并在其下的 距离 文本框中输入值 0，在 限制 区域的 结束 下拉列表框中选择 贯通 选项；在 布尔 区域的下拉列表框中选择 求差 选项，采用系统默认的求差对象；单击 < 确定 > 按钮，完成拉伸特征 5 的创建。

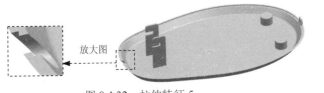

图 8.4.32　拉伸特征 5

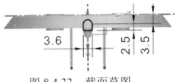

图 8.4.33　截面草图

Step 10　创建图 8.4.34 所示的拉伸特征 6。选择下拉菜单 插入(S) ➡ 设计特征(E) ▶ ➡ 拉伸(E)...命令；选取图 8.4.34 所示的平面为草图平面，绘制图 8.4.35 所示的截面草图；在 限制 区域的 开始 下拉列表框中选择 值 选项，并在其下的 距离 文本框中输入值 0，在 限制 区域的 结束 下拉列表框中选择 直至下一个 选项；在 偏置 区域的 偏置 下拉列表框中选择 对称 选项，在 结束 文本框中输入值 0.5；在 布尔 区域的下拉列表框中选择 求和 选项，采用系统默认的求和对象；单击 < 确定 > 按钮，完成拉伸特征 6 的创建。

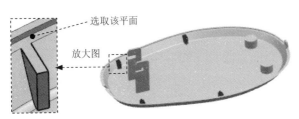

图 8.4.34　拉伸特征 6

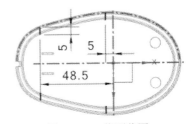

图 8.4.35　截面草图

Step 11　创建图 8.4.36 所示的拉伸特征 7。选择下拉菜单 插入(S) ➡ 设计特征(E) ▶ ➡ 拉伸(E)...命令；选取图 8.4.36 所示的平面为草图平面，绘制图 8.4.37 所示的截面草图；在 限制 区域的 开始 下拉列表框中选择 值 选项，并在其下的 距离 文本框中输入值 0，在 限制 区域的 结束 下拉列表框中选择 值 选项，并在其下的 距离 文本框中输入值 1.0；在 布尔 区域的下拉列表框中选择 求和 选项，采用系统默认的求和对象；单击 < 确定 > 按钮，完成拉伸特征 7 的创建。

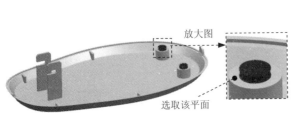

图 8.4.36　拉伸特征 7

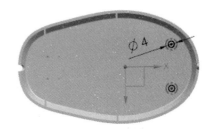

图 8.4.37　截面草图

Step 12 创建图 8.4.38 所示的沉头孔特征 1。选择下拉菜单 插入(S) ➡ 设计特征(E)▶
➡ 孔(H)... 命令；在 类型 区域的下拉列表框中选择 常规孔 选项，选取图
8.4.39 所示的两圆的圆心为放置位置；在 形状和尺寸 区域的 成形 下拉列表框中选择
沉头 选项，在 沉头直径 文本框中输入值 5.0，在 沉头深度 文本框中输入值 1.0，在 直径
文本框中输入值 2.0，在 深度限制 下拉列表框中选择 贯通体 选项；单击 < 确定 > 按钮，
完成沉头孔特征 1 的创建。

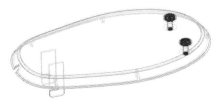

图 8.4.38　沉头孔特征 1

选取这两个圆的圆心

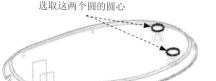

图 8.4.39　定义放置位置

Step 13 创建图 8.4.40 所示的拉伸特征 8。选择下拉菜单 插入(S) ➡ 设计特征(E)▶
➡ 拉伸(E)... 命令；选取图 8.4.40 所示的平面为草图平面，绘制图 8.4.41 所
示的截面草图；在 限制 区域的 开始 下拉列表框中选择 值 选项，并在其下的 距离 文
本框中输入值 0，在 限制 区域的 结束 下拉列表框中选择 值 选项，并在其下的 距离
文本框中输入值 0.5；在 布尔 区域的下拉列表框中选择 求差 选项，采用系统默认
的求差对象；单击 < 确定 > 按钮，完成拉伸特征 8 的创建。

选取该平面

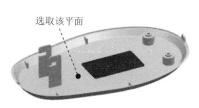

图 8.4.40　拉伸特征 8

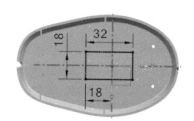

图 8.4.41　截面草图

Step 14 创建图 8.4.42 所示的拉伸特征 9。选择下拉菜单 插入(S) ➡ 设计特征(E)▶ ➡
拉伸(E)... 命令；选取图 8.4.42 所示的平面为草图平面，绘制图 8.4.43 所示的截
面草图；在 限制 区域的 开始 下拉列表框中选择 值 选项，并在其下的 距离 文本框中
输入值 0，在 限制 区域的 结束 下拉列表框中选择 值 选项，并在其下的 距离 文本
框中输入值 1.0；在 偏置 区域的 偏置 下拉列表框中选择 两侧 选项，在 开始 文本框中
输入 0，在 结束 文本框中输入 1；在 布尔 区域的下拉列表框中选择 求和 选项，采
用系统默认的求和对象；单击 < 确定 > 按钮，完成拉伸特征 9 的创建。

Step 15 创建图 8.4.44 所示的拉伸特征 10。选择下拉菜单 插入(S) ➡ 设计特征(E)▶
➡ 拉伸(E)... 命令；选取图 8.4.44 所示的平面为草图平面，绘制图 8.4.45 所

8 Chapter

示的截面草图；在 限制 区域的 开始 下拉列表框中选择 值 选项，并在其下的 距离 文本框中输入值 0，在 限制 区域的 结束 下拉列表框中选择 值 选项，并在其下的 距离 文本框中输入值 0.5；在 布尔 区域的下拉列表框中选择 求差 选项，采用系统默认的求差对象；单击 确定 按钮，完成拉伸特征 10 的创建。

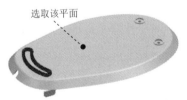

图 8.4.42　拉伸特征 9

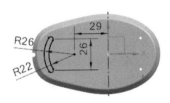

图 8.4.43　截面草图

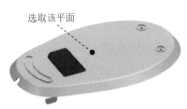

图 8.4.44　拉伸特征 10

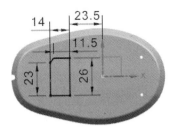

图 8.4.45　截面草图

Step 16　创建图 8.4.46b 所示的倒斜角特征 2。选择下拉菜单 插入(S) ➡ 细节特征(L) ➡ 倒斜角(C)... 命令；选择图 8.4.46a 所示的边线为倒斜角参照；在 偏置 区域的 横截面 下拉列表框中选择 对称 选项，并在 距离 文本框中输入值 1；单击 确定 按钮，完成倒斜角特征 2 的创建。

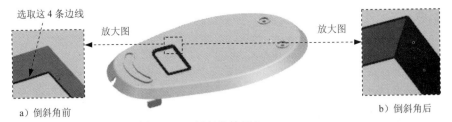

a）倒斜角前

b）倒斜角后

图 8.4.46　倒斜角特征 2

Step 17　创建图 8.4.47 所示的回转特征 1。选择 插入(S) ➡ 设计特征(E) ➡ 回转(R)... 命令；单击 按钮，选取 XY 基准平面为草图平面，绘制图 8.4.48 所示的截面草图，选取图 8.4.48 所示的直线为回转轴；在 限制 区域的 开始 下拉列表框中选择 值 选项，并在 角度 文本框中输入值 0，在 结束 下拉列表框中选择 值 选项，并在 角度 文本框中输入值 360；在 布尔 区域的下拉列表框中选择 求差 选项，采用系统默认的求差对象；单击 确定 按钮，完成回转特征 1 的创建。

图 8.4.47　回转特征 1

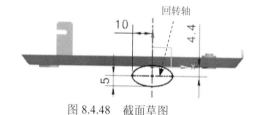

图 8.4.48　截面草图

Step 18 创建图 8.4.49 所示的拉伸特征 11。选择下拉菜单 插入(S) ➡ 设计特征(E) ▶
➡ 拉伸(E).. 命令；选取图 8.4.49 所示的平面为草图平面，绘制图 8.4.50 所
示的截面草图；在 限制 区域的 开始 下拉列表框中选择 值 选项，并在其下的 距离 文
本框中输入值 0，在 限制 区域的 结束 下拉列表框中选择 值 选项，并在其下的 距离
文本框中输入值 0.2；在 偏置 区域的 偏置 下拉列表框中选择 两侧 选项，在 开始 文本
框中输入值 0，在 结束 文本框中输入值 0.3；在 布尔 区域的下拉列表框中选择 求差
选项，采用系统默认的求差对象；单击 < 确定 > 按钮，完成拉伸特征 11 的创建。

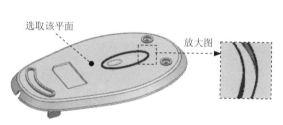

图 8.4.49　拉伸特征 11

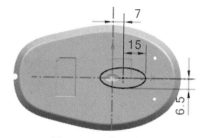

图 8.4.50　截面草图

Step 19 创建图 8.4.51 所示的拉伸特征 12。选择下拉菜单 插入(S) ➡ 设计特征(E) ▶
➡ 拉伸(E).. 命令；选取图 8.4.51 所示的平面为草图平面，绘制图 8.4.52 所
示的截面草图；在 限制 区域的 开始 下拉列表框中选择 值 选项，并在其下的 距离 文
本框中输入值 0，在 限制 区域的 结束 下拉列表框中选择 贯通 选项；在 布尔 区域的
下拉列表框中选择 求差 选项，采用系统默认的求差对象；单击 < 确定 > 按钮，
完成拉伸特征 12 的创建。

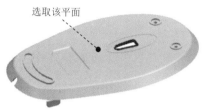

图 8.4.51　拉伸特征 12

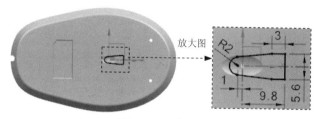

图 8.4.52　截面草图

Step 20 创建图 8.4.53 所示的拉伸特征 13。选择下拉菜单 插入(S) ➡ 设计特征(E) ▶

Chapter 8

➡ 🔲 拉伸(E)... 命令；选取图 8.4.53 所示的平面为草图平面，绘制图 8.4.54 所示的截面草图；在 限制 区域的 开始 下拉列表框中选择 🔲 值 选项，并在其下的 距离 文本框中输入值 0，在 限制 区域的 结束 下拉列表框中选择 🔲 值 选项，并在其下的 距离 文本框中输入值 1.0；在 偏置 区域的 偏置 下拉列表框中选择 两侧 选项，在 开始 文本框中输入值 0，在 结束 文本框中输入值 1.0，调整其拉伸方向如图 8.4.55 所示；在 布尔 区域的下拉列表框中选择 🔲 求和 选项，采用系统默认的求和对象；单击 〈 确定 〉 按钮，完成拉伸特征 13 的创建。

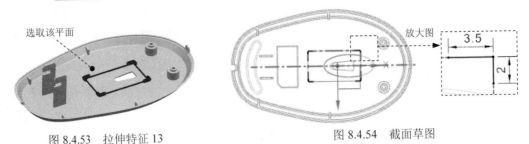

图 8.4.53　拉伸特征 13　　　　　　　　图 8.4.54　截面草图

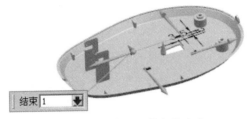

图 8.4.55　调整后的拉伸方向

Step 21 保存零件模型。选择下拉菜单 文件(F) ➡ 🔲 保存(S) 命令，即可保存零件模型。

Task3. 创建二级控件

下面要创建二级控件（first_frame.prt）是从一级控件（mouse_frame.prt）中分割出来的一部分，它继承了一级控件的相应外观形状，同时也为顶盖和按键的创建提供了相应的外观及尺寸参考，保证了设计零件的可装配性。下面讲解二级控件的创建过程，零件模型及相应的模型树如图 8.4.56 所示。

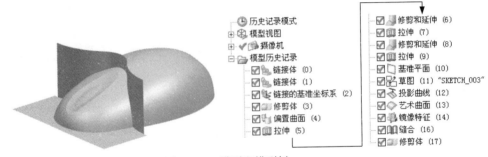

图 8.4.56　模型和模型树

Step 1　创建 first_frame 层。

（1）在"装配导航器"中右击☑🔧 mouse_frame，在弹出的快捷菜单中选择 WAVE ▶ ➡️
新建级别 命令，系统弹出"新建级别"对话框。单击 指定部件名 按钮，在"选择部件名"对话框的 文件名(N): 文本框中输入 first_frame，单击 OK 按钮。

（2）单击"新建级别"对话框中的 类选择 按钮，系统弹出"WAVE 组件间的复制"对话框，选取图 8.4.57 所示的一级控件（实体、片体及参考坐标系）为参照，单击两次 确定 按钮，完成 first_frame 层的创建。

（3）在"装配导航器"中右击☑🔧 first_frame，在弹出的快捷菜单中选择 🗔 设为显示部件 命令。

Step 2　创建图 8.4.58 所示的修剪特征 1。选择下拉菜单 插入(S) ➡️ 修剪(T) ▶ ➡️
🔲 修剪体(T)... 命令；选取图 8.4.59 所示的实体为目标体，选取图 8.4.59 所示的面为工具对象，并定义其修剪方向如图 8.4.59 所示；单击 确定 按钮，完成修剪特征 1 的创建。

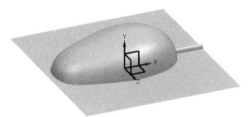

图 8.4.57　定义参照对象

图 8.4.58　修剪特征 1

Step 3　创建偏置曲面 1。选择下拉菜单 插入(S) ➡️ 偏置/缩放(O) ▶ ➡️ 🔲 偏置曲面(O)... 命令；选择图 8.4.60 所示的曲面为偏置曲面。单击"反向"按钮 ⚡，调整曲面朝模型的内部偏置。在 偏置 1 文本框中输入偏置距离值 1.5，单击 ‹ 确定 › 按钮，完成偏置曲面 1 的创建。

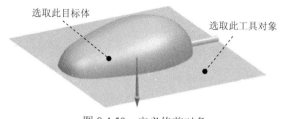

选取此目标体
选取此工具对象

图 8.4.59　定义修剪对象

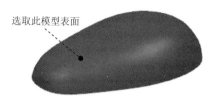

选取此模型表面

图 8.4.60　定义参照面

Step 4　创建图 8.4.61 所示的拉伸特征 1。选择下拉菜单 插入(S) ➡️ 设计特征(E) ▶ ➡️
🔲 拉伸(E)... 命令；选取 XZ 平面为草图平面，绘制图 8.4.62 所示的截面草图；在 限制 区域的 开始 下拉列表框中选择 🔲 值 选项，并在其下的 距离 文本框中输入值 0，在 限制

区域的 结束 下拉列表框中选择 值 选项，并在其下的 距离 文本框中输入值 40.0；在 布尔 区域的下拉列表框中选择 无 选项，在 设置 区域中的 体类型 下拉列表框中选择 片体 选项，单击 < 确定 > 按钮，完成拉伸特征 1 的创建。

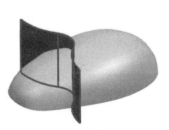

图 8.4.61　拉伸特征 1

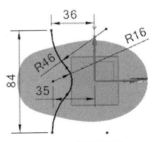

图 8.4.62　截面草图

Step **5**　创建图 8.4.63b 所示的修剪和延伸特征 1（隐藏实体）。选择下拉菜单 插入(S) ➡ 修剪(T) ▶ ➡ 修剪与延伸(N)... 命令；在 类型 下拉列表框中选择 制作拐角 选项，选取偏置曲面 1 为目标体，选取拉伸 1 为工具体，并定义其修剪和延伸方向如图 8.4.63a 所示；单击 确定 按钮，完成修剪和延伸特征 1 的创建。

a）修剪和延伸前

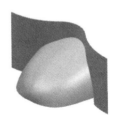

b）修剪和延伸后

图 8.4.63　修剪和延伸特征 1

Step **6**　创建图 8.4.64 所示的拉伸特征 2。选择下拉菜单 插入(S) ➡ 设计特征(E) ▶ ➡ 拉伸(E)... 命令；选取 XY 平面为草图平面，绘制图 8.4.65 所示的截面草图；在 限制 区域的 开始 下拉列表框中选择 对称值 选项，并在其下的 距离 文本框中输入值 45；在 布尔 区域的下拉列表框中选择 无 选项；在 设置 区域中的 体类型 下拉列表框中选择 片体 选项，单击 < 确定 > 按钮，完成拉伸特征 2 的创建。

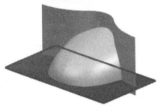

图 8.4.64　拉伸特征 2

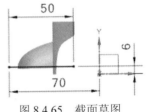

图 8.4.65　截面草图

Step 7　创建图 8.4.66b 所示的修剪和延伸特征 2。选择下拉菜单 插入(S) ➡ 修剪(T) ▶ ➡ 修剪与延伸(N)... 命令；选取图 8.4.66 所示的模型表面（共 5 个面）为目标体，选取拉伸 2 为工具体，并定义其修剪和延伸方向如图 8.4.66a 所示；单击 确定 按钮，完成修剪和延伸特征 2 的创建。

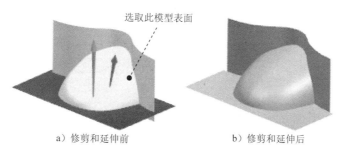

选取此模型表面

a）修剪和延伸前　　　　　　　b）修剪和延伸后

图 8.4.66　修剪和延伸特征 2

Step 8　创建图 8.4.67 所示的拉伸特征 3（显示实体）。选择下拉菜单 插入(S) ➡ 设计特征(E) ▶ ➡ 拉伸(E)... 命令；选取 XY 平面为草图平面，绘制图 8.4.68 所示的截面草图；在 限制 区域的 开始 下拉列表框中选择 值 选项，并在其下的 距离 文本框中输入值 0，在 限制 区域的 结束 下拉列表框中选择 值 选项，并在其下的 距离 文本框中输入值 6；在 布尔 区域的下拉列表框中选择 无 选项；在 设置 区域中的 体类型 下拉列表框中选择 片体 选项，单击 < 确定 > 按钮，完成拉伸特征 3 的创建。

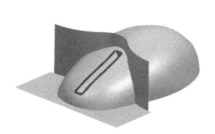

图 8.4.67　拉伸特征 3

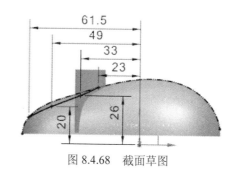

图 8.4.68　截面草图

Step 9　创建图 8.4.69 所示的基准平面 1。选择下拉菜单 插入(S) ➡ 基准/点(D) ➡ 基准平面(D)... 命令；在 类型 区域的下拉列表框中选择 按某一距离 选项，选取 XZ 平面为平面参考；在 偏置 区域的 距离 文本框中输入 35；单击 < 确定 > 按钮，完成基准平面 1 的创建。

Step 10　创建草图 1。选择下拉菜单 插入(S) ➡ 在任务环境中绘制草图(V)... 命令，选取基准平面 1 为草图平面，绘制图 8.4.70 所示的草图。

Step 11　创建图 8.4.71 所示的投影曲线 1。选择下拉菜单 插入(S) ➡ 来自曲线集的曲线(F) ▶ ➡ 投影(P)... 命令；在 要投影的曲线或点 区域选取草图 1 为要投影的曲线，选取

图 8.4.72 所示的面为投影面；在 投影方向 的 方向 下拉列表框中选择 沿矢量 选项，选取 Y 轴的负方向作为矢量参考方向，其他采用系统默认对象，单击 < 确定 > 按钮，完成投影曲线 1 的创建。

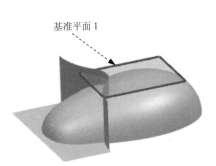

图 8.4.69 基准平面 1

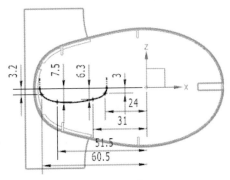

图 8.4.70 草图 1

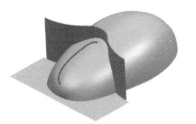

图 8.4.71 投影曲线 1

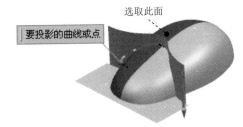

图 8.4.72 要投影的线

Step 12 创建图 8.4.73 所示的艺术曲面 1。选择下拉菜单 插入(S) ➡ 网格曲面(M) ➡ 艺术曲面(U)... 命令；分别选取投影曲线 1 和图 8.4.74 所示的边线（隐藏实体）为截面曲线；在 连续性 区域的 最后截面 下拉列表框中选择 G1（相切） 选项，选取曲面拉伸 3 为要相切的对象；单击 < 确定 > 按钮，完成艺术曲面 1 的创建。

Step 13 创建图 8.4.75 所示的镜像特征 1。选择下拉菜单 插入(S) ➡ 关联复制(A) ➡ 镜像特征(M)... 命令；选取上一步创建的艺术曲面 1 为要镜像的特征，选取 XY 基准平面作为镜像平面，单击 确定 按钮，完成镜像特征 1 的创建。

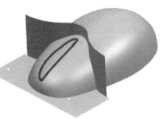

图 8.4.73 艺术曲面 1

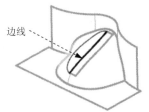

图 8.4.74 定义截面曲线

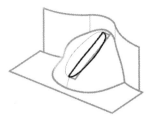

图 8.4.75 镜像特征 1

Step 14 创建缝合特征 1。选择下拉菜单 插入(S) ➡ 组合(B) ➡ 缝合(W)... 命令，选取艺术曲面 1 为目标体，选取镜像 1 为工具体；单击 确定 按钮，完成缝合特征 1 的创建。

Step15　创建图 8.4.76 所示的修剪特征 2（显示实体）。选择下拉菜单 插入(S) ➡ 修剪(T) ▶ ➡ 修剪体(T)... 命令；选取图 8.4.77 所示的目标体实体，选取缝合特征 1 为工具对象，并定义其修剪方向如图 8.4.77 所示；单击 确定 按钮，完成修剪特征 2 的创建。

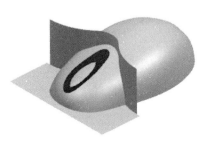

图 8.4.76　修剪特征 2

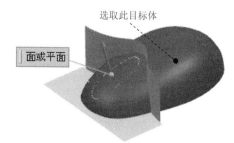

图 8.4.77　定义修剪对象

Step16　保存零件模型。选择下拉菜单 文件(F) ➡ 保存(S) 命令，即可保存零件模型。

Task4. 创建顶盖

下面要创建的顶盖（top_cover.prt）是从二级控件（first_frame.prt）中分割出来的，并经过必要的细化而得到最终模型。下面讲解顶盖的创建过程，零件模型及相应的模型树如图 8.4.78 所示。

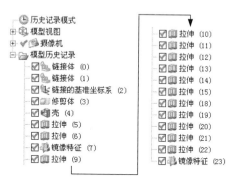

图 8.4.78　模型和模型树

Step1　创建 top_cover 层。

（1）在"装配导航器"中右击 ☑ first_frame ，在弹出的快捷菜单中选择 WAVE ▶ ➡ 新建级别 命令，系统弹出"新建级别"对话框。单击 指定部件名 按钮，在"选择部件名"对话框的 文件名(N): 文本框中输入 top_cover，单击 OK 按钮。

（2）单击"新建级别"对话框中的 类选择 按钮，系统弹出"WAVE 组件间的复制"对话框，选取图 8.4.79 所示的二级控件（实体、片体及参考坐标系）为参照，单击两次 确定 按钮，完成 top_cover 层的创建。

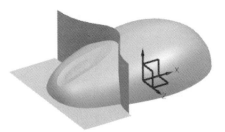

图 8.4.79　定义参照对象

（3）在"装配导航器"中右击 ☑ ⬜ top_cover，在弹出的快捷菜单中选择 🔲 设为显示部件 命令。

Step 2　创建图 8.4.80 所示的修剪特征 1。选择下拉菜单 插入(S) ➡ 修剪(T) ▶ ➡
⬜ 修剪体(T)... 命令；选取图 8.4.81 所示的目标体实体，选取图 8.4.81 所示的面为工具对象，并定义其修剪方向如图 8.4.81 所示；单击 确定 按钮，完成修剪特征 1 的创建。

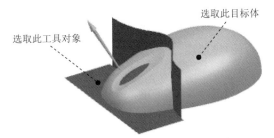

选取此工具对象

选取此目标体

图 8.4.80　修剪特征 1

图 8.4.81　定义修剪对象

Step 3　创建图 8.4.82 所示的抽壳特征 1。选择下拉菜单 插入(S) ➡ 偏置/缩放(O) ▶
➡ 🔲 抽壳(H)... 命令；在 类型 区域的下拉列表框中选择 🔲 移除面，然后抽壳 选项，选取图 8.4.83 所示的模型表面（共三个面）为要移除的面，在 厚度 文本框中输入值 1.0，单击 〈 确定 〉按钮，完成抽壳特征 1 的创建。

说明：如果抽壳厚度为 1.0mm 时无法完成，可以适当微调厚度数值。

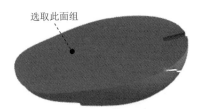

选取此面组

图 8.4.82　抽壳特征 1

图 8.4.83　定义移除面

Step 4　创建图 8.4.84 所示的拉伸特征 1。选择下拉菜单 插入(S) ➡ 设计特征(E) ▶ ➡
⬜ 拉伸(E)... 命令；选取 XZ 平面为草图平面，绘制图 8.4.85 所示的截面草图；在 限制

区域的 开始 下拉列表框中选择 值 选项，并在其下的 距离 文本框中输入值 0，在 限制 区域的 结束 下拉列表框中选择 贯通 选项；在布尔区域的下拉列表框中选择 求差 选项，采用系统默认的求差对象；单击 < 确定 > 按钮，完成拉伸特征 1 的创建。

图 8.4.84　拉伸特征 1

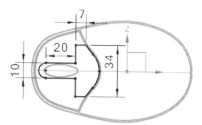

图 8.4.85　截面草图

Step 5 创建图 8.4.86 所示的拉伸特征 2。选择下拉菜单 插入(S) ➡ 设计特征(E) ▶ ➡ 拉伸(E)... 命令；选取 XZ 平面为草图平面，绘制图 8.4.87 所示的截面草图；在 限制 区域的 开始 下拉列表框中选择 值 选项，并在其下的 距离 文本框中输入值 0，在 限制 区域的 结束 下拉列表框中选择 直至延伸部分 选项，并选取图 8.4.88 所示的模型表面为延伸至对象；在布尔区域的下拉列表框中选择 求差 选项，采用系统默认的求差对象；单击 < 确定 > 按钮，完成拉伸特征 2 的创建。

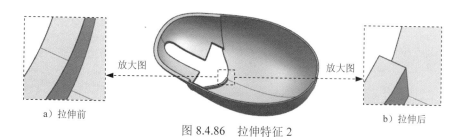

a）拉伸前　　　　　　　　　　　　　　　　　　　　　　b）拉伸后

图 8.4.86　拉伸特征 2

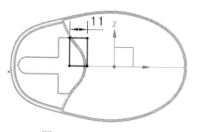

图 8.4.87　截面草图

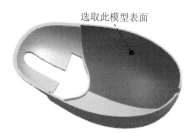

图 8.4.88　定义延伸至对象

Step 6 创建图 8.4.89 所示的镜像特征 1。选择下拉菜单 插入(S) ➡ 关联复制(A) ▶ ➡ 镜像特征(M)... 命令；选取上一步创建的拉伸特征 2 为要镜像的特征，选取 XY 基准平面作为镜像平面，单击 确定 按钮，完成镜像特征 1 的创建。

Step 7 创建图 8.4.90 所示的拉伸特征 3。选择下拉菜单 插入(S) ➡ 设计特征(E) ▶ ➡

Chapter
8

拉伸(E)...命令；选取 XZ 平面为草图平面，绘制图 8.4.91 所示的截面草图；在 限制 区域的 开始 下拉列表框中选择 值 选项，并在其下的 距离 文本框中输入值 0，在 限制 区域的 结束 下拉列表框中选择 贯通 选项；在 布尔 区域的下拉列表框中选择 求差 选项，采用系统默认的求差对象；单击 < 确定 > 按钮，完成拉伸特征 3 的创建。

图 8.4.89　镜像特征 1

图 8.4.90　拉伸特征 3

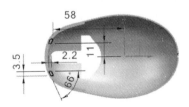
图 8.4.91　截面草图

Step 8　创建图 8.4.92 所示的拉伸特征 4。选择下拉菜单 插入(S) ➡ 设计特征(E) ▶ ➡ 拉伸(E)...命令；选取图 8.4.92 所示的平面为草图平面，绘制图 8.4.93 所示的截面草图（外侧轮廓向内偏置）；在 限制 区域的 开始 下拉列表框中选择 值 选项，并在其下的 距离 文本框中输入值 0，在 限制 区域的 结束 下拉列表框中选择 值 选项，并在其下的 距离 文本框中输入值 0.5；在 偏置 区域的 偏置 下拉列表框中选择 两侧 选项，在 开始 文本框中输入值 -0.5，在 结束 文本框中输入值 0；在 布尔 区域的下拉列表框中选择 求和 选项，采用系统默认的求和对象；单击 < 确定 > 按钮，完成拉伸特征 4 的创建。

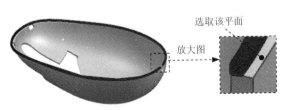
图 8.4.92　拉伸特征 4

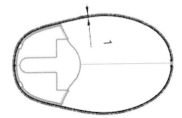
图 8.4.93　截面草图

Step 9　创建图 8.4.94 所示的拉伸特征 5。选择下拉菜单 插入(S) ➡ 设计特征(E) ▶ ➡ 拉伸(E)...命令；选取 XZ 平面为草图平面，绘制图 8.4.95 所示的截面草图；在 限制 区域的 开始 下拉列表框中选择 值 选项，并在其下的 距离 文本框中输入值 0，在 限制 区域的 结束 下拉列表框中选择 贯通 选项；在 布尔 区域的下拉列表框中选择 求差 选项，采用系统默认的求差对象；单击 < 确定 > 按钮，完成拉伸特征 5 的创建。

Step 10　创建图 8.4.96 所示的拉伸特征 6。选择下拉菜单 插入(S) ➡ 设计特征(E) ▶ ➡ 拉伸(E)...命令；选取 XZ 平面为草图平面，绘制图 8.4.97 所示的截面草图；在 限制 区域的 开始 下拉列表框中选择 值 选项，并在其下的 距离 文本框中输入

值 0，在 限制 区域的 结束 下拉列表框中选择 贯通 选项；在 布尔 区域的下拉列表框
中选择 求差 选项，采用系统默认的求差对象；单击 < 确定 > 按钮，完成拉伸特
征 6 的创建。

图 8.4.94　拉伸特征 5

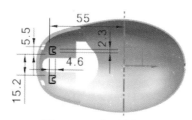
图 8.4.95　截面草图

图 8.4.96　拉伸特征 6

Step 11　创建图 8.4.98 所示的拉伸特征 7。选择下拉菜单 插入(S) ➡ 设计特征(E) ▶ ➡
拉伸(E)... 命令；选取 XZ 平面为草图平面，绘制图 8.4.99 所示的截面草图；在 限制
区域的 开始 下拉列表框中选择 值 选项，并在其下的 距离 文本框中输入值 5.8，在
限制 区域的 结束 下拉列表框中选择 直至下一个 选项；在 布尔 区域的下拉列表框中
选择 求和 选项，采用系统默认的求和对象；单击 < 确定 > 按钮，完成拉伸特征 7
的创建。

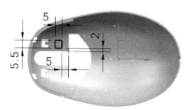
图 8.4.97　截面草图

图 8.4.98　拉伸特征 7

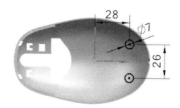
图 8.4.99　截面草图

Step 12　创建图 8.4.100 所示的拉伸特征 8。选择下拉菜单 插入(S) ➡ 设计特征(E) ▶ ➡
拉伸(E)... 命令；选取图 8.4.100 所示的模型表面为草图平面，绘制图 8.4.101 所
示的截面草图；在 限制 区域的 开始 下拉列表框中选择 值 选项，并在其下的 距离 文
本框中输入值 0，在 限制 区域的 结束 下拉列表框中选择 值 选项，并在其下的 距离
文本框中输入值 2.0；在 布尔 区域的下拉列表框中选择 求差 选项，采用系统默认
的求差对象；单击 < 确定 > 按钮，完成拉伸特征 8 的创建。

放大图

选取该模型表面

图 8.4.100　拉伸特征 8

图 8.4.101　截面草图

Step 13 创建图 8.4.102 所示的拉伸特征 9。选择下拉菜单 插入(S) ➡ 设计特征(E)▶ ➡
📖 拉伸(E)...命令；选取图 8.4.102 所示的模型表面为草图平面，绘制图 8.4.103 所示的截面草图；在 限制 区域的 开始 下拉列表框中选择 📦 值 选项，并在其下的 距离 文本框中输入值 0，在 限制 区域的 结束 下拉列表框中选择 📦 值 选项，并在其下的 距离 文本框中输入值 21；在 布尔 区域的下拉列表框中选择 📦 求差 选项，采用系统默认的求差对象；单击 ⟨ 确定 ⟩ 按钮，完成拉伸特征 9 的创建。

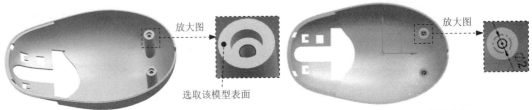

图 8.4.102　拉伸特征 9　　　　　　　　　图 8.4.103　截面草图

Step 14 创建图 8.4.104 所示的拉伸特征 10。选择下拉菜单 插入(S) ➡ 设计特征(E)▶ ➡
📖 拉伸(E)...命令；选取 XZ 平面为草图平面，绘制图 8.4.105 所示的截面草图；在 限制 区域的 开始 下拉列表框中选择 📦 值 选项，并在其下的 距离 文本框中输入值 4.5，在 限制 区域的 结束 下拉列表框中选择 📦 直至下一个 选项；在 偏置 区域的 偏置 下拉列表框中选择 对称 选项，在 结束 文本框中输入值 0.5；在 布尔 区域的下拉列表框中选择 📦 求和 选项，采用系统默认的求和对象；单击 ⟨ 确定 ⟩ 按钮，完成拉伸特征 10 的创建。

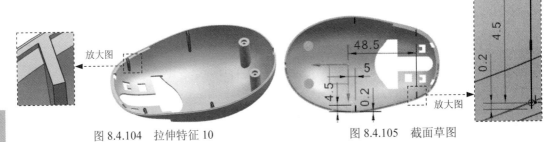

图 8.4.104　拉伸特征 10　　　　　　　　图 8.4.105　截面草图

Step 15 创建图 8.4.106 所示的拉伸特征 11。选择下拉菜单 插入(S) ➡ 设计特征(E)▶ ➡
📖 拉伸(E)...命令；选取 XZ 平面为草图平面，绘制图 8.4.107 所示的截面草图；在 限制 区域的 开始 下拉列表框中选择 📦 值 选项，并在其下的 距离 文本框中输入值 26，在 限制 区域的 结束 下拉列表框中选择 📦 直至下一个 选项；在 布尔 区域的下拉列表框中选择 📦 求和 选项，采用系统默认的求和对象；单击 ⟨ 确定 ⟩ 按钮，完成拉伸特征 11 的创建。

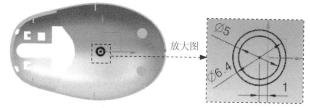

图 8.4.106　拉伸特征 11　　　　　　图 8.4.107　截面草图

Step 16 创建图 8.4.108 所示的拉伸特征 12。选择下拉菜单 插入(S) ➡ 设计特征(E)▶ ➡
 拉伸(E)... 命令；选取 XZ 平面为草图平面，绘制图 8.4.109 所示的截面草图；在
限制 区域的 开始 下拉列表框中选择 值 选项，并在其下的 距离 文本框中输入值 26，
在 限制 区域的 结束 下拉列表框中选择 直至下一个 选项；在 偏置 区域的 偏置 下拉列
表框中选择 对称 选项，在 结束 文本框中输入值 0.5；在 布尔 区域的下拉列表框中选
择 求和 选项，采用系统默认的求和对象；单击 <确定> 按钮，完成拉伸特征 12
的创建。

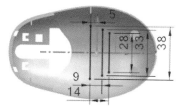

图 8.4.108　拉伸特征 12　　　　　　图 8.4.109　截面草图

Step 17 创建图 8.4.110 所示的拉伸特征 13。选择下拉菜单 插入(S) ➡ 设计特征(E)▶ ➡
 拉伸(E)... 命令；选取 XZ 平面为草图平面，绘制图 8.4.111 所示的截面草图；在
限制 区域的 开始 下拉列表框中选择 值 选项，并在其下的 距离 文本框中输入值 26，
在 限制 区域的 结束 下拉列表框中选择 直至下一个 选项；在 布尔 区域的下拉列表框
中选择 求和 选项，采用系统默认的求和对象；单击 <确定> 按钮，完成拉伸特
征 13 的创建。

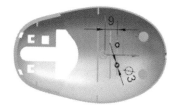

图 8.4.110　拉伸特征 13　　　　　　图 8.4.111　截面草图

Step 18 创建图 8.4.112 所示的拉伸特征 14。选择下拉菜单 插入(S) ➡ 设计特征(E)▶ ➡
 拉伸(E)... 命令；选取 XZ 平面为草图平面，绘制图 8.4.113 所示的截面草图；在

限制区域的**开始**下拉列表框中选择 **值** 选项，并在其下的**距离**文本框中输入值 26，在**限制**区域的**结束**下拉列表框中选择 **直至延伸部分** 选项，并选取模型表面为延伸至对象；在**布尔**区域的下拉列表框中选择 **求差** 选项，采用系统默认的求差对象；单击 **< 确定 >** 按钮，完成拉伸特征 14 的创建。

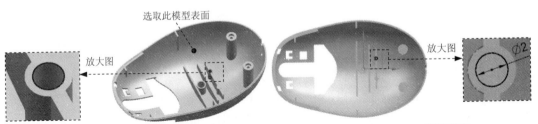

图 8.4.112　拉伸特征 14　　　　　　　　图 8.4.113　截面草图

Step 19 创建图 8.4.114 所示的镜像特征 2。选择下拉菜单**插入(S)** ➡ **关联复制(A)** ➡ **镜像特征(M)...** 命令；选取上一步创建的拉伸特征 14 为要镜像的特征，选取 XY 基准平面作为镜像平面，单击 **确定** 按钮，完成镜像特征 2 的创建。

图 8.4.114　镜像特征 2

Step 20 保存零件模型。选择下拉菜单**文件(F)** ➡ **保存(S)** 命令，即可保存零件模型。

Task5. 创建按键

下面要创建的按键（mouse_key.prt）是从二级控件（first_frame.prt）中分割出来的，并经过必要的细化而得到最终模型。下面讲解按键的创建过程，零件模型及相应的模型树如图 8.4.115 所示。

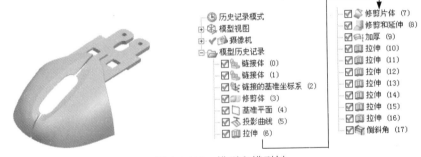

图 8.4.115　模型和模型树

Step **1**　创建 mouse_key 层。

（1）在"装配导航器"中右击 ☑📦 first_frame，在弹出的快捷菜单中选择 WAVE ▶ ➡
新建级别 命令，系统弹出"新建级别"对话框。单击 指定部件名 按钮，在"选
择部件名"对话框的 文件名(N): 文本框中输入 mouse_key，单击 OK 按钮。

（2）单击"新建级别"对话框中的 类选择 按钮，系统弹出"WAVE 组件间
的复制"对话框，选取图 8.4.116 所示的二级控件（实体、片体及参考坐标系）为参照，
单击两次 确定 按钮，完成 mouse_key 层的创建。

（3）在"装配导航器"中右击 ☑📦 mouse_key，在弹出的快捷菜单中选择 📦 设为显示部件
命令。

Step **2**　创建图 8.4.117 所示的修剪特征 1。选择下拉菜单 插入(S) ➡ 修剪(T) ▶ ➡
◻ 修剪体(T)... 命令；选取图 8.4.118 所示的目标体实体，选取图 8.4.118 所示的模
型表面为工具对象，并定义其修剪方向如图 8.4.118 所示；单击 确定 按钮，完
成修剪特征 1 的创建。

图 8.4.116　定义参照对象

图 8.4.117　修剪特征 1

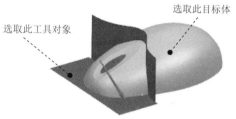
选取此目标体
选取此工具对象
图 8.4.118　定义修剪对象

Step **3**　创建图 8.4.119 所示的基准平面 1。选择下拉菜单 插入(S) ➡ 基准/点(D)
➡ ◻ 基准平面(D)... 命令；在 类型 区域的下拉列表框中选择 按某一距离 选项，选
取 XZ 平面为平面参考，在 偏置 区域的 距离 文本框中输入 25；单击 ＜ 确定 ＞ 按钮，
完成基准平面 1 的创建。

Step **4**　创建图 8.4.120 所示的投影曲线 1。选择下拉菜单 插入(S) ➡ 来自曲线集的曲线(F)▶
➡ 投影(P)... 命令；在 要投影的曲线或点 区域选取图 8.4.121 所示的边链为要投影
的曲线，选取基准平面 1 为投影面；在 投影方向 的 方向 下拉列表框中选择 沿面的法向 选
项，其他采用系统默认对象，单击 ＜ 确定 ＞ 按钮，完成投影曲线 1 的创建。

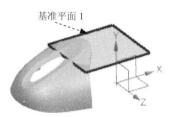
基准平面 1
图 8.4.119　基准平面 1

图 8.4.120　投影曲线 1

选取此边链
图 8.4.121　要投影的曲线

Step **5** 创建图 8.4.122 所示的拉伸特征 1。选择下拉菜单 插入(S) ➡ 设计特征(E) ▶ ➡ 🔲 拉伸(E)... 命令；选取投影曲线 1 为截面轮廓；在 限制 区域的 开始 下拉列表框中选择 🔟 值 选项，并在其下的 距离 文本框中输入值 0，在 限制 区域的 结束 下拉列表框中选择 🔟 值 选项，并在其下的 距离 文本框中输入值 10；在 布尔 区域的下拉列表框中选择 🔵 无 选项；在 设置 区域中的 体类型 下拉列表框中选择 片体 选项，单击 〈 确定 〉按钮，完成拉伸特征 1 的创建。

Step **6** 创建图 8.4.123 所示的修剪片体特征 1。选择下拉菜单 插入(S) ➡ 修剪(T) ▶ ➡ 🔵 修剪片体(R)... 命令；选取拉伸特征 1 为目标体，选取图 8.4.124 所示的模型表面为边界对象，在 区域 区域中选中 ⦿ 舍弃 单选按钮，单击 确定 按钮，完成修剪片体特征 1 的创建。

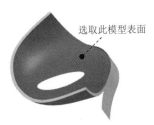

图 8.4.122　拉伸特征 1　　　　图 8.4.123　修剪片体特征 1　　　　图 8.4.124　定义边界对象

Step **7** 创建图 8.4.125b 所示的修剪和延伸 1。选择下拉菜单 插入(S) ➡ 修剪(T) ▶ ➡ 🔵 修剪与延伸(N)... 命令；在 类型 下拉列表框中选择 按距离 选项，选取图 8.4.125a 所示的边为要移动的对象，在 距离 文本框中输入 0.1，单击 确定 按钮，完成修剪和延伸特征 1 的创建。

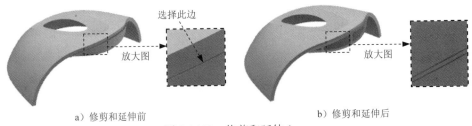

a）修剪和延伸前　　　　　　　　b）修剪和延伸后

图 8.4.125　修剪和延伸 1

Step **8** 创建图 8.4.126 所示的加厚特征 1。选择下拉菜单 插入(S) ➡ 偏置/缩放(O) ▶ ➡ 🔵 加厚(T)... 命令；选取修剪片体 1 为加厚面，加厚方向朝模型的内部，在 偏置 1 文本框中输入 1.0；在 布尔 区域的下拉列表框中选择 🔵 求和 选项，采用系统默认的求和对象；单击 〈 确定 〉按钮，完成曲面加厚操作。

Step **9** 创建图 8.4.127 所示的拉伸特征 2。选择下拉菜单 插入(S) ➡ 设计特征(E) ▶ ➡

8
Chapter

[图]拉伸(E)...命令；选取基准平面 1 为草图平面，绘制图 8.4.128 所示的截面草图；在[限制]区域的[开始]下拉列表框中选择[值]选项，并在其下的[距离]文本框中输入值 0，在[限制]区域的[结束]下拉列表框中选择[值]选项，并在其下的[距离]文本框中输入值 1.0；在[布尔]区域的下拉列表框中选择[求和]选项，采用系统默认的求和对象；单击<确定>按钮，完成拉伸特征 2 的创建。

图 8.4.126　加厚特征 1

图 8.4.127　拉伸特征 2

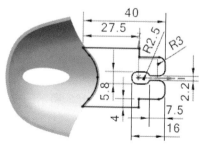

图 8.4.128　截面草图

Step 10　创建图 8.4.129 所示的拉伸特征 3。选择下拉菜单[插入(S)] ➡ [设计特征(E)▶] ➡ [拉伸(E)...]命令；选取基准平面 1 为草图平面，绘制图 8.4.130 所示的截面草图；在[限制]区域的[开始]下拉列表框中选择[值]选项，并在其下的[距离]文本框中输入值 0，在[限制]区域的[结束]下拉列表框中选择[贯通]选项；在[布尔]区域的下拉列表框中选择[求差]选项，采用系统默认的求差对象；单击<确定>按钮，完成拉伸特征 3 的创建。

Step 11　创建图 8.4.131 所示的拉伸特征 4。选择下拉菜单[插入(S)] ➡ [设计特征(E)▶] ➡ [拉伸(E)...]命令；选取基准平面 1 为草图平面，绘制图 8.4.132 所示的截面草图；在[限制]区域的[开始]下拉列表框中选择[贯通]选项，在[限制]区域的[结束]下拉列表框中选择[贯通]选项；在[布尔]区域的下拉列表框中选择[求差]选项，采用系统默认的求差对象；单击<确定>按钮，完成拉伸特征 4 的创建。

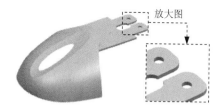

图 8.4.129　拉伸特征 3

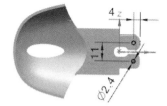

图 8.4.130　截面草图

图 8.4.131　拉伸特征 4

Step 12　创建图 8.4.133 所示的拉伸特征 5。选择下拉菜单[插入(S)] ➡ [设计特征(E)▶] ➡ [拉伸(E)...]命令；选取图 8.4.133 所示的模型表面为草图平面，绘制图 8.4.134 所示的截面草图；在[限制]区域的[开始]下拉列表框中选择[值]选项，并在其下的[距离]文本框中输入值 0，在[限制]区域的[结束]下拉列表框中选择[贯通]选项；在

Chapter 8

布尔区域的下拉列表框中选择 [求差] 选项，采用系统默认的求差对象；单击 〈 确定 〉按钮，完成拉伸特征 5 的创建。

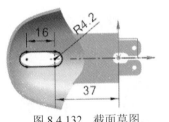

图 8.4.132　截面草图

图 8.4.133　拉伸特征 5

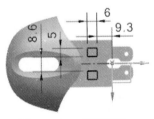

图 8.4.134　截面草图

Step 13　创建图 8.4.135 所示的拉伸特征 6。选择下拉菜单 插入(S) ➡ 设计特征(E)▶ ➡ [拉伸(E)..]命令；选取基准平面 1 为草图平面，绘制图 8.4.136 所示的截面草图；在 限制 区域的 开始 下拉列表框中选择 [贯通] 选项，在 限制 区域的 结束 下拉列表框中选择 [贯通] 选项；在 偏置 区域的 偏置 下拉列表框中选择 [对称] 选项，在 结束 文本框中输入值 0.5；在 布尔区域的下拉列表框中选择 [求差] 选项，采用系统默认的求差对象；单击〈 确定 〉按钮，完成拉伸特征 6 的创建。

Step 14　创建图 8.4.137 所示的拉伸特征 7。选择下拉菜单 插入(S) ➡ 设计特征(E)▶ ➡ [拉伸(E)..]命令；选取基准平面 1 为草图平面，绘制图 8.4.138 所示的截面草图；在 限制 区域的 开始 下拉列表框中选择 [值] 选项，并在其下的 距离 文本框中输入值 0，在 限制 区域的 结束 下拉列表框中选择 [值] 选项，并在其下的 距离 文本框中输入值 1.0；在 布尔区域的下拉列表框中选择 [求和] 选项，采用系统默认的求和对象；单击〈 确定 〉按钮，完成拉伸特征 7 的创建。

图 8.4.135　拉伸特征 6

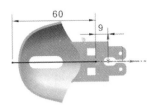

图 8.4.136　截面草图

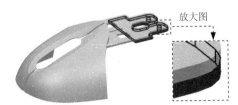

图 8.4.137　拉伸特征 7

Step 15　创建图 8.4.139 所示的拉伸特征 8。选择下拉菜单 插入(S) ➡ 设计特征(E)▶ ➡ [拉伸(E)..]命令；选取图 8.4.138 所示的模型表面为草图平面，绘制图 8.4.140 所示的截面草图；在 限制 区域的 开始 下拉列表框中选择 [值] 选项，并在其下的 距离 文本框中输入值 0，在 限制 区域的 结束 下拉列表框中选择 [值] 选项，并在其下的 距离 文本框中输入值 1.0；在 布尔区域的下拉列表框中选择 [求和] 选项，采用系统默认的求和对象；单击〈 确定 〉按钮，完成拉伸特征 8 的创建。

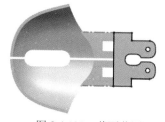
图 8.4.138　截面草图

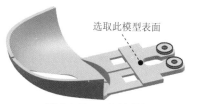
选取此模型表面
图 8.4.139　拉伸特征 8

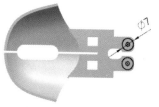
∅7
图 8.4.140　截面草图

Step 16 创建图 8.4.141b 所示的倒斜角特征 1。选择下拉菜单 `插入(S)` ➡ `细节特征(L) ▶`
➡ `倒斜角(C)...` 命令；选择图 8.4.141a 所示的 2 条边链为倒斜角参照；在 `偏置`
区域的 `横截面` 下拉列表框中选择 `对称` 选项，并在 `距离` 文本框中输入值 0.4；在
`设置` 区域的 `偏置方法` 下拉列表框中选择 `偏置面并修剪` 选项；单击 `确定` 按钮，完成倒
斜角特征 1 的创建。

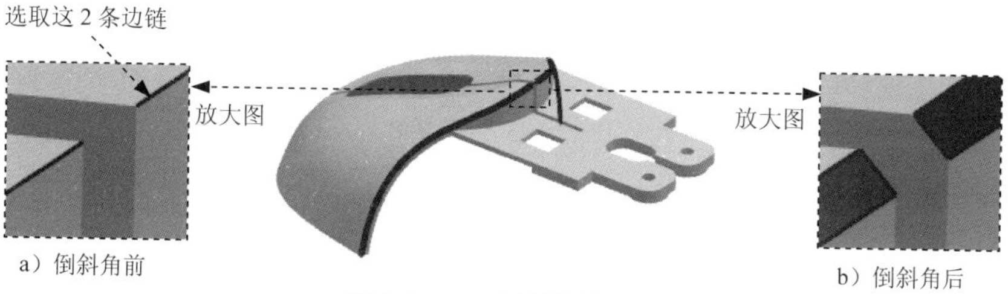

选取这 2 条边链

放大图　　　　　　　　　　　　　　　　　　放大图

a）倒斜角前　　　　　　　　　　　　　　　　b）倒斜角后

图 8.4.141　倒斜角特征 1

Step 17 保存零件模型。选择下拉菜单 `文件(F)` ➡ `保存(S)` 命令，即可保存零件模型。

Task6. 创建滚轮

下面要创建的滚轮（mouse_wheel.prt）是通过底盖（down_cover.prt）提供其必要的尺
寸参考来进行创建的，其设计过程主要运用了拉伸、面倒圆及倒斜角等命令。下面讲解滚
轮的创建过程，零件模型及相应的模型树如图 8.4.142 所示。

🕒 历史记录模式
⊞ 🖳 模型视图
⊞ ✓🎥 摄像机
⊟ 📁 模型历史记录
　　☑🔗 链接体 (0)
　　☑ ⅃ 链接的基准坐标系 (1)
　　☑🔲 拉伸 (2)
　　☑ 面倒圆 (3)
　　☑🔲 拉伸 (4)
　　☑🔲 拉伸 (5)
　　☑🔲 拉伸 (6)
　　☑ 镜像特征 (7)
　　☑ 倒斜角 (9)

图 8.4.142　模型和模型树

Step 1 创建 mouse_wheel 层。

（1）在"装配导航器"中右击 ☑📁 down_cover，在弹出的快捷菜单中选择 `WAVE ▶` ➡
`新建级别` 命令，系统弹出"新建级别"对话框。单击 `指定部件名` 按钮，在

8　Chapter

"选择部件名"对话框的 文件名(N)： 文本框中输入 mouse_wheel，单击 ██ OK ██ 按钮。

（2）单击"新建级别"对话框中的 ██ 类选择 ██ 按钮，系统弹出"WAVE 组件间的复制"对话框，选取图 8.4.143 所示的二级控件（实体和参考坐标系）为参照，单击两次 ██ 确定 ██ 按钮，完成 mouse_wheel 层的创建。

图 8.4.143　定义参照对象

（3）在"装配导航器"中右击 ☑ 🔲 mouse_wheel，在弹出的快捷菜单中选择 🔲 设为显示部件 命令。

Step 2　创建图 8.4.144 所示的拉伸特征 1。选择下拉菜单 插入(S) ➡ 设计特征(E)▶ ➡ 🔲 拉伸(E)... 命令；选取 XY 平面为草图平面，绘制图 8.4.145 所示的截面草图；在 限制 区域的 开始 下拉列表框中选择 🔷 对称值 选项，并在其下的 距离 文本框中输入值 3；在 布尔 区域的下拉列表框中选择 🔷 无 选项；单击 ⟨ 确定 ⟩ 按钮，完成拉伸特征 1 的创建。

图 8.4.144　拉伸特征 1

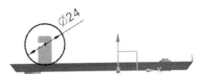

图 8.4.145　截面草图

Step 3　创建图 8.4.146 所示的面倒圆特征 1（隐藏链接的实体）。选择下拉菜单 插入(S) ➡ 细节特征(L)▶ ➡ 🔲 面倒圆(F)... 命令；在 类型 区域的下拉列表框中选择 🔳 三个定义面链 选项；参照图 8.4.146a 所示，依次选取面 1 为面链 1、面 2 为面链 2 及面 3 为中间的面；单击 ██ 确定 ██ 按钮，完成面倒圆特征 1 的创建。

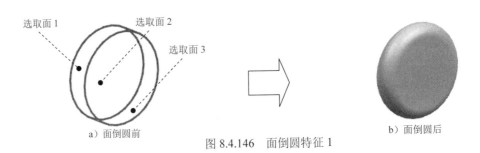

a）面倒圆前

图 8.4.146　面倒圆特征 1

b）面倒圆后

Step 4　创建图 8.4.147 所示的拉伸特征 2。选择下拉菜单 插入(S) ➡ 设计特征(E)▶ ➡

拉伸(E)...命令；选取 XY 平面为草图平面，绘制图 8.4.148 所示的截面草图；在 限制 区域的 开始 下拉列表框中选择 对称值 选项，并在其下的 距离 文本框中输入值 5；在 布尔 区域的下拉列表框中选择 求和 选项，选取拉伸特征 1 为求和对象；单击 < 确定 > 按钮，完成拉伸特征 2 的创建。

Step 5 创建图 8.4.149 所示的拉伸特征 3。选择下拉菜单 插入(S) ➡ 设计特征(E) ▶ ➡ 拉伸(E)...命令；选取 XY 平面为草图平面，绘制图 8.4.150 所示的截面草图；在 限制 区域的 开始 下拉列表框中选择 对称值 选项，并在其下的 距离 文本框中输入值 8；在 布尔 区域的下拉列表框中选择 求和 选项，选取拉伸特征 2 为求和对象；单击 < 确定 > 按钮，完成拉伸特征 3 的创建。

图 8.4.147 拉伸特征 2　　图 8.4.148 截面草图　　图 8.4.149 拉伸特征 3　　图 8.4.150 截面草图

Step 6 创建图 8.4.151 所示的拉伸特征 4。选择下拉菜单 插入(S) ➡ 设计特征(E) ▶ ➡ 拉伸(E)...命令；选取图 8.4.151 所示的模型表面为草图平面，绘制图 8.4.152 所示的截面草图；在 限制 区域的 开始 下拉列表框中选择 值 选项，并在其下的 距离 文本框中输入值 0，在 限制 区域的 结束 下拉列表框中选择 值 选项，并在其下的 距离 文本框中输入值 0.5；在 布尔 区域的下拉列表框中选择 求差 选项，选取拉伸特征 1 为求差对象；单击 < 确定 > 按钮，完成拉伸特征 4 的创建。

Step 7 创建图 8.4.153 所示的镜像特征 1。选择下拉菜单 插入(S) ➡ 关联复制(A) ▶ ➡ 镜像特征(M)...命令；选取上一步创建的拉伸特征 4 为要镜像的特征，选取 XY 基准平面作为镜像平面，单击 确定 按钮，完成镜像特征 1 的创建。

 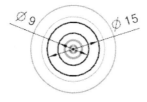 

图 8.4.151 拉伸特征 4　　　　图 8.4.152 截面草图　　　　图 8.4.153 镜像特征 1

选取此模型表面

Step 8 创建图 8.4.154b 所示的倒斜角特征 1。选择下拉菜单 插入(S) ➡ 细节特征(L) ▶ ➡ 倒斜角(C)...命令；选择图 8.4.154a 所示的 4 条边链为倒斜角参照；在 偏置 区域的 横截面 下拉列表框中选择 对称 选项，并在 距离 文本框中输入值 0.4；单击

Chapter 8

確定 按钮，完成倒斜角特征 1 的创建。

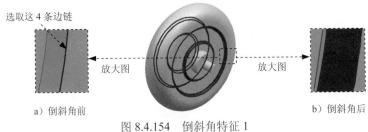

a）倒斜角前

b）倒斜角后

图 8.4.154　倒斜角特征 1

Step 9　保存零件模型。选择下拉菜单 文件(F) ➡ 🖫 保存(S) 命令，即可保存零件模型。

Task7. 编辑模型显示

以上对模型的各个部件已经创建完成，但还不能得到清晰的装配体模型，要想得到比较清晰的装配体部件还要进行如下的简单编辑。

Step 1　在"装配导航器"界面中的 ☑🐱 mouse_frame 选项上右击，在弹出的快捷菜单中选择 🖫 设为工作部件 命令，对模型进行编辑。

Step 2　选择下拉菜单 编辑(E) ➡ 显示和隐藏(H) ➡ ◇ 隐藏 (H)... 命令，系统弹出"类选择"对话框；单击"类选择"对话框的 过滤器 区域中的 ✛ 按钮，系统弹出"根据类型选择"对话框，选择对话框列表中的 曲线 、草图 、片体 、基准 和 点 选项，单击 确定 按钮，系统再次弹出"类选择"对话框，单击对话框的 对象 区域中的 ✛ 按钮，单击对话框中的 确定 按钮。

Step 3　在"装配导航器"界面中的 ☑🐱 mouse_frame 选项上右击，在弹出的快捷菜单中选择 显示和隐藏 ▶ ➡ 隐藏节点 命令，将骨架模型隐藏。

Step 4　在"装配导航器"界面中的 ☑🐱 first_frame 选项上右击，在弹出的快捷菜单中选择 显示和隐藏 ▶ ➡ 隐藏节点 命令，将二级控件隐藏。

Step 5　至此，完整的鼠标模型已经完成，可以对整个部件进行保存。

9

装配设计

9.1 装配设计概述

一个产品（组件）往往由多个部件组合（装配）而成，装配模块用来建立部件间的相对位置关系，从而形成复杂的装配体。部件间位置关系的确定主要通过添加约束实现。

一般的 CAD/CAM 软件包括两种装配模式：多组件装配和虚拟装配。多组件装配是一种简单的装配，其原理是将每个组件的信息复制到装配体中，然后将每个组件放到对应的位置。虚拟装配是建立各组件的链接，装配体与组件是一种引用关系。

相对于多组件装配，虚拟装配有明显的优点：

- 虚拟装配中的装配体是引用各组件的信息，而不是拷贝复制其本身，因此改动组件时，相应的装配体也自动更新；这样当对组件进行变动时，就不需要对与之相关的装配体进行修改，同时也避免了修改过程中可能出现的错误，提高了效率。

- 虚拟装配中，各组件通过链接应用到装配体中，比复制节省了存储空间。

- 控制部件可以通过引用集的引用，下层部件不需要在装配体中显示，简化了组件的引用，提高了显示速度。

UG NX 8.5 的装配模块具有下面一些特点：

- 利用"装配导航器"可以清晰地查询、修改和删除组件以及约束。

- 提供了强大的爆炸图工具，可以方便地生成装配体的爆炸图。

- 提供了很强的虚拟装配功能，有效地提高了工作效率。提供了方便的组件定位方法，可以快捷地设置组件间的位置关系。系统提供了八种约束方式，通过对组件添加多个约束，可以准确地把组件装配到位。

相关术语和概念

装配：是指在装配过程中建立部件之间的相对位置关系，由部件和子装配组成。

组件：在装配中按特定位置和方向使用的部件。组件可以是独立的部件，也可以是由其他较低级别的组件组成的子装配。装配中的每个组件仅包含一个指向其主几何体的指针，在修改组件的几何体时，装配体将随之发生变化。

部件：任何 prt 文件都可以作为部件添加到装配文件中。

工作部件：可以在装配模式下编辑的部件。在装配状态下，一般不能对组件直接进行修改，要修改组件，需要将该组件设为工作部件。部件被编辑后，所做修改会反映到所有引用该部件的组件。

子装配：子装配是在高一级装配中被用作组件的装配，子装配也可以拥有自己的子装配。子装配是相对于引用它的高一级装配来说的，任何一个装配部件可在更高级装配中用作子装配。

引用集：定义在每个组件中的附加信息，其内容包括该组件在装配时显示的信息。每个部件可以有多个引用集，供用户在装配时选用。

9.2 装配导航器

为了便于用户管理装配组件，UG NX 8.5 提供了装配导航器功能。装配导航器在一个单独的界面中以图形的方式显示出部件的装配结构，并提供了在装配中操控组件的快捷方法。可以使用装配导航器选择组件进行各种操作，以及执行装配管理功能，如更改工作部件、更改显示部件、隐藏和不隐藏组件等。

装配导航器将装配结构显示为对象的树型图。每个组件都显示为装配树结构中的一个节点。

9.2.1 装配导航器功能概述

新建装配文件后，单击用户界面资源工具条区中的"装配导航器"按钮，显示"装配导航器"界面。在"装配导航器"的第一栏，可以方便地查看和编辑装配体和各组件的信息。

1. 装配导航器的按钮

装配导航器的模型树中各部件名称前后有很多图标，不同的图标表示不同的信息。

- ☑：选中此复选标记，表示组件至少已部分打开且未隐藏。
- ☑：取消此复选标记，表示组件至少已部分打开，但不可见。不可见的原因可能是由于被隐藏、在不可见的层上或在排除引用集中。单击该复选框，系统将完全显示该组件及其子项，图标变成 ☑。

- □：此复选标记表示组件关闭，在装配体中将看不到该组件，该组件的图标将变为 ⬚（当该组件为非装配或子装配时）或 ⬚（当该组件为子装配时）。单击该复选框，系统将完全或部分加载组件及其子项，组件在装配体中显示，该图标变成 ☑。

- ⬚：此标记表示组件被抑制。不能通过单击该图标编辑组件状态，如果要消除抑制状态，可右击，从弹出的快捷菜单中选择 🔧抑制... 命令，在弹出的"抑制"对话框中选择 ⊙从不抑制 单选按钮，然后进行相应操作。

- ⬚：此标记表示该组件是装配体。

- ⬚：此标记表示装配体中的单个模型。

2. 装配导航器的操作

- "装配导航器"界面的操作。

  ☑ 显示模式控制：通过单击右上角的 🔲 按钮，可以使"装配导航器"界面在浮动和固定之间切换。

  ☑ 列设置："装配导航器"默认只显示几列信息，大多数都被隐藏了。在"装配导航器"空白区域右击，在快捷菜单中选择 列　▶，系统会展开所有列选项供用户选择。

- 组件操作。

  ☑ 选择组件：单击组件的节点，可以选择单个组件。按住 Ctrl 键可以在"装配导航器"中选择多个组件。如果要选择的组件是相邻的，可以按住 Shift 键单击选择第一个组件和最后一个组件，则这中间的组件全部被选中。

  ☑ 拖放组件：可在按住鼠标左键的同时选择"装配导航器"中的一个或多个组件，将它们拖到新位置。松开鼠标左键，目标组件将成为包含该组件的装配体，其按钮也将变为 ⬚。

  ☑ 将组件设为工作组件：双击某一组件，可以将该组件设为工作组件，装配体中的非工作组件将变为浅蓝色，此时可以对工作组件进行编辑（这与在图形区域双击某一组件的效果是一样的）。要取消工作组件状态，只需在根节点处双击即可。

9.2.2　预览面板和依附性面板

1. 预览面板

在"装配导航器"界面中单击 预览 标题栏，可展开或折叠面板。选择"装配导航器"中的组件，可以在预览面板中查看该组件的预览。添加新组件时，如果该组件已加载到系统中，预览面板也会显示该组件的预览。

2．依附性面板

在"装配导航器"界面中单击 相依性 标题栏，可展开或折叠面板。选择"装配导航器"中的组件，可以在依附性面板中查看该组件的相关性关系。

在依附性面板中，每个装配组件下都有两个文件夹：子级和父级。以选中组件为基础组件，定位其他组件时所建立的约束和配对对象属于子级；以其他组件为基础组件，定位选中的组件时所建立的约束和配对对象属于父级。单击"局部放大图"按钮 🔍，系统会详细列出其中所有的约束条件和配对对象。

9.3　装配约束

配对条件用于在装配中定位组件，可以指定一个部件相对于装配体中另一个部件（或特征）的放置方式和位置。例如，可以指定一个螺栓的圆柱面与一个螺母的内圆柱面共轴。UG NX 8.5 中配对条件的类型包括配对、对齐和中心等。每个组件都有唯一的配对条件，这个配对条件由一个或多个约束组成。每个约束都会限制组件在装配体中的一个或几个自由度，从而确定组件的位置。用户可以在添加组件的过程中添加配对条件，也可以在添加完成后添加约束。如果组件的自由度被全部限制，可称为完全约束；如果组件的自由度没有被全部限制，则称为欠约束。

9.3.1　"装配约束"对话框

在 UG NX 8.5 中，配对条件是通过"装配约束"对话框中的操作来实现的，下面对"装配约束"对话框进行介绍。

打开文件 D:\ug85mo\work\ch09.03.01\align_asm.prt，选择下拉菜单 装配(A) ➡

组件位置(P) ▸ ➡ 🖼 装配约束(N)...命令，系统弹出图 9.3.1 所示的"装配约束"对话框。

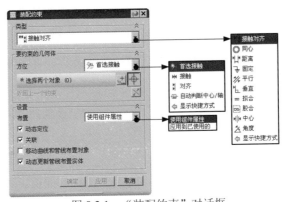

图 9.3.1　"装配约束"对话框

　　"装配约束"对话框中主要包括三个区域："类型"区域、"要约束的几何体"区域和"设置"区域。

　　图 9.3.1 所示的"装配约束"对话框的 类型 区域中各约束类型按钮的说明如下：

- **接触对齐**：用于使两个组件彼此接触或对齐。当选择该选项后， 要约束的几何体 区域的 方位 下拉列表框中出现四个选项：

  - ☑ **首选接触**：若选择该选项，则当接触和对齐都可能时显示接触约束（在大多数模型中，接触约束比对齐约束更常用）；当接触约束过度约束装配时，将显示对齐约束。

  - ☑ **接触**：若选择该选项，则约束对象的曲面法向在相反方向上。

  - ☑ **对齐**：若选择该选项，则约束对象的曲面法向在相同方向上。

  - ☑ **自动判断中心/轴**：主要用于定义两圆柱面、两圆锥面或圆柱面与圆锥面同轴约束。

- **同心**：用于定义两个组件的圆形边界或椭圆边界的中心重合，并使边界的面共面。

- **距离**：用于设定两个接触对象间的最小 3D 距离。选择该选项，并选定接触对象后， 距离 区域的 距离 文本框被激活，可以直接输入数值。

- **固定**：用于将组件固定在其当前位置，一般用在第一个装配元件上。

- **平行**：用于使两个目标对象的矢量方向平行。

- **垂直**：用于使两个目标对象的矢量方向垂直。

- **拟合**：用于将半径相等的两个圆柱面拟合在一起。此约束对确定孔中销或螺栓的位置很有用。如果以后两圆柱面的半径变为不等，则该约束无效。

- **胶合**：用于将组件"焊接"在一起。

- **中心**：用于使一对对象之间的一个或两个对象居中，或使一对对象沿另一个对象居中。当选取该选项时， 要约束的几何体 区域的 子类型 下拉列表框中出现三个选项，分别介绍如下：

  - ☑ **1 对 2**：用于定义在后两个所选对象之间使第一个所选对象居中。

  - ☑ **2 对 1**：用于定义将两个所选对象沿第三个所选对象居中。

  - ☑ **2 对 2**：用于定义将两个所选对象在其他两个所选对象之间居中。

- **角度**：用于约束两对象间的旋转角。选取角度约束后， 要约束的几何体 区域的 子类型 下拉列表框中出现两个选项，分别介绍如下：

  - ☑ **3D 角**：用于约束需要"源"几何体和"目标"几何体。不指定回转轴；可以任意选择满足指定几何体之间角度的位置。

  - ☑ **方向角度**：用于约束需要"源"几何体和"目标"几何体，还特别需要一个定义回转轴的预先约束，否则创建定位角约束失败。为此，希望尽可能创建 3D 角度约束，而不创建方向角度约束。

Chapter 9

9.3.2 "接触对齐"约束

"对齐"约束可使两个装配部件中的两个平面（图 9.3.2a）重合并且朝向相同方向，如图 9.3.2b 所示；同样，"对齐"约束也可以使其他对象对齐（相应的模型在 D:\ug85mo\work\ch09.03.02 中可以找到）。

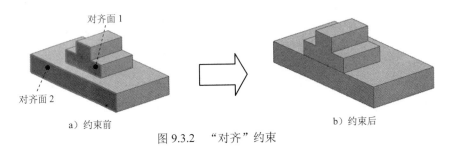

图 9.3.2　"对齐"约束

9.3.3 "角度"约束

"角度"约束可使两个装配部件中的两个平面或实体以固定角度约束，如图 9.3.3 所示（相应的模型在 D:\ug85mo\work\ch09.03.03 中可以找到）。

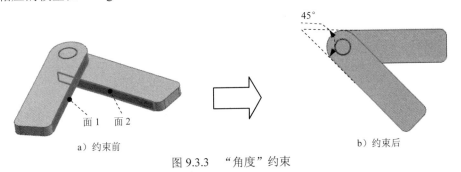

图 9.3.3　"角度"约束

9.3.4 "平行"约束

"平行"约束可使两个装配部件中的两个平面进行平行约束，如图 9.3.4 所示（相应的模型在 D:\ug85mo\work\ch09.03.04 中可以找到）。

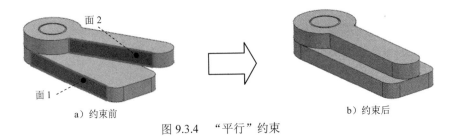

图 9.3.4　"平行"约束

说明：图 9.3.4b 所示的约束状态，除添加了"平行"约束外，还添加了"接触"和"对齐"约束，以便能更清楚地表示出"平行"约束。

9.3.5 "垂直"约束

"垂直"约束可使两个装配部件中的两个平面进行垂直约束，如图 9.3.5 所示（相应的模型在 D:\ug85mo\work\ch09.03.05 中可以找到）。

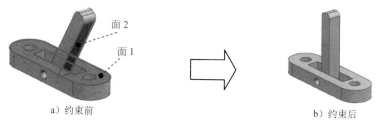

a）约束前　　　　　　　　　　　　　　　　　　b）约束后

图 9.3.5 "垂直"约束

9.3.6 "自动判断中心/轴"约束

"中心"约束可使两个装配部件中的两个旋转面的轴线重合，如图 9.3.6 所示（相应的模型在 D:\ug85mo\work\ch09.03.06 中可以找到）。

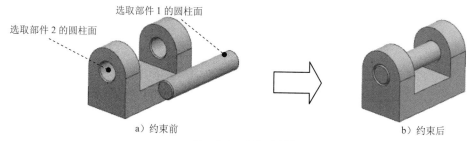

a）约束前　　　　　　　　　　　　　　　　　　b）约束后

图 9.3.6 "自动判断中心/轴"约束

注意：两个旋转曲面的直径不要求相等。

9.3.7 "距离"约束

"距离"约束可使两个装配部件中的两个平面保持一定的距离，可以直接输入距离值，如图 9.3.7 所示（相应的模型在 D:\ug85mo\work\ch09.03.07 中可以找到）。

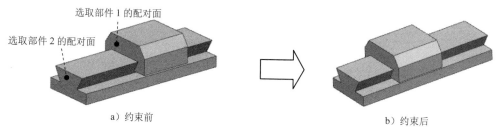

a）约束前　　　　　　　　　　　　　　　　　　b）约束后

图 9.3.7 "距离"约束

9.4　UG 装配的一般过程

9.4.1　概述

部件的装配一般有两种基本方式：自底向上装配和自顶向下装配。如果首先设计好全部部件，然后将部件作为组件添加到装配体中，则称之为自底向上装配；如果首先设计好装配体模型，然后在装配体中创建组件模型，最后生成部件模型，则称之为自顶向下装配。

UG NX 8.5 提供了自底向上和自顶向下装配功能，并且两种方法可以混合使用。自底向上装配是一种常用的装配模式，本书主要介绍自底向上装配。

下面以两个套类部件为例，说明自底向上创建装配体的一般过程。

9.4.2　添加第一个部件

Step 1　新建文件。单击 ⬜ ➡ 🔩装配，在 名称 后面的文本框中输入 process_asm，在 文件夹 后面的文本框中输入 D:\ug85mo\work\ch09.04，单击 确定 按钮，系统弹出图 9.4.1 所示的"添加组件"对话框。

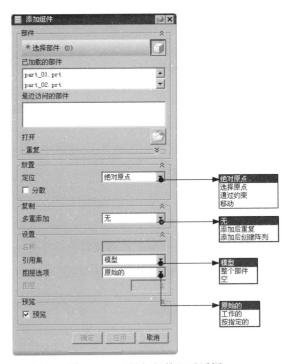

图 9.4.1　"添加组件"对话框

Step 2　添加第一个部件。在"添加组件"对话框中单击 📁 按钮，选择 D:\ug85mo\work\

ch09.04\shaft_bush.prt，然后单击 OK 按钮。

Step 3 定义放置定位。在"添加组件"对话框的 放置 区域的 定位 下拉列表框中选取 绝对原点 选项，单击 应用 按钮。

Step 4 第一个模型 shaft_bush.prt 被添加到 process_asm 中。

关于"添加组件"对话框的说明如下：

- 在"添加组件"对话框中，系统提供了两种添加方式：一种是按照 Step3 中的方法，可以选择没有载入 UG NX 系统中的文件，由用户从硬盘中选择；另一种方式是选择已载入的部件，在对话框中列出了所有已载入的部件，可以直接选取。

- 部件 区域用于显示已经加载的部件和最近访问的部件并可以选择部件。
  - ☑ 已加载的部件（已经加载的部件）：此列表框中的部件是已经加载到此软件中的部件。
  - ☑ 最近访问的部件（最近访问的部件）：此列表框中的部件是在装配模式下此软件最近访问过的部件。
  - ☑ ：可以从硬盘中选取要装配的部件。
  - ☑ 重复：是指把同一零件（部件）多次装配到装配体中。
  - ☑ 数量：在此文本框中输入重复装配部件的个数。

- 放置：是指部件在装配体中的定位。
  - ☑ 定位：是指部件放置在装配体中的具体位置。
  - ☑ 定位 下拉列表框：该下拉列表框中包含四个选项：绝对原点、选择原点、通过约束 和移动。绝对原点 是指在绝对坐标系下对载入部件进行定位，如果需要添加约束，可以在添加组件完成后设定；选择原点 是指在坐标系中给出一定点位置对部件进行定位；通过约束 是指把添加组件和添加约束放在一个命令中进行，选择该选项后，新加的组件会直接根据设定的约束定位到装配体中；移动 是指重新指定载入部件的位置。

- 复制：可以将选中的部件在装配体中复制多个相同部件或创建此部件的阵列特征。
  - ☑ 多重添加 下拉列表框：该下拉列表框中包含添加后重复和 添加后创建阵列 选项。
    - ➢ 添加后重复：是指添加此部件后再重复添加此部件。
    - ➢ 添加后创建阵列：是指添加此部件后再排列此部件。

- 设置：此区域用来设置部件的 名称、引用集、图层选项。
  - ☑ 名称：文本框中可以更改部件的名称、
  - ☑ 引用集 下拉列表框：该下拉列表框包括空、模型和整个部件。
  - ☑ 图层选项 下拉列表框：该下拉列表框中包含原始的、工作的 和按指定的 三个选项。原始的 是指将新部件放到设计时所在的层；工作的 是指将新部件放到当前工作

层；按指定的是指将载入部件放入指定的层中，选择按指定的选项后，其下方的
图层文本框被激活，可以输入层名。

● 预览复选框：选中此复选框，单击"应用"按钮后，系统会自动弹出选中部件的
预览对话框。

9.4.3 添加第二个部件

Step 1 添加第二个部件。在"添加组件"对话框中单击 ![]按钮，选择 D:\ug85mo\work\ch09.04\shaft.prt，然后单击 OK 按钮，系统弹出"添加组件"对话框。

Step 2 定义放置定位。在"添加组件"对话框 放置 区域的 定位 下拉列表框中选取 通过约束 选项；选中 预览 区域的 ☑ 预览 复选框；单击 应用 按钮。此时系统弹出图 9.4.2 所示的"装配约束"对话框和图 9.4.3 所示的"组件预览"界面。

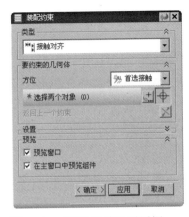

图 9.4.2 "装配约束"对话框

图 9.4.3 "组件预览"界面

说明：在图 9.4.3 所示的"组件预览"界面中可单独对要装入的部件进行缩放、旋转和平移，这样就可以将要装配的部件调整到方便选取装配约束参照的位置。

Step 3 添加"接触"约束。在"装配约束"对话框的 类型 下拉列表框中选择 接触对齐 选项，在 要约束的几何体 区域的 方位 下拉列表框中选择 首选接触 选项；在"组件预览"界面中选取图 9.4.4 所示的平面 1，然后在图形区中选取图 9.4.4 所示的平面 2。单击 应用 按钮，结果如图 9.4.5 所示。

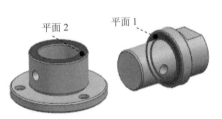

图 9.4.4 选取配对面

图 9.4.5 配对结果

Step 4　添加"自动判断中心/轴"约束。在"装配约束"对话框 要约束的几何体 区域的 方位 下拉列表框中选择 自动判断中心/轴 选项，然后在"组件预览"界面中选取图 9.4.6 所示的圆柱面 1，在图形区中选取圆柱面 2，单击 < 确定 > 按钮，结果如图 9.4.7 所示。

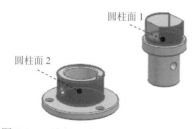

图 9.4.6　选择"中心/轴"约束对象　　　　图 9.4.7　"中心/轴"约束结果

9.5　编辑装配体中的部件

装配体完成后，可以对该装配体中的任何部件（包括零件和子装配体）进行特征建模、修改尺寸等编辑操作。编辑装配体中部件的一般操作过程如下：

Step 1　打开文件 D:\ug85mo\work\ch09.05\edit_asm.prt。

注意：定义工作部件。图 9.5.1 所示工作组件 shaft.prt 为要编辑的组件（如果编辑的组件不是工作部件，则双击该组件，使其成为工作部件）。

Step 2　选择命令。选择下拉菜单 插入(S) ➡ 设计特征(E)▶ ➡ 拉伸(E)... 命令，选取图 9.5.1 所示的模型表面为草图平面，绘制图 9.5.2 所示的截面草图；在 限制 区域的 开始 下拉列表框中选择 值 选项，并在其下的 距离 文本框中输入值 0，在 限制 区域的 结束 下拉列表框中选择 贯通 选项；在 布尔 区域的下拉列表框中选择 求差 选项，采用系统默认的求差对象。

Step 3　单击 < 确定 > 按钮，完成拉伸特征的创建。结果如图 9.5.3 所示。

图 9.5.1　设置工作组件　　　　图 9.5.2　截面草图　　　　图 9.5.3　添加特征

9.6　爆炸图

爆炸图是指在同一幅图里，把装配体的组件拆分开，使各组件之间分开一定的距离，以便于观察装配体中的每个组件，清楚地反映装配体的结构。UG 具有强大的爆炸图功能，用户可以方便地建立、编辑和删除一个或多个爆炸图。

9.6.1 "爆炸图"工具条

选择下拉菜单 装配(A) ➡ 爆炸图(X) ➡ ⬚ 显示工具条(T) 命令，系统显示"爆炸图"工具条，如图 9.6.1 所示；工具条中没有显示的按钮，可以通过下面的方法调出：单击右上角的 ⬚ 按钮，在其下方弹出 添加或移除按钮▾ 按钮，将鼠标放到该按钮上，会显示 爆炸视图 ▸ 添加项，其中包含所有供用户选择的按钮。

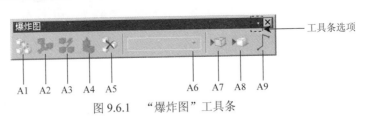

图 9.6.1 "爆炸图"工具条

利用该工具条，用户可以方便地创建、编辑爆炸图，便于在爆炸图与无爆炸图之间切换。

图 9.6.1 所示的"爆炸图"工具条中的按钮功能介绍如下：

A1（新建爆炸图）：如果当前显示的不是一个爆炸图，单击此按钮，系统弹出"创建爆炸"对话框，输入爆炸图名称后单击 确定 按钮，系统创建一个爆炸图；如果当前显示的是一个爆炸图，单击此按钮，弹出的"创建爆炸"对话框会询问是否将当前的爆炸图复制到新的爆炸图中。

A2（编辑爆炸图）：单击此按钮，系统弹出"编辑爆炸图"对话框，用户可以指定组件，然后自由移动该组件，或者设定移动的方式和距离。

A3（自动爆炸组件）：单击此按钮可以指定一个或多个组件，使其按照设定的距离自动爆炸。单击此按钮，弹出"类选择"对话框，选择组件后单击 确定 按钮，提示用户指定组件间距，自动爆炸将按照默认的方向和设定的距离生成爆炸图。

A4（取消爆炸组件）：用于不爆炸组件，此命令和自动爆炸组件刚好相反，操作基本相同，只是不需要指定数值。

A5（删除爆炸图）：单击该按钮，系统会列出当前装配体的所有爆炸图，选择需要删除的爆炸图后单击 确定 按钮，即可删除该爆炸图。

A6：该下拉列表框显示了爆炸图名称，可以在其中选择某个名称。用户利用此下拉列表框，可以方便地在各爆炸图以及无爆炸图状态之间切换。

A7（隐藏视图中的组件）：单击此按钮，弹出"类选择"对话框，选择需要隐藏的组件并执行后，该组件被隐藏。

A8（显示视图中的组件）：此命令与隐藏组件刚好相反。如果图中有被隐藏的组件，单击此按钮后，系统会列出所有隐藏的组件，用户选择后，单击 确定 按钮即可恢复组件显示。

A9（追踪线）：该命令可以使组件沿着设定的引导线爆炸。

以上按钮与下拉菜单 装配(A) ➡ 爆炸图(X) 中的命令相对应。

9.6.2　新建/删除爆炸图

1．新建爆炸图

Step 1　打开文件 D:\ug85mo\work\ch09.06.02\explosion.prt。

Step 2　选择命令。选择下拉菜单 装配(A) ➡ 爆炸图(X) ➡ 新建爆炸图(N)... 命令，系统弹出图 9.6.2 所示的"新建爆炸图"对话框（一）。

Step 3　创建爆炸图。在 名称 文本框中可以输入爆炸名称，接受系统默认的名称 Explosion 1，然后单击 确定 按钮，完成爆炸图的创建。

创建爆炸图后，视图切换到刚刚建立的爆炸图，"爆炸图"工具条中的以下项目被激活："编辑爆炸图"按钮 、"自动爆炸组件"按钮 、"取消爆炸组件"按钮 和"工作视图爆炸"下拉列表框 Explosion 1 。

2．删除爆炸图

Step 1　在"工作视图爆炸"下拉列表框 Explosion 1 中选择 (无爆炸) 选项。

Step 2　选择下拉菜单 装配(A) ➡ 爆炸图(X) ➡ 删除爆炸图(D)... 命令，系统列出所有爆炸视图，选择要删除的视图，单击 确定 按钮。

关于创建与删除爆炸图的说明：

● 如果用户在一个已存在的爆炸视图下创建新的爆炸视图，系统会弹出图 9.6.3 所示的提示消息，提示用户是否将已存在的爆炸图复制到新建的爆炸图，单击 是(Y) 按钮后，新建立的爆炸图和原爆炸图完全一样；如果希望建立新的爆炸图，可以切换到无爆炸视图，然后进行创建即可。

图 9.6.2　"新建爆炸图"对话框（一）

图 9.6.3　"新建爆炸图"对话框（二）

● 可以根据实际需要，参照上述的操作方法建立多个爆炸图。

● 要删除爆炸图，可以选择下拉菜单 装配(A) ➡ 爆炸图(X) ➡ 删除爆炸图(D)... 命令，系统会弹出图 9.6.4 所示的"爆炸图"对话框。选择要删除的爆炸图，单击 确定 按钮即可。如果所要删除的爆炸图正在当前视图中显示，系统会弹出图 9.6.5 所示的"删除爆炸图"对话框，提示爆炸图不能删除。

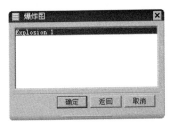

图 9.6.4 "爆炸图"对话框

图 9.6.5 "删除爆炸图"对话框

9.6.3 编辑爆炸图

爆炸图创建完成后，创建的结果是产生了一个待编辑的爆炸图，在图形区中的图形并没有发生变化，爆炸图编辑工具被激活，可以编辑爆炸图。

1. 自动爆炸

自动爆炸只需要用户输入很少的内容，就能快速生成爆炸图（图 9.6.6）。

Step 1 打开文件 D:\ug85mo\work\ch09.06.03.01\explosion.prt，按照上一节的步骤创建一个爆炸视图。

Step 2 选择命令。选择下拉菜单 装配(A) ➡ 爆炸图(X) ➡ 自动爆炸组件(A)... 命令，弹出"类选择"对话框。

Step 3 选择爆炸组件。选择图中所有组件，单击 确定 按钮，系统弹出"自动爆炸组件"对话框。

Step 4 在 距离 文本框中输入数值 100，单击 确定 按钮，系统会立即生成该组件的爆炸图，如图 9.6.6b 所示。

a）自动爆炸前

b）自动爆炸后

图 9.6.6 自动爆炸

关于自动爆炸组件的说明：

● 自动爆炸组件可以同时选择多个对象，如果将整个装配体选中，可以直接获得整个装配体的爆炸图。

● "取消爆炸组件"的功能刚好与"自动爆炸组件"相反，因此可以将两个功能放在一起记忆。选择下拉菜单 装配(A) ➡ 爆炸图(X) ➡ 取消爆炸组件(U) 命令，弹出"类选择"对话框，选择要爆炸的组件后单击 确定 按钮，选中的组件自动回到爆炸前的位置。

2. 编辑爆炸图

自动爆炸并不能总是得到满意的效果，因此系统提供了编辑爆炸图功能。

Step 1　打开文件 D:\ug85mo\work\ch09.06.03.02\edit_explosion.prt。

Step 2　选择下拉菜单 装配(A) ➡ 爆炸图(X) ➡ 编辑爆炸图(E)... 命令。

Step 3　选择要移动的组件。在弹出的"编辑爆炸视图"对话框中，选中 ⊙ 选择对象 单选按钮，选取图 9.6.7 所示的轴模型。

Step 4　移动组件。选中 ⊙ 移动对象 单选按钮，显示移动手柄，如图 9.6.7 所示；单击手柄上的箭头（图 9.6.7），在 距离 文本框中输入距离值 80；在"编辑爆炸视图"对话框中单击 确定 按钮，结果如图 9.6.8 所示。

说明：单击图 9.6.7 所示两箭头间的圆点时，对话框中的 角度 文本框被激活，供用户输入角度值，旋转的方向沿第三个手柄，符合右手定则，也可以直接在箭头或圆点上按住鼠标左键，移动鼠标实现手工拖动。

Step 5　编辑 nut 零件位置。参照 Step4，输入距离值 70，结果如图 9.6.9 所示。

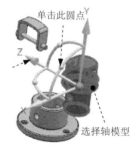

图 9.6.7　编辑轴模型　　　　图 9.6.8　编辑结果图 1　　　　图 9.6.9　编辑结果图 2

Step 6　编辑 bolt 零件位置。移动方向沿 Z 轴，输入距离值-40，结果如图 9.6.10 所示。

Step 7　编辑 link 零件位置。移动方向沿 Z 轴，输入距离值-80，移动方向沿 Y 轴，输入距离值为 40，结果如图 9.6.11 所示。

Step 8　编辑 pin 零件位置。移动方向沿 X 轴，输入距离值 210，结果如图 9.6.12 所示。

图 9.6.10　编辑结果图 3　　　　图 9.6.11　编辑结果图 4　　　　图 9.6.12　编辑结果图 5

关于编辑爆炸视图的说明：

- 选中 ⦿ 移动对象 单选按钮后，🔾 按钮选项被激活。单击 🔾 按钮，手柄被移动到 WCS 位置。

- 单击手柄箭头或圆点后，☑ 捕捉增量 复选框被激活，该复选框用于设置手工拖动的最小距离，可以在文本框中输入数值。例如设置为 10mm，则拖动时会跳跃式移动，每次跳跃的距离为 10mm，单击 取消爆炸 按钮，选中的组件移动到没有爆炸的位置。

- 单击手柄箭头后，✐↑▾ 选项被激活，可以直接将选中的手柄方向指定为某矢量方向。

3. 隐藏和显示爆炸视图

如果当前视图为爆炸图，选择下拉菜单 装配(A) ➡ 爆炸图(X) ➡ 隐藏爆炸图(H) 命令，则视图切换到无爆炸视图。

要显示隐藏的爆炸图，可以选择下拉菜单 装配(A) ➡ 爆炸图(X) ➡ 显示爆炸图(S) 命令，则视图切换到爆炸视图。

4. 隐藏和显示组件

要隐藏组件，可以选择下拉菜单 装配(A) ➡ 关联控制(D) ➡ 隐藏视图中的组件(H)... 命令，系统弹出"隐藏视图中的组件"对话框，选择要隐藏的组件后单击 确定 按钮，选中组件被隐藏。

要显示被隐藏的组件，可以选择下拉菜单 装配(A) ➡ 关联控制(D) ➡ 显示视图中的组件(M)... 命令，系统弹出"选择要显示的隐藏组件"对话框，在对话框中列出所有隐藏的组件供用户选择。

9.7 综合范例——轴承座

下面以图 9.7.1 所示为例，讲述多部件装配的一般过程，使读者进一步熟悉 UG NX 8.5 的装配操作。

Step 1 新建文件。单击 🗋 ➡ 🗐 装配，在 新文件名 区域 名称 后面的文本框中输入 bearing_stand_asm，在 文件夹 后的文本框中输入 D:\ug85mo\work\ch09.07，单击 确定 按钮，系统弹出"添加组件"对话框，并进入装配环境。

Step 2 添加并固定支承座，如图 9.7.2 所示。

（1）在"添加组件"对话框中单击 🖼 按钮，选择 D:\ug85mo\work\ch09.07\ support_part.prt，然后单击 OK 按钮。

（2）定义放置定位。在"添加组件"对话框的 放置 区域的 定位 下拉列表框中选取 通过约束 选项，单击 应用 按钮，系统弹出"装配约束"对话框。

（3）在"装配约束"对话框的 类型 下拉列表框中选择 固定 选项，选取支承座模型为要约束的几何体,单击 <确定> 按钮,支承座模型 support_part.prt 被添加到 bearing_stand_asm 中。

Step 3 添加轴套并定位,如图 9.7.3 所示。

图 9.7.1 综合装配范例

图 9.7.2 添加支承座

图 9.7.3 添加轴套

(1)在"添加组件"对话框中单击 按钮,选择 D:\ug85mo\work\ch09.07\tube.prt,然后单击 OK 按钮。

(2)定义放置定位。在"添加组件"对话框 放置 区域的 定位 下拉列表框中选取 通过约束 选项;选中 预览 区域的 ☑ 预览 复选框;单击 应用 按钮,此时系统弹出"装配约束"对话框和"组件预览"界面。

(3)添加约束。选取图 9.7.4 所示的面 1,在"装配约束"对话框的 预览 区域中选中 ☑ 在主窗口中预览组件 复选框;在 类型 下拉列表框中选择 接触对齐 选项;在 要约束的几何体 区域的 方位 下拉列表框中选择 首选接触 选项;在图形区中选取图 9.7.5 所示的面 2,在"组件预览"界面中选取图 9.7.4 所示的面 1,单击 应用 按钮,完成平面的对齐操作;在 要约束的几何体 区域的 方位 下拉列表框中选择 对齐 选项,分别选取图 9.7.4 所示的面 3 和图 9.7.5 所示的面 4,单击 应用 按钮,完成平面的接触操作;在 要约束的几何体 区域的 方位 下拉列表框中选择 自动判断中心/轴 选项,分别选取图 9.7.4 所示的面 5 和图 9.7.5 所示的面 6,单击 <确定> 按钮,完成同轴的接触操作。

说明:方向不对可以单击"反向"按钮 来调整。

Step 4 镜像图 9.7.6 所示的轴套。

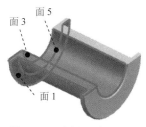

图 9.7.4 选择配对面 1

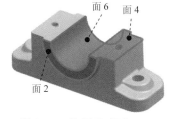

图 9.7.5 选择配对面 2

图 9.7.6 镜像轴套

(1)选择命令。选择下拉菜单 装配(A) ➡ 组件(C) ▶ ➡ 镜像装配(I)... 命令,弹出"镜像装配向导"对话框,单击 下一步 > 按钮。

（2）选择要镜像的组件。选择 Step3 添加的轴套，单击 下一步 > 按钮。

（3）选择镜像平面。在系统弹出的"镜像装配向导"对话框中，单击"创建基准平面"按钮 □，插入一个图 9.7.7 所示的平面作为对称平面。单击 下一步 > 按钮，系统弹出"镜像装配向导"对话框，单击 下一步 > 按钮，系统再次弹出"镜像装配向导"对话框。

（4）单击 完成 按钮，完成轴套的镜像操作。

Step 5 添加上盖并定位，如图 9.7.8 所示。

图 9.7.7　插入对称面　　　　　　　　　图 9.7.8　添加上盖

（1）选择命令。选择下拉菜单 装配(A) ➡ 组件(C) ▶ ➡ 添加组件(A)... 命令，弹出"添加组件"对话框。

（2）在"添加组件"对话框中单击 📁 按钮，选择 D:\ug85mo\work\ch09.07\cover_part.prt，然后单击 OK 按钮。

（3）定义放置定位。在"添加组件"对话框 放置 区域的 定位 下拉列表框中选取 通过约束 选项；选中 预览 区域的 ☑ 预览 复选框；单击 应用 按钮。此时系统弹出"装配约束"对话框和"组件预览"界面。

（4）添加约束。在"装配约束"对话框的 预览 区域中选中 ☑ 在主窗口中预览组件 复选框；在 类型 下拉列表框中选择 接触对齐 选项；在 要约束的几何体 区域的 方位 下拉列表框中选择 接触 选项；在图形区中选取图 9.7.9 所示的平面 1 和图 9.7.10 所示的平面 3，在 要约束的几何体 区域的 方位 下拉列表框中选择 对齐 选项；在图形区中选取图 9.7.9 所示的平面 2 和图 9.7.10 所示的平面 4，单击 应用 按钮，完成平面的"接触对齐"操作。在 要约束的几何体 区域的 方位 下拉列表框中选择 自动判断中心/轴 选项，分别选择图 9.7.9 所示的圆柱面 1 和图 9.7.10 所示的圆柱面 2 的中心线，单击 < 确定 > 按钮，完成同轴的接触操作。

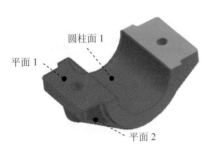

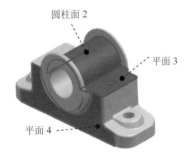

图 9.7.9　选择配对面 1　　　　　　　　图 9.7.10　选择配对面 2

Step **6**　添加垫圈并定位，如图 9.7.11 所示。

（1）在"添加组件"对话框中单击 按钮，选择 D:\ug85mo\work\ch09.07\ring.prt，然后单击 OK 按钮。

（2）定义放置定位。在"添加组件"对话框 放置 区域的 定位 下拉列表框中选取通过约束选项；选中 预览 区域的 ☑ 预览 复选框；单击 应用 按钮，此时系统弹出"装配约束"对话框和"组件预览"界面。

（3）添加约束。在"装配约束"对话框的 预览 区域中选中 ☑ 在主窗口中预览组件 复选框；在 类型 下拉列表框中选择 接触对齐 选项；在 要约束的几何体 区域的 方位 下拉列表框中选择 接触 选项；选取图 9.7.12 所示的平面 1 和图 9.7.13 所示的平面 2，单击 应用 按钮；在 要约束的几何体 区域的 方位 下拉列表框中选择 自动判断中心/轴 选项，选取图 9.7.12 所示的圆柱面 1 和图 9.7.13 所示圆柱面 2，单击 确定 按钮，完成同轴的接触操作。

Step **7**　添加螺栓并定位，如图 9.7.14 所示。

图 9.7.11　添加垫圈

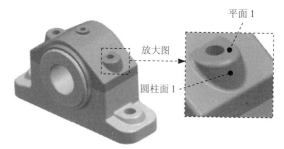

图 9.7.12　选择配对面 1

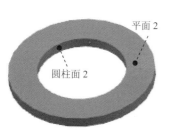

图 9.7.13　选择配对面 2

图 9.7.14　添加螺栓

（1）在"添加组件"对话框中单击 按钮，选择 D:\ug85mo\work\ch09.07\bolt.prt，然后单击 OK 按钮。

（2）定义放置定位。在"添加组件"对话框 放置 区域的 定位 下拉列表框中选取通过约束选项；选中 预览 区域的 ☑ 预览 复选框；单击 应用 按钮，此时系统弹出"装配约束"对话框和"组件预览"界面。

（3）添加约束。在"装配约束"对话框的 预览 区域中选中 ☑ 在主窗口中预览组件 复选框；在 类型 下拉列表框中选择 接触对齐 选项；在 要约束的几何体 区域的 方位 下拉列表框中选择

接触 选项；选取图 9.7.15 所示的平面 2 和图 9.7.16 所示的平面 1，单击 应用 按钮；在 要约束的几何体 区域的 方位 下拉列表框中选择 自动判断中心/轴 选项，选取图 9.7.15 所示的圆柱面 2 和图 9.7.16 所示的圆柱面 1；单击 确定 按钮，完成同轴的接触操作。单击"添加组件"对话框中的 取消 按钮。

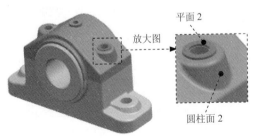

图 9.7.15　选择配对面 1

图 9.7.16　选择配对面 2

Step 8　镜像图 9.7.17 所示的螺栓和垫圈，步骤参照 Step4 "镜像轴套"，选取 YZ 平面为镜像面。

图 9.7.17　镜像螺栓和垫圈

Step 9　保存装配零件文件，完成组件的装配。

10

模型的测量与分析

10.1 模型的测量与分析

10.1.1 测量距离

下面以一个简单的模型为例，来说明测量距离的方法以及相应的操作过程。

Step 1 打开文件 D:\ug85mo\work\ch10.01\distance.prt。

Step 2 选择下拉菜单 分析(L) ━━▶ 测量距离(D). 命令，系统弹出图 10.1.1 所示的"测量距离"对话框。

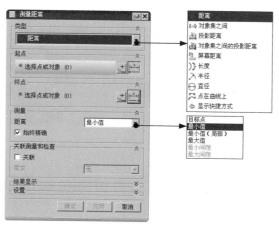

图 10.1.1 "测量距离"对话框

图 10.1.1 所示的"测量距离"对话框中的 类型 下拉列表框中的部分选项说明如下：

● 距离：用于测量点、线、面之间的任意距离。

- ● 投影距离：用于测量空间上的点、线投影到同一个面上，它们之间的距离。
- ● 长度：用于测量任意线段的距离。
- ● 半径：用于测量任意圆的半径值。
- ● 屏幕距离：用于测量图形区的任意位置距离。
- ● 点在曲线上：用于测量在曲线上两点之间的最短距离。

Step 3 测量面到面的距离。

（1）定义测量类型。在对话框中的 类型 下拉列表框中，接受系统默认的 距离 选项（图 10.1.1）。

（2）定义测量几何对象。选取图 10.1.2a 所示的模型表面 1，再选取模型表面 2，测量结果如图 10.1.2b 所示。

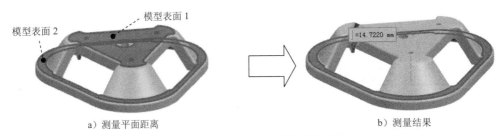

a）测量平面距离　　　　　　　　　　　b）测量结果

图 10.1.2　测量面与面的距离

Step 4 测量点到面的距离（图 10.1.3），操作方法参见 Step3，先选取点 1，后选取模型表面。

Step 5 测量点到线的距离（图 10.1.4），操作方法参见 Step3，先选取点 1，后选取边线。

　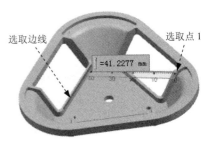

图 10.1.3　点到面的距离　　　　　　　图 10.1.4　点到线的距离

Step 6 测量线到线的距离（图 10.1.5），操作方法参见 Step3，先选取边线 1，后选取边线 2。

Step 7 测量点到点的距离（图 10.1.6），操作方法参见 Step3，先选取点 1，后选取点 2。

Step 8 测量点与点的投影距离（投影参照为平面）。

（1）定义测量类型。在"测量距离"对话框中的 类型 下拉列表框中选取 投影距离 选项。

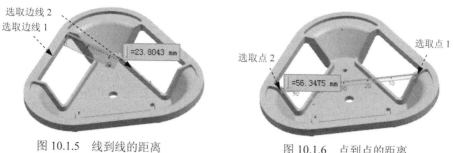

图 10.1.5　线到线的距离　　　　　　　图 10.1.6　点到点的距离

（2）定义投影表面。选取图 10.1.7a 中的模型表面 1。

（3）定义测量几何对象。先选取图 10.1.7a 所示的模型点 1，然后选取图 10.1.7a 所示的模型点 2，测量结果如图 10.1.7b 所示。

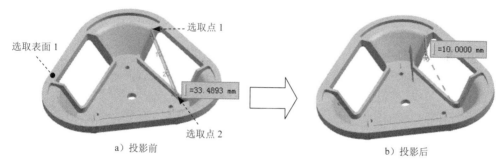

a）投影前　　　　　　　　　　　　　　　　　b）投影后

图 10.1.7　测量点与点的投影距离

10.1.2　测量角度

下面以一个简单的模型为例，来说明测量角度的方法以及相应的操作过程。

Step 1　打开文件 D:\ug85mo\work\ch10.01\angle.prt。

Step 2　选择下拉菜单 分析(L) ━━▶ 测量角度(A)... 命令，系统弹出图 10.1.8 所示的"测量角度"对话框。

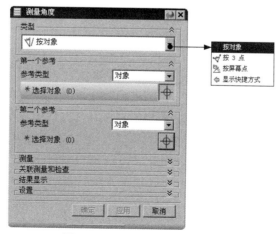

图 10.1.8　"测量角度"对话框

Step **3** 测量面与面间的角度。

（1）定义测量类型。在"测量角度"对话框中的 类型 下拉列表框中接受系统默认的

按对象 选项。

（2）定义测量几何对象。选取图 10.1.9a 所示的模型表面 1，再选取图 10.1.9a 所示的
模型表面 2，测量结果如图 10.1.9b 所示。

Step **4** 测量线与面间的角度。选取图 10.1.10a 所示的边线 1，再选取图 10.1.10a 所示的
模型表面 1，测量结果如图 10.1.10b 所示。

a）测量角度之前　　　　　　　　　　　　　　　　b）测量结果

图 10.1.9　测量面与面间的角度

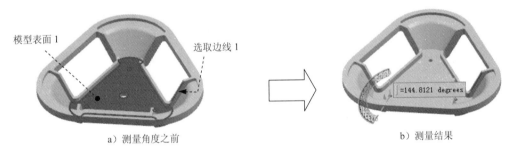

a）测量角度之前　　　　　　　　　　　　　　　b）测量结果

图 10.1.10　测量线与面间的角度

注意：选取边线的位置不同，所显示的角度值可能也会不同。

Step **5** 测量线与线间的角度。选取图 10.1.11a 所示的边线 1，再选取图 10.1.11a 所示的
边线 2，测量结果如图 10.1.11b 所示。

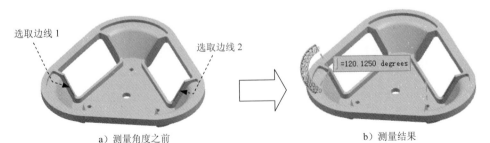

a）测量角度之前　　　　　　　　　　　　　　b）测量结果

图 10.1.11　测量线与线间的角度

10.1.3　测量面积及周长

下面以一个简单的模型为例，说明测量面积及周长的方法以及相应的操作过程。

Step 1　打开文件 D:\ug85mo\work\ch10.01\area.prt。

Step 2　选择下拉菜单 分析(L) ➡ 测量面(F)... 命令，系统弹出"测量面"对话框。

Step 3　测量模型表面面积。选取图 10.1.12 所示的模型表面 1，系统显示这个曲面的面积结果。

Step 4　测量曲面的周长。在图 10.1.13 显示的结果中，选择 面积 下拉列表框中的 周长 选项，测量周长的结果如图 10.1.13 所示。

图 10.1.12　测量面积

图 10.1.13　测量周长

10.2　模型的基本分析

10.2.1　模型的质量属性分析

通过模型的质量属性分析，可以获得模型的体积、曲面区域、质量、回转半径和重量等数据。下面以一个模型为例，简要说明其操作过程。

Step 1　打开文件 D:\ug85mo\work\ch10.02\mass.prt。

Step 2　选择下拉菜单 分析(L) ➡ 测量体(B)... 命令，系统弹出"测量体"对话框。

Step 3　根据系统 选择实体来测量质量属性 的提示，选取图 10.2.1a 所示的模型实体 1，体积分析结果如图 10.2.1b 所示。

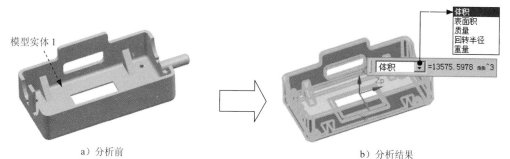

a）分析前　　　　　　　　　　　　　　b）分析结果

图 10.2.1　体积分析

Step **4** 选择 体积 ▼ 下拉列表框中的 表面积 选项，系统显示该模型的曲面区域的面积。

Step **5** 选择 体积 ▼ 下拉列表框中的 质量 选项，系统显示该模型的质量。

Step **6** 选择 体积 ▼ 下拉列表框中的 回转半径 选项，系统显示该模型的回转半径。

Step **7** 选择 体积 ▼ 下拉列表框中的 重量 选项，系统显示该模型的重量。

10.2.2　模型的几何对象检查

"模型的几何对象检查"功能用来分析各种类型的几何对象，找出错误的或无效的几何体；也可以分析面和边等几何对象，找出其中无用的几何对象和错误的数据结构。下面以一个模型为例，简要说明其操作过程。

Step **1** 打开文件 D:\ug85mo\work\ch10.02\examgeo.prt。

Step **2** 选择下拉菜单 分析(L) ➡ 检查几何体(X)... 命令，系统弹出"检查几何体"对话框。

Step **3** 定义检查项。按 Ctrl+A 组合键选择模型中的所有对象，单击 全部设置 按钮，选择所有的检查项，单击"检查几何体"对话框中的 检查几何体 按钮。

Step **4** 单击"信息"按钮 **i**，系统弹出"信息"窗口，可查看检查后的结果。

10.2.3　装配干涉检查

在实际的产品设计中，当产品中的各个零部件组装完成后，设计人员往往比较关心产品中各个零部件间的干涉情况：有无干涉？哪些零件间有干涉？干涉量是多大？下面以一个简单的装配体模型为例，说明干涉分析的一般操作过程。

Step **1** 打开文件 D:\ug85mo\work\ch10.02\intervene_asm.prt。

Step **2** 在装配模块中，选择下拉菜单 分析(L) ➡ 简单干涉(I)... 命令，系统弹出"简单干涉"对话框。

Step **3** 创建"干涉体"简单干涉检查。

（1）在"简单干涉"对话框中的 干涉检查结果 区域的 结果对象 下拉列表框中选择 干涉体 选项。

（2）依次选取图 10.2.2a 所示的对象 1 和对象 2，单击"简单干涉"对话框中的 应用 按钮，完成创建"干涉体"简单干涉检查。

说明：所生成的干涉体结果将显示在"部件导航器"中。

Step **4** 创建"高亮显示的面对"简单干涉检查。

（1）在"简单干涉"对话框中的 干涉检查结果 区域的 结果对象 下拉列表框中选择 高亮显示的面对 选项。

（2）在"简单干涉"对话框中的 干涉检查结果 区域的 要高亮显示的面 下拉列表框中选择 仅第一对 选项，依次选取图 10.2.2a 所示的对象 1 和对象 2。模型中将显示图 10.2.2b 所示的干涉面。

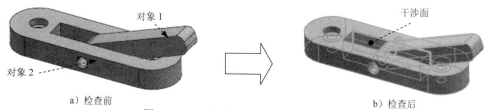

图 10.2.2 "高亮显示的面对"干涉检查

（3）在"简单干涉"对话框中的 干涉检查结果 区域的 要高亮显示的面 下拉列表框中选择 在所有对之间循环 选项，系统将显示 显示下一对 按钮，单击 显示下一对 按钮，模型中将依次显示所有干涉平面。

（4）单击"简单干涉"对话框中的 取消 按钮，完成简单干涉检查操作。

11

工程图设计

11.1 UG NX 图样管理

UG NX 8.5 工程图环境中的图样管理包括工程图样的创建、打开、删除和编辑；下面主要对新建和编辑工程图进行简要介绍。

11.1.1 新建工程图

Step 1 打开零件模型。打开文件 D:\ug85mo\work\ch11.01\drawing_model.prt。

Step 2 选择命令。选择下拉菜单 ❷ 开始 ▾ ➡ 🔧 制图(D)... 命令，系统进入工程图环境。

Step 3 选择图纸类型。选择下拉菜单 插入(S) ➡ 🖼 图纸页(H)... 命令，系统弹出"图纸页"对话框，在对话框中选择图 11.1.1 所示的选项。

Step 4 单击 确定 按钮，完成图样的创建。

说明：在 Step4 中，单击 确定 按钮之前每单击一次 应用 按钮都会多新建一张图样。

图 11.1.1 所示的"图纸页"对话框中的选项和按钮说明如下：

- 图纸页名称 文本框：指定新图样的名称，可以在该文本框中输入图样名；图样名最多可以包含 30 个字符；不允许在名称中使用空格，并且所有名称都自动转换为大写。默认的图纸名是 SHT1。

图 11.1.1 "图纸页"对话框

- **大小**区域：包括**大小**和**比例**下拉列表框。

  ☑ **大小**下拉列表框：用于选择图样大小，系统提供了 A4、A3、A2、A1 和 A0
  五种型号的图纸。

  ☑ **比例**下拉列表框：为添加到图样中的所有视图设定比例。

- **设置**区域：包括**单位**和**投影**两个区域。

  ☑ **单位**：指定○**英寸** 或◉**毫米** 单位。

  ☑ **投影**：指定第一视角投影▯○或第三视角投影○▯；按照国标，应选择
  ◉**毫米** 和第一视角投影▯○。

11.1.2 编辑已存图样

新建一张图样，在部件导航器中选择图样并右击，在弹出的图 11.1.2 所示的快捷菜单
中选择 **编辑图纸页 (H)...** 命令，系统弹出图 11.1.3 所示的"图纸页"对话框，利用该对话
框可以编辑已存图样的参数。

图 11.1.2 快捷菜单

图 11.1.3 "图纸页"对话框

11.2 视图的创建与编辑

视图是按照三维模型的投影关系生成的，主要用来表达部件模型的外部结构及形状。
视图分为基本视图、局部放大图、剖视图、半剖视图、旋转剖视图、其他剖视图和局部剖
视图。下面分别以具体的实例来说明各种视图的创建方法。

11.2.1 基本视图

下面创建图 11.2.1 所示的基本视图，操作过程如下：

Step **1** 打开零件模型。打开文件 D:\ug85mo\work\ch11.02.01\basic_view.prt，进入建模环
境，零件模型如图 11.2.2 所示。

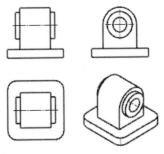

图 11.2.1　零件的基本视图　　　　　　图 11.2.2　零件模型

Step 2　插入图纸页。选择下拉菜单 开始 ➡ 制图(D)... 命令，系统进入工程图环境；选择下拉菜单 插入(S) ➡ 图纸页(H)... 命令，系统弹出"图纸页"对话框，在对话框中选择图 11.2.3 所示的选项，然后单击 确定 按钮。

Step 3　设置视图显示。选择下拉菜单 首选项(P) ➡ 视图(V)... 命令，系统弹出"视图首选项"对话框，在 隐藏线 选项卡中设置隐藏线为不可见，单击 确定 按钮。

Step 4　选择视图类型。选择下拉菜单 插入(S) ➡ 视图(W) ➡ 基本(B)... ，系统弹出图 11.2.4 所示的"基本视图"对话框。在"基本视图"对话框 模型视图 区域的 要使用的模型视图 下拉列表框中选择 前视图 选项，在 比例 区域的 比例 下拉列表框中选择 1:1 选项。

图 11.2.3　"图纸页"对话框　　　　图 11.2.4　"基本视图"对话框

图 11.2.4 所示的"基本视图"对话框中的区域说明如下：

- 部件 区域：用于加载部件、显示已加载部件和最近访问的部件。
- 视图原点 区域：主要用于定义视图在图形区的摆放位置，如水平、垂直、鼠标在图形区的点击位置或系统的自动判断等。

- <u>模型视图</u>区域：用于定义视图的方向，如仰视图、前视图和右视图等；单击该区域的"定向视图工具"按钮，系统弹出"定向视图工具"对话框，通过该对话框，可以创建自定义的视图方向。

- <u>比例</u>区域：用于在添加视图之前，为基本视图指定一个特定的比例。默认的视图比例值等于图样比例。

- <u>设置</u>区域：主要用于完成视图样式的设置，单击该区域的 按钮，系统弹出"视图样式"对话框。

Step 5 放置视图。在图 11.2.5 所示的三个位置单击以生成主视图、左视图和俯视图。

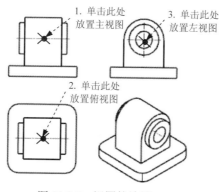

图 11.2.5　视图的放置

Step 6 创建正等测视图。

（1）选择命令。选择下拉菜单 插入(S) ➡ 视图(W) ➡ 基本(B)... 命令，系统弹出"基本视图"对话框。

（2）选择视图类型。在"基本视图"对话框 模型视图 区域的 要使用的模型视图 下拉列表框中选择 正等测图 选项。

（3）定义视图比例。在 比例 区域的 比例 下拉列表框中选择 1:1 选项。

（4）放置视图。选择合适的放置位置并单击，结果如图 11.2.5 所示。

11.2.2　局部放大图

下面创建图 11.2.6 所示的局部放大图，操作过程如下：

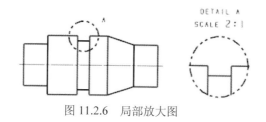

图 11.2.6　局部放大图

Step 1 打开文件 D:\ug85mo\work\ch11.02.02\magnify_view.prt。

Step 2 选择命令。选择下拉菜单 插入(S) ➡ 视图(W) ➡ 局部放大图(D)... 命令，系统
弹出图 11.2.7 所示的"局部放大图"对话框。

Step 3 选择边界类型。在"局部放大图"对话框的 类型 下拉列表框中选择 圆形 选项（图
11.2.7）。

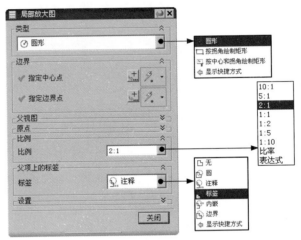

图 11.2.7 "局部放大图"对话框

图 11.2.7 所示的"局部放大图"对话框的区域说明如下：

- 类型-区域：用于定义绘制局部放大图边界的类型，包括"圆形"、"按拐角绘制矩
  形"和"按中心和拐角绘制矩形"。

- 边界-区域：用于定义创建局部放大图的边界位置。

- 父项上的标签-区域：用于定义父视图边界上的标签类型，包括"无"、"圆"、"注释"、
  "标签"、"内嵌"和"边界"。

Step 4 绘制放大区域的边界（图 11.2.8）。

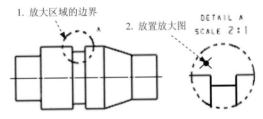

1. 放大区域的边界   2. 放置放大图

图 11.2.8 局部放大图的放置

Step 5 指定放大图比例。在"局部放大图"对话框 比例 区域的 比例 下拉列表框中选择 2:1 选项。

Step 6 定义父视图上的标签。在对话框 父项上的标签 区域的 标签 下拉列表框中选择 注释 选项。

Step 7 放置视图。选择合适的位置（图 11.2.8）并单击以放置放大图，然后单击 关闭
按钮。

Step **8** 设置视图标签样式。双击父视图上放大区域的边界，系统弹出"视图标签样式"对话框，设置图 11.2.9 所示的参数，完成设置后单击 确定 按钮。

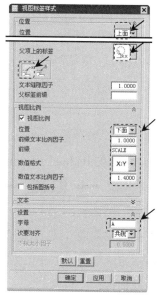

图 11.2.9 "视图标签样式"对话框

11.2.3 全剖视图

下面创建图 11.2.10 所示的全剖视图，操作过程如下。

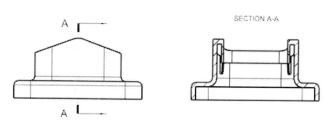

图 11.2.10 全剖视图

Step **1** 打开文件 D:\ug85mo\work\ch11.02.03\section_cut.prt。

Step **2** 选择命令。选择下拉菜单 插入(S) —— 视图(W) —— 截面(S) —— 简单/阶梯剖(S) 命令，系统弹出"剖视图"对话框。

Step **3** 在系统 选择父视图 的提示下，选择主视图作为创建全剖视图的父视图（图 11.2.11）。

Step **4** 选择剖切位置。确认"捕捉方式"工具条中的 按钮被按下，选取图 11.2.11 所示的边线，系统自动捕捉中点位置。

Step **5** 放置剖视图。在系统 指示图纸页上剖视图的中心 的提示下，在图 11.2.11 所示的位置单击放置剖视图，然后按 Esc 键结束，完成全剖视图的创建。

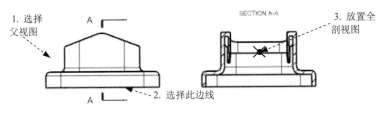

图 11.2.11　放置剖面视图

11.2.4　半剖视图

下面创建图 11.2.12 所示的半剖视图，操作过程如下：

Step 1　打开文件 D:\ug85mo\work\ch11.02.04\half_section_cut.prt。

Step 2　选择命令。选择下拉菜单 插入(S) ➡ 视图(W) ➡ 截面(S) ➡ 半剖(H)... 命令，系统弹出"半剖视图"对话框。

Step 3　选择俯视图为创建半剖视图的父视图（图 11.2.12）。

Step 4　选择剖切位置。确认"捕捉方式"工具条中的 ⊙ 按钮被按下，选取图 11.2.12 所示的圆弧和中点，系统自动捕捉圆心位置。

Step 5　放置半剖视图。移动鼠标到合适的位置单击，完成半剖视图的放置。

11.2.5　旋转剖视图

下面创建图 11.2.13 所示的旋转剖视图，操作过程如下：

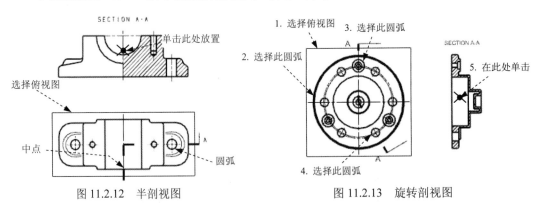

图 11.2.12　半剖视图　　　　　图 11.2.13　旋转剖视图

Step 1　打开文件 D:\ug85mo\work\ch11.02.05\revolved_section_cut.prt。

Step 2　选择命令。选择下拉菜单 插入(S) ➡ 视图(W) ➡ 截面(S) ➡ 旋转剖(R)... 命令，系统弹出"旋转剖视图"对话框。

Step 3　选择俯视图为创建旋转剖视图的父视图（图 11.2.13）。

Step 4　选择剖切位置。单击选中"捕捉方式"工具条中的 ⊙ 按钮，选取图 11.2.13 中的 2 所指示的圆弧，然后选取图 11.2.13 中的 3 所指示的圆弧，再选取图 11.2.13 中的 4 指示的圆弧。

Step 5　放置剖视图。在系统 **指示图纸页上剖视图的中心** 的提示下，单击图 11.2.13 所示的位置
5，完成旋转剖视图的放置。

11.2.6　阶梯剖视图

下面创建阶梯剖视图，操作过程如下。

Step 1　打开文件 D:\ug85mo\work\ch11.02.06\stepped_section_cut.prt。

Step 2　选择命令。选择下拉菜单 插入(S) ➡ 视图(W) ➡ 截面(S) ➡ 轴测剖(P)...
命令，系统弹出"轴测图中的全剖/阶梯剖"对话框（图 11.2.14）。

Step 3　选择图形区中的视图为阶梯剖的父视图。

Step 4　定义剖切线。

（1）定义箭头方向矢量。选取图 11.2.14 所示的下拉列表框中的 YC，单击对话框中
的 应用 按钮。

（2）定义剖切方向矢量。选取图 11.2.14 所示的下拉列表框中的 ZC，单击对话框中
的 应用 按钮，系统弹出"剖面线创建"对话框。

（3）定义剖切位置。选中"剖面线创建"对话框中的 ⊙ 剖切位置 单选按钮，然后在 选择点
后的下拉列表框中选择 选项，依次选取图 11.2.15 所示的中点 1、中点 2 和圆心点，单击
"剖面线创建"对话框中的 确定 按钮。

图 11.2.14　"轴测图中的全剖/阶梯剖"对话框

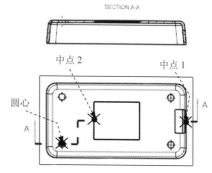

图 11.2.15　阶梯剖视图

Step 5　放置阶梯剖视图。选择合适的位置并单击以放置阶梯剖视图。

Step 6　单击"轴测图中的全剖/阶梯剖"对话框中的 取消 按钮或按 Esc 键退出，完成
阶梯剖视图的创建。

11.2.7　局部剖视图

下面创建图 11.2.16 所示的局部剖视图，操作过程如下。

Step 1 打开文件 D:\ug85mo\work\ch11.02.07\breakout_section.prt。

Step 2 绘制局部剖视图的边界。

（1）在前视图的边界上右击，在系统弹出的快捷菜单中选择 ⊞ 活动草图视图 命令，此时将激活前视图为草图视图。

（2）单击"草图工具"工具条中的"艺术样条"按钮 〜，系统弹出"艺术样条"对话框，选择 〜 通过点 类型，绘制图 11.2.17 所示的样条曲线，单击对话框中的 〈 确定 〉 按钮。

（3）单击"草图工具"工具条中的 🏁 完成草图 按钮，完成草图绘制。

图 11.2.16　局部剖视图

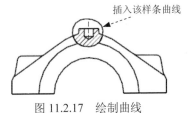

图 11.2.17　绘制曲线

Step 3 选择命令。选择下拉菜单 插入(S) ➡ 视图(W) ➡ 截面(S) ➡ 🖼 局部剖(O)... 命令，系统弹出"局部剖"对话框（图 11.2.18）。

Step 4 创建局部剖视图。

（1）选择生成局部剖的视图。在图形区选取前视图。

（2）定义基点。单击"捕捉方式"工具条中的 ⊙ 按钮，选取图 11.2.19 所示的基点。

图 11.2.18　"局部剖"对话框

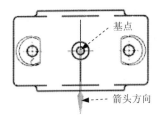

图 11.2.19　选取基点

（3）定义拉出的矢量方向。接受系统的默认方向。

（4）选择剖切线。单击"局部剖"对话框中的"选择曲线"按钮 🖼，选择样条曲线为剖切线，单击 应用 按钮，再单击 取消 按钮，完成局部剖视图的创建。

11.2.8　显示与更新视图

1. 视图的显示

选择下拉菜单 视图(V) ➡ 🖼 显示图纸页(I) 命令，系统会在模型的三维图形和二维工程图之间进行切换。

说明：🖼 显示图纸页(I) 命令可从工具定制中加载。

2. 视图的更新

选择下拉菜单 编辑(E) ➡ 视图(W) ➡ 更新(U)... 命令，可更新图形区中的视图。选择该命令后，系统弹出图 11.2.20 所示的"更新视图"对话框。

图 11.2.20 "更新视图"对话框

图 11.2.20 所示的"更新视图"对话框的按钮及选项说明如下：

● □ 显示图纸中的所有视图：列出当前存在于部件文件中所有图样页面上的所有视图，当该复选框被选中时，部件文件中的所有视图都在该对话框中可见并可供选择。如果取消选中该复选框，则只能选择当前显示的图样上的视图。

● 选择所有过时视图 ：用于选择工程图中的过期视图。单击 应用 按钮之后，这些视图将进行更新。

● 选择所有过时自动更新视图 ：用于选择工程图中的所有过期视图并自动更新。

11.2.9 视图对齐

UG NX 8.5 提供了比较方便的视图对齐功能。将鼠标移至视图的视图边界上并按住左键，然后移动，系统会自动判断用户的意图，显示可能的对齐方式，当移动至适合的位置时，松开鼠标左键即可。但是如果这种方法不能满足要求的话，用户还可以利用 对齐(I)... 命令来对齐视图。下面以图 11.2.21 为例，来说明利用该命令进行视图对齐的一般过程。

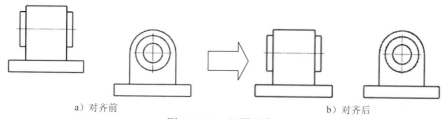

a）对齐前　　　　　　　　　　　　　　　　　　　b）对齐后

图 11.2.21 视图对齐

Step 1 打开文件 D:\ug85mo\work\ch11.02.09\align_view.prt。

Step 2 选择命令。选择下拉菜单 编辑(E) ➡️ 视图(V) ➡️ 🔧 对齐(I)... 命令，系统弹出图 11.2.22 所示的"视图对齐"对话框。

Step 3 选择要对齐的视图。这里选择图 11.2.23 所示的视图为要对齐的视图。

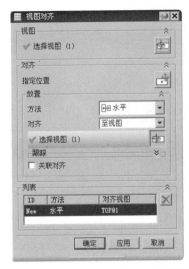

图 11.2.22 "视图对齐"对话框

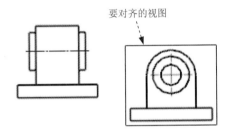
要对齐的视图

图 11.2.23 选择对齐要素

图 11.2.22 所示的"视图对齐"对话框中 方法 下拉列表框中的选项说明如下：

- 🔧 自动判断：自动判断两个视图可能的对齐方式。

- 🔧 水平：将选定的视图水平对齐。

- 🔧 竖直：将选定的视图垂直对齐。

- 🔧 垂直于直线：将选定视图与指定的参考线垂直对齐。

- 🔧 叠加：同时水平和垂直对齐视图，以便使它们重叠在一起。

- 🔧 铰链：将选定的视图对齐到任意选定的位置。

Step 4 定义对齐方式。在"视图对齐"对话框的 方法 下拉列表框中选择 🔧 水平 选项。

Step 5 选择对齐视图。这里选择主视图为对齐视图。

Step 6 单击对话框中的 取消 按钮，完成视图的对齐。

11.2.10 编辑视图

1. 编辑整个视图

打开文件 D:\ug85mo\work\ch11.02.10\edit_view.prt；在视图的边框上右击，从弹出的快捷菜单中选择 🔧 样式(T)... 命令（图 11.2.24），系统弹出图 11.2.25 所示的"视图样式"对话框，使用该对话框可以改变视图的显示。

图 11.2.24　选择"样式"选项

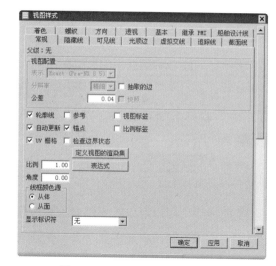

图 11.2.25　"视图样式"对话框

"视图样式"对话框和"视图首选项"对话框基本一致，在此不做具体介绍。

2．视图细节的编辑

（1）编辑剖切线。

下面以图 11.2.26 为例，来说明编辑剖切线的一般过程。

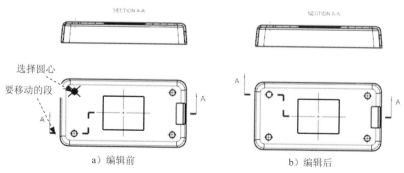

a）编辑前　　　　　　　　　　b）编辑后

图 11.2.26　编辑剖切线

Step 1　打开文件 D:\ug85mo\work\ch11.02.10\edit_section_01.prt。

Step 2　选择命令。选择下拉菜单 编辑(E) ➡ 视图(W)

➡ 截面线(L)... 命令，系统弹出图 11.2.27

所示的"截面线"对话框。

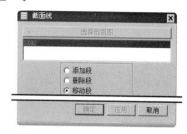

图 11.2.27　"截面线"对话框

Step 3　单击对话框中的 选择剖视图 按钮，选取图

11.2.26a 所示的剖视图，在对话框中选中 ⊙ 移动段

单选按钮。

Step 4　选择要移动的段（图 11.2.26a 所示的一段剖切线）。

Step 5　选择放置位置。选取图 11.2.26a 所示的圆心。

说明：利用"截面线"对话框不仅可以增加、删除和移动剖切线，还可重新定义铰链线、剖切矢量和箭头矢量等。

Step 6 单击"截面线"对话框中的 应用 按钮，再单击 取消 按钮，完成剖切线的编辑操作。

说明：如果此时视图未更新，用户可选择下拉菜单 编辑(E) ➡ 视图(W) ➡ 更新(U)... 命令，弹出"更新视图"对话框；单击"选择所有过时视图"按钮 ，选择全部视图；再单击 确定 按钮，完成视图的更新。

（2）定义剖面线。

在工程图环境中，用户可以选择现有剖切线或自定义的剖切线为剖面线来填充剖面。与产生剖视图的结果不同，填充剖面不会产生新的视图。下面以图 11.2.28 为例，来说明定义剖面线的一般操作过程。

a）定义前   b）定义后

图 11.2.28 定义剖面线

Step 1 打开文件 D:\ug85mo\work\ch11.02.10\edit_section_02.prt。

Step 2 选择命令。选择下拉菜单 插入(S) ➡ 注释(A) ➡ 剖面线(O)... 命令，弹出图 11.2.29 所示的"剖面线"对话框，在该对话框 边界-区域的 选择模式 下拉列表框中选择 边界曲线 选项。

Step 3 定义剖面线边界。依次选取图 11.2.30 所示的曲线为剖面线边界。

Step 4 定义剖面线样式。剖面线样式设置如图 11.2.29 所示。

Step 5 单击 确定 按钮，完成剖面线的定义。

图 11.2.29 "剖面线"对话框

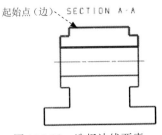

图 11.2.30 选择边线要素

图 11.2.29 所示的"剖面线"对话框的 选择模式 下拉列表框中的选项说明如下：

- 边界曲线：若选择该选项，则通过在图形上选取一个封闭的边界曲线来得到剖面线。

- 区域中的点 ：若选择该选项，则在创建剖面线时，只需要在一个封闭的边界曲线内部单击，系统自动选取此封闭边界作为创建剖面线的边界。

11.3　工程图标注与符号

11.3.1　尺寸标注

尺寸标注是工程图中的一个重要环节，本节将介绍尺寸标注的方法以及注意事项。主要通过图 11.3.1 所示的"尺寸"工具条进行尺寸标注（工具条中没有的按钮可以定制）。

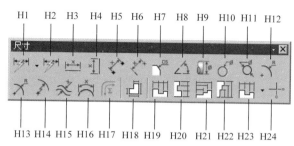

图 11.3.1　"尺寸"工具条

图 11.3.1 所示的"尺寸"工具条的说明如下：

- H1：其下拉列表框中包括下面的所有标注方式。

- H2：允许用户使用系统功能创建尺寸，以便根据用户选取的对象以及光标位置智能地判断尺寸类型。

- H3：在两个选定对象之间创建一个水平尺寸。

- H4：在两个选定对象之间创建一个竖直尺寸。

- H5：在两个选定对象之间创建一个平行尺寸。

- H6：在一条直线或中心线与一个定义的点之间创建一个垂直尺寸。

- H7：创建倒斜角尺寸。

- H8：在两条不平行的直线之间创建一个角度尺寸。

- H9：创建一个等于两个对象或点位置之间的线性距离的圆柱尺寸。

- H10：创建孔特征的直径尺寸。

- H11：标注圆或弧的直径尺寸。

- H12：创建半径尺寸，此半径尺寸使用一个从尺寸值到弧的短箭头。

- H13：创建一个半径尺寸，此半径尺寸从弧的中心绘制一条延伸线。

- H14: 对极其大的半径圆弧创建一条折叠的指引线半径尺寸，其中心可以在图形区之外。
- H15: 创建厚度尺寸，该尺寸测量两个圆弧或两个样条之间的距离。
- H16: 创建一个测量圆弧周长的圆弧长尺寸。
- H17: 创建周长约束以控制选定直线和圆弧的集体长度。
- H18: 将孔和螺纹的参数（以标注的形式）或草图尺寸继承到图纸页。
- H19: 允许用户创建一组水平尺寸，其中每个尺寸都与相邻尺寸共享其端点。
- H20: 允许用户创建一组竖直尺寸，其中每个尺寸都与相邻尺寸共享其端点。
- H21: 允许用户创建一组水平尺寸，其中每个尺寸都共享一条公共基准线。
- H22: 允许用户创建一组竖直尺寸，其中每个尺寸都共享一条公共基准线。
- H23: 包含允许用户创建一组尺寸的选项。
- H24: 包含允许用户创建坐标尺寸的选项。

下面以图 11.3.2 为例，来介绍创建尺寸标注的一般操作过程。

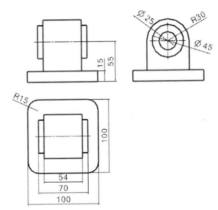

图 11.3.2　尺寸标注的创建

Step 1　打开文件 D:\ug85mo\work\ch11.03.01\dimension.prt。

Step 2　标注竖直尺寸。选择下拉菜单 插入(S) ➡ 尺寸(M) ➡ 竖直(V)... 命令，系统弹出图 11.3.3 所示的"竖直尺寸"工具条。

图 11.3.3　"竖直尺寸"工具条

图 11.3.3 所示的"竖直尺寸"工具条的按钮及选项说明如下：

- $^A\!A$：单击该按钮，系统弹出"尺寸样式"对话框，用于设置尺寸显示和放置等参数。
- 1·：用于设置尺寸精度。

- 1.00 ▾：用于设置尺寸公差。
- **A**：单击该按钮，系统弹出"注释编辑器"对话框，用于添加注释文本。
- ▢：用于重置所有设置，即恢复默认状态。

Step 3 单击"捕捉方式"工具条中的 ⁄ 按钮，选取图 11.3.4 所示的中心线 1 和边线 1，系统自动显示活动尺寸，单击合适的位置放置尺寸；选取图 11.3.4 所示的边线 2 和边线 1，系统自动显示活动尺寸，单击合适的位置放置尺寸；选取图 11.3.4 所示的边线 3 和边线 4，系统自动显示活动尺寸，单击合适的位置放置尺寸，结果如图 11.3.5 所示。

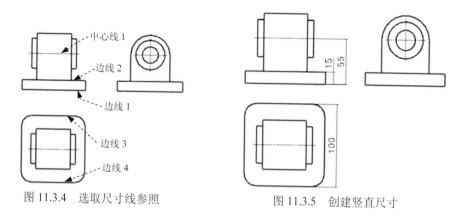

图 11.3.4　选取尺寸线参照　　　　图 11.3.5　创建竖直尺寸

Step 4 标注水平尺寸。选择下拉菜单 插入(S) ➡ 尺寸(M)▸ ➡ ⤒ 水平(H)... 命令，系统弹出"水平尺寸"工具条。

Step 5 单击"捕捉方式"工具条中的 ⁄ 按钮，选取图 11.3.6 所示的边线 1 和边线 2，系统自动显示活动尺寸，单击合适的位置放置尺寸；选取图 11.3.6 所示的边线 3 和边线 4，系统自动显示活动尺寸，单击合适的位置放置尺寸；选取图 11.3.6 所示的边线 5 和边线 6，系统自动显示活动尺寸，单击合适的位置放置尺寸，结果如图 11.3.7 所示。

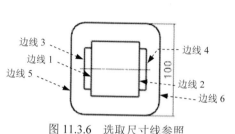 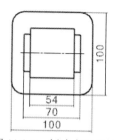

图 11.3.6　选取尺寸线参照　　　　图 11.3.7　创建水平尺寸

Step 6 标注半径尺寸。选择下拉菜单 插入(S) ➡ 尺寸(M)▸ ➡ ⤬ 过圆心的半径(U)... 命令，系统弹出"半径尺寸"工具条。

Step 7　选取图 11.3.8 所示的圆弧 1，单击合适的位置放置半径尺寸；选取图 11.3.8 所示的圆弧 2，单击合适的位置放置半径尺寸，结果如图 11.3.9 所示。

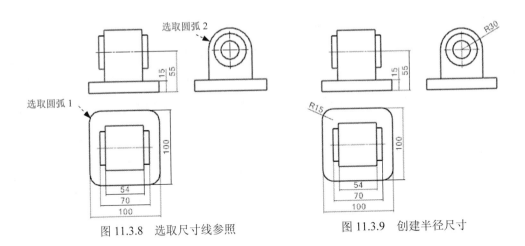

图 11.3.8　选取尺寸线参照　　　　　　　图 11.3.9　创建半径尺寸

Step 8　标注直径尺寸。选择下拉菜单 插入(S) ➡ 尺寸(M)▸ ➡ 直径(D)... 命令，系统弹出"直径尺寸"工具条。

Step 9　选取图 11.3.10 所示的圆，单击合适的位置放置直径尺寸，结果如图 11.3.11 所示。

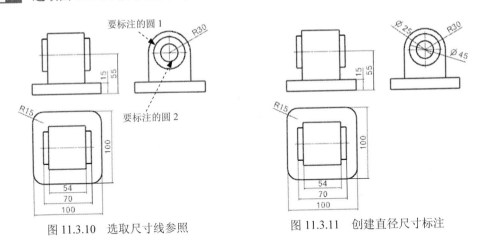

图 11.3.10　选取尺寸线参照　　　　　　　图 11.3.11　创建直径尺寸标注

11.3.2　注释编辑器

制图环境中的形位公差和文本注释都是通过注释编辑器来标注的，因此，在这里先介绍一下注释编辑器的用法。

选择下拉菜单 插入(S) ➡ 注释(A) ➡ A 注释(N)... 命令（或单击"注释"工具条中的 A 按钮），弹出图 11.3.12 所示的"注释"对话框。

图 11.3.12 "注释"对话框（一）

图 11.3.12 所示的"注释"对话框中各选项的说明如下：

- 编辑文本-区域：该区域（"编辑文本"工具条）用于编辑注释，其主要功能和 Word 等软件的功能相似。

- 格式化-区域：该区域包括"文本字体设置"下拉列表框 alien 、"文本大小设置"下拉列表框 0.25 、"编辑文本按钮"和"多行文本输入区"。

- 符号-区域：该区域的 类别 下拉列表框中主要包括"制图"、"形位公差"、"分数"、"定制符号"、"用户定义"和"关系"几个选项。

  ☑ 制图选项：使用图 11.3.12 所示的 制图选项可以将制图符号的控制字符输入到编辑窗口。

  ☑ 形位公差选项：图 11.3.13 所示的 形位公差选项可以将形位公差符号的控制字符输入到编辑窗口和检查形位公差符号的语法。形位公差窗格的上面有四个按钮，它们位于一排。这些按钮用于输入下列形位公差符号的控制字符："插入单特征控制框"、"插入复合特征控制框"、"开始下一个框"和"插入框分隔线"。这些按钮的下面是各种公差特征符号按钮、材料条件按钮和其他形位公差符号按钮。

  ☑ 分数选项：图 11.3.14 所示的 分数选项分为上部文本和下部文本，通过更改分数类型，可以分别在上部文本和下部文本中插入不同的分数类型。

  ☑ 定制符号选项：选择此选项后，可以在符号库中选取用户自定义的符号。

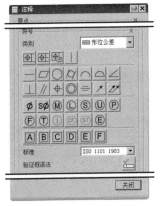

图 11.3.13 "注释"对话框（二）

图 11.3.14 "注释"对话框（三）

☑ 用户定义 选项：图 11.3.15 所示为选择 用户定义 选项的对话框界面。该选项下方的 符号库 下拉列表框中提供了"显示部件"、"当前目录"和"实用工具目录"选项。单击"插入符号"按钮 后，在文本窗口中将显示相应的符号代码，符号文本将显示在预览区域中。

☑ 关系 选项：图 11.3.16 所示的 关系 选项包括四种， 用于插入控制字符，以在文本中显示表达式的值； 用于插入控制字符，以显示对象的字符串属性值； 用于插入控制字符，以在文本中显示部件属性值； 用于插入控制字符，以显示图纸页的属性值。

图 11.3.15 "注释"对话框（四）

图 11.3.16 "注释"对话框（五）

11.3.3 表面粗糙度符号

下面将介绍标注表面粗糙度的一般操作过程。

Step 1 打开文件 D:\ug85mo\work\ch11.03.03\surface_finish_symbol.prt。

Step 2 选择命令。选择下拉菜单 插入(S) ➡ 注释(A) ➡ 表面粗糙度符号(S)... 命令，系统弹出"表面粗糙度"对话框。

Step 3 在"表面粗糙度"对话框中，设置图 11.3.17 所示的表面粗糙度参数。

Step 4 标注表面粗糙度符号。然后选取图 11.3.18 所示的边线放置符号。

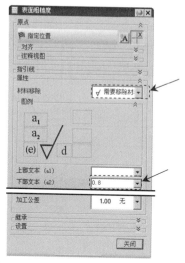

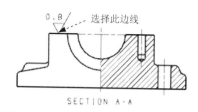

图 11.3.17 "表面粗糙度"对话框　　图 11.3.18 表面粗糙度的创建步骤

图 11.3.17 所示的"表面粗糙度"对话框中的区域说明如下：

● **原点** 区域：用于设置原点位置和表面粗糙度符号的对齐方式。

● **指引线** 区域：用于创建带指引线的表面粗糙度符号，单击该区域中的 ✓ 选择终止对象 按钮，可以选择指示位置。

● **属性** 区域：用于设置表面粗糙度符号的类型和值属性。UG NX 8.5 提供了九种类型的表面粗糙度符号。要创建表面粗糙度，首先要选择相应的类型，选择的符号类型将显示在"图例"区域中。

● **设置** 区域：用于设置表面粗糙度符号的文本样式、旋转角度、圆括号及文本反转。

11.3.4 基准特征符号

利用基准符号命令可以创建用户所需的各种基准符号。下面将介绍创建基准符号的一般操作过程。

Step 1 打开文件 D:\ug85mo\work\ch11.03.04\benchmark.prt。

Step 2 选择命令。选择下拉菜单 插入(S) ➡ 注释(A) ➡ 基准特征符号(R) 命令，系统弹出"基准特征符号"对话框，如图 11.3.19 所示。

Step 3 在"基准特征符号"对话框中的 基准标识符 下的 字母 文本框中输入字母 A。

Step 4 放置基准特征符号。捕捉图 11.3.20 所示的边线，然后按下鼠标左键并拖动，将基准特征符号放在如图 11.3.20 所示的位置。

Step 5 单击 关闭 按钮，完成基准特征符号的创建。

图 11.3.19　"基准特征符号"对话框

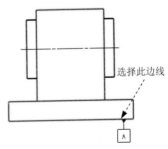

图 11.3.20　创建基准特征符号

11.3.5　形位公差

利用特征控制框命令可以创建用户所需的各种形位公差符号。下面介绍创建公差符号的一般操作过程。

Step 1　打开文件　D:\ug85mo\work\ch11.03.05\geometric_tolerance.prt。

Step 2　选择命令。选择下拉菜单 插入(S) ➡ 注释(A) ➡ 特征控制框(F) 命令，系统弹出"特征控制框"对话框，如图 11.3.21 所示。

Step 3　设置公差符号的参数。在 特征 区域的下拉列表框中选择 平行度 ；在 公差 区域的文本框中输入数值 0.02；在 第一基准参考 区域的第一个下拉列表框中选择第一基准参考字母为 A。

Step 4　指定指引线。在 指引线 区域中单击 按钮，选取图 11.3.22 所示的边线为引线的放置点，在图纸中选择适当的位置单击，单击 关闭 按钮，完成形位公差符号的创建。

图 11.3.21　"特征控制框"对话框

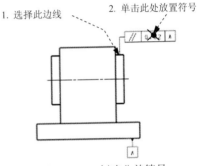

图 11.3.22　创建公差符号

11.4 工程图设计范例

范例概述

此范例以一个充电器塑料盖为载体讲述 UG NX 8.5 工程图创建的一般过程。希望通过此范例的学习，读者能对 UG NX 8.5 工程图的制作有比较清楚的认识。完成后的工程图如图 11.4.1 所示。

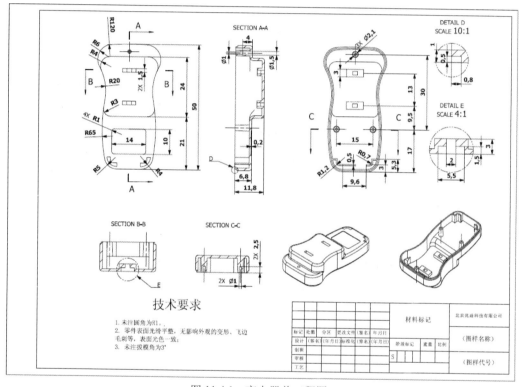

图 11.4.1 充电器盖工程图

Task1. 创建视图前的准备

Step 1 打开文件 D:\ug85mo\work\ch11.04\charger_down_drawing.prt。

Step 2 插入图纸页。选择下拉菜单 开始▾ ➡ 制图(D)... 命令，选择下拉菜单 插入(S) ➡ 图纸页(H)... 命令，系统弹出"图纸页"对话框；在该对话框的 大小 下拉列表框中选择 A3 - 297 x 420 选项，在 比例 下拉列表框中选择比例为 1:1；在 投影 区域中选中"第一角象限投影"按钮 ▯◎；其他采用系统默认设置，单击 确定 按钮。系统弹出"视图创建向导"对话框，单击 取消 按钮，系统进入工程图环境。

Step 3 调用图样。

（1）选择命令。选择下拉菜单 文件(F) ➡ 导入(M) ➡ 部件(P)... 命令，弹出"导入部件"对话框（一），单击 确定 按钮。

（2）选择图样。在弹出的"导入部件"对话框（二）中选择 A3.prt 文件，单击 OK 按钮，系统弹出"点"对话框。

（3）放置图样。接受默认的坐标原点为目标原点，单击 确定 按钮，结束目标原点的选取。在"图样"对话框中单击 取消 按钮，完成图样的调用。

Task2. 创建视图

Step 1 设置视图显示。选择下拉菜单 首选项(P) ➡ 视图(V)... 命令，系统弹出"视图首选项"对话框；选择 隐藏线 选项卡，设置隐藏线为不可见；选择 光顺边 选项卡，取消选中 □ 光顺边 复选框；选择 虚拟交线 选项卡，取消选中 □ 虚拟交线 复选框，单击 确定 按钮。

Step 2 添加基本视图。选择下拉菜单 插入(S) ➡ 视图(W) ➡ 基本(B)... 命令，系统弹出"基本视图"对话框；在"基本视图"对话框中单击 俯视图 ▾ 下拉列表框中的 俯视图 选项，并选择比例为 2:1，单击"定向视图工具"按钮 ⟳，系统弹出"定向视图工具"对话框与"定向视图"预览界面，在"定向视图"预览界面中将模型旋转至图 11.4.2 所示的方位；单击"定向视图工具"对话框中的 确定 按钮，系统返回到"基本视图"对话框，在图形区的合适位置单击以放置主视图，结果如图 11.4.3 所示。

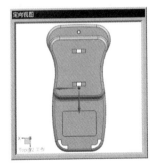

图 11.4.2 "定义视图"预览界面

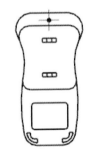

图 11.4.3 添加主视图

Step 3 添加轴测视图 1。

（1）选择命令。选择下拉菜单 插入(S) ➡ 视图(W) ▸ ➡ 基本(B)... 命令，系统弹出"基本视图"对话框。

（2）定义视图参数。在"基本视图"对话框中单击 俯视图 ▾ 下拉列表框中的 正等测图，在 比例 下拉列表框中选择 比率 选项，并在其下面的文本框中分别输入 1.5 和 1，然后选择合适的位置放置轴测视图，按 Esc 键结束命令。

（3）在刚才创建的轴测图边界上右击，选择 ^A 样式(T)... 命令，系统弹出"视图样式"对话框，单击 光顺边 选项卡，选中 ☑ 光顺边 复选框，单击 确定 按钮，完成后如图 11.4.4

所示。

Step **4**　添加轴测视图 2。

（1）选择命令。选择下拉菜单 插入(S) ➡ 视图(W) ▸ ➡ 基本(B)... 命令，系统弹出"基本视图"对话框。

（2）定义视图参数。在"基本视图"对话框中单击"定向视图工具"按钮 ，系统弹出"定向视图工具"对话框和"定向视图"预览界面。

（3）定义视图方位。在"定向视图"预览界面中按住鼠标中键旋转模型至图 11.4.5 所示，单击"定向视图工具"对话框中的 确定 按钮，返回到"基本视图"对话框。

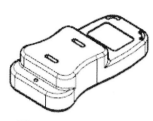

图 11.4.4　添加轴测视图 1

图 11.4.5　定义视图方位

（4）选择比例为 比率，并在其下面的文本框中分别输入 1.5 和 1，然后参照图 11.4.6 所示的位置放置轴测视图，按 Esc 键结束命令。

（5）在刚才创建的轴测图边界上右击，选择 样式(T)... 命令，系统弹出"视图样式"对话框，单击 光顺边 选项卡，选中 ☑ 光顺边 复选框，单击 确定 按钮，完成后如图 11.4.6 所示。

图 11.4.6　添加轴测视图 2

Step **5**　创建全剖视图 1。

（1）选择命令。选择下拉菜单 插入(S) ➡ 视图(W) ➡ 截面(S) ➡ 简单/阶梯剖(S)... 命令，系统弹出"剖视图"对话框。

（2）选择前视图为创建全剖视图的父视图。

（3）选择剖切位置。确认"捕捉方式"工具条中的 按钮被按下，选取图 11.4.7 所示的边线中点。

（4）放置全剖视图。在图 11.4.8 所示的位置单击放置全剖视图，单击中键完成操作。

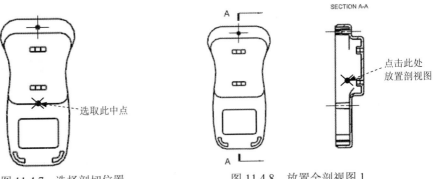

图 11.4.7 选择剖切位置　　　　图 11.4.8 放置全剖视图 1

Step 6 创建投影视图。

（1）选择命令。选择下拉菜单 插入(S) ➡ 视图(W) ➡ 投影(T)... 命令，系统弹出"投影视图"对话框。

（2）在系统弹出的"投影视图"对话框中单击 ✓ 选择视图 (1) 按钮，选取上步创建的全剖视图作为父视图。

（3）向右移动鼠标，在合适的位置单击以放置视图，完成后如图 11.4.9 所示。

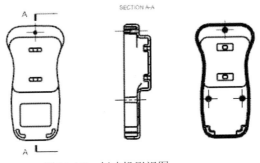

图 11.4.9 创建投影视图

Step 7 创建全剖视图 2。

（1）选择命令。选择下拉菜单 插入(S) ➡ 视图(W) ➡ 截面(S) ➡ 简单/阶梯剖(S)... 命令，系统弹出"剖视图"对话框。

（2）选择前视图为创建全剖视图的父视图。

（3）选择剖切位置。确认"捕捉方式"工具条中的 / 按钮被按下，选取图 11.4.10 所示的边线中点。

（4）放置全剖视图。在图 11.4.11 所示的位置单击放置全剖视图，单击中键完成操作。

Step 8 创建全剖视图 3。

（1）选择命令。选择下拉菜单 插入(S) ➡ 视图(W) ➡ 截面(S) ➡ 简单/阶梯剖(S)... 命令，系统弹出"剖视图"对话框。

（2）选择 Step6 中创建的投影视图为创建全剖视图的父视图。

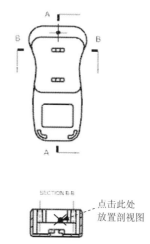

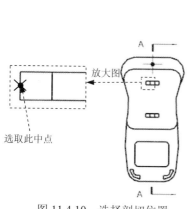

选取此中点

图 11.4.10 选择剖切位置

SECTION B-B

点击此处
放置剖视图

图 11.4.11 放置全剖视图 2

（3）选择剖切位置。确认"捕捉方式"工具条中的 ⊙ 按钮被按下，选取图 11.4.12 所示的圆的中心。

（4）放置全剖视图。在图 11.4.13 所示的位置单击放置全剖视图，单击中键完成操作。

（5）通过移动视图命令将其移动至图 11.4.14 所示的大概位置。

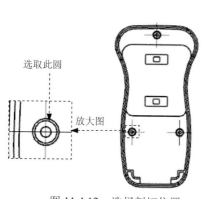

选取此圆

放大图

图 11.4.12 选择剖切位置

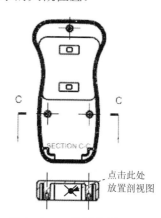

SECTION C-C

点击此处
放置剖视图

图 11.4.13 放置全剖视图 3

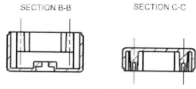

SECTION B-B　　　SECTION C-C

图 11.4.14 移动全剖视图 3

Step 9 创建局部放大图 1。

（1）选择命令。选择下拉菜单 插入(S) ➜ 视图(W) ▶ ➜ 局部放大图(D)... 命令，系统弹出"局部放大图"对话框。

（2）在 类型 下拉列表框中选择 圆形 选项，在图纸上单击图 11.4.15 所示的位置 1 指定圆边界的中心点，单击位置 2 指定边界点，绘制图 11.4.15 所示的圆作为放大范围。

（3）在对话框 比例 区域的 比例 下拉列表框中选择 10:1 选项，在 父项上的标签 区域的 标签 下拉列表框中选择 标签 选项，在图纸的合适位置单击以放置视图，然后单击 关闭 按钮，结果如图 11.4.16 所示。

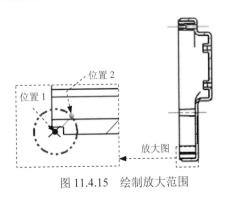

图 11.4.15　绘制放大范围　　　　　图 11.4.16　创建局部放大图 1

说明：如果视图标签位置不合适，可拖动将其移动到合适的位置；双击视图标签可对其进行编辑。

Step 10　创建局部放大图 2。参照上一步，绘制图 11.4.17 所示的放大范围，然后在 比例 区域 比例 右侧的下拉列表框中选择 比率 选项，并在其下面的文本框中分别输入 4 和 1，创建局部放大图 2，结果如图 11.4.18 所示。

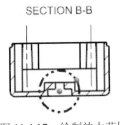

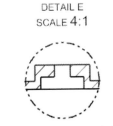

图 11.4.17　绘制放大范围　　　　　图 11.4.18　创建局部放大图 2

Task3. 标注尺寸

Step 1　标注主视图的尺寸。

（1）选择下拉菜单 插入(S) ➡ 尺寸(M)▶ ➡ 自动判断(I)... 命令，系统弹出"自动判断尺寸"工具条，在图样中添加图 11.4.19 所示的尺寸标注。

（2）右击图 11.4.19 所示的尺寸 1.5，选择 A 编辑附加文本... 命令，系统弹出"文本编辑器"对话框，单击 附加文本 区域中的"之前"按钮，然后在输入框中输入文本"2X"，完成后如图 11.4.20 所示。

（3）参照上一步（2）在尺寸 R1 文本前添加文本"4X"，完成后如图 11.4.20 所示。

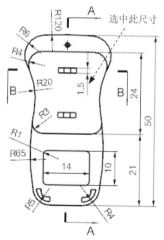

图 11.4.19　"自动判断尺寸"标注

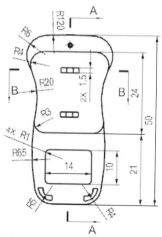

图 11.4.20　添加附加文本

Step **2**　标注左视图尺寸。

（1）选择命令。选择下拉菜单 插入(S) ➡ 尺寸(M)▶ ➡ 自动判断(I)... 命令，系统弹出"自动判断尺寸"工具条，在图样中添加图 11.4.21 所示的尺寸。

（2）选择下拉菜单 插入(S) ➡ 尺寸(M)▶ ➡ 圆柱(Y) 命令，在视图中选取图 11.4.21 所示的边线 1 与边线 2，此时图样上会显示尺寸预览，结果如图 11.4.22 所示；选取图 11.4.21 所示的边线 3 与边线 4，结果如图 11.4.22 所示。

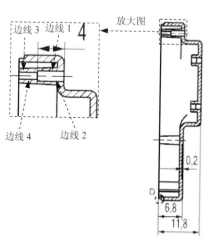

图 11.4.21　标注左视图尺寸

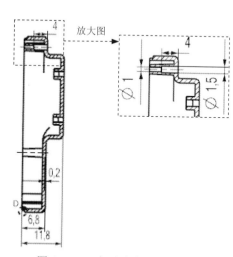

图 11.4.22　标注直径尺寸

Step **3**　参照 Step1～Step2 的操作步骤标注其他视图的尺寸，结果如图 11.4.23～图 11.4.26 所示。

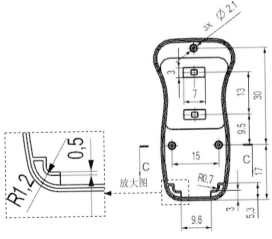

图 11.4.23　标注投影视图尺寸

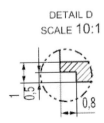

图 11.4.24　标注局部放大图 1 的尺寸

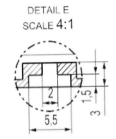

图 11.4.25　标注局部放大图 2 的尺寸

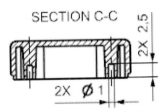

图 11.4.26　标注 C-C 全剖视图的尺寸

Task4. 标注注释

Step 1　选择命令。选择下拉菜单 插入(S) ➡ 注释(A) ➡ A 注释(N)... 命令（或单击"注释"工具条中的 A 按钮），弹出"注释"对话框。

Step 2　输入文本内容。在"注释"对话框的文字输入区中清除已有文字，然后输入文字"技术要求"，并按下 Enter 键；输入第二行文字"1.未注圆角为 R1。"，并按下 Enter 键；输入第三行文字"2. 零件表面光滑平整，无影响外观的变形、飞边毛刺等，表面光色一致。"；输入第四行文字"3. 未注拔模角为 3。"，输入完成后单击 符号 区域的"插入度数"按钮 x°。

Step 3　设置格式。在文字输入区中设置所有字体为宋体，然后选中文字"技术要求"，在 格式化 区域中的"比例"下拉列表框中选择 2 选项，根据需要在文字"技术要求"前面插入若干空格。此时文本输入区显示如图 11.4.27 所示。

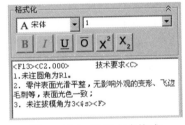

图 11.4.27　设置文本格式

Step 4　在图纸下方合适位置单击以放置注释，结果如图 11.4.28 所示，按 Esc 键结束注释命令。

技术要求

1. 未注圆角R1。
2. 零件表面光滑平整，无影响外观的变形、飞边毛刺等，表面光色一致。
3. 未注拔模角度为3°。

图 11.4.28 添加注释文本

Task5. 保存工程图

选择下拉菜单 文件(F) ➡ ■ 保存(S) 命令，保存文件。

第三篇
UG NX 模具设计入门、
进阶与精通

12

UG NX 模具设计概述

12.1　注塑模具的结构组成

　　标准术语已将"注塑"一词改为"注射"，而软件中仍用"注塑"。为与软件一致，本书仍延用"注塑"。

　　"塑料"（Plastic）即"可塑性材料"的简称，它是以高分子合成树脂为主要成分，在一定条件下可塑制成一定形状，且在常温下保持不变的材料。工程塑料（Engineering Plastic）是 20 世纪 50 年代在通用塑料基础上崛起的一类新型材料，工程塑料通常具有较好的耐腐蚀性、耐热性、耐寒性、绝缘性以及诸多良好的力学性能，例如较高的拉伸强度、压缩强度、弯曲强度、疲劳强度和较好的耐磨性等。

　　目前，塑料的应用领域日益广阔，如用于制造冰箱、洗衣机、饮水机、洗碗机、卫生洁具、塑料水管、玩具、电脑键盘、鼠标、食品器皿和医用器具等。

　　塑料成型的方法（即塑件的生产方法）非常多，常见的有注塑成型、挤压成型、真空成型和发泡成型等，其中，注塑成型是最主要的塑料成型方法。注塑模具是注塑成型的工具，其结构一般包括塑件成型元件、浇注系统和模架三大部分。

　　1．塑件成型元件

　　塑件成型元件（即模仁）是注塑模具的关键部分，其作用是构建塑件的结构和形状，塑件成型的主要元件包括型腔和型芯，如图 12.1.1 所示；如果塑件较复杂，则模具中还需要滑块、销等成型元件，如图 12.1.2、图 12.1.3 和图 12.1.4 所示。以下模型位于 D:\ug85mo\work\ch12.01.01 目录下，读者可打开每个目录下的*_top_*.prt 文件进行查看。

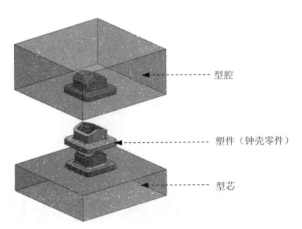

图 12.1.1　塑件成型元件

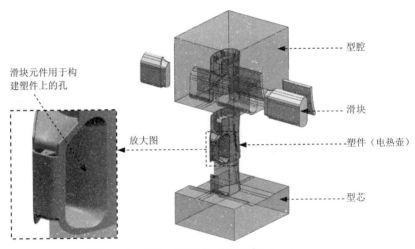

图 12.1.2　塑件成型元件（带滑块）（一）

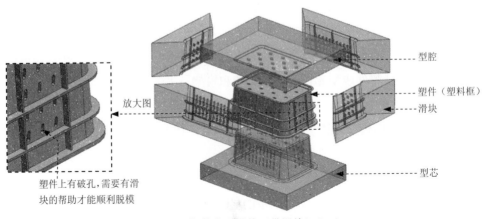

图 12.1.3　塑件成型元件（带滑块）（二）

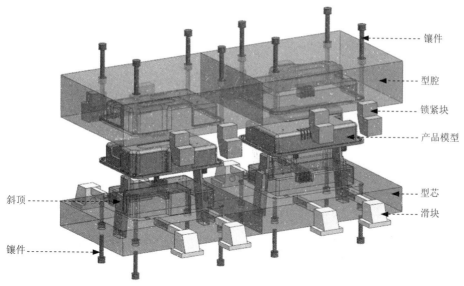

图 12.1.4   塑件成型元件（带滑块和斜顶）

2. 浇注系统

浇注系统是塑料熔融物从注塑机喷嘴流入模具型腔的通道。普通浇注系统一般由主流道、分流道、浇口和冷料穴四部分组成。主流道是熔融物从注塑机进入模具的入口，浇口是熔融物进入模具型腔的入口，分流道则是主流道和浇口之间的通道。

如果模具较大或者是一模多穴，可以安排多个浇口。当在模具中设置多个浇口时，其流道结构较复杂，主流道中会分出许多分流道（图 12.1.5），这样熔融物先流过主流道，然后通过分流道再由各个浇口进入型腔。读者可打开 D:\ug85mo\work\ch12.01.02\knob.prt 文件查看此模型。

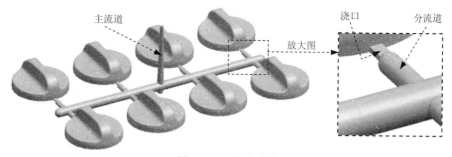

图 12.1.5   浇注系统

3. Mold Wizard 模架设计

图 12.1.6 所示的模架是通过 Mold Wizard 模块来创建的，其模架中的所有标准零部件全都是由 Mold Wizard 模块提供的，只需确定装配位置。读者可打开 D:\ug85mo\work\ch12.01.03*_top_*.prt 文件查看此模型。

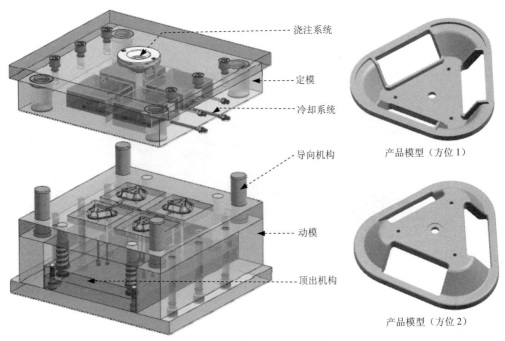

图 12.1.6　Mold Wizard 模架设计

4．在建模环境下进行模具设计

图 12.1.7 所示的模具是在建模环境下完成设计的，其技巧性和灵活性很强。读者可打开 D:\ug85mo\work\ch12.01.04\knob.prt 文件查看此模型。

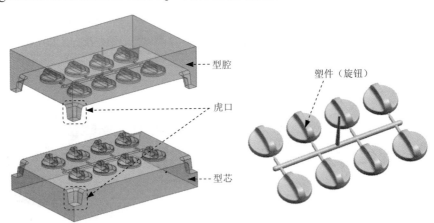

图 12.1.7　在建模环境下进行模具设计

12.2　UG NX Mold Wizard 简介

Mold Wizard（注塑模向导，以下简称 MW）作为一个模块被集成在 UG NX 软件中。MW 模块是针对模具设计的专业模块，并且此模块中配有常用的模架库和标准件库，用户可以方便地在模具设计过程中调用。标准件的调用非常简单，只要用户设置好相关标准件的参数和定位点，软件就会自动将标准件加载到模具中，在很大程度上提高了模具设计效率。值得一提的是 MW 还具有强大的电极设计功能，用户也可以通过它快速地进行电极设计。可以说 Mold Wizard 在 UG NX 中是一个具有强大模具设计功能的模块。

　　说明：虽然在 UG NX 中集成了注塑模具设计向导模块，但是不能直接用来设计模架和标准件。读者需要安装 Mold Wizard，并且要将其安装到 UG NX 8.5 目录下才能使用。

12.3　UG NX Mold Wizard 模具设计工作界面

　　学习本节时请先打开文件 D:\ug85mo\work\ch12.03\case_cover_mold_top_050.prt。

　　打开文件 case_cover_mold_top_050.prt 后，系统就会显示图 12.3.1 所示的模具设计工作界面。下面对该工作界面进行简要说明。

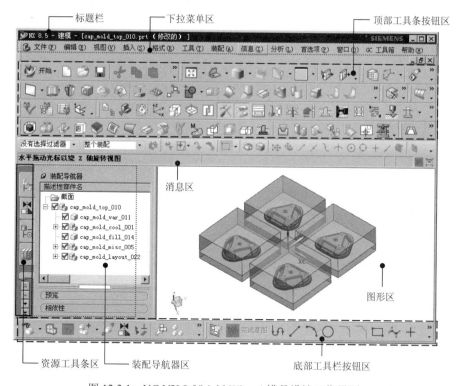

图 12.3.1　UG NX 8.5/Mold Wizard 模具设计工作界面

　　说明：若打开模型后，发现顶部工具条按钮区没有"注塑模向导"工具条，则用户需要选择下拉菜单 开始 ➡ 所有应用模块 ▶ ➡ 注塑模向导(Z) 命令。

　　模具设计工作界面包括标题栏、下拉菜单区、顶部工具条按钮区、消息区、图形区、装配导航器区、资源工具条区及底部工具栏按钮区。

1. 顶部工具条按钮区

工具条中的命令按钮为快速选择命令及设置工作环境提供了极大的方便，用户可以根据具体情况定制工具条，图 12.3.2 所示的是"注塑模向导"工具条。

注意： 用户会看到有些菜单命令和按钮处于非激活状态（呈灰色，即暗色），这是因为它们目前还没有处在发挥功能的环境中，一旦它们进入有关的环境，便会自动激活。

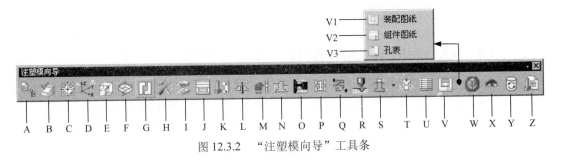

图 12.3.2 "注塑模向导"工具条

图 12.3.2 所示的"注塑模向导"工具条中各按钮的功能说明如下：

- A（初始化项目）：用于导入模具零件，是模具设计的第一步，导入零件后，系统将生成用于存放布局、型芯和型腔等信息的一系列文件。

- B（模具部件验证）：用于验证喷射产品模型和模具设计详细信息。

- C（多腔模设计）：用于一模多腔（不同零件）的设计。可在一副模具中生成多个不相同的塑件。

- D（模具 CSYS）：用于指定（锁定）模具的开模方向。

- E（收缩率）：用于设定一个因冷却产生收缩的比例因子。一般情况下，在设计模具时要把制品的收缩补偿到模具中，模具的尺寸为实际尺寸加上收缩尺寸。

- F（工件）：此命令可以定义用来生成模具型腔和型芯的工件（毛坯），并与模架相连接。

- G（型腔布局）：用于完成产品模型在型腔中的布局。当产品需要多腔设计时，可以利用此命令。

- H（注塑模工具）：此命令可以启动"注塑模工具"工具条（图 12.3.3），主要用来修补零件中的孔、槽以及修补块，目的是做出一个 UG 能够识别的分型面。

图 12.3.3 "注塑模工具"工具条

- I（模具分型工具）：用于模具的分型。分型的过程包括创建分型线、分型面以及生成型芯和型腔等。

- J（模架库）：用于加载模架。在 MW 中，模架都是标准的，标准模架是由结构、尺寸和形式都标准化及系统化，并有一定互换性的零件成套组合而成。

- K（标准件库）：用于调用 MW 中的标准件，包括螺钉、定位圈、浇口套、推杆、推管、回程杆以及导向机构等。

- L（顶杆后处理）：用于完成推杆件长度的延伸和头部的修剪。

- M（滑块和浮升销库）：当零件上存在有侧向（相对于模具的开模方向）凸出或凹进的特征时，一般正常的开模动作不能顺利地分离这样的塑件。这时往往要在这些部位创建滑块或浮升销，使模具能顺利开模。

- N（子镶块库）：用于在模具上添加镶块。镶块是考虑到加工或模具强度时才添加的。模具上有些特征是形状简单但比较细长的，或处于难加工的位置，这时就需要添加镶块。

- O（浇口库）：用于创建模具浇口。浇口是液态塑料从流道进入模腔的入口，浇口的选择和设计直接影响塑件的成型，同时浇口的数量和位置也对塑件的质量和后续加工有直接影响。

- P（流道）：用于创建模具流道。流道是浇道末端到浇口的流动通道。用户可以综合考虑塑料成型特性、塑件大小和形状等因素，最后确定流道的形状及尺寸。

- Q（模具冷却工具）：用于创建模具中的冷却系统。模具温度的控制是靠冷却系统实现的，模具温度直接影响制品的收缩、表面光泽、内应力以及注塑周期等，控制模具温度是提高产品质量及提高生产效率的一个有效途径。

- R（电极）：用于创建电极。电极加工是模具制造中的一种特殊加工方法。

- S（修边模具组件）：用于修剪模具型芯或型腔上的多余部分，以获得所需的轮廓外形（包括对浮升销、标准件及电极的修剪）。

- T（腔体）：用于在模具中创建空腔。使用此命令时，选定零件会自动切除标准件部分，并保持尺寸及形状与标准件的相关性。

- U（物料清单）：用于创建模具项目的物料清单（明细表）。此物料清单是基于模具装配状态产生的与装配信息相关的模具部件列表，并且此清单上显示的项目可以由用户选择定制。

- V1（装配图纸）：用于创建模具工程图（与一般的零件或装配体的工程图类似）。

- V2（组件图纸）：用于创建或管理模具装配的组件图纸。

- V3（孔表）：用于将组件中的所有孔创建或编辑成表。

- W（铸造工艺助理）：用于激活"铸造工艺助理"工具条（图 12.3.4），主要在设计浇铸件时使用。

图 12.3.4　"铸造工艺助理"工具条

- X（视图管理器）：用于控制模具装配组件的显示（可见性和颜色等）。
- Y（未使用的部件管理）：用于对组件项目目录进行管理（包括删除及恢复）。
- Z（概念设计）：用于可按照已定义的信息配置并安装模架和标准件。

2. 下拉菜单区

下拉菜单中包含创建、保存、修改模型和设置 UG NX 环境的一些命令。

3. 资源工具条区

资源工具条区包括"装配导航器"、"约束导航器"、"部件导航器"、"重用库"、"HD3D 工具"、Internet Explorer、"历史记录"和"系统材料"等导航工具。用户通过使用该工具条可以方便地进行一些操作。对于每一种导航器，都可以直接在其相应的项目上右击，快速地进行各种操作。

资源工具条区主要选项的功能说明如下：

- 装配导航器：显示装配的层次关系。
- 部件导航器：显示建模的先后顺序和父子关系。父对象（活动零件或组件）显示在模型树的顶部，其子对象（零件或特征）位于父对象之下。在"部件导航器"中右击，从弹出的快捷菜单中选择 时间戳记顺序 命令，则按"模型历史"显示。"模型历史树"中列出了活动文件中的所有零件及特征，并按建模的先后顺序显示模型结构。若打开多个 UG NX 模型，则"部件导航器"只反映活动模型的内容。
- 重用库：用于显示标准件。
- Internet Explorer：用于直接浏览 UGS 官方网站。
- 历史记录：用于显示曾经打开过的部件。
- 系统材料：用于设定模型的材料。

4. 消息区

执行有关操作时，与该操作有关的系统提示信息会显示在消息区。消息区中间有一个可见的边线，左侧是提示栏，用来提示用户如何操作；右侧是状态栏，用来显示系统或图形当前的状态，如显示选取结果信息等。执行每个操作时，系统都会在提示栏中显示用户必须执行的操作，或者提示下一步操作。对于大多数的命令，用户都可以利用提示栏的提示来完成操作。

5. 图形区

图形区是 UG NX 用户的主要工作区域，建模的主要过程及绘制前后的零件图形、分析结果和模拟仿真过程等都在这个区域内显示。用户在进行操作时，可以直接在图形区中选取相关对象进行操作。同时还可以选择多种视图操作方式：

方法一：右击图形区，系统弹出快捷菜单，如图 12.3.5 所示。

方法二：按住右键，系统弹出挤出式菜单，如图 12.3.6 所示。

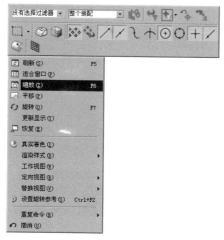

图 12.3.5　快捷菜单

图 12.3.6　挤出式菜单

12.4　UG NX Mold Wizard 参数设置

UG NX Mold Wizard 作为 UG NX 的一个模块，其参数设置也同样被集中到 UG NX 软件的"用户默认设置"对话框中。

选择下拉菜单 文件(F) ➡ 实用工具(U)▶ ➡ 用户默认设置(D)... 命令，系统弹出"用户默认设置"对话框，在此对话框中用户可以根据自己的意愿或公司规定设置工作环境。本节将对注塑模向导中"常规"、"工件"及"分型"等的设置做一简单介绍。

1. 注塑模向导"常规"设置

在"用户默认设置"对话框中，选择 常规 选项，系统显示图 12.4.1 所示的"用户默认设置"对话框（一）。

图 12.4.1　"用户默认设置"对话框（一）

图 12.4.1 所示的"用户默认设置"对话框（一）中部分选项的说明如下：

- `常规`选项卡：用于设置在操作 UG 时系统的其他操作设置及数据加载等。

- `项目设置`选项卡：用于设置在项目初始化阶段相关的参数及路径等。

- `部件名定义`选项卡：用于定义部件名称，用户可以根据自己的需要设置零件名称的定义方式，也可以使用 UG 中的默认值。

- `图层和类别`选项卡：通过此选项卡，用户可以设置隐藏对象及基准的放置图层，当然用户也可以接受默认设置。

2. 注塑模向导"工件"设置

在"用户默认设置"对话框中选择`工件`选项，系统显示图 12.4.2 所示的"用户默认设置"对话框（二）。

图 12.4.2 "用户默认设置"对话框（二）

图 12.4.2 所示的"用户默认设置"对话框（二）中部分选项的说明如下：

- `常规`选项卡：用于设置初始工件的偏置值和工件的尺寸度量方法。

- `图层和类别`选项卡：通过此选项卡，用户可以设置工件放置的图层及工件的默认名称。

3. 注塑模向导"分型"设置

在"用户默认设置"对话框中选择`分型`选项，系统显示图 12.4.3 所示的"用户默认设置"对话框（三）。

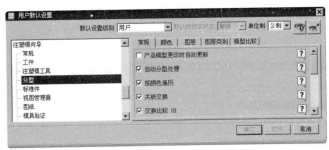

图 12.4.3 "用户默认设置"对话框（三）

图 12.4.3 所示的"用户默认设置"对话框（三）中部分选项的说明如下：

- `常规`选项卡：用于设置产品的更新与分型；设置分型线、曲面和型芯/型腔的公差；设置小拔模角和跨越角的默认值等。

- 颜色 选项卡：用于指定产品、线条、曲面、补片体及型芯/型腔区域等的颜色。
- 图层 选项卡：与 颜色 选项卡不同的是此选项卡控制的是图层。
- 图层类别 选项卡：通过此选项卡可以设置产品、线条、型芯面、型腔表面、补片体、型芯/型腔等的图层类别名称，以方便区分和管理。
- 模型比较 选项卡：此选项卡主要是在模型发生更改时使用，用来识别新旧面。

4. 注塑模向导的"其他"设置

在"用户默认设置"对话框中选择 其他 选项，系统显示图 12.4.4 所示的"用户默认设置"对话框（四）。

图 12.4.4 "用户默认设置"对话框（四）

图 12.4.4 所示的"用户默认设置"对话框（四）中部分选项的说明如下：

- 收缩体 选项卡：用于设置收缩体（制品）的颜色、图层及图层名称等信息。
- 顶杆 选项卡：用于设置顶杆的配合长度、修剪信息属性名等。
- 浇口 选项卡：用来控制浇口组件的颜色和图层等信息。
- 流道 选项卡：用于设置流道的引导线和实线的颜色及图层信息。
- 冷却 选项卡：用于设置冷却系统的干涉检查、创建方法、基本参数的默认值及颜色和图层信息。
- 腔体 选项卡：用于设置腔体的默认值、颜色和图层等信息。
- BOM 选项卡：用于设置"坯料尺寸的小数位数"。
- Teamcenter 选项卡：用于设置 Teamcenter 文件夹搜索。

说明：用户如需要修改其他选项的默认设置，可以参照以上操作。

13

UG NX 模具设计快速入门

13.1　UG NX 模具设计流程

使用 UG NX 注塑模向导进行模具设计的一般流程如图 13.1.1 所示。

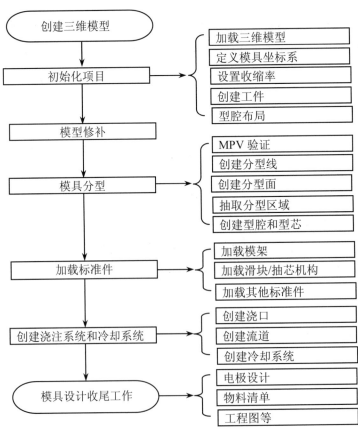

图 13.1.1　模具设计的一般流程

后面几节将以图 13.1.2 所示的垃圾桶盖（trash_can_cover）为例，说明使用 UG NX 软件设计模具的一般过程和操作方法。

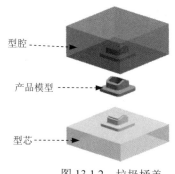

型腔 ------

产品模型 ------→

型芯 ------

图 13.1.2　垃圾桶盖

13.2　初始化项目

初始化项目是 UG NX 中使用 Mold Wizard（注塑模向导）设计模具的源头，是把产品模型装配到模具模块中，并在整个模具设计中起着关键性作用的环节。初始化项目的操作将会影响到模具设计的后续工作，所以在初始化项目之前应仔细分析产品模型的结构及材料，主要包括：产品模型的加载、模具坐标系的定义、收缩率的设置和模具工件（毛坯）的创建。

13.2.1　加载产品模型

通过"注塑模向导"工具条中的"初始化项目"命令 🔲 来完成产品模型的加载。下面介绍加载产品模型的一般操作过程。

Step 1 打开 UG NX 8.5 软件，在工具栏中右击，系统弹出图 13.2.1 所示的快捷菜单。

Step 2 选择 **应用模块** 命令，系统弹出图 13.2.2 所示的"应用模块"工具条。

Step 3 在"应用模块"工具条中单击"注塑模向导"按钮 ，系统弹出图 13.2.3 所示的"注塑模向导"工具条。

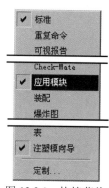

图 13.2.1　快捷菜单

图 13.2.2　"应用模块"工具条

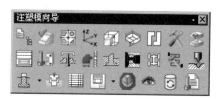

图 13.2.3　"注塑模向导"工具条

Step 4 在"注塑模向导"工具条中单击"初始化项目"
按钮 ，系统弹出"打开"对话框，选择
D:\ug85mo\work\ch13\trash_can_cover.prt，单击
OK 按钮，载入模型后，系统弹出图 13.2.4
所示的"初始化项目"对话框。

Step 5 定义项目单位。在"初始化项目"对话框的 设置
区域的 项目单位 下拉列表框中选择 毫米 选项。

Step 6 设置项目路径和名称。

（1）设置项目路径。接受系统默认的项目路径。

（2）设置项目名称。在"初始化项目"对话框的
项目设置 区域的 Name 文本框中输入 trash_can_cover_mold。

Step 7 在该对话框中单击 确定 按钮，完成加载后的
产品模型如图 13.2.5 所示。

图 13.2.4 "初始化项目"对话框

图 13.2.4 所示的"初始化项目"对话框的各选项说明如下：

- 项目单位 下拉列表框：用于设定模具尺寸单位制，此处"项目单位"的翻译有误，
  应翻译为"模具单位"。系统默认的模具尺寸单位为毫米，用户可以根据需要选
  择不同的尺寸单位制。

- 路径 文本框：用于设定模具项目中零部件的存储位置。用户可以通过单击 按钮
  来更改零部件的存储位置，系统默认将项目路径设置在产品模型存放的文件中。

- Name 文本框：用于定义当前创建的模型项目名称，系统默认的项目名称与产品模
  型名称是一样的。

- 重命名组件 复选框：选中该复选框后，在加载模具文件时，系统将会弹出"部件
  名管理"对话框，编辑该对话框可以对模具装配体中的各部件名称进行灵活更改。

- 材料 下拉列表框：用于定义产品模型的材料。

- 收缩率 文本框：用于指定产品模型的收缩率。若在"材料"下拉列表框中定义了
  材料，则系统自动设置产品模型的收缩率。用户也可以直接在该文本框中输入相
  应的数值来定义产品模型的收缩率。

- 编辑材料数据库 按钮：单击 按钮，系统将弹出图 13.2.6 所示的材料明细表。用户可
  以通过编辑该材料明细表来定义材料的收缩率，也可以添加材料及其收缩率。

Step 8 完成产品模型加载后，系统就会自动载入一些装配文件，并且都会自动保存在项
目路径下。单击屏幕左侧的"装配导航器"按钮 ，系统弹出图 13.2.7 所示的
"装配导航器"面板。

图 13.2.5　加载后的产品模型

MATERIAL	SHRINKAGE
NONE	1.000
NYLON	1.016
ABS	1.006
PPO	1.010
PS	1.006
PC+ABS	1.0045
ABS+PC	1.0055
PC	1.0045
PC	1.006
PMMA	1.002
PA+60%GF	1.001
PC+10%GF	1.0035

图 13.2.6　材料明细表

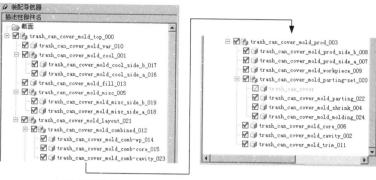

a）项目装配结构　　　　　　　　　b）产品装配结构

图 13.2.7　"装配导航器"面板

说明：该模具的项目装配名称为 □ ☑ ⬚ trash_can_cover_mold_top_000，其中 trash_can_cover_mold 为该模具名称；top 为项目总文件；000 为系统自动生成的模具编号。

对"装配导航器"面板中系统生成的文件说明如下：

加载模具文件的过程实际是复制两个子装配：项目装配结构和产品装配结构，如图 13.2.7 所示。

● 项目装配结构：项目装配名称为 trash_can_cover_mold_top，是模具装配结构的总文件，主要由 top、var、cool、fill、misc、layout 等部件组成。

　☑　top：项目的总文件，包含所有的模具零部件和定义模具设计所必需的相关数据。

　☑　var：包含模架和标准件所用的参考值。

　☑　cool：用于存储在模具中创建的冷却管道实体，并且冷却管道的标准件也默认存储在该节点下。

　☑　fill：用于存储浇注系统的组件，包含流道和浇口的实体。

　☑　misc：该节点分为两部分：side_a 和 side_b。side_a 对应的是模具定模的组件；side_b 对应的是动模的组件。用于存储没有定义或单独部件的标准件，包括定位圈、锁紧块和支承柱等。

☑ layout：包含一个或多个 prod 节点，一个项目的多个产品装配结构位于同一个 layout 节点下。

- 产品装配结构：产品装配名称为 trash_can_cover_mold_prod，主要由 prod、shrink、parting、core、cavity、trim、molding 等部件组成。

  ☑ prod：用于将单独的特定部件文件集合成一个装配的子组件。

  ☑ shrink：包含产品模型的几何连接体。

  ☑ parting：用于存储修补片体、分型面和提取的型芯/型腔的面。

  ☑ core：用于存储模具中的型芯。

  ☑ cavity：用于存储模具中的型腔。

  ☑ trim：用于存储模具修剪的几何体。

  ☑ molding：用于保存源产品模型的链接体，使源产品模型不受收缩率的影响。

13.2.2　模具坐标系

模具坐标系在整个模具设计中的地位非常重要，它不仅是所有模具装配部件的参考基准，而且还直接影响到模具的结构设计，所以在定义模具坐标系前，首先要分析产品的结构，弄清产品的开模方向（规定坐标系的＋Z 轴方向为开模方向）和分型面（规定 XC-YC 平面设在分型面上，原点设定在分型面的中心）；其次，通过移动及旋转将产品坐标系调整到与模具坐标系相同的位置；最后，通过"注塑模向导"工具条中的"模具坐标系"命令来锁定坐标。继续以图 13.2.5 所示的模型为例，设置模具坐标系的一般操作过程如下。

Step 1　在"注塑模向导"工具条中单击"模具 CSYS"按钮 ，系统弹出图 13.2.8 所示的"模具 CSYS"对话框。

Step 2　在"模具 CSYS"对话框中选择 ⊙ 当前 WCS 单选按钮，单击 确定 按钮，完成模具坐标系的定义，结果如图 13.2.9 所示。

图 13.2.8　"模具 CSYS"对话框

图 13.2.9　定义后的模具坐标系

图 13.2.8 所示的"模具 CSYS"对话框中的部分选项说明如下：

- ⊙ 当前 WCS：选择该单选按钮后，模具坐标系即为产品坐标系，与当前的产品坐标系相匹配。

- ⊙ 产品实体中心：选择该单选按钮后，模具坐标系定义在产品体的中心位置。

- 选定面的中心：选择该单选按钮后，模具坐标系定义在指定的边界面的中心。

说明：本例中，产品坐标系不需要调整即符合模具坐标系的要求。当产品坐标系不符合模具坐标系的要求时，就需要进行调整。通过 格式(R) 下拉菜单中 WCS 子菜单下的 原点(0)... 、 动态(D)... 和 旋转(R). 命令即可完成坐标系的调整。也可以通过双击坐标系来调整，调整坐标系的方法与建模环境下的调整方法一致，在此不再赘述。

13.2.3　设置收缩率

从模具中取出注塑件后，塑件由于温度及压力的变化会产生收缩，为此，UG 软件提供了收缩率（Shrinkage）功能，来纠正注塑成品零件体积收缩所造成的尺寸偏差。用户通过设置适当的收缩率来放大参照模型，便可以获得正确尺寸的注塑零件。一般收缩率受塑料品种、产品结构、模具结构和成型工艺等多种因素的影响。继续以图 13.2.5 所示的模型为例，设置收缩率的一般操作过程如下。

Step 1　定义收缩率类型。

（1）选择命令。在"注塑模向导"工具条中单击"收缩率"按钮 ，产品模型会高亮显示，同时系统弹出图 13.2.10 所示的"缩放体"对话框。

图 13.2.10　"缩放体"对话框

（2）定义类型。在"缩放体"对话框的 类型 下拉列表框中选择 均匀 选项。

Step 2　定义缩放体和缩放点。接受系统默认的设置。

说明：因为前面只加载了一个产品模型，所以此处系统会自动将该产品模型定义为缩放体，并默认缩放点位于坐标原点。

Step 3　定义比例因子。在"缩放体"对话框的 比例因子 区域中的 均匀 文本框中输入收缩率值 1.006。

Step 4　单击 确定 按钮，完成收缩率的设置。

图 13.2.10 所示的"缩放体"对话框 类型 区域的下拉列表框的选项说明如下：

- 均匀：产品模型在各方向的轴向收缩均匀一致。

- $\blacksquare$ **轴对称**：产品模型的收缩呈轴对称分布，一般应用在柱形产品模型中。

- $\blacksquare$ **常规**：材料在各方向的收缩率分布呈一般性，收缩时可沿 X、Y、Z 方向计算不同的收缩比例。

- $\blacksquare$ **显示快捷键**：选中此选项，系统会将"类型"的快捷图标显示出来。

Step 5 在设置完收缩率后，还可以对产品模型的尺寸进行检查，具体操作步骤为：

（1）选择命令。选择下拉菜单 **分析(L)** ➡ **测量距离(D)** 命令，系统弹出图 13.2.11 所示的"测量距离"对话框。

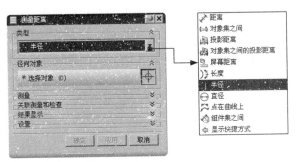

图 13.2.11　"测量距离"对话框

（2）定义测量类型及对象。在对话框的**类型**下拉列表框中选择 **半径** 选项，选取图 13.2.12b 所示的面，显示零件的半径值为 4.0240。

（3）检测收缩率。由图 13.2.12a 可知，产品模型在设置收缩率前的尺寸值为 4；设置后的产品模型尺寸为 $4 \times 1.006 = 4.024$，说明设置收缩没有失误。

（4）单击"测量距离"对话框中的 **＜确定＞** 按钮，退出测量。

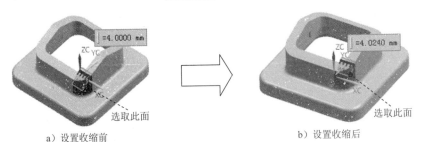

a）设置收缩前　　　　　　　　　　　b）设置收缩后

图 13.2.12　测量结果

图 13.2.13 所示的"工件"对话框中的各选项说明如下：

- **类型** 区域：用于定义创建工件的类型。
  - ☑ **产品工件**：选择该选项，则在产品模型最大外形尺寸的基础上，沿 X、Y 和 Z 轴的 6 个方向分别加上相应的尺寸作为成型工件的尺寸，并且系统提供 4 种定义工件的方法。
  - ☑ **组合工件**：通过该类型来定义工件，和"产品工件"类型中"用户定义的块"方法类似，不同的是在工件草图截面定义方法。

- **工件方法** 区域：用于定义创建工件的方法。

  - ☑ **用户定义的块**：选择该选项，则系统以提供草图的方式来定义截面。

  - ☑ **型腔-型芯**：选择该选项，则将自定义的创建实体作为成型工件。有时系统提供的标准长方体不能满足实际需要，这时可以将自定义的实体作为工件的实体。自定义的成型工件必须保存在 parting 部件中。

  - ☑ **仅型腔** 和 **仅型芯**："仅型腔"和"仅型芯"配合使用，可以分别创建型腔和型芯。

13.2.4　创建模具工件

继续以图 13.2.5 所示的模型为例，介绍创建模具工件的一般操作过程。

Step 1　选择命令。在"注塑模向导"工具条中单击"工件"按钮 ◇，系统弹出图 13.2.13 所示的"工件"对话框。

Step 2　在"工件"对话框中的 **类型** 下拉列表框中选择 **产品工件** 选项，在 **工件方法** 下拉列表框中选择 **用户定义的块** 选项，然后在 **限制** 区域中进行图 13.2.13 所示的设置，单击 < **确定** > 按钮，完成工件的定义，结果如图 13.2.14 所示。

图 13.2.13　"工件"对话框

图 13.2.14　创建后的工件

13.3　模型修补

在进行模具分型前，有些产品体上有开放的凹槽或孔，此时就要对产品模型进行修补，否则就无法进行模具的分型。继续以图 13.2.5 所示的模型为例，介绍模型修补的一般操作过程。

Step 1　在"注塑模向导"工具条中单击"注塑模工具"按钮 🗡，系统弹出"注塑模工具"工具条，如图 13.3.1 所示。

Step 2　选择命令。在"注塑模工具"工具条中单击"边缘修补"按钮 ，系统弹出图 13.3.2 所示的"边缘修补"对话框。

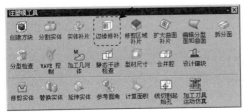

图 13.3.1　"注塑模工具"工具条

图 13.3.2　"边缘修补"对话框

Step 3　定义修补边界。在对话框的 类型 下拉列表框中选择 体 选项，然后在图形区选取产品实体，系统将自动识别出破孔的边界线并以加亮形式显示出来，如图 13.3.3 所示。

Step 4　单击 确定 按钮，完成破孔修补，修补结果如图 13.3.4 所示。

图 13.3.3　高亮显示孔边界

图 13.3.4　修补结果

13.4　模具分型

通过分型工具可以完成模具设计中的很多重要工作，包括对产品模型的分析，分型线、分型面、型芯、型腔的创建、编辑以及设计变更等。

13.4.1　设计区域

设计区域的主要功能是对产品模型进行区域分析。继续以图 13.2.5 所示的模型为例，介绍设计区域的一般操作过程。

Step 1　在"注塑模向导"工具条中单击"模具分型工具"按钮 ，系统弹出图 13.4.1 所示的"模具分型工具"工具条和图 13.4.2 所示的"分型导航器"界面。

图 13.4.1　"模具分型工具"工具条

图 13.4.2　"分型导航器"界面

Step 2　在"模具分型工具"工具条中单击"检查区域"按钮 ，系统弹出图 13.4.3 所示的"检查区域"对话框（一），同时模型被加亮，并显示开模方向，如图 13.4.4 所示，在对话框中选中 ⊙ 保持现有的 单选按钮。

图 13.4.3　"检查区域"对话框（一）

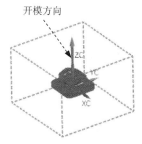

图 13.4.4　开模方向

说明：图 13.4.4 所示的开模方向可以通过"检查区域"对话框中的"矢量对话框"按钮来更改，由于在前面定义模具坐标系时已经将开模方向设置完成，因此，系统将自动识别出产品模型的开模方向。

Step 3　在"检查区域"对话框（一）中单击"计算"按钮 ，系统开始对产品模型进行分析计算。在"检查区域"对话框（一）中单击 面 选项卡，系统显示图 13.4.5 所示的"检查区域"对话框（二）。在该对话框中可以查看分析结果。

说明：单击对话框中的"设置所有面的颜色"按钮 ，系统可根据分析结果对不同的面着色，便于观察。

图 13.4.5　"检查区域"对话框（二）

Step 4　设置区域颜色。在"检查区域"对话框（二）中单击 区域 选项卡，系统显示图 13.4.6 所示的"检查区域"对话框（三），在该对话框中取消选中 □ 内环、□ 分型边 和 □ 不完整的环 三个复选框，然后单击"设置区域颜色"按钮 ，结果如图 13.4.7 所示。

图 13.4.6　"检查区域"对话框（三）

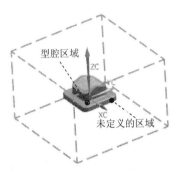

图 13.4.7　设置区域颜色

Step 5　定义型腔区域。在"检查区域"对话框（三）中单击 ✔ 选择区域面 (0) 按钮，然后选择图 13.4.8 所示的未定义的面，在 指派到区域 区域中选中 ◉ 型腔区域 单选按钮，单击 应用 按钮，此时系统自动将未定义的区域指派到型腔区域中，同时对话框中的 未定义的区域 显示为"8"；然后选择图 13.4.9 所示的未定义的面，在 指派到区域 区域中选中 ◉ 型芯区域 单选按钮，单击 应用 按钮，此时系统自动将未定义的区域指派到型芯区域中，同时对话框中的 未定义的区域 显示为"0"。

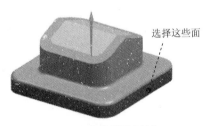

图 13.4.8　定义型腔区域

图 13.4.9　定义型芯区域

Step 6　单击 确定 按钮，完成区域设置。

13.4.2　创建区域和分型线

完成产品模型的型芯面和型腔面的定义后，接下来就是进行型芯区域、型腔区域和分型线的创建工作。继续以图 13.2.5 所示的模型为例，介绍创建区域和分型线的一般过程。

Step 1　在"模具分型工具"工具条中单击"定义区域"按钮 ⚙，系统弹出图 13.4.10 所示的"定义区域"对话框。

Step **2**　在"定义区域"对话框的 设置 区域中选中 ☑ 创建区域 和 ☑ 创建分型线 复选框，单击
　　　　 确定 按钮，完成分型线的创建，创建的分型线如图 13.4.11 所示。

分型线

图 13.4.10　　"定义区域"对话框　　　　　　图 13.4.11　创建的分型线

13.4.3　创建分型面

分型面的创建是在分型线的基础上完成的。继续以图 13.2.5 所示的模型为例，介绍创建分型面的一般过程。

Step **1**　在"模具分型工具"工具条中单击"设计
　　　　分型面"按钮，系统弹出图 13.4.12 所示
　　　　的"设计分型面"对话框。

Step **2**　定义分型面的创建方法。在"设计分型面"
　　　　对话框中的 创建分型面 区域中单击"有界平
　　　　面"按钮。

Step **3**　定义分型面长度。在图形区拖动有界平面
　　　　的四个控制点至工件外，在 设置 区域中接
　　　　受系统默认的公差值。

Step **4**　单击 确定 按钮，完成分型面的创建，创
　　　　建的分型面如图 13.4.13 所示。

图 13.4.12 所示的"设计分型面"对话框中的各
选项说明如下：　　　　　　　　　　　　　　　　图 13.4.12　　"设计分型面"对话框

● 公差 文本框：用于定义两个或多个需要进行合并的分型面之间的公差值。

● 分型面长度 文本框：用于定义分型面的长度，以保证分型面区域能够全部超出工件。

图 13.4.13　创建的分型面

13.4.4　创建型腔和型芯

　　型腔是成型塑件外表面的主要零件；型芯是成型塑件内表面的主要零件。继续以图 13.2.5 所示的模型为例，介绍创建型腔和型芯的一般过程。

图 13.4.14　"定义型腔和型芯"对话框

Step 1　在"模具分型工具"工具条中单击"定义型腔和型芯"按钮，系统弹出图 13.4.14 所示的"定义型腔和型芯"对话框。

Step 2　创建型腔零件。

　　（1）在"定义型腔和型芯"对话框中选中 选择片体 区域下的 型腔区域 选项，单击 应用 按钮（此时系统自动将型腔片体选中）。

　　（2）系统弹出图 13.4.15 所示的"查看分型结果"对话框，接受系统默认的方向。

　　（3）创建的型腔零件如图 13.4.16 所示，单击 确定 按钮，完成型腔零件的创建。

Step 3　创建型芯零件。

　　（1）在"定义型腔和型芯"对话框中选中 选择片体 区域下的 型芯区域 选项，单击 确定 按钮（此时系统自动将型芯片体选中）。

　　（2）此时系统弹出"查看分型结果"对话框，接受系统默认的方向。

　　（3）创建的型芯零件如图 13.4.17 所示，单击 确定 按钮，完成型芯零件的创建。

图 13.4.15　"查看分型结果"对话框

图 13.4.16　创建的型腔零件

图 13.4.17　创建的型芯零件

说明：查看型腔和型芯零件，可通过下面的方式。

- 选择下拉菜单 窗口(O) ➡ 1. trash_can_cover_mold_core_006.prt 命令，系统切换到型芯窗口。

- 选择下拉菜单 窗口(O) ➡ 2. trash_can_cover_mold_cavity_002.prt 命令，系统切换到型腔窗口。

13.4.5　创建模具分解视图

通过创建模具分解视图，可以模拟模具的开启过程，还可以进一步观察模具的结构设计是否合理。继续以图 13.2.5 所示的模型为例，说明创建模具分解视图的一般操作方法和步骤。

Step 1　切换窗口。选择下拉菜单 窗口(O) ➡ 6. trash_can_cover_mold_top_000.prt 命令，切换到总装配文件窗口。

说明：如果当前工作环境处于总装配窗口中，此步操作可以省略。

Step 2　移动型腔。

（1）选择命令。选择下拉菜单 装配(A) ➡ 爆炸图(X) ➡ 新建爆炸图(N)... 命令，系统弹出图 13.4.18 所示的"新建爆炸图"对话框，接受默认的名称，单击 确定 按钮。

说明：如果 装配(A) 下拉菜单中没有 爆炸图(X) 命令，则需要选择 开始▾ ➡ 装配(L) 命令，切换到装配工作环境。

图 13.4.18　"新建爆炸图"对话框

（2）选择命令。选择下拉菜单 装配(A) ➡ 爆炸图(X) ➡ 编辑爆炸图(E)... 命令，系统弹出"编辑爆炸图"对话框。

（3）选取移动对象。选取图 13.4.19 所示的型腔为移动对象。

（4）定义移动方向。在"编辑爆炸图"对话框中选择 ⊙ 移动对象 单选按钮，选择图 13.4.20 所示的轴为移动方向，此时对话框的下部区域被激活。

（5）定义移动距离。在 距离 文本框中输入值 40，单击 确定 按钮，完成型腔的移动（图 13.4.21）。

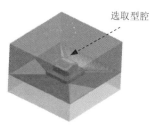

图 13.4.19　定义移动对象

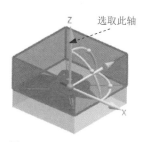

图 13.4.20　定义移动方向

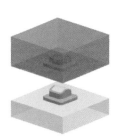

图 13.4.21　移动后

Step 3 　移动型芯。

（1）选择命令。选择下拉菜单 装配(A) ➡ 爆炸图(X) ➡ 编辑爆炸图(E) 命令，系统弹出"编辑爆炸图"对话框。

（2）定义移动对象。选取图 13.4.22 所示的型芯为移动对象。

（3）定义移动方向和距离。在"编辑爆炸图"对话框中选择 ⊙ 移动对象 单选按钮，在模型中选中 Z 轴，在 距离 文本框中输入值-40，单击 确定 按钮，完成型芯的移动（图 13.4.23）。

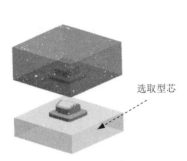

选取型芯

图 13.4.22　选取移动对象

图 13.4.23　移动后

Step 4 　保存文件。选择下拉菜单 文件(F) ➡ 全部保存(V) 命令，保存所有文件。

工件和型腔布局

14.1 工件

工件也称为毛坯或模仁，用于生成模具的型腔零件和型芯零件。在实际模具设计中应综合参照产品模型的边界尺寸大小、结构特征、外形形状、模穴数量、经验数据和有关手册等方面的实际因素来确定工件的大小。使用 UG NX 8.5/Mold Wizard 进行工件设计一般有两种方法：第一种是距离容差法，是指在产品模型的外形尺寸上加上 X、-X、Y、-Y、Z 和-Z 六个方向上的增量尺寸来定义工件尺寸的大小；第二种是参考点法，是指以模具坐标系为参考点，向 X、-X、Y、-Y、Z 和-Z 六个方向上延伸一定的尺寸值来定义工件尺寸的大小。

打开 D:\ug85mo\work\ch14.01\base_cover_mold_top_000.prt 文件，在"注塑模向导"工具条中单击"工件"按钮 ，系统弹出图 14.1.1 所示的"工件"对话框，该对话框包括对类型、工件的定义方法和尺寸属性等的设置选项。

说明：用户在第一次使用"工件"命令时，系统会弹出"工件"对话框，在该对话框中单击 确定(O) 按钮即可。

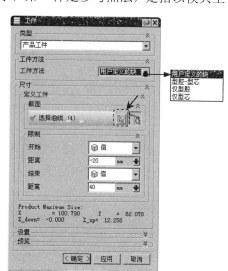

图 14.1.1 "工件"对话框

14.1.1 工件类型

工件类型包括产品工件和组合工件两种，下面将分别介绍这两种类型。

1. 产品工件

产品工件类型有四种工件定义方法，下面会做详细介绍，其中在定义工件截面尺寸时以产品包容方块为尺寸参照。

2. 组合工件

组合工件类型只能通过进入草图环境去定义工件的截面尺寸，在定义工件截面尺寸时以系统默认的工件尺寸为参照。

14.1.2　工件方法

工件方法包括用户定义的块、型腔－型芯、仅型腔和仅型芯四种，且只有选用"产品工件"类型时才可用，下面将分别介绍这四种方法。

1. 用户定义的块

"用户定义的块"方法是指用户可以进入草图环境定义工件的截面形状。如图 14.1.1 所示，单击 定义工件 区域的"绘制截面"按钮 ，系统进入草图环境，用户可以绘制工件的截面，截面草图如图 14.1.2 所示。

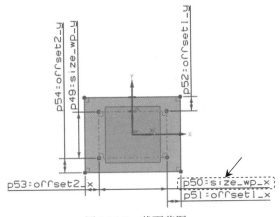

图 14.1.2　截面草图

说明：

- 在系统刚进入草图环境时，系统默认的截面草图如图 14.1.2 所示，用户可以双击图 14.1.2 中的尺寸表达式，在弹出的尺寸文本框中单击 按钮，系统会弹出图 14.1.3 所示的快捷菜单，选择 设为常量(C) 选项，此时就可以在尺寸文本框中输入数值，结果如图 14.1.4 所示。

- 用户也可以按照自己的需求任意地去定义截面草图。

2. 型腔－型芯

"型腔－型芯"类型用于创建型芯与型腔形状相同的工件，并且工件可以是任意形状。在图 14.1.1 所示的对话框中选择 型腔-型芯 选项，此时系统会提示选择工件体。

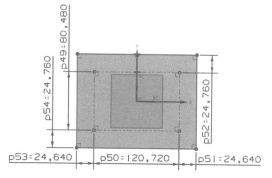

图 14.1.3 快捷菜单

图 14.1.4 修改截面草图后

3. 仅型腔

"仅型腔"类型用于创建型腔工件，并且工件可以是任意形状。在图 14.1.1 所示的对话框中选择 仅型腔 选项，此时系统会提示选择工件体。

4. 仅型芯

"仅型芯"类型用于创建型芯工件，并且工件可以是任意形状。在图 14.1.1 所示的对话框中选择 仅型芯 选项，此时系统会提示选择工件体。

14.1.3　工件库

工件库中存有系统预先设置的工件配置的标准文件，用户可以进行选择。在图 14.1.5 所示的"工件"对话框中单击 按钮，系统弹出图 14.1.6 所示的"工件镶块设计"对话框，该对话框主要包括"文件夹视图"、"成员视图"、"部件"和"详细信息"区域，下面将分别进行介绍。

图 14.1.5 "工件"对话框

图 14.1.6 "工件镶块设计"对话框

1. 文件夹视图 区域

文件夹视图 区域中显示出工具库中的文件，选中该库中的文件后，在其他区域中才可以

14
Chapter

进行设置。

2. 成员视图 区域

成员视图 区域中包括三种类型的工件，分别是 SINGLE WORKPIECE（单个毛坯）、CAVITY WORKPIECE（型腔毛坯）和 CORE WORKPIECE（型芯毛坯）。依次单击各个选项，则在对话框"信息"中显示不同的视图，如图 14.1.7 所示。

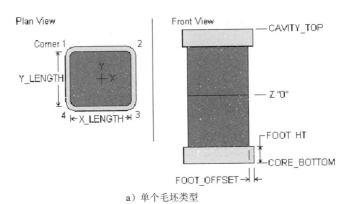

a）单个毛坯类型

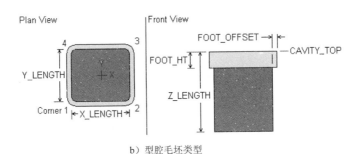

b）型腔毛坯类型

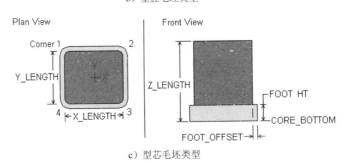

c）型芯毛坯类型

图 14.1.7　平面视图和前视面表示的工件形状尺寸

3. 部件 区域

部件 区域用于添加标准件。

4. 详细信息 区域

详细信息 区域中显示标准毛坯的参数尺寸，如图 14.1.8 所示，当系统设定的标准毛坯的某些尺寸不符合要求时，用户可以通过此区域进行自定义设置。

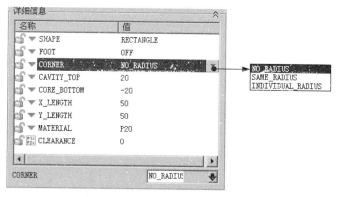

图 14.1.8　"详细信息"区域

图 14.1.8 所示的"详细信息"区域各参数的说明如下：

- SHAPE：表示毛坯形状，有矩形和圆形两种类型，用户可以根据需要选用。

- FOOT：表示毛坯脚，通常情况下选用"OFF"设置，若选用"开"，还需要定义毛坯脚的有关尺寸。

- CORNER：表示倒圆角，在其下拉列表框中包括 3 种类型，分别说明如下：

  ☑ NO_RADIUS：表示没有圆角。

  ☑ SAME_RADIUS：表示所有圆角半径都相等。

  ☑ INDIVIDUAL RADIUS：表示各个圆角不相等。

- CAVITY_TOP：表示型腔板的厚度。

- CORE_BOTTOM：表示型芯板的厚度。

- X_LENGTH：表示在 X 方向的尺寸。

- Y_LENGTH：表示在 Y 方向的尺寸。

- MATERTAL：表示毛坯材料，用户可以在毛坯库中选用毛坯材料。

14.1.4　工件尺寸的定义方式

工件尺寸的定义方式主要是在系统提供的两种工件类型的窗口中通过草图环境定义的，下面将分别介绍。

1. 产品工件类型的草图环境

在产品工件类型的草图环境中，是在产品模型的外形尺寸上加上 X、-X 和 Y、-Y 四个方向上的增量尺寸来定义工件尺寸的，如图 14.1.9 所示。

2. 组合工件类型的草图环境

在组合工件类型的草图环境中，是以模具坐标系为参考点，向 X、-X 和 Y、-Y 四个方向上增加增量尺寸来定义工件尺寸的，如图 14.1.10 所示。

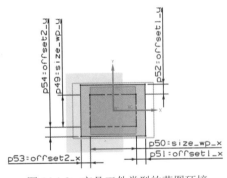

图 14.1.9　产品工件类型的草图环境

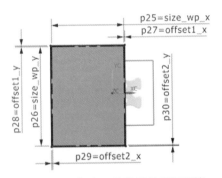

图 14.1.10　组合工件类型的草图环境

14.2　型腔布局

通过"注塑模向导"工具条中的"型腔布局"命令 ，可以进行一模多腔的模具设计，一般成型的产品数量多。在定义模具型腔布局时，用户可以根据产品模型的结构特点、客户需求的产品数量、经济的可行性和加工的难易程度等因素来确定型腔的布局和数目。其模具型腔的布局方法一般有矩形布局和圆形布局两种。

14.2.1　矩形布局

矩形布局是指用户在进行型腔布局时给出相应的型腔数目和在 X、Y 方向上给出相应的增量值来完成型腔的矩形布局。矩形布局可以分为平衡布局和线性布局两种方法，下面分别介绍通过这两种方法来完成型腔的矩形布局的操作步骤。

1．平衡布局

平衡布局通过用户给定相应的型腔数目、工件在 X、Y 方向上的距离和选定某个布局方向（X、-X、Y 和-Y）来完成。

Step 1　打 开 D:\ug85mo\work\ch14.02.01.01\base_cover_mold_top_000.prt 文件。

Step 2　选择命令。在"注塑模向导"工具条中单击"型腔布局"按钮 ，在弹出的对话框的 布局类型 下拉列表框中选择 矩形 选项，并选中 ⊙ 平衡 单选按钮。

Step 3　定义型腔数和间距。在 平衡布局设置 区域的 型腔数 下拉列表框中选择 4，然后分别在 第一距离 和 第二距离 文本框中输入值 20 和 10，如图 14.2.1 所示。

图 14.2.1　"型腔布局"对话框（一）

图 14.2.1 所示的"型腔布局"对话框中 平衡布局设置 区域的说明如下：

- 第一距离：表示两工件间在 X 方向的间距。

- 第二距离：表示两工件间在 Y 方向的间距。

Step 4　在该对话框中激活 *指定矢量 (0)，然后选取图 14.2.2 所示的 X 轴方向，在 生成布局 区域中单击"开始布局"按钮 ，系统自动进行布局，布局完成后，在 编辑布局 区域中单击"自动对准中心"按钮 ，使模具坐标系自动对中，结果如图 14.2.3 所示，单击 关闭 按钮。

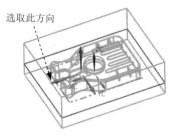

选取此方向

图 14.2.2　定义矢量方向

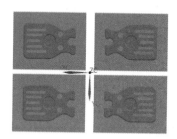

图 14.2.3　布局后

Step 5　保存文件。选择下拉菜单 文件(F) ➡ 全部保存(V) 命令，保存所有文件。

2. 线性布局

通过"线性布局"可以完成在 X 和 Y 方向上不同型腔数目和型腔距离的布局，并且此方法不需要给定布局方向，所以具有很强的灵活性和使用性。

Step 1　打开 D:\ug85mo\work\ch14.02.01.02\base_cover_mold_top_000.prt 文件。

Step 2　选择命令。在"注塑模向导"工具条中单击"型腔布局"按钮 ，在弹出的对话框的 布局类型 下拉列表框中选择 矩形 选项，选中 ⊙线性 单选按钮，设置好型腔数及 X、Y 向的间距，如图 14.2.4 所示。

Step 3　在 生成布局 区域单击"开始布局"按钮 ，系统自动进行布局，布局完成后，在 编辑布局 区域中单击"自动对准中心"按钮 ，使模具坐标系重新自动对中，结果如图 14.2.5 所示，单击 关闭 按钮。

图 14.2.4　"型腔布局"对话框（二）

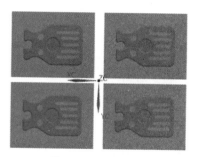

图 14.2.5　布局后

Step 4 保存文件。选择下拉菜单 文件(F) ➡ 全部保存(V) 命令，保存所有文件。

14.2.2 圆形布局

圆形布局是指用户在进行型腔布局时给出相应的型腔数目、起始角度、旋转角度、布局半径和参考点来完成型腔的圆形布局。圆形布局可以分为径向布局和恒定布局两种方法，下面分别介绍通过这两种方法来完成型腔的圆形布局的操作步骤。

1. 径向布局

径向布局是指产品模型和工件绕着某一点进行旋转，并且产品模型和工件始终垂直于圆的切线方向的布局。下面介绍径向布局的一般创建过程。

Step 1 打开 D:\ug85mo\work\ch14.02.02.01\base_cover_mold_top_000.prt 文件。

Step 2 选择命令。在"注塑模向导"工具条中单击"型腔布局"按钮 ，在弹出的对话框的 布局类型 下拉列表框中选择 圆形 选项，选中 ⊙ 径向 单选按钮。

Step 3 定义型腔数、旋转角度和半径。使用系统默认设置的旋转角度，分别在 圆形布局设置 区域的 型腔数 和 半径 文本框中输入值 6.0 和 220.0。

Step 4 在 布局类型 区域中单击"点对话框"按钮 ，此时系统弹出图 14.2.6 所示的"点"对话框，分别在该对话框 输出坐标 区域中的"X"、"Y"和"Z"文本框中分别输入值 0、0 和 0，单击 确定 按钮，然后单击 生成布局 区域的"开始布局"按钮 ，单击 关闭 按钮，结果如图 14.2.7 所示。

图 14.2.6 "点"对话框

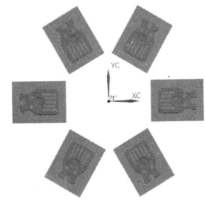

图 14.2.7 径向布局

Step 5 保存文件。选择下拉菜单 文件(F) ➡ 全部保存(V) 命令，保存所有文件。

2. 恒定布局

恒定布局类似于径向布局，不同的是在创建恒定布局时，产品模型和工件的方位不会发生变化。下面介绍图 14.2.8 所示的恒定布局的一般创建过程。

Step 1 打开 D:\ug85mo\work\ch14.02.02.02\base_cover_mold_top_000.prt 文件。

Step 2 选择命令。在"注塑模向导"工具条中单击"型腔布局"按钮 🔲 ，在弹出的对话框的 布局类型 下拉列表框中选择 圆形 选项，选中 ⦿ 恒定 单选按钮。

Step 3 定义型腔数、旋转角度和半径。使用系统默认设置的旋转角度，分别在 圆形布局设置 区域的 型腔数 和 半径 文本框中输入值 6.0 和 220.0。

Step 4 在 布局类型 区域中单击"点对话框"按钮 ✛ ，此时系统弹出"点"对话框，分别在该对话框的 输出坐标 区域中的"X"、"Y"和"Z"文本框中输入值 0、0 和 0，单击 确定 按钮，然后单击 生成布局 区域的"开始布局"按钮 🔲 ，单击 关闭 按钮，结果如图 14.2.8 所示。

图 14.2.8　恒定布局

Step 5 保存文件。选择下拉菜单 文件(F) ➡️ 全部保存(V) 命令，保存所有文件。

14.2.3　编辑布局

在"型腔布局"对话框的 编辑布局 区域中有"编辑插入腔"、"变换"、"移除"和"自动对准中心"四个命令，通过这些命令可以对模腔的布局进行编辑，达到所需要的结果。下面将对这四种命令分别进行介绍。

1．插入腔

插入腔是指对布局的产品模型添加统一的腔体，即旧版本的插入刀槽功能。在"型腔布局"对话框的 编辑布局 区域中单击"编辑插入腔"按钮 ◈ ，系统弹出图 14.2.9 所示的"插入腔体"对话框（一），该对话框包括 目录 和 尺寸 两个选项卡，下面将分别介绍。

（1） 目录 选项卡。

目录 选项卡区域的 类型 列表中包括了腔体的三种类型，在图 14.2.9 中显示出了这三种腔体的形状，分别是 TYPE=0、TYPE=1 和 TYPE=2；在 R 下拉列表框中显示了四种倒圆角半径值，如图 14.2.9 所示。用户可以根据具体的需要进行选择使用。

（2） 尺寸 选项卡。

单击"插入腔体"对话框中的 尺寸 选项卡，系统显示图 14.2.10 所示的"插入腔体"对话框（二），当系统设定的标准毛坯的某些尺寸不符合要求时，用户可以通过此对话框进行自定义设置。

2．变换

变换是指对布局的产品模型进行旋转或者平移。在"型腔布局"对话框的 编辑布局 区域中单击"变换"按钮 ⌗ ，系统弹出图 14.2.11 所示的"变换"对话框，该对话框中的变换类型包括 旋转 、 平移 和 点到点 三个选项，下面将分别介绍。

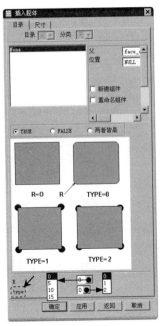

图 14.2.9　"插入腔体"对话框（一）

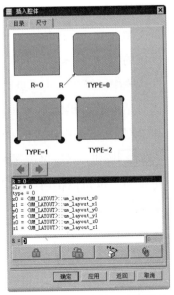

图 14.2.10　"插入腔体"对话框（二）

（1）旋转。

　　旋转类型按照用户指定的旋转中心和角度进行排列，用户可以通过此方式对模腔布局进行编辑。下面介绍旋转变换的一般操作过程。

Step 1　打开 D:\ug85mo\work\ch14.02.03.01\base_cover_mold_top_000.prt 文件。

Step 2　选择命令。在"注塑模向导"工具条中单击"型腔布局"按钮 ，在弹出的对话框的 编辑布局 区域中单击"变换"按钮 ，然后单击 旋转 区域中的"点对话框"按钮 ，系统弹出图 14.2.12 所示的"点"对话框。

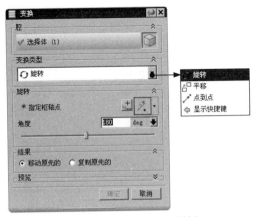

图 14.2.11　"变换"对话框

图 14.2.12　"点"对话框

Step 3　在该对话框的 Y 文本框中输入值-45，单击 确定 按钮，此时系统返回至"变换"对话框。

Step 4 在该对话框的 角度 文本框中输入值 60, 选中⊙复制原先的单选按钮, 单击< 确定 >按钮, 结果如图 14.2.13b 所示。

a) 变换前   b) 变换后

图 14.2.13   旋转变换

Step 5 保存文件。选择下拉菜单 文件(F) ➡ 全部保存(V) 命令, 保存所有文件。

图 14.2.11 所示的"变换"对话框的各选项说明如下:

- ⊙ 移动原先的: 选择该单选按钮后, 系统将按照输入的角度旋转到指定的位置, 原模型将不存在。

- ⊙ 复制原先的: 选择该单选按钮后, 系统将按照输入的角度旋转到指定的位置, 原模型仍被保留。

- ⊕ 按钮: 单击该按钮后, 用户可以设置旋转中心。

（2）平移。

平移类型按照用户指定的两个点进行变换, 用户可以通过此方式对模腔布局进行编辑。下面介绍平移变换的一般操作过程。

Step 1 打开 D:\ug85mo\work\ch14.02.03.02\base_cover_mold_top_000.prt 文件。

Step 2 选择命令。在"注塑模向导"工具条中单击"型腔布局"按钮 ，在弹出的对话框的 编辑布局 区域中单击"变换"按钮 ，系统弹出"变换"对话框, 在 变换类型 下拉列表框中选择 平移 选项, 此时的"变换"对话框如图 14.2.14 所示。

Step 3 定义平移距离。在"变换"对话框中的 X 距离 和 Y 距离 后的文本框中分别输入值 0 和 130, 在对话框中选中⊙复制原先的单选按钮, 然后单击< 确定 >按钮, 系统返回至"型腔布局"对话框。

Step 4 在"型腔布局"对话框中单击 关闭 按钮, 结果如图 14.2.15b 所示。

图 14.2.14   "变换"对话框

（3）点到点。

点到点类型的操作比较简单, 这里不做介绍。

a）变换前   b）变换后

图 14.2.15　平移变换

3．移除

移除方式用于删除不需要的模腔布局，操作起来比较简单，这里也不做介绍。

4．自动对准中心

自动对准中心的作用是将模具坐标系自动移动到模具布局中心位置。继续以前面模型为例，介绍自动对准中心的一般操作过程。

Step 1　打开 D:\ug85mo\work\ch14.02.03.03\base_cover_mold_top_000.prt 文件。

Step 2　选择命令。在"注塑模向导"工具条中单击"型腔布局"按钮 ![图标]，在弹出的对话框的 `编辑布局` 区域中单击"自动对准中心"按钮 ![图标]。

Step 3　在"型腔布局"对话框中单击 `关闭` 按钮，结果如图 14.2.16b 所示。

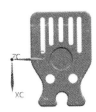

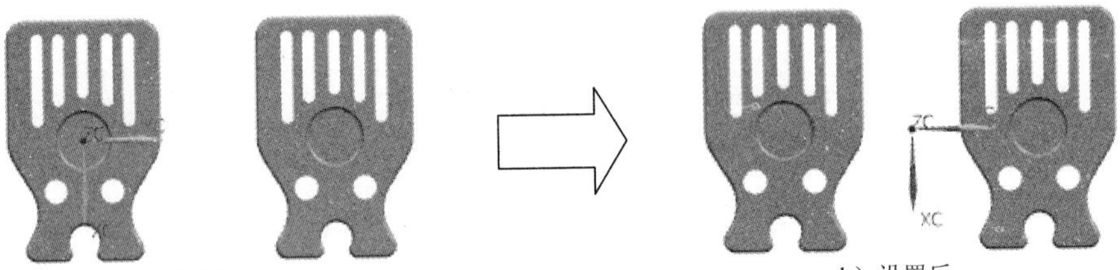

a）设置前   b）设置后

图 14.2.16　自动对准中心

Step 4　保存文件。选择下拉菜单 `文件(F)` ➡ `全部保存(V)` 命令，保存所有文件。

14.3　型腔布局及数量的设计技巧

在模具设计中，型腔的种类可大致分为两种，分别是单型型腔和多型型腔，它们都有各自的优点。

单型型腔的优点是塑料制品的精度高、工艺参数易于控制、模具结构紧凑、设计自由度大和制造简单等；多型型腔的优点是生产效率高和可降低塑件的成本等。

在注塑成型中，为了提高产品生产效率一般采用多型型腔（一模多腔）。在 UG NX 8.5 中专门提供了这样一个型腔设计模块，方便用户对多腔模和多件模进行设计。

1．型腔布局

UG NX 8.5 中提供了两类型腔布局的方式：矩形布局和圆形布局，下面对每种布局的特点进行详细介绍。

矩形平衡布局方式：其型腔数可设为 2 或 4，这种布局的主要特点是从主流道到各个型腔浇口的分流道的长度、截面形状、尺寸和布局都具有对称性，有利于实现各个型腔均匀进料以及同时充满型腔的目的，是比较常见的布局方法。

矩形线性布局方式：其型腔数量不限，这种布局的主要特点是成型工件不会进行方位的旋转，而只是位置上的移动，当然也可通过编辑布局的方式来达到旋转的效果。

圆形径向布局方式：其型腔会绕布局中心做周向均匀分布，并且型腔也会绕原点做相应的调整，这种布局方式使型腔上的浇口到布局原点的距离相同，实现了均匀的目的，有利于各个型腔均匀进料以及同时充满型腔。

圆形恒定布局方式：其型腔也会绕布局中心做周向均匀分布，但是型腔的方向保持不变。

2. 型腔数量

为了使模具和注塑机相匹配以提高生产率和经济性，并保证塑件的精度，模具设计时应合理地确定型腔数量。下面介绍常用的几种确定型腔数量的方法。

（1）按注塑机的最大注塑量确定型腔数量 n，其确定公式为：

$$n \leqslant \frac{0.8V_g - V_j}{V_\varepsilon} , \quad n \leqslant \frac{0.8m_g - m_j}{m_\varepsilon}$$

上述公式中，V_g（m_g）为注塑机最大注塑量（单位为 cm^3 或 g）；V_j（m_j）为浇注系统的凝料量（单位为 cm^3 或 g）；V_ε（m_ε）为单个制品的容积或质量（单位为 cm^3 或 g）。

（2）按注塑机的额定合模力确定型腔数量 n，其确定公式为：

$$n \leqslant \frac{F - P_m A_j}{P_m A_z}$$

上述公式中，F 为注塑机的额定合模力（单位为 N）；P_m 为塑料熔体对型腔的平均压力（单位为 MPa）；A_j 为浇注系统在分型面上的投影面积（单位为 mm^2）；A_z 为单个制品在分型面上的投影面积（单位为 mm^2）。

（3）按制品的精度要求确定型腔数量。

根据生产经验，每增加一个型腔，塑件的尺寸精度要降低 4%。一般成型高精度制品时，型腔数不宜过多，通常推荐不超过 4 腔，因为多腔很难使成型条件一致。

15

注塑模设计工具

15.1 概述

在进行模具分型前，必须要对产品模型上存在的破孔或凹槽等进行修补，否则，后续模具分型将无法创建。在对破孔或凹槽等进行修补时，需要通过 MW 提供的"注塑模工具"工具条中的修补命令来完成。"注塑模工具"工具条中包括"创建方块"、"分割实体"、"实体补片"和"曲面补片"等命令，如图 15.1.1 所示。

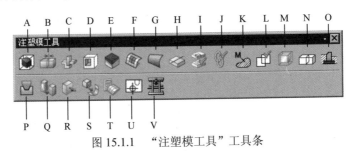

图 15.1.1   "注塑模工具"工具条

图 15.1.1 所示的"注塑模工具"工具条中各个按钮的功能说明如下：

A：创建方块   B：分割实体   C：实体补片

D：边缘修补   E：修剪区域补片   F：扩大曲面补片

G：编辑分型面和曲面补片   H：拆分面   I：分型检查

J：WAVE 控制   K：加工几何体   L：静态干涉检查

M：型材尺寸   N：合并腔   O：设计镶块

P：修剪实体   Q：替换实体   R：延伸实体

S：参考圆角   T：计算面积   U：线切割起始孔

V：加工刀具运动仿真

由图 15.1.1 可知 MW 的"注塑模工具"工具条中包含很多功能,在进行模具设计的过程中要能够灵活运用和掌握这些功能,以提高模具设计效率。

15.2 实体修补工具

实体修补工具中包括"创建方块"、"分割实体"、"实体补片"和"参考圆角"命令。下面将分别介绍这几种命令的使用。

15.2.1 创建方块

创建方块是指创建一个长方体或正方体,对某些局部开放的区域进行填充,一般用于不适合使用曲面修补法和边线修补法的区域,创建方块也是创建滑块的一种方法。MW 8.0 提供了两种创建方块的方法,下面将分别介绍。

首先需要用户打开 D:\ug85mo\work\ch15.02.01\cover_mold_parting_022.prt 文件。

方法 1:一般方块法。

一般方块法是指选择一个基准点,然后以此基准点来定义方块的各个方向的边长。下面介绍使用一般方块法创建方块的一般过程。

Step 1 在"注塑模工具"工具条中单击"创建方块"按钮 ,系统弹出图 15.2.1 所示的"创建方块"对话框。

图 15.2.1 "创建方块"对话框

Step 2 选择类型。在对话框的 **类型** 下拉列表框中选择 **一般方块** 选项。

Step 3 选取参考点。在模型中选取图 15.2.2 所示边线的中点。

Step 4 设置方块的尺寸。在"创建方块"对话框中输入图 15.2.1 所示的尺寸。

Step 5 单击 **应用** 按钮,创建结果如图 15.2.3 所示。

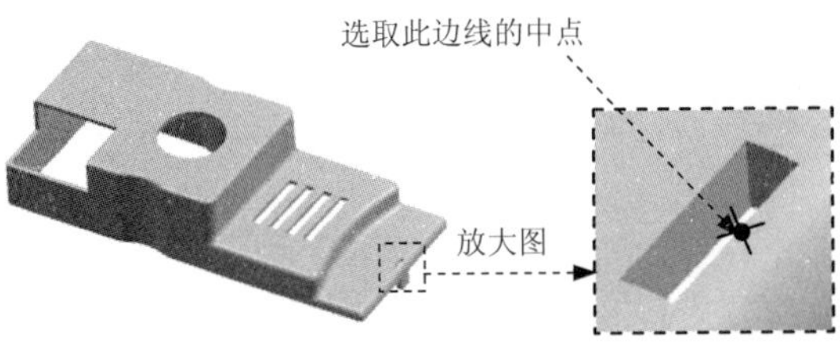

选取此边线的中点

放大图

图 15.2.2　选取点

图 15.2.3　创建的方块

方法 2：包容块法。

包容块法是指以需要修补的孔或槽的边界面来定义方块的大小，此方法是创建方块的常用方法。继续以前面的模型为例，下面介绍使用包容块法创建方块的一般过程。

Step 1　选择类型。在对话框的 **类型** 下拉列表框中选择 **■ 包容块** 选项。

Step 2　选取边界面。选取图 15.2.4 所示的 3 个平面，接受系统默认的间隙值 1。

Step 3　单击〈 **确定** 〉按钮，创建结果如图 15.2.5 所示。

选取这 3 个平面

图 15.2.4　选取边界面

图 15.2.5　创建的方块

Step 4　保存文件。选择下拉菜单 **文件(F)** ➡ **全部保存(V)** 命令，保存所有文件。

15.2.2　分割实体

使用"分割实体"命令可以完成对实体（包括方块）的修剪工作。下面介绍分割实体的一般操作过程。

Step 1　打开 D:\ug85mo\work\ch15.02.02\cover_mold_parting_022.prt 文件。

Step 2　选择命令。在"注塑模工具"工具条中单击"分割实体"按钮 ，系统弹出图 15.2.6 所示的"分割实体"对话框。

Step 3　修剪方块。

（1）定义分割类型。在对话框中的 **类型** 下拉列表框中选择 **■ 修剪** 选项。

（2）选取目标体。选取图 15.2.7 所示的方块为目标体。

图 15.2.6　"分割实体"对话框

15 Chapter

（3）选取工具体。选取图 15.2.8 所示的曲面 1 为工具体，单击"反向"按钮 ，然后单击 应用 按钮，修剪结果如图 15.2.9 所示。

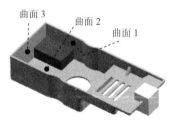

图 15.2.7　选取目标体　　　　　图 15.2.8　选取工具体　　　　　图 15.2.9　修剪曲面 1

（4）参见以上步骤，分别选取曲面 2、曲面 3、曲面 4、曲面 5 和曲面 6 为工具体，如图 15.2.8 和图 15.2.10 所示，修剪结果如图 15.2.11 所示。

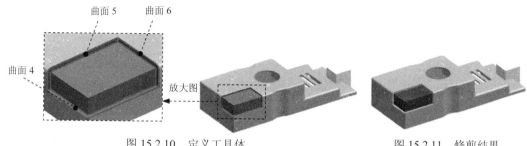

图 15.2.10　定义工具体　　　　　　　　图 15.2.11　修剪结果

Step 4　单击"分割实体"对话框中的 取消 按钮，完成分割实体的创建。

Step 5　保存文件。选择下拉菜单 文件(F) ➡ 全部保存(V) 命令，保存所有文件。

15.2.3　实体补片

通过"实体补片"命令可以完成一些形状不规则的孔或槽的修补工作。下面介绍创建"实体补片"的一般操作方法。

Step 1　打开 D:\ug85mo\work\ch15.02.03\charger_down01_mold_parting_047.prt 文件。

Step 2　选择命令。在"注塑模工具"工具条中单击"实体补片"按钮 ，系统弹出图 15.2.12 所示的"实体补片"对话框。

Step 3　选取目标体。选择图 15.2.13 所示的模型为目标体，系统默认选中。

Step 4　选取补片体。选取图 15.2.13 所示的方块为补片体。

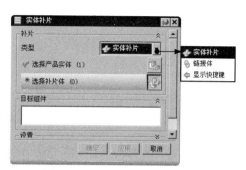

图 15.2.12　"实体补片"对话框

Step 5　单击 应用 按钮，实体补片的结果如图 15.2.14 所示，然后单击 取消 按钮。

图 15.2.13　选取对象

图 15.2.14　补片结果

Step 6 保存文件。选择下拉菜单 文件(F) ➡ 全部保存(V) 命令，保存所有文件。

15.2.4　参考圆角

通过"参考圆角"命令可以对创建的方块特征进行局部的圆角处理。下面介绍创建"参考圆角"的一般操作方法。

Step 1 打开 D:\ug85mo\work\ch15.02.04\up_cover_mold_parting_022.prt 文件。

Step 2 选择命令。在"注塑模工具"工具条中单击"参考圆角"按钮 ，系统弹出图 15.2.15 所示的"参考圆角"对话框。

Step 3 选择参考圆角。选择图 15.2.16 所示的圆角为参考对象。

图 15.2.15　"参考圆角"对话框

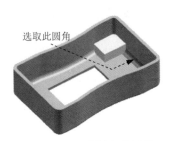

图 15.2.16　选择参考圆角

图 15.2.15 所示的"参考圆角"对话框中的选项的说明如下：

- ： 选择现有的圆角为参考。
- ： 选择要倒圆的边线。

Step 4 选取要倒圆的边。单击"参考圆角"对话框中的"边"按钮 ，选取图 15.2.17 所示的 3 条边线。

Step 5 单击 〈 确定 〉 按钮，参考圆角的结果如图 15.2.18 所示。

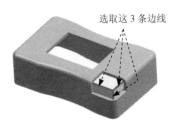

图 15.2.17　选取要倒圆的边

图 15.2.18　参考圆角

Step 6 选择下拉菜单 文件(F) ➡ 全部保存(V) 命令，保存所有文件。

15.3 片体修补工具

片体修补工具用于完成模型中破孔的修补，包括"边缘修补"、"修剪区域补片"和"编辑分型面和曲面补片"命令，下面将分别介绍这几种命令的使用。

15.3.1 边缘修补

通过"边缘修补"可以通过面、体以及移刀（边线）三种类型完成孔的修补工作，下面将分别进行介绍。

1. 通过面进行修补

通过面进行修补可完成曲面或平面上孔的修补工作，其应用非常广泛。下面介绍图15.3.1 所示面修补的一般操作过程。

a）曲面补片前

b）曲面补片后

图 15.3.1 曲面补片

Step 1 打开 D:\ug85mo\work\ch15.03.01.01\case_mold_parting_047.prt 文件。

Step 2 选择命令。在"注塑模工具"工具条中单击"边缘修补"按钮 回，系统弹出图 15.3.2 所示的"边缘修补"对话框（一）。

Step 3 选择要补孔的面。在"边缘修补"对话框（一）中的 类型 下拉列表框中选择 面 选项，然后选择图 15.3.3 所示的面。

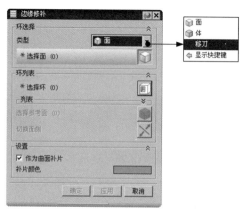

图 15.3.2 "边缘修补"对话框（一）

选取此表面

图 15.3.3 选取补孔面

Step 4   在"边缘修补"对话框（一）中单击 确定 按钮，修补结果如图 15.3.1b 所示。

Step 5   保存文件。选择下拉菜单 文件(F) ➡ 全部保存(V) 命令，保存所有文件。

2. 通过移刀进行修补

    通过移刀进行修补可完成产品模型上缺口位置的修补，在修补过程中主要通过选取缺口位置的一周边界线来完成。下面介绍图 15.3.4 所示移刀修补的一般操作过程。

a）边缘补片 1   b）边缘补片前   c）边缘补片 2

图 15.3.4   边缘修补

Step 1   打开 D:\ug85mo\work\ch15.03.01.02\box_mold_parting_072.prt 文件。

Step 2   选择命令。在"注塑模工具"工具条中单击"边缘修补"按钮 ▣，系统弹出"边缘修补"对话框。

Step 3   选择修补边线。在"边缘修补"对话框中的 类型 下拉列表框中选择 移刀 选项，然后在 设置 区域中取消选中 □ 按面的颜色遍历 复选框，选择图 15.3.5 所示的边线，此时系统显示"边缘修补"对话框（二），如图 15.3.6 所示。

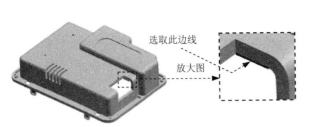

选取此边线

放大图

图 15.3.5   选取修补边线

图 15.3.6   "边缘修补"对话框（二）

Step 4   单击对话框中的"接受"按钮 ⇨ 和"循环候选项"按钮 ↻，完成图 15.3.7 所示的边界环的选取。

    图 15.3.6 所示的"边缘修补"对话框（二）中 ☑ 按面的颜色遍历 复选框的说明：

    选中该复选框进行修补破孔时，必须先进行区域分析，完成型腔面和型芯面的定义，并在产品模型上以不同的颜色标识出来，此时，该修补方式才可使用。

Step **5**　确定面的补片方式。接受系统默认的设置，单击 确定 按钮，完成补片后的结果如图 15.3.4a 所示。

　　说明：若在如图 15.3.8 所示的"边缘修补"对话框（三）中单击"切换面侧"按钮，然后单击 确定 按钮，完成补片后的结果如图 15.3.4c 所示。

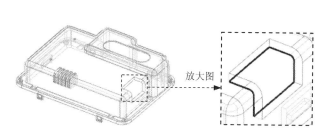

图 15.3.7　选择边界环后　　　　　　　图 15.3.8　"边缘修补"对话框（三）

Step **6**　保存文件。选择下拉菜单 文件(F) ➡ 全部保存(V) 命令，保存所有文件。

3. 通过体进行修补

　　通过体进行修补可以完成型腔侧面、型芯侧面或自行定义某个面上孔的填补。下面介绍通过体修补的一般操作过程。

Step **1**　打开 D:\ug85mo\work\ch15.03.01.03\soap_box_parting_097.prt 文件。

Step **2**　选择命令。在"注塑模工具"工具条中单击"边缘修补"按钮，系统弹出"边缘修补"对话框。

Step **3**　选择修补对象。在"边缘修补"对话框中的 类型 下拉列表框中选择 体 选项，选择图 15.3.9 所示的实体模型。

Step **4**　在"边缘修补"对话框中单击 确定 按钮，完成补片后的结果如图 15.3.10 所示。

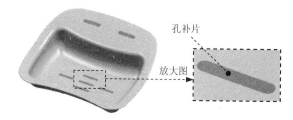

孔补片

放大图

图 15.3.9　选取体　　　　　　　图 15.3.10　通过体修补

Step **5**　保存文件。选择下拉菜单 文件(F) ➡ 全部保存(V) 命令，保存所有文件。

15.3.2　修剪区域补片

"修剪区域补片"命令是通过在开口模型区域中选取封闭曲线来完成修补片体的创建。在使用此命令前，必须先创建一个大小合适的方块，只要保证此方块能够完全覆盖住开口边界即可。下面介绍图 15.3.11 所示的修剪区域补片的一般操作过程。

　　　a）补片 1　　　　　　　　　　　　b）补片前　　　　　　　　　　　c）补片 2

图 15.3.11　修剪区域补片

Step 1　打开 D:\ug85mo\work\ch15.03.02\cover_mold_parting_022.prt 文件。

Step 2　选择命令。在"注塑模工具"工具条中单击"修剪区域补片"按钮 ◈，系统弹出图 15.3.12 所示的"修剪区域补片"对话框。

Step 3　选择目标体。选取图 15.3.13 所示的方块为目标体。

图 15.3.12　"修剪区域补片"对话框

图 15.3.13　选择目标体

Step 4　选取边界。在对话框的 边界 区域的 类型 下拉列表框中选择 体/曲线 选项，然后在图形区选取图 15.3.14 所示的边线作为边界。

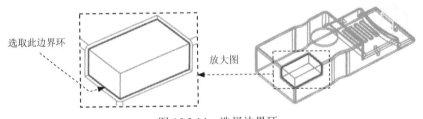

图 15.3.14　选择边界环

Step 5 定义区域。在对话框中激活 ✳ **选择区域 (0)**，然后在图 15.3.15 所示的位置单击片体，选中 ⊙ **舍弃** 单选按钮，单击 **确定** 按钮，补片后的结果如图 15.3.11a 所示。

在此处单击片体

图 15.3.15 单击片体

说明：此处在图 15.3.15 所示的位置单击片体后再选中 ⊙ **保留** 单选按钮，则最终的结果如图 15.3.11c 所示。

Step 6 保存文件。选择下拉菜单 **文件 (F)** ➡ **全部保存 (V)** 命令，保存所有文件。

15.3.3 编辑分型面和曲面补片

由于很多时候一种产品的设计开发不是由同一公司完成的，所以模型数据的传送或转换就不可避免。当不同公司使用不同软件时，创建或接收的模型数据文件格式就会有所不同（比如 IGES、STL、Parasolid 等），而数据的不同保存格式在不同软件输入工程中极有可能造成部分数据的丢失，在模具设计前就要先对模型进行必要的修补，此时可以先利用 UG 强大的曲面建模功能，把不方便使用注塑模工具修补的孔修补好，然后再通过模具工具中的现有曲面功能将修补好的面转换为模具设计中的修补面。这样，在进行创建型芯、型腔等后续工作时，系统会自动识别出这些面，具体创建过程如下。

在"注塑模工具"工具条中单击"编辑分型面和曲面补片"按钮 ⬛，系统弹出"编辑分型面和曲面补片"对话框，单击 **确定** 按钮，系统将自动完成转换，将这些曲面转换为 MW 能识别的修补片体，供后续的分模使用。

15.4 编辑片体工具

编辑片体工具包括"扩大曲面补片"和"拆分面"命令。下面将分别介绍这两种命令的使用。

15.4.1 扩大曲面补片

通过"扩大曲面补片"命令可以完成图 15.4.1 所示的扩大曲面。扩大曲面是指获取产品模型上的已有面，通过控制所选的面在 U 和 V 两个方向的扩充百分比来实现曲面的扩大。在某些情况下，扩大曲面可以作为工具体来修剪实体，还可以作为分型面来使用。下面介绍扩大曲面补片的一般操作过程。

Step 1 打开 D:\ug85mo\work\ch15.04.01\left_cover_parting_022.prt 文件。

Step 2 选择命令。在"注塑模工具"工具条中单击"扩大曲面补片"按钮 ⬛，系统弹出图 15.4.2 所示的"扩大曲面补片"对话框。

a）扩大曲面 1   b）扩大曲面前   c）扩大曲面 2

图 15.4.1   创建扩大曲面补片

Step 3   选取目标面。选取图 15.4.3 所示的模型的底面为目标面，在模型中显示出扩大曲面的预览效果，如图 15.4.4 所示。

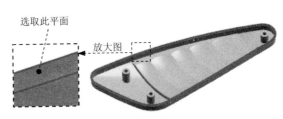

选取此平面

放大图

图 15.4.2   "扩大曲面补片"对话框   图 15.4.3   选取扩大曲面

Step 4   指定区域。在"扩大曲面补片"对话框中激活 **＊选择区域 (0)**，然后在图 15.4.4 所示的位置单击生成的片体，在对话框中选中 ⊙ 舍弃 单选按钮，单击 **确定** 按钮，结果如图 15.4.1a 所示。

说明：此处在图 15.4.4 所示的位置单击片体后再选中 ⊙ 保留 单选按钮，则最终的结果如图 15.4.1c 所示。

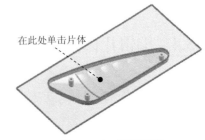

在此处单击片体

图 15.4.4   指定区域

Step 5   保存文件。选择下拉菜单 **文件(F)** ➡ **全部保存(V)** 命令，保存所有文件。

15.4.2 拆分面

使用"拆分面"命令可以完成曲面分割的创建。一般主要用于分割跨越区域面（跨越区域面是指一部分在型芯区域而另一部分在型腔区域，如图 15.4.5 所示），对于产品模型上存在这样的跨越区域面，首先，要对跨越区域面进行分割；其次，将完成分割的跨越区域面分别定义在型腔区域上和型芯区域上；最后，完成模具的分型。创建"拆分面"有通过被等斜度线拆分、通过基准面拆分和通过现有的曲线拆分三种方式，下面分别介绍这三种拆分面方式的一般操作过程。

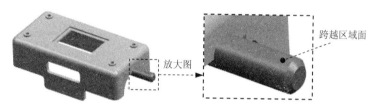

图 15.4.5 跨越区域面

方式 1：通过被等斜度线拆分。

Step 1 打开 D:\ug85mo\work\ch15.04.02\spilt_parting_022.prt 文件。

Step 2 选择命令。在"注塑模工具"工具条中单击"拆分面"按钮 ⬜，系统弹出图 15.4.6 所示的"拆分面"对话框。

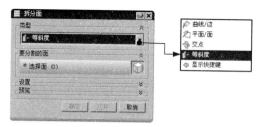

图 15.4.6 "拆分面"对话框

Step 3 定义拆分面。在对话框中的 **类型** 下拉列表框中选择 **等斜度** 选项，选取图 15.4.7 所示的曲面 1 和曲面 2 为拆分对象。

Step 4 单击对话框中的 **< 确定 >** 按钮，完成拆分面的创建（图 15.4.8）。

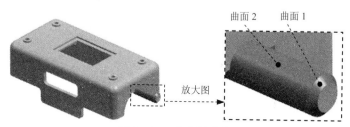

图 15.4.7 定义拆分曲面

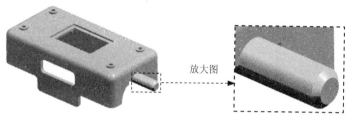

图 15.4.8 拆分面结果

方式 2：通过基准面拆分。

继续以前面的模型为例，介绍通过基准面创建拆分面的一般过程。

Step 1 选择命令。在"注塑模工具"工具条中单击"拆分面"按钮 ，系统弹出"拆分面"对话框。

Step 2 定义拆分面类型。在该对话框中的 类型 下拉列表框中选择 平面/面 选项（图 15.4.9）。

Step 3 定义拆分面。选取图 15.4.10 所示的曲面为拆分对象。

图 15.4.9　"拆分面"对话框

图 15.4.10　定义拆分面

Step 4 添加基准平面。在"拆分面"对话框中单击"添加基准平面"按钮 ，系统弹出"基准平面"对话框，在 类型 下拉列表框中选择 点和方向 选项，选取图 15.4.11 所示的点，然后设置-ZC 方向为矢量方向，单击 < 确定 > 按钮，创建的基准面如图 15.4.11 所示。

Step 5 单击对话框中的 < 确定 > 按钮，完成拆分面的创建，结果如图 15.4.12 所示。

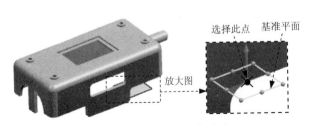

图 15.4.11　定义基准平面

图 15.4.12　拆分面结果

方式 3：通过现有的曲线拆分。

继续以前面的模型为例，介绍通过现有的曲线创建拆分面的一般过程。

Step 1 选择命令。在"注塑模工具"工具条中单击"拆分面"按钮 ，系统弹出"拆分面"对话框。

Step 2 定义拆分面类型。在对话框中的 类型 下拉列表框中选择 曲线/边 选项（图 15.4.13）。

Step 3 定义拆分面。选取图 15.4.14 所示的曲面为拆分对象。

Step 4 定义拆分直线。单击"拆分面"对话框中的"添加直线"按钮 ，系统弹出"直线"对话框，选取图 15.4.15 所示的点 1 和点 2，单击 < 确定 > 按钮，创建的直线如图 15.4.16 所示。

15 Chapter

图 15.4.13 "拆分面"对话框

选取此面

图 15.4.14 定义拆分面

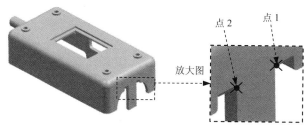

点 2　点 1

放大图

图 15.4.15 定义点

Step 5 在"拆分面"对话框中激活 ※ 选择对象 (0)，选取创建的直线（默认被选中），单击对话框中的 < 确定 > 按钮，完成拆分面的创建（图 15.4.16）。

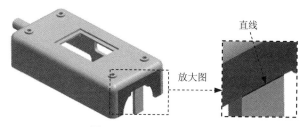

直线

放大图

图 15.4.16 拆分面结果

Step 6 保存文件。选择下拉菜单 文件(F) ➡ 全部保存(V) 命令，保存所有文件。

15.5　替换实体

替换实体可用一个面替换现有的面或面组，同时还可以将与其相邻的倒角更新；另外替换实体还可以对非参数化模型进行操作。下面以图 15.5.1 所示的模型为例，介绍替换实体的一般操作过程。

Step 1 打开 D:\ug85mo\work\ch15.05\base_cover_parting_047.prt 文件。

Step 2 选择命令。在"注塑模工具"工具条中单击"替换实体"按钮 ，系统弹出图 15.5.2 所示的"替换实体"对话框。

15 Chapter

a）替换实体前

b）替换实体后

图 15.5.1　替换实体

Step 3　选择替换面。选取图 15.5.3 所示的模型的表面为替换面，此时模型变化如图 15.5.4 所示。

图 15.5.2　"替换实体"对话框

选取该平面

图 15.5.3　选取替换面

图 15.5.4　创建包容块

Step 4　编辑包容块。

（1）定义包容块的尺寸。在"替换实体"对话框的边界区域中单击"编辑包容块"按钮，系统弹出图 15.5.5 所示的"创建方块"对话框，同时在模型上会显示六个方位的箭头和一个矢量坐标系，如图 15.5.6 所示；然后拖动图 15.5.6 所示的箭头至图 15.5.7 显示的面间隙尺寸为 12 为止。

图 15.5.5　"创建方块"对话框

ZC 拖动此箭头

YC　XC

图 15.5.6　拖动此箭头

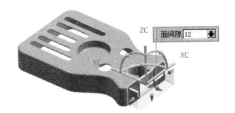

ZC　面间隙 12

YC　XC

图 15.5.7　方块结果图

（2）设置间隙。在"创建方块"对话框中单击 < 确定 > 按钮，此时系统返回至"替换实体"对话框。

Step 5　在"替换实体"对话框中单击 < 确定 > 按钮，完成替换实体的创建，结果如图 15.5.1b

15
Chapter

所示。

Step 6 保存文件。选择下拉菜单 文件(F) ➡ 全部保存(V) 命令，保存所有文件。

15.6 延伸实体

延伸实体可以延伸一组或整个实体面，在模型延伸时，若有与之相关的倒圆角，那么系统会将这些倒圆角进行重建；另外，延伸实体不用考虑模型的特征历史，可以快速、方便地修改模型，对于一些注塑模具和铸件（特别是一些非参数化的铸件）都可以使用此工具。下面以图 15.6.1 所示的模型为例，介绍延伸实体的一般操作过程。

a）延伸实体前　　　　　　　　　　　b）延伸实体后

图 15.6.1　延伸实体

Step 1 打开 D:\ug85mo\work\ch15.06\base_cover_parting_047.prt 文件。

Step 2 选择命令。在"注塑模工具"工具条中单击"延伸实体"按钮，此时系统弹出图 15.6.2 所示的"延伸实体"对话框。

Step 3 选择延伸面。选取图 15.6.3 所示的模型表面为延伸面。

图 15.6.2　"延伸实体"对话框

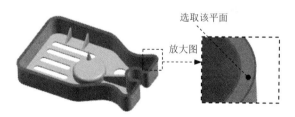

图 15.6.3　选取延伸面

Step 4 定义延伸值。在图 15.6.2 所示的"延伸实体"对话框的 偏置值 文本框中输入值 8，然后单击 确定 按钮，完成延伸实体的创建，结果如图 15.6.1b 所示。

说明：在定义延伸值时，若在图 15.6.2 所示的"延伸实体"对话框中选中 ☑拉伸 复选框，则将沿着面的法线方向进行延伸，结果如图 15.6.4 所示。

图 15.6.4　延伸实体

Step 5 保存文件。选择下拉菜单 文件(F) ➡ 全部保存(V) 命令，保存所有文件。

16

UG NX 模具分型工具

16.1　分型面的介绍

在塑件成型以后，接下来就要把成型的塑件取出，要完成这一动作就必须打开模具型腔，也就是把定模与动模分开，我们把定模与动模的接触面称为分型面。

用户在进行分型面设计时，要考虑分型面的位置及形状是否合理，一般都要求在产品外形轮廓的最大断面处设置分型面，模具分型设计得越简单，模具设计成本和加工成本就越低。当然，在设计过程中还应考虑到产品模型的布局、浇注系统位置布置、冷却系统位置布置和注射过程中排气等方面。

16.2　分型工具概述

在利用 MW 进行模具分模时，主要是通过图 16.2.1 所示的"模具分型工具"工具条和图 16.2.2 所示的"分型导航器"界面中的命令来完成。"模具分型工具"工具条包括区域分析、曲面补片、定义区域、设计分型面、编辑分型面和曲面、定义型腔和型芯、交换模型、备份分型/补片片和分型导航器工具按钮；分型导航器则主要对分型对象进行管理。若当前已完成某些特征的定义或创建（如工件和分型线），则在分型导航器中加亮显示；若当前某些特征还未被定义或创建（如分型面和曲面补片），则在分型导航器中以灰暗色显示。

说明："分型导航器"中的某些特征未加亮显示，是因为当前还未对其进行定义，或是此特征在该模具分型过程中是不需要进行定义或创建的，如产品模型上没有破孔，则"分型导航器"中的"曲面补片"就一直以灰暗色显示。

图 16.2.1 "模具分型工具"工具条

图 16.2.2 "分型导航器"界面

16.3 设计区域

设计区域的主要功能是完成产品模型上的型腔区域面/型芯区域面的定义和对产品模型进行区域检查分析,包括对产品模型的脱模角度和内部孔是否修补等进行分析。下面将通过一个范例详细介绍设计区域功能的操作过程。

Step 1 打开 D:\ug85mo\work\ch16.03\left_cover_mold_top_000.prt 文件。

Step 2 在"注塑模向导"工具条中单击"模具分型工具"按钮 ,系统弹出图 16.3.1 所示的"模具分型工具"工具条和图 16.2.2 所示的"分型导航器"界面。

图 16.3.1 "模具分型工具"工具条

Step 3 在"模具分型工具"工具条中单击"检查区域"按钮 ,系统弹出"检查区域"对话框(一),如图 16.3.2 所示,同时模型被加亮,并显示开模方向,如图 16.3.3 所示。

图 16.3.2 "检查区域"对话框(一)

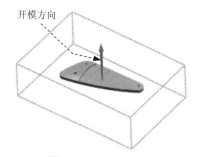

图 16.3.3 开模方向

图 16.3.2 所示的"检查区域"对话框(一)的各选项的说明如下:

- **保持现有的**:选择该单选按钮后,可以计算面的属性。

- **仅编辑区域**:选择该单选按钮后,将不会计算面的属性。

- **全部重置**:选择该单选按钮后,表示要将所有的面重设为默认值。

- **按钮**:单击该按钮后,系统会弹出图 16.3.4 所示的"矢量"对话框,利用此对话框可以对开模方向进行更改。

- ▤按钮：单击该按钮后，开始对产品模型进行分析计算。

Step 4　在"检查区域"对话框（一）中选择 ⦿ 保持现有的 单选按钮，并单击"计算"按钮 ▤，系统开始对产品模型进行分析计算。

Step 5　设置区域颜色。在"检查区域"对话框中单击 区域 选项卡，系统显示图 16.3.5 所示的"检查区域"对话框（二），在该对话框的 设置 区域中取消选中 ☐ 内环、☐ 分型边 和 ☐ 不完整的环 三个复选框，然后在该对话框中单击"设置区域颜色"按钮 ▨，结果如图 16.3.6 所示。

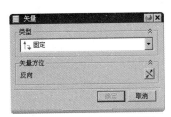

图 16.3.4　"矢量"对话框

图 16.3.5　"检查区域"对话框（二）

Step 6　定义型腔区域。在"检查区域"对话框（二）的 指派到区域 区域中激活 ✔ 选择区域面 (0)，然后选取图 16.3.6 所示的未定义区域曲面和模型外侧面显示型芯颜色的 3 个面，在 指派到区域 区域中选中 ⦿ 型腔区域 单选按钮，单击 应用 按钮，系统自动将未定义的区域指派到型腔区域，同时对话框中的 未定义的区域 显示为"0"，创建结果如图 16.3.7 所示。

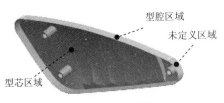

图 16.3.6　设置区域颜色

型腔区域
未定义区域
型芯区域

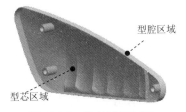

图 16.3.7　定义型腔区域

型腔区域
型芯区域

说明：在选取未定义曲面时，也可在 未定义的区域 区域中选中 ☑ 交叉竖直面 复选框，即指的为同一个曲面。

Step 7　在"检查区域"对话框（二）中单击 取消 按钮，完成设计区域的定义。

图 16.3.2 所示的"检查区域"对话框（一）还包括 面 、 区域 、 信息 三个选项卡。

- 单击"检查区域"对话框中的 面 选项卡，
  系统显示图 16.3.8 所示的"检查区域"对话
  框（三），各选项的说明如下：

  ☑ ☑高亮显示所选的面：选中该复选框后，系
  统会高亮显示设定的拔模角的面。

  ☑ 面拔模角 区域：在该区域中显示全部、大
  于等于、大于、等于、小于和小于等于
  这六种面拔模角。

  ➢ 拔模角限制 文本框：用户可在该文本框
  中输入拔模角度值（必须是正值）。

  ➢ 🖌按钮：单击该按钮后，产品体所
  有面的颜色设定为面拔模角中的颜
  色，用户也可通过调色板来改变这
  些面的颜色。

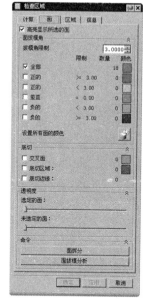

图 16.3.8 "检查区域"对话框（三）

  ☑ 透明度 区域：包括 选定的面： 和 未选定的面： 两种滑块，分别介绍如下：

  ➢ 选定的面： 滑块：用户可以通过移动该滑块来更改产品体中选定面的透
  明度。

  ➢ 未选定的面： 滑块：用户可以通过移动该滑块来更改产品体中未选定面的透
  明度。

  ☑ 命令 区域：包含以下两个按钮：

  ➢ 面拆分 按钮：单击该按钮后，系统弹出
  "面拆分"对话框，与第 15 章中的拆分面工具一样，这里就不再介绍。

  ➢ 面拔模分析 按钮：单击该按钮后，系统弹出
  "拔模分析"对话框，在该对话框中用户可以很清楚地观察到分析结果。

- 图 16.3.5 所示的 区域 选项卡各选项的说明如下：

  ☑ 型腔区域 区域：用户可以通过移动该区域中的滑块来调节型腔区域的透明度，
  从而能更好地观察其他未定义面的颜色。

  ☑ 型芯区域 区域：用户可以通过移动该区域中的滑块来调节型芯区域的透明度，
  从而能更好地观察其他未定义面的颜色。

  ☑ 未定义的区域 区域：该区域是用于定义系统无法识别的面，分为交叉区域面、
  交叉竖直面和未知的面 3 种类型。

  ☑ 🖌按钮：单击该按钮后，系统自动判断将不同区域的颜色显示在产品模型上，

用户还可以通过每个区域中的调色板来更改这些颜色。

☑ 指派到区域 区域：该区域主要是将产品模型上的面指派到型腔区域或型芯区域中。

☑ 设置 区域：包含以下三个复选框，分别介绍如下：

> ☑ 内环：选中该复选框，则生成的分型线不与模型外围的开口区域相连。

> ☑ 分型边：选中该复选框，表示模型外围的边线或一部分边线用于定义分型线。

> ☑ 不完整的环：选中该复选框，表示没有形成闭合环的分型线。

● "检查区域"对话框中 信息 选项卡 检查范围 区域选项的说明如下：

☑ ◉ 面属性：选择该单选按钮后，然后激活 ✔ 选择面 (0) 区域，选取图 16.3.9 所示的面，系统会将面的属性显示到图 16.3.10 所示的"检查区域"对话框（四），包括 Face Type、拔模角、最小半径和 Area。

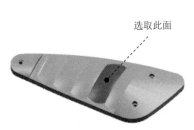

图 16.3.9　选取此面

图 16.3.10　"检查区域"对话框（四）

☑ ◉ 模型属性：选择该单选按钮后，系统自动将模型的属性显示到图 16.3.11 所示的"检查区域"对话框（五），包括模型类型、边界、尺寸、体积/面积、面数和边数。

☑ ◉ 尖角：选择该单选按钮后，系统显示图 16.3.12 所示的"检查区域"对话框（六），在该对话框中用户可以设定一个角度值和半径值，观察模型可能存在的问题。

图 16.3.11　"检查区域"对话框（五）

图 16.3.12　"检查区域"对话框（六）

16.4 创建曲面补片

用户可以通过"面"、"体"和"移刀"三种方式来创建曲面补片，修补的功能比较简单，主要是针对数目比较多、形状比较规则并且容易修补的孔，对于比较复杂而且不具有规则性的孔，一般都在模具工具中进行修补。继续以 16.3 节的模型为例来介绍创建补片面的操作过程。

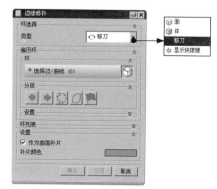

Step 1 在"模具分型工具"工具条中单击"曲面补片"按钮◈，系统弹出图 16.4.1 所示的"边缘修补"对话框。

Step 2 选择修补对象。在"边缘修补"对话框中的 类型 下拉列表框中选择 ⬡ 体 选项，选择图 16.4.2 所示的实体模型。

Step 3 在"边缘修补"对话框中单击 确定 按钮，完成补片后的结果如图 16.4.3 所示。

图 16.4.1 "边缘修补"对话框

图 16.4.2 选取模型

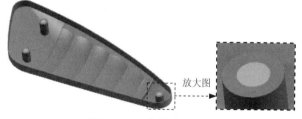

图 16.4.3 修补结果

Step 4 保存文件。选择下拉菜单 文件(F) ➡ 全部保存(V) 命令，保存所有文件。

图 16.4.1 所示的"边缘修补"对话框的选项说明如下：

- 环选择 区域：该区域中包括面、体和移刀三种环搜索方法。
  - ☑ ⬡ 面：选择该选项，表示选择方式为面修补。
  - ☑ ⬡ 体：选择该选项，表示选择方式为体修补。
  - ☑ 移刀：选择该选项，表示选择方式为移刀修补。
- 遍历环 区域：用于定义边缘修补类型的环搜索方法及设置。分为 环、分段 和 设置 三部分。
  - ☑ 环：激活该区域可选取模型上的边线。
  - ☑ 分段：在该区域中显示选取边线的方法，包括"上一个分段"按钮 ⇦、"接受"按钮 ⇨、"循环候选项"按钮 🔁、"关闭环"按钮 ◻ 和"退出环"按钮 🔳。
  - ☑ 设置：用于设置选取边线的属性，包括 ☐ 按面的颜色遍历 、☐ 终止边 和 公差 三个复选框。

- **环列表** 区域：在该区域中可显示选取的对象及修改操作。包括**列表**和"切换面侧"按钮 ☒。
  - ☑ **列表**：该区域中显示选取的边界对象。
  - ☑ ☒：单击该按钮可改变曲面的修补形状。
- **设置** 区域：在该区域中系统默认将 ☑ **作为曲面补片**选中，以作为分型面使用。

16.5 创建区域和分型线

完成产品模型型芯面和型腔面的定义后，接下来就要进行型芯区域、型腔区域和分型线的创建工作，并且型芯区域和型腔区域的定义必须在分型前进行，否则将无法进行后续的分型工作。在此创建的分型线是为后续创建分型面做准备。继续以 16.3 节的模型为例来介绍创建区域和分型线的一般操作过程。

Step 1 在"模具分型工具"工具条中单击"定义区域"按钮 ☒，系统弹出图 16.5.1 所示的"定义区域"对话框。

Step 2 在"定义区域"对话框的 **定义区域** 区域中选择 ☒ **所有面** 选项，然后在 **设置** 区域中选中 ☑ **创建区域** 和 ☑ **创建分型线** 复选框，单击 **确定** 按钮，完成型腔和型芯区域分型线的创建，创建分型线结果如图 16.5.2 所示。

图 16.5.1 "定义区域"对话框

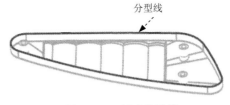

图 16.5.2 创建分型线

说明：此时"分型导航器"界面中的"分型线"被加亮显示。

Step 3 保存文件。选择下拉菜单 **文件(F)** ➡ **全部保存(V)** 命令，保存所有文件。

16.6 创建/编辑分型面

创建/编辑分型面主要包括编辑分型线、引导线设计和创建分型面等步骤，下面将通过一个范例详细介绍该操作过程。

16.6.1　编辑分型线

编辑分型线具有强大的编辑功能，它不但可以自动创建分型线，还可以根据用户设定的线路来搜索分型线并操作。下面以具体模型为例来介绍编辑分型线操作的一般过程。

Step 1　打开文件 D:\ug85mo\work\ch16.06\charger_down_mold_top_000.prt。

Step 2　在"模具分型工具"工具条中单击"设计分型面"按钮，系统弹出图 16.6.1 所示的"设计分型面"对话框。

Step 3　在"设计分型面"对话框的 **编辑分型线** 区域中单击"遍历分型线"按钮，此时系统弹出图 16.6.2 所示的"遍历分型线"对话框。

图 16.6.1　"设计分型面"对话框

图 16.6.2　"遍历分型线"对话框

Step 4　选择分型线。选择图 16.6.3 所示的轮廓边线，完整的分型线如图 16.6.4 所示，单击 确定 按钮，系统返回至"设计分型面"对话框。

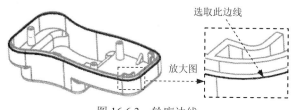

图 16.6.3　轮廓边线

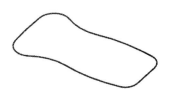

图 16.6.4　完整的分型线

说明： 此时选取的分型线是型腔和型芯之间的轮廓线。

16.6.2　引导线设计

在完成分型线的创建后，当分型线不在同一个平面或拉伸方向不在同一方向时，系统就不能自动识别出拉伸方向，这时就需要对分型线进行分段来逐步创建分型面。继续以

16.6.1 节的模型为例来介绍引导线设计操作的一般过程。

Step 1 在"设计分型面"对话框的 编辑分型段 区域中单击
"编辑引导线"按钮 ，此时系统弹出图 16.6.5
所示的"引导线"对话框。

Step 2 定义引导线的长度。在"引导线"对话框中的
引导线长度 文本框中输入值 50，然后按回车键确认。

Step 3 创建引导线。选取图 16.6.6 所示的 4 条边线，然后
单击 确定 按钮，完成引导线的创建，结果如图
16.6.7 所示，系统返回至"设计分型面"对话框。

图 16.6.5 "引导线"对话框

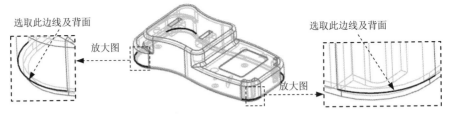

图 16.6.6 选取边线

说明：在选取边线时，单击的位置若靠近边线的
某一端，则引导线就是以边线那一端的法向进行延伸。

图 16.6.5 所示的"引导线"对话框中部分选项的
说明如下：

- 引导线长度：用户可在此文本框中定义引导线
  的长度。

- 方向：该下拉列表框中用于定义引导线的生
  成方向。

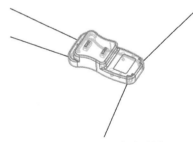

图 16.6.7 引导线结果图

- 删除选定的引导线：用户在此区域中通过单击 ✕ 按钮可对已创建的引导线选择性地
  进行删除。

- 删除所有引导线：用户在此区域中通过单击 ✕ 按钮可对已创建的引导线全部进行删除。

- 自动创建引导线：用户在此区域中通过单击 ✓ 按钮可自动创建一些引导线。

- 高亮显示分型段：在此区域的列表中可显示已创建的引导线。

16.6.3　创建分型面

在 MW 中创建模具分型面一般可以使用拉伸、有界平面、扫掠、扩大曲面和条带曲面
等方法来完成。其分型面的创建是在分型线的基础上完成的，并且分型线的形状直接决定
分型面创建的难易程度。通过创建出的分型面可以将工件分割成上模（型腔）和下模（型

芯）零件。完成分型线的创建和过渡对象的设置后，就要进行分型面的创建，它是模具设计中的一个重要过程，直接影响到型腔与型芯的形状。继续以 16.6.3 节的模型为例来介绍创建和编辑分型面操作的一般过程。

Step 1 在"设计分型面"对话框中的 设置 区域中接受系统默认的公差值；确认 创建分型面 区域的 按钮处于按下状态，在 分型段 区域中单击 ❗分段 1 ，在图 16.6.8a 中单击"延伸距离"文本框，然后在活动的文本框中输入值 60 并按回车键，结果如图 16.6.8b 所示。

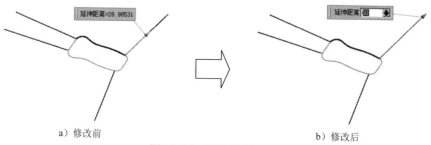

a）修改前   b）修改后

图 16.6.8   延伸距离

Step 2 拉伸分型面 1。在"设计分型面"对话框中 创建分型面 区域的 方法 下拉列表框中选择 选项，在 ✔ 拉伸方向 区域的 下拉列表框中选择 XC 选项，在"设计分型面"对话框中单击 应用 按钮，系统返回至"设计分型面"对话框，结果如图 16.6.9b 所示。

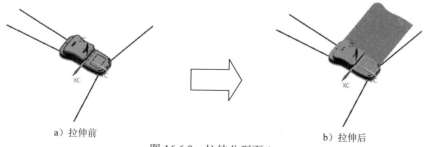

a）拉伸前   b）拉伸后

图 16.6.9   拉伸分型面 1

Step 3 拉伸分型面 2。在"设计分型面"对话框中 创建分型面 区域的 方法 下拉列表框中选择 选项，在 ✔ 拉伸方向 区域的 下拉列表框中选择 YC 选项，在"设计分型面"对话框中单击 应用 按钮，系统返回至"设计分型面"对话框，完成图 16.6.10 所示拉伸分型面 2 的创建。

Step 4 拉伸分型面 3。在"设计分型面"对话框中 创建分型面 区域的 方法 下拉列表框中选择 选项，在 ✔ 拉伸方向 区域的 下拉列表框中选择 XC 选项，在"设计分型面"对话框中单击 应用 按钮，系统返回至"设计分型面"对话框，完成图 16.6.11 所示拉伸分型面 3 的创建。

16
Chapter

Step **5** 拉伸分型面 4。在"设计分型面"对话框中 创建分型面 区域的 方法 下拉列表框中选择 ▦ 选项，在 ✓ 拉伸方向 区域的 ↑ ▾ 下拉列表框中选择 YC 选项，在"设计分型面"对话框中单击 应用 按钮，系统返回至"设计分型面"对话框，完成图 16.6.12 所示拉伸分型面 4 的创建。

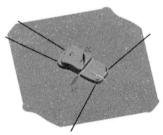

图 16.6.10　拉伸分型面 2　　　图 16.6.11　拉伸分型面 3　　　图 16.6.12　拉伸分型面 4

Step **6** 在"设计分型面"对话框中单击 取消 按钮，此时系统返回至"分型导航器"界面。

16.7　创建型腔和型芯

　　MW 提供了"自动创建型腔型芯"和"循序渐进创建型腔型芯"两种方法。在创建型腔和型芯前必须确保产品模型中的开放凹槽或孔等处已经修补完好、保证创建的分型面能够将工件完全分割（即分型面必须大于或等于工件的最大尺寸）和确定已经完成型腔区域与型芯区域的抽取工作。继续以 16.6 节的模型为例来介绍创建型腔和型芯的一般操作过程。

Step **1** 在"模具分型工具"工具条中单击"定义区域"按钮 ⧉，系统弹出"定义区域"对话框。

Step **2** 创建型腔。

　　（1）在"定义区域"对话框的 定义区域 区域中选择 ⬧ 所有面 选项，然后在 设置 区域中选中 ☑ 创建区域 复选框，单击 确定 按钮，完成区域的创建。

　　（2）在"模具分型工具"工具条中单击"定义型腔和型芯"按钮 ⧉，系统弹出"定义型腔和型芯"对话框。

　　（3）在"定义型腔和型芯"对话框中选取 选择片体 区域下的 型腔区域 选项，此时系统自动加亮选中的型腔片体，如图 16.7.1 所示，其他参数接受系统默认设置，单击 应用 按钮。

　　（4）此时系统弹出"查看分型结果"对话框，接受系统默认的方向。

图 16.7.1　型腔片体

　　（5）单击 确定 按钮，系统返回至"定义型腔和型芯"对话框，完成型腔零件的创建，如图 16.7.2 所示。

Step 3 创建型芯。

（1）在"定义型腔和型芯"对话框中选取 选择片体 区域下的 型芯区域 选项，此时系统
自动加亮被选中的型芯片体，如图 16.7.3 所示，其他参数接受系统默认设置，单击 确定
按钮。

（2）此时系统弹出"查看分型结果"对话框，接受系统默认的方向。

（3）单击 确定 按钮，系统返回至"分型导航器"界面，完成型芯零件的创建，如
图 16.7.4 所示。

图 16.7.2　型腔零件

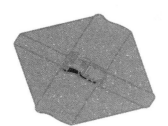
图 16.7.3　型芯片体

图 16.7.4　型芯零件

Step 4 在"模具分型工具"工具条中单击右上角的 ✕ 按钮，关闭工具条。

Step 5 保存文件。选择下拉菜单 文件(F) ➡ 全部保存(V) 命令，保存所有文件。

16.8 交换模型

在模具设计过程中如果产品模型发生了一些变化，需要重新设计，就会浪费大量的前
期工作，这时就可以使用 MW 提供的交换模型功能来变更模具设计，这样就可以节省大量
的时间。

交换模型是用一个新版本产品模型来代替模具设计中的原版本产品模型，并不去掉原
有适合的模具设计特征，交换模型概括来说分为三个步骤：装配新产品模型、编辑分型线/
分型面和更新分型。

1. 装配新产品模型

Step 1 加载模型。打开文件 D:\ug85mo\work\ch16.08\charger_down_mold_top_000.prt。

Step 2 在"注塑模向导"工具条中单击"模具分型工具"按钮 ，系统弹出"模具分型
工具"工具条和"分型导航器"界面。

（1）在"模具分型工具"工具条中单击"交换模型"按钮 ，系统弹出"打开"对
话框。

（2）选择 charger_down_01.prt 文件，单击 OK 按钮。系统会自动弹出"替换设
置"对话框，如图 16.8.1 所示，单击 确定 按钮。

（3）系统弹出图 16.8.2 所示的"模型比较"对话框，并在图形区中显示三个窗口；单击 应用 按钮，然后单击 返回 按钮。

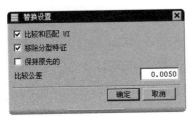

图 16.8.1 "替换设置"对话框　　　　图 16.8.2 "模型比较"对话框

（4）模型替换更新成功后，系统会弹出图 16.8.3 所示的"交换产品模型"对话框和图 16.8.4 所示的"信息"对话框。

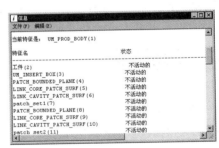

图 16.8.3 "交换产品模型"对话框　　　　图 16.8.4 "信息"对话框

2. 编辑分型线/分型面

在"模具分型工具"工具条中单击"设计分型面"按钮，来重新编辑分型线或分型面。

3. 更新分型

用户可以手动也可以自动来更新分型。

17

模具分析

17.1 拔模分析

拔模分析（Draft Check）要在模具分型前进行，否则将会给后续的工作带来不便。拔模分析可以在建模环境中进行，也可以在模具分型的过程中进行。模具分型前的分析结果与模具分型中的分析结果是相同的，都用于检测产品拔模角是否符合设计要求，只有拔模角在要求的范围内，才能进行后续的模具设计工作，否则要进一步修改参照模型。下面以图 17.1.1 所示的模型为例来说明在模具分型的过程中进行拔模分析的一般操作过程。

a）模型外表面

b）模型内表面

图 17.1.1 拔模检测模型

Step 1 打开文件 D:\ug85mo\work\ch17.01\remote_control_mold_top_000.prt。

Step 2 在"注塑模向导"工具条中单击"模具分型工具"按钮 ⛃，系统弹出"模具分型工具"工具条和"分型导航器"界面。

Step 3 设置开模方向。在"模具分型工具"工具条中单击"检查区域"按钮 ◮，系统弹出"检查区域"对话框，接受模型当前方向为开模方向。

Step 4 设置模型表面颜色。在"检查区域"对话框中单击"计算"按钮 ▤，选择 面选项卡，此时"检查区域"对话框如图 17.1.2 所示。对话框中的设置保持系统默认，单击"设置所有面的颜色"按钮 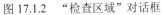，模型表面颜色发生变化（图 17.1.3）。

图 17.1.2　"检查区域"对话框

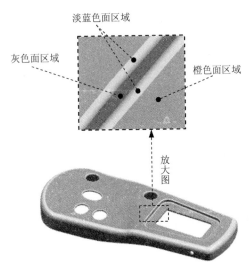

图 17.1.3　被检测模型

图 17.1.2 所示的"检查区域"对话框部分选项的说明如下：

- **面拔模角** 区域：用于显示产品模型上的面数。在其下方列出了大于拔模角度的面数、等于拔模角度的面数和小于拔模角度的面数。

  ☑ **拔模角限制** 文本框：在此文本框中输入需要验证的拔模角度值。

  ☑ **全部** 复选框：表示系统检测到的模型的所有面。

  ☑ **正的** 复选框：选中此复选框可以查看拔模角度为正值的所有面，如果分析得到的角度大于等于给定的拔模角时，系统默认用橙色表示；若分析得到的角度小于给定的拔模角，则此部分面的颜色系统默认用黄色表示。

  ☑ **竖直** 复选框：选中此复选框可以查看拔模角度为零度的所有面，系统默认用灰色表示。

  ☑ **负的** 复选框：选中此复选框可以查看拔模角度为负值的所有面，如果分析得到的角度大于等于给定的拔模角时，系统默认用蓝色表示；若分析得到的角度小于给定的拔模角，则此部分面的颜色系统默认用绿色表示。

  说明：在 **面拔模角** 区域中面的划分是以角度的正负为依据的。此处角度正负的区分方法是：当模型中某部分面的法向与拔模方向的正方向（Z 轴正方向）形成夹角时所体现的角度为正；当模型中某部分面的法向与拔模方向的负方向（Z 轴负方向）形成夹角时所体现的角度为负。

☑ 　🎨按钮：单击该按钮，可以设置产品模型上所有面的颜色，若更改过某些参数后，单击该按钮也可以更新产品模型上的颜色。

- 　面拔模分析　　按钮：单击此按钮，系统弹出"拔模分析"对话框，利用此对话框同样可以进行拔模分析。

Step 5　改变拔模角度。在"检查区域"对话框中的 拔模角限制 文本框中输入值 10，然后按回车键，单击🎨按钮。此时模型表面的颜色会发生相应的变化（图 17.1.4）。

a）模型外表面

b）模型内表面

图 17.1.4　分析后的模型

Step 6　完成分析。单击"检查区域"对话框中的 取消 按钮，完成拔模分析。

说明：在进行拔模角度分析时也可以在建模环境下进行。选择下拉菜单 分析(L) ➡ 塑模部件验证(P) ▶ ➡ 检查区域(R)... 命令即可。

17.2　厚度分析

厚度检测（Thickness Check）用于检测模型的厚度是否有过大或过小的现象。厚度检测也是拆模前必须做的准备工作之一。下面以图 17.2.1 所示的模型为例说明 UG NX 8.5 中厚度分析的一般操作过程。

a）方位一

b）方位二

图 17.2.1　厚度分析模型

Step 1　打开文件 D:\ug85mo\work\ch17.02\mouse_down_cover_mold_parting_022.prt。

Step 2　选择命令。选择下拉菜单 分析(L) ➡ 模具部件验证(P) ▶ ➡ 检查壁厚(K)... 命令，系统弹出图 17.2.2 所示的"检查壁厚"对话框。

图 17.2.2 所示的"检查壁厚"对话框中部分选项的
说明如下：

- 计算 选项卡：在此选项卡中用户可以设置厚度公
  差、最大间距和计算方法等，并且此选项卡中可
  以反映检查结果（平均厚度和最大厚度）。

- 检查 选项卡：此选项卡可以帮助用户设置检查结
  果的显示方法，选择要检查的面和更改选定面的
  颜色等。

- 选项 选项卡：在此选项卡中用户可以设置范围类
  型、检查的壁厚范围、不同壁厚的代表颜色等信
  息。在分析过程中如果系统默认设置不能满足用
  户要求，或是用户只需分析部分区域的厚度等，
  用户可以在此选项卡中自行设置。

图 17.2.2 "检查壁厚"对话框

Step 3　检查塑件厚度。"检查壁厚"对话框中的设置保持系统默认，单击 按钮，此时
在"检查壁厚"对话框中会出现被检查塑件的平均厚度和最大厚度等信息；模型
会在不同的厚度区域显示不同颜色（图 17.2.3），并且在图形区中出现厚度对比条
（图 17.2.4）。

a）方位一

b）方位二

图 17.2.3　着色模型

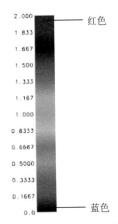

图 17.2.4　厚度对比条

说明：在厚度对比条中的不同颜色代表不同的厚度区域，用户需要结合"检查壁厚"
对话框中反映的平均壁厚和最大壁厚来观察（系统默认时的设置是越接近红色表示此区域
的壁厚越厚）。

Step 4　改变壁厚范围。在"检查壁厚"对话框中选择 选项 选项卡，在 颜色：文本框中输
入值 5，单击 应用 按钮，此时的模型颜色（图 17.2.5）及厚度对比条（图 17.2.6）
都会发生相应的变化。

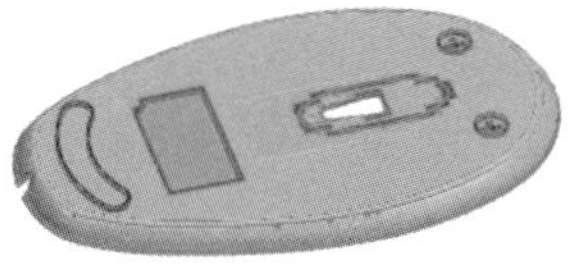

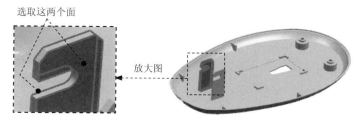

a）方位一

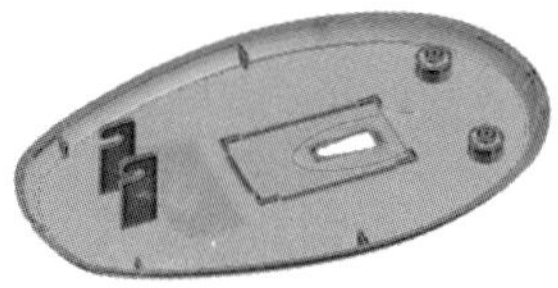

b）方位二

图 17.2.5　着色模型

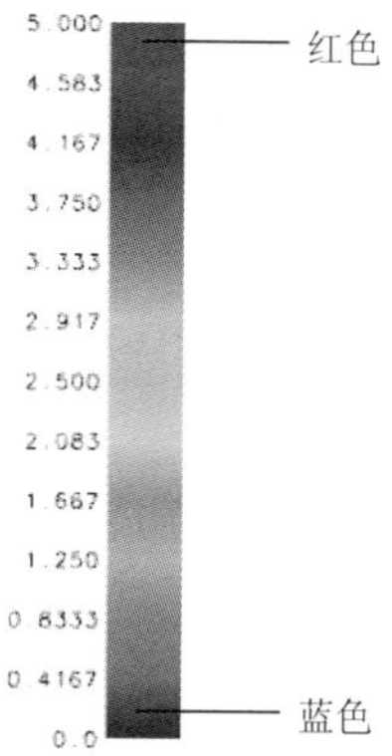

图 17.2.6　厚度对比条

红色

蓝色

Step 5　指定被检查区域。在"检查壁厚"对话框中选择 检查 选项卡，取消选中 □ 所有面 复选框，在图形区选择图 17.2.7 所示的两个面。

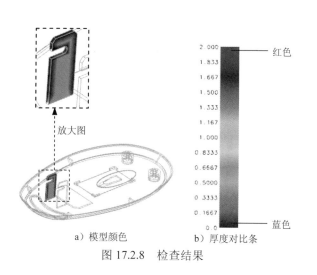

选取这两个面

放大图

图 17.2.7　选择分析区域

Step 6　检查指定区域厚度。"检查壁厚"对话框中的其他设置保持系统默认，单击 应用 按钮，检查结果如图 17.2.8 所示，同时在图 17.2.9 所示的对话框中能看到面厚度的相关信息。

放大图

a）模型颜色

b）厚度对比条

图 17.2.8　检查结果

红色

蓝色

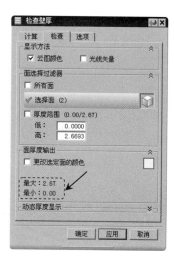

图 17.2.9　"检查壁厚"对话框

Step 7　完成模型检查。在"检查壁厚"对话框中单击 取消 按钮，完成塑件的壁厚检查。

17.3　计算投影面积

投影面积（Project Area）项目用于检测参照模型在指定方向的投影面积（一般在模具设计过程中主要计算模型在开模方向的投影面积），作为模具设计和分析的参考数据。下面以图 17.3.1 所示的模型为例说明 UG NX 8.5 中面积计算的一般操作过程。

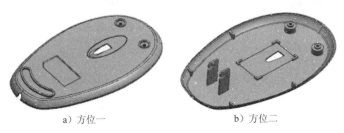

a）方位一　　　　　　　　　　b）方位二

图 17.3.1　计算投影面积模型

Step 1　打开文件 D:\ug85mo\work\ch17.03\mouse_down_cover_mold_parting_022.prt。

Step 2　在"注塑模向导"工具条中单击"注塑模工具"按钮，系统弹出"注塑模工具"工具条，在"注塑模工具"工具条中单击"计算面积"按钮，系统弹出"计算面积"对话框（图 17.3.2）。

图 17.3.2　"计算面积"对话框

Step 3　在图形区选择图 17.3.3 所示的实体；单击　·按钮，在弹出的选择条中选取　为参考平面，在"计算面积"对话框中单击　应用　按钮，系统弹出图 17.3.4 所示的"信息"窗口。

选取此实体

图 17.3.3　选取分析模型

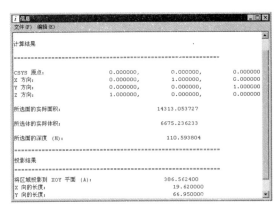

图 17.3.4　"信息"窗口

Step 4　关闭"信息"窗口，完成投影面积的计算。

17 Chapter

图 17.3.2 所示的"计算面积"对话框中各选项的说明如下：

- 公差 文本框：在此文本框中输入数值以控制计算面积时的公差。

- 角度精度 文本框：在此文本框中可以通过输入数值对投影角度进行控制。

- ☑ 查找最大和最小侧区域 复选框：若选中此复选框，则在计算投影面积的同时反映最大和最小侧的区域及信息（图 17.3.5）。

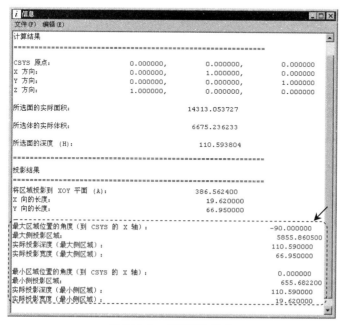

图 17.3.5　"信息"窗口

18

各种结构和特点的模具设计

18.1 带滑块的模具设计（一）

图 18.1.1 所示为一个笔帽的模型，在设计该笔帽的模具时，如果将模具的开模方向定义为竖直方向，那么笔帽中不通孔的轴线方向就与开模方向垂直。因为此产品不能直接上下开模，在开模之前必须先让滑块移出，才能顺利地开模。

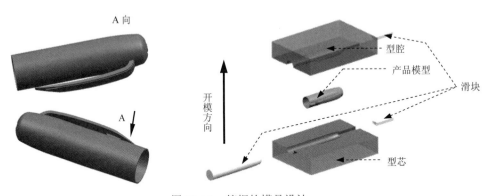

图 18.1.1 笔帽的模具设计

Task1. 初始化项目

Step 1 加载模型。在"注塑模向导"工具条中，单击"初始化项目"按钮 ⬚，系统弹出"打开"对话框，选择 D:\ug85mo\work\ch18.01\pen.prt，单击 OK 按钮，载入模型后，系统弹出"初始化项目"对话框。

Step 2 定义项目单位。在"初始化项目"对话框的 项目单位 下拉列表框中选择 毫米 选项。

Step 3 设置项目路径和名称。接受系统默认的项目路径；在"初始化项目"对话框的 Name

文本框中输入 pen_mold。

Step 4 在该对话框中单击 确定 按钮，完成初始化项目的设置。

Task2. 模具坐标系

锁定模具坐标系。在"注塑模向导"工具条中，单击"模具 CSYS"按钮 ，系统弹出"模具 CSYS"对话框；在"模具 CSYS"对话框中选中 ⊙ 产品实体中心 单选按钮，同时选中 ☑ 锁定 Z 位置 复选框，单击 确定 按钮，完成模具坐标系的定义，结果如图 18.1.2 所示。

Task3. 设置收缩率

Step 1 定义收缩率类型。在"注塑模向导"工具条中，单击"收缩率"按钮 ，产品模型会高亮显示，同时系统弹出"缩放体"对话框；在"缩放体"对话框的 类型 下拉列表框中选择 均匀 选项。

Step 2 定义缩放体和缩放点。接受系统默认的参数设置值。

Step 3 定义比例因子。在"缩放体"对话框 比例因子 区域的 均匀 文本框中输入收缩率 1.006。

Step 4 单击 确定 按钮，完成收缩率的设置。

Task4. 创建模具工件

Step 1 选择命令。在"注塑模向导"工具条中，单击"工件"按钮 ，系统弹出"工件"对话框。

Step 2 在"工件"对话框的 类型 下拉列表框中选择 产品工件 选项，在 工件方法 下拉列表框中选择 用户定义的块 选项，其他参数采用系统默认设置值，然后单击 〈 确定 〉 按钮。结果如图 18.1.3 所示。

Task5. 创建拆分面

Step 1 选择窗口。选择下拉菜单 窗口(0) ➡ 3. pen_mold_parting_022.prt 命令，系统将在图形区中显示出相应产品。

Step 2 确认模型当前处于建模环境。

Step 3 创建基准平面。选择 插入(S) ➡ 基准/点(D) ▶ ➡ □ 基准平面(D)... 命令，系统弹出"基准平面"对话框；选取类型区域的 XC-YC 平面 选项，在 距离 文本框中输入数值 0；单击"基准平面"对话框中的 〈 确定 〉 按钮，结果如图 18.1.4 所示。

图 18.1.2　定义后的模具坐标系

图 18.1.3　创建后的工件

基准平面

图 18.1.4　创建基准平面

Step 4　创建拆分面。

（1）选择命令。在"注塑模向导"工具条中，单击"注塑模工具"按钮，系统弹出"注塑模工具"工具条；单击"拆分面"按钮，系统弹出"拆分面"对话框，在"拆分面"对话框的 类型 下拉列表框中选择 平面/面 选项。

（2）定义拆分面。选取图 18.1.5 所示的与 Step3 中创建的基准平面相交的模型外表面（共 27 个面）为拆分面。

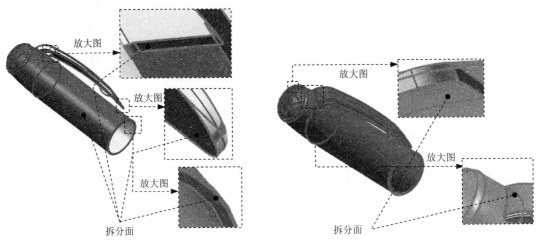

图 18.1.5　定义拆分面

（3）选取分割对象。在"拆分面"对话框 分割对象 区域中单击 * 选择对象 (0) 使其激活，选取 Step3 中创建的基准平面为拆分面参照面。

（4）在"拆分面"对话框中单击 确定 按钮，完成拆分面的创建。

Task6. 填充曲面

Step 1　创建曲线。选择下拉菜单 插入 (S) ➡ 曲线 (C) ▶ ➡ ／ 直线 (L)... 命令，系统弹出"直线"对话框；选取图 18.1.6 所示的两点分别为起始点和终止点；单击对话框中的 < 确定 > 按钮，完成曲线的创建。

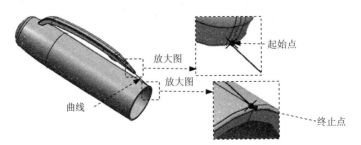

图 18.1.6　曲线

说明：起始点和终止点都在两弧线的交点上。

Step 2　创建轮廓曲线。在"注塑模工具"工具条中单击"边缘修补"按钮，系统弹出"边缘修补"对话框；在"边缘修补"对话框中的 类型 下拉列表框中选择 移刀 选项，然后在 设置 区域中取消选中 □ 按面的颜色遍历 复选框，选择图 18.1.7 所示的边线为起始边线；单击对话框中的"接受"按钮 ⇨ 和"循环候选项"按钮 ⟳，完成边界环选取；接受系统默认的参数设置值，单击 确定 按钮，完成补片后的结果如图 18.1.8 所示。

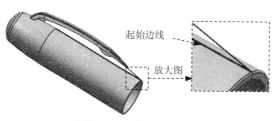

图 18.1.7　起始曲线

图 18.1.8　片体曲面

Task7. 模具分型

Stage1. 设计区域

Step 1 在"注塑模向导"工具条中单击"模具分型工具"按钮 ⬚，系统弹出"模具分型工具"工具条和"分型导航器"界面。

Step 2 在"模具分型工具"工具条中单击"检查区域"按钮 △，系统弹出"检查区域"对话框，同时模型被加亮，并显示开模方向，如图 18.1.9 所示。单击"计算"按钮 ▤，系统开始对产品模型进行分析计算。

Step 3 在"检查区域"对话框中单击 区域 选项卡，在该对话框的 设置 区域取消选中 □ 内环 、□ 分型边 和 □ 不完整的环 三个复选框。然后单击"设置区域颜色"按钮 ⬚，设置区域颜色，结果如图 18.1.10 所示。

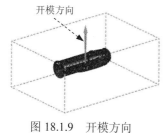

图 18.1.9　开模方向

图 18.1.10　设置区域颜色

Step 4 定义型芯区域和型腔区域。在"检查区域"对话框的 未定义的区域 区域中，选中 ☑ 未知的面 复选框，此时未知面区域曲面加亮显示，在 指派到区域 区域中选中 ⦿ 型芯区域 单选按钮，单击 应用 按钮，此时系统自动将未定义的区域指派到型芯区域中，同时对话框中的 未定义的区域 显示为"0"。

Step 5 在 指派到区域 区域中选中 ⦿ 型腔区域 单选按钮，选取图 18.1.11 所示的 7 个面，单击

应用 按钮，此时系统将选中的面指派到型腔区域。

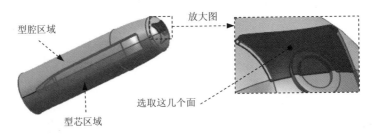

图 18.1.11　选取指派到型腔区域的面

Step 6　在"检查区域"对话框中单击 确定 按钮，系统返回至"模具分型工具"工具条和"分型导航器"界面。

说明：笔帽内壁是型芯，笔帽外表面被拆分线分成两部分，一部分是型芯和笔帽内壁相连，另一部分是型腔。

Stage2. 创建型腔/型芯区域和分型线

Step 1　在"模具分型工具"工具条中单击"定义区域"按钮 ，系统弹出"定义区域"对话框。

Step 2　在"定义区域"对话框中选中 设置 区域的 ☑ 创建区域 和 ☑ 创建分型线 复选框，单击 确定 按钮，完成型腔/型芯区域分型线的创建，系统返回至"模具分型工具"工具条，完成分型线的创建。

Stage3. 编辑分型线

Step 1　在"模具分型工具"工具条中单击"设计分型面"按钮 ，系统弹出"设计分型面"对话框。

Step 2　在"设计分型面"对话框的 编辑分型线 区域中单击"编辑分型线"按钮 ，选取图 18.1.12 所示的边线。

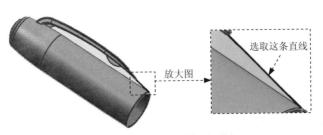

图 18.1.12　编辑分型线

Step 3　在"设计分型面"对话框中单击 确定 按钮，完成编辑分型线的操作。

Stage4. 定义分型段

Step 1　在"模具分型工具"工具条中单击"设计分型面"按钮 ，系统弹出"设计分型面"对话框。

Step 2 选取过渡对象。在"设计分型面"对话框的 编辑分型段 区域中单击"选择过渡曲线"
按钮 ，选取图 18.1.13 所示的 4 个圆弧作为过渡弧线。

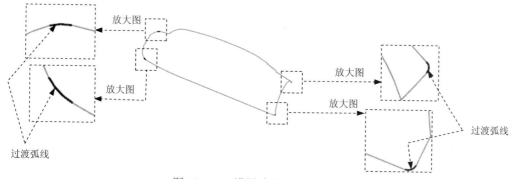

图 18.1.13 设置过渡弧线

Step 3 在"设计分型面"对话框中单击 应用 按钮，完成分型段的定义。

Stage5. 创建分型面

Step 1 在"设计分型面"对话框中的 设置 区域中接受系统默认的公差值。

Step 2 拉伸分型面 1。在"设计分型面"对话框中 创建分型面 区域的 方法 下拉列表框中选
择 选项，在图 18.1.14 中单击"延伸距离"文本，然后在活动的文本框中输入
数值 60 并按回车键，结果如图 18.1.15 所示，单击 应用 按钮。

Step 3 拉伸分型面 2。在 ✔ 拉伸方向 区域的 下拉列表框中选择 YC 选项，在"设计分型
面"对话框中单击 应用 按钮，完成图 18.1.16 所示拉伸分型面 2 的创建。

图 18.1.14 延伸距离

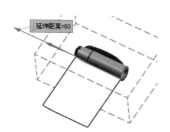

图 18.1.15 拉伸分型面 1

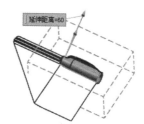

图 18.1.16 拉伸分型面 2

Step 4 拉伸分型面 3。在 ✔ 拉伸方向 区域的 下拉列表框中选择 XC 选项，在"设计分型
面"对话框中单击 应用 按钮，完成图 18.1.17 所示拉伸分型面 3 的创建。

Step 5 拉伸分型面 4。在 ✔ 拉伸方向 区域的 下拉列表框中选择 -YC 选项，在"设计分型
面"对话框中单击 应用 按钮，完成图 18.1.18 所示拉伸分型面 4 的创建。

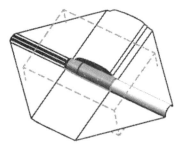

图 18.1.17　拉伸分型面 3　　　　图 18.1.18　拉伸分型面 4

Step 6 在"设计分型面"对话框中单击 取消 按钮，此时系统返回"模具分型工具"工具条。

Stage6. 创建型腔和型芯

Step 1 在"模具分型工具"工具条中单击"定义型腔和型芯"按钮 ，系统弹出"定义型腔和型芯"对话框。

Step 2 在"定义型腔和型芯"对话框中选取 选择片体 区域下的 所有区域 选项，单击 确定 按钮，系统弹出"查看分型结果"对话框，并在图形区显示出创建的型腔，单击"查看分型结果"对话框中的 确定 按钮，系统再一次弹出"查看分型结果"对话框，单击 确定 按钮，完成型腔和型芯的创建。创建的型腔零件和型芯零件如图 18.1.19 和图 18.1.20 所示。

Task8. 创建滑块

Step 1 选择窗口。选择下拉菜单 窗口(0) ➡ 1. pen_mold_core_006.prt 命令，系统将在图形区中显示出型芯工作零件。

Step 2 创建旋转特征。选择下拉菜单 插入(S) ➡ 设计特征(E) ➡ 回转(R)... 命令，系统弹出"回转"对话框。选取图 18.1.21 所示的平面为草图平面；绘制图 18.1.22 所示的截面草图；单击 完成草图 按钮，退出草图环境。选取图 18.1.22 所示的线为旋转中心参照；在 限制-区域的 开始 下拉列表框中选择 值 选项，在其下的 角度 文本框中输入数值 0，在 限制-区域的 结束 下拉列表框中选择 值 选项，在其下的 角度 文本框中输入数值 360；在 布尔-区域的 布尔 下拉列表框中选择 无 选项；单击 <确定> 按钮，完成旋转特征的创建。

　　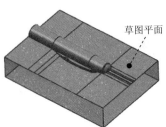

草图平面

图 18.1.19　型腔零件　　　　图 18.1.20　型芯零件　　　　图 18.1.21　草图参照

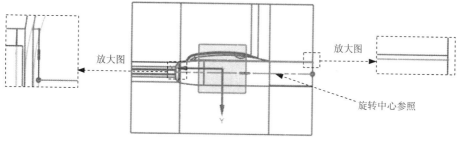

图 18.1.22　截面草图

说明： 定义草图截面时，草图线与模型突出部分重合，可通过相交曲线与投影直线命令绘制，如有不明可参照录像。

Step 3　创建求差特征 1。选择下拉菜单 插入(S) ➡ 组合(B) ▸ ➡ 求差(S)... 命令，此时系统弹出"求差"对话框；选取图 18.1.23 所示的目标体特征；选取图 18.1.23 所示的工具体特征，并选中 ☑ 保存工具 复选框；单击 〈 确定 〉 按钮，完成求差特征 1 的创建。

Step 4　将滑块转为型芯子零件。

（1）选择命令。单击装配导航器中的 按钮，系统弹出"装配导航器"界面，在界面空白处右击，然后在系统弹出的快捷菜单中选择 WAVE 模式 命令。

（2）在"装配导航器"界面中，右击 ☑ pen_mold_core_006，在系统弹出的快捷菜单中选择 WAVE ▸ ➡ 新建级别 命令，系统弹出"新建级别"对话框。

（3）在"新建级别"对话框中，单击 指定部件名 按钮，在弹出的"选择部件名"对话框的 文件名(N): 文本框中输入 pen_slide01.prt，单击 OK 按钮。

（4）在"新建级别"对话框中单击 类选择 按钮，选取图 18.1.24 所示的滑块特征，单击 确定 按钮，系统返回"新建级别"对话框。

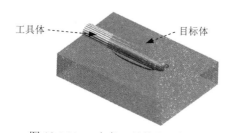

图 18.1.23　定义工具体和目标体

图 18.1.24　型芯子零件

（5）单击"新建级别"对话框中的 确定 按钮，此时在"装配导航器"界面中显示出刚创建的滑块的名称。

Step 5　隐藏旋转特征。单击"部件导航器"中的 按钮，系统弹出"部件导航器"界面，在界面中选择 ☑ 回转 (3) 选项；选择下拉菜单 格式(R) ➡ 移动至图层(M)...

18
Chapter

命令，系统弹出"图层移动"对话框，在该对话框的 目标图层或类别 文本框中输入数值 10，单击 确定 按钮。

Step 6 创建拉伸特征 1。选择下拉菜单 插入(S) ➡ 设计特征(E) ➡ 拉伸(E)... 命令，系统弹出"拉伸"对话框；选取图 18.1.25 所示的平面为草图平面；绘制图 18.1.26 所示的截面草图，单击"完成草图"按钮 完成草图。单击"反向"按钮 ；在 限制-区域的 开始 下拉列表框中，选择 值 选项，并在其下的 距离 文本框中输入数值 0；在 限制-区域的 结束 下拉列表框中，选择 直至下一个 选项；在 布尔区域的下拉列表框中选择 无 选项，其他参数采用系统默认设置值；单击 < 确定 > 按钮，完成图 18.1.27 所示的拉伸特征 1 的创建。

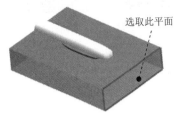
图 18.1.25　选取草图平面

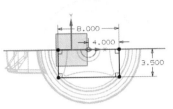
图 18.1.26　截面草图

图 18.1.27　拉伸特征 1

Step 7 创建求差特征 2。选择下拉菜单 插入(S) ➡ 组合(B) ▶ ➡ 求差(S)... 命令，此时系统弹出"求差"对话框；选取图 18.1.28 所示的目标体特征；选取图 18.1.28 所示的工具体特征，并选中 ☑ 保存工具 复选框；单击 < 确定 > 按钮，完成求差特征 2 的创建。

Step 8 将滑块转为型芯子零件。

（1）在"装配导航器"界面中右击 ☑ pen_mold_core_006，在系统弹出的快捷菜单中选择 WAVE ▶ ➡ 新建级别 命令，系统弹出"新建级别"对话框。

（2）在"新建级别"对话框中，单击 指定部件名 按钮，在弹出的"选择部件名"对话框的 文件名(N): 文本框中输入 pen_slide02.prt，单击 OK 按钮。

（3）在"新建级别"对话框中单击 类选择 按钮，选取图 18.1.29 所示的滑块特征，单击 确定 按钮，系统返回"新建级别"对话框。

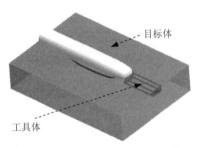
图 18.1.28　定义工具体和目标体

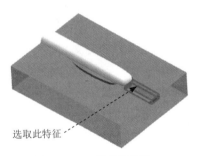
图 18.1.29　型芯子零件

（4）单击"新建级别"对话框中的 确定 按钮，此时在"装配导航器"界面中显示出刚创建的滑块的名称。

Step 9 隐藏拉伸特征。单击"部件导航器"中的 按钮，系统弹出"部件导航器"界面，在界面中选择☑ 拉伸 (5) 选项；选择下拉菜单 格式(R) ➡ 移动至图层(M)... 命令，系统弹出"图层移动"对话框，在该对话框的 目标图层或类别 文本框中输入数值 10，单击 确定 按钮。

Step 10 切换窗口。选择下拉菜单 窗口(0) ➡ 2. pen_mold_cavity_002.prt 命令，系统将在图形区中显示出型腔工作零件。

Step 11 创建拉伸特征 2。选择下拉菜单 插入(S) ➡ 设计特征(E) ➡ 拉伸(E)... 命令，系统弹出"拉伸"对话框；选取图 18.1.30 所示的平面为草图平面；绘制图 18.1.31 所示的截面草图，单击"完成草图"按钮 完成草图；在 限制-区域的 开始 下拉列表框中，选择 值 选项，并在其下的 距离 文本框中输入数值 0，在 限制-区域的 结束 下拉列表框中，选择 直至下一个 选项；在 布尔 区域的下拉列表框中选择 无 选项，其他参数采用系统默认设置值；单击 < 确定 > 按钮，完成图 18.1.32 所示的拉伸特征 2 的创建。

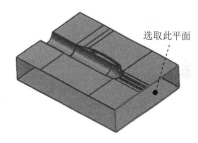

图 18.1.30 选取草图平面

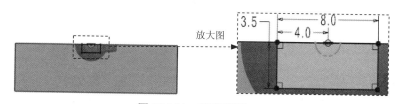

图 18.1.31 截面草图

Step 12 创建求差特征 3。具体操作可参照 Step7，选取图 18.1.33 所示的工具体与目标体。

Step 13 将滑块转为型腔子零件。在"装配导航器"界面中，右击 ☑ pen_mold_cavity_002，在系统弹出的快捷菜单中选择 WAVE ➡ 新建级别 命令，系统弹出"新建级别"对话框；在"新建级别"对话框中，单击 指定部件名 按钮，在弹出的"选择部件名"对话框的 文件名(N): 文本框中输入 pen_slide03.prt，单击 OK 按钮；单击 类选择 按钮，选取图 18.1.34 所示的滑块特征，单击 确定 按钮，系统返回"新建级别"对话框；单击 确定 按钮，此时在"装配导航器"界面中显示出刚创建的滑块的名称。

Step 14 隐藏拉伸特征。具体操作可参照 Step9。

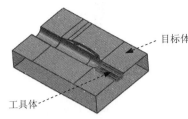
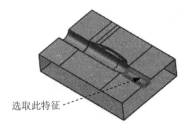

图 18.1.32 拉伸特征 2   图 18.1.33 定义工具体和目标体   图 18.1.34 型腔子零件

Task9. 创建模具分解视图

Step 1 切换窗口。选择下拉菜单 窗口(O) ➡ 6. pen_mold_top_000.prt 命令，切换到总装配文件窗口，将 ☑ pen_mold_top_000 设为工作部件。

Step 2 移动滑块 1。

（1）选择命令。选择下拉菜单 装配(A) ➡ 爆炸图(X)▶ ➡ 新建爆炸图(N)... 命令，系统弹出"新建爆炸图"对话框，接受系统默认的名称，单击 确定 按钮。

（2）选择命令。选择下拉菜单 装配(A) ➡ 爆炸图(X)▶ ➡ 编辑爆炸图(E)... 命令，系统弹出"编辑爆炸图"对话框。

（3）选取移动对象。选取图 18.1.35 所示的滑块 1 为移动对象。

（4）在该对话框中选择 ⊙ 移动对象 单选按钮，将型腔沿 Y 轴负方向移动 120mm，单击 确定 按钮，结果如图 18.1.36 所示。

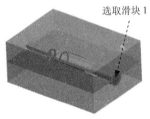

图 18.1.35 选取移动对象   图 18.1.36 移动滑块 1 结果

Step 3 移动滑块 2、3。选择下拉菜单 装配(A) ➡ 爆炸图(X) ➡ 编辑爆炸图(E)... 命令，系统弹出"编辑爆炸图"对话框；选取图 18.1.37 所示的滑块为移动对象；在该对话框中选中 ⊙ 移动对象 单选按钮，将滑块沿 Y 轴正方向移动 50mm，单击 确定 按钮，结果如图 18.1.38 所示。

Step 4 移动型腔。选择下拉菜单 装配(A) ➡ 爆炸图(X) ➡ 编辑爆炸图(E)... 命令，系统弹出"编辑爆炸图"对话框；选取图 18.1.39 所示的型腔为移动对象；在该对话框中选中 ⊙ 移动对象 单选按钮，将型腔沿 Z 轴正方向移动 50mm，单击 确定 按钮，结果如图 18.1.40 所示。

图 18.1.37　选取移动对象　　　图 18.1.38　移动滑块 2、3 结果　　　图 18.1.39　选取移动对象

Step 5　移动型芯。选择下拉菜单 装配(A) ➡ 爆炸图(X) ➡ 编辑爆炸图(E)... 命令，系统
　　　弹出"编辑爆炸图"对话框；选取图 18.1.41 所示的型芯为移动对象；在该对话
　　　框中选中 ⊙ 移动对象 单选按钮，将型芯沿 Z 轴负方向移动 50mm，单击 确定 按钮，
　　　结果如图 18.1.42 所示。

图 18.1.40　移动型腔结果　　　图 18.1.41　选取移动对象　　　图 18.1.42　移动型芯结果

Step 6　保存文件。选择下拉菜单 文件(F) ➡ 全部保存(V) 命令，保存所有文件。

18.2　带滑块的模具设计（二）

　　本实例介绍图 18.2.1 所示的塑料筐的模具设计，在设计该塑料筐的模具时，同时使用
了滑块与分型面，其灵活性和适用性很强，希望读者通过对本实例的学习，能够灵活地运
用各种方法来进行模具设计。

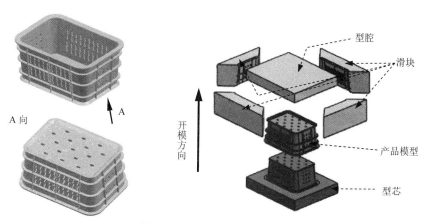

图 18.2.1　塑料筐的模具设计

Task1. 初始化项目

Step 1 加载模型。在"注塑模向导"工具条中，单击"初始化项目"按钮 ，系统弹出"打开"对话框，选择 D:\ug85mo\work\ch18.02\case.prt，单击 OK 按钮，载入模型后，系统弹出"初始化项目"对话框。

Step 2 定义项目单位。在"初始化项目"对话框的 项目单位 下拉列表框中选择 毫米 选项。

Step 3 设置项目路径和名称。接受系统默认的项目路径；在"初始化项目"对话框的 Name 文本框中输入 case_mold。

Step 4 在该对话框中单击 确定 按钮，完成初始化项目的设置。

Task2. 模具坐标系

Step 1 旋转模具坐标系。选择下拉菜单 格式(R) ➡ WCS ➡ 旋转(R)... 命令，系统弹出"旋转 WCS 绕..."对话框；在弹出的对话框中选中 +XC 轴: 单选按钮，在 角度 文本框中输入数值 180；单击 确定 按钮，完成坐标系的旋转。

Step 2 锁定模具坐标系。在"注塑模向导"工具条中，单击"模具 CSYS"按钮 ，系统弹出"模具 CSYS"对话框；在"模具 CSYS"对话框中选中 当前 WCS 单选按钮，单击 确定 按钮，完成模具坐标系的定义，结果如图 18.2.2 所示。

图 18.2.2 定义后的模具坐标系

Task3. 设置收缩率

Step 1 定义收缩率类型。在"注塑模向导"工具条中，单击"收缩率"按钮 ，产品模型会高亮显示，同时系统弹出"缩放体"对话框；在"缩放体"对话框的 类型 下拉列表框中选择 均匀 选项。

Step 2 定义缩放体和缩放点。接受系统默认的参数设置值。

Step 3 定义比例因子。在"缩放体"对话框 比例因子 区域的 均匀 文本框中，输入收缩率 1.006。

Step 4 单击 确定 按钮，完成收缩率的设置。

Task4. 创建模具工件

Step 1 在"注塑模向导"工具条中，单击"工件"按钮 ，系统弹出"工件"对话框。

Step 2 在"工件"对话框的 类型 下拉列表框中选择 产品工件 选项，在 工件方法 下拉列表框中选择 用户定义的块 选项，其他参数采用系统默认设置值。

Step 3 修改尺寸。单击 定义工件 区域的"绘制截面"按钮 ，系统进入草图环境，然后修改截面草图的尺寸，如图 18.2.3 所示；在"工件"对话框 限制 区域的 开始 下拉列表框中选择 值 选项，并在其下的 距离 文本框中输入数值 -450，在 限制 区域的 结束 下拉列表框中选择 值 选项，并在其下的 距离 文本框中输入数值 150。

Step 4 单击 〈确定〉 按钮，完成创建后的模具工件如图 18.2.4 所示。

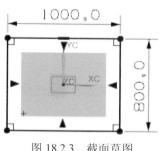

图 18.2.3　截面草图　　　　　　　图 18.2.4　创建后的模具工件

Task5. 模具分型

Stage1. 设计区域

Step 1　在"注塑模向导"工具条中单击"模具分型工具"按钮，系统弹出"模具分型工具"工具条和"分型导航器"界面。

Step 2　在"模具分型工具"工具条中单击"检查区域"按钮，系统弹出"检查区域"对话框，同时加亮模型，并显示开模方向，如图 18.2.5 所示。单击"计算"按钮，系统开始对产品模型进行分析计算。

Step 3　在"检查区域"对话框中单击 区域 选项卡，在 设置 区域中取消选中 □ 内环 、□ 分型边 和 □ 不完整的环 三个复选框。然后单击"设置区域颜色"按钮，设置区域颜色，结果如图 18.2.6 所示。

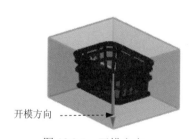

开模方向

图 18.2.5　开模方向

型腔区域　　　　　　型芯区域

图 18.2.6　设置区域颜色

Step 4　定义型芯区域和型腔区域。在"检查区域"对话框的 未定义的区域 区域中，选中 ☑ 交叉竖直面 复选框，在 指派到区域 区域中选中 ⊙ 型腔区域 单选按钮，单击 应用 按钮，选中 ☑ 未知的面 复选框，此时未知面区域曲面加亮显示，在 指派到区域 区域中选中 ⊙ 型腔区域 单选按钮，单击 应用 按钮，此时系统自动将未定义的区域指派到型腔区域中。

Step 5　在"检查区域"对话框中单击 确定 按钮，系统返回至"模具分型工具"工具条和"分型导航器"界面。

Stage2. 创建曲面补片

Step 1　在"模具分型工具"工具条中单击"曲面补片"按钮，系统弹出"边缘修补"

对话框。

Step 2 在"边缘修补"对话框的 类型 下拉列表框中选择 🧊体 选项，然后在图形区中选择产品实体。

Step 3 单击"边缘修补"对话框中的 确定 按钮，系统自动创建曲面补片。

Stage3. 创建型腔/型芯区域和分型线

Step 1 在"模具分型工具"工具条中单击"定义区域"按钮 ⚒，系统弹出"定义区域"对话框。

Step 2 在"定义区域"对话框的 设置 区域选中 ☑ 创建区域 和 ☑ 创建分型线 复选框，单击 确定 按钮，完成分型线的创建。

Stage4. 创建分型面

Step 1 在"模具分型工具"工具条中单击"设计分型面"按钮 🖾，系统弹出"设计分型面"对话框。

Step 2 接受系统默认的参数，单击 确定 按钮，完成分型面的创建，结果如图 18.2.7 所示。

Stage5. 创建型腔和型芯

Step 1 在"模具分型工具"工具条中单击"定义型腔和型芯"按钮 ⚒，系统弹出"定义型腔和型芯"对话框。

Step 2 在"定义型腔和型芯"对话框中选取 选择片体 区域下的 所有区域 选项，单击 确定 按钮，系统弹出"查看分型结果"对话框，并在图形区显示出创建的型腔，单击"查看分型结果"对话框中的 确定 按钮，系统再一次弹出"查看分型结果"对话框，单击 确定 按钮，完成型腔和型芯的创建。创建的型腔零件和型芯零件如图 18.2.8 和图 18.2.9 所示。

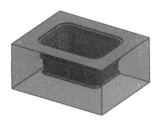

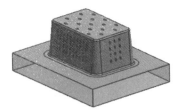

图 18.2.7 创建分型面　　　图 18.2.8 型腔零件　　　图 18.2.9 型芯零件

Task6. 创建滑块

Step 1 选择窗口。选择下拉菜单 窗口(0) ➡ 2. case_mold_cavity_002.prt 命令，系统在图形区中显示出型腔工作零件。

Step 2 创建基准平面 1。选择下拉菜单 插入(S) ➡ 基准/点(D) ➡ □ 基准平面(D)... 命令，系统弹出"基准平面"对话框；在 类型 区域的下拉列表框中选择 🔳 相切 选项，在 子类型 下拉列表框中选择 通过点 选项；在图形区中选取图 18.2.10 所示的模型表面作为参考面，选取该面上的任意一点作为参考点；单击 〈 确定 〉 按钮，完成基准平面 1 的创建，如图 18.2.11 所示。

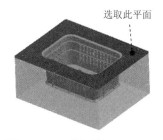

图 18.2.10 选取草图平面　　　　　　　　　图 18.2.11 基准平面 1

Step 3 创建拉伸特征 1。选择下拉菜单 插入(S) ➡ 设计特征(E) ➡ 拉伸(E)... 命令，系统弹出"拉伸"对话框；选取基准平面 1 为草图平面；绘制图 18.2.12 所示的截面草图，单击"完成草图"按钮 完成草图 。单击"反向"按钮 ；在 限制 区域的 开始 下拉列表框中选择 值 选项，并在其下的 距离 文本框中输入数值 0，在 限制 区域的 结束 下拉列表框中选择 直至延伸部分 选项，选取图 18.2.13 所示的面为拉伸终止平面；在 布尔 区域的下拉列表框中选择 无 选项，其他参数采用系统默认设置值；单击 〈 确定 〉 按钮，完成图 18.2.14 所示的拉伸特征 1 的创建。

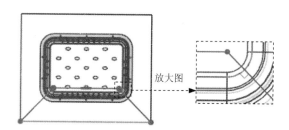

图 18.2.12 截面草图

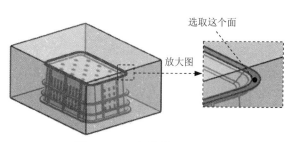

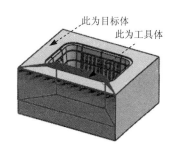

图 18.2.13 拉伸终止面　　　　　　　　　图 18.2.14 拉伸特征 1

Step 4 创建求交特征。选择下拉菜单 插入(S) ➡ 组合(B) ▶ ➡ 求交(I)... 命令，此时系统弹出"求交"对话框；选取图 18.2.14 所示的目标体特征；选取图 18.2.14

所示的工具体特征，并选中 ☑ 保存目标 复选框，取消选中 ☐ 保存工具 复选框；单击 ＜ 确定 ＞ 按钮，完成求交特征的创建。

Step 5 创建求差特征。选择下拉菜单 插入(S) ➡ 组合(B) ▶ ➡ 求差(S)... 命令，此时系统弹出"求差"对话框；选取图 18.2.15 所示的目标体特征；选取图 18.2.15 所示的工具体特征，并选中 ☑ 保存工具 复选框。单击 ＜ 确定 ＞ 按钮，完成求差特征的创建。

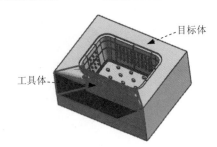

图 18.2.15　定义工具体和目标体

Step 6 将滑块转为型腔子零件 1。

（1）在"装配导航器"界面中，右击 ☑⬛ case _mold_cavity_002，在系统弹出的快捷菜单中选择 WAVE ▶ ➡ 新建级别 命令，系统弹出"新建级别"对话框。

（2）在"新建级别"对话框中，单击 指定部件名 按钮，在弹出的"选择部件名"对话框的 文件名(N): 文本框中输入 case_slide01.prt，单击 OK 按钮。

（3）在"新建级别"对话框中单击 类选择 按钮，选取图 18.2.16 所示的滑块特征，单击 确定 按钮，系统返回"新建级别"对话框。

（4）单击"新建级别"对话框中的 确定 按钮，此时在"装配导航器"界面中显示出刚创建的滑块的名称。

Step 7 隐藏求交特征。单击"部件导航器"中的 ⬚ 按钮，系统弹出"部件导航器"界面，在界面中选择 ☑⬚ 求交 (5) 选项；选择下拉菜单 格式(R) ➡ 移动至图层(M)... 命令，系统弹出"图层移动"对话框，在该对话框的 目标图层或类别 文本框中输入数值 10，单击 确定 按钮。

Step 8 参照 Step2～Step7 的步骤创建其余滑块特征，具体操作可参照录像，完成后如图 18.2.17 所示。

选取此特征

图 18.2.16　型腔子零件 1

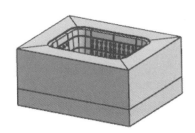

图 18.2.17　创建其余滑块

Task7. 创建模具分解视图

Step 1 切换窗口。选择下拉菜单 窗口(O) ➡ case _mold_top_000.prt 命令，切换到总装配文件窗口，将 ☑⬛ pen_cap_mold_top_000 设为工作部件。

Step 2 移动滑块 1。选择下拉菜单 装配(A) ➡ 爆炸图(X)▶ ➡ 新建爆炸图(N)...命令，
系统弹出"新建爆炸图"对话框，接受系统默认的名称，单击 确定 按钮；选
择下拉菜单 装配(A) ➡ 爆炸图(X)▶ ➡ 编辑爆炸图(E)...命令，系统弹出"编辑
爆炸图"对话框。选取图 18.2.18 所示的滑块 1 为移动对象；在该对话框中选择
⊙ 移动对象 单选按钮，将滑块沿 Y 轴正方向移动 600mm，单击 确定 按钮，结果
如图 18.2.19 所示。

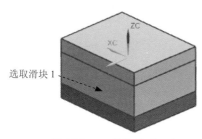

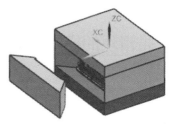

图 18.2.18　选取移动对象　　　　　图 18.2.19　移动滑块 1 结果

Step 3 移动其余滑块。具体操作可参照 Step2，完成后
如图 18.2.20 所示。

Step 4 移动型腔。选择下拉菜单 装配(A) ➡ 爆炸图(X)
➡ 编辑爆炸图(E)...命令，系统弹出"编辑爆
炸图"对话框；选取图 18.2.21 所示的型腔为移
动对象；在该对话框中选择 ⊙ 移动对象 单选按钮，
将型腔沿 Z 轴正方向移动 600mm，单击 确定 按钮，结果如图 18.2.22 所示。

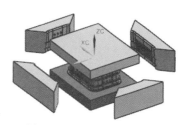

图 18.2.20　移动后的结果

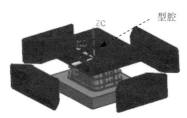

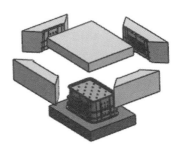

图 18.2.21　选取移动对象　　　　　图 18.2.22　移动型腔结果

Step 5 移动型芯。选择下拉菜单 装配(A) ➡ 爆炸图(X) ➡ 编辑爆炸图(E)...命令，系统
弹出"编辑爆炸图"对话框；选取图 18.2.23 所示的型芯为移动对象；在该对话
框中选择 ⊙ 移动对象 单选按钮，将型芯沿 Z 轴负方向移动 550mm，单击 确定 按钮，
结果如图 18.2.24 所示。

Step 6 保存文件。选择下拉菜单 文件(F) ➡ 全部保存(V)命令，保存所有文件。

18
Chapter

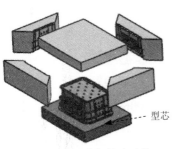

图 18.2.23　选取移动对象

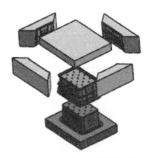

图 18.2.24　移动型芯结果

18.3　带滑块的模具设计（三）

本实例将介绍图 18.3.1 所示的一款电热壶主体的模具设计，其中包括滑块的设计和上、下模具的设计。通过对本实例的学习，读者能够熟练掌握带滑块模具的设计方法和技巧。下面介绍该模具的详细设计过程。

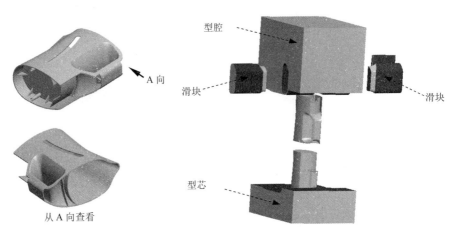

图 18.3.1　电热壶主体的模具设计

Task1. 初始化项目

Step 1 加载模型。在"注塑模向导"工具条中单击"初始化项目"按钮，系统弹出"打开"对话框，选择文件 D:\ug85mo\work\ch18.03\body.prt，单击 ＯＫ 按钮，加载模型，系统弹出"初始化项目"对话框。

Step 2 定义项目单位。在"初始化项目"对话框中 设置 区域的 项目单位 下拉列表框中选择 毫米 选项。

Step 3 设置项目路径和名称。接受系统默认的项目路径；在"初始化项目"对话框的 Name 文本框中输入 body_mold。

Step 4 其他参数保持系统默认的设置，单击 确定 按钮。

Task2. 模具坐标系

Step 1 旋转工作坐标系。选择下拉菜单 格式(R) ➡ WCS ▶ ➡ 🔄 旋转(R)... 命令。在弹出的对话框中选中 ⊙ +XC 轴 : YC --> ZC，在 角度 文本框中输入 180，单击 确定 按钮，完成工作坐标系的旋转。

Step 2 选择命令。在"注塑模向导"工具条中，单击"模具 CSYS"按钮 🔧，系统弹出"模具 CSYS"对话框，选中 ⊙ 当前 WCS 单选按钮。单击 确定 按钮，完成坐标系的定义，如图 18.3.2 所示。

Task3. 设置收缩率

Step 1 定义收缩率。在"注塑模向导"工具条中，单击"收缩率"按钮 🗗，高亮显示产品模型，同时系统弹出"缩放体"对话框；在"缩放体"对话框的 类型 下拉列表框中选择 均匀 选项。

Step 2 定义缩放体和缩放点。接受系统默认的参数设置值。

Step 3 定义比例因子。在"缩放体"对话框 比例因子 区域的 均匀 文本框中，输入收缩率值 1.006。

Step 4 单击 确定 按钮，完成收缩率的设置。

Task4. 创建模具工件

Step 1 在"注塑模向导"工具条中单击"工件"按钮 ◈，系统弹出"工件"对话框。

Step 2 在"工件"对话框中的 类型 下拉列表框中选择 产品工件 选项，在 工件方法 下拉列表框中选择 用户定义的块 选项，单击 定义工件 区域的"绘制截面"按钮 📐，系统进入草图环境，绘制的截面草图如图 18.3.3 所示。

Step 3 修改尺寸。在"工件"对话框 限制 区域的 开始 和 结束 下的 距离 文本框中分别输入值 -340 和 60；单击 < 确定 > 按钮，创建后的模具工件，如图 18.3.4 所示。

图 18.3.2 旋转后的模具坐标系

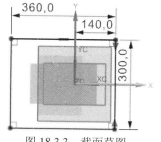
图 18.3.3 截面草图

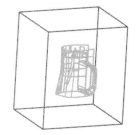
图 18.3.4 模具工件

Task5. 创建拆分面

Step 1 选择下拉菜单 窗口(O) ➡ body_mold_parting_047.prt，系统将在图形区中显示出零件。

说明：若零件在图形区中显示不完整或较小，可通过使用 Ctrl+F 快捷键重新生成进行调整。

Step 2 进入建模环境。选择下拉菜单 🕹 开始 ➡ 🧊 建模(M)... 命令，进入建模环境。

说明：如果此时系统已经处在建模环境下，用户则不需要进行此步操作。

Step 3 创建相交曲线。选择下拉菜单 插入(S) ➡ 来自体的曲线(U)▶ ➡ 🔷 求交(I)... 命令，在 第一组 区域中选择 指定平面，选择如图 18.3.5 所示的平面；在 第二组 区域单击"选择面"按钮 🧊，选择如图 18.3.6 所示的面；单击 确定 按钮，完成相交曲线的创建。

Step 4 创建拆分面。

（1）选择命令。在"注塑模向导"工具条中单击"注塑模工具"按钮 🔧，在系统弹出的"注塑模工具"工具条中，单击"拆分面"按钮 🔷，系统弹出"拆分面"对话框。

（2）定义类型。在 类型 下拉列表框中选择 🔶 曲线/边 选项。

（3）定义要分割的面。在 要分割的面 区域单击"选择面"按钮 🧊。选取图 18.3.7 所示的 3 个面为要分割的面。

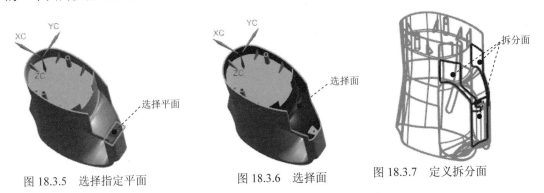

图 18.3.5　选择指定平面　　　图 18.3.6　选择面　　　图 18.3.7　定义拆分面

（4）在"拆分面"对话框中的 分割对象 区域单击 🔷 按钮，选取图 18.3.8 所示的轮廓线为拆分线参照。

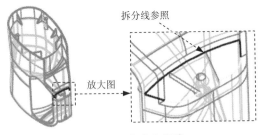

图 18.3.8　定义参照线

（5）在"拆分面"对话框中单击 < 确定 > 按钮，完成拆分面的创建。

Task6. 模具分型

Stage1. 设计区域

Step 1 在"注塑模向导"工具条中单击"模具分型工具"按钮 🔩，系统弹出"模具分型工具"工具条和"分型导航器"界面。

Step **2** 在"模具分型工具"工具条中单击"检查区域"按钮 ⛰，系统弹出图 18.3.9 所示的"检查区域"对话框，同时模型被加亮，并显示开模方向，如图 18.3.10 所示。单击"计算"按钮 ，系统开始对产品模型进行分析计算。

图 18.3.9　"检查区域"对话框

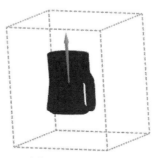

图 18.3.10　开模方向

Step **3** 设置区域颜色。在"检查区域"对话框中单击 区域 选项卡，单击"设置区域颜色"按钮 ，设置各区域颜色。

Step **4** 定义型芯区域和型腔区域（可参照录像定义），结果如图 18.3.11 所示。

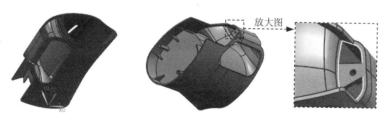
放大图

图 18.3.11　定义型芯区域和型腔区域

Step **5** 创建曲面补片。

（1）在"模具分型工具"工具条中单击"曲面补片"按钮 ◈，系统弹出"边缘修补"对话框。

（2）选择修补对象。在"边缘修补"对话框中的 类型 下拉列表框中选择 移刀 选项，选择如图 18.3.12 所示的边线，然后单击 应用 按钮。创建如图 18.3.13 所示的曲面 1。

（3）参照上一步，创建曲面 2 和曲面 3，结果如图 18.3.14 所示。

（4）创建曲面 4。选择下拉菜单 插入(S) ➡ 网格曲面(M)▶ ➡ N 边曲面(N)... 命令，系统弹出"N 边曲面"对话框。在 类型 区域下选择 已修剪 选项，在图形区选取图 18.3.15 所示的曲线为边界曲线。在 UV 方位 下拉列表框中选择 面积 选项，在 设置 区域选中 ✔ 修剪到边界 复选框。在"N 边曲面"对话框中单击 〈 确定 〉 按钮，结果如图 18.3.16 所示，完成曲面 4 的创建。

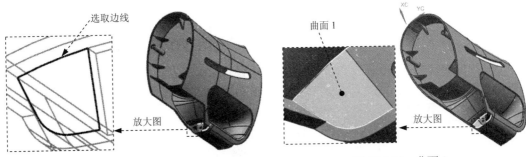

图 18.3.12　选取边线　　　　　　　　　　图 18.3.13　曲面 1

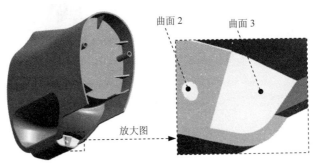

图 18.3.14　曲面 2 和曲面 3

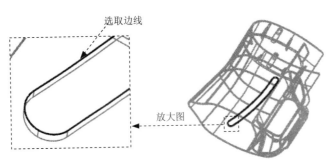

图 18.3.15　选取边线

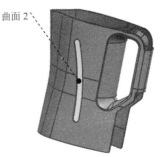

图 18.3.16　曲面 4

Stage2. 创建分型线

Step 1　在"模具分型工具"工具条中单击"定义区域"按钮
🎿，系统弹出"定义区域"对话框。

Step 2　在"定义区域"对话框中的 设置 区域选中 ☑ 创建区域 和
☑ 创建分型线 复选框，单击 确定 按钮，完成分型线的
创建，系统返回到"模具分型工具"工具条，创建分
型线结果如图 18.3.17 所示。

图 18.3.17　创建分型线

Stage3. 创建分型面

Step 1　在"模具分型工具"工具条中单击"设计分型面"按钮🔲，系统弹出"设计分型
面"对话框。

Step **2** 在"设计分型面"对话框的 编辑分型段 区域中单击"编辑引导线"按钮 \\，此时系统弹出"引导线"对话框。

Step **3** 定义引导线的长度。在"引导线"对话框中的 引导线长度 文本框中输入值 100，然后按回车键确认。

Step **4** 创建引导线。选取图 18.3.18 所示的 4 条边线，然后单击 确定 按钮，完成引导线的创建，结果如图 18.3.19 所示，系统返回至"设计分型面"对话框。

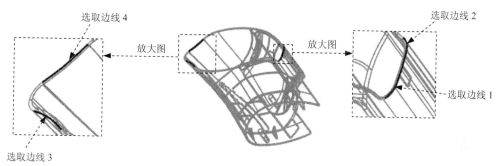

图 18.3.18　选取边线

Step **5** 拉伸分型面 1。在"设计分型面"对话框中选中 ▮ 分段 1 ，在 创建分型面 区域的 方法 下拉列表框中选择 ▯ 选项，在 ✔ 拉伸方向 区域的 ↧· 下拉列表框中选择 ▵ᶜ 选项，延伸距离设置为 300，在"设计分型面"对话框中单击 应用 按钮，系统返回至"设计分型面"对话框，结果如图 18.3.20 所示。

Step **6** 拉伸分型面 2。在"设计分型面"对话框中 创建分型面 区域的 方法 下拉列表框中选择 ▯ 选项，在 ✔ 拉伸方向 区域的 ↧· 下拉列表框中选择 ᵞᶜ 选项，在"设计分型面"对话框中单击 应用 按钮，系统返回至"设计分型面"对话框；结果如图 18.3.21 所示。

图 18.3.19　引导线结果图

图 18.3.20　拉伸分型面 1

图 18.3.21　拉伸分型面 2

Step **7** 拉伸分型面 3。在"设计分型面"对话框中 创建分型面 区域的 方法 下拉列表框中选择 ▯ 选项，在 ✔ 拉伸方向 区域的 ↧· 下拉列表框中选择 ᵡᶜ 选项，在"设计分型面"对话框中单击 应用 按钮，系统返回至"设计分型面"对话框；结果如图 18.3.22 所示。

18
Chapter

Step 8 拉伸分型面 4。在"设计分型面"对话框中 创建分型面 区域的 方法 下拉列表框中选择 ▥ 选项，在 ✔ 拉伸方向 区域的 ▶· 下拉列表框中选择 ᵞᶜ 选项，在"设计分型面"对话框中单击 应用 按钮，系统返回至"设计分型面"对话框；结果如图 18.3.23 所示。

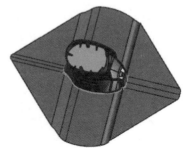

图 18.3.22　拉伸分型面 3　　　　　　　图 18.3.23　拉伸分型面 4

Step 9 在"注塑模工具"工具条中单击"编辑分型面和曲面补片"按钮 ◪，系统弹出"编辑分型面和曲面补片"对话框，选择图 18.3.14 所示的曲面 2（前面创建的 N 边曲面）；单击 确定 按钮，完成曲面的转化。

Stage4. 创建型腔和型芯

Step 1 在"模具分型工具"工具条中单击"定义型腔和型芯"按钮 ◠，系统弹出"定义型腔和型芯"对话框。

Step 2 创建型腔零件。在"定义型腔和型芯"对话框中选中 选择片体 区域下的 ⬚ 型腔区域 选项，此时系统自动加亮选中的型腔片体。其他参数接受系统默认设置，单击 应用 按钮；此时系统弹出"查看分型结果"对话框，接受系统默认的方向；单击 确定 按钮，系统返回至"定义型腔和型芯"对话框，完成型腔零件的创建，如图 18.3.24 所示。

Step 3 创建型芯。在"定义型腔和型芯"对话框中选中 选择片体 区域下的 ⬚ 型芯区域 选项，此时系统自动加亮选中的型芯片体，如图 18.3.25 所示。其他参数接受系统默认设置，单击 应用 按钮；此时系统弹出"查看分型结果"对话框，接受系统默认的方向；单击 确定 按钮，系统返回至"定义型腔和型芯"对话框，完成型芯零件的创建，如图 18.3.25 所示。

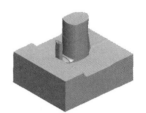

图 18.3.24　型腔零件　　　　　　　图 18.3.25　型芯零件

Step **4**　在"定义型腔和型芯"对话框中单击 **取消** 按钮，完成型腔和型芯零件的创建。

Task7. 创建滑块

Step **1**　切换窗口。选择下拉菜单 窗口(O) ➡ **body_mold_cavity_002.prt** 命令，显示型腔零件。

Step **2**　创建拉伸特征 1。选择下拉菜单 插入(S) ➡ 设计特征(E)▶ ➡ **拉伸(E)...** 命令，系统弹出"拉伸"对话框；选取 XZ 基准平面为草图平面，绘制如图 18.3.26 所示的截面草图；在 下拉列表框中选择 **YC** 选项，在"拉伸"对话框 限制 区域的 开始 下拉列表框中选择 值 选项，并在其下的 距离 文本框中输入值 0，在 限制 区域的 结束 下拉列表框中选择 直至延伸部分 选项，选取图 18.3.27 所示的面为延伸对象；在 布尔 区域的 布尔 下拉列表框中选择 无 选项。其他参数采用系统默认设置；在"拉伸"对话框中单击 < 确定 > 按钮，完成拉伸特征 1 的创建。

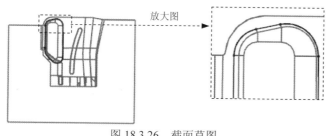

图 18.3.26　截面草图　　　　图 18.3.27　定义延伸对象

Step **3**　求交特征。选择下拉菜单 插入(S) ➡ 组合(B) ▶ ➡ 求交(I)... 命令，此时系统弹出"求交"对话框；选取实体特征为目标体，选取拉伸特征 1 为工具体；在 设置 区域中选中 保存目标 复选框，单击 < 确定 > 按钮，完成求交特征的创建。

Step **4**　求差特征。选择下拉菜单 插入(S) ➡ 组合(B) ▶ ➡ 求差(S)... 命令，此时系统弹出"求差"对话框；选取图 18.3.28 所示的目标体特征；选取图 18.3.28 所示的工具体特征；在 设置 区域中选中 保存工具 复选框，单击 < 确定 > 按钮，完成求差特征的创建。

Step **5**　将滑块转为型腔子零件。

（1）选择命令。单击资源工具条区中的 按钮，系统弹出"装配导航器"界面，右击界面空白处，然后在弹出的快捷菜单中选择 **WAVE 模式** 选项。

（2）在"装配导航器"界面中右击 **body_mold_cavity_002**，在弹出的快捷菜单中选择 **WAVE ▶** ➡ **新建级别** 命令，系统弹出"新建级别"对话框。

（3）在"新建级别"对话框中单击 指定部件名 按钮，在弹出的"选择部件名"对话框中的 文件名(N): 文本框中输入 body_slide01.prt，单击 OK 按钮。

（4）在"新建级别"对话框中单击 类选择 按钮，选择图 18.3.29 所示的滑块特征，单击 确定 按钮，系统返回"新建级别"对话框。

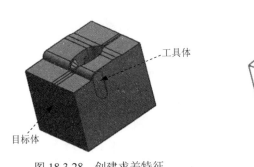

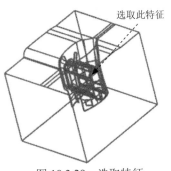

图 18.3.28 创建求差特征　　　　　　　　图 18.3.29　选取特征

（5）单击"新建级别"对话框中的 确定 按钮，此时在"装配导航器"界面中显示出刚创建的滑块的名称。

Step 6　移动至图层。

（1）单击资源工具条区中的 按钮，在显示的"装配导航器"界面中取消选中 ☑body_slide01部件。

（2）移动至图层。选取图 18.3.29 所示的滑块特征，选择下拉菜单 格式(R) ➡ 移动至图层(M)...命令，系统弹出"图层移动"对话框。

（3）在目标图层或类别文本框中输入值 10，单击 确定 按钮，退出"图层移动"对话框。

（4）单击资源工具条区中的 按钮，选择 ☑body_slide01部件（隐藏型腔）。

Step 7　创建拉伸特征 2。

（1）选择命令。选择下拉菜单 插入(S) ➡ 设计特征(E)▸ ➡ 拉伸(E)...命令，系统弹出"拉伸"对话框。

（2）单击"拉伸"对话框中的"绘制截面"按钮 ，系统弹出"创建草图"对话框；选取 YC 基准平面为草图平面，单击 确定 按钮；绘制如图 18.3.30 所示的草图（曲线偏置方向为外侧），单击 完成草图按钮，退出草图环境。

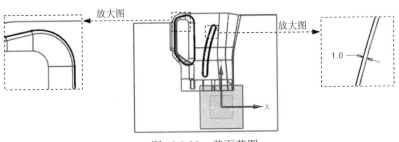

图 18.3.30　截面草图

（3）确定拉伸开始值和终止值。在 下拉列表框中选择 选项，在"拉伸"对话框限制区域的开始下拉列表框中选择 值选项，并在其下的距离文本框中输入值 0，在限制区

域的 结束 下拉列表框中选择 直至延伸部分 选项，选取图 18.3.31 所示的面为延伸对象；在 布尔-区域的 布尔 下拉列表框中选择 无 选项，其他参数采用系统默认设置。

Step 8 求交特征。选择下拉菜单 插入(S) ➡ 组合(B) ▶ ➡ 求交(I)... 命令，此时系统弹出"求交"对话框；选取图 18.3.32 所示的目标体特征；选取图 18.3.32 所示的工具体特征；在 设置 区域中选中 保存目标 复选框，单击 < 确定 > 按钮，完成求交特征的创建。

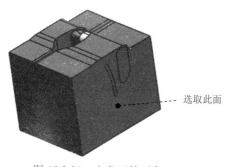

图 18.3.31 定义延伸对象

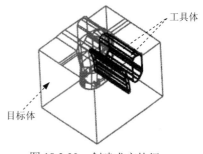

图 18.3.32 创建求交特征

Step 9 求差特征。选择下拉菜单 插入(S) ➡ 组合(B) ▶ ➡ 求差(S)... 命令，此时系统弹出"求差"对话框；选取图 18.3.32 所示的目标体特征；选取图 18.3.32 所示的工具体特征；在 设置 区域中选中 保存工具 复选框，单击 < 确定 > 按钮，完成求差特征的创建。

Step 10 将滑块转为型腔子零件。

（1）选择命令。单击资源工具条区中的 按钮，系统弹出"装配导航器"界面，在界面空白处右击，然后在弹出的快捷菜单中选择 WAVE 模式 选项。

（2）在"装配导航器"界面中右击 body_mold_cavity_002，在弹出的快捷菜单中选择 WAVE ▶ ➡ 新建级别 命令，系统弹出"新建级别"对话框。

（3）在"新建级别"对话框中单击 指定部件名 按钮，在弹出的"选择部件名"对话框中的 文件名(N): 文本框中输入 body_slide02.prt，单击 OK 按钮。

（4）在"新建级别"对话框中单击 类选择 按钮，选择图 18.3.33 所示的滑块特征，单击 确定 按钮，系统返回"新建级别"对话框。

（5）单击"新建级别"对话框中的 确定 按钮，此时在"装配导航器"界面中显示出刚创建的滑块的名称。

Step 11 移动至图层。

（1）单击资源工具条区中的 按钮，取消选中 body_slide02 部件。

（2）移动至图层。选取图 18.3.33 所示的滑块特征；选择下拉菜单 格式(R) ➡ ⬛ 移动至图层(M)...命令，系统弹出"图层移动"对话框。

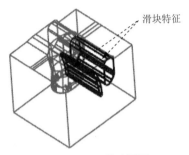

图 18.3.33　移动图层

（3）在 目标图层或类别 文本框中输入值 10，单击 确定 按钮，退出"图层移动"对话框。

（4）在"装配导航器"界面中选择 ☑ ⬛ body_slide02 部件（隐藏型腔）。

Task8. 创建模具爆炸视图

Step 1　移动滑块。

（1）选择下拉菜单 窗口(O) ➡ body_mold_top_000.prt，在"装配导航器"中将部件转换成工作部件，将 ☑ ⬛ body_mold_top_000 设为工作部件。

（2）选择命令。选择下拉菜单 装配(A) ➡ 爆炸图(X)▶ ➡ ⬛ 新建爆炸图(N)...命令，系统弹出"新建爆炸图"对话框，接受系统默认的名称，单击 确定 按钮。

（3）选择命令。选择下拉菜单 装配(A) ➡ 爆炸图(X)▶ ➡ ⬛ 编辑爆炸图(E)...命令，系统弹出"编辑爆炸图"对话框。

（4）选择对象。选取图 18.3.34 所示的滑块零件。

（5）在"编辑爆炸图"对话框中选择 ⊙ 移动对象 单选按钮，单击图 18.3.35 所示的箭头，对话框下部区域被激活。

（6）在 距离 文本框中输入值-250，单击 确定 按钮，完成滑块的移动（图 18.3.36）。

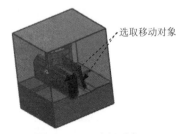

图 18.3.34　选择对象

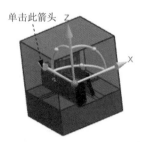

图 18.3.35　定义移动方向

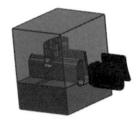

图 18.3.36　移动滑块结果

Step 2　移动另一侧滑块。选择下拉菜单 装配(A) ➡ 爆炸图(X)▶ ➡ ⬛ 编辑爆炸图(E)...命令；参照 Step1 中的步骤（4）～（6），将另一侧的滑块沿 Y 轴正方向移动 250mm，结果如图 18.3.37 所示。

Step 3　移动型腔模型。选择下拉菜单 装配(A) ➡ 爆炸图(X)▶ ➡ ⬛ 编辑爆炸图(E)...命令；参照 Step1 中的步骤（4）～（6），将型腔零件沿 Z 轴正向移动 300mm，结果如图 18.3.38 所示。

说明：因为滑块属于型腔的子零件，所以在选取型腔时，系统自动将滑块也选中。

Step 4　移动型芯模型。选择下拉菜单 装配(A) ➡ 爆炸图(X)▶ ➡ 📌 编辑爆炸图(E)... 命令；参照 Step1 中的步骤（4）～（6），将型芯零件沿 Z 轴正向移动-200mm，结果如图 18.3.39 所示。

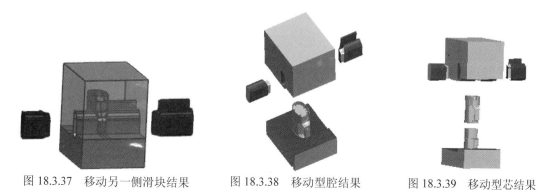

图 18.3.37　移动另一侧滑块结果　　　图 18.3.38　移动型腔结果　　　图 18.3.39　移动型芯结果

Step 5　保存文件。选择下拉菜单 文件(F) ➡ 全部保存(V) 命令，保存所有文件。

18.4　带镶件的模具设计（一）

图 18.4.1 所示为一个鼠标按键的模型。在设计该模具的过程中，由于产品模型中含有较多的复杂破孔，所以在设计分型面时，运用了桥接曲线，通过曲线网格和 N 侧曲面等工具进行曲面补片。读者在学习时，要注意这些曲面创建工具在设计分型面时的应用。

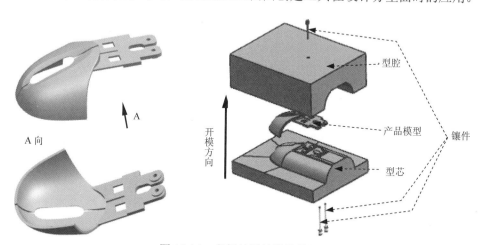

图 18.4.1　鼠标按键的模具设计

Task1. 初始化项目

Step 1　加载模型。在"注塑模向导"工具条中，单击"初始化项目"按钮 📌，系统弹出"打开"对话框，选择 D:\ug85mo\work\ch18.04\mouse_key.prt，单击 OK 按钮，载入模型后，系统弹出"初始化项目"对话框。

Step 2 定义项目单位。在"初始化项目"对话框的 项目单位 下拉列表框中选择 毫米 选项。

Step 3 设置项目路径和名称。接受系统默认的项目路径；在"初始化项目"对话框的 Name 文本框中输入 mouse_key_mold；在"初始化项目"对话框的 材料 下拉列表框中选择 ABS 。

Step 4 在该对话框中单击 确定 按钮，完成初始化项目的设置。

Task2. 模具坐标系

Step 1 旋转模具坐标系。选择下拉菜单 格式(R) ➡ WCS▶ ➡ 旋转(R)...命令，系统弹出"旋转 WCS 绕..."对话框；选中 ⊙ -XC 轴: 单选按钮，在 角度 文本框中输入数值 90；单击 确定 按钮，完成坐标系的旋转。

Step 2 锁定模具坐标系。在"注塑模向导"工具条中，单击"模具 CSYS"按钮 ，系统弹出"模具 CSYS"对话框；在"模具 CSYS"对话框中选中 ⊙ 当前 WCS 单选按钮，单击 确定 按钮，完成模具坐标系的定义，结果如图 18.4.2 所示。

Task3. 设置收缩率

由于在 Task1 中选择产品材料为 ABS ，收缩率将自动定义为 1.006。

Task4. 创建模具工件

Step 1 在"注塑模向导"工具条中，单击"工件"按钮 ，系统弹出"工件"对话框。

Step 2 在"工件"对话框的 类型 下拉列表框中选择 产品工件 选项，在 工件方法 下拉列表框中选择 用户定义的块 选项，在"工件"对话框 限制-区域的 开始 下拉列表框中选择 值 选项，并在其下的 距离 文本框中输入数值-10，在 限制-区域的 结束 下拉列表框中选择 值 选项，并在其下的 距离 文本框中输入数值 50。

Step 3 单击 < 确定 > 按钮，完成创建后的模具工件如图 18.4.3 所示。

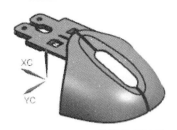

图 18.4.2　定义后的模具坐标系　　　　图 18.4.3　创建后的模具工件

Task5. 创建曲面补片

Step 1 切换窗口。选择下拉菜单 窗口(O) ➡ 3. mouse_key_mold_parting_022.prt 命令，显示产品模型。

Step 2 创建桥接曲线。选择下拉菜单 插入(S) ➡ 来自曲线集的曲线(F) ▶ ➡ 桥接(B)...命令，系统弹出"桥接曲线"对话框；在图形区中选取图 18.4.4 所示的边线 1 为起始对象，选取边线 2 为终止对象。

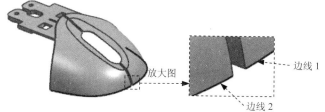

图 18.4.4　定义起始终止对象 1

Step 3　参照 Step2 创建其余的桥接曲线，选取的起始与终止对象可参照图 18.4.5～图 18.4.11。

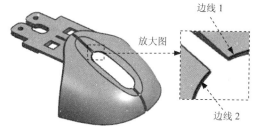

图 18.4.5　定义起始终止对象 2

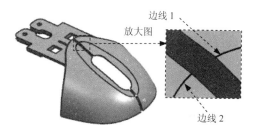

图 18.4.6　定义起始终止对象 3

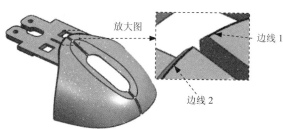

图 18.4.7　定义起始终止对象 4

图 18.4.8　定义起始终止对象 5

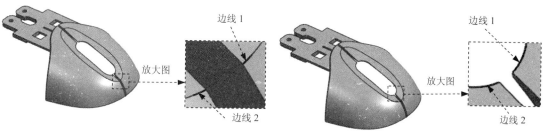

图 18.4.9　定义起始终止对象 6

图 18.4.10　定义起始终止对象 7

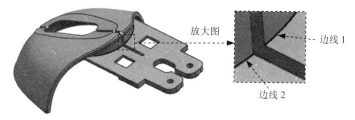

图 18.4.11　定义起始终止对象 8

18
Chapter

415

Step 4　创建曲面。

（1）选择命令。选择下拉菜单 插入(S) ➡ 网格曲面(M)▶ ➡ 通过曲线网格(M)... 命令，系统弹出"通过曲线网格"对话框。

（2）定义主曲线和交叉曲线。将曲线选择范围确定为"单条曲线"。选取图 18.4.12 所示的边线 1 为一条主曲线，单击中键，选取边线 2 为另一条主曲线，再单击中键确认；单击 交叉曲线 区域的"选择曲线"按钮 🔲，选取图 18.4.12 所示的曲线 1 和曲线 2 为交叉曲线，并分别单击中键确认。

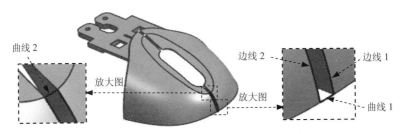

图 18.4.12　定义主曲线与交叉曲线

（3）在"通过曲线网格"对话框中，单击 〈 确定 〉 按钮，完成曲面的创建，如图18.4.13 所示。

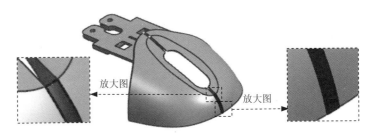

图 18.4.13　通过曲线网格 1

（4）选择下拉菜单 插入(S) ➡ 网格曲面(M)▶ ➡ 通过曲线网格(M)... 命令；选取图 18.4.14 所示的边线 1 为一条主曲线，单击中键，选取边线 2 为另一条主曲线，再单击中键确认；单击 交叉曲线 区域的"选择曲线"按钮 🔲，选取图 18.4.14 所示的曲线 1 和曲线 2 为交叉曲线，并分别单击中键确认；单击 〈 确定 〉 按钮，完成曲面的创建，如图 18.4.15 所示。

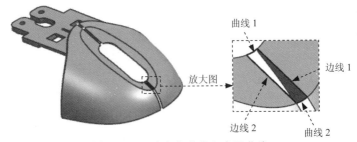

图 18.4.14　定义主曲线与交叉曲线

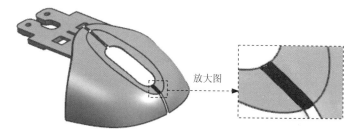

图 18.4.15 通过曲线网格 2

（5）参照上一步创建其余通过曲线网格（共 4 个），完成后分别如图 18.4.16～图 18.4.19 所示。

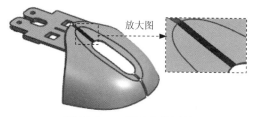

图 18.4.16 通过曲线网格 3

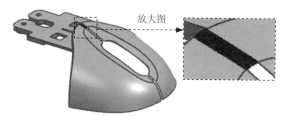

图 18.4.17 通过曲线网格 4

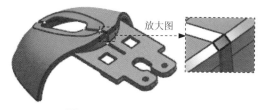

图 18.4.18 通过曲线网格 5

图 18.4.19 通过曲线网格 6

（6）选择下拉菜单 插入(S) ➡ 网格曲面(M)▶ ➡ N 边曲面(N)... 命令；在 类型 下拉列表框中选择 已修剪 选项，在 UV 方位 下拉列表框中选择 面积 选项；将曲线选择范围确定为"单条曲线"；依次选取图 18.4.20 所示的 8 条曲线为外环曲线，单击 〈确定〉 按钮，完成曲面的创建，如图 18.4.21 所示。

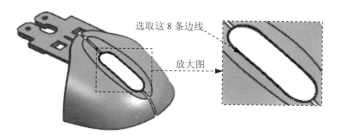

图 18.4.20 选取外环曲线

图 18.4.21 N 边曲面

（7）单击"注塑模工具"工具条中的"拆分面"按钮，系统弹出"拆分面"对话框，在 类型 下拉列表框中选择 ✔ 平面/面 选项，选取图 18.4.22 所示的面 1 与面 2 为要分割的面，单击 分割对象 区域中的"添加基准平面"按钮 □，系统弹出"基准平面"对话框，在 类型 下拉列表框中选择 ✔ 自动判断 选项，选取 18.4.22 所示的面 3 为参考平面，在 距离 文本框中输入 0，单击两次 〈 确定 〉 按钮。

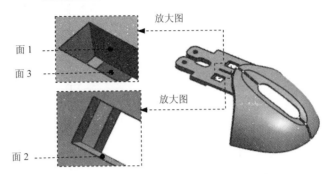

图 18.4.22　定义分割面与参考平面

（8）创建直线 1。选择下拉菜单 插入(S) ➡ 曲线(C) ➡ ／ 直线(L) 命令，分别选取图 18.4.23a 所示的点 1 和点 2，单击 〈 确定 〉 按钮，完成后如图 18.4.23b 所示。

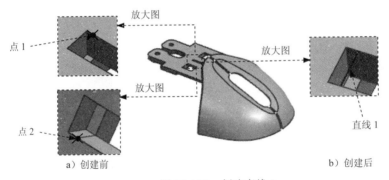

a）创建前　　　　　　　　　　　b）创建后

图 18.4.23　创建直线 1

（9）创建通过曲线网格 7。选择下拉菜单 插入(S) ➡ 网格曲面(M)▶ ➡ ▦ 通过曲线网格(M)... 命令；选取图 18.4.24 所示的边线 1 为一条主曲线，单击中键，选取边线 2 为另一条主曲线，再单击中键确认；单击 交叉曲线 区域的"选择曲线"按钮 ▱，选取图 18.4.24 所示的曲线 1 和曲线 2 为交叉曲线，并分别单击中键确认；单击 〈 确定 〉 按钮，完成曲面的创建，如图 18.4.25 所示。

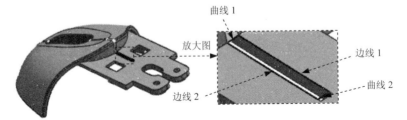

图 18.4.24　定义主曲线与交叉曲线

图 18.4.25 通过曲线网格 7

（10）创建通过曲线网格 8。具体操作可参照上一步，完成后如图 18.4.26 所示。

图 18.4.26 通过曲线网格 8

（11）创建直线 2。选择下拉菜单 插入(S) ➡️ 曲线(C) ➡️ ✏️ 直线(L)... 命令，分别选取图 18.4.27a 所示的点 1 和点 2，单击 < 确定 > 按钮，完成后如图 18.4.27b 所示。

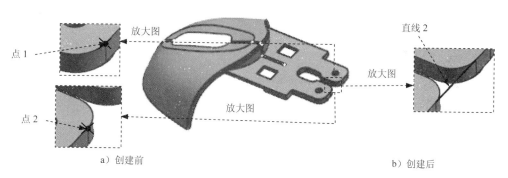

a）创建前　　　　　　　　　　　　　　　b）创建后

图 18.4.27 创建直线 2

（12）创建有界平面 1。选择下拉菜单 插入(S) ➡️ 曲面(R) ➡️ 📐 有界平面(B)... 命令，分别选取图 18.4.28 所示的边界（共 12 条）为边界线串，单击 < 确定 > 按钮，完成有界曲面 1 的创建。

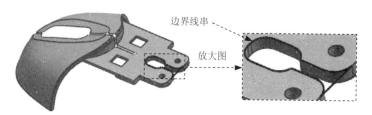

图 18.4.28 选取边界线串

（13）添加现有曲面。单击"注塑模工具"工具条中的"编辑分型面和曲面补片"按钮 ，系统弹出"编辑分型面和曲面补片"对话框，在图形区中框选所有曲面（共 10 个），单击 < 确定 > 按钮。

（14）创建曲面补片。在"注塑模工具"工具条中，单击"边缘修补"按钮 ，系统弹出"边缘修补"对话框；在 环选择 区域的 类型 下拉列表框中选择 面 选项，选择图 18.4.29 所示的面，然后单击 确定 按钮。

Task6. 模具分型

Stage1. 设计区域

Step 1 在"注塑模向导"工具条中单击"模具分型工具"按钮 ，系统弹出"模具分型工具"工具条和"分型导航器"界面。

Step 2 在"模具分型工具"工具条中单击"检查区域"按钮 ，系统弹出"检查区域"对话框，并显示图 18.4.30 所示的开模方向，选中 保持现有的 单选按钮。

图 18.4.29 定义补片面

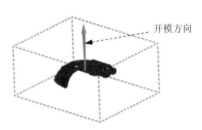
图 18.4.30 开模方向

说明：图 18.4.30 所示的开模方向可以通过"检查区域"对话框中的 指定脱模方向 按钮和"矢量对话框"按钮 来更改，本范例在前面定义模具坐标系时已经将开模方向设置好，所以系统会自动识别出产品模型的开模方向。

Step 3 定义型腔/型芯区域。在"检查区域"对话框中单击"计算"按钮 ，系统开始对产品模型进行分析计算。单击"检查区域"对话框中的 面 选项卡，可以查看分析结果。在"检查区域"对话框中单击 区域 选项卡，取消选中 内环 、 分型边和 不完整的环 三个复选框，然后单击"设置区域颜色"按钮 ，设置各区域颜色，结果如图 18.4.31 所示。

型腔区域

型芯区域

图 18.4.31 设置区域颜色

Step 4 定义型腔区域。在 `未定义的区域` 区域中选中 ☑ `交叉竖直面` 复选框，此时系统将所有的未定义区域面加亮显示；在 `指派到区域` 区域中选中 ◉ `型芯区域` 单选按钮，单击 `应用` 按钮，此时系统将加亮显示的未定义区域面指派到型芯区域。接受系统默认的其他参数设置值，单击 `确定` 按钮，关闭"检查区域"对话框。

Stage2. 创建型腔/型芯区域和分型线

Step 1 在"模具分型工具"工具条中单击"定义区域"按钮 ⚒，系统弹出"定义区域"对话框。

Step 2 在"定义区域"对话框的 `设置` 区域中选中 ☑ `创建区域` 和 ☑ `创建分型线` 复选框，单击 `确定` 按钮，完成分型线的创建。

Stage3. 编辑分型线

Step 1 在"模具分型工具"工具条中单击"设计分型面"按钮 ⬢，系统弹出"设计分型面"对话框。

Step 2 选取分型线。在"设计分型面"对话框的 `编辑分型线` 区域中单击"选择分型线"按钮 ∫，然后选取图 18.4.32 所示的边线 1 与边线 2。

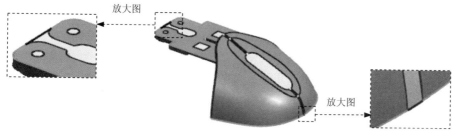

图 18.4.32　选择分型线

Step 3 单击 `应用` 按钮。

Stage4. 编辑分型段

Step 1 在"模具分型工具"工具条中单击"设计分型面"按钮 ⬢，系统弹出"设计分型面"对话框。

Step 2 在"设计分型面"对话框的 `编辑分型段` 区域中单击 ＊ `选择过渡曲线 (0)` 按钮 ⚒。选取图 18.4.33 所示的两段线段为过渡对象，然后单击 `应用` 按钮。

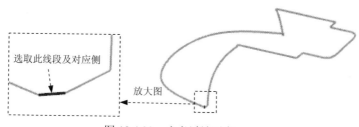

选取此线段及对应侧

放大图

图 18.4.33　定义过渡对象

Stage5. 创建分型面

Step 1 在"设计分型面"对话框 设置 区域中接受系统默认的公差值。

Step 2 拉伸分型面 1。在"设计分型面"对话框的 分型段 中选中"分段 1"，然后在 创建分型面 区域的 方法 下拉列表框中选择 选项；在图 18.4.34 中单击"延伸距离"文本，然后在活动的文本框中输入数值 100 并按回车键，单击 应用 按钮，系统返回至"设计分型面"对话框。

Step 3 拉伸分型面 2。在"设计分型面"对话框中 创建分型面 区域的 方法 下拉列表框中选择 选项，在 ✔ 拉伸方向 区域的 下拉列表框中选择 XC 选项，在延伸距离文本框中输入 150 并按回车键，单击 应用 按钮，系统返回至"设计分型面"对话框；完成图 18.4.35 所示拉伸分型面 2 的创建。

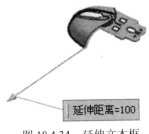
图 18.4.34 延伸文本框

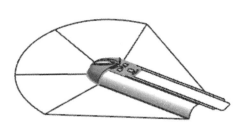
图 18.4.35 拉伸分型面 2

Step 4 在"设计分型面"对话框中单击 取消 按钮，此时系统返回"模具分型工具"工具条。

Stage6. 创建型腔和型芯

Step 1 在"模具分型工具"工具条中单击"定义型腔和型芯"按钮，系统弹出"定义型腔和型芯"对话框。

Step 2 在"定义型腔和型芯"对话框中选取 选择片体 区域下的 所有区域 选项，单击 确定 按钮，系统弹出"查看分型结果"对话框，并在图形区显示出创建的型腔，单击 确定 按钮，系统再一次弹出"查看分型结果"对话框，单击 确定 按钮，完成型腔和型芯的创建。创建的型腔零件和型芯零件如图 18.4.36 和图 18.4.37 所示。

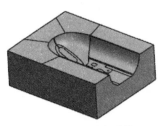
图 18.4.36 型腔零件

图 18.4.37 型芯零件

Task7. 创建型腔镶件

Step 1 选择下拉菜单 窗口(0) ➡️ 2. mouse_key_mold_cavity_002.prt 命令，显示型腔零件。

Step 2 创建拉伸特征1。选择下拉菜单 插入(S) ➡️ 设计特征(E) ➡️ ▥ 拉伸(E)... 命令，系统弹出"拉伸"对话框；选取图18.4.38所示的平面为草图平面；绘制图18.4.39所示的截面草图，将拉伸方向设置为 zc↑；在 限制-区域的 开始 下拉列表框中选择 ⤴ 值 选项，并在其下的 距离 文本框中输入数值0，在 限制-区域的 结束 下拉列表框中，选择 ⬦ 直至延伸部分 选项，选取图18.4.40所示的面为拉伸终止面；在 布尔 区域的下拉列表框中选择 ⬡ 无 选项，其他参数采用系统默认设置值；单击 <确定> 按钮，完成图18.4.41所示的拉伸特征1的创建。

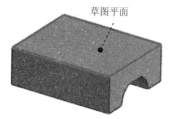

图18.4.38 草图平面

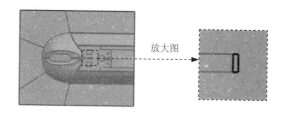

图18.4.39 截面草图

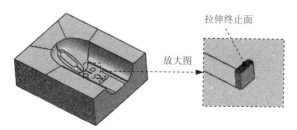

图18.4.40 选取拉伸终止面

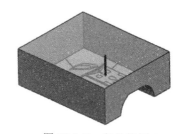

图18.4.41 拉伸特征1

Step 3 创建拉伸特征2。选择下拉菜单 插入(S) ➡️ 设计特征(E) ➡️ ▥ 拉伸(E)... 命令，选取图18.4.38所示的平面为草图平面，绘制图18.4.42所示的截面草图，将拉伸方向设置为 zc↓；在 限制-区域的 开始 下拉列表框中选择 ⤴ 值 选项，并在其下的 距离 文本框中输入数值0，在 限制-区域的 结束 下拉列表框中选择 ⤴ 值 选项，并在其下的 距离 文本框中输入数值5；在 布尔 区域的下拉列表框中选择 ⬡ 无 选项，单击 <确定> 按钮，完成图18.4.43所示的拉伸特征2的创建。

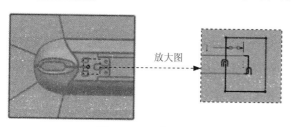

图18.4.42 截面草图

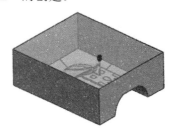

图18.4.43 拉伸特征2

Step 4 创建求和特征。选择下拉菜单 插入(S) ➡ 组合(B) ▶ ➡ 求和(U)... 命令，系统弹出"求和"对话框；选取拉伸特征 1 为目标体，选取拉伸特征 2 为工具体；单击 应用 按钮，完成求和特征的创建。

说明： 为了选取的方便此时可先将型芯隐藏，完成此步操作再将其显示出来。

Step 5 创建求差特征。选择下拉菜单 插入(S) ➡ 组合(B) ▶ ➡ 求差(S)... 命令，选取型腔为目标体，选取 Step4 创建的求和特征为工具体，并选中 ☑ 保存工具 复选框，单击 < 确定 > 按钮，完成求差特征的创建。

Step 6 将镶件转为型腔子零件。

（1）在"装配导航器"界面中，右击 ☑ ☐ mouse_key_mold_cavity_002，在系统弹出的快捷菜单中选择 WAVE ▶ ➡ 新建级别 命令，系统弹出"新建级别"对话框。

（2）在"新建级别"对话框中，单击 指定部件名 按钮，在弹出的"选择部件名"对话框的 文件名(N): 文本框中输入 mouse_key_insert01.prt，单击 OK 按钮。

（3）在"新建级别"对话框中单击 类选择 按钮，选取图 18.4.44 所示的特征 1，单击 确定 按钮，系统返回"新建级别"对话框。

（4）单击"新建级别"对话框中的 确定 按钮。

Step 7 选取图 18.4.45 所示的特征为要隐藏的特征，然后选择下拉菜单 格式(R) ➡ 移动至图层(M)... 命令，单击 确定 按钮，系统弹出"图层移动"对话框，在该对话框的 目标图层或类别 文本框中输入数值 10，单击 确定 按钮。

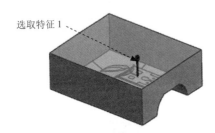

图 18.4.44 型腔子零件

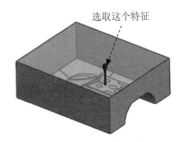

图 18.4.45 选取要隐藏的特征

Task8. 创建型芯镶件

Step 1 切换窗口。选择下拉菜单 窗口(O) ➡ mouse_key_mold_core_006.prt 命令，切换至型芯操作环境。

Step 2 创建拉伸特征 1。选择下拉菜单 插入(S) ➡ 设计特征(E) ➡ 拉伸(E)... 命令，选取图 18.4.46 所示的平面为草图平面，绘制图 18.4.47 所示的截面草图，将拉伸方向设置为 ZC↑；在 限制-区域的 开始 下拉列表框中选择 ↟ 值 选项，并在其下的 距离 文本框中输入数值 0，在 限制-区域的 结束 下拉列表框中选择 ⊜ 直至下一个 选项；在 布尔区域的下拉列表框中选择 [●]无 选项，单击 <确定> 按钮，完成图 18.4.48 所示的拉伸特征 1 的创建。

Step 3 创建拉伸特征 2。选择下拉菜单 插入(S) ➡ 设计特征(E) ➡ 🔟 拉伸(E)... 命令，选取图 18.4.46 所示的平面为草图平面,绘制图 18.4.49 所示的截面草图，将拉伸方向设置为 ZC↑；在 限制-区域的 开始 下拉列表框中选择 🔟 值 选项，并在其下的 距离 文本框中输入数值 0, 在 限制-区域的 结束 下拉列表框中选择 🔟 值 选项，并在其下的 距离 文本框中输入数值 5；在 布尔 区域的下拉列表框中选择 [●]无 选项，单击 <确定> 按钮，完成图 18.4.50 所示的拉伸特征 2 的创建。

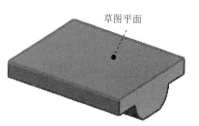

图 18.4.46 草图平面

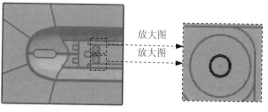

图 18.4.47 截面草图

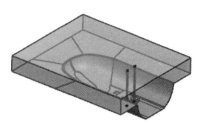

图 18.4.48 拉伸特征 1

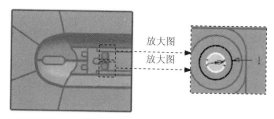

图 18.4.49 截面草图

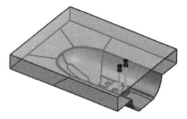

图 18.4.50 拉伸特征 2

Step 4 创建求和特征。选择下拉菜单 插入(S) ➡ 组合(B) ▶ ➡ 🔟 求和(U)... 命令，系统弹出 "求和" 对话框；选取图 18.4.51 所示的目标体对象,选取图 18.4.51 所示的工具体对象；单击 应用 按钮，完成求和特征的创建；参照此步骤创建另外一个求和特征。

说明： 为了选取的方便此时可先将型芯隐藏，完成此步操作再将其显示出来。

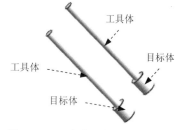

图 18.4.51 定义目标体与工具体

Step 5 创建求差特征。选择下拉菜单 插入(S) ➡ 组合(B) ▶ ➡ 🔟 求差(S)... 命令，选取型芯为目标体,选取 Step4 创建的两个求和特征为工具体，并选中 ☑ 保存工具 复选框，单击 <确定> 按钮，完成求差特征的创建。

Step 6 将镶件转为型芯子零件 1。

（1）在"装配导航器"界面中右击 ☑ ⬜ mouse_key_mold_core_006 ，在系统弹出的快捷菜单中选择 WAVE ▶ ➡ 新建级别 命令，系统弹出"新建级别"对话框。

（2）在"新建级别"对话框中，单击 指定部件名 按钮，在弹出的"选择部件名"对话框的 文件名(N): 文本框中输入 mouse_key_insert02.prt，单击 OK 按钮。

（3）在"新建级别"对话框中单击 类选择 按钮，选取图 18.4.52 所示的特征 1，单击 确定 按钮，系统返回"新建级别"对话框。

（4）单击"新建级别"对话框中的 确定 按钮，此时在"装配导航器"界面中显示出刚创建的滑块的名称。

Step 7 将镶件转为型芯子零件 2。详细操作可参照 Step6，零部件名称为 mouse_key_insert03.prt，选取图 18.4.52 所示的特征 2 为要转换为型芯子零件的特征。

Step 8 首先将 Step6 与 Step7 中创建的型芯子零件隐藏起来，选取图 18.4.53 所示的特征为要隐藏的特征，然后选择下拉菜单 格式(R) ➡ 🔀 移动至图层(M)... 命令，单击 确定 按钮，系统弹出"图层移动"对话框，在该对话框的 目标图层或类别 文本框中输入数值 10，单击 确定 按钮。

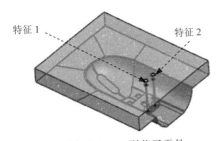

图 18.4.52　型芯子零件

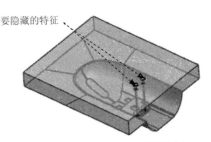

图 18.4.53　选取要隐藏的特征

Task9. 创建模具分解视图

Step 1 切换窗口。选择下拉菜单 窗口(O) ➡ mouse_key_mold_top_000.prt 命令，切换到总装配文件窗口，将 ☑ 🗎 mouse_key_mold_top_000 设为工作部件。

Step 2 移动型腔。选择下拉菜单 装配(A) ➡ 爆炸图(X)▶ ➡ 🔀 新建爆炸图(N)... 命令，系统弹出"新建爆炸图"对话框，接受系统默认的名称，单击 确定 按钮；选择下拉菜单 装配(A) ➡ 爆炸图(X)▶ ➡ 🔀 编辑爆炸图(E)... 命令，系统弹出"编辑爆炸图"对话框；选取图 18.4.54 所示的型腔为移动对象；在该对话框中选择 ⊙ 移动对象 单选按钮，将型腔沿 Z 轴正方向移动 60mm，单击 确定 按钮，结果如图 18.4.55 所示。

Step 3 移动镶件 1。选择下拉菜单 装配(A) ➡ 爆炸图(X)▶ ➡ 🔀 编辑爆炸图(E)... 命令，系统弹出"编辑爆炸图"对话框；选取图 18.4.56 所示的镶件 1 为移动对象；在该

对话框中选择 ⊙移动对象 单选按钮，将镶件 1 沿 Z 轴正方向移动 50mm，单击 确定 按钮，结果如图 18.4.57 所示。

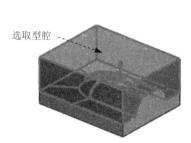

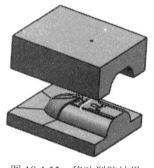

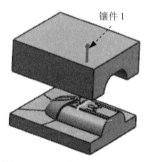

图 18.4.54　选取移动对象　　　　图 18.4.55　移动型腔结果　　　　图 18.4.56　选取移动对象

Step 4　移动型芯。选择下拉菜单 装配(A) ➡ 爆炸图(X) ➡ 编辑爆炸图(E)... 命令，系统弹出"编辑爆炸图"对话框；选取图 18.4.58 所示的型芯为移动对象；在该对话框中选择 ⊙移动对象 单选按钮，将型芯沿 Z 轴负方向移动 40mm，单击 确定 按钮，结果如图 18.4.59 所示。

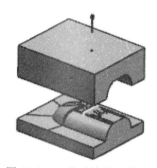

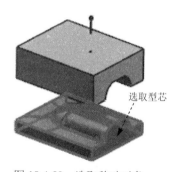

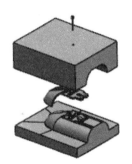

图 18.4.57　移动镶件 1 结果　　　　图 18.4.58　选取移动对象　　　　图 18.4.59　移动型芯结果

Step 5　移动镶件 2。选择下拉菜单 装配(A) ➡ 爆炸图(X) ➡ 编辑爆炸图(E)... 命令，系统弹出"编辑爆炸图"对话框；选取图 18.4.60 所示的镶件 2 为移动对象；在该对话框中选择 ⊙移动对象 单选按钮，将镶件 2 沿 Z 轴负方向移动 70mm，单击 确定 按钮，结果如图 18.4.61 所示。

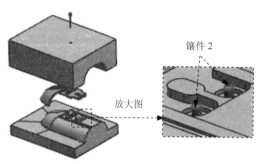

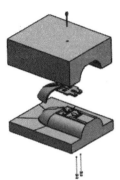

图 18.4.60　选取移动对象　　　　　　　图 18.4.61　移动镶件 2 结果

Step **6** 保存文件。选择下拉菜单 文件(F) ➡️ 全部保存(V) 命令，保存所有文件。

18.5 带镶件的模具设计（二）

本实例通过打火机上座的模具设计来介绍镶件在模具设计中的应用。下面介绍图 18.5.1 所示打火机上座（cliper.prt）的模具设计过程。

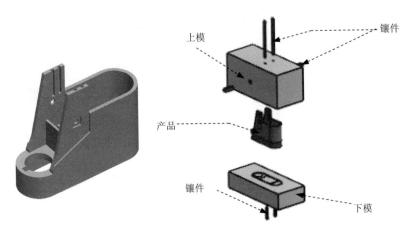

上模
镶件
产品
镶件
下模

图 18.5.1 打火机上座的模具设计

Task1. 初始化项目

Step **1** 在"注塑模向导"工具条中，单击"初始化项目"按钮，系统弹出"打开"对话框，选择 D:\ug85mo\work\ch18.05\cliper.prt，单击 OK 按钮，载入模型后，系统弹出"初始化项目"对话框。

Step **2** 定义项目单位。在"初始化项目"对话框的 项目单位 下拉列表框中选择 毫米 选项。

Step **3** 设置项目路径和名称。接受系统默认的项目路径；在"初始化项目"对话框的 Name 文本框中输入 cliper_mold。

Step **4** 在该对话框中单击 确定 按钮，完成初始化项目的设置。

Task2. 模具坐标系

Step **1** 旋转模具坐标系。选择下拉菜单 格式(R) ➡️ WCS▶ ➡️ 旋转(R)... 命令，系统弹出"旋转 WCS 绕..."对话框；在弹出的对话框中选中 ⊙ - XC 轴 单选按钮，在 角度 文本框中输入数值 90。单击 确定 按钮，定义后的坐标系如图 18.5.2 所示。

Step **2** 锁定模具坐标系。在"注塑模向导"工具条中单击"模具 CSYS"按钮，系统弹出"模具 CSYS"对话框；在"模具 CSYS"对话框中选中 ⊙ 当前 WCS 单选按钮，单击 确定 按钮，完成坐标系的定义，如图 18.5.3 所示。

18
Chapter

图 18.5.2　定义后的模具坐标系

图 18.5.3　锁定后的模具坐标系

Task3. 设置收缩率

Step 1 定义收缩率。在"注塑模向导"工具条中，单击"收缩率"按钮 📦，高亮显示产品模型，同时系统弹出"缩放体"对话框；在"缩放体"对话框的 类型 下拉列表框中，选择 🔲 均匀 选项。

Step 2 定义缩放体和缩放点。接受系统默认的参数设置值。

Step 3 定义比例因子。在"缩放体"对话框 比例因子 区域的 均匀 文本框中，输入收缩率值 1.006。

Step 4 单击 确定 按钮，完成收缩率的设置。

Task4. 创建模具工件

Step 1 选择命令。在"注塑模向导"工具条中，单击"工件"按钮 ❖，系统弹出"工件"对话框。

Step 2 在"工件"对话框的 类型 下拉列表框中选择 产品工件 选项，在 工件方法 下拉列表框中选择 用户定义的块 选项，其他参数采用系统默认设置值。

Step 3 修改尺寸。单击 定义工件 区域的"绘制截面"按钮 📷，系统进入草图环境，首先删除系统默认的截面草图，然后绘制图 18.5.4 所示的截面草图。单击 🌸 完成草图 按钮，退出草图；在"工件"对话框 限制-区域的 开始 下拉列表框中选择 📏 值 选项，并在其下的 距离 文本框中输入数值-15，在 限制-区域的 结束 下拉列表框中选择 📏 值 选项，并在其下的 距离 文本框中输入数值 8。

Step 4 单击 < 确定 > 按钮，完成创建后的模具工件如图 18.5.5 所示。

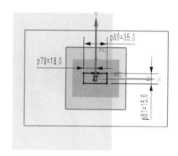

图 18.5.4　截面草图

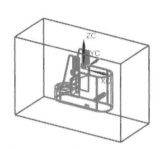

图 18.5.5　创建后的模具工件

Task5. 创建拆分面

Step 1 选择下拉菜单 窗口(0) ➡ 3. cliper_mold_parting_022.prt ，系统将在图形区中显示出零件。

说明：若零件在图形区中显示不完整或较小，可通过使用 Ctrl+F 快捷键重新生成进行调整。

Step 2 创建拆分面。

（1）选择命令。在"注塑模向导"工具条中单击"注塑模工具"按钮 ，在系统弹出的"注塑模工具"工具条中，单击"拆分面"按钮 ，系统弹出"拆分面"对话框。

（2）定义类型。在 类型 下拉列表框中选择 平面/面 选项。

（3）定义要分割的面。在 要分割的面 区域单击"选择面"按钮 ，选取图 18.5.6 所示的模型表面（共 8 个面）为要分割的面。

（4）在"拆分面"对话框中的 分割对象 区域单击 按钮，系统弹出"基准平面"对话框，在 类型 下拉列表框中选择 自动判断 选项，选取图 18.5.7 所示的面为参考面，在 距离 文本框中输入 0，单击 < 确定 > 按钮。

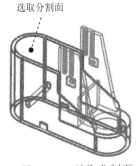

图 18.5.6　选取分割面

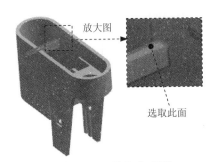

图 18.5.7　选取参考面

（5）在"拆分面"对话框中单击 < 确定 > 按钮，完成拆分面的创建。

Task6. 模具分型

Stage1. 设计区域

Step 1 在"注塑模向导"工具条中单击"模具分型工具"按钮 ，系统弹出"模具分型工具"工具条和"分型导航器"界面。

Step 2 在"模具分型工具"工具条中单击"检查区域"按钮 ，系统弹出"检查区域"对话框，并显示图 18.5.8 所示的开模方向。在"检查区域"对话框中选中 保持现有的 单选按钮。

Step 3 拆分面。

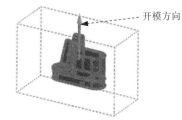

图 18.5.8　开模方向

（1）计算设计区域。在"检查区域"对话框中单击"计算"按钮 ，系统开始对产品模型进行分析计算。单击"检查区域"对话框中的 面 选项卡，可以查看分析结果。

（2）设置区域颜色。在"检查区域"对话框中单击 区域 选项卡，取消选中 □ 内环、□ 分型边 和 □ 不完整的环 三个复选框，然后单击"设置区域颜色"按钮 ，设置各区域颜色。

（3）定义区域。在 未定义的区域 区域中，选中 ☑ 交叉区域面 复选框，在 指派到区域 区域中，选中 ⊙ 型芯区域 单选按钮，然后单击 应用 按钮，此时系统将加亮显示的未定义区域面指派到型芯区域；在 未定义的区域 区域中，选中 ☑ 交叉竖直面 复选框，在 指派到区域 区域中，选中 ⊙ 型腔区域 单选按钮，单击 应用 按钮，此时系统将加亮显示的未定义区域面指派到型腔区域。

（4）定义型芯区域。在 指派到区域 区域中，选中 ⊙ 型芯区域 单选按钮，选取图 18.5.9 所示的面（共 8 个面），然后单击 应用 按钮，此时系统将加亮显示的未定义区域面指派到型芯区域。单击 确定 按钮，退出"检查区域"对话框。

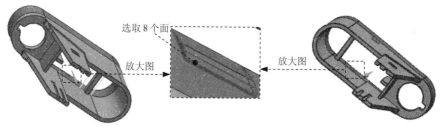

图 18.5.9　选取面

Stage2. 创建曲面补片

Step 1　选择命令。在"模具分型工具"工具条中，单击"曲面补片"按钮 ，此时系统弹出"边缘修补"对话框。

Step 2　在 环选择 区域的 类型 下拉列表框中选择 体 选项，选择产品实体，然后单击 确定 按钮，结果如图 18.5.10 所示。

说明：修补型腔面和型芯面之间的所有破孔。

Stage3. 创建区域及分型线

Step 1　选择命令。在"模具分型工具"工具条中单击"定义区域"按钮 ，系统弹出"定义区域"对话框。

Step 2　在"定义区域"对话框的 设置 区域选中 ☑ 创建区域 和 ☑ 创建分型线 复选框，单击 确定 按钮，完成分型线的创建，结果如图 18.5.11 所示。

说明：图 18.5.11 隐藏了产品体。

Stage4. 创建分型面

Step 1　在"模具分型工具"工具条中单击"设计分型面"按钮 ，系统弹出"设计分型面"对话框。

Step 2　接受系统默认的所有参数，单击 确定 按钮，完成分型面的创建。

图 18.5.10　创建曲面补片

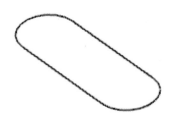

图 18.5.11　创建分型线

Stage5. 创建型腔和型芯

Step 1 在"模具分型工具"工具条中单击"定义型腔和型芯"按钮 🔼，系统弹出"定义型腔和型芯"对话框。

Step 2 自动创建型腔和型芯。

（1）在"定义型腔和型芯"对话框中，选取 选择片体 区域下的 🔲 所有区域 选项，单击 确定 按钮，系统弹出"查看分型结果"对话框，并在图形区显示出创建的型腔，单击"查看分型结果"对话框中的 确定 按钮，系统再一次弹出"查看分型结果"对话框。

（2）在"查看分型结果"对话框中单击 确定 按钮，关闭对话框。

Step 3 显示零件。选择下拉菜单 窗口(0) ➡ cliper_mold_core_006.prt 命令，显示型芯零件，如图 18.5.12 所示；选择下拉菜单 窗口(0) ➡ cliper_mold_cavity_002.prt 命令，显示型腔零件，如图 18.5.13 所示。

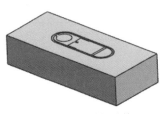

图 18.5.12　型芯零件

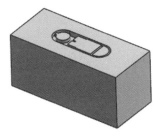

图 18.5.13　型腔零件

Task7. 创建滑块和镶件

Stage1. 创建镶件 1

Step 1 选择下拉菜单 窗口(0) ➡ cliper_mold_core_006.prt 命令，系统在图形区中显示出型芯工作零件。

Step 2 选择命令。选择下拉菜单 🔵 开始 ➡ 所有应用模块 ▶ ➡ 🔶 建模(M)... 命令，进入建模环境中。

说明：如果此时系统已经处在建模环境下，则不需要进行此步操作。

Step 3 创建拉伸特征 1。选择下拉菜单 插入(S) ➡ 设计特征(E) ➡ ▥ 拉伸(E)... 命令，选取图 18.5.14 所示的草图平面，绘制图 18.5.15 所示的截面草图；在 ✔ **指定矢量** 下拉列表框中选择 **XC** 选项；在 **限制**-区域的 **开始** 下拉列表框中选择 **值** 选项，并在其下的 **距离** 文本框中输入数值 0，在 **限制**-区域的 **结束** 下拉列表框中选择 **直至延伸部分** 选项，延伸到图 18.5.16 所示的面；在 **布尔** 区域中选择 **无** 选项；结果如图 18.5.17 所示。

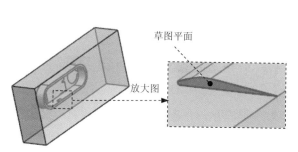

图 18.5.14　定义草图平面　　　　　　　图 18.5.15　截面草图

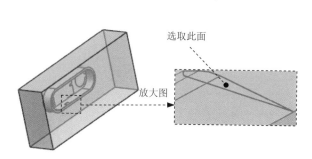
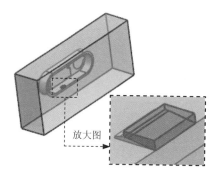

图 18.5.16　定义拉伸终止平面　　　　　　　图 18.5.17　拉伸特征 1

Step 4　创建拉伸特征 2。选择下拉菜单 **插入(S)** ➡ **设计特征(E)** ➡ **拉伸(E)...** 命令，选取图 18.5.18 所示的平面为草图平面，绘制图 18.5.19 所示的截面草图；在 ✔ **指定矢量** 下拉列表框中选择 **ZC** 选项；在 **限制**-区域的 **开始** 下拉列表框中选择 **值** 选项，并在其下的 **距离** 文本框中输入数值 0，在 **限制**-区域的 **结束** 下拉列表框中选择 **直至延伸部分** 选项，延伸到图 18.5.20 所示的面；在 **布尔** 区域中选择 **求和** 选项，选取 Step3 创建的拉伸特征 1 为求和对象，单击 **< 确定 >** 按钮，完成拉伸特征 2 的创建，结果如图 18.5.21 所示。

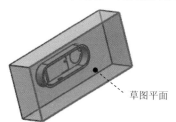
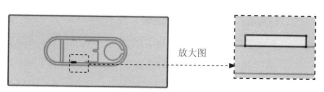

图 18.5.18　定义草图平面　　　　　　　图 18.5.19　截面草图

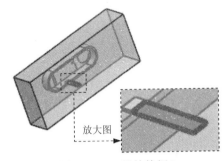

图 18.5.20　定义拉伸终止平面　　　　　图 18.5.21　拉伸特征 2

Step 5　创建拉伸特征 3。选择下拉菜单 插入(S) ➡ 设计特征(E) ➡ 拉伸(E)... 命令，选取图 18.5.18 所示的平面为草图平面，绘制图 18.5.22 所示的截面草图；在 ✔ 指定矢量 下拉列表框中选择 ZC↑ 选项；在 限制 -区域的 开始 下拉列表框中选择 ⯬ 值 选项，并在其下的 距离 文本框中输入数值 0，在 限制 -区域的 结束 下拉列表框中选择 ⯬ 值 选项，并在其下的 距离 文本框中输入数值 1；在 布尔区域中选择 ⯬ 求和 选项，选取 Step4 创建的拉伸特征 2 为求和对象，单击 〈 确定 〉 按钮，完成拉伸特征 3 的创建，结果如图 18.5.23 所示。

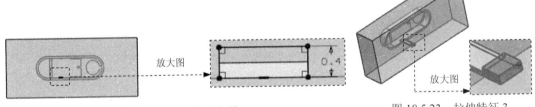

图 18.5.22　定截面草图　　　　　图 18.5.23　拉伸特征 3

Step 6　创建求差特征。选择下拉菜单 插入(S) ➡ 组合(B) ▶ ➡ 求差(S)... 命令，此时系统弹出"求差"对话框；选取图 18.5.24 所示的目标体特征，选取图 18.5.24 所示的工具体特征，并选中 ☑ 保存工具 复选框；单击 〈 确定 〉 按钮，完成求差特征的创建。

Step 7　将镶件转为型芯子零件。

（1）选择命令。单击资源工具条区中的 按钮，系统弹出"装配导航器"界面，在界面中的空白处右击，然后在系统弹出的快捷菜单中选择 WAVE 模式 选项。

（2）在"装配导航器"界面中右击 ☑ 🗍 cliper_mold_core_006，在系统弹出的快捷菜单中选择 WAVE ▶ ➡ 新建级别 命令，系统弹出"新建级别"对话框。

（3）在"新建级别"对话框中，单击 指定部件名 按钮，在弹出的"选择部件名"对话框的 文件名(N): 文本框中输入 cliper_insert01.prt，单击 OK 按钮。

（4）在"新建级别"对话框中单击 类选择 按钮，选取图 18.5.25 所示的镶件特征，单击 确定 按钮，系统返回"新建级别"对话框。

（5）单击"新建级别"对话框中的 确定 按钮，此时在"装配导航器"界面中显示出刚创建的镶件的名称。

Step **8** 隐藏拉伸特征。在"装配导航器"中取消选中 ☐ ◻ cliper_insert01；然后在"部件导航器"中选中上面创建的所有拉伸特征；选择下拉菜单 格式(R) ➡ ▨ 移动至图层(M)... 命令，系统弹出"图层移动"对话框，在该对话框的 目标图层或类别 下面的文本框中输入值 10，单击 确定 按钮；在"装配导航器"中选中 ☑ ◻ cliper_insert01，将其显示。

Step **9** 在"装配导航器"中选中 ☑ ◻ cliper_insert01，选择下拉菜单 装配(A) ➡ 组件(C) ▶ ➡ ▨ 镜像装配(I)... 命令，在系统弹出的"镜像装配向导"对话框中单击"创建基准平面"按钮 ▢，系统弹出"基准平面"对话框，在 类型 下拉列表框中选择 ▨ XC-ZC 平面 选项，单击 确定 按钮，单击两次 下一步 > 按钮，单击 完成 按钮完成镜像镶件的创建，效果如图 18.5.26 所示。

Step **10** 在"注塑模向导"工具条中单击"腔体"按钮 ▨，在 模式 下拉列表框中选择 减去材料 选项，选取图 18.5.26 所示的目标体与工具体，单击 确定 按钮。

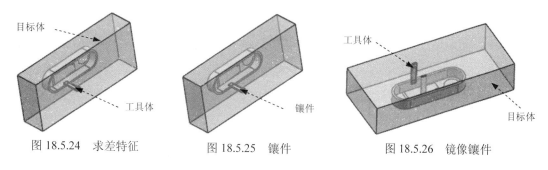

图 18.5.24　求差特征　　　　图 18.5.25　镶件　　　　图 18.5.26　镜像镶件

Stage2. 创建镶件 2

Step **1** 选择下拉菜单 窗口(O) ➡ 2. cliper_mold_cavity_002.prt 命令，系统在图形区中显示出型腔工作零件。

Step **2** 选择命令。选择下拉菜单 ▨ 开始 ▼ ➡ 所有应用模块 ▶ ➡ ▨ 建模(M)... 命令，进入建模环境。

说明：如果此时系统已经处在建模环境下，用户则不需要进行此步操作。

Step **3** 创建拉伸特征 1。选择下拉菜单 插入(S) ➡ 设计特征(E) ➡ ▨ 拉伸(E)... 命令，选取图 18.5.27 所示的平面为草图平面；绘制图 18.5.28 所示的截面草图，单击"完成草图"按钮 ▨ 完成草图；在 ✔ 指定矢量 下拉列表框中选择 ▨ 选项；在 限制-区域的 开始 下拉列表框中选择 ▨ 值 选项，并在其下的 距离 文本框中输入数值 0，在 限制-区域的 结束 下拉列表框中选择 ▨ 直至延伸部分 选项，延伸到图 18.5.29 所示的面；在 布尔

区域中选择 无 选项；单击 < 确定 > 按钮，完成拉伸特征 1 的创建，结果如图 18.5.30 所示。

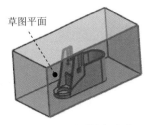

图 18.5.27 定义草图平面

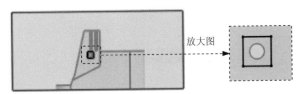

图 18.5.28 截面草图

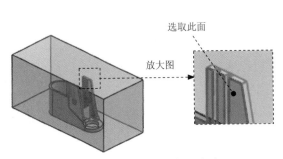

图 18.5.29 拉伸终止平面

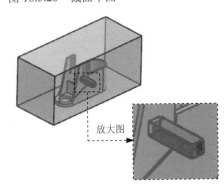

图 18.5.30 拉伸特征 1

Step 4 求交特征。选择下拉菜单 插入(S) ➔ 组合(B) ▶ ➔ 求交(I)... 命令，此时系统弹出"求交"对话框；选取图 18.5.31 所示的目标体特征；选取图 18.5.31 所示的工具体特征，并选中 ☑ 保存目标 复选框；取消选中 ☐ 保存工具 复选框；单击 < 确定 > 按钮，完成求交特征的创建。

Step 5 求差特征。选择下拉菜单 插入(S) ➔ 组合(B) ▶ ➔ 求差(S)... 命令，此时系统弹出"求差"对话框；选取图 18.5.32 所示的目标体特征；选取图 18.5.32 所示的工具体特征，并选中 ☑ 保存工具 复选框；单击 < 确定 > 按钮，完成求差特征的创建。

Step 6 将镶件转为型腔子零件。

（1）在"装配导航器"界面中右击 ☑ 🔳 cliper_mold_cavity_002，在系统弹出的快捷菜单中选择 WAVE ▶ ➔ 新建级别 命令，系统弹出"新建级别"对话框。

（2）在"新建级别"对话框中，单击 指定部件名 按钮，在弹出的"选择部件名"对话框的 文件名(N): 文本框中输入 cliper_insert03.prt，单击 OK 按钮。

（3）在"新建级别"对话框中单击 类选择 按钮，选取图 18.5.33 所示的镶件特征，单击 确定 按钮，系统返回"新建级别"对话框。

（4）单击"新建级别"对话框中的 确定 按钮，此时在"装配导航器"界面中显示出刚创建的镶件的名称。

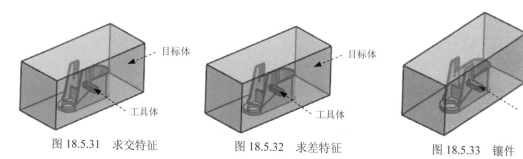

图 18.5.31　求交特征　　　　图 18.5.32　求差特征　　　　图 18.5.33　镶件

Step 7　隐藏拉伸特征。在"装配导航器"中选中 ☑ ⬜ cliper_insert03；然后在"部件导航器"中，选中上面创建的所有拉伸特征；选择下拉菜单 格式(R) ➡ 🔷 移动至图层(M)... 命令，系统弹出"图层移动"对话框，在该对话框的 目标图层或类别 下面的文本框中输入值 10，单击 确定 按钮；在"装配导航器"中选中 ☑ ⬜ cliper_insert03 ，将其显示。

Step 8　在"装配导航器"中选中 cliper_insert03 ，选择下拉菜单 装配(A) ➡ 组件(C) ▸ ➡ 🔷 镜像装配(I)... 命令，在系统弹出的"镜像装配向导"对话框中，单击"创建基准平面"按钮 ⬜，系统弹出"基准平面"对话框，在 类型 下拉列表框中选择 🔷 XC-ZC 平面 选项，单击 确定 按钮，单击两次 下一步 > 按钮，单击 完成 按钮完成镜像镶件的创建，效果如图 18.5.34 所示。

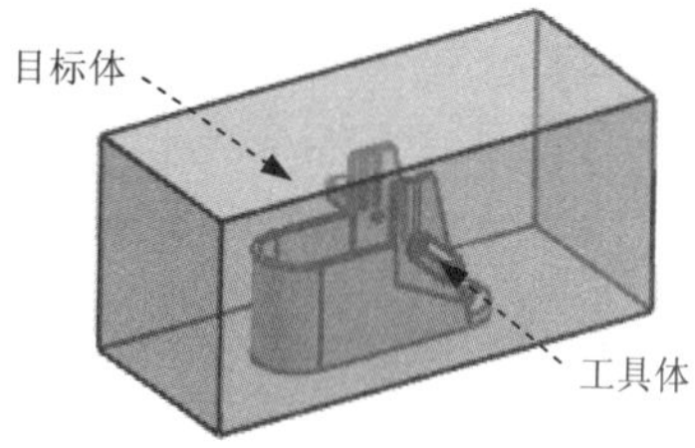

图 18.5.34　镜像镶件

Step 9　在"注塑模向导"工具条中单击"腔体"按钮 🔷，在 模式 下拉列表框中选择 减去材料 选项，选取图 18.5.34 所示的目标体与工具体，单击 确定 按钮。

Stage3. 创建镶件 3

Step 1　选择下拉菜单 窗口(O) ➡ cliper_mold_top_000.prt 命令，切换到总装配文件窗口，将 ☑ ⬚ cliper_mold_top_000 设为工作部件。

Step 2　创建拉伸特征 1。选择下拉菜单 插入(S) ➡ 设计特征(E) ➡ ⬜ 拉伸(E)... 命令，选取图 18.5.35 所示的平面为草图平面；绘制图 18.5.36 所示的截面草图，单击"完成草图"按钮 🔷 完成草图；在 ✓ 指定矢量 下拉列表框中选择 XC 选项；在 限制-区域的 开始 下拉列表框中选择 🔷 值 选项，并在其下的 距离 文本框中输入数值 0，在 限制-区域的 结束 下拉列表框中选择 🔷 直至延伸部分 选项，延伸到图 18.5.37 所示的面；在 布尔 区域的下拉列表框中选择 🔷 无 选项；单击 < 确定 > 按钮，完成拉伸特征 1 的创建，结果如图 18.5.38 所示。

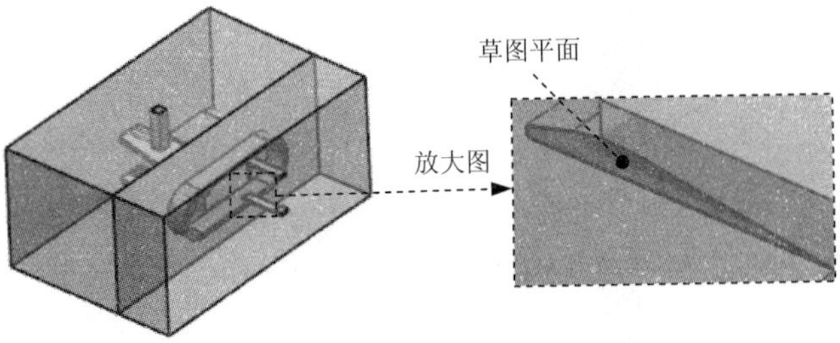

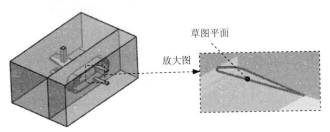

图 18.5.35　定义草图平面 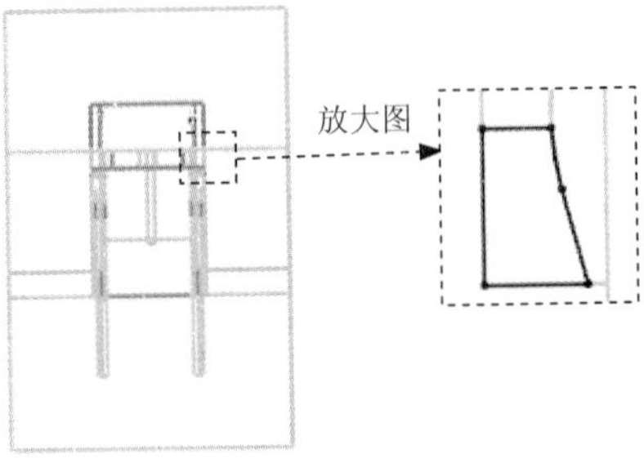　　　　　　图 18.5.36　截面草图

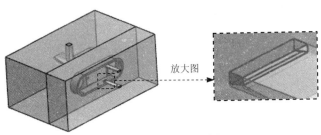

图 18.5.37　定义拉伸终止平面

图 18.5.38　拉伸特征 1

Step 3　创建拉伸特征 2。选择下拉菜单 插入(S) ➡ 设计特征(E) ➡ 拉伸(E)... 命令，选取图 18.5.39 所示的平面为草图平面，绘制图 18.5.40 所示的截面草图；在 指定矢量 下拉列表框中选择 ZC↓ 选项；在 限制-区域的 开始 下拉列表框中选择 值 选项，并在其下的 距离 文本框中输入数值 0，在 限制-区域的 结束 下拉列表框中选择 直至延伸部分 选项，延伸到图 18.5.41 所示的面；在 布尔 区域的下拉列表框中选择 求和 选项，选取上步创建的拉伸特征 1 为求和对象，单击 <确定> 按钮，完成拉伸特征 2 的创建，结果如图 18.5.42 所示。

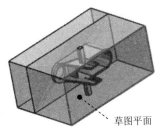

图 18.5.39　定义草图平面

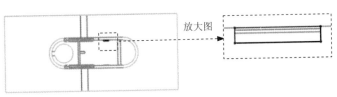

图 18.5.40　截面草图

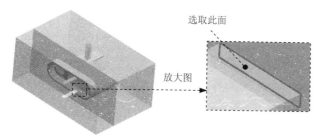

图 18.5.41　定义拉伸终止平面

图 18.5.42　拉伸特征 2

Step 4 创建拉伸特征 3。选择下拉菜单 插入(S) ➡ 设计特征(E) ➡ ⑪ 拉伸(E)... 命令，选取图 18.5.39 所示的平面为草图平面，绘制图 18.5.43 所示的截面草图；在 ✔ 指定矢量 下拉列表框中选择 ^zc 选项；在 限制-区域的 开始 下拉列表框中选择 ⑪ 值 选项，并在其下的 距离 文本框中输入数值 0，在 限制-区域的 结束 下拉列表框中选择 ⑪ 值 选项，并在其下的 距离 文本框中输入数值 1；在 布尔区域的下拉列表框中选择 🔾 求和 选项，选取上步创建的拉伸特征 2 为求和对象，单击 < 确定 > 按钮，完成拉伸特征 3 的创建，结果如图 18.5.44 所示。

图 18.5.43　截面草图

Step 5 在"注塑模向导"工具条中单击"腔体"按钮 🔧，在 模式 下拉列表框中选择 减去材料 选项，选取图 18.5.45 所示的目标体（包括型腔与型芯）与工具体，单击 确定 按钮。

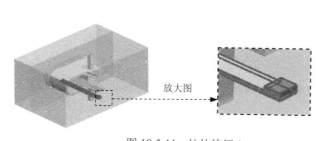

图 18.5.44　拉伸特征 3

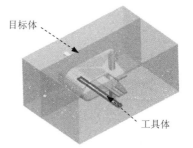

图 18.5.45　选取目标体与工具体

Step 6 将镶件转为子零件。

（1）在"装配导航器"界面中右击 ☑ cliper_mold_top_000，在系统弹出的快捷菜单中选择 WAVE ▸ ➡ 新建级别 命令，系统弹出"新建级别"对话框。

（2）在"新建级别"对话框中，单击 指定部件名 按钮，在弹出的"选择部件名"

18
Chapter

对话框的 文件名(N): 文本框中输入 cliper_insert05.prt，单击 OK 按钮。

（3）在"新建级别"对话框中单击 类选择 按钮，选取图 18.5.46 所示的镶件特征，单击 确定 按钮，系统返回"新建级别"对话框。

（4）单击"新建级别"对话框中的 确定 按钮，此时在"装配导航器"界面中显示出刚创建的镶件的名称。

Step 7 隐藏拉伸特征。在"装配导航器"中选中 ☑ cliper_insert05；然后在"部件导航器"中，选中上面创建的所有拉伸特征；选择下拉菜单 格式(R) ➡ 移动至图层(M)... 命令，系统弹出"图层移动"对话框，在该对话框的 目标图层或类别 下面的文本框中输入值 10，单击 确定 按钮；在"装配导航器"中选中 ☑ cliper_insert05，将其显示。

Step 8 在"装配导航器"中选中 cliper_insert05，选择下拉菜单 装配(A) ➡ 组件(C) ➡ 镜像装配(I)... 命令，在系统弹出"镜像装配向导"对话框中，单击"创建基准平面"按钮 □，系统弹出"基准平面"对话框，在 类型 下拉列表框中选择 XC-ZC 平面 选项，单击 确定 按钮，单击两次 下一步 > 按钮，单击 完成 按钮完成镜像镶件的创建，效果如图 18.5.47 所示。

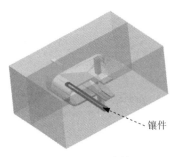

图 18.5.46　镶件

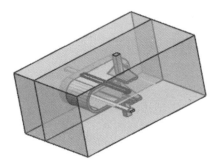

图 18.5.47　镜像镶件

Step 9 在"注塑模向导"工具条中单击"腔体"按钮 🗇，在 模式 下拉列表框中选择 减去材料 选项，选取型腔与型芯为目标体，选取上步镜像得到的镶件为工具体，单击 确定 按钮。

Task8. 创建模具分解视图

Step 1 移动镶件 1。选择下拉菜单 装配(A) ➡ 爆炸图(X)▸ ➡ 新建爆炸图(N)... 命令，系统弹出"新建爆炸图"对话框，接受系统默认的名称，单击 确定 按钮；选择下拉菜单 装配(A) ➡ 爆炸图(X)▸ ➡ 编辑爆炸图(E)... 命令，系统弹出"编辑爆炸图"对话框；选取图 18.5.48 所示的镶件为移动对象；在该对话框中选择 ⊙移动对象 单选按钮，将镶件沿 Y 轴负方向移动 15mm，单击 确定 按钮，结果如图 18.5.49 所示。

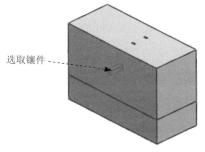

选取镶件

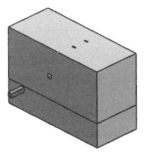

图 18.5.48　选取移动对象　　　　　　图 18.5.49　镶件 1 移动后的结果

Step 2　移动镶件 2。选择下拉菜单 装配(A) ➡ 爆炸图(X) ➡ 编辑爆炸图(E)... 命令，系统弹出"编辑爆炸图"对话框；选取图 18.5.50 所示的镶件为移动对象；在该对话框中选中 ⊙ 移动对象 单选按钮，将镶件沿 Y 轴正方向移动 15mm，单击 确定 按钮，结果如图 18.5.51 所示。

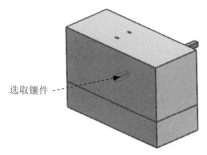

选取镶件

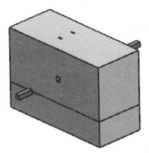

图 18.5.50　选取移动对象　　　　　　图 18.5.51　镶件 2 移动后的结果

Step 3　移动型腔。选择下拉菜单 装配(A) ➡ 爆炸图(X) ➡ 编辑爆炸图(E)... 命令，系统弹出"编辑爆炸图"对话框；选取图 18.5.52 所示的型腔为移动对象；在该对话框中选中 ⊙ 移动对象 单选按钮，将型腔沿 Z 轴正方向移动 20mm，单击 确定 按钮，结果如图 18.5.53 所示。

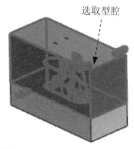

选取型腔

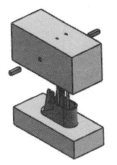

图 18.5.52　选取移动对象　　　　　　图 18.5.53　型腔移动后的结果

Step 4　移动镶件 3。选择下拉菜单 装配(A) ➡ 爆炸图(X) ➡ 编辑爆炸图(E)... 命令，系

18
Chapter

统弹出"编辑爆炸图"对话框；选取图 18.5.54 所示的镶件为移动对象；在该对话框中选中 ⊙ 移动对象 单选按钮，将镶件沿 Z 轴正方向移动 40mm，单击 确定 按钮，结果如图 18.5.55 所示。

Step 5 移动型芯。选择下拉菜单 装配(A) ➡ 爆炸图(X) ➡ 🕱 编辑爆炸图(E)... 命令，系统弹出"编辑爆炸图"对话框；选取图 18.5.56 所示的型芯为移动对象；在该对话框中选中 ⊙ 移动对象 单选按钮，将型芯沿 Z 轴负方向移动 20mm，单击 确定 按钮，结果如图 18.5.57 所示。

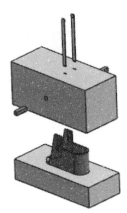
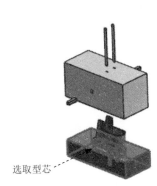

图 18.5.54　选取移动对象　　　　图 18.5.55　镶件 3 移动后的结果　　　　图 18.5.56　选取移动对象

Step 6 移动镶件 4。选择下拉菜单 装配(A) ➡ 爆炸图(X) ➡ 🕱 编辑爆炸图(E)... 命令，系统弹出"编辑爆炸图"对话框；选取图 18.5.58 所示的镶件为移动对象；在该对话框中选中 ⊙ 移动对象 单选按钮，将镶件沿 Z 轴正方向移动 10mm，单击 确定 按钮，结果如图 18.5.59 所示。

图 18.5.57　型芯移动后的结果　　　图 18.5.58　选取移动对象　　　图 18.5.59　镶件 4 移动后的结果

Step 7 保存文件。选择下拉菜单 文件(F) ➡ 全部保存(V) 命令，保存所有文件。

18.6 带滑块与镶件的模具设计

本实例将介绍鼠标下盖的模具设计过程（图 18.6.1），该模具带有镶件和滑块，在创建分型面时采用了一种比较典型的方法：首先，创建产品的分型线；其次，指定分型线中的引导线区域；最后，创建拉伸曲面，并结合曲面补片创建分型面。在创建滑块和镶件时用到了求交、求和及求差方法，这是创建滑块和镶件最常见的方法。希望读者通过对本实例的学习，能够掌握这种创建分型面、滑块和镶件的方法。下面介绍该模具的设计过程。

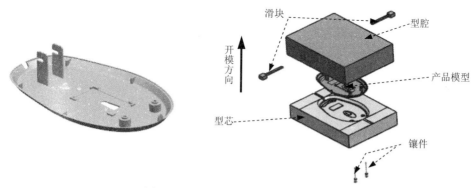

图 18.6.1 鼠标下盖的模具设计

Task1. 初始化项目

Step 1 在"注塑模向导"工具条中，单击"初始化项目"按钮，系统弹出"打开"对话框，选择 D:\ug85mo\work\ch18.06\down_cover.prt，单击 OK 按钮，载入模型后，系统弹出"初始化项目"对话框。

Step 2 定义项目单位。在"初始化项目"对话框的 项目单位 下拉列表框中选择 毫米 选项。

Step 3 设置项目路径和名称。接受系统默认的项目路径；在"初始化项目"对话框的 Name 文本框中输入 down_cover_mold。

Step 4 在该对话框中单击 确定 按钮，完成初始化项目的设置。

Task2. 模具坐标系

Step 1 旋转模具坐标系。选择下拉菜单 格式(R) ➡ WCS ➡ 旋转(R)... 命令，系统弹出 "旋转 WCS 绕…"对话框；在弹出的对话框中选择 -XC 轴: 单选按钮，在 角度 文本框中输入值 90，单击 确定 按钮，旋转后的坐标系如图 18.6.2 所示。

Step 2 锁定坐标系。在"注塑模向导"工具条中，单击"模具 CSYS"按钮，系统弹出"模具 CSYS"对话框；选中 产品实体中心 单选按钮，同时选中 锁定 Z 位置 复选框，单击 确定 按钮，完成模具坐标系的定义，结果如图 18.6.3 所示。

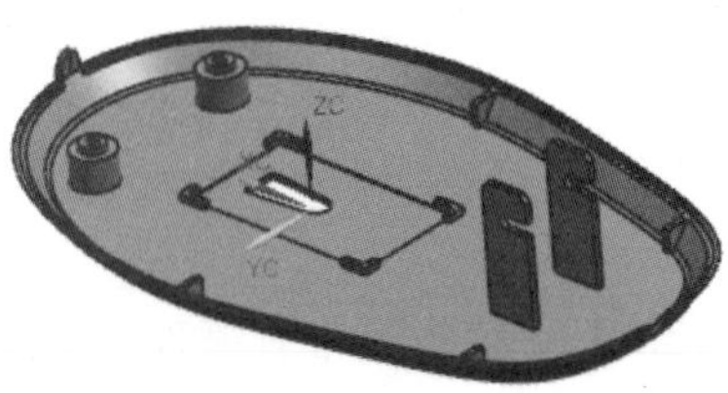

图 18.6.2　旋转模具坐标系　　　　　　图 18.6.3　锁定坐标系

Task3. 设置收缩率

Step 1　定义收缩率。在"注塑模向导"工具条中，单击"收缩率"按钮 ，产品模型会高亮显示，同时系统弹出"缩放体"对话框；在 类型 下拉列表框中选择 均匀 选项。

Step 2　定义缩放体和缩放点。接受系统默认的参数设置值。

Step 3　定义比例因子。在"缩放体"对话框 比例因子 区域的 均匀 文本框中，输入收缩率值 1.006。

Step 4　单击 确定 按钮，完成收缩率的设置。

Task4. 创建模具工件

Step 1　选择命令。在"注塑模向导"工具条中，单击"工件"按钮 ，系统弹出"工件"对话框。

Step 2　在"工件"对话框的 类型 下拉列表框中选择 产品工件 选项，在 工件方法 下拉列表框中选择 用户定义的块 选项，其他参数采用系统默认设置值，然后单击 < 确定 > 按钮，结果如图 18.6.4 所示。

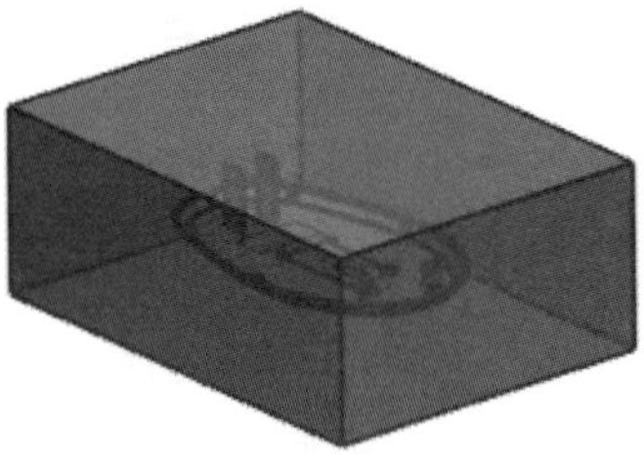

图 18.6.4　创建后的工件

Task5. 模具分型

Stage1. 设计区域

Step 1　在"注塑模向导"工具条中单击"模具分型工具"按钮 ，系统弹出"模具分型工具"工具条和"分型导航器"界面。

Step 2　在"模具分型工具"工具条中单击"检查区域"按钮 ，系统弹出"检查区域"对话框，同时模型被加亮，并显示开模方向，如图 18.6.5 所示。单击"计算"按钮 ，系统开始对产品模型进行分析计算。

Step 3　在"检查区域"对话框中单击 区域 选项卡，在该对话框 设置 区域中取消选中 □内环、□分型边 和 □不完整的环 三个复选框，然后单击"设置区域颜色"按钮 ，设置各区域颜色。

Step 4　定义型芯区域和型腔区域。在对话框的 未定义的区域 区域中选中 ☑ 交叉竖直面 复选框，此时交叉竖直面区域加亮显示，在 指派到区域 区域中选中 ⊙ 型芯区域 单选按钮，

单击　应用　按钮，此时系统自动将未定义的区域指派到型芯区域中，同时对话框中的　未定义的区域　显示为"0"

Step 5　在"检查区域"对话框中单击　确定　按钮，系统返回至"模具分型工具"工具条和"分型导航器"界面。

Stage2. 创建曲面补片

在"模具分型工具"工具条中单击"曲面补片"按钮 ◈，系统弹出"边缘修补"对话框。在　类型　下拉列表框中选择 ▣ 体 选项，选取图 18.6.6 所示的实体。单击　确定　按钮，完成曲面补片的创建。

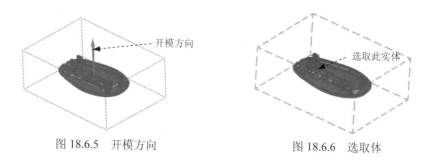

图 18.6.5　开模方向　　　　　　图 18.6.6　选取体

Stage3. 创建型腔/型芯区域分型线

Step 1　在"模具分型工具"工具条中单击"定义区域"按钮 ⬲，系统弹出"定义区域"对话框。

Step 2　在"定义区域"对话框中选中　设置　区域的 ☑ 创建区域 和 ☑ 创建分型线 复选框，单击　确定　按钮，完成型腔/型芯区域分型线的创建。

Stage4. 编辑分型段

Step 1　在"模具分型工具"工具条中单击"设计分型面"按钮 ⬦，系统弹出"设计分型面"对话框。

Step 2　选取过渡对象。在"设计分型面"对话框的　编辑分型段　区域中单击"编辑引导线"按钮 ⬀，依次选取图 18.6.7 所示的边线 1、2、3 和 4。

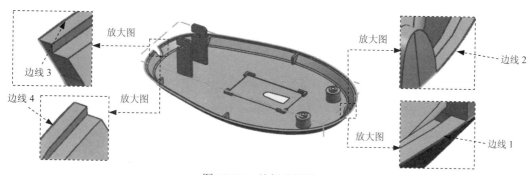

图 18.6.7　编辑分型段

18
Chapter

Step **3** 单击 确定 按钮，完成分型段的定义。

Stage5. 创建分型面

Step **1** 在"设计分型面"对话框中的 设置 区域中接受系统默认的公差值。

Step **2** 拉伸分型面 1。在"设计分型面"对话框中 创建分型面 区域的 方法 下拉列表框中选择 选项，在 拉伸方向 区域的 下拉列表框中选择 XC 选项；在图 18.6.8 中单击"延伸距离"文本，然后在活动的文本框中输入数值 100 并按回车键，单击 应用 按钮，系统返回至"设计分型面"对话框。

Step **3** 拉伸分型面 2。在"设计分型面"对话框中 创建分型面 区域的 方法 下拉列表框中选择 选项，在 拉伸方向 区域的 下拉列表框中选择 ZC 选项，单击 应用 按钮，系统返回至"设计分型面"对话框；完成图 18.6.9 所示拉伸分型面 2 的创建。

Step **4** 拉伸分型面 3。在"设计分型面"对话框中 创建分型面 区域的 方法 下拉列表框中选择 选项，在 拉伸方向 区域的 下拉列表框中选择 XC 选项，单击 应用 按钮，系统返回至"设计分型面"对话框；完成图 18.6.10 所示拉伸分型面 3 的创建。

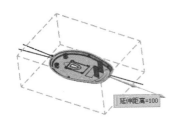 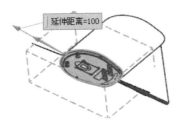 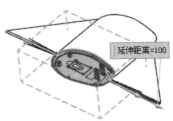

图 18.6.8 延伸距离　　　图 18.6.9 拉伸分型面 2　　　图 18.6.10 拉伸分型面 3

Step **5** 拉伸分型面 4。在"设计分型面"对话框中 创建分型面 区域的 方法 下拉列表框中选择 选项，在 拉伸方向 区域的 下拉列表框中选择 ZC 选项，单击 应用 按钮，系统返回至"设计分型面"对话框；完成图 18.6.11 所示拉伸分型面 4 的创建。

Step **6** 在"设计分型面"对话框中单击 取消 按钮，此时系统返回"模具分型工具"工具条。

Stage6. 创建型腔和型芯

Step **1** 在"模具分型工具"工具条中单击"定义型腔和型芯"按钮 ，系统弹出"定义型腔和型芯"对话框。

Step **2** 在"定义型腔和型芯"对话框中选取 选择片体 区域下的 所有区域 选项，单击 确定 按钮，系统弹出"查看分型结果"对话框，并在图形区显示出创建的型腔，单击

"查看分型结果"对话框中的 确定 按钮，系统再一次弹出"查看分型结果"对话框，单击 确定 按钮，完成型腔和型芯的创建。创建的型腔零件和型芯零件如图 18.6.12 和图 18.6.13 所示。

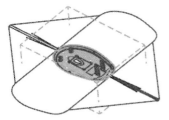

图 18.6.11 拉伸分型面 4

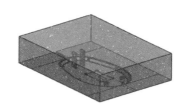

图 18.6.12 型腔零件

图 18.6.13 型芯零件

Task6. 创建滑块

Step 1 选择窗口。选择下拉菜单 窗口(D) ➡ down_cover_mold_cavity_002.prt 命令，系统将在图形区中显示出型腔工作零件。

Step 2 创建拉伸特征 1。选择下拉菜单 插入(S) ➡ 设计特征(E) ➡ 拉伸(E) 命令，系统弹出"拉伸"对话框；选取图 18.6.14 所示的平面为草图平面，绘制图 18.6.15 所示的截面草图，单击"完成草图"按钮 完成草图。单击"反向"按钮；在 限制-区域的 开始 下拉列表框中选择 值 选项，并在其下的 距离 文本框中输入数值 0，在 限制-区域的 结束 下拉列表框中选择 直至延伸部分 选项，选取图 18.6.16 所示的面为拉伸终止面；在 布尔区域的下拉列表框中选择 无 选项；其他参数采用系统默认设置值。单击 < 确定 > 按钮，完成图 18.6.16 所示拉伸特征 1 的创建。

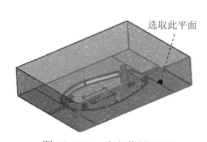

图 18.6.14 选取草图平面

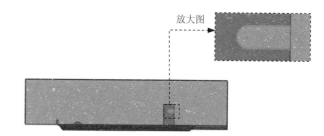

图 18.6.15 截面草图

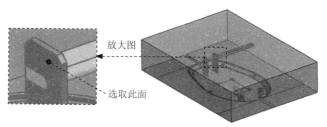

图 18.6.16 拉伸特征 1

Step 3 创建拉伸特征 2。选择下拉菜单 插入(S) ➡ 设计特征(E) ➡ 🔲 拉伸(E)... 命令，选取图 18.6.14 所示的平面为草图平面，绘制图 18.6.17 所示的截面草图，单击"反向"按钮 ✗；在 限制-区域的 开始 下拉列表框中选择 🔟 值 选项，并在其下的 距离 文本框中输入数值 0，在 限制-区域的 结束 下拉列表框中选择 🔟 值 选项，并在其下的 距离 文本框中输入数值 10；在 布尔 区域的下拉列表框中选择 🔃 求和 选项，选取 Step2 中创建的拉伸特征 1 为求和对象，单击 < 确定 > 按钮，完成图 18.6.18 所示拉伸特征 2 的创建。

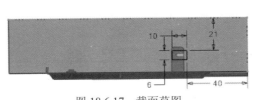

图 18.6.17 截面草图

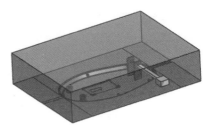

图 18.6.18 拉伸特征 2

Step 4 创建求差特征 1。

（1）选择命令。选择下拉菜单 插入(S) ➡ 组合(B) ▶ ➡ 🗗 求差(S)... 命令，此时系统弹出"求差"对话框。

（2）选取目标体。选取图 18.6.19 所示的目标体特征。

（3）选取工具体。选取图 18.6.19 所示的工具体特征，并选中 ☑ 保存工具 复选框。

（4）单击 < 确定 > 按钮，完成求差特征 1 的创建。

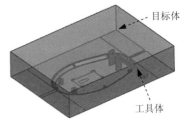

图 18.6.19 定义工具体和目标体

Step 5 将滑块转为型腔子零件 1。

（1）在"装配导航器"中右击 ☑ 🔲 down_cover_mold_cavity_002，在系统弹出的快捷菜单中选择 WAVE ▶ ➡ 新建级别 命令，系统弹出"新建级别"对话框。

（2）在"新建级别"对话框中单击 指定部件名 按钮，在弹出的"选择部件名"对话框的 文件名(N): 文本框中输入 down_cover_slide01.prt，单击 OK 按钮。

（3）在"新建级别"对话框中单击 类选择 按钮，选取图 18.6.20 所示的滑块特征，单击 确定 按钮，系统返回"新建级别"对话框。

（4）单击"新建级别"对话框中的 确定 按钮，此时在"装配导航器"中显示出刚创建的滑块的名称。

Step 6 隐藏拉伸特征。选择下拉菜单 格式(R) ➡ 🗲 移动至图层(M)... 命令，选取图 18.6.20 所示的实体特征，单击 确定 按钮，系统弹出"图层移动"对话框，在

该对话框的 目标图层或类别 文本框中输入数值 10，单击 确定 按钮。

Step 7 创建拉伸特征 3。具体操作可参照 Step2，完成后如图 18.6.21 所示。

选取此特征

图 18.6.20 型腔子零件 1

图 18.6.21 拉伸特征 3

Step 8 创建拉伸特征 4。详细操作可参照 Step3，绘制图 18.6.22 所示的截面草图，完成后如图 18.6.23 所示。

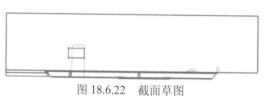

图 18.6.22 截面草图

图 18.6.23 拉伸特征 4

Step 9 创建求差特征 2。选择下拉菜单 插入(S) ➡ 组合(B) ▶ ➡ 求差(S)... 命令，选取图 18.6.24 所示的目标体特征，选取图 18.6.24 所示的工具体特征，单击 < 确定 > 按钮，完成求差特征 2 的创建。

Step 10 将滑块转为型腔子零件 2。

（1）在"装配导航器"中右击 ☑ down_cover_mold_cavity_002，在系统弹出的快捷菜单中选择 WAVE ▶ ➡ 新建级别 命令，系统弹出"新建级别"对话框。

（2）在"新建级别"对话框中单击 指定部件名 按钮，在弹出的"选择部件名"对话框的 文件名(N): 文本框中输入 down_cover_slide02.prt，单击 OK 按钮。

（3）在"新建级别"对话框中单击 类选择 按钮，选取图 18.6.25 所示的滑块特征，单击 确定 按钮，系统返回"新建级别"对话框。

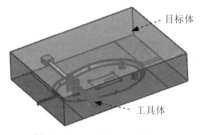

目标体

工具体

图 18.6.24 定义工具体和目标体

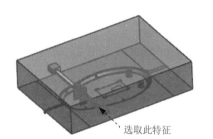

选取此特征

图 18.6.25 型腔子零件 2

18 Chapter

（4）单击"新建级别"对话框中的 确定 按钮，此时在"装配导航器"中显示出刚创建的滑块的名称。

Step 11 选择窗口。选择下拉菜单 窗口(0) ➡ down_cover _mold_core_006.prt 命令，系统将在图形区中显示出型芯工作零件。

Step 12 创建拉伸特征 5。选择下拉菜单 插入(S) ➡ 设计特征(E) ➡ 拉伸(E)... 命令，系统弹出"拉伸"对话框；选取图 18.6.26 所示的平面为草图平面；绘制图 18.6.27 所示的截面草图，单击"完成草图"按钮 完成草图；在 限制-区域的开始下拉列表框中选择 值 选项，并在其下的距离文本框中输入数值 0，在 限制-区域的 结束 下拉列表框中选择 直至下一个 选项；在 布尔区域的下拉列表框中选择 无 选项；其他参数采用系统默认设置值；单击 < 确定 > 按钮，完成图 18.6.28 所示拉伸特征 5 的创建。

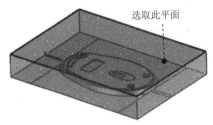

图 18.6.26　选取草图平面

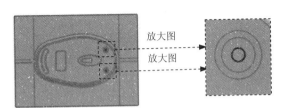

图 18.6.27　截面草图

Step 13 创建拉伸特征 6。具体操作可参照 Step12，绘制图 18.6.29 所示的截面草图；在 限制-区域的开始下拉列表框中选择 值 选项，并在其下的距离文本框中输入数值 0；在 限制-区域的 结束 下拉列表框中选择 值 选项，并在其下的距离文本框中输入数值 5，完成后如图 18.6.30 所示。

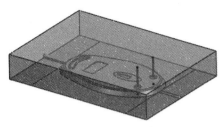

图 18.6.28　拉伸特征 5

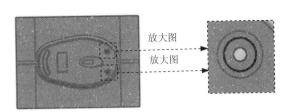

图 18.6.29　截面草图

Step 14 创建求和特征 1。选择下拉菜单 插入(S) ➡ 组合(B) ▸ ➡ 求和(U)... 命令，选取图 18.6.31 所示的目标体与工具体，单击 < 确定 > 按钮，完成求和特征 1 的创建。

Step 15 创建求和特征 2。具体操作可参照 Step14，选取图 18.6.32 所示的目标体与工具体。

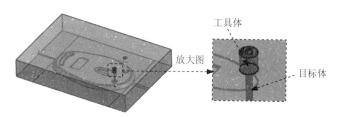

图 18.6.30　拉伸特征 6　　　　　图 18.6.31　定义工具体和目标体

Step 16　创建求差特征 3。选择下拉菜单 插入(S) ➡ 组合(B) ▶ ➡ 🗗 求差(S)... 命令，选取图 18.6.33 所示的目标体特征，选取 Step14、Step15 创建的求和特征 1 与求和特征 2 为工具体，并选中 ☑ 保存工具 复选框，单击 〈 确定 〉 按钮，完成求差特征 3 的创建。

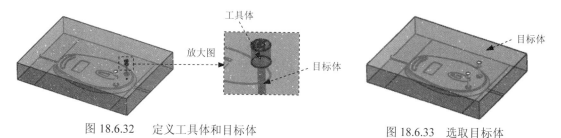

图 18.6.32　定义工具体和目标体　　　　　　图 18.6.33　选取目标体

Step 17　将镶件转为型芯子零件 1。

（1）在"装配导航器"中右击 ☑ 🗀 down_cover_mold_core_006，在系统弹出的快捷菜单中选择 WAVE ▶ ➡ 新建级别 命令，系统弹出"新建级别"对话框。

（2）在"新建级别"对话框中，单击 指定部件名 按钮，在弹出的"选择部件名"对话框的 文件名(N): 文本框中输入 down_cover_insert01.prt，单击 OK 按钮。

（3）在"新建级别"对话框中单击 类选择 按钮，选取图 18.6.34 所示的特征 1，单击 确定 按钮，系统返回"新建级别"对话框。

（4）单击"新建级别"对话框中的 确定 按钮，此时在"装配导航器"中显示出刚创建的滑块的名称。

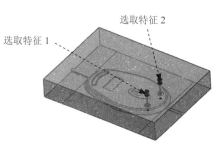

图 18.6.34　型芯子零件

Step 18　将镶件转为型芯子零件 2。详细操作可参照 Step17，零部件名称为 down_cover_insert02.prt，选取图 18.6.34 所示的特征 2 为要转换为型芯子零件的特征。

Step 19　隐藏求和特征。选择下拉菜单 格式(R) ➡ 🗭 移动至图层(M)... 命令，选取求和特征 1 与求和特征 2 为要隐藏的特征，单击 确定 按钮，系统弹出"图层移动"对话框，在该对话框的 目标图层或类别 文本框中输入数值 10，单击 确定 按钮。

Task7. 创建模具分解视图

Step **1** 切换窗口。选择下拉菜单 窗口(0) ➡ down_cover _mold_top_000.prt 命令，切换到总装配文件窗口，双击 ☑ down_cover _mold_top_000 选项并将其转换为工作部件。

Step **2** 移动滑块 1。选择下拉菜单 装配(A) ➡ 爆炸图(X) ➡ 新建爆炸图(N)... 命令，系统弹出"创建爆炸图"对话框，接受系统默认的名称，单击 确定 按钮；选择下拉菜单 装配(A) ➡ 爆炸图(X) ➡ 编辑爆炸图(E)... 命令，系统弹出"编辑爆炸图"对话框；选取图 18.6.35 所示的滑块为移动对象；在该对话框中选中 ⊙ 移动对象 单选按钮，将型腔沿 Y 轴负方向移动 100mm，单击 确定 按钮，结果如图 18.6.36 所示。

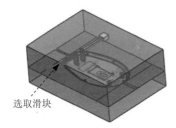

图 18.6.35　选取移动对象

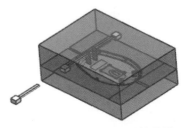

图 18.6.36　滑块 1 移动后的结果

Step **3** 移动滑块 2。选择下拉菜单 装配(A) ➡ 爆炸图(X) ➡ 编辑爆炸图(E)... 命令，系统弹出"编辑爆炸图"对话框；选取图 18.6.37 所示的滑块为移动对象；在该对话框中选中 ⊙ 移动对象 单选按钮，将型腔沿 Y 轴正方向移动 100mm，单击 确定 按钮，结果如图 18.6.38 所示。

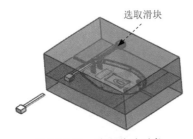

图 18.6.37　选取移动对象

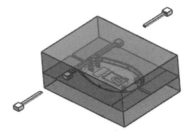

图 18.6.38　滑块 2 移动后的结果

Step **4** 移动镶件 1、2。选择下拉菜单 装配(A) ➡ 爆炸图(X) ➡ 编辑爆炸图(E)... 命令，系统弹出"编辑爆炸图"对话框；选取图 18.6.39 所示的镶件为移动对象；在该对话框中选中 ⊙ 移动对象 单选按钮，将镶件 1、2 沿 Z 轴负方向移动 100mm，单击 确定 按钮，结果如图 18.6.40 所示。

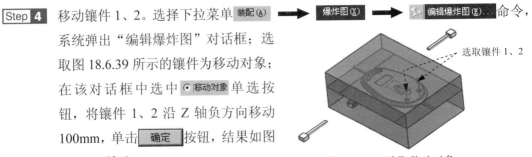

图 18.6.39　选取移动对象

Step 5 移动型腔。选择下拉菜单 装配(A) ➡ 爆炸图(X) ➡ 编辑爆炸图(E)... 命令，系统
弹出"编辑爆炸图"对话框；选取图 18.6.41 所示的型腔为移动对象；在该对话框中
选中 ⊙ 移动对象 单选按钮，将型腔沿 Z 轴正方向移动 50mm，结果如图 18.6.42 所示。

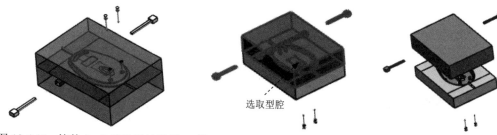

图 18.6.40 镶件 1、2 移动后的结果　　图 18.6.41 选取移动对象　　图 18.6.42 型腔移动后的结果

Step 6 移动型芯。选择下拉菜单 装配(A) ➡ 爆炸图(X) ➡ 编辑爆炸图(E)... 命令，系
统弹出"编辑爆炸图"对话框；选取图 18.6.43 所示的型芯为移动对象；在该对
话框中选中 ⊙ 移动对象 单选按钮，将型芯沿 Z 轴负方向移动 50mm，结果如图
18.6.44 所示。

图 18.6.43 选取移动对象　　　　　图 18.6.44 型芯移动后的结果

Step 7 保存文件。选择下拉菜单 文件(F) ➡ 全部保存(V) 命令，保存所有文件。

18.7 含有复杂破孔的模具设计

图 18.7.1 所示为一个鼠标上盖的模型，本节主要介绍该产品模具的设计过程。在设计
该模具的过程中，由于产品模型中含有较多的复杂破孔，所以在设计分型面时，运用了一
些曲线、曲面的创建工具进行曲面补片，如桥接曲线、通过曲线网格的曲面、艺术曲面和
N 侧曲面等。读者在学习时，要注意这些曲面创建工具在设计分型面时的应用。

Task1. 初始化项目

Step 1 加载模型。在"注塑模向导"工具条中，单击"初始化项目"按钮，系统弹
出"打开"对话框，选择 D:\ug85mo\work\ch18.07\top_cover.prt，单击 OK 按
钮，载入模型后，系统弹出"初始化项目"对话框。

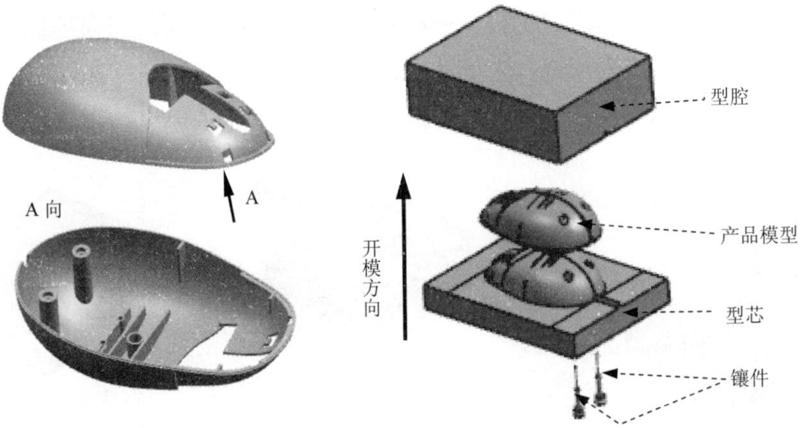

型腔

A 向

A

开模方向

产品模型

型芯

镶件

图 18.7.1　鼠标上盖的模具设计

Step 2　定义项目单位。在"初始化项目"对话框的 项目单位 下拉列表框中选择 毫米 选项。

Step 3　设置项目路径和名称。接受系统默认的项目路径；在"初始化项目"对话框的 Name 文本框中输入 top_cover_mold。

Step 4　在该对话框中单击 确定 按钮，完成初始化项目的设置。

Task2. 模具坐标系

Step 1　旋转模具坐标系。选择下拉菜单 格式(R) ➡ WCS▶ ➡ 旋转(R)... 命令，系统弹出"旋转 WCS 绕..."对话框；在弹出的对话框中选中 ⊙ -XC 轴: 单选按钮，在 角度 文本框中输入数值 90；单击 确定 按钮，完成坐标系的旋转。

Step 2　锁定模具坐标系。在"注塑模向导"工具条中，单击"模具 CSYS"按钮 ，系统弹出"模具 CSYS"对话框；选中 ⊙ 当前 WCS 单选按钮，单击 确定 按钮，完成模具坐标系的定义，结果如图 18.7.2 所示。

Task3. 设置收缩率

Step 1　定义收缩率类型。在"注塑模向导"工具条中，单击"收缩率"按钮 ，产品模型高亮显示，同时系统弹出"缩放体"对话框；在 类型 下拉列表框中选择 均匀 选项。

Step 2　定义缩放体和缩放点。接受系统默认的参数设置值。

Step 3　定义比例因子。在"缩放体"对话框 比例因子 区域的 均匀 文本框中输入收缩率 1.005。

Step 4　单击 确定 按钮，完成收缩率的设置。

Task4. 创建模具工件

Step 1　在"注塑模向导"工具条中单击"工件"按钮 ，系统弹出"工件"对话框。

Step 2　在"工件"对话框的 类型 下拉列表框中选择 产品工件 选项；在 工件方法 下拉列表框中选择 用户定义的块 选项；在 限制-区域的 开始 下拉列表框中选择 值 选项，并在其下的 距离 文本框中输入数值 -15，在 限制-区域的 结束 下拉列表框中选择 值 选项，

并在其下的 距离 文本框中输入数值 50。

Step 3 单击 〈 确定 〉 按钮，完成创建后的模具工件如图 18.7.3 所示。

图 18.7.2　定义后的模具坐标系

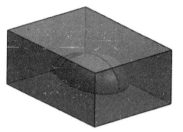

图 18.7.3　创建后的模具工件

Task5. 创建曲面补片

Step 1 切换窗口。选择下拉菜单 窗口(O) ➡ top_cover_mold_parting_022.prt 命令，将产品模型显示出来。

Step 2 创建曲线。选择下拉菜单 插入(S) ➡ 曲线(C) ➡ ／直线(L)... 命令，系统弹出"直线"对话框；选取图 18.7.4 所示的点 1 和点 2 分别为起始点和终止点，创建的曲线 1 如图 18.7.4 所示；单击对话框中的 应用 按钮，完成曲线 1 的创建；选取图 18.7.4 所示的点 3 和点 4 分别为起始点和终止点；单击对话框中的 〈 确定 〉 按钮，完成直线 2 的创建，结果如图 18.7.4 所示。

图 18.7.4　绘制直线

Step 3 创建曲面。

（1）选择命令。选择下拉菜单 插入(S) ➡ 网格曲面(M)▶ ➡ 通过曲线网格(M)... 命令，系统弹出"通过曲线网格"对话框。

（2）定义主曲线和交叉曲线。将曲线选择范围确定为"单条曲线"。选取图 18.7.5 所示的直线 1 为一条主曲线，单击中键，选取直线 2 为另一条主曲线，再单击中键确认；单击 交叉曲线 区域的"选择曲线"按钮 ，选取图 18.7.5 所示的边线 1 和边线 2 为交叉曲线，并分别单击中键确认。

（3）在"通过曲线网格"对话框中单击 〈 确定 〉 按钮，完成曲面的创建，如图 18.7.6 所示。

图 18.7.5 定义主曲线和交叉曲线

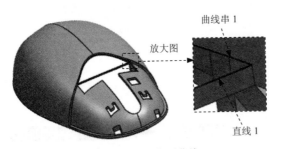

图 18.7.6 通过曲线网格 1

（4）选择命令。选择下拉菜单 插入(S) ➡ 网格曲面(M)▶ ➡ 艺术曲面(U)... 命令，系统弹出"艺术曲面"对话框。

（5）定义截面曲线。将曲线选择范围确定为"相切曲线"。选取图 18.7.7 所示的曲线串 1 与直线 1 为截面曲线。

（6）在"艺术曲面"对话框中单击 < 确定 > 按钮，完成曲面的创建，如图 18.7.8 所示。

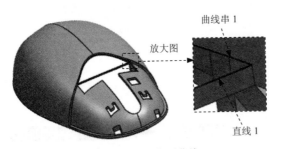

图 18.7.7 定义截面曲线

图 18.7.8 艺术曲面

（7）选择命令。选择下拉菜单 插入(S) ➡ 来自曲线集的曲线(F) ▶ ➡ 桥接(B)... 命令，系统弹出"桥接曲线"对话框。

（8）定义起始终止对象。在图形区中选取图 18.7.9 所示的直线 1 为起始对象，选取直线 2 为终止对象。

（9）单击 < 确定 > 按钮，完成图 18.7.10 所示桥接曲线 1 的创建。

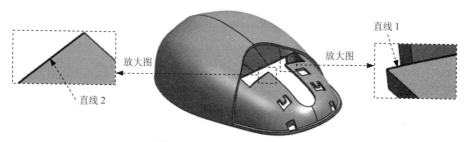

图 18.7.9　定义起始终止对象

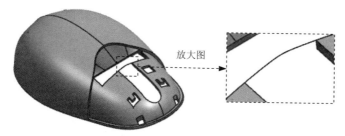

图 18.7.10　绘制直线

（10）选择下拉菜单 插入(S) ➡️ 网格曲面(M)▶ ➡️ 通过曲线网格(M)... 命令；选取图 18.7.11 所示的直线 1 为一条主曲线，单击中键，选取曲线串 2 为另一条主曲线，再单击中键确认；单击 交叉曲线 区域的"选择曲线"按钮 ，选取图 18.7.11 所示的边线 1 和边线 2 为交叉曲线，并分别单击中键确认；单击 < 确定 > 按钮，完成曲面的创建，如图 18.7.12 所示。

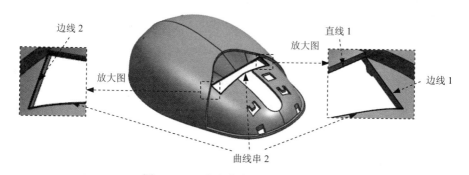

图 18.7.11　定义主曲线与交叉曲线

（11）选择下拉菜单 插入(S) ➡️ 网格曲面(M)▶ ➡️ N 边曲面(N)... 命令；在 类型 下拉列表框中选择 已修剪 选项，在 UV 方位 下拉列表框中选择 面积 选项；将曲线选择范围确定为"单条曲线"；依次选取图 18.7.13 所示的 5 条曲线为外环曲线，选中 ☑ 修剪到边界 复选框，单击 < 确定 > 按钮，完成曲面的创建，如图 18.7.14 所示。

图 18.7.12　通过曲线网格 2

图 18.7.13　选取外环曲线　　　　　　　　　　图 18.7.14　N 边曲面

（12）单击"注塑模工具"工具条中的"编辑分型面和曲面补片"按钮 ，系统弹出"编辑分型面和曲面补片"对话框，选取前面几步创建的艺术曲面、通过曲线网格 1、通过曲线网格 2 与 N 边曲面，单击 确定 按钮。

（13）在"模具分型工具"工具条中单击"曲面补片"按钮 ，系统弹出"边缘修补"对话框；在 类型 下拉列表框中选择 面 选项，然后在图形区中选择图 18.7.15 所示的面，系统自动找到一个环；单击"边缘修补"对话框中的 应用 按钮，选取图 18.7.16 所示的面，系统自动找到两个环；单击 确定 按钮，完成曲面补片如图 18.7.17 所示。

图 18.7.15　选取面　　　　　图 18.7.16　选取面　　　　　图 18.7.17　创建曲面补片

（14）选择下拉菜单 插入(S) ➡ 来自曲线集的曲线(F) ▶ 桥接(B)... 命令，在图形区中选取图 18.7.18 所示的边线 1 为起始对象，选取边线 2 为终止对象；单击 〈确定〉 按钮，完成图 18.7.18 所示桥接曲线 2 的创建。

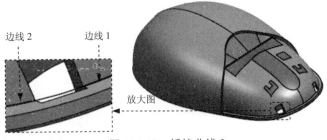

图 18.7.18　桥接曲线 2

（15）参照上一步，创建桥接曲线 3，选取图 18.7.19 所示的边线 1 为起始对象，选取边线 2 为终止对象。

图 18.7.19 桥接曲线 3

（16）选择下拉菜单 插入(S) ➡ 网格曲面(M)▶ ➡ 通过曲线网格(M)... 命令；选取图 18.7.20 所示的曲线 1 为一条主曲线，单击中键，选取曲线 2 为另一条主曲线，再单击中键确认；单击 交叉曲线 区域的"选择曲线"按钮 ，选取图 18.7.20 所示的边线 1 和边线 2 为交叉曲线，并分别单击中键确认；单击 〈 确定 〉 按钮，完成曲面的创建，如图 18.7.20 所示。

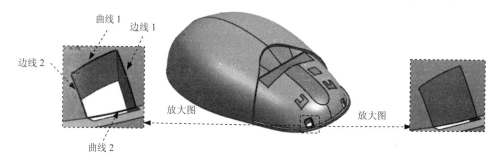

图 18.7.20 通过曲线网格 3

（17）选择下拉菜单 插入(S) ➡ 网格曲面(M)▶ ➡ 通过曲线网格(M)... 命令；选取图 18.7.21 所示的曲线 1 为一条主曲线，单击中键，选取曲线 2 为另一条主曲线，再单击中键确认；单击 交叉曲线 区域的"选择曲线"按钮 ，选取图 18.7.21 所示的边线 1 和边线 2 为交叉曲线，并分别单击中键确认；单击 〈 确定 〉 按钮，完成曲面的创建，如图 18.7.21 所示。

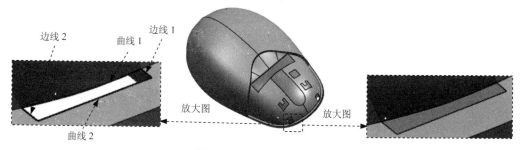

图 18.7.21 通过曲线网格 4

（18）参照上面两步，创建另外两个通过曲线网格，完成后如图 18.7.22 所示。

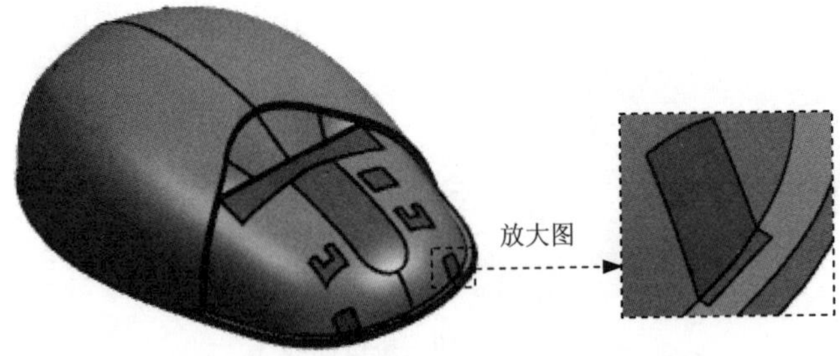

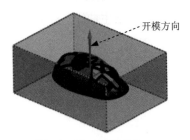

图 18.7.22　创建另外两个通过曲线网格

（19）单击"注塑模工具"工具条中的"编辑分型面和曲面补片"按钮 ，系统弹出"编辑分型面和曲面补片"对话框，选取（16）～（18）创建的通过曲线网格 3～6，单击 确定 按钮。

Task6. 模具分型

Stage1. 设计区域

Step 1　在"注塑模向导"工具条中单击"模具分型工具"按钮 ，系统弹出"模具分型工具"工具条和"分型导航器"界面。

Step 2　在"模具分型工具"工具条中单击"区域分析"按钮 ，系统弹出"检查区域"对话框，同时模型被加亮，并显示开模方向，如图 18.7.23 所示。单击"计算"按钮 ，系统开始对产品模型进行分析计算。

Step 3　在"检查区域"对话框中单击 区域 选项卡，在该对话框 设置 区域中取消选中 □ 内环 、 □ 分型边 和 □ 不完整的环 三个复选框，然后单击"设置区域颜色"按钮 ，设置区域颜色，结果如图 18.7.24 所示。

图 18.7.23　开模方向 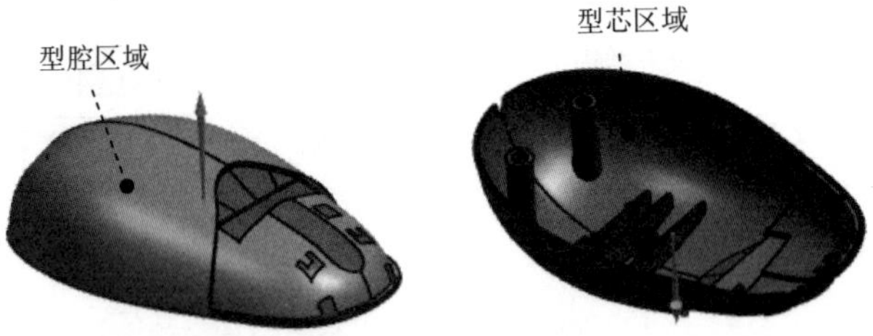　　　　　图 18.7.24　设置区域颜色

Step 4　定义型芯区域和型腔区域。在"检查区域"对话框的 未定义的区域 区域中，选中 ☑ 交叉竖直面 复选框，此时未知面区域曲面加亮显示，在 指派到区域 区域中选中 ◉ 型芯区域 单选按钮，单击 应用 按钮，在 指派到区域 区域中选中 ◉ 型腔区域 单选按钮，选取图 18.7.25 所示的两个面，单击 应用 按钮，此时系统自动将未定义的区域指派到型腔区域中。

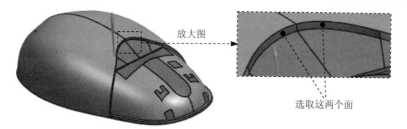

放大图

选取这两个面

图 18.7.25 选取添加到型腔区域的面

Step 5 在"检查区域"对话框中单击 确定 按钮，系统返回至"模具分型工具"工具条和"分型导航器"界面。

Stage2. 创建型腔/型芯区域和分型线

Step 1 在"模具分型工具"工具条中单击"定义区域"按钮 ，系统弹出"定义区域"对话框。

Step 2 在"定义区域"对话框的 设置 区域选中 ☑ 创建区域 和 ☑ 创建分型线 复选框，单击 确定 按钮，完成分型线的创建。

Stage3. 编辑分型段

Step 1 在"模具分型工具"工具条中单击"设计分型面"按钮 ，系统弹出"设计分型面"对话框。

Step 2 选取过渡对象。在"设计分型面"对话框的 编辑分型段 区域中单击"编辑引导线"按钮 ，系统弹出"引导线"对话框，在 引导线长度 文本框中输入 100，然后依次选取图 18.7.26 所示的边线 1、2 和 3。

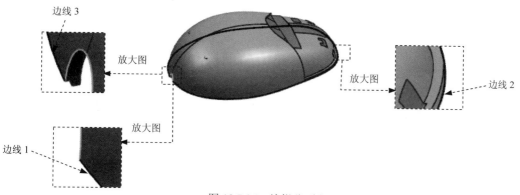

边线 3

放大图

放大图

边线 2

放大图

边线 1

图 18.7.26 编辑分型段

Step 3 单击 确定 按钮，完成分型段的定义。

Stage4. 创建分型面

Step 1 在"设计分型面"对话框中的 设置 区域中接受系统默认的公差值。

Step 2 拉伸分型面1。在"设计分型面"对话框的 分型段 中选中"分段 1"，然后选中 创建分型面 区域 方法 下拉列表框中的 选项，在 ✓ 拉伸方向 区域的 下拉列表框中选择选项；在图 18.7.27 中单击"延伸距离"文本，然后在活动的文本框中输入数值 150，并按回车键，单击 应用 按钮，系统返回至"设计分型面"对话框。

Step 3 拉伸分型面 2。在"设计分型面"对话框中 创建分型面 区域的 方法 下拉列表框中选择 选项，在 ✔ 拉伸方向 区域的 下拉列表框中选择 ᵡᶜ 选项，在"设计分型面"对话框中单击 应用 按钮，系统返回至"设计分型面"对话框；完成图 18.7.28 所示拉伸分型面 2 的创建。

Step 4 拉伸分型面 3。在"设计分型面"对话框中 创建分型面 区域的 方法 下拉列表框中选择 选项，在 ✔ 拉伸方向 区域的 下拉列表框中选择 ᶻᶜ 选项，在"设计分型面"对话框中单击 应用 按钮，系统返回至"设计分型面"对话框；完成图 18.7.29 所示拉伸分型面 3 的创建。

图 18.7.27　绘制直线　　　　图 18.7.28　拉伸分型面 2　　　图 18.7.29　拉伸分型面 3

Step 5 在"设计分型面"对话框中单击 取消 按钮，此时系统返回至"模具分型工具"工具条。

Step 6 创建拉伸分型面 4。选择下拉菜单 插入(S) ➡ 设计特征(E) ➡ 拉伸(E)... 命令，选取图 18.7.30 所示的边线作为拉伸的截面，将拉伸方向设置为 ᵡᶜ ；在 限制 区域的 开始 下拉列表框中选择 值 选项，并在其下的 距离 文本框中输入数值 0，在 限制 区域的 结束 下拉列表框中选择 值 选项，并在其下的 距离 文本框中输入数值 150；在 设置 区域的 体类型 下拉列表框中选择 片体 ；其他参数采用系统默认设置值；单击 < 确定 > 按钮，完成图 18.7.31 所示的拉伸分型面 4 的创建。

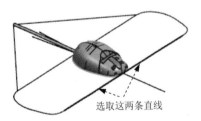

图 18.7.30　选取拉伸截面　　　　　图 18.7.31　拉伸分型面 4

Step 7 单击"注塑模工具"工具条中的"编辑分型面和曲面补片"按钮 ，系统弹出"编辑分型面和曲面补片"对话框，选取 Step6 创建的拉伸分型面 4，单击 确定 按钮。

Stage5. 创建型腔和型芯

Step 1 在"模具分型工具"工具条中单击"定义型腔和型芯"按钮 █，系统弹出"定义型腔和型芯"对话框。

Step 2 在"定义型腔和型芯"对话框中选取 选择片体 区域下的 所有区域 选项，单击 确定 按钮，系统弹出"查看分型结果"对话框，并在图形区显示出创建的型腔，单击"查看分型结果"对话框中的 确定 按钮，系统再一次弹出"查看分型结果"对话框，单击 确定 按钮，完成型腔和型芯的创建。创建的型腔零件和型芯零件如图 18.7.32 和图 18.7.33 所示。

图 18.7.32 型腔零件

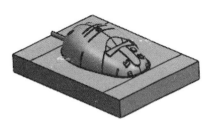

图 18.7.33 型芯零件

Task7. 创建型芯镶件

Step 1 切换窗口。选择下拉菜单 窗口(O) ➡️ top_cover_mold_core_006.prt 命令，切换至型芯操作环境。

Step 2 创建拉伸特征 1。

（1）选择命令。选择下拉菜单 插入(S) ➡️ 设计特征(E) ➡️ █ 拉伸(E)... 命令，系统弹出"拉伸"对话框。

（2）选取草图平面。选取图 18.7.34 所示的平面为草图平面。

（3）创建截面草图。绘制图 18.7.35 所示的截面草图，单击"完成草图"按钮 █ 完成草图 。

图 18.7.34 草图平面

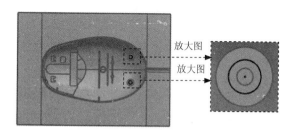

图 18.7.35 截面草图

（4）确定拉伸开始值和结束值。将拉伸方向设置为 ZC↑ ；在 限制 区域的 开始 下拉列表框中选择 值 选项，并在其下的 距离 文本框中输入数值 0，在 限制 区域的 结束 下拉列表框中选择 直至延伸部分 选项，选取图 18.7.36 所示的面为拉伸终止面；在 布尔 区域的下拉列表

框中选择 [●]无 选项；其他参数采用系统默认设置值。

（5）单击 < 确定 > 按钮，完成图 18.7.37 所示拉伸特征 1 的创建。

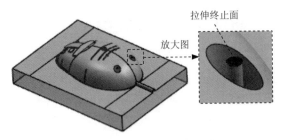

图 18.7.36　选取拉伸终止面

图 18.7.37　拉伸特征 1

Step 3　创建求交特征。选择下拉菜单 插入(S) ➡ 组合(B) ▶ ➡ 求交(I)... 命令，系统弹出"求交"对话框；选取型芯为目标体，选取拉伸特征 1 为工具体；在 设置 区域中选中 ☑ 保存目标 复选框，取消选中 ☐ 保存工具 复选框；单击 < 确定 > 按钮，完成求交特征的创建。

Step 4　创建拉伸特征 2。选择下拉菜单 插入(S) ➡ 设计特征(E) ➡ 拉伸(E)... 命令，选取图 18.7.34 所示的平面为草图平面，绘制图 18.7.38 所示的草图，将拉伸方向设置为 ^{ZC}↑；在 限制-区域的 开始 下拉列表框中选择 值 选项，并在其下的 距离 文本框中输入数值 0，在 限制-区域的 结束 下拉列表框中选择 值 选项，并在其下的 距离 文本框中输入数值 5；单击 < 确定 > 按钮，完成图 18.7.39 所示拉伸特征 2 的创建。

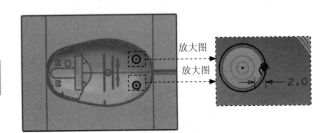

图 18.7.38　截面草图

图 18.7.39　拉伸特征 2

Step 5　创建求和特征。选择下拉菜单 插入(S) ➡ 组合(B) ▶ ➡ 求和(U)... 命令，系统弹出"求和"对话框；选取图 18.7.40 所示的目标体对象；选取图 18.7.40 所示的工具体对象；单击 应用 按钮，完成求和特征的创建。参照上述步骤，创建另外一个求和特征。

图 18.7.40　定义工具体和目标体

说明：为了选取的方便此时可先将型芯隐藏，完成此步操作后再将其显示出来。

Step 6　创建求差特征。选择下拉菜单 插入(S) ➞ 组合(B) ▶ ➞ 求差(S)... 命令，选取型芯为目标体，选取 Step5 创建的两个求和特征 2 为工具体，并选中 ☑ 保存工具 复选框，单击 < 确定 > 按钮，完成求差特征的创建。

Step 7　将镶件转为型芯子零件 1。

（1）在"装配导航器"中右击 top_cover_mold_core_006.prt，在系统弹出的快捷菜单中选择 WAVE ▶ ➞ 新建级别 命令，系统弹出"新建级别"对话框。

（2）在"新建级别"对话框中单击 指定部件名 按钮，在弹出的"选择部件名"对话框的 文件名(N): 文本框中输入 top_cover_insert01.prt，单击 OK 按钮。

（3）在"新建级别"对话框中单击 类选择 按钮，选取图18.7.41所示的特征1，单击 确定 按钮，系统返回"新建级别"对话框。

（4）单击"新建级别"对话框中的 确定 按钮，此时在"装配导航器"中显示出刚创建的滑块的名称。

Step 8　将镶件转为型芯子零件 2。详细操作可参照上一步，零部件名称为 top_cover_insert02.prt，选取图 18.7.41 所示的特征 2 为要转换为型芯子零件的特征。

Step 9　首先将 Step7 和 Step8 中创建的型芯子零件隐藏起来，选取图 18.7.42 所示的特征为要隐藏的特征，然后选择下拉菜单 格式(R) ➞ 移动至图层(M)... 命令，单击 确定 按钮，系统弹出"图层移动"对话框，在该对话框的 目标图层或类别 文本框中输入数值 10，单击 确定 按钮。

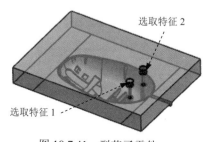

图 18.7.41　型芯子零件

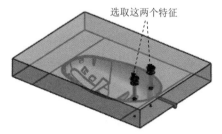

图 18.7.42　选取要隐藏的特征

Task8. 创建模具分解视图

Step 1　切换窗口。选择下拉菜单 窗口(O) ➞ top_cover_mold_top_000.prt 命令，切换到总装配文件窗口，将 ☑ top_cover_mold_top_000 设为工作部件。

Step 2　移动型腔。选择下拉菜单 装配(A) ➞ 爆炸图(X)▶ ➞ 新建爆炸图(N)... 命令，系统弹出"新建爆炸图"对话框，接受系统默认的名称，单击 确定 按钮；选择下拉菜单 装配(A) ➞ 爆炸图(X)▶ ➞ 编辑爆炸图(E)... 命令，系统弹出"编辑爆炸图"对话框；选取图 18.7.43 所示的型腔为移动对象；在该对话框中选择单选按钮，将型腔沿 Z 轴正方向移动 100mm，单击 确定 按钮，结果如图 18.7.44 所示。

选取型腔

图 18.7.43　选取移动对象

图 18.7.44　型腔移动后的结果

Step 3　移动型芯。选择下拉菜单 装配(A) ➡ 爆炸图(X) ➡ 编辑爆炸图(E)... 命令，系统弹出"编辑爆炸图"对话框，选取图 18.7.45 所示的型芯为移动对象；在该对话框中选择 移动对象 单选按钮，将型芯沿 Z 轴负方向移动 50mm，单击 确定 按钮，结果如图 18.7.46 所示。

型芯

图 18.7.45　选取移动对象

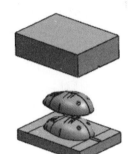

图 18.7.46　型芯移动后的结果

Step 4　移动镶件。选择下拉菜单 装配(A) ➡ 爆炸图(X) ➡ 编辑爆炸图(E)... 命令，系统弹出"编辑爆炸图"对话框；选取图 18.7.47 所示的镶件为移动对象；在该对话框中选择 移动对象 单选按钮，将镶件沿 Z 轴负方向移动 80mm，单击 确定 按钮，结果如图 18.7.48 所示。

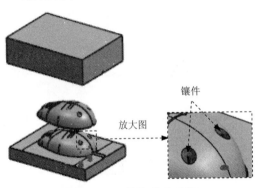

镶件

放大图

图 18.7.47　选取移动对象

图 18.7.48　镶件移动后的结果

Step **5**　保存文件。选择下拉菜单 文件(F) ➡ 全部保存(V) 命令，保存所有文件。

18.8　一模多穴的模具设计（一）

本实例将介绍图 18.8.1 所示的一款塑料勺子的一模多穴设计，其设计的亮点是产品零件在模具型腔中的布置以及分型面的设计，另外本实例在创建分型面时采用了很巧妙的方法，用到了"等参数曲线"、"移除曲线"等命令，此处需要读者认真体会。

图 18.8.1　勺子的模具设计

Task1. 初始化项目

Step **1**　加载模型。在"注塑模向导"工具条中单击"初始化项目"按钮 ，系统弹出"打开"对话框，选择 D:\ug85mo\work\ch18.08\scoop.prt，单击 OK 按钮，载入模型后，系统弹出"初始化项目"对话框。

Step **2**　定义项目单位。在"初始化项目"对话框的 项目单位 下拉列表框中选择 毫米 选项。

Step **3**　设置项目路径和名称。接受系统默认的项目路径；在"初始化项目"对话框的 Name 文本框中输入 scoop_mold。

Step **4**　在该对话框中单击 确定 按钮，完成初始化项目的设置。

Task2. 模具坐标系

Step **1**　旋转模具坐标系。选择下拉菜单 格式(R) ➡ WCS▶ ➡ 旋转(R)... 命令，系统弹出"旋转 WCS 绕…"对话框。在弹出的对话框中选中 ⊙ -XC 轴: 单选按钮，在 角度 文本框中输入数值 90。单击 确定 按钮，定义后的坐标系如图 18.8.2 所示。

Step **2**　锁定模具坐标系。在"注塑模向导"工具条中，单击"模具 CSYS"按钮 ，系统弹出"模具 CSYS"对话框；选中 ⊙ 当前 WCS 单选按钮；单击 确定 按钮，完成模具坐标系的定义，结果如图 18.8.3 所示。

Task3. 设置收缩率

Step **1**　定义收缩率类型。在"注塑模向导"工具条中，单击"收缩率"按钮 ，产品模型高亮显示，同时系统弹出"缩放体"对话框；在"缩放体"对话框的 类型 下拉列表框中选择 均匀 选项。

图 18.8.2　定义后的模具坐标系　　　　图 18.8.3　锁定后的模具坐标系

Step 2 定义缩放体和缩放点。接受系统默认的参数设置值。

Step 3 定义缩放体因子。在"缩放体"对话框 比例因子 区域的 均匀 文本框中，输入收缩率值 1.006。

Step 4 单击 确定 按钮，完成收缩率的设置。

Task4. 创建模具工件

Step 1 在"注塑模向导"工具条中，单击"工件"按钮◇，系统弹出"工件"对话框。

Step 2 在"工件"对话框的 类型 下拉列表框中选择 产品工件 选项，在 工件方法 下拉列表框中选择 用户定义的块 选项，其他参数采用系统默认设置值。

Step 3 修改尺寸。单击 定义工件 区域的"绘制截面"按钮图，系统进入草图环境，然后修改截面草图的尺寸，如图 18.8.4 所示；在"工件"对话框 限制-区域的 开始 下拉列表框中选择 值 选项，并在其下的 距离 文本框中输入数值-20，在 限制-区域的 结束 下拉列表框中选择 值 选项，并在其下的 距离 文本框中输入数值 35。

Step 4 单击 < 确定 > 按钮，完成创建后的模具工件如图 18.8.5 所示。

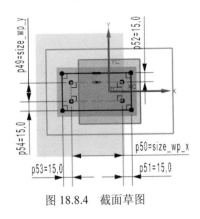

图 18.8.4　截面草图

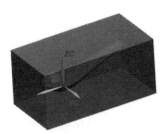

图 18.8.5　创建后的模具工件

Task5. 创建型腔布局

Step 1 在"注塑模向导"工具条中，单击"型腔布局"按钮门，系统弹出"型腔布局"对话框。

Step 2 定义型腔数和间距。在"型腔布局"对话框的 布局类型 区域中选择 圆形 选项和 ⊙ 径向 单选按钮；在 型腔数 下拉列表框中选择 8，并在 半径 文本框中输入数值 180。

Step 3 在 布局类型 区域中单击 ＊指定点 使其激活，然后单击其后的"点对话框"按钮 ，系统弹出"点"对话框，采用系统默认的参数，单击 确定 按钮。

Step 4 在 生成布局 区域中单击"开始布局"按钮 ，系统自动进行布局。

Step 5 在 编辑布局 区域单击"自动对准中心"按钮 ，使模具坐标系自动对准中心，布局结果如图 18.8.6 所示，单击 关闭 按钮。

图 18.8.6 型腔布局

Task6. 模具分型

Stage1. 设计区域

Step 1 切换窗口。选择下拉菜单 窗口(W) ➡ scoop_mold_parting_022.prt 命令。

Step 2 选择命令。选择下拉菜单 开始 ➡ 所有应用模块 ➡ 建模(M)... 命令，进入建模环境。

说明：如果此时系统已经处在建模环境下，此步操作可以省略。

Step 3 创建等参数曲线 1。选择下拉菜单 插入(S) ➡ 来自体的曲线(U) ➡ 等参数曲线(O)... 命令；在 数量 文本框中输入 2，选中 ☑ 间距 复选框，选取图 18.8.7 所示的圆弧面，单击"应用"按钮，结果如图 18.8.8 所示；参照上述步骤，创建其余等参数曲线，完成后如图 18.8.9 所示。

图 18.8.7 选取参考面　　　　　　　　　　图 18.8.8 等参数曲线 1

Step 4 移除参数。选择下拉菜单 编辑(E) ➡ 特征(F) ➡ 移除参数(V)... 命令，系统弹出"移除参数"对话框，在图形区中框选所有对象，单击 确定 按钮，单击 是 按钮。

Step 5 删除曲线。在图形区中选取图 18.8.10 所示的曲线 1 为要删除的曲线，右击选择 ✕ 删除(D) 命令；参照上述操作，将与图 18.8.10 所示曲线相连的所有曲线删除。

图 18.8.9 创建其余等参数曲线

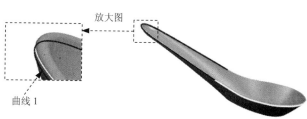

图 18.8.10 选取要删除的曲线

Step 6 创建拆分面。单击"注塑模工具"按钮 ✖，系统弹出"注塑模工具"工具条，单击该工具条中的"拆分面"按钮 ✦，系统弹出"拆分面"对话框；在 类型 区域的下拉列表框中选择 ✦ 曲线/边 选项，选取图 18.8.11 所示的面（共 4 个面）为要分割的面，选取图 18.8.12 所示的线（共 4 条线）为分割对象；单击 确定 按钮，完成拆分面的创建。

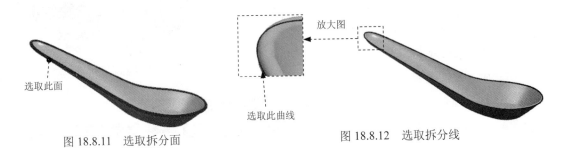

图 18.8.11 选取拆分面　　　　图 18.8.12 选取拆分线

Step 7 在"注塑模向导"工具条中单击"模具分型工具"按钮 ⛁，系统弹出"模具分型工具"工具条和"分型导航器"界面。

Step 8 在"模具分型工具"工具条中单击"检查区域"按钮 ⧉，系统弹出"检查区域"对话框，同时模型被加亮，并显示开模方向，如图 18.8.13 所示；在"检查区域"对话框中选中 ⊙ 保持现有的 单选按钮。

说明：图 18.8.13 所示的开模方向可以通过"检查区域"对话框中的 ✔ 指定脱模方向 按钮和"矢量对话框"按钮 ⬆ 来更改，本实例在前面定义模具坐标系时已经将开模方向设置好，所以系统会自动识别出产品模型的开模方向。

Step 9 面拆分。

（1）计算设计区域。在"检查区域"对话框中单击"计算"按钮 🗐，系统开始对产品模型进行分析计算。单击"检查区域"对话框中的 面 选项卡，可以查看分析结果。

（2）设置区域颜色。在"检查区域"对话框中单击 区域 选项卡，取消选中 □ 内环、□ 分型边 和 □ 不完整的环 三个复选框，然后单击"设置区域颜色"按钮 🖌，设置各区域颜色。

（3）定义型腔区域。在"检查区域"对话框中单击 区域 选项卡，在 指派到区域 区域选中 ⊙ 型腔区域 单选按钮，选取图 18.8.14 所示的模型表面（共 1 个面）为型腔区域，单击 应用 按钮。

图 18.8.13 开模方向

图 18.8.14 选取要指派到型腔区域的面

（4）定义型芯区域。在 指派到区域 区域选中 ⊙ 型芯区域 单选按钮，选取图 18.8.15 所示的模型表面（共 4 个面）为型芯区域，单击 应用 按钮；单击 取消 按钮，关闭"检查区域"对话框。

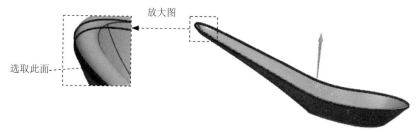

图 18.8.15　选取要指派到型芯区域的面

Stage2. 创建区域及分型线

Step 1　在"模具分型工具"工具条中单击"定义区域"按钮 ⚒，系统弹出"定义区域"对话框。

Step 2　在"定义区域"对话框的 设置 区域选中 ☑ 创建区域 和 ☑ 创建分型线 复选框，单击 确定 按钮，完成分型线的创建，结果如图 18.8.16 所示。

图 18.8.16　创建分型线

Stage3. 创建分型面

Step 1　创建相交线。选择下拉菜单 插入(S) ➡ 来自体的曲线(U) ➡ ⬙ 求交(I)... 命令，选取整个实体外表面为第一组面，选取 XY 平面作为第二组面，单击 确定 按钮。

说明： 创建此相交线的作用是将前面创建的等参数曲线分割开，以便创建分型面。

Step 2　创建拉伸面 1。选择下拉菜单 插入(S) ➡ 设计特征(E)▶ ➡ ⬚ 拉伸(E)... 命令，选取图 18.8.17 所示的曲线为截面草图，在 * 指定矢量 的 下拉列表框中选择 ZC↑ 选项，在"拉伸"对话框 限制-区域的 开始 下拉列表框中选择 值 选项，并在其下的 距离 文本框中输入值 0，在 结束 的下拉列表框中选择 值 选项，并在其下的 距离 文本框中输入值 50；在 布尔-区域的 布尔 下拉列表框中选择 无 选项；其他参数采用系统默认设置；单击 < 确定 > 按钮，完成图 18.8.17 所示拉伸面特征 1 的创建。

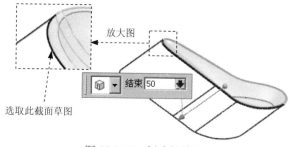

图 18.8.17　创建拉伸面 1

说明：在选取曲线时需将曲线规则设置为 单条曲线 类型，并按下"在相交处停止"按钮 ╫。

Step 3 创建拉伸面 2。具体操作可参照 Step2，完成后如图 18.8.18 所示。

Step 4 创建拉伸面 3、4。具体操作可参照 Step2，完成后如图 18.8.19 所示。

图 18.8.18　创建拉伸面 2　　　　　　　图 18.8.19　创建拉伸面 3、4

Step 5 缝合特征 1。选择下拉菜单 插入(S) ➡ 组合(B) ▶ ➡ ▥ 缝合(H)... 命令，在 类型 区域的下拉列表框中选择 ◆ 片体 选项，选取 Step2 中创建的拉伸面 1 为目标体，选取 Step3 和 Step4 中创建的拉伸面 2～4 为工具体，单击 确定 按钮，完成曲面缝合特征 1 的创建。

Step 6 单击"注塑模工具"工具条中的"编辑分型面和曲面补片"按钮 ▱，系统弹出"编辑分型面和曲面补片"对话框，此时系统自动选取 Step5 中创建的缝合曲面 1，单击 确定 按钮。

Stage4. 创建型腔和型芯

Step 1 在"模具分型工具"工具条中单击"定义型腔和型芯"按钮 ⌂，系统弹出"定义型腔和型芯"对话框。

Step 2 在"定义型腔和型芯"对话框中选取 选择片体 区域下的 🔲 所有区域 选项，单击 确定 按钮，系统弹出"查看分型结果"对话框，并在图形区显示出创建的型腔，单击"查看分型结果"对话框中的 确定 按钮，系统再一次弹出"查看分型结果"对话框，单击 确定 按钮，完成型腔和型芯的创建。创建的型腔零件和型芯零件如图 18.8.20 和图 18.8.21 所示。

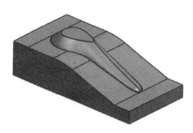
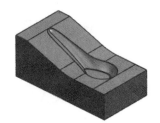

图 18.8.20　型腔零件　　　　　　　图 18.8.21　型芯零件

Task7. 创建模具爆炸视图

爆炸视图的创建请参考随书光盘中的录像，这里不再赘述。

18.9   一模多穴的模具设计（二）

本节将以图 18.9.1 所示的一个支承架为例，说明在 UG NX 8.5 中设计一模多穴模具的一般过程。通过对本例的学习，读者能进一步掌握一模多穴模具的设计原理。

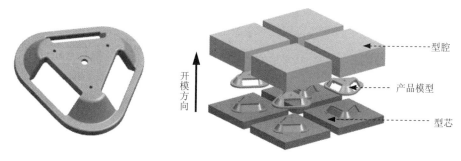

图 18.9.1   支承架的模具设计

Task1. 初始化项目

Step 1   加载模型。在"注塑模向导"工具条中单击"初始化项目"按钮，系统弹出"打开"对话框，选择文件 D:\ug85mo\work\ch18.09\case_cover.prt，单击 OK 按钮，加载模型，系统弹出"初始化项目"对话框。

Step 2   定义项目单位。在"初始化项目"对话框中 设置 区域的 项目单位 下拉列表框中选择 毫米 选项。

Step 3   设置项目路径和名称。接受系统默认的项目路径；在"初始化项目"对话框的 Name 文本框中输入 case_cover_mold。

Step 4   设置材料和收缩。在"初始化项目"对话框的 材料 下拉列表框中选择 ABS 选项，同时系统会自动在 收缩率 文本框中写入 1.006，单击 确定 按钮。

Task2. 模具坐标系

Step 1   在"注塑模向导"工具条中单击 按钮，系统弹出"模具 CSYS"对话框。

Step 2   在"模具 CSYS"对话框中选择 ⊙ 当前 WCS 单选按钮，单击 确定 按钮，完成坐标系的锁定，如图 18.9.2 所示。

Task3. 创建模具工件

Step 1   在"注塑模向导"工具条中单击"工件"按钮，系统弹出"工件"对话框。

Step 2   在"工件"对话框中的 类型 下拉列表框中选择 产品工件 选项；在 工件方法 下拉列表框中选择 用户定义的块 选项；单击 定义工件 区域的"绘制截面"按钮，系统进入草图环境，截面草图如图 18.9.3 所示。

Step 3   修改尺寸。在"工件"对话框 限制 区域的 开始 和 结束 下的 距离 文本框中分别输入值

-15 和 40；单击 < 确定 > 按钮，完成创建后的模具工件如图 18.9.4 所示。

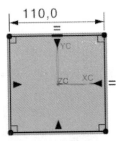

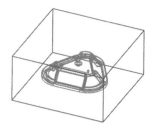

图 18.9.2　锁定模具坐标系　　　图 18.9.3　修改截面草图后　　　　图 18.9.4　模具工件

Task4. 型腔布局

Step 1　在"注塑模向导"工具条中单击"型腔布局"按钮 ，系统弹出"型腔布局"对话框。

Step 2　定义布局。

（1）平衡布局。在"型腔布局"对话框中 布局类型 区域选择 矩形 选项和 ⊙ 平衡 单选按钮；在 平衡布局设置 区域的 型腔数 下拉列表框中选择 2；然后在 缝隙距离 文本框中输入值 20，如图 18.9.5 所示；选取 YC 方向作为布局方向，单击 按钮，在 生成布局 区域单击"开始布局"按钮 ，系统自动进行布局。

（2）线性布局。在"注塑模向导"工具条中单击"型腔布局"按钮 ，在弹出的对话框的 布局类型 下拉列表框中选择 矩形 选项，选中 ⊙ 线性 单选按钮；选择图中的两个实体，设置好型腔数及 X、Y 向的间距，如图 18.9.6 所示；在 生成布局 区域单击"开始布局"按钮 ，系统自动进行布局。

图 18.9.5　"型腔布局"对话框（一）

图 18.9.6　"型腔布局"对话框（二）

（3）布局完成后，在 编辑布局 区域单击"自动对准中心"按钮 ⊞，使模具坐标系自动对中，结果如图 18.9.7 所示。

Step 3 在"型腔布局"对话框中单击 关闭 按钮，完成型腔布局。

Task5. 创建曲面补片

Step 1 选择窗口。选择下拉菜单 窗口(O) ➡ case_cover_mold_parting_047.prt ，显示零件。

Step 2 创建补面。

（1）创建直线。选择下拉菜单 插入(S) ➡ 曲线(C) ➡ ╱ 直线(L)... 命令，系统弹出"直线"对话框；创建图 18.9.8 所示的直线；在"直线"对话框中单击 < 确定 > 按钮，完成直线的创建。

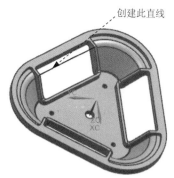

图 18.9.7 定义型腔布局   图 18.9.8 创建直线

（2）创建曲面 1。选择下拉菜单 插入(S) ➡ 网格曲面(M)▶ ➡ 🔲 通过曲线网格(M)... 命令，系统弹出"通过曲线网格"对话框；定义主曲线和交叉曲线。将曲线选择范围确定为"单条曲线"。选取图 18.9.9 所示的边线 1 为一条主曲线，单击中键；选取边线 2 为另一条主曲线，再单击中键确认；单击 交叉曲线 区域的"选择曲线"按钮 ⎘ ，选取图 18.9.9 所示的边线 3 和边线 4 为交叉曲线 1，单击中键，选取图 18.9.9 所示的边线 5 和边线 6 为交叉曲线 2，再单击中键确认；在"通过曲线网格"对话框中单击 < 确定 > 按钮，完成曲面 1 的创建，如图 18.9.10 所示。

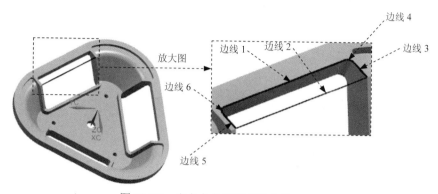

图 18.9.9 定义主曲线和交叉曲线

（3）创建图 18.9.11 所示的曲面 2。参照步骤（2）完成曲面 2 的创建。

图 18.9.10　创建曲面（一）

图 18.9.11　创建曲面（二）

Step 3 创建实例几何体特征。选择下拉菜单 插入(S) ➡ 关联复制(A)▶ ➡ 生成实例几何特征(G)... 命令，系统弹出"实例几何体"对话框；在对话框的 类型 下拉列表框中选择 旋转 选项；选取创建的曲面 1 和曲面 2 为要生成实例的几何特征；在对话框中选择 下拉列表框中的 ZC 选项；单击"点对话框"按钮 ，系统弹出"点"对话框；在 输出坐标 区域的 X 、 Y 、 Z 文本框中均输入 0，单击 确定 按钮；在 角度 文本框中输入角度值 120.0，在 距离 文本框中输入偏移距离值 0，在 副本数 文本框中输入副本数量值 2.0；单击 < 确定 > 按钮，完成实例几何体特征的操作。

Step 4 转化曲面。在"注塑模向导"工具条中单击"注塑模工具"按钮 ，系统弹出"注塑模工具"工具条；在"注塑模工具"工具条中单击"编辑分型面和曲面补片"按钮 ，系统弹出"编辑分型面和曲面补片"对话框，选择前面创建的所有曲面，单击 确定 按钮，完成曲面的转化。

Task6. 模具分型

Stage1. 设计区域

Step 1 在"注塑模向导"工具条中单击"模具分型工具"按钮 ，系统弹出"模具分型工具"工具条和"分型导航器"界面。

Step 2 在"模具分型工具"工具条中单击"检查区域"按钮 ，系统弹出图 18.9.12 所示的"检查区域"对话框，同时模型被加亮，并显示开模方向，如图 18.9.13 所示。单击"计算"按钮 ，系统开始对产品模型进行分析计算。

Step 3 在"检查区域"对话框中单击 区域 选项卡，在该对话框的 设置 区域中取消选中 □内环 、□分型边 和 □不完整的环 三个复选框；然后单击"设置区域颜色"按钮 ，设置区域颜色。

图 18.9.12　"检查区域"对话框

Step 4 定义型腔区域。在 未定义的区域 区域中选中 ☑ 交叉竖直面 复选框，此时系统将所有的

未定义区域面加亮显示；在 指派到区域 区域中选择 ⊙ 型腔区域 单选按钮，单击
应用 按钮，此时系统将前面加亮显示的未定义区域面指派到型腔区域，结果
如图 18.9.14 所示。

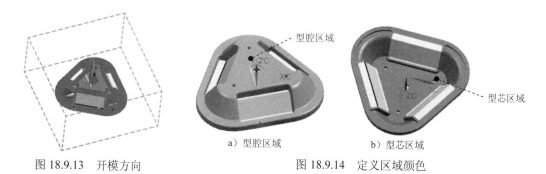

图 18.9.13　开模方向　　　　　　　　　　　图 18.9.14　定义区域颜色

Step 5　在"检查区域"对话框中单击 确定 按钮，系统返回至"模具分型工具"工具
条和"分型导航器"界面。

Step 6　创建曲面补片。在"模具分型工具"工具条中单击"曲面补片"按钮 ◈，系统
弹出"边缘修补"对话框；选择修补对象。在"边缘修补"对话框中的 类型 下拉
列表框中选择 ◈ 面 选项，选择如图 18.9.15 所示的面，然后单击 确定 按钮。
系统返回至"模具分型工具"工具条。

Stage2. 创建型腔/型芯区域和分型线

Step 1　在"模具分型工具"工具条中单击"定义区域"按钮 ⚘，系统弹出"定义区域"
对话框。

Step 2　在"定义区域"对话框中的 设置 区域选中 ☑ 创建区域 和 ☑ 创建分型线 复选框，单击
确定 按钮，完成分型线的创建，系统返回到"模具分型工具"工具条，创建
分型线结果如图 18.9.16 所示。

图 18.9.15　选择面　　　　　　　　　　　图 18.9.16　分型线

Stage3. 创建分型面

Step 1　在"模具分型工具"工具条中单击"设计分型面"按钮 ⬡，系统弹出"设计分型
面"对话框。

18
Chapter

Step **2** 定义分型面创建方法。在"设计分型面"对
话框中的 创建分型面 区域中单击"有界平面"按
钮 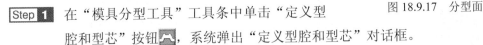，然后单击 确定 按钮，结果如图
18.9.17 所示。

Stage4. 创建型腔和型芯

图 18.9.17　分型面

Step **1** 在"模具分型工具"工具条中单击"定义型
腔和型芯"按钮 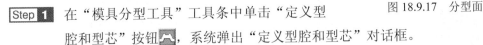，系统弹出"定义型腔和型芯"对话框。

Step **2** 自动创建型腔和型芯。在"定义型腔和型芯"对话框中选取 选择片体 区域下的
所有区域 选项，单击 确定 按钮，系统弹出"查看分型结果"对话框，并在
图形区显示出创建的型腔，单击"查看分型结果"对话框中的 确定 按钮，
系统再次弹出"查看分型结果"对话框；单击 确定 按钮，完成型腔和型芯
的创建。

Step **3** 查看零件。选择下拉菜单 窗口(O) ➡ case_cover_mold_cavity_027.prt，系统显示型腔
工作零件，如图 18.9.18 所示；选择下拉菜单 窗口(O) ➡ case_cover_mold_core_031.prt，
系统显示型芯工作零件，如图 18.9.19 所示。选择下拉菜单 窗口(O) ➡
case_cover_mold_top_025.prt，系统显示型腔和型芯的装配工作零件，如图 18.9.20 所示，
在"装配导航器"中将部件转换成工作部件。

图 18.9.18　型腔零件

图 18.9.19　型芯零件

图 18.9.20　装配工作零件

Task7. 创建模具爆炸视图

Step **1** 移动型腔。选择下拉菜单 装配(A) ➡ 爆炸图(X) ➡ 新建爆炸图(N)... 命令，系
统弹出"新建爆炸图"对话框，接受默认的名称，单击 确定 按钮；选择下拉
菜单 装配(A) ➡ 爆炸图(X) ➡ 编辑爆炸图(E)... 命令，系统弹出"编辑爆炸
图"对话框；选取图 18.9.21a 所示的型腔元件；在该对话框中选择 ⊙ 移动对象 单选
按钮，沿 Z 轴正向移动 100mm，单击 确定 按钮，结果如图 18.9.21b 所示。

Step **2** 移动产品模型。选择下拉菜单 装配(A) ➡ 爆炸图(X) ➡ 编辑爆炸图(E)... 命
令，系统弹出"编辑爆炸图"对话框；选取图 18.9.22a 所示的产品模型元件；在

该对话框中选择 ⊙ 移动对象 单选按钮，沿 Z 轴正向移动 50mm，单击 确定 按钮，结果如图 18.9.22b 所示。

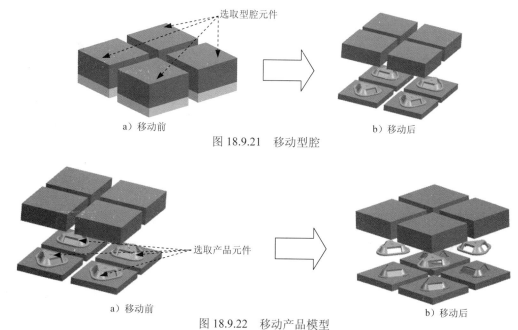

a）移动前

b）移动后

图 18.9.21 移动型腔

选取产品元件

a）移动前

b）移动后

图 18.9.22 移动产品模型

Step 3 保存文件。选择下拉菜单 文件(F) ➡ 全部保存(V) 命令，保存所有文件。

18.10 内外侧同时抽芯的模具设计

本例将介绍图 18.10.1 所示的内外侧同时抽芯的模具设计，该模型表面上存在两个盲孔和一处倒扣结构，这样在进行模具设计时，就必须设计出两个滑块和一个斜销。下面介绍该模具的主要设计过程。

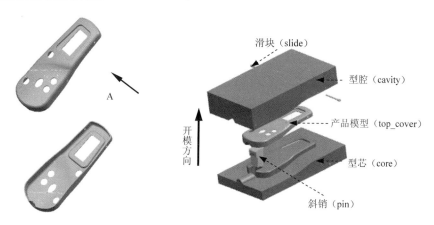

滑块（slide）

型腔（cavity）

产品模型（top_cover）

型芯（core）

斜销（pin）

开模方向

A

图 18.10.1 遥控器外壳的模具设计

Task1. 初始化项目

Step 1　加载模型。在"注塑模向导"工具条中单击"初始化项目"按钮 ，系统弹出"打开"对话框，选择文件 D:\ug85mo\work\ch18.10\remote_control.prt，单击 OK 按钮，调入模型，系统弹出"初始化项目"对话框。

Step 2　定义项目单位。在"初始化项目"对话框中 设置 区域的 项目单位 下拉列表框中选择 毫米 选项。

Step 3　设置项目路径、名称及材料。接受系统默认的项目路径；在"初始化项目"对话框的 Name 文本框中输入 remote_control_mold；在 材料 下拉列表框中选择 ABS 选项，同时系统会自动在 收缩率 文本框中写入 1.006；其他参数采用系统默认设置值。

Step 4　在该对话框中单击 确定 按钮，完成项目路径和名称的设置。

Task2. 模具坐标系

Step 1　旋转工作坐标系。选择下拉菜单 格式(R) ➡ WCS ▶ ➡ 旋转(R)... 命令。在弹出的对话框中选中 ⊙ -XC 轴: ZC --> YC 单选按钮，在 角度 文本框中输入 90，单击 确定 按钮，完成工作坐标系的旋转。

Step 2　选择命令。在"注塑模向导"工具条中单击"模具 CSYS"按钮 ，系统弹出"模具 CSYS"对话框，选中 ⊙ 当前 WCS 单选按钮。单击 确定 按钮，完成坐标系的定义，如图 18.10.2 所示。

Task3. 创建模具工件

Step 1　在"注塑模向导"工具条中单击"工件"按钮 ，系统弹出"工件"对话框。

Step 2　在"工件"对话框中的 类型 下拉列表框中选择 产品工件 选项，在 工件方法 下拉列表框中选择 用户定义的块 选项，其他参数采用系统默认设置。

Step 3　修改尺寸。在"工件"对话框 限制 区域的 开始 和 结束 下的 距离 文本框中分别输入值 -30 和 20，单击 < 确定 > 按钮，完成创建的模具工件如图 18.10.3 所示。

图 18.10.2　旋转后的模具坐标系

图 18.10.3　创建后的工件

Task4. 模具分型

Stage1. 设计区域

Step 1　在"注塑模向导"工具条中单击"模具分型工具"按钮 ，系统弹出"模具分型工具"工具条和"分型导航器"界面。

Step 2 在"模具分型工具"工具条中单击"检查区域"按钮 ，系统弹出"检查区域"对话框，同时模型被加亮，并显示开模方向，如图 18.10.4 所示。单击"计算"按钮 ，系统开始对产品模型进行分析计算。

Step 3 定义区域。

（1）设置区域颜色。在"检查区域"对话框中单击"设置区域颜色"按钮 ，设置区域颜色。

图 18.10.4　开模方向

（2）设置分型线显示。在"检查区域"对话框中单击 区域 选项卡，在该对话框 设置 区域中取消选中 内环、 分型边 和 不完整的环 三个复选框。

（3）定义型腔区域。在 未定义的区域 区域中选中 交叉竖直面 和 未知的面 复选框，此时系统将所有的未定义区域面加亮显示；在 指派到区域 区域中选择 型腔区域 单选按钮，单击 应用 按钮，此时系统将前面加亮显示的未定义区域面指派到型腔区域。

（4）其他参数接受系统默认设置；单击 取消 按钮，关闭"检查区域"对话框，系统返回至"模具分型工具"工具条。

Step 4 创建曲面补片。在"模具分型工具"工具条中单击"曲面补片"按钮 ，系统弹出"边缘修补"对话框；在"边缘修补"对话框中的 类型 下拉列表框中选择 体 选项，选择图形区中的实体模型，然后单击 确定 按钮，系统返回至"模具分型工具"工具条。

Stage2. 抽取型腔/型芯区域分型线

Step 1 在"模具分型工具"工具条中单击"定义区域"按钮 ，系统弹出"定义区域"对话框。

Step 2 在"定义区域"对话框中选中 设置 区域的 创建区域 和 创建分型线 复选框，单击 确定 按钮，完成型腔/型芯区域分型线的创建，系统返回至"模具分型工具"工具条；创建的分型线如图 18.10.5 所示。

Stage3. 定义分型段

图 18.10.5　创建分型线

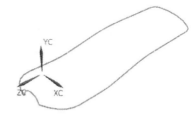

Step 1 在"模具分型工具"工具条中单击"设计分型面"按钮 ，系统弹出"设计分型面"对话框。

Step 2 选取过渡对象。在"设计分型面"对话框 编辑分型段 区域中单击"选择过渡曲线"按钮 ，选取图 18.10.6 所示的圆弧作为过渡对象。

Step 3 在"设计分型面"对话框中单击 应用 按钮，完成分型段的定义。

Stage4. 创建分型面

Step 1 在"设计分型面"对话框中的 设置 区域中接受系统默认的公差值；并确认图形区显示的延伸距离为 150。

Step 2 拉伸分型面 1。在"设计分型面"对话框中 创建分型面 区域的 方法 下拉列表框中选择 选项，在 拉伸方向 区域的 下拉列表框中选择 XC 选项，在"设计分型面"对话框中单击 应用 按钮，系统返回至"设计分型面"对话框；结果如图 18.10.7 所示。

Step 3 拉伸分型面 2。在"设计分型面"对话框中 创建分型面 区域的 方法 下拉列表框中选择 选项，在 拉伸方向 区域的 下拉列表框中选择 ZC 选项，在"设计分型面"对话框中单击 应用 按钮，系统返回至"设计分型面"对话框；完成图 18.10.8 所示拉伸分型面 2 的创建。

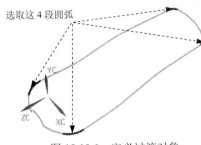

图 18.10.6 定义过渡对象

图 18.10.7 拉伸分型面 1

图 18.10.8 拉伸分型面 2

Step 4 拉伸分型面 3。在"设计分型面"对话框中 创建分型面 区域的 方法 下拉列表框中选择 选项，在 拉伸方向 区域的 下拉列表框中选择 XC 选项，在"设计分型面"对话框中单击 应用 按钮，系统返回至"设计分型面"对话框；完成图 18.10.9 所示拉伸分型面 3 的创建。

Step 5 拉伸分型面 4。在"设计分型面"对话框中 创建分型面 区域的 方法 下拉列表框中选择 选项，在 拉伸方向 区域的 下拉列表框中选择 ZC 选项，在"设计分型面"对话框中单击 应用 按钮，系统返回至"设计分型面"对话框；完成图 18.10.10 所示拉伸分型面 4 的创建。

图 18.10.9 拉伸分型面 3

图 18.10.10 拉伸分型面 4

说明：在创建分型面时，创建的先后顺序可能随着边线的选取顺序而不同，以实际情况为准。

Step 6 在"设计分型面"对话框中单击 取消 按钮，此时系统返回"模具分型工具"工具条。

Stage5. 创建型腔和型芯

Step 1 在"模具分型工具"工具条中单击"定义型腔和型芯"按钮 ，系统弹出"定义型腔和型芯"对话框。

Step 2 在"定义型腔和型芯"对话框中选取 选择片体 区域下的 所有区域 选项，单击 确定 按钮，系统弹出"查看分型结果"对话框，并在图形区显示出创建的型腔，单击"查看分型结果"对话框中的 确定 按钮，系统再次弹出"查看分型结果"对话框。

Step 3 在"查看分型结果"对话框中单击 确定 按钮，完成型腔和型芯的创建，系统返回至"模具分型工具"工具条。

Step 4 选择下拉菜单 窗口(O) ➡ remote_control_mold_core_006.prt ，显示型芯零件如图 18.10.11 所示；选择下拉菜单 窗口(O) ➡ remote_control_mold_cavity_002.prt ，显示型腔零件如图 18.10.12 所示。

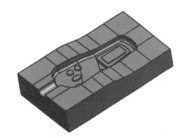

图 18.10.11　型芯零件　　　　　　　　图 18.10.12　型腔零件

Task5. 创建滑块

Step 1 选择命令。选择下拉菜单 开始 ➡ 建模(M)... 命令，进入建模环境。

说明：如果此时系统自动进入了建模环境，用户就不需要进行此步的操作。

Step 2 创建拉伸特征 1。

（1）选择命令。选择下拉菜单 插入(S) ➡ 设计特征(E) ➡ 拉伸(E)... 命令，系统弹出"拉伸"对话框。

（2）单击对话框中的"绘制截面"按钮 ，系统弹出"创建草图"对话框；选取图 18.10.13 所示的模型表面为草图平面，单击 确定 按钮；绘制如图 18.10.14 所示的草图；单击 完成草图 按钮，退出草图环境。

（3）确定拉伸开始值和终止值。在 下拉列表框中选择 选项，在"拉伸"对话框 限制 区域的 开始 下拉列

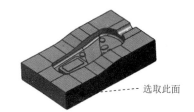

选取此面

图 18.10.13　定义草图平面

表框中选择 ⬛ 值 选项，并在其下的 距离 文本框中输入值 0，在 限制 区域的 结束 下拉列表框中选择 ◈ 直至延伸部分 选项，选取图 18.10.15 所示的面为延伸对象；在 布尔 区域的 布尔 下拉列表框中选择 ⬛ 无 选项；其他参数采用系统默认设置。

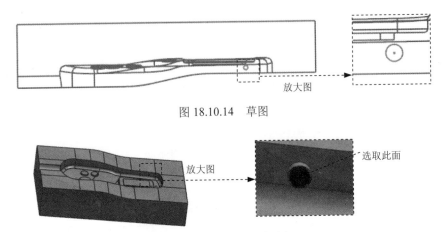

图 18.10.14　草图

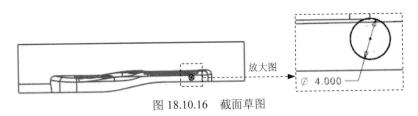

图 18.10.15　定义延伸对象

（4）在"拉伸"对话框中单击 < 确定 > 按钮，完成拉伸特征 1 的创建。

Step 3　创建拉伸特征 2。选择下拉菜单 插入(S) ➡ 设计特征(E)▶ ➡ 🔲 拉伸(E)... 命令，系统弹出"拉伸"对话框；选取图 18.10.13 所示的模型表面为草图平面，单击 确定 按钮；绘制图 18.10.16 所示的截面草图；在"拉伸"对话框 限制 区域的 开始 下拉列表框中选择 ⬛ 值 选项，并在其下的 距离 文本框中输入值 0，在 限制 区域的 结束 下拉列表框中选择 ⬛ 值 选项，在其下的 距离 文本框中输入值 5；其他参数采用系统默认设置；在"拉伸"对话框中单击 < 确定 > 按钮，完成拉伸特征 2 的创建。

图 18.10.16　截面草图

Step 4　布尔运算。

（1）创建求和特征。选择下拉菜单 插入(S) ➡ 组合(B) ▶ ➡ 🔘 求和(U)... 命令，系统弹出"求和"对话框；选取拉伸特征 1 为目标体，拉伸特征 2 为工具体；单击 < 确定 > 按钮，完成求和特征的创建。

（2）创建求差特征。选择下拉菜单 插入(S) ➡ 组合(B) ▶ ➡ 🔘 求差(S)... 命令，系统弹出"求差"对话框；选取型腔为目标体，求和特征为工具体；在 设置 区域选中 ☑ 保存工具 复选框；单击 < 确定 > 按钮，完成求差特征的创建。

Step 5 将滑块转化为型腔子零件。

（1）单击资源工具条区中的 按钮，系统弹出"装配导航器"界面，在该界面空白处右击，然后在弹出的快捷菜单中选择 WAVE 模式 选项。

（2）在"装配导航器"界面中右击 ☑ remote_control_mold_cavity_002 ，在弹出的快捷菜单中选择 WAVE▶ ➡ 新建级别 命令，系统弹出"新建级别"对话框。

（3）在"新建级别"对话框中单击 指定部件名 按钮，在弹出的"选择部件名"对话框的 文件名(N): 文本框中输入 remote_control_slide01.prt，单击 OK 按钮，系统返回至"新建级别"对话框。

（4）在"新建级别"对话框中单击 类选择 按钮，选择图 18.10.17 所示的滑块，单击 确定 按钮。

（5）单击"新建级别"对话框中的 确定 按钮，此时在"装配导航器"界面中显示出刚创建的滑块特征。

Step 6 移动至图层。在"装配导航器"中取消选中 ☑ remote_control_slide01 部件。选取图 18.10.17 所示的滑块；选择下拉菜单 格式(R) ➡ 移动至图层(M)... 命令，系统弹出"图层移动"对话框；在 目标图层或类别 文本框中输入值 10，单击 确定 按钮，退出"图层移动"对话框；单击"装配导航器"中的 ☑ remote_control_slide01 部件。

Step 7 参照 Step2～Step4 创建另一侧滑块。

Step 8 将新创建的滑块转化为型腔子零件。

（1）在"装配导航器"中右击 ☑ remote_control_mold_cavity_002 ，在弹出的快捷菜单中选择 WAVE▶ ➡ 新建级别 命令，系统弹出"新建级别"对话框。

（2）在"新建级别"对话框中单击 指定部件名 按钮，在弹出的"选择部件名"对话框的 文件名(N): 文本框中输入 remote_control_slide02.prt，单击 OK 按钮，系统返回至"新建级别"对话框。

（3）在"新建级别"对话框中单击 类选择 按钮，选择图 18.10.18 所示的滑块，单击 确定 按钮。

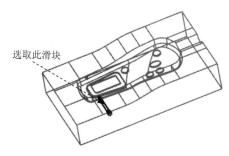

图 18.10.17　定义移动对象

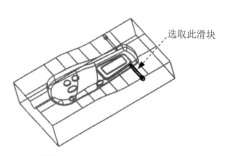

图 18.10.18　定义移动对象

Step **9** 移动至图层。

（1）取消选中"装配导航器"中的☑ remote_control_slide02 部件。

（2）移动至图层。选取图 18.10.18 所示的滑块；选择下拉菜单 格式(R) ➡
移动至图层(M)... 命令，系统弹出"图层移动"对话框。

（3）在 图层 区域选择层 10，单击 确定 按钮，退出"图层移动"对话框。

（4）在"装配导航器"中选中 ☑ remote_control_slide02 部件。

Task6. 创建斜顶

Step **1** 选择窗口。选择下拉菜单 窗口(O) ➡ remote_control_mold_core_006.prt，显示型芯零件。

Step **2** 创建拉伸特征 3。

（1）创建基准坐标系。选择下拉菜单 插入(S) ➡ 基准/点(D) ▸ ➡ 基准 CSYS... 命令，系统弹出"基准 CSYS"对话框，单击 < 确定 > 按钮，完成基准坐标系的创建。

（2）选择"拉伸"命令。选择下拉菜单 插入(S) ➡ 设计特征(E)▸ ➡ 拉伸(E)... 命令，系统弹出"拉伸"对话框。

（3）单击对话框中的"绘制截面"按钮 ，系统弹出"创建草图"对话框；选取 YZ 基准平面为草图平面，单击 确定 按钮；绘制图 18.10.19 所示的截面草图；单击 完成草图 按钮，退出草图环境。

（4）确定拉伸开始值和终止值。在"拉伸"对话框 限制 区域的 结束 下拉列表框中选择 对称值 选项，并在其下的 距离 文本框中输入值 8；其他参数采用系统默认设置。

（5）在"拉伸"对话框中单击 < 确定 > 按钮，完成拉伸特征 3 的创建。

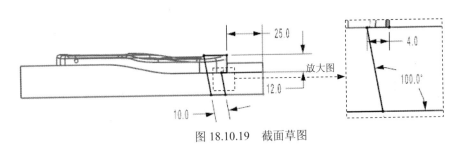

图 18.10.19　截面草图

Step **3** 抽取面（隐藏拉伸特征 3 和坐标系）。选择下拉菜单 插入(S) ➡ 关联复制(A) ➡ 抽取几何体(E)... 命令，系统弹出"抽取几何体"对话框；在对话框中的 类型 下拉列表框中选择 面 选项；在 设置 区域选中 ☑ 固定于当前时间戳记 复选框；其他参数采用系统默认设置；选择图 18.10.20 所示的 4 个面为抽取面；在"抽取几何体"对话框中单击 < 确定 > 按钮，完成面的抽取。

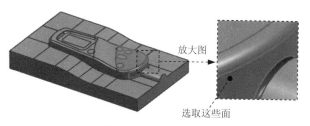

图 18.10.20　定义抽取面

Step 4　创建补面（隐藏型芯）。

（1）创建桥接曲线。选择下拉菜单 插入(S) ➡ 来自曲线集的曲线(F)▶ ➡ 桥接(B)...
命令，系统弹出"桥接曲线"对话框；创建图 18.10.21 所示的曲线；在"桥接曲线"对话
框中单击 < 确定 > 按钮，完成曲线的创建。

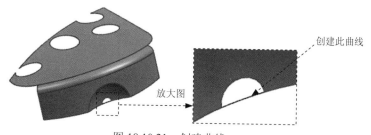

图 18.10.21　创建曲线

（2）创建曲面。选择下拉菜单 插入(S) ➡ 网格曲面(M)▶ ➡ 通过曲线组(T)... 命令，
系统弹出"通过曲线组"对话框；选取图 18.10.22 所示的曲线 1 为第一截面并单击中键确
认；选取图 18.10.22 所示的曲线 2 为第二截面，单击中键确认。在 连续性 区域的 最后截面 下
拉列表框中选择 G1（相切）选项，选取图 18.10.23 所示的面为相切面；在"通过曲线组"对
话框中单击 < 确定 > 按钮，完成曲面的创建。

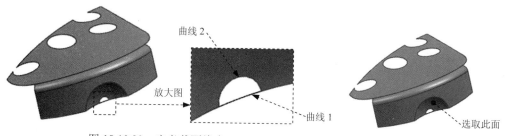

图 18.10.22　定义截面线串　　　　　　图 18.10.23　定义相切面

Step 5　缝合曲面。选择下拉菜单 插入(S) ➡ 组合(B) ▶ ➡ 缝合(W)... 命令，系统弹
　　　　出"缝合"对话框；选取上一步骤中创建的曲面为目标体，选取抽取的 4 个面为
　　　　工具体；在"缝合"对话框中单击 确定 按钮，完成曲面的缝合。

Step 6　创建修剪特征（显示拉伸特征 3）。选择下拉菜单 插入(S) ➡ 修剪(T)▶ ➡

18
Chapter

修剪体(T)...命令，系统弹出"修剪体"对话框；选取拉伸特征 3 为目标体，选取缝合曲面为工具体；单击 按钮，修剪后如图 18.10.24 所示。在"修剪体"对话框中单击 < 确定 > 按钮，完成修剪特征的创建（隐藏缝合曲面）。

a）修剪前

b）修剪后

图 18.10.24　创建修剪体

Step 7　创建求差特征（显示型芯）。选择下拉菜单 插入(S) ➡ 组合(B) ▸ ➡ 求差(S)...命令，系统弹出"求差"对话框；选取型芯为目标体，选取斜顶为工具体；在设置区域选中 ☑ 保存工具 复选框；在"求差"对话框中单击 < 确定 > 按钮，完成求差特征的创建。

Step 8　将斜顶转化为型芯子零件。

（1）单击资源工具条区中的 按钮，系统弹出"装配导航器"界面，在该界面空白处右击，然后在弹出的快捷菜单中选择 WAVE 模式 选项。

（2）在"装配导航器"中右击 ☑ remote_control_mold_core_006，在弹出的快捷菜单中选择 WAVE▸ ➡ 新建级别命令，系统弹出"新建级别"对话框。

（3）在"新建级别"对话框中单击 指定部件名 按钮，在弹出的"选择部件名"对话框的 文件名(N): 文本框中输入 remote_control_pin.prt，单击 OK 按钮，系统返回至"新建级别"对话框。

（4）在"新建级别"对话框中单击 类选择 按钮，选择图 18.10.24b 所示的修剪特征，单击 确定 按钮。

（5）单击"新建级别"对话框中的 确定 按钮，此时在"装配导航器"中显示出刚创建的滑块特征。

Step 9　移动至图层。在"装配导航器"中取消选中 ☑ remote_control_pin 部件；选取斜顶为复制对象；选择下拉菜单 格式(R) ➡ 移动至图层(M)...命令，系统弹出"图层移动"对话框；在 目标图层或类别 文本框中输入值 10，单击 确定 按钮，退出"图层移动"对话框；取消选中"装配导航器"中的 ☑ remote_control_pin 部件。

Task7. 创建模具爆炸视图

Step 1　隐藏模具中的片体和基准。

Step 2 移动滑块。选择下拉菜单 窗口(O) ➡ remote_control_mold_top_000.prt 命令，在"装配导航器"中将部件转换成工作部件；选择下拉菜单 装配(A) ➡ 爆炸图(X)▶ ➡ 新建爆炸图(N)... 命令，系统弹出"新建爆炸图"对话框，接受默认的名称，单击 确定 按钮；选择下拉菜单 装配(A) ➡ 爆炸图(X)▶ ➡ 编辑爆炸图(E) 命令，系统弹出"编辑爆炸图"对话框。选取图 18.10.25 所示的滑块零件；在该对话框中选择 ⊙ 移动对象 单选按钮，单击图 18.10.26 所示的箭头，对话框下部区域被激活；在 距离 文本框中输入值 50，单击 确定 按钮，完成滑块的移动（图 18.10.27）。

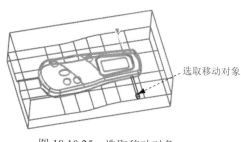

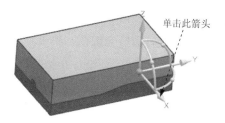

图 18.10.25 选取移动对象 　　　　图 18.10.26 定义移动方向

Step 3 移动另一侧滑块。选择下拉菜单 装配(A) ➡ 爆炸图(X)▶ ➡ 编辑爆炸图(E)... 命令；参照 Step2 中步骤将另一侧滑块沿 X 轴负向移动 50mm，结果如图 18.10.28 所示。

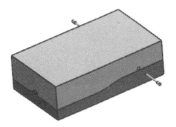

图 18.10.27 编辑移动后 　　　　图 18.10.28 编辑移动后

Step 4 移动型腔模型。选择下拉菜单 装配(A) ➡ 爆炸图(X)▶ ➡ 编辑爆炸图(E)... 命令；参照 Step2 中步骤将型腔零件沿 Z 轴正向移动 100mm，结果如图 18.10.29 所示。

说明：因为滑块属于型腔的子零件，所以在选取型腔时，系统自动将滑块也选中。

Step 5 移动产品模型。选择下拉菜单 装配(A) ➡ 爆炸图(X)▶ ➡ 编辑爆炸图(E)... 命令；参照 Step2 中步骤将产品零件沿 Z 轴正向移动 30mm，结果如图 18.10.30 所示。

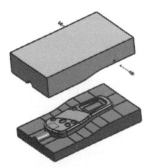

图 18.10.29　编辑移动后　　　　　　　　图 18.10.30　编辑移动后

Step 6　移动斜顶模型。选择下拉菜单 装配(A) ➡ 爆炸图(X)▶ ➡ 编辑爆炸图(E)... 命令，系统弹出"编辑爆炸图"对话框。选取斜顶为移动对象；在该对话框中选择 ⊙ 只移动手柄 单选按钮，单击图 18.10.31 所示的 X 轴的旋转点，在 角度 文本框中输入值-10，按回车键；参照 Step2 中步骤将斜顶零件沿 Z 轴正向移动 30mm；单击 确定 按钮，完成斜顶的移动（图 18.10.32）。

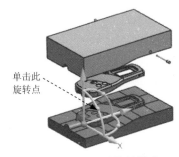

单击此
旋转点

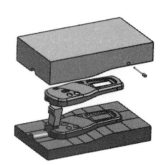

图 18.10.31　选取旋转点　　　　　　　图 18.10.32　编辑移动后

Step 7　保存文件。选择下拉菜单 文件(F) ➡ 全部保存(V) 命令，保存所有文件。

19

模架和标准件

19.1　模架的作用和结构

1．模架的作用

模架（Moldbase）是模具的基座，模架的作用如下：

- 引导熔融塑料从注塑机喷嘴流入模具型腔。
- 固定模具的塑件成型元件（上模型腔、下模型腔和滑块等）。
- 将整个模具可靠地安装在注塑机上。
- 调节模具温度。
- 将浇注件从模具中顶出。

2．模架的结构

图 19.1.1 是一个塑件（case_cover.prt）的完整模具，它包括模具型腔零件和模架。读者可以打开文件 D:\ug85mo\work\ch19.01\case_cover_mold_top_050.prt，查看其模架结构。模架中主要元件（或结构要素）的作用说明如下：

- 定模座板：用于固定定模板。
- 定模座板螺钉：通过该螺钉将定模座板和定模板紧固在一起。
- 浇口套：注射浇口位于定模座板上，它是熔融塑料进入模具的入口。由于浇口与熔融塑料和注塑机喷嘴反复接触、碰撞，因而在实际模具设计中，一般浇口不直接开设在定模座板上，而是将其制成可拆卸的浇口套，用螺钉固定在定模座板上。
- 定模板：用于固定型腔。
- 导套：该元件固定在定模板上。在模具工作时，模具会反复开启，导套和导柱起导向和耐磨作用，保护定模板零件不被磨坏。

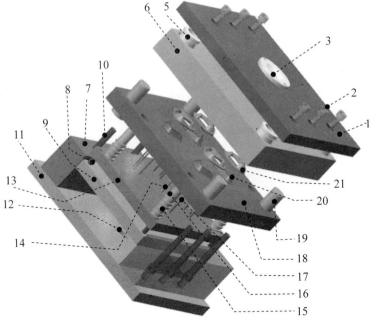

a）模架的着色分解图

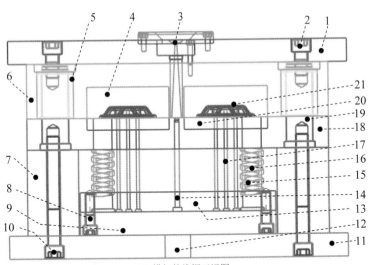

b）模架的线框正视图

1—定模座板	2—定模座板螺钉，6 个	3—注射浇口
4—型腔	5—导套，4 个	6—定模板
7—垫块	8—顶出板螺钉，4 个	9—推板
10—动模座板螺钉（house_screw），6 个	11—动模座板（house）	12—顶出孔
13—推杆固定板	14—拉料杆	15—复位弹簧，4 个
16—复位杆	17—顶杆，12 个	18—动模板
19—导柱，4 个	20—型芯	21—塑件

图 19.1.1 模架（Moldbase）的结构

- 动模板：该元件的作用是固定型芯。如果冷却水道（水线）设计在型芯上，则动模板上应设有冷却水道的进出孔。
- 导柱：该元件安装在动模板上，在开模后复位时，该元件起导向定位的作用。
- 动模座板：用于固定动模板。
- 动模座板螺钉：通过该螺钉将动模座板、垫块和动模板紧固在一起。
- 顶出板螺钉：通过该螺钉将推板和推板固定板紧固在一起。
- 复位弹簧：用于使复位杆和顶杆复位，为下一次注射做准备。在实际的模架中，复位杆上套有复位弹簧。在塑件落下后，当顶出孔处的注塑机顶杆撤销后，在弹簧的弹力作用下，推板固定板将带动顶杆下移，直至复位。
- 顶出孔：该孔位于动模座板的中部。开模时，当动模部分移开后，注塑机在此孔处推动推板带动顶杆上移，直至将塑件顶出型芯。
- 顶杆：用于把塑件从模具型芯中顶出。

3. 龙记模架的介绍

龙记模架分为大水口、细水口、简化型细水口 3 个大系列，分别如图 19.1.2、图 19.1.3 和图 19.1.4 所示。

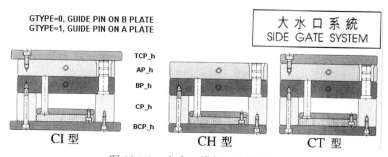

图 19.1.2 大水口模架（C 类型）

大水口系列的代号为 S，根据有无顶出板、承板，又细分为 A、B、C、D 四种小系列的模架型号。C 型模架上既无顶出板也无承板，最为常用。在 C 型模架上添加了承板就是 A 型模架；在 C 型模架上既有承板又有顶出板就是 B 型模架；在 C 型模架上添加了顶出板就是 D 型模架。这一系列的模架就是大家常说的二模板。

以下几种情况比较适合选用 S 系列的大水口模架：

- 零件结构简单，没有类似需要定模侧侧抽的特征。
- 零件的特征适宜采用大水口，在一模一腔的模具中，零件适合从对称中心进料，当零件较复杂时，可以采用分流道分别引导至零件各部分的特征处。适用于零件中空的场合；当一模多腔时，分流道采用平衡布局，再用分流道从零件的侧边入料。

- 零件的外观要求不高，允许有少量的浇口痕迹出现或允许让浇口痕迹出现在零件不重要的特征面上。
- 零件投产的产量较少。
- 模具投入的预算资金较少。

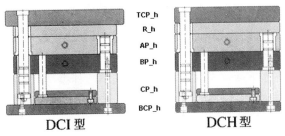

图 19.1.3　细水口模架（DC 类型）

细水口系列根据有无拉料板，分成 D、E 两个小系列，D 系列的模架有拉料板，E 系列的模架没有拉料板。D 系列的模架再根据有无顶出板、承板，又细分成 DA、DB、DC、DD 四种小系列。DC 型模架上既无顶出板也无承板，最为常用；在 DC 型模架上添加了承板就是 DA 型模架；在 DC 型模架上既有承板又有顶出板就是 DB 型模架；在 DC 型模架上添加了顶出板就是 DD 型模架。

E 系列的模架根据有无顶出板、承板，又细分成 EA、EB、EC、ED 四种小系列。E 系列的模架相比 D 系列的模架只是少了拉料板，如 ED 与 DD 系列的区别就是 DD 型的模架有拉料板。

以下几种情况比较适合选用细水口模架：

- 零件的结构特征分布不均，尺寸起伏较大时，分流道不一定要求在分型面上。
- 零件的外观要求严格，不允许产品表面有浇口痕迹出现。
- 零件结构复杂且尺寸较大的零件。
- 零件投产的产量较大。
- 要求生产自动化程度较高的模具。
- 模具投入的预算资金充足。

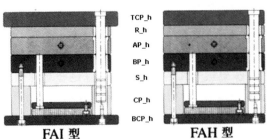

图 19.1.4　简化型细水口模架（FA 类型）

简化型细水口系列相比细水口系列的模架少了导柱和导套。简化型细水口系列根据有无拉料板，分成 F、G 两个小系列，F 系列的模架有拉料板，G 系列的模架没有拉料板。F 系列的模架再根据有无承板细分为 FA、FC 两种小系列，FC 型模架无承板，较为常用，在 FC 型模架上添加了承板就是 FA 型模架。G 系列的模架也根据有无承板细分成 GA、GC 两种小系列。G 系列的模架相比 F 系列的模架只是少了拉料板，如 FA 与 GA 系列的区别就是 FA 型的模架有拉料板。

以下几种情况比较适合选用简化型细水口模架：

- 零件结构复杂且尺寸较大。

- 零件结构特征分布不均，尺寸起伏较大时，分流道不一定要求在分型面上。

- 零件的精度要求不高。

- 零件的外观要求苛刻，不允许外观表面有浇口痕迹出现。

- 零件投产的产量较大。

- 要求生产自动化程度较高的模具。

- 模具投入的预算资金较少。

19.2　模架的设计

模架是模具组成的基本部件，是用来承载型芯和型腔并帮助开模的机构。模架被固定在注塑机上，每次注塑机完成一次注射后其通过推出机构帮助开模，同时顶出系统完成的产品。

在实际的模具设计领域存在一些最常用的模架结构，这些结构的模架能够解决大多数产品的分模问题，并且实际中一些复杂结构的模架也是从基本的模架衍生而来。在设计过程中如有合适的模架可以选用是最为方便的。

模具的正常运作除了有承载型芯和型腔的模架外，同时要借助标准件（滑块、螺钉、定位圈、导柱和顶杆等）来完成。标准件在很大程度上可以互换，为提高工作效率提供了有力保障。标准件一般由专业厂家大批量生产和供应。标准件的使用可以提高专业化协作生产水平，缩短模具生产周期，提高模具制造质量和使用性能。并且标准件的使用可以使模具设计者摆脱大量重复的一般性设计工作，以便有更多的精力用于改进模具设计，解决模具关键技术问题等。

通过 Mold Wizard 来进行模具设计可以简化模具的设计过程，减少不必要的重复性工作，提高设计效率。用户虽然可以选择和直接添加在 UG NX 8.5 中提供的模架和标准件，但是另外一些基本尺寸仍需要修改。

19.2.1 模架的加载和编辑

模架作为模具的基础构件，在整个模具的使用过程中起着十分重要的作用。模架选用的适当与否直接影响模具的使用，所以模架的选用在模具设计过程中不可忽视。本节将讲解 UG NX 8.5 中模架的加载和编辑的一般操作过程。

打开文件 D:\ug85mo\work\ch19.02\case_cover_mold_top_050.prt。

在"注塑模向导"工具条中单击"模架库"按钮 ，系统弹出图 19.2.1 所示的"模架设计"对话框（一）。

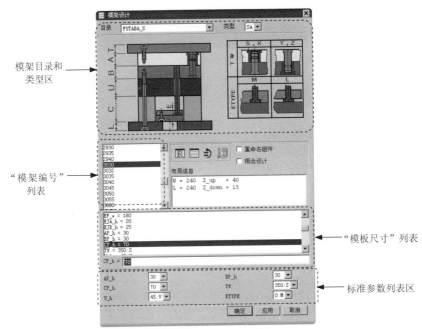

图 19.2.1　"模架设计"对话框（一）

1. 模架的目录和类型

"模架设计"对话框中的模架目录和类型如图 19.2.2 所示。

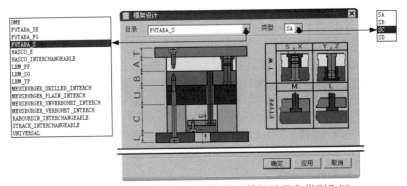

图 19.2.2　"模架设计"对话框的"模架目录和类型"区

在 UG NX 8.5 中有多种规格的模架供用户选择，同一规格的模架可能有不同的类型，所以当选择的模架规格不同时，**类型**下拉列表框也会发生相应变化。与此同时，在"模架预览"区域也会出现所选择的模架示意图（图 19.2.3 所示是在**目录**下拉列表框中选择**DME**选项时的图示）。

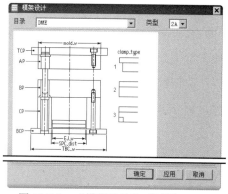

图 19.2.3 "模架设计"对话框（二）

说明：在图 19.2.3 所示的"模架预览"区出现的是一种最简单的注射模架——单分型面注射模架（二板式注射模架），这种模架只有一个分型面，但是在塑件生产中的应用却十分广泛。当然根据实际产品的不同要求也可以增加需要的零件，所以在生产中，这种类型的单分型面注射模架被演变成各种复杂的模架来使用。

选择模架时，要根据模具的特点在**目录**下拉列表框中选择模架规格，并且需要在**类型**下拉列表框中选择该种规格模架的类型。如果没有适合产品的模架可以使用，可以在**目录**下拉列表框中选择**UNIVERSAL**选项（图 19.2.4），来组合适合生产要求的非标准模架。

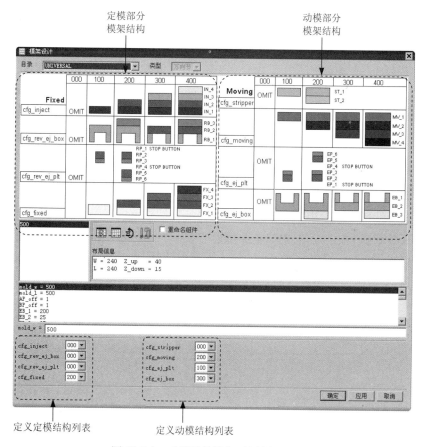

图 19.2.4 "模架设计"对话框（三）

2. 模架尺寸

当定义完模架的类型后还需要确定模架的尺寸，这就要从产品特点和生产成本等方面综合考虑，最后来确定模架的尺寸。在"模架设计"对话框的"模架编号"列表（图 19.2.5）中，选择适合产品特点和模具结构的模架编号（编号的命名以 X、Y 方向的基础尺寸为参照，前一部分是模架的宽度，后一部分是模架的长度），此时在"模板尺寸"列表中就会出现组成所选择模架的各个模板的相关尺寸，如果系统给定的尺寸不够理想还可以修改，模板尺寸的修改会在后面介绍。

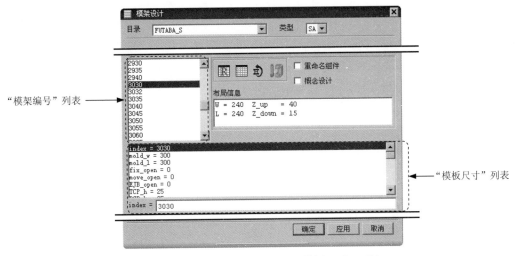

图 19.2.5 "模架编号"和"模板尺寸"列表

说明：选取编号为"3030"的模架，则说明选用的模架总长度为 300mm，总宽度为 300mm。表达式"CP_h=70"的含义是指模架中 CP 板的厚度为 70mm。

3. 参数列表和布局信息

模架的标准参数在"模架设计"对话框的标准列表区中显示，选择的模架类型不同，显示的标准参数也不相同。图 19.2.6 所示的"模架设计"对话框（四）是"FUTABA_S"模架"SA"类型模架的标准参数。图 19.2.7 所示的"模架设计"对话框（五）是"LKM_PP"模架"DA"类型模架的标准参数。

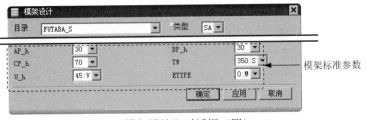

图 19.2.6 "模架设计"对话框（四）

说明：图 19.2.6 所示的模架标准参数区域中的 `AP_h`、`BP_h` 和 `CP_h` 等列表和"模板尺寸"列表中的 `AP_h`、`BP_h` 和 `CP_h` 选项相同。

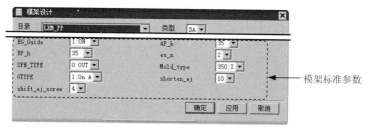

图 19.2.7 "模架设计"对话框（五）

在"模架设计"对话框中读者还能看到一个不随模架类型改变的列表区域，这就是 `布局信息` 区域（图 19.2.8），此区域用于显示当前模架的尺寸，包括模架宽度 W、模架长度 L、型腔高度 Z_up 和型芯高度 Z_down。

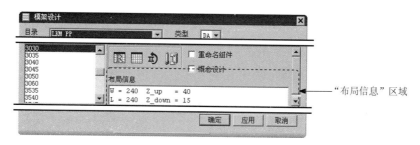

图 19.2.8 "模架设计"对话框的"布局信息"区域

4. 编辑注册文件和数据库文件

考虑到设计完成的模架在后续工作中在同类产品中可以继续使用，这时就要对模架的各种信息进行编辑和保存。在"模架设计"对话框中存在其相应功能的按钮，分别是 ® （编辑注册文件）按钮和 ▦（编辑数据库）按钮。分别单击这两个按钮能够打开相应的电子表格。图 19.2.9 和图 19.2.10 所示分别是单击 ® 按钮和 ▦ 按钮，系统弹出的电子表格。

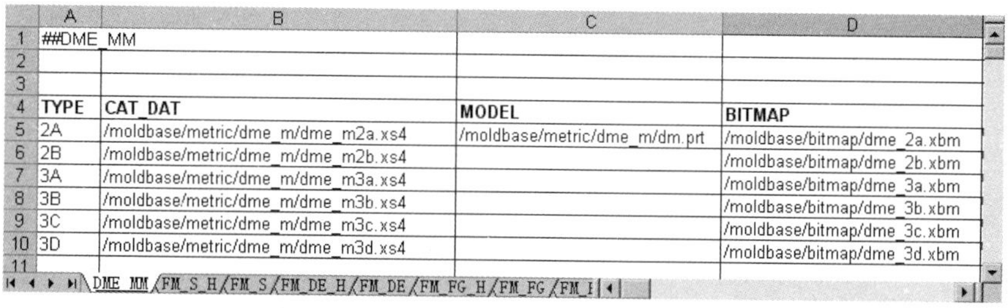

	A	B	C	D
1	##DME_MM			
2				
3				
4	TYPE	CAT_DAT	MODEL	BITMAP
5	2A	/moldbase/metric/dme_m/dme_m2a.xs4	/moldbase/metric/dme_m/dm.prt	/moldbase/bitmap/dme_2a.xbm
6	2B	/moldbase/metric/dme_m/dme_m2b.xs4		/moldbase/bitmap/dme_2b.xbm
7	3A	/moldbase/metric/dme_m/dme_m3a.xs4		/moldbase/bitmap/dme_3a.xbm
8	3B	/moldbase/metric/dme_m/dme_m3b.xs4		/moldbase/bitmap/dme_3b.xbm
9	3C	/moldbase/metric/dme_m/dme_m3c.xs4		/moldbase/bitmap/dme_3c.xbm
10	3D	/moldbase/metric/dme_m/dme_m3d.xs4		/moldbase/bitmap/dme_3d.xbm
11				

DME_MM / FM_S_H / FM_S / FM_DE_H / FM_DE / FM_FG_H / FM_FG / FM_i

图 19.2.9 "编辑注册文件"表格

说明：图 19.2.9 所示的"编辑注册文件"表格包含配置对话框和定位库中的模型位置、控制数据库的电子表格，以及位图图像等模架设计系统的信息。

	A	B	C	D	E	F	G	H	I
1	## DME MOLDBASE METRIC								
2									
3	SHEET_TYPE		0						
4									
5	PARENT	<UM_ASS>							
6									
7	ATTRIBUTES								
8	MW_COMPONENT_NAME=MOLDBASE								
9	CATALOG=<index>								
10	DESCRIPTION=MOLDBASE								
11	SUPPLIER=DME								
12	TCP::CATALOG=DME N0<TCP_name>-<index>-<TCP_h>								
13	CVP::CATALOG=DME N10-<index>-<AP_h>								
14	LNP_1::CATALOG=DME N10-<index>-<INP_1_h>								

图 19.2.10   "编辑数据库"表格

说明：图 19.2.10 所示的"编辑数据库"表格，用于显示当前模架的数据库信息，包括定义特定模架尺寸和选项的相关数据。

5. 旋转模架

以上是对模架的管理和编辑等功能的介绍，如果加载到模型中的模架的放置方位与设计型腔的方位不同时就涉及模架旋转的操作，UG NX 8.5 充分考虑到了这一细节操作，在对话框中提供了旋转模架的按钮（"旋转模架"按钮 ⊕ ）。系统提供的模架宽度方向是坐标系的 X 轴方向，长度方向是 Y 轴方向，这点在型腔的设计之初就应该引起注意，不然可能会给后面的操作带来不便。图 19.2.11 所示的是模架旋转前后的对比。

a）旋转前   b）旋转后

图 19.2.11   模架的旋转

说明：图 19.2.11 所示模架的旋转是以图中箭头所指部件（导柱）为参照的。

19.2.2   添加模架的一般过程

为巩固前面讲到的知识，本节将以图 19.2.12 所示的模型为基础介绍添加模架的详细操作过程。

a）加载前   b）加载后

图 19.2.12   模架的加载

说明：在打开本节模型前，确保 UG NX 8.5 软件中没有打开其他模型。

Step 1 打开文件 D:\ug85mo\work\ch19.02\case_cover_mold_top_050.prt。

Step 2 选择命令。在"注塑模向导"工具条中单击"模架库"按钮，系统弹出"模架设计"对话框。

Step 3 设置模架。在"模架设计"对话框的 **目录** 下拉列表框中选择 **FUTABA_S** 选项；在 **类型** 下拉列表框中选择 **SC** 选项；在"模架尺寸"列表中选择 **4040** 选项；在"模板尺寸"列表中选择 **AP_h = 40** 选项，在 **AP_h** 文本框中输入值 70，并按回车键确认，再在"模板尺寸"列表中选择 **CP_h = 100** 选项，将其尺寸修改为 110，并按回车键确认。

Step 4 添加模架。"模架设计"对话框的其他参数保持系统默认设置，单击 **确定** 按钮，完成模架的添加。

说明：为学习方便，本例载入的文件是已经将型腔布局设计完成的模型。

19.2.3 动模板和定模板的修改

模架加载完成后还要对动模和定模进行必要的修改，用于固定型芯及型腔，也可为模具能够正常使用做必要的基础工作。继续以 19.2.2 节的模型为例讲解修改动、定模板的操作过程。

Stage1. 修改动模板

Step 1 转化工作部件。在图形区已加载的动模板上右击，在系统弹出的快捷菜单中选择 **设为工作部件(W)** 命令，将动模板转化成工作部件。

Step 2 转化工作环境。将当前部件的工作环境转化到"建模"环境。

说明：如果此时系统自动进入了建模环境，用户就不需要进行此步的操作。

Step 3 创建图 19.2.13 所示的拉伸特征 1（已隐藏模架其他部分）。

（1）选择命令。选择下拉菜单 **插入(S)** ➡ **设计特征(E)** ➡ **拉伸(E)...** 命令，或单击 按钮，系统弹出"拉伸"对话框。

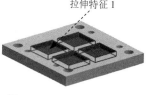
图 19.2.13　拉伸特征 1

（2）创建图 19.2.14 所示的截面草图。选择图 19.2.15 所示的动模板表面为草图平面，绘制图 19.2.14 所示的截面草图。

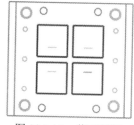
图 19.2.14　截面草图

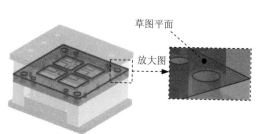
图 19.2.15　草图平面

说明：图 19.2.15 所示的草图是通过"投影曲线"命令创建的。

（3）确定拉伸起始值和终止值。定义拉伸方向为 ZC 方向，在 限制 区域的 开始 下拉列表框中选择 值 选项，并在其下的 距离 文本框中输入值 0，在 结束 下拉列表框中选择 值 选项，并在其下的 距离 文本框中输入值-15；在 布尔 区域的下拉列表框中选择 求差 选项，采用系统默认的求差对象。

（4）单击"拉伸"对话框中的 < 确定 > 按钮，完成拉伸特征 1 的创建（并隐藏曲线）。

Stage2. 修改定模板

Step 1 转化工作部件。在图形区的定模板上右击，在系统弹出的快捷菜单中选择 设为工作部件(E) 命令，将定模板转化成工作部件。

Step 2 创建图 19.2.16 所示的拉伸特征 2（已隐藏模架其他部分）。

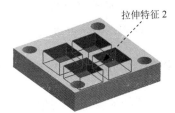

图 19.2.16 拉伸特征 2

（1）选择命令。选择下拉菜单 插入(S) ➡ 设计特征(E)▶ ➡ 拉伸(E)... 命令，或单击 按钮，系统弹出"拉伸"对话框。

（2）创建截面草图。选择图 19.2.17 所示的动模板表面为草图平面，绘制图 19.2.18 所示的截面草图。

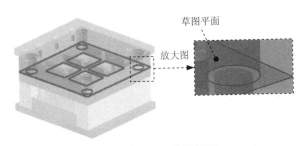

图 19.2.17 草图平面

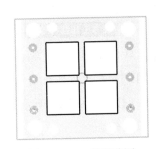

图 19.2.18 截面草图

（3）确定拉伸起始值和终止值。在"拉伸"对话框 限制 区域的 开始 下拉列表框中选择 值 选项，并在其下的 距离 文本框中输入值 0，在 结束 下拉列表框中选择 值 选项，并在其下的 距离 文本框中输入值 40；在 布尔 区域的下拉列表框中选择 求差 选项，采用系统默认的求差对象。

（4）单击"拉伸"对话框中的 < 确定 > 按钮，完成拉伸特征 2 的创建（并隐藏曲线）。

Stage3. 保存修改

激活总文件并保存零件模型。在"装配导航器"中双击 ☑ case_cover_mold_top_050，将总文件激活，然后选择下拉菜单 文件(F) ➡ 全部保存(V) 命令，即可保存零件模型。

19.3 标准件

模架添加完成后还有大量的标准件需要添加，模架中的标准件是指已标准化的一部分零件，这部分零件可以替换使用，以便提高模具的生产效率及修复效率。本节将讲述如何加载及编辑标准件。下面是对常用标准件的介绍。

- 定位圈（Locating Ring）：除了用于使注塑机喷嘴与模架的浇口套对中、固定浇口套和防止浇口套脱离模具外，还用于模具在注塑机上的定位。所以在选择定位圈的直径时应参考注塑机型号。

- 浇口套（Sprue）：又称主流道衬套，是安装在模具定模座板上，用来辅助进胶的元件（图 19.3.1 所示是一种 FUTABA 公司的浇口套及其关键参数）。浇口套上端与注塑机喷嘴紧密对接，因此此尺寸的选择应按注塑机喷嘴尺寸进行选择，并且其长度应考虑模具的模板厚度。

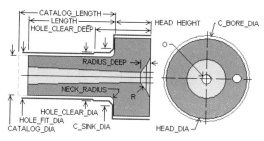

图 19.3.1 浇口套示意图

- 顶杆（Ejector Pin）：也称推杆，是使用最多的标准件，主要用来将已经成型的塑件从模具中顶出。UG NX 8.5 的 MW 中提供了多种不同类型的顶杆，用户可以根据塑件的特点选择合适的顶杆。图 19.3.2 所示是两种不同类型的顶杆。

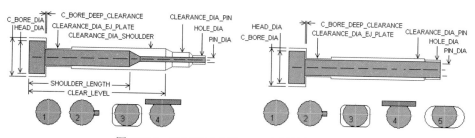

图 19.3.2 UG NX 8.5 的 MW 中提供的两种顶杆

- 限位钉（Stop Buttons）：用于支撑模具的推出机构，能防止推出机构在复位时受阻，并且可以用来调节推出距离。图 19.3.3 所示是 UG NX 8.5 的 MW 提供的两种不同类型的限位钉。

19
Chapter

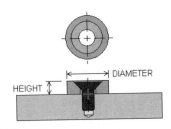

图 19.3.3　MW 提供的限位钉

- 弹簧（Spring）：起到复位的作用，在选用时要注意模具的特点，选择合适规格的元件。图 19.3.4 所示的是 UG NX 8.5 的 MW 提供的多种规格弹簧中的一种形式。弹簧的直径和压缩量都影响到模具的使用，所以在选用时也要引起足够重视。

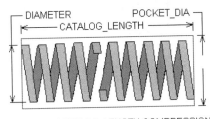

图 19.3.4　MW 提供的弹簧

19.3.1　标准件的加载和编辑

在 UG NX 8.5 中标准件的加载同模架加载一样简单，并且尺寸的修改也同样可以在系统弹出的相关对话框中完成。本节将对标准件的加载和编辑进行简要说明。

首先打开文件 D:\ug85mo\work\ch19.03\case_cover_ mold_top_050.prt。

在"注塑模向导"工具条中单击"标准件库"按钮 ，系统弹出图 19.3.5 所示的"标准件管理"对话框（一）。

1. 标准件的目录和分类

在"标准件管理"对话框中用户可以对标准件进行检索，首先需要选择标准件的类型，在 文件夹视图 列表区域（图 19.3.6）中选择，然后选择此类型的子类型，在 成员视图 列表区域（图 19.3.7）中选择，确定子类型后，在对话框的下部弹出详细信息窗口（图 19.3.8），在"信息"窗口中可以定义标准件的具体参数，使其符合设计要求。

2. 标准件的父级、装配位置和引用集

用户在加载标准件的同时可以指定到相应的组件中（即为标准件指定父级），并可以确定标准件的位置和引用集，以上 3 项的操作分别在 父 下拉列表框（图 19.3.9）、 位置 下拉列表框（图 19.3.10）和 引用集 下拉列表框（图 19.3.11）中完成。

图 19.3.5　"标准件管理"对话框（一）

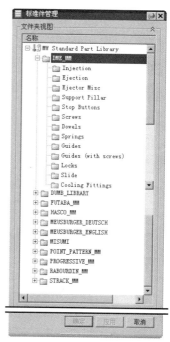

图 19.3.6　"标准件管理"对话框（二）

图 19.3.7　"标准件管理"对话框（三）

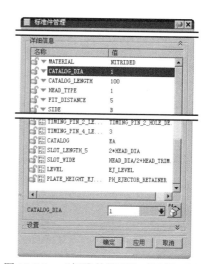

图 19.3.8　"标准件管理"对话框（四）

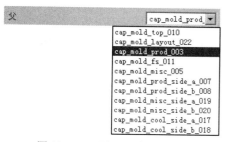

图 19.3.9　"父"下拉列表框

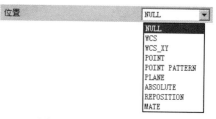

图 19.3.10　"位置"下拉列表框

图 19.3.10 所示的"位置"下拉列表框中各选项的说明如下：

- NULL：将装配的绝对原点作为标准件的原点（此选项为默认项）。

- WCS：将工作坐标系的原点作为标准件原点。

- WCS_XY：选择工作坐标系平面上的点作为标准件的原点。

- POINT：将在 X-Y 平面上选择的点作为标准件的原点。

- POINT PATTERN：以点阵列方式放置标准件。

- PLANE：选择一平面为标准件的放置平面，并在该平面上选取一点作为标准件的放置原点。

- ABSOLUTE：通过"点"对话框来定义标准件的放置原点。

- REPOSITION：对选择的标准件进行重定位放置。

- MATE：先加入标准件，再通过匹配方式定位标准件。

图 19.3.11　"引用集"下拉列表框

图 19.3.11 所示的"引用集"下拉列表框中各选项的说明如下：

- TRUE：选择该选项，则添加的标准件只添加标准件实体。

- FALSE：选择该选项，则添加的标准件只添加标准件创建后的腔体。

- 整个部件：选择该选项，则添加的标准件同时添加标准件实体和创建后的腔体。

说明：图 19.3.12 所示的是选择 3 种选项的情况的对比。

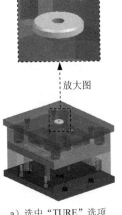
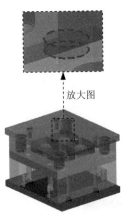
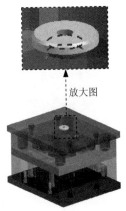

a）选中"TURE"选项　　　　b）选中"FALSE"选项　　　　c）选中"整个部件"选项

图 19.3.12　标准件加载的不同形式

3．新建组件和重命名组件

在加载标准件时还可以对标准件的引用类型及名称进行控制和修改。这些修改是通过选中"标准件管理"对话框中的 ⦿ 新建组件 单选按钮和 ☑ 重命名组件 复选框来实现的（图 19.3.13）。

关于 ⦿ 新建组件 单选按钮与 ☑ 重命名组件 复选框的说明如下：

- ⦿ 新建组件 单选按钮：选中该单选按钮可以添加多个相同类型的组件，而不作为组件的引用件，这样可以对每个组件进行单独编辑，而不影响其他组件。

- ☑ 重命名组件 复选框：选中该复选框可以对加载的部件进行重命名，并在加载部件前，系统弹出图 19.3.14 所示的"部件名管理"对话框，在此对话框中可以完成部件的重命名。

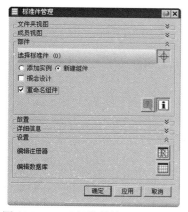

图 19.3.13　"标准件管理"对话框

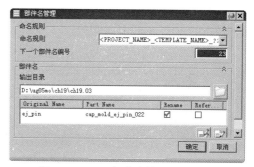

图 19.3.14　"部件名管理"对话框

4. 预览标准件

在"标准件管理"对话框中除了能选择标准件外，还能预览要添加或编辑的标准件。在对话框的 部件 区域中单击"显示信息窗口"按钮 ⓘ，系统弹出图 19.3.15 所示的"信息"窗口，再次单击该按钮可以对其进行隐藏。

5. 设置 区域

在"标准件管理"对话框中的 设置 区域有 ℝ 和 ▦ 两个按钮，如图 19.3.16 所示，通过这两个按钮可以编辑注册器和编辑数据库，分别介绍如下。

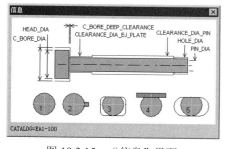

图 19.3.15　"信息"界面

图 19.3.16　"标准件管理"对话框

- ℝ（编辑注册器）：单击此按钮，可以激活标准件"编辑注册器"表格，在此表格中可以修改标准件的名称、数据及数据路径等信息，如图 19.3.17 所示。

	A	B	C
1	##DME MM 2006		
2			
3	NAME	DATA_PATH	DATA
4	----- Injection -----	/standard/metric/dme/data	locating_ring.xs4::DME_P
5	Locating Ring [No Screws]		locating_ring.xs4::DME_P
6	Locating Ring [With Screws]		locating_ring.xs4::DME
7	Sprue Bushing		sprue.xs4::DME
8	----- Ejection -----	/standard/metric/dme/data	ej_pin.xs4::DME_STRAIGHT
9	Ejector Pin [Straight]		ej_pin.xs4::DME_STRAIGHT
10	Ejector Pin [Shouldered]		ej_pin.xs4::DME_SHOULDERED
11	Ejector Sleeve Assy [S,KS]		ej_sleeve_assy.xs4::DME
12	Ejector Pin [Cone]		ej_pin_cone.xs4::DME
13	Core Pin		core_pin.xs4::DME

图 19.3.17 "编辑注册器"表格

- ▦（编辑数据库）：单击此按钮，系统将打开标准件"编辑数据库"表格，在此表格中可以对标准件的各项参数进行编辑，如图 19.3.18 所示。

	A	B	C	D	E
1	## DME STRAIGHT EJECTOR PINS				
2	##NOTE: PIN_TYPE=1 IS A STRAIGHT PIN				
3	##NOTE: PIN_TYPE=2 IS A SHOULDERED PIN WITH THE SHOULDER LENGTH MEASURED AT THE PIN DIA				
4	##NOTE: PIN_TYPE=3 IS A SHOULDERED PIN WITH THE SHOULDER LENGTH MEASURED AT THE SHOULDER DIA				
5					
6	PARENT	<UM_PROD>			
7					
8	POSITION	POINT			
9					
10	ATTRIBUTES				
11	SECTION-COMPONENT=NO				
12	MW_SIDE=<SIDE>				
13	MW_COMPONENT_NAME=EJECTOR				

图 19.3.18 "编辑数据库"表格

6. 标准件工具条

确定完标准件的类型、参数和放置后，在"标准件管理"对话框的 部件 区域将出现 🗗、◁和✕ 3 个编辑按钮，如图 19.3.19 所示，通过这些按钮可以实现对标准件的相关编辑。

关于标准件工具条中的 3 个编辑按钮的说明：

- 🗗（重定位）：单击此按钮，系统弹出图 19.3.20 所示的"移动组件"对话框，在此对话框中可以对选定的标准件进行移动操作，但也要注意，使用此按钮前要确保当前模型中已有标准件并且被选中。

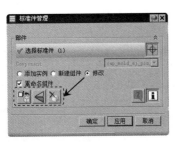

图 19.3.19 "标准件管理"对话框

图 19.3.20 "移动组件"对话框

- ◁（翻转方向）：此按钮可以改变标准件的轴向方向，使其颠倒。

- ✕（移除组件）：单击此按钮，可以删除正在使用的标准件。

19.3.2　添加标准件的一般过程

标准件的添加是完善模具设计的一项工作，本节将通过添加定位圈及浇口套等来讲解标准件添加及修改的一般过程。

Stage1．加载定位圈

Step 1　打开 D:\ug85mo\work\ch19.03\case_cover_mold_top_050.prt 文件。

Step 2　在"注塑模向导"工具条中单击"标准件库"按钮 ，系统弹出"标准件管理"对话框。

Step 3　定义定位圈类型和参数。在"标准件管理"对话框的 文件夹视图 列表区域中展开 FUTABA_MM 节点，然后选择 Locating Ring Interchangeable 选项；在 成员视图 列表区域中选择 Locating Ring 选项；在 详细信息 区域的 TYPE 下拉列表框中选择 M_LRB 选项；选择 BOTTOM_C_BORE_DIA 选项，在 BOTTOM_C_BORE_DIA 文本框中输入值 18，选择 SHCS_LENGTH 选项，在 SHCS_LENGTH 文本框中输入值 18，并按回车键确认。

Step 4　加载定位圈。对话框中的其他参数保持系统默认设置，单击 确定 按钮，完成定位圈的添加（图 19.3.21）。

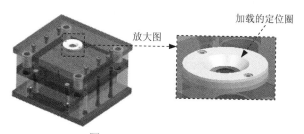

图 19.3.21　加载定位圈

Step 5　创建腔体。在"注塑模向导"工具条中单击"腔体"按钮 ，系统弹出"腔体"对话框，选取图 19.3.22 所示的目标体，单击中键确认；选取加载后的定位圈为工具体。单击"腔体"对话框中的 确定 按钮，完成腔体的创建（图 19.3.23）。

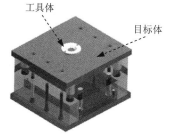

图 19.3.22　定义目标体和工具体

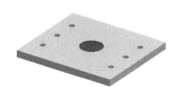

图 19.3.23　创建腔体后

说明：为表达清楚，图 19.3.23 中已将模架的其他部分及定位圈隐藏。

Stage2．加载浇口套

Step 1 在"注塑模向导"工具条中单击"标准件库"按钮 ，系统弹出"标准件管理"对话框。

Step 2 定义浇口套类型和参数。在"标准件管理"对话框的 文件夹视图 列表区域中展开 FUTABA_MM 节点，然后选择 Sprue Bushing 选项；在 成员视图 列表区域中选择 Sprue Bushing 选项；在 详细信息 区域的 CATALOG 下拉列表框中选择 M-SBI 选项，在 O 下拉列表框中选择 2.5 选项，在 R 下拉列表框中选择 13 选项；选择 CATALOG_LENGTH 选项，将其值修改为 80，并按回车键确认，依次选择 CATALOG_LENGTH1 和 HEAD_HEIGHT1 选项，并将值分别修改为 75 和 25，并按回车键确认。

Step 3 加载浇口套。"标准件管理"对话框中的其他参数保持系统默认设置，单击 确定 按钮，完成浇口套的添加（图 19.3.24）。

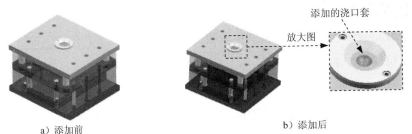

a）添加前   b）添加后

图 19.3.24 加载浇口套

Step 4 创建腔体。在"注塑模向导"工具条中单击"腔体"按钮 ，系统弹出"腔体"对话框，选取图 19.3.25 所示的定模板和定模座板为目标体，单击中键确认；选取加载后的浇口套为工具体。单击"腔体"对话框中的 确定 按钮，完成腔体的创建（图 19.3.26）。

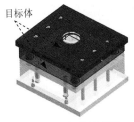

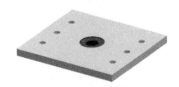

图 19.3.25 定义目标体   图 19.3.26 腔体创建后

说明：为表达清楚，图 19.3.26 中已将模架的其他部分及定位圈隐藏。

Stage3．加载顶杆

Step 1 在"注塑模向导"工具条中单击"标准件库"按钮 ，系统弹出"标准件管理"对话框。

Step 2 定义顶杆类型和参数。在"标准件管理"对话框的 文件夹视图 列表区域中展开 DME_MM 并选择 Ejection 选项；在 成员视图 列表区域中选择 Ejector Pin [Straight] 选项；在 详细信息 区域的 MATERIAL 下拉列表框中选择 NITRIDED 选项，在 CATALOG_DIA 下拉列表框中选择 4 ，修改 CATALOG_LENGTH 的值为 150，并按回车键确认。

Step 3 加载顶杆。"标准件管理"对话框中的其他参数选项保持系统默认，单击 应用 按钮，系统弹出"点"对话框，然后输入坐标值（-65，75，0）、（-78，59，0）、（-52，59，0），并分别单击 确定 按钮（如图 19.3.27 所示）。在"点"对话框中单击 取消 按钮，系统返回至"标准件管理"对话框，单击对话框中的 < 确定 > 按钮，完成顶杆的加载（图 19.3.28）。

注意：此时图形区中加亮显示的区域就是工作部件，定义顶杆定位点时只能选择工作部件的相应边线。

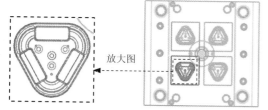

图 19.3.27　选取顶杆定位点

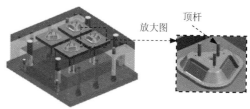

图 19.3.28　加载顶杆

说明：图 19.3.28 隐藏了上模部分结构。

Step 4 创建腔体。在"注塑模向导"工具条中单击"腔体"按钮，系统弹出"腔体"对话框，选取图 19.3.29 所示的目标体（推杆固定板、动模板和其中一个型芯），单击中键确认；选取加载后的顶杆（12 个）为工具体。单击"腔体"对话框中的 确定 按钮，完成腔体的创建。

Step 5 修剪顶杆。在"注塑模向导"工具条中单击"修边模具组件"按钮，系统弹出"修边模具组件"对话框，在对话框的 目标范围 下拉列表框中选择 任意 选项；在图形区选取加载的顶杆（3 个）为修剪目标体，采用系统默认的修剪方向，在"修边模具组件"对话框中单击 确定 按钮，完成顶杆的修剪（图 19.3.30）。

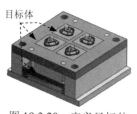

图 19.3.29　定义目标体

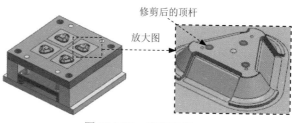

图 19.3.30　修剪顶杆

说明：比较常用的推出机构还有推管（Ejector Sleeves）。推管与顶杆的作用相同，都用来推出成型后的塑件。有时要在塑件的小孔位设置顶出机构，这时顶杆不太方便，但推管能很方便地解决。图 19.3.31 所示是推管的一种形式。

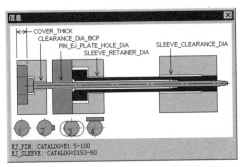

图 19.3.31　UG NX 8.5 的 MW 提供的推管

Stage4. 加载弹簧

Step 1　在"注塑模向导"工具条中单击"标准件库"按钮，系统弹出"标准件管理"对话框。

Step 2　定义弹簧类型。在"标准件管理"对话框的 文件夹视图 列表区域中展开 ⊞◻ FUTABA_MM 并选择 ◻ Springs 选项；在 成员视图 列表区域中选择 Spring [M-FSB] 选项；在 详细信息 区域的 DIAMETER 下拉列表框中选择 32.5 选项，在 CATALOG_LENGTH 下拉列表框中选择 60 选项，在 DISPLAY 下拉列表框中选择 DETAILED 选项。

Step 3　定义放置面。激活 ＊选择面或平面 (0) 区域，选取图 19.3.32 所示的面，单击 确定 按钮，系统弹出"标准件位置"对话框。选取图 19.3.33 所示的圆弧 1、圆弧 2、圆弧 3 和圆弧 4，并分别单击 应用 按钮，加载后的弹簧如图 19.3.34 所示。

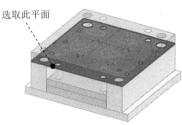

选取此平面

图 19.3.32　定义定位平面

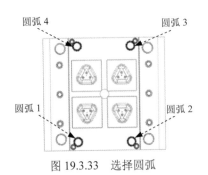

圆弧 4　　　圆弧 3

圆弧 1　　　圆弧 2

图 19.3.33　选择圆弧

加载后的弹簧

图 19.3.34　加载弹簧

Step 4　创建腔体。在"注塑模向导"工具条中单击"腔体"按钮，系统弹出"腔体"对话框，选取图 19.3.35 所示的目标体，单击中键确认；选取加载后的弹簧（4

个）为工具体。单击"腔体"对话框中的 确定 按钮，完成腔体的创建（图 19.3.36）。

图 19.3.35 定义目标体

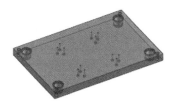

图 19.3.36 创建后的腔体

说明：比较常用的复位机构还有复位杆（Return Pin）。复位杆又称回程杆，主要作用是辅助打开的模具回到闭合时的位置。有时回程杆的外形和顶杆很相似，但由于所处的位置不同起到的作用也大不相同。图 19.3.37 是一种比较常见的复位杆。

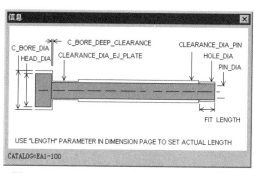

图 19.3.37 UG NX 8.5 的 MW 提供的复位杆

Stage5．加载拉料杆

拉料杆是用来拉出浇注系统凝料的机构。其规格尺寸与推杆相同。在 UG NX 8.5 中需要先以推杆的形式添加到模具中再经过修改得到所需的拉料杆。

Step 1 在"注塑模向导"工具条中单击"标准件库"按钮 ，系统弹出"标准件管理"对话框。

Step 2 定义拉料杆类型和参数。在"标准件管理"对话框的 文件夹视图 列表区域中展开 DME_MM 并选择 Ejection 选项；在 成员视图 列表区域中选择 Return Pin [EA, AH] 选项；在 详细信息 区域的 MATERIAL 下拉列表框中选择 NITRIDED 选项，在 CATALOG_DIA 下拉列表框中选择 6 选项，在 CATALOG_LENGTH 文本框中输入 130 。

Step 3 加载拉料杆。"标准件管理"对话框中的其他参数选项保持系统默认，单击 确定 按钮，系统弹出"点"对话框。选择图 19.3.38 所示的圆弧中心为拉料杆定位点。在"点"对话框中单击 取消 按钮，完成拉料杆的加载（图 19.3.39）。

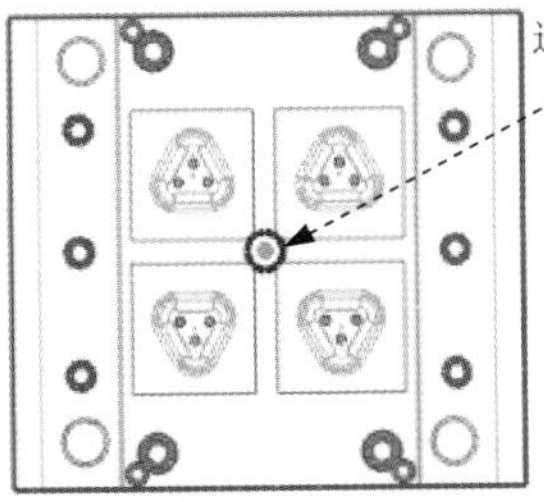

图 19.3.38　选取拉料杆定位参照

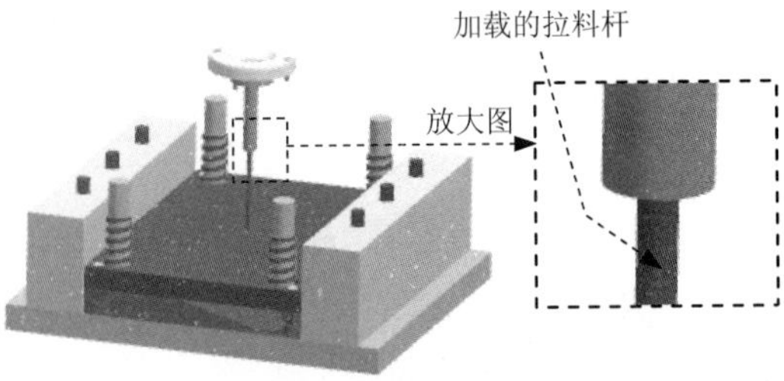

图 19.3.39　加载拉料杆

Step 4　创建腔体。在"注塑模向导"工具条中单击"腔体"按钮 ，系统弹出"腔体"对话框，选取图 19.3.40 所示的目标体，单击中键确认；选取加载后的拉料杆为工具体。单击"腔体"对话框中的 **确定** 按钮，完成腔体的创建。

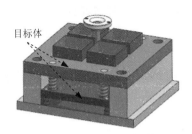

图 19.3.40　定义目标体

Step 5　修整拉料杆。

（1）在图形区的拉料杆上右击，在弹出的快捷菜单中选择 **设为显示部件(D)** 命令，系统将拉料杆在单独窗口中打开。

（2）选择下拉菜单 **插入(S)** ➡ **设计特征(E)▶** ➡ **拉伸(E)...** 命令，系统弹出"拉伸"对话框，在图形区中选择 ☑ **固定基准平面 (1)** 为草图平面，绘制图 19.3.41 所示的截面草图。

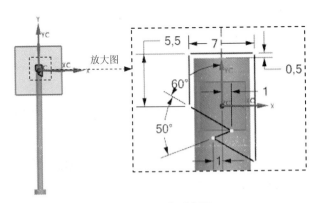

图 19.3.41　截面草图

（3）在"拉伸"对话框 **限制** 区域的 **开始** 下拉列表框中选择 **对称值** 选项，并在其下的 **距离** 文本框中输入值 3；在 **布尔** 区域的 **布尔** 下拉列表框中选择 **求差** 选项，然后选择拉料杆。

（4）"拉伸"对话框的其他参数设置保持系统默认，单击< 确定 >按钮，完成拉料杆的修整（图 19.3.42）。

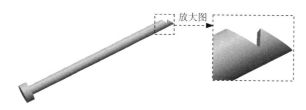
放大图

图 19.3.42 修整后的拉料杆

Step 6 转换显示模型。在"装配导航器"界面中的☑ 🔲 case_cover_mold_return_pin_157 节点上右击，在弹出的快捷菜单中选择 显示父项 ▶ 命令下的 case_cover_mold_top_050，并在"装配导航器"界面中的 case_cover_mold_top_050 节点上双击，使整个装配部件为工作部件。

Stage6. 保存零件模型

至此，标准件的添加及修改已经完成。选择下拉菜单 文件(F) ━━▶ 全部保存(V) 命令，即可保存零件模型。

20

浇注和冷却系统的设计

20.1 浇注系统的设计

20.1.1 概述

浇注系统是指模具中由注塑机喷嘴到型腔之间的进料通道。普通浇注系统一般由主流道、分流道、浇口和冷料穴四部分组成，如图 20.1.1 所示。

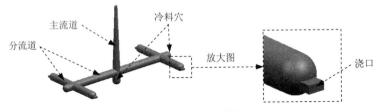

图 20.1.1 浇注系统

- 主流道：是指浇注系统中从注塑机喷嘴与模具接触处开始到分流道为止的塑料熔体的流动通道。主流道是熔体最先流经模具的部分，它的形状与尺寸对塑料熔体的流动速度和充模时间有较大的影响，因此，在设计主流道时必须考虑到使熔体的温度和压力损失降到最小。
- 分流道：是指主流道末端与浇口之间的一段塑料熔体的流道。其作用是改变熔体流向，使塑料熔体以平稳的流态均衡地分配到各个型腔。设计时应注意尽量减少流动过程中的温度损失与压力损失。
- 浇口：也称进料口，是连接分流道与型腔的熔体通道。浇口位置选择得合理与否，直接影响到塑件能不能完整地、高质量地成型。

● 冷料穴：其作用是容纳浇注系统中塑料熔体的前锋冷料，以免这些冷料注入型腔。

20.1.2　流道设计

本节将通过图 20.1.2 所示的一个一模多穴的模具为例，说明在 UG NX 8.5 中设计流道的一般过程，通过对本例的学习，读者能清楚地掌握流道的设计原理。

Step 1　打开模型。选择下拉菜单 文件(F) ➡ 打开(O)... 命令，打开文件 D:\ug85mo\work\ch20.01\case_cover_mold_top_050.prt。

Step 2　隐藏零部件。

（1）隐藏模架部分。在 装配导航器 中将 ☑ case_cover_mold_fs_119 、☑ case_cover_mold_var_060 、☑ case_cover_mold_cool_051 、☑ case_cover_mold_misc_055 、☑ case_cover_mold_ej_pin_150 部件取消勾选。

（2）隐藏型腔。在 装配导航器 中将 ☑ case_cover_mold_cavity_052 零件取消勾选，结果如图 20.1.3 所示。

图 20.1.2　模架模型

图 20.1.3　隐藏模架和型腔

说明：☑ case_cover_mold_ej_pin_150 和 ☑ case_cover_mold_cavity_052 部件位于 ☑ case_cover_mold_layout_071 的 ☑ case_cover_mold_prod_053 装配下。

Step 3　在"注塑模向导"工具条中单击"流道"按钮 ，系统弹出图 20.1.4 所示的"流道"对话框。

Step 4　创建图 20.1.5 所示的流道。

（1）定义图 20.1.6 所示的引导线。单击"流道"对话框中的"绘制截面"按钮 ，系统弹出"创建草图"对话框，在对话框中的 平面方法 下拉列表框中选择 创建平面 选项，单击 按钮，选取 为草图平面；选中 设置 区域的 ☑ 创建中间基准 CSYS 复选框；单击 确定 按钮，进入草图绘制环境，绘制图 20.1.7 所示的截面草图；单击 完成草图 按钮，退出草图环境。

（2）定义截面类型。在对话框的 截面类型 下拉列表框中选择 Circular 选项。

（3）定义参数。在参数列表框中双击 D   8 选项，输入截面直径值为 6，其他参数接受系统默认设置。

（4）单击 < 确定 > 按钮，完成流道创建。

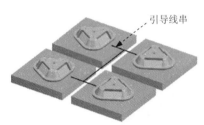

图 20.1.4　"流道"对话框

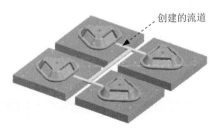

图 20.1.5　创建流道

图 20.1.6　定义引导线串

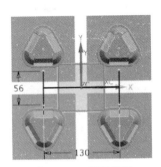

图 20.1.7　截面草图

图 20.1.4 所示的"流道"对话框中各选项的说明如下：

- 截面类型下拉列表框：用于定义流道的截面形状，包括以下 5 种截面类型：

  ☑ Circular选项：只需给定流道直径，如图 20.1.8 所示。

  ☑ Parabolic选项：需给定流道高度、流道拐角半径及流道角度，如图 20.1.9 所示。

  ☑ Trapezoidal选项：梯形流道的截面参数较多，需给定流道宽度、流道深度、流道侧角度及流道拐角半径，如图 20.1.10 所示。

图 20.1.8　圆形流道截面

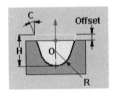

图 20.1.9　抛物线流道截面

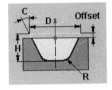

图 20.1.10　梯形流道截面

  ☑ Hexagonal选项：只需给定流道宽度，如图 20.1.11 所示。

  ☑ Semi_Circular选项：只需给定流道半径，如图 20.1.12 所示。

图 20.1.11 六边形流道截面

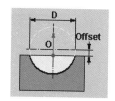

图 20.1.12 半圆流道截面

Step 5 型腔设计（取消型腔隐藏）。

（1）在"注塑模向导"工具条中单击"腔体"按钮，系统弹出图 20.1.13 所示的"腔体"对话框。

（2）在"腔体"对话框中的 工具类型 下拉列表框中选择 实体 选项，然后选取图 20.1.14 所示的目标体和工具体（所有流道），单击 确定 按钮，完成腔体的创建，如图 20.1.15 所示（隐藏流道）。

说明：可选取任意一组型腔和型芯作为目标体。

图 20.1.13 "腔体"对话框

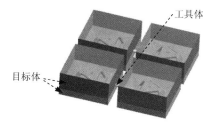

图 20.1.14 定义"腔体"

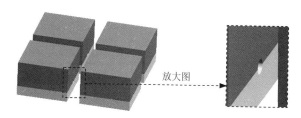

图 20.1.15 创建腔体

20.1.3 浇口设计

浇口设计在模具中是不可忽视的，其主要的作用有：提高塑料熔体的剪切速率，降低粘度，使其迅速充满型腔；浇口通常是浇注系统中截面最小的部分，这有利于在塑件的后续加工中实现塑件与浇口凝料的分离；浇口还起着早固化、防止型腔中熔体倒流的作用。本节将继续以 20.1.2 节的模型为例，讲解设计浇口的一般过程。

Step 1 显示型腔部件。在 装配导航器 中将型芯（☑ case_cover_mold_core_056）和产品模型（☑ case_cover_mold_parting-set_070）隐藏，结果如图 20.1.16 所示。

Step 2 在"注塑模向导"工具条中单击"浇口库"按钮，系统弹出图 20.1.17 所示的"浇口设计"对话框。

图 20.1.16 显示型腔部分

20
Chapter

519

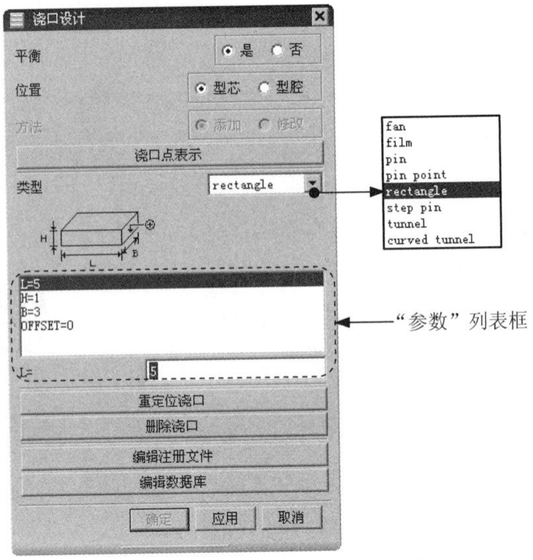

图 20.1.17　"浇口设计"对话框

图 20.1.17 所示的"浇口设计"对话框中各选项的说明如下：

- **平衡** 区域：用于定义平衡式浇口或非平衡式浇口。
  - ☑ **◉ 是**：选择该单选按钮，创建平衡式浇口。在一模多穴模具中创建浇口时，只需在某一个型腔或型芯中创建浇口，系统会自动在剩余型腔或型芯的相应位置阵列出浇口，并且具有关联性。
  - ☑ **◉ 否**：选择该单选按钮，创建非平衡式浇口。只能对当前的工作部件进行浇口的创建，不能自动阵列到其他部件上。
- **位置** 区域：用于定义浇口的放置位置。
  - ☑ **◉ 型芯**：选择该单选按钮，创建的浇口位于型芯侧。
  - ☑ **◉ 型腔**：选择该单选按钮，创建的浇口位于型腔侧。
- **方法** 区域：用于添加或编辑浇口，只有在浇口被创建后此区域才起作用。
  - ☑ **◉ 添加**：选择该单选按钮，是为浇注系统添加一个浇口。
  - ☑ **◉ 修改**：选择该单选按钮，是对创建后的浇口进行修改，系统会弹出供用户编辑浇口相关参数的对话框。
- **浇口点表示** 按钮：用于定义浇口放置的位置和删除已有的浇口点，单击此按钮会弹出图 20.1.18 所示的"浇口点"对话框。
  - ☑ **点子功能** 按钮：单击此按钮，系统会自动弹出"点"对

图 20.1.18　"浇口点"对话框

话框，通过该对话框完成浇口的放置点选择。

☑ 按钮：单击此按钮后，选取两条曲线，系统将以两条曲线的交点作为浇口的放置点。

☑ **平面/曲线相交**按钮：单击此按钮后，系统将以用户选取的基准平面与曲线的交点作为浇口的放置点。

☑ **点在曲线上**按钮：系统将曲线上的任意一点作为浇口的放置点。单击此按钮，系统会弹出图 20.1.19 所示的"曲线选择"对话框，选取曲线后系统自动弹出图 20.1.20 所示的"在曲线上移动点"对话框，可通过输入值或移动滑块来确定曲线上点的位置。

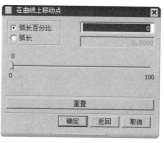

图 20.1.19 "曲线选择"对话框 　　图 20.1.20 "在曲线上移动点"对话框

☑ **点在面上**按钮：定义曲面上的一点作为浇口的放置点。单击此按钮，系统会弹出图 20.1.21 所示的"面选择"对话框，选取曲面后系统自动弹出图 20.1.22 所示的 Point Move on Face 对话框，可通过选择 ◉ XYZ Value 单选按钮来确定 X、Y、Z 的坐标值；也可通过选择 ◉ 矢量 单选按钮来定义在曲面上的具体位置。

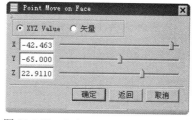

图 20.1.21 "面选择"对话框 　　图 20.1.22 Point Move on Face 对话框

☑ **删除浇口点**按钮：单击该按钮，可以删除所选择的浇口点。

- **类型**下拉列表框：用于定义浇口的类型。

☑ **fan** 选项：扇形浇口。

☑ **film** 选项：薄片浇口。

☑ `pin` 选项：点浇口。

☑ `pin point` 选项：针式浇口。

☑ `rectangle` 选项：矩形浇口。

☑ `step pin` 选项：阶梯状针式浇口。

☑ `tunnel` 选项：耳形浇口。

☑ `curved tunnel` 选项：曲线耳形浇口。

- `重定位浇口` 按钮：用于重新定义浇口的位置。单击此按钮，系统会弹出图 20.1.23 所示的 REPOSITION 对话框，通过选择对话框中的 ⊙ `变换` 和 ⊙ `旋转` 两种方式可以完成浇口的重定位。

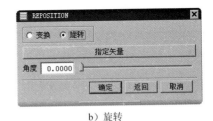

a）变换　　　　　　　　　　　　　　　　　　b）旋转

图 20.1.23　REPOSITION 对话框

- `删除浇口` 按钮：单击该按钮，可以将已有的浇口删除。
- `编辑注册文件` 按钮：单击该按钮，可以链接 Excel 电子表格程序，供所有的用户编辑使用。
- `编辑数据库` 按钮：单击该按钮，可以链接 Excel 电子表格程序，编辑 Mold Wizard 的浇口数据库文件。

Step 3　定义浇口属性（显示流道）。

（1）定义平衡。在"浇口设计"对话框的 `平衡` 区域中选择 ⊙ `是` 单选按钮。

（2）定义位置。在"浇口设计"对话框的 `位置` 区域中选择 ⊙ `型腔` 单选按钮。

（3）定义类型。在"浇口设计"对话框的 `类型` 下拉列表框中选择 `rectangle` 选项。

（4）定义参数。在"参数"列表框中选择 `L=5` 选项，在 `L=` 文本框中输入值 6，并按回车键确认，其他参数接受系统默认值。

Step 4　在"浇口设计"对话框中单击 `应用` 按钮，系统弹出"点"对话框。

Step 5　定义浇口放置点。在"点"对话框中选择 ⊙ `圆弧中心/椭圆中心/球心` 选项，选取图 20.1.24 所示的圆弧中心，系统弹出"矢量"对话框。

Step 6　定义矢量。在"矢量"对话框的 `类型` 下拉列表框中选择 `-YC 轴` 选项，如图 20.1.25 所示。

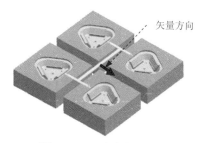

图 20.1.24　选取浇口放置点　　　　　图 20.1.25　定义矢量

Step 7　在"矢量"对话框中单击 确定 按钮，系统返回至"浇口设计"对话框。

Step 8　在"浇口设计"对话框中单击 取消 按钮，完成浇口的设计，结果如图 20.1.26 所示。

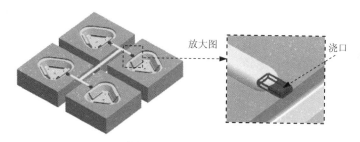

图 20.1.26　创建浇口

Step 9　型腔设计。

（1）显示动/定模板。在"装配导航器"界面中将动模板（☑◻ case_cover_mold_b_plate_135 ）和定模板（☑◻ case_cover_mold_a_plate_122 ）取消隐藏。

（2）在"注塑模向导"工具条中单击"腔体"按钮🔲，系统弹出"腔体"对话框。

（3）在"腔体"对话框中选取图 20.1.27 所示的目标体和工具体，单击 确定 按钮，完成型腔设计，结果如图 20.1.28 所示。

说明：目标体为型腔、动模板和定模板；工具体为流道和浇口。

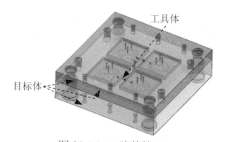

图 20.1.27　腔体管理

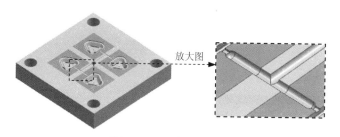

图 20.1.28　腔体管理结果

Step 10 保存文件（显示所有组件）。选择下拉菜单 文件(F) ➡ 全部保存(V) 命令，保存所有文件。

20.2 冷却系统的设计

20.2.1 概述

冷却系统用于对模具进行冷却或加热，它既关系到塑件的质量（塑件的尺寸精度、塑件的力学性能和塑件的表面质量），又关系到生产效率。因此，必须根据要求将模具温度控制在一个合理的范围之内，以得到高品质的塑件和较高的生产效率。

在 Mold Wizard 中，创建冷却系统可以使用模具冷却工具来完成，模具冷却工具提供了多种创建冷却通道和修改编辑冷却通道的方法，还可以使用模具冷却工具中的"冷却标准件库"命令快速创建冷却通道，并完成冷却系统中的一些其他零部件（如水塞、O 形圈和水嘴等）的设计。

20.2.2 冷却通道设计

使用"冷却标准件库"可以完成冷却通道的设计，其冷却通道的一般设计思路为，首先定义冷却通道的参数，然后定义生成冷却通道的位置。

打开 D:\ug85mo\work\ch20.02\case_cover_mold_top_050.prt 文件。

在"注塑模向导"工具条中单击"模具冷却工具"按钮，系统弹出图 20.2.1 所示的"模具冷却工具"工具条；单击工具条中的"冷却标准件库"按钮，系统弹出图 20.2.2 所示的"冷却组件设计"对话框（一）。

图 20.2.2 "冷却组件设计"对话框（一）

图 20.2.1 "模具冷却工具"工具条

说明：在图 20.2.2 所示的"冷却组件设计"对话框（一）的 文件夹视图 列表中展开设计树中的 ▣COOLING 选项，在 成员视图 列表区域中显示出冷却系统中常见的组件对象，在该列表中选择一个组件对象，在对话框的下部弹出图 20.2.3 所示的信息窗口并显示对象参数，修改组件参数，可以完成冷却系统中常见组件的设计。

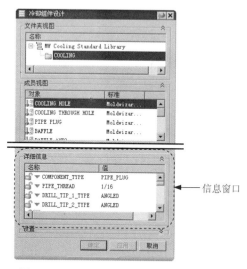

图 20.2.3   "冷却组件设计"对话框（二）

20.2.3　冷却系统标准件

使用"冷却标准件库"命令 ᗣ 可以完成冷却系统的设计。此设计过程不但可以完成冷却通道的设计，还可以完成冷却系统中的一些其他零部件（如水塞、O 形圈和水嘴等）的设计。下面以图 20.2.4 为例，说明在 UG NX 8.5 中使用"冷却标准件库"方式完成冷却系统设计的一般过程。

Task1. 创建冷却通道

Step 1　打开 D:\ug85mo\work\ch20.02\case_cover_mold_top_050.prt 文件。

Step 2　隐藏模架部分。在 装配导航器 中取消选中 ☑🗂case_cover_mold_fs_119 、☑🗂case_cover_mold_var_060 、☑🗂case_cover_mold_cool_051 、☑🗂case_cover_mold_misc_055 和 ☑🗂case_cover_mold_ej_pin_150 部件，结果如图 20.2.5 所示。

图 20.2.4   模架模型

图 20.2.5   隐藏模架部分

Step 3 在"注塑模向导"工具条中单击"模具冷却工具"按钮 ，在系统弹出的"模具冷却工具"工具条中单击"冷却标准件库"按钮 ，系统弹出"冷却组件设计"对话框。

Step 4 定义冷却通道 1。

（1）选择通道类型。在"冷却组件设计"对话框的 文件夹视图 区域的展开设计树中选择 COOLING 选项，在 成员视图 区域选择 COOLING HOLE 选项，系统弹出信息窗口并显示参数。

（2）修改参数。在 详细信息 区域的 PIPE_THREAD 下拉列表框中选择 M8 选项，选择 HOLE 1 DEPTH 选项，在 HOLE_1_DEPTH 文本框中输入值 30，并按回车键确认，选择 HOLE 2 DEPTH 选项，在 HOLE_2_DEPTH 文本框中输入值 30，并按回车键确认，其他接受系统默认参数。

（3）定义放置面。激活 * 选择面或平面 (0) 区域，选取图 20.2.6 所示的表面（显示坐标系），单击 确定 按钮，系统弹出"标准件位置"对话框，单击"点对话框"按钮 +，系统弹出"点"对话框，在 类型 下拉列表框中选择 自动判断的点 选项。

（4）定义通道坐标点。在 XC 文本框中输入值 20，在 YC 文本框中输入值 0，在 ZC 文本框中输入值 0。单击 确定 按钮，系统返回至"标准件位置"对话框，在 偏置 区域的 X 偏置 文本框中输入值 0，在 Y 偏置 文本框中输入值 0。

（5）在"标准件位置"对话框中单击 确定 按钮，完成通道坐标系的定义，完成冷却通道 1 的创建，结果如图 20.2.7 所示。

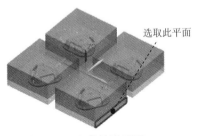

图 20.2.6　定义放置平面

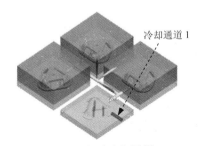

图 20.2.7　创建冷却通道 1

Step 5 定义冷却通道 2。参照冷却通道 1 的创建方法创建冷却通道 2。

（1）修改参数。在 详细信息 区域的 PIPE_THREAD 下拉列表框中选择 M8 选项，选择 HOLE 1 DEPTH 选项，在 HOLE_1_DEPTH 文本框中输入值 80，并按回车键确认，选择 HOLE 2 DEPTH 选项，在 HOLE_2_DEPTH 文本框中输入值 80，并按回车键确认，其他接受系统默认参数。

（2）定义放置面。激活 * 选择面或平面 (0) 区域，选取图 20.2.8 所示的表面，单击 确定 按钮，系统弹出"标准件位置"对话框，单击"点对话框"按钮 +，系统弹出"点"对话框，在 类型 下拉列表框中选择 自动判断的点 选项。

（3）定义通道坐标点。在 XC 文本框中输入值 30，在 YC 文本框中输入值 0，在 ZC 文

本框中输入值 0。单击 确定 按钮，系统返回至"标准件位置"对话框，在 偏置 区域的 X 偏置
文本框中输入值 0，在 Y 偏置 文本框中输入值 0。

（4）在"标准件位置"对话框中单击 确定 按钮，完成冷却通道 2 的创建，结果如
图 20.2.9 所示。

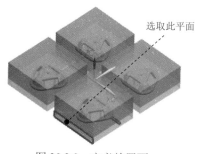

图 20.2.8　定义放置面

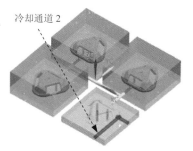

图 20.2.9　创建冷却通道 2

Step 6　定义冷却通道 3。参照冷却通道 1 的创建方法创建冷却通道 3。

（1）修改参数。在 详细信息 区域的 PIPE_THREAD 下拉列表框中选择 M8 选项，选择
HOLE 1 DEPTH 选项，在 HOLE_1_DEPTH 文本框中输入值 90，并按回车键确认，选择 HOLE 2 DEPTH 选
项，在 HOLE_2_DEPTH 文本框中输入值 90，并按回车键确认，其他接受系统默认参数。

（2）定义放置面。激活 * 选择面或平面 (0) 区域，选取图 20.2.10 所示的表面，单击 确定
按钮，系统弹出"标准件位置"对话框，单击"点对话框"按钮 +，系统弹出"点"对话
框，在 类型 下拉列表框中选择 * 自动判断的点 选项。

（3）定义通道坐标点。在 XC 文本框中输入值 20，在 YC 文本框中输入值 0，在 ZC 文
本框中输入值 0。单击 确定 按钮，系统返回至"标准件位置"对话框，在 偏置 区域的 X 偏置
文本框中输入值 0，在 Y 偏置 文本框中输入值 0。

（4）在"标准件位置"对话框中单击 确定 按钮，完成冷却通道 3 的创建，结果如
图 20.2.11 所示。

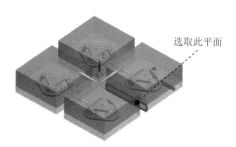

图 20.2.10　定义放置面

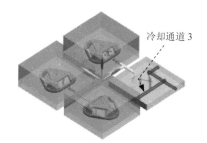

图 20.2.11　创建冷却通道 3

Step 7　定义冷却通道 4。参照冷却通道 1 的创建方法创建冷却通道 4。

（1）修改参数。在 `详细信息` 区域的 `PIPE_THREAD` 下拉列表框中选择 `M8` 选项，选择 `HOLE 1 DEPTH` 选项，在 `HOLE_1_DEPTH` 文本框中输入值 90，并按回车键确认，选择 `HOLE 2 DEPTH` 选项，在 `HOLE_2_DEPTH` 文本框中输入值 90，并按回车键确认，其他接受系统默认参数。

（2）定义放置面。激活 `* 选择面或平面 (0)` 区域，选取图 20.2.12 所示的表面，单击 `确定` 按钮，系统弹出"标准件位置"对话框，单击"点对话框"按钮 `+`，系统弹出"点"对话框，在 `类型` 区域的下拉列表框中选择 `⚡ 自动判断的点` 选项。

（3）定义通道坐标点。在 `XC` 文本框中输入值-20，在 `YC` 文本框中输入值 0，在 `ZC` 文本框中输入值 0。单击 `确定` 按钮，系统返回至"标准件位置"对话框，在 `偏置` 区域的 `X 偏置` 文本框中输入值 0，在 `Y 偏置` 文本框中输入值 0。

（4）在"标准件位置"对话框中单击 `确定` 按钮，完成冷却通道 4 的创建，结果如图 20.2.13 所示。

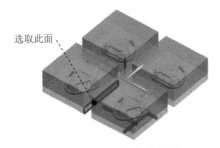

图 20.2.12　定义放置面

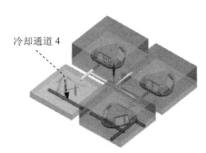

图 20.2.13　创建冷却通道 4

Step 8　定义冷却通道 5。参照冷却通道 1 的创建方法创建冷却通道 5。

（1）修改参数。在 `详细信息` 区域的 `PIPE_THREAD` 下拉列表框中选择 `M8` 选项，选择 `HOLE 1 DEPTH` 选项，在 `HOLE_1_DEPTH` 文本框中输入值 80，并按回车键确认，选择 `HOLE 2 DEPTH` 选项，在 `HOLE_2_DEPTH` 文本框中输入值 80，并按回车键确认，其他接受系统默认参数。

（2）定义放置面。激活 `* 选择面或平面 (0)` 区域，选取图 20.2.14 所示的表面，单击 `确定` 按钮，系统弹出"标准件位置"对话框，单击"点对话框"按钮 `+`，系统弹出"点"对话框，在 `类型` 区域的下拉列表框中选择 `⚡ 自动判断的点` 选项。

（3）定义通道坐标点。在 `XC` 文本框中输入值 30，在 `YC` 文本框中输入值 0，在 `ZC` 文本框中输入值 0。单击 `确定` 按钮，系统返回至"标准件位置"对话框，在 `偏置` 区域的 `X 偏置` 文本框中输入值 0，在 `Y 偏置` 文本框中输入值 0。

（4）在"标准件位置"对话框中单击 `确定` 按钮，完成冷却通道 5 的创建，结果如图 20.2.15 所示。

Step 9　镜像图 20.2.16 所示的冷却通道。

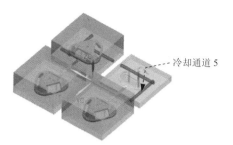

图 20.2.14 定义放置面　　　　　图 20.2.15 定义冷却通道 5

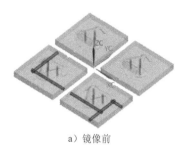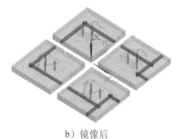

a）镜像前　　　　　　　　　　　　　b）镜像后

图 20.2.16 创建镜像特征

（1）选取组件。从 装配导航器 中选择 ☑ case_cover_mold_cool_051 部件并右击，在弹出的快捷菜单中选择 设为工作部件 命令，使之转为工作部件。

（2）选择命令。选择下拉菜单 装配(A) ➡ 组件(C) ➡ 镜像装配(I)... 命令，系统弹出图 20.2.17 所示的"镜像装配向导"对话框。

Mirror Assemblies Wizard

欢迎使用"镜像装配向导"
本向导将协助您创建镜像组件：
对称组件可以重用和重定位。
非对称组件可以重用和重定位
或可经反射后创建新部件。
新的反射部件几何体可以关联至原几何体
或者不关联。

图 20.2.17 "镜像装配向导"对话框

（3）在"镜像装配向导"对话框中单击 下一步 > 按钮。
（4）选取镜像组件。从模型中选取创建的 5 个冷却通道。
（5）在"镜像装配向导"对话框中单击 下一步 > 按钮。
（6）在对话框中单击"创建基准平面"按钮 □，系统弹出"基准平面"对话框。
（7）在"基准平面"对话框的 类型 下拉列表框中选择 XC-ZC 平面 选项。
（8）在"基准平面"对话框中单击 < 确定 > 按钮，系统返回至"镜像装配向导"对话框。

（9）在"镜像装配向导"对话框中单击两次 下一步 > 按钮。

（10）在"镜像装配向导"对话框中单击 完成 按钮完成镜像，如图 20.2.16b 所示（隐藏镜像平面和型腔）。

Step 10 定义冷却通道 6。参照冷却通道 1 的创建方法创建冷却通道 6。

说明：无论此时是否激活总装配，所创建的冷却通道都处于同一节点下。

（1）修改参数。在 详细信息 区域的 PIPE_THREAD 下拉列表框中选择 M8 选项，选择 HOLE 1 DEPTH 选项，在 HOLE_1_DEPTH 文本框中输入值 20，并按回车键确认，选择 HOLE 2 DEPTH 选项，在 HOLE_2_DEPTH 文本框中输入值 20，并按回车键确认，其他接受系统默认参数。

（2）定义放置面。激活 * 选择面或平面 (0) 区域，选取图 20.2.18 所示的表面，单击 应用 按钮，系统弹出"标准件位置"对话框，单击"点对话框"按钮 +..，系统弹出"点"对话框，在 类型 区域的下拉列表框中选择 ⚡ 自动判断的点 选项。

（3）定义通道坐标点。在 XC 文本框中输入值-30，在 YC 文本框中输入值 0，在 ZC 文本框中输入值 0。单击 确定 按钮，系统返回至"标准件位置"对话框，在 偏置 区域的 X 偏置 文本框中输入值 0，在 Y 偏置 文本框中输入值 0。

（4）在"标准件位置"对话框中单击 确定 按钮，系统返回至"冷却组件设计"对话框。

（5）在该对话框中单击"翻转方向"按钮 ◁，结果如图 20.2.19 所示。

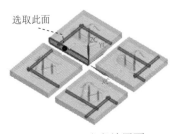

图 20.2.18 定义放置面

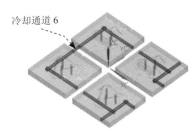

图 20.2.19 创建冷却通道 6

（6）单击 确定 按钮，完成冷却通道 6 的创建。

Step 11 定义冷却通道 7。参照冷却通道 1 的创建方法创建冷却通道 7。

（1）修改参数。在 详细信息 区域的 PIPE_THREAD 下拉列表框中选择 M8 选项，选择 HOLE 1 DEPTH 选项，在 HOLE_1_DEPTH 文本框中输入值 20，并按回车键确认，选择 HOLE 2 DEPTH 选项，在 HOLE_2_DEPTH 文本框中输入值 20，并按回车键确认，其他接受系统默认参数。

（2）定义放置面。激活 * 选择面或平面 (0) 区域，选取图 20.2.20 所示的表面，单击 应用 按钮，系统弹出"标准件位置"对话框，单击"点对话框"按钮 +..，系统弹出"点"对话框，在 类型 下拉列表框中选择 ⚡ 自动判断的点 选项。

（3）定义通道坐标点。在 XC 文本框中输入值 20，在 YC 文本框中输入值 0，在 ZC 文本框中输入值 0。单击 确定 按钮，系统返回至"标准件位置"对话框，在 偏置 区域的 X 偏置 文本框中输入值 0，在 Y 偏置 文本框中输入值 0。

（4）在"标准件位置"对话框中单击 确定 按钮，系统返回至"冷却组件设计"对话框。

（5）在该对话框中单击"翻转方向"按钮 ◁，结果如图 20.2.21 所示。

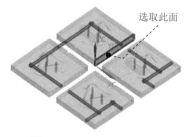

图 20.2.20 定义放置面

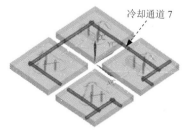

图 20.2.21 创建冷却通道 7

（6）单击 确定 按钮，完成冷却通道 7 的创建。

Step 12 定义冷却通道 8。参照冷却通道 1 的创建方法创建冷却通道 8。

（1）修改参数。在 详细信息 区域的 PIPE_THREAD 下拉列表框中选择 M8 选项，选择 HOLE 1 DEPTH 选项，在 HOLE_1_DEPTH 文本框中输入值 20，并按回车键确认，选择 HOLE 2 DEPTH 选项，在 HOLE_2_DEPTH 文本框中输入值 20，并按回车键确认，其他接受系统默认参数。

（2）定义放置面。激活 ＊ 选择面或平面 (0) 区域，选取图 20.2.22 所示的表面，单击 应用 按钮，系统弹出"标准件位置"对话框，单击"点对话框"按钮 ⁺，系统弹出"点"对话框，在 类型 下拉列表框中选择 ⚡ 自动判断的点 选项。

（3）定义通道坐标点。在 XC 文本框中输入值-20，在 YC 文本框中输入值 0，在 ZC 文本框中输入值 0。单击 确定 按钮，系统返回至"标准件位置"对话框，在 偏置 区域的 X 偏置 文本框中输入值 0，在 Y 偏置 文本框中输入值 0。

（4）在"标准件位置"对话框中单击 确定 按钮，系统返回至"冷却组件设计"对话框。

（5）在该对话框中单击"翻转方向"按钮 ◁，结果如图 20.2.23 所示。

（6）单击 确定 按钮，完成冷却通道 8 的创建。

Step 13 定义冷却通道 9。

（1）在 装配导航器 中选择 ☑ case_cover_mold_top_050 部件并右击，在弹出的快捷菜单中选择 设为工作部件 选项，使之成为工作部件（如果总装配已经被激活，此步操作可以省略）。

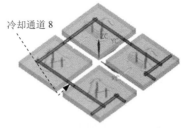

图 20.2.22　定义放置面　　　　　图 20.2.23　创建冷却通道 8

（2）显示下模并隐藏模仁。在 装配导航器 中选择下模☑🗄 case_cover_mold_movehalf_123 部件并勾选；选择模仁☑🗄 case_cover_mold_layout_071 部件并取消勾选，结果如图 20.2.24 所示。

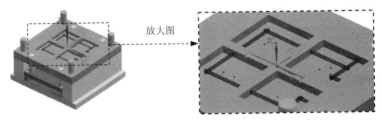

放大图

图 20.2.24　部件显示

说明：☑🗄 case_cover_mold_movehalf_123 部件在☑🗄 case_cover_mold_fs_119 中。

（3）在"注塑模向导"工具条中单击"模具冷却工具"按钮 🖼，在系统弹出的"模具冷却工具"工具条中单击"冷却标准件库"按钮 🗐，系统弹出"冷却组件设计"对话框，在该对话框中取消选中☐ 关联位置 复选框。

（4）选择通道类型。在"冷却组件设计"对话框的 文件夹视图 区域的展开设计树中选择 📁 COOLING 选项，在 成员视图 区域选择 COOLING HOLE 选项，系统弹出信息窗口并显示参数。

（5）修改参数。在 详细信息 区域中的 PIPE_THREAD 下拉列表框中选择 M8 选项，选择 HOLE 1 DEPTH 选项，在 HOLE_1_DEPTH 文本框中输入值 80，并按回车键确认，选择 HOLE 2 DEPTH 选项，在 HOLE_2_DEPTH 文本框中输入值 80，并按回车键确认，其他接受系统默认参数。

（6）定义放置面。激活 ＊选择面或平面 (0) 区域，选取图 20.2.25 所示的表面，单击 确定 按钮，系统弹出"点"对话框。

（7）在"点"对话框中的 XC 文本框中输入值 -45，在 YC 文本框中输入值 12.5，在 ZC 文本框中输入值 0，并单击 确定 按钮。

（8）在"点"对话框中的 XC 文本框中输入值 45，在 YC 文本框中输入值 12.5，在 ZC 文本框中输入值 0，并单击 确定 按钮。

（9）单击"点"对话框中的 取消 按钮，完成通道坐标系的定义，创建的冷却通道 9 如图 20.2.26 所示。

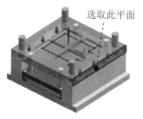

选取此平面

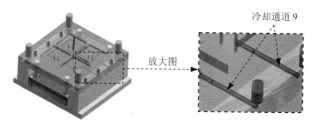

冷却通道 9

图 20.2.25　定义放置面

图 20.2.26　创建冷却通道 9

Task2. 创建密封圈

Step 1　隐藏下模。在 装配导航器 中选择 ☑ case_cover_mold_movehalf_123 部件并取消勾选，结果如图 20.2.27 所示。

Step 2　在"模具冷却工具"工具条中单击"冷却标准件库"按钮 ，系统弹出"冷却组件设计"对话框。

Step 3　创建密封圈 1。

（1）定义放置位置。选取图 20.2.28 所示的冷却通道。

选取此冷却通道

图 20.2.27　显示冷却通道

图 20.2.28　定义放置位置

（2）定义标准件。在 成员视图 列表区域选择 O-RING 选项，系统显示图 20.2.29 所示的"冷却组件设计"对话框（三）。

图 20.2.29　"冷却组件设计"对话框（三）

（3）定义属性。在 详细信息 区域的 SECTION_DIA 下拉列表框中选择 1.5 选项，在 MATERIAL 下拉列表框中选择 BUNA 选项，修改 GROOVE_ID 的值为 8，修改 GROOVE_OD 的值为 12。

（4）单击 **确定** 按钮，完成图 20.2.30 所示的密封圈 1 的创建。

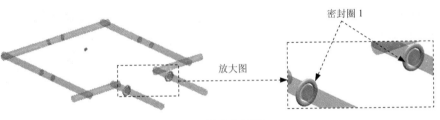

图 20.2.30 创建密封圈 1

说明：因为有一侧冷却通道是镜像得到的，所以在一侧创建密封圈，系统会自动在镜像得到的冷却通道上创建出相同的密封圈。

Step 4 创建密封圈 2。参照 Step3，选择图 20.2.31 所示的冷却通道，完成图 20.2.32 所示的密封圈 2 的创建。

图 20.2.31 定义放置位置　　　　图 20.2.32 创建密封圈 2

Step 5 创建密封圈 3。参照 Step3，选择图 20.2.33 所示的冷却通道，完成图 20.2.34 所示的密封圈 3 的创建。

图 20.2.33 定义放置位置　　　　图 20.2.34 创建密封圈 3

Step 6 创建密封圈 4。参照 Step3，选择图 20.2.35 所示的冷却通道，完成图 20.2.36 所示的密封圈 4 的创建。

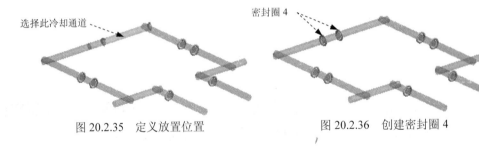

图 20.2.35 定义放置位置　　　　图 20.2.36 创建密封圈 4

Task3. 创建水塞

Step **1** 在"模具冷却工具"工具条中单击"冷却标准件库"按钮 ，系统弹出"冷却组件设计"对话框。

Step **2** 定义水塞。

（1）定义放置位置。选取图 20.2.37 所示的冷却通道。

图 20.2.37　定义放置位置

（2）定义标准件。在 成员视图 列表区域选择 DIVERTER 选项，系统弹出图 20.2.38 所示的"冷却组件设计"对话框（四）。

（3）定义属性。在 详细信息 区域的 SUPPLIER 下拉列表框中选择 DMS 选项，修改 FITTING_DIA 的值为 6，修改 ENGAGE 的值为 10，并按回车键确认。

（4）单击对话框中的 应用 按钮及 < 确定 > 按钮，完成水塞的创建，结果如图 20.2.39 所示。

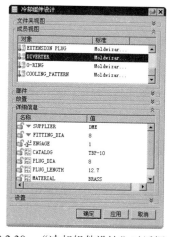

图 20.2.38　"冷却组件设计"对话框（四）

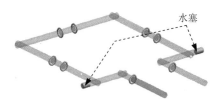

图 20.2.39　创建水塞

Task4. 创建水嘴

Step **1** 在"模具冷却工具"工具条中单击"冷却标准件库"按钮 ，系统弹出"冷却组件设计"对话框。

Step **2** 定义水嘴。

（1）定义放置位置。选取图 20.2.40 所示的冷却通道。

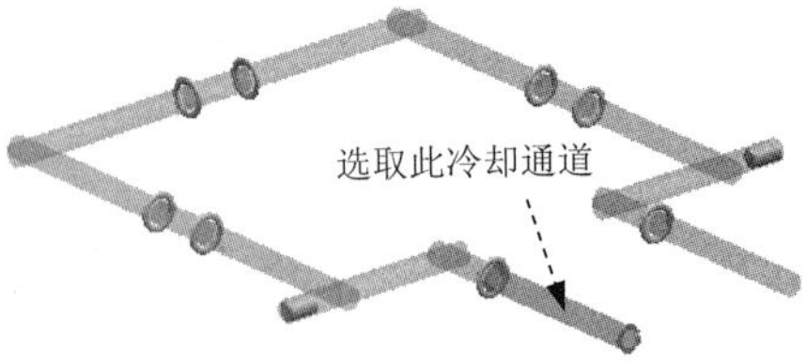

选取此冷却通道

图 20.2.40　定义放置位置

（2）定义标准件。在 成员视图 列表区域选择 CONNECTOR PLUG 选项，系统弹出图 20.2.41 所示的"冷却组件设计"对话框（五）。

（3）定义属性。在 详细信息 区域的 SUPPLIER 下拉列表框中选择 HASCO 选项，在 PIPE_THREAD 下拉列表框中选择 M8 选项。

（4）单击 确定 按钮，完成图 20.2.42 所示的水嘴创建。

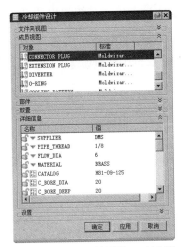

图 20.2.41　"冷却组件设计"对话框（五）

水嘴

图 20.2.42　创建水嘴

Task5. 镜像水路

Step 1　选取组件。在 装配导航器 中选择 ☑ case_cover_mold_cool_051 部件并右击，在弹出的快捷菜单中选择 设为工作部件 命令，使之转为工作部件。

Step 2　选择命令。选择下拉菜单 装配(A) → 组件(C) → 镜像装配(I)... 命令，系统弹出"镜像装配向导"对话框。

Step 3　在"镜像装配向导"对话框中单击 下一步 > 按钮。

Step 4　选取镜像组件。在图形区框选所有的冷却零部件，如图 20.2.43 所示，在"镜像装配向导"对话框中单击 下一步 > 按钮。

Step 5　定义镜像平面。在"镜像装配向导"对话框中单击 □ 按钮，系统自动弹出"基准平面"对话框。

Step 6　在"基准平面"对话框的 类型 下拉列表框中选择 XC-ZC 平面 选项，然后在该对话

框中的 距离 文本框中输入值 12，如图 20.2.44 所示，单击 < 确定 > 按钮，系统返回至"镜像装配向导"对话框。

图 20.2.43　选取镜像组件

图 20.2.44　创建镜像平面

Step 7　在"镜像装配向导"对话框中单击 4 次 下一步 > 按钮。

Step 8　在"镜像装配向导"对话框中单击 完成 按钮，完成镜像，如图 20.2.45 所示。

Step 9　显示所有部件。选择下拉菜单 编辑(E) ➞ 显示和隐藏(H) ➞ 全部显示(A) 命令，或按快捷键 Ctrl+Shift+U，所有隐藏部件被全部显示，如图 20.2.46 所示。

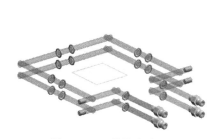

图 20.2.45　镜像水路

图 20.2.46　显示所有部件

Step 10　保存文件。选择下拉菜单 文件(F) ➞ 全部保存(V) 命令，保存所有文件。

21

镶件、滑块和斜销机构的设计

21.1 镶件设计

镶件是模具的重要组成部分，拆分镶件可降低模具的加工困难程度。根据模具的疏气、加工困难程度、易损位置和重要配合位置等多方面因素来确定是否需要拆分镶件。

21.1.1 创建型芯上的镶件零件

在 UG NX 8.5 中，常常采用"拉伸"和"求差"等命令拆分镶件，其一般操作步骤如下。

Stage1. 型腔拆分

Step 1 打开文件。在"注塑模向导"工具条中单击"初始化项目"按钮 ，系统弹出"打开"对话框，打开文件 D:\ug85mo\work\ch21.01.01\up_cover.prt，单击 OK 按钮，调入模型，系统弹出图 21.1.1 所示的"初始化项目"对话框。

Step 2 设置项目路径、名称及材料。

（1）设置项目路径。接受系统默认的项目路径。

（2）设置项目名称。在"初始化项目"对话框的 项目设置 区域的 Name 文本框中输入 up_cover_mold。

（3）设置材料。在 材料 下拉列表框中选择 ABS 选项。

Step 3 定义项目单位。在"初始化项目"对话框的 设置 区域的 项目单位 下拉列表框中选择 毫米 选项。

图 21.1.1 "初始化项目"对话框

Step **4** 在该对话框中单击 确定 按钮，完成产品模型加载。

Step **5** 定向坐标系。

（1）选择命令。选择下拉菜单 格式(R) ➡ WCS▶ ➡ 定向(N)... 命令，系统弹出 CSYS 对话框。

（2）定义坐标原点。在 类型 下拉列表框中选择 自动判断 选项，然后选取图 21.1.2 所示的实体表面为参照（选择范围是整个装配）。

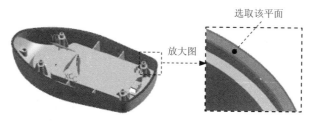

选取该平面

放大图

图 21.1.2 定向坐标系

（3）单击 确定 按钮，完成坐标系的定向。

Step **6** 旋转模具坐标系。

（1）选择命令。选择下拉菜单 格式(R) ➡ WCS▶ ➡ 旋转(R)... 命令，系统弹出图 21.1.3 所示的"旋转 WCS 绕..."对话框。

（2）定义旋转方式。在对话框中选择 ⊙ -XC 轴 单选按钮。

（3）定义旋转角度。在 角度 文本框中输入值 180。

（4）单击 确定 按钮，定义后的坐标系如图 21.1.4 所示。

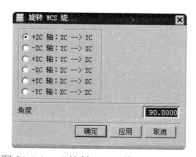

图 21.1.3 "旋转 WCS 绕..."对话框   图 21.1.4 定义后的坐标系

Step **7** 锁定模具坐标系。

（1）在"注塑模向导"工具条中单击"模具 CSYS"按钮 🔩，系统弹出"模具 CSYS"对话框。

（2）在"模具 CSYS"对话框中选择 ⊙ 产品实体中心 单选按钮，然后在该对话框的 锁定 XYZ 位置 区域中选中 ☑ 锁定 Z 位置 复选框。

（3）单击 确定 按钮，完成坐标系的定义。

Step 8　创建工件。

（1）在"注塑模向导"工具条中单击"工件"按钮 ⬦，系统弹出"工件"对话框。

（2）设置工件尺寸。分别在"工件"对话框 限制 区域的 开始 和 结束 文本框中输入值-10 和 30。

（3）单击 ＜ 确定 ＞ 按钮，完成创建的模具工件，如图 21.1.5 所示。

Step 9　创建曲面补片。

（1）在"注塑模向导"工具条中单击"注塑模工具"按钮 ✗，系统弹出图 21.1.6 所示的"注塑模工具"工具条。

图 21.1.5　创建后的工件

图 21.1.6　"注塑模工具"工具条

（2）在"注塑模工具"工具条中单击"边缘修补"按钮 ▢，系统弹出图 21.1.7 所示的"边缘修补"对话框。

（3）在对话框中取消中选 ▢ 按面的颜色遍历 复选框。

（4）选取图 21.1.8 所示的边，同时系统自动在图形区显示图 21.1.9 所示的路径。

（5）单击对话框中的"接受"按钮 ⇨，系统自动在图形区显示图 21.1.10 所示的路径。

（6）单击 ⇨ 按钮，系统自动在图形区显示图 21.1.11 所示的路径。

说明：通过 ⇨ 按钮、🔄 按钮和 ⇦ 按钮可使用户选取到用户想选取的路径。

（7）单击"关闭环"按钮 ◯，完成边界环的选取（如果路径已经关闭，此步操作可以省略）。

图 21.1.7　"边缘修补"对话框

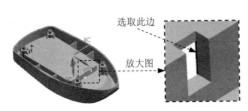

图 21.1.8　定义补片边

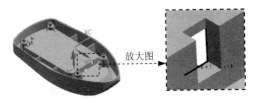

图 21.1.9　显示路径

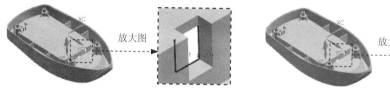
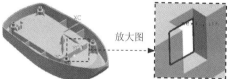

图 21.1.10　显示路径　　　　　　　　图 21.1.11　显示路径

（8）单击 确定 按钮，完成边缘补片的创建，最终结果如图 21.1.12 所示。

（9）参照 Step9 第（1）～（8）步的详细操作过程，创建图 21.1.13 所示的边缘补片 2。

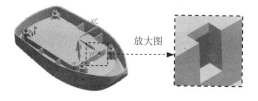
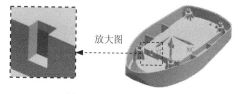

图 21.1.12　边缘补片 1　　　　　　　图 21.1.13　边缘补片 2

（10）参照 Step9 第（1）～（8）步的详细操作过程，创建图 21.1.14 所示的边缘补片 3。

（11）参照 Step9 第（1）～（8）步的详细操作过程，创建图 21.1.15 所示的边缘补片 4。

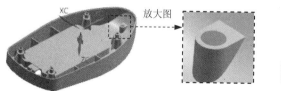
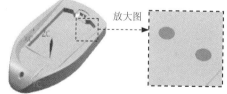

图 21.1.14　边缘补片 3　　　　　　　图 21.1.15　边缘补片 4

（12）参照 Step9 第（1）～（8）步的详细操作过程，创建图 21.1.16 所示的边缘补片 5。

（13）创建图 21.1.17 所示的扫掠曲面 1。选择下拉菜单 插入(S) ➡ 扫掠(W) ➡
扫掠(S)… 命令，在图形区中选取图 21.1.18 所示的边线为扫掠截面草图，分别单击中键。
选取图 21.1.18 所示的边线为扫掠引导线，分别单击中键。其他采用系统默认设置。单击
确定 按钮，完成扫掠曲面 1 的创建。

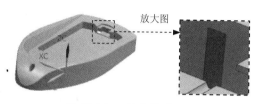
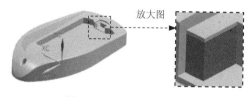

图 21.1.16　边缘补片 5　　　　　　　图 21.1.17　扫掠曲面 1

（14）参照上第（13）步创建图 21.1.19 所示的扫掠曲面 2。

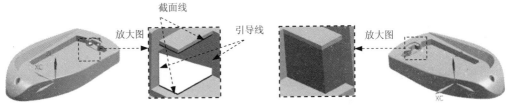

图 21.1.18　定义参照边线　　　　　　　　图 21.1.19　扫掠曲面 2

（15）编辑曲面补片。在"注塑模工具"工具条中单击"编辑分型面和曲面补片"按钮 🖵，然后选取扫掠曲面 1 和扫掠曲面 2，单击 确定 按钮，完成操作。

Step 10　定义型腔/型芯面。

（1）在"注塑模向导"工具条中单击"模具分型工具"按钮 🖾，系统弹出"模具分型工具"工具条和"分型导航器"界面。

（2）在"模具分型工具"工具条中单击"区域分析"按钮 🔺，系统弹出"检查区域"对话框，同时模型被加亮，并显示开模方向，如图 21.1.20 所示。单击"计算"按钮 🔲。

说明：图 21.1.20 所示的开模方向，可以通过单击"检查区域"对话框中的"矢量对话框"按钮 ↥ 来更改，由于在前面定义模具坐标系时已经将开模方向设置完成，因此，系统将自动识别出产品模型的开模方向。

（3）设置区域颜色。在"检查区域"对话框中选择 区域 选项卡，单击 🖉 按钮，设置区域颜色。

（4）定义型腔区域。在 未定义的区域 区域中选中 ☑ 交叉竖直面 复选框，此时系统将所有的未定义区域面加亮显示；在 指派到区域 区域中选择 ⊙ 型腔区域 单选按钮，单击 应用 按钮，此时系统将前面加亮显示的未定义区域面指派到型腔区域。

（5）拆分面 1。单击 面 选项卡中的 面拆分 按钮，系统弹出"拆分面"对话框。在 类型 下拉列表框中选择 🞂平面/面 选项，然后在图形区选择图 21.1.21 所示的面 1 为要分割的面，单击 🔲 按钮，确认 类型 下拉列表框选中 🞂自动判断 选项，选取图 21.1.21 所示的面 2 为分割对象，单击两次 确定 按钮，完成拆分面 1 的创建。

（6）参照第（5）步的详细操作过程，创建拆分面 2。在图形区选择图 21.1.22 所示的面 1 为要分割的面，选取图 21.1.22 所示的面 2 为分割对象。

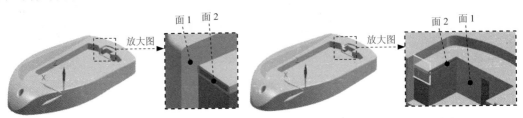

图 21.1.21　定义分割面和分割对象　　　　　图 21.1.22　定义分割面和分割对象

（7）参照第（5）步的详细操作过程，创建拆分面 3。在图形区选择图 21.1.23 所示的面 1 为要分割的面，选取图 21.1.23 所示的面 2 为分割对象。

（8）参照第（5）步的详细操作过程，创建拆分面 4。在图形区选择图 21.1.24 所示的面 1 为要分割的面，选取图 21.1.24 所示的面 2 为分割对象。

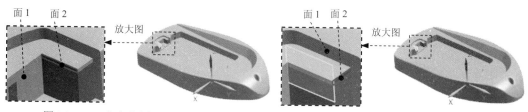

图 21.1.23　定义分割面和分割对象　　　　图 21.1.24　定义分割面和分割对象

（9）设置区域颜色。在"检查区域"对话框中选择 区域 选项卡，单击 按钮，设置区域颜色。

（10）定义型腔区域。在图形区选择图 21.1.25 所示的 5 个面，在 指派到区域 区域中选择 ⊙ 型腔区域 单选按钮，单击 应用 按钮，此时系统将前面加亮显示的未定义区域面指派到型腔区域。

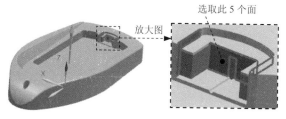

图 21.1.25　定义型腔区域

（11）定义型芯区域。在图形区选择图 21.1.26 所示的 6 个面，在 指派到区域 区域中选择 ⊙ 型芯区域 单选按钮，单击 应用 按钮，此时系统将前面加亮显示的未定义区域面指派到型芯区域。

图 21.1.26　定义型芯区域

（12）其他参数接受系统默认设置。单击 取消 按钮，关闭"检查区域"对话框。

Step 11　创建区域。

（1）在"模具分型工具"工具条中单击"定义区域"按钮 ，在系统弹出的"定义区域"对话框的 定义区域 区域中选择 所有面 选项。

（2）在 设置 区域中选中 ☑ 创建区域 和 ☑ 创建分型线 复选框，单击 确定 按钮，完成区域的创建。

Step **12** 创建分型面。

（1）在"模具分型工具"工具条中单击"设计分型面"按钮，系统弹出图 21.1.27 所示的"设计分型面"对话框。

（2）定义分型面创建方法。在对话框中的 创建分型面 区域中单击"有界平面"按钮。

（3）定义分型面长度。在对话框中接受系统默认的公差值，在 分型面长度 文本框中输入值 60.0。

（4）单击 确定 按钮，完成分型面的创建，创建的分型面如图 21.1.28 所示。

Step **13** 创建型腔和型芯。

（1）创建型腔。

① 在"模具分型工具"工具条中单击"定义型腔和型芯"按钮，系统弹出"定义型腔和型芯"对话框。

② 在"定义型腔和型芯"对话框中单击 确定 按钮，显示型腔零件如图 21.1.29 所示，在弹出的"查看分型结果"对话框中单击 确定 按钮。

（2）创建型芯。

① 在"模具分型工具"工具条中单击"定义型腔和型芯"按钮，系统弹出"定义型腔和型芯"对话框。

② 在"定义型腔和型芯"对话框中选取 选择片体 区域下的 型芯区域 选项，单击 确定 按钮，显示型芯零件如图 21.1.30 所示，在弹出的"查看分型结果"对话框中单击 确定 按钮。

图 21.1.27 "设计分型面"对话框

图 21.1.28 分型面

图 21.1.29 型腔零件

图 21.1.30 型芯零件

Stage2．创建型芯镶件零件 1

Step **1** 显示型芯零件。选择下拉菜单 窗口(O) ➡ up_cover_mold_core_006.prt 命令，系统显

示型芯零件。

Step 2　创建拉伸特征 1。

（1）选择命令。选择下拉菜单 插入(S) ➡ 设计特征(E)▶ ➡ 拉伸(E)... 命令，系统弹出"拉伸"对话框。

（2）选取图 21.1.31 所示的曲线为截面草图。

（3）定义拉伸属性。在 限制-区域的 开始 下拉列表框中选择 值 选项，在 距离 文本框中输入值 15，在 限制 区域的 结束 下拉列表框中选择 直至选定 选项，然后选择图 21.1.32 所示的模型表面为拉伸终止面。

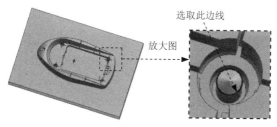

图 21.1.31　选取截面草图

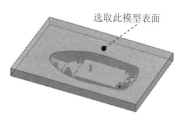

图 21.1.32　拉伸终止面

（4）定义布尔运算。在 布尔 区域的 布尔 下拉列表框中选择 无 选项。

（5）单击 < 确定 > 按钮，完成图 21.1.33 所示拉伸特征 1 的创建。

Step 3　创建其余 6 个与拉伸特征 1 相似的拉伸特征。参照 Step2，创建的拉伸特征如图 21.1.34 所示（详细操作过程参见录像）。

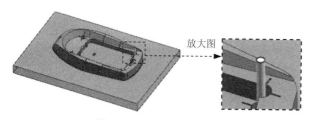

图 21.1.33　拉伸特征 1

图 21.1.34　拉伸特征

Stage3．创建型芯镶件 1 固定凸台

Step 1　创建拉伸特征 1。

（1）选择命令。选择下拉菜单 插入(S) ➡ 设计特征(E)▶ ➡ 拉伸(E)... 命令，系统弹出"拉伸"对话框。

（2）选取图 21.1.35 所示的曲线为截面草图。

（3）定义拉伸属性。在 限制-区域的 开始 下拉列表框中选择 值 选项，在 距离 文本框中输入值 0，在 限制-区域的 结束 下拉列表框中选择 值 选项，在 距离 文本框中输入值 3。

（4）定义布尔运算。在 布尔 区域的 布尔 下拉列表框中选择 无 选项。

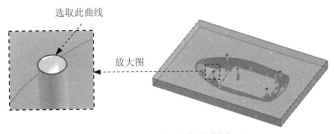

选取此曲线

放大图

图 21.1.35　选取截面草图

（5）定义偏置属性。在 偏置 区域的 偏置 下拉列表框中选择 单侧 选项，在 结束 文本框中输入值 1。

（6）单击 < 确定 > 按钮，完成图 21.1.36 所示拉伸特征 1 的创建。

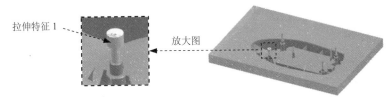

拉伸特征 1

放大图

图 21.1.36　拉伸特征 1

Step 2 参照 Step1 创建其余 6 个与拉伸特征 1 相似的拉伸特征，其中两个细杆的单侧偏置值为 0.5，其余细杆的单侧偏置值为 1，结果如图 21.1.37 所示。

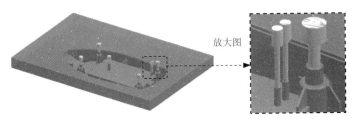

放大图

图 21.1.37　拉伸特征

Stage4．创建求和特征

Step 1 隐藏型芯零件。在"部件导航器"中右击 ☑ 链接体 (0) "CORE_BODY"，在弹出的快捷菜单中选择 ⬦ 隐藏(H) 命令，结果如图 21.1.38 所示。

目标体

工具体

图 21.1.38　镶件特征

Step **2**　创建求和特征 1。

（1）选择命令。选择下拉菜单 插入(S) ➡ 组合(B) ▶ ➡ 求和(U)... 命令，此时系统弹出"求和"对话框。

（2）选取目标体。选取图 21.1.38 所示的目标体特征。

（3）选取工具体。选取图 21.1.38 所示的工具体特征。

（4）单击 < 确定 > 按钮，完成求和特征 1 的创建。

Step **3**　创建其余 6 个镶件和凸台的求和特征。参照 Step2 即可。

Stage5．创建求交特征

Step **1**　显示型芯零件。在"部件导航器"中右击 ☑ 链接体 (0) "CORE_BODY"，在弹出的快捷菜单中选择 显示(S) 命令。

Step **2**　创建求交特征 1。

（1）选择命令。选择下拉菜单 插入(S) ➡ 组合(B) ▶ ➡ 求交(I)... 命令，此时系统弹出"求交"对话框。

（2）选取目标体。选取图 21.1.39 所示的目标体特征。

（3）选取工具体。选取图 21.1.39 所示的工具体特征，并选中 ☑ 保存目标 复选框。

（4）单击 < 确定 > 按钮，完成求交特征 1 的创建，结果如图 21.1.40 所示。

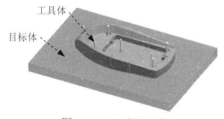

图 21.1.39　选取对象　　　　　图 21.1.40　创建求交特征 1

Step **3**　分别创建其余 6 个镶件与图 21.1.40 所示的目标体进行求交，参照 Step2 即可。

Stage6．创建求差特征

Step **1**　创建求差特征 1。

（1）选择命令。选择下拉菜单 插入(S) ➡ 组合(B) ▶ ➡ 求差(S)... 命令，此时系统弹出"求差"对话框。

（2）选取目标体。选取图 21.1.41 所示的目标体特征。

（3）选取工具体。选取图 21.1.41 所示的工具体特征，并选中 ☑ 保存工具 复选框。

（4）单击 < 确定 > 按钮，完成求差特征 1 的创建。

Step **2**　分别创建其余 6 个镶件与图 21.1.41 所示的目标体进行求差，参照 Step2 即可，结果如图 21.1.42 所示。

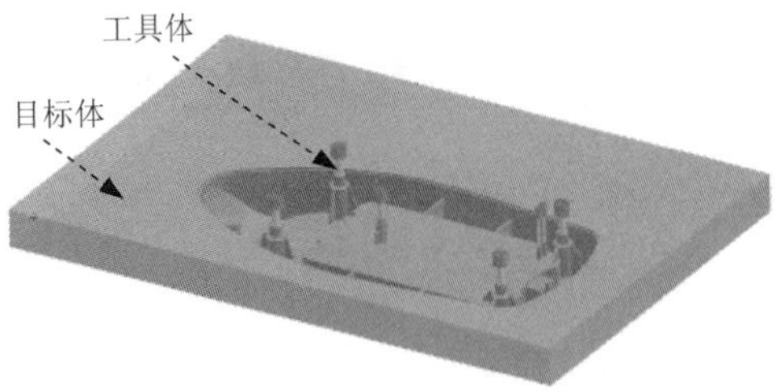

图 21.1.41 选取对象 　　　　图 21.1.42 求差特征

Stage7. 将镶件转化为型芯子零件

Step 1　将镶件转化为型芯子零件。

（1）单击资源工具条区中的 按钮，系统弹出"装配导航器"界面，在该界面中右击空白处，然后在弹出的快捷菜单中选择 WAVE 模式 选项。

（2）在"装配导航器"界面中右击☑ up_cover_mold_core_006，在弹出的快捷菜单中选择 WAVE ➤ 新建级别 命令，系统弹出"新建级别"对话框。

（3）在"新建级别"对话框中单击 指定部件名 按钮，在弹出的"选择部件名"对话框的 文件名 (N): 文本框中输入 insert01.prt，单击 OK 按钮，系统返回至"新建级别"对话框。

（4）在"新建级别"对话框中单击 类选择 按钮，选择前面创建的 7 个镶件，单击 确定 按钮。

（5）单击"新建级别"对话框中的 确定 按钮，此时在"装配导航器"界面中显示出刚创建的镶件特征。

Step 2　移动至图层。

（1）单击资源工具条区中的 按钮，在显示的界面中取消选中☑ insert01 部件。

（2）移动至图层。选取前面创建的 7 个镶件；选择下拉菜单 格式 (R) ➤ 移动至图层 (M)... 命令，系统弹出"图层移动"对话框。

（3）在 目标图层或类别 文本框中输入值 10，单击 确定 按钮，退出"图层移动"对话框。

（4）在"装配导航器"界面中选中☑ insert01 部件。

21.1.2　创建型腔上的镶件零件

在 UG NX 8.5 中，常常采用"拉伸"和"求和"等命令拆分镶件，其一般操作步骤如下。

Step 1　打开文件 D:\ug85mo\work\ch21.01.02\cover_up_mold_top_000.prt。

Step 2　显示部件。在"装配导航器"界面中右击☑ cover_up_mold_cavity_002，在弹出的快捷菜单中选择 设为显示部件 命令，显示型腔零件。

Step 3 在"注塑模向导"工具条中单击"子镶块库"
按钮 ，系统弹出图 21.1.43 所示的"子镶
块设计"对话框。

Step 4 定义镶件类型。在"子镶块设计"对话框的
文件夹视图 区域展开设计树中的 **INSERT** 选
项，在 **成员视图** 区域选择 **CAVITY SUB INSERT** 选
项，系统弹出信息窗口并显示参数。

Step 5 定义镶件的属性和参数。在 **详细信息** 区域的
SHAPE 下拉列表框中选择 **RECTANGLE** 选项；在 **FOOT**
下拉列表框中选择 **ON** 选项；双击 **INSERT_TOP** 选
项，并在值的文本框中输入 30；选择 **X_LENGTH**
选项，在 **X_LENGTH** 文本框中输入值 19，并按回
车键确认；选择 **Y_LENGTH** 选项，在 **Y_LENGTH** 文本

图 21.1.43　"子镶块设计"对话框

框中输入值39，并按回车键确认；选择 **Z_LENGTH**
选项，在 **Z_LENGTH** 文本框中输入值 30，并按回车键确认；分别选择 **FOOT_OFFSET_1**、
FOOT_OFFSET_2、**FOOT_OFFSET_3**、**FOOT_OFFSET_4** 选项，然后分别在其对应的文本框中输入
值 4，并分别按回车键确认；单击 **应用** 按钮，系统弹出"点"对话框。

Step 6 定义放置位置。在"点"对话框的 **类型** 下拉列表框中选择 **点在曲线/边上** 选项，在
曲线上的位置 区域的 **位置** 下拉列表框中选择 **弧长百分比** 选项，然后依次选取图
21.1.44 所示的边线，并在 **弧长百分比** 文本框中输入 50，单击 **确定** 按钮，在"点"
对话框中单击 **取消** 按钮，然后在"子镶块设计"对话框中单击 **确定** 按钮，
完成操作。

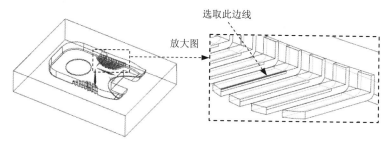

图 21.1.44　选取边线

Step 7 参照 Step3～Step6 的操作步骤及参数设置，选取图 21.1.45 所示的边线为参照，
创建另一个子镶件块，结果图 21.1.46 所示。

Step 8 显示部件。在"装配导航器"中双击其节点下的 ☑ **cover_up_mold_cav_sub_025** 使其
显示出来。

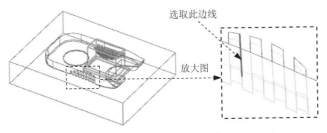

图 21.1.45 选取边线

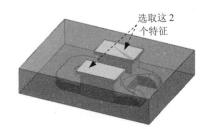

图 21.1.46 镶件设计

Step 9 转换引用集。在"装配导航器"中右击 ☑ ▣ cover_up_mold_cav_sub_025，在弹出的快捷菜单中依次选择 🔄 替换引用集 ➡ TRUE 命令。

注意：确定"选择条"的下拉列表框中选择的是 整个装配 选项。

Step 10 创建求交特征 1。

（1）选择命令。选择下拉菜单 插入(S) ➡ 组合(B) ▶ ➡ 🗂 求交(I)... 命令，系统弹出"求交"对话框。

（2）选取目标体。选取图 21.1.47 所示的目标体特征。

（3）选取工具体。选取图 21.1.47 所示的工具体特征，并选中 ☑ 保存工具 复选框。

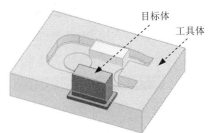

图 21.1.47 选取对象

（4）单击 < 确定 > 按钮，完成求交特征 1 的创建。

Step 11 参照 Step8～Step10 的操作步骤创建求交特征 2。选取另一个子镶块为目标体，选取型腔为工具体。

Step 12 创建型腔镶件腔。

（1）在"装配导航器"中双击 ☑ ▣ cover_up_mold_cavity_002 使其激活。

（2）在"注塑模向导"工具条中单击"腔体"按钮 ⬚，系统弹出"腔体"对话框。

（3）选择目标体。选取型腔为目标体，然后单击中键。

（4）选取工具体。选取图 21.1.47 所示的工具体特征，单击 确定 按钮。

Step 13 创建爆炸图。

（1）选择窗口。选择下拉菜单 窗口(O) ➡ cover_up_mold_top_000.prt 命令，系统显示总模型。

（2）将总模型转换为工作部件。单击资源工具条区中的 ▣ 按钮，在显示的界面的 ☑ ▣ cover_up_mold_top_000 选项上右击，在弹出的快捷菜单中选择 ⬚ 设为工作部件 命令。

（3）编辑爆炸图（显示型腔和型芯）。

① 选择命令。选择下拉菜单 装配(A) ➡ 爆炸图(X)▶ ➡ ⬚ 新建爆炸图(N)... 命令，系

统弹出"新建爆炸图"对话框，接受系统默认的名称，单击 确定 按钮。

② 选择命令。选择下拉菜单 装配(A) ➡ 爆炸图(X)▶ ➡ 🔧 编辑爆炸图(E)... 命令，系统弹出"编辑爆炸图"对话框。

③ 选择对象。选取图 21.1.48 所示的型腔与滑块零件。

④ 在"编辑爆炸图"对话框中选择 ⊙ 移动对象 单选按钮，单击图 21.1.49 所示的箭头，对话框下部区域被激活。

⑤ 在 距离 文本框中输入值 60，单击 确定 按钮，完成型腔与滑块的移动（图 21.1.50）。

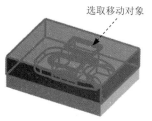
图 21.1.48　选取移动对象

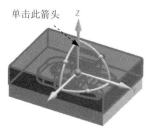
图 21.1.49　定义移动方向

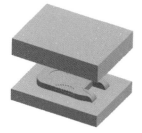
图 21.1.50　编辑移动后

⑥ 参照步骤②～⑤将型腔上的镶件沿 Z 轴正向移动 60mm，结果如图 21.1.51 所示。

⑦ 参照步骤②～⑤将型芯沿 Z 轴负向移动 30mm，结果如图 21.1.52 所示。

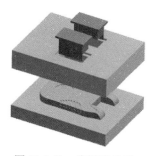
图 21.1.51　编辑移动后

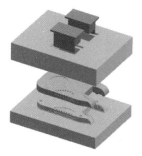
图 21.1.52　编辑移动后

Step 14　保存文件。选择下拉菜单 文件(F) ➡ 全部保存(V) 命令，保存所有文件。

21.2　滑块机构设计

当注塑成型的零件侧壁带有孔、凹穴、凸台等特征时，模具上成型该处的特征就必须制成可侧向移动的零件，并且在塑件脱模前应先将该零件抽出，否则将无法脱模。零件做侧向移动（抽拔与复位）的整个机构称为滑块机构（又称为抽芯机构）。

滑块机构一般可分为机动、液压（液动）、气动以及手动等类型。机动滑块机构利用注塑机开模力作为动力，通过有关传动零件（如斜导柱）使力作用于侧向成型零件而将模具侧分型或把活动型芯从塑件中抽出，合模时又靠它使侧向成型零件复位。

21.2.1　滑块的加载

在 Mold Wizard 中，通过"滑块和浮升销"命令可以完成滑块的加载和定义，其一般操作步骤如下。

Step 1　打开文件。

（1）选择命令。选择下拉菜单 文件(F) ➡ 🗁 打开(O)... 命令，系统弹出"打开"对话框。

（2）打开 D:\ug85mo\work\ch21.02\microwave_oven_cover_mold_top_000.prt 文件，单击 ┃ OK ┃ 按钮，打开模型。

Step 2　添加模架。

（1）在"注塑模向导"工具条中单击"模架库"按钮▦，系统弹出图 21.2.1 所示的"模架设计"对话框。

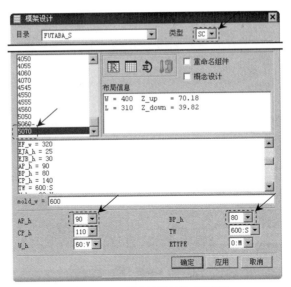

图 21.2.1　"模架设计"对话框

（2）在 目录 下拉列表框中选择 FUTABA_S 选项，在 类型 下拉列表框中选择 SC 选项，在长宽大小型号列表中选择 5070 选项，在模板尺寸列表中选择 mold_w = 500 选项，然后在 mold_w 文本框中输入 600，并按回车键确认；在 AP_h 下拉列表框中选择 90 选项，在 BP_h 下拉列表框中选择 80 选项，在模板尺寸列表中选择 CP_h = 110 选项，然后在 CP_h 文本框中输入 140，并按回车键确认，其他参数采用系统默认设置，单击 ┃ 应用 ┃ 按钮。

（3）完成模架的添加（图 21.2.2），此时模架的方向需要调整。

（4）单击  按钮，调整模架方向，如图 21.2.3 所示。

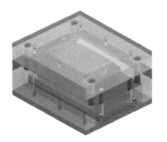

图 21.2.2　模架　　　　　　　　　　图 21.2.3　调整方向后的模架

（5）单击 取消 按钮，关闭"模架设计"对话框。

Step 3　添加滑块。

（1）将型芯转换为显示部件。单击资源工具条区中的 按钮，在 ☑ microwave_oven_cover_mold_layout_021 节点下的 ☑ microwave_oven_cover_mold_prod_003 节点下的 ☑ microwave_oven_cover_mold_core_006 上右击，在弹出的快捷菜单中选择 设为显示部件 命令。

（2）设置坐标原点。

① 选择命令。选择下拉菜单 格式(R) ➡ WCS▶ ➡ 原点(O)... 命令，系统弹出"点"对话框。

② 定义坐标原点。选取图 21.2.4 所示的边线中点为坐标原点。

③ 单击 确定 按钮，完成设置坐标原点的操作并关闭。

（3）旋转坐标系。

① 选择命令。选择下拉菜单 格式(R) ➡ WCS▶ ➡ 旋转(R)... 命令，系统弹出"旋转 WCS 绕..."对话框。

② 定义旋转方式。在弹出的对话框中选择 + ZC 轴 单选按钮。

③ 定义旋转角度。在 角度 文本框中输入值 90。

④ 单击 确定 按钮，旋转后的坐标系如图 21.2.5 所示。

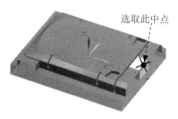

选取此中点

图 21.2.4　定义坐标原点　　　　　　图 21.2.5　旋转后的坐标系

（4）添加滑块。

① 在"注塑模向导"工具条中单击"滑块和浮升销库"按钮 ，系统弹出图 21.2.6 所示的"滑块和浮升销设计"对话框。

② 在对话框中的 文件夹视图 区域列表中选择 📁Slide 选项，在 成员视图 区域列表中选择 📇Single Cam-pin Slide 选项，系统弹出信息窗口并显示参数。在详细信息列表中将 gib_long 的值修改为 150，按回车键确认；将 heel_back 的值修改为 80，按回车键确认；将 wear_thk 的值修改为 10，按回车键确认；将 wide 的值修改为 80，按回车键确认。

③ 单击 确定 按钮，完成滑块的添加（图 21.2.7）。

图 21.2.6 "滑块和浮升销设计"对话框

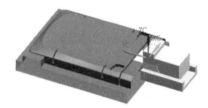

图 21.2.7 添加滑块

21.2.2 滑块的链接

在完成滑块机构的添加后，还需将模仁上的小型芯链接到滑块机构上，构成一体。在 UG NX 8.5 中，一般通过"WAVE 几何链接器"命令来完成滑块的链接。下面继续以 20.2.1 节的模型为例讲解滑块链接的一般操作步骤。

Step 1 创建滑块的链接。

（1）将滑块设为工作部件。在图形区双击图 21.2.8 所示的滑块。

（2）选择命令。选择下拉菜单 插入(S) ➡️ 关联复制(A) ➡️ 🔩 WAVE 几何链接器(W)... 命令，系统弹出图 21.2.9 所示的"WAVE 几何链接器"对话框。

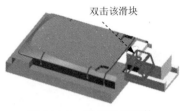

图 21.2.8 定义工作部件

（3）设置对话框参数。在区域中选中 ☑关联 复选框和 ☑隐藏原先的 复选框。

（4）定义链接对象。选取图 21.2.10 所示的小型芯为链接对象。

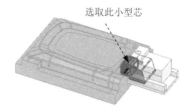

图 21.2.9　"WAVE 几何链接器"对话框　　　　图 21.2.10　定义链接对象

（5）单击< 确定 >按钮，完成滑块的链接。

Step 2　创建求和特征。

（1）选择命令。选择下拉菜单 插入(S) ➡ 组合(B) ▶ ➡ 🔂 求和(U)...命令，系统弹出"求和"对话框。

（2）定义目标体和工具体。选取滑块为目标体，选取小型芯为工具体。

（3）单击< 确定 >按钮，完成求和特征的创建。

21.2.3　滑块的后处理

完成滑块机构的添加和链接后，接下来就需要在标准模架上完成建腔的工作。其建腔工作一般是通过 Mold Wizard 模块中提供的"型腔设计"命令完成的。继续以 21.2.1 节的模型为例，讲解滑块后处理的一般操作过程。

Step 1　选择窗口。选择下拉菜单 窗口(0) ➡ microwave_oven_cover_mold_top_000.prt 命令，系统显示总模型。

Step 2　将总模型转换成工作部件。单击资源工具条区中的 按钮，系统弹出"装配导航器"界面，在 ☑ microwave_oven_cover_mold_top_000 选项上右击，在弹出的快捷菜单中选择 设为工作部件 命令。

Step 3　创建动/定模板上的滑块机构避开槽。

（1）在"注塑模向导"工具条中单击"腔体"按钮 ，系统弹出"腔体"对话框。

（2）定义目标体。选取图 21.2.11 所示的动/定模板为目标体，单击中键确认。

（3）定义工具体。选取滑块机构为工具体（共 6 个）。

说明：在选取工具体时，需选取滑块机构上的所有零件。

（4）单击 确定 按钮，完成动/定模板上避开槽的创建，结果如图 21.2.12 和图 21.2.13 所示。

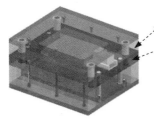

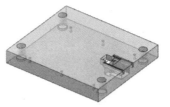

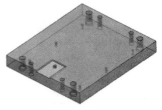

　　此为定模板

　　此为动模板

图 21.2.11　定义目标体　　　　图 21.2.12　定模板避开槽　　　　图 21.2.13　动模板避开槽

　　说明：为了清楚显示动/定模板上的避开槽，此处隐藏了模架的其他零件。

Step 4　保存文件。选择下拉菜单 文件(F) ➡ 全部保存(V) 命令，保存所有文件。

21.3　斜销机构设计

　　斜销机构又称内侧抽芯机构，是完成塑件上内侧凹槽特征的抽芯机构。其结构原理与滑块机构相类似。

　　当注塑成型的零件内侧带有凹穴或斜槽等特征时，模具上成型该处的特征就必须制成可内侧移动的零件，并且在塑件脱模前需要先将该零件内移或将斜顶塑件脱模，否则将无法脱模。将该零件做内侧移动或斜顶塑件（抽拔与复位）的整个机构称为斜销机构。

21.3.1　斜销的加载

　　在 Mold Wizard 中，通过"滑块和浮升销"命令可以完成斜销的加载和定义，其一般操作步骤如下。

Step 1　打开文件。

　　（1）选择命令。选择下拉菜单 文件(F) ➡ 📂 打开(O)... 命令，系统弹出"打开"对话框。

　　（2）打开文件 D:\ug85mo\work\ch21.03\phone-cover_mold_top_000.prt，单击 OK 按钮，打开模型。

Step 2　将型芯零件转化为显示部件。

　　（1）选择图 21.3.1 所示的型芯零件，然后右击，此时系统弹出快捷菜单。

　　（2）在弹出的快捷菜单中选择 🔲 设为显示部件 命令，显示型芯零件。

Step 3　创建图 21.3.2 所示的拉伸特征。

　　（1）选择命令。选择下拉菜单 插入(S) ➡ 设计特征(E)▶ ➡ 🔲 拉伸(E)... 命令，系统弹出"拉伸"对话框。

　　（2）定义草图平面。选取图 21.3.3 所示的模型表面为草图平面。

图 21.3.1　将型芯转化为显示部件

图 21.3.2　拉伸特征

（3）绘制草图。绘制图 21.3.4 所示的截面草图。

图 21.3.3　定义草图平面

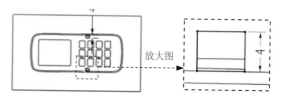

图 21.3.4　截面草图

（4）单击 ✖ 完成草图 按钮，退出草图环境。

（5）定义拉伸方向。在 ✱ 指定矢量 下拉列表框中选择 ZC 选项。

（6）确定拉伸开始值和结束值。在"拉伸"对话框的 限制-区域的 开始 下拉列表框中选择 值 选项，并在其下的 距离 文本框中输入值 0，在 结束 下拉列表框中选择 值 选项，并在其下的 距离 文本框中输入值 6；在 布尔 区域的下拉列表框中选择 无 选项；其他参数采用系统默认设置。

（7）单击 ＜确定＞ 按钮，完成拉伸特征的创建。

Step 4　创建图 21.3.5 所示的求交特征 1。

（1）选择命令。选择下拉菜单 插入(S) ➡ 组合(B) ▸ ➡ 求交(I)... 命令，系统弹出"求交"对话框。

（2）定义目标体和工具体。选取型芯零件为目标体，选取图 21.3.6 所示的实体为工具体。

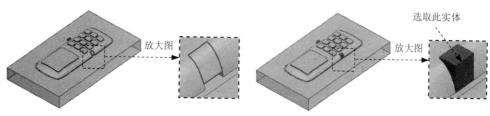

图 21.3.5　求交特征 1　　　　图 21.3.6　定义工具体

（3）设置对话框参数。在"求交"对话框 设置 区域选中 ☑ 保存目标 复选框。

（4）单击 ＜确定＞ 按钮，完成求交特征 1 的创建。

Step 5　创建图 21.3.7 所示的求差特征 1。

21
Chapter

（1）选择命令。选择下拉菜单 插入(S) ➡ 组合(B) ▸ ➡ ⊕ 求差(S)... 命令，系统弹出"求差"对话框。

（2）定义目标体和工具体。选取型芯零件为目标体，选取图 21.3.8 所示的实体为工具体。

图 21.3.7　求差特征 1

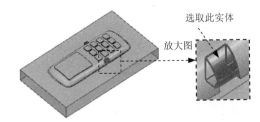

图 21.3.8　定义工具体

（3）设置对话框参数。在"求差"对话框 设置 区域选中 ☑ 保存工具 复选框。

（4）单击 < 确定 > 按钮，完成求差特征 1 的创建。

Step 6　参照 Step4 创建另一侧求交特征。

Step 7　参照 Step5 创建另一侧求差特征。

Step 8　添加模架。

（1）选择窗口。选择下拉菜单 窗口(O) ➡ phone-cover_mold_top_000.prt 命令，系统显示总模型。

（2）将总模型转换成工作部件。单击资源工具条区的 按钮，系统弹出"装配导航器"界面，在 ☑ phone-cover_mold_top_000 选项上右击，在弹出的快捷菜单中选择 设为工作部件 命令。

（3）添加模架。

① 在"注塑模向导"工具条中单击"模架库"按钮 ，系统弹出图 21.3.9 所示的"模架设计"对话框。

② 在 目录 下拉列表框中选择 FUTABA_S 选项，在 类型 下拉列表框中选择 SC 选项，在"长宽大小型号"列表中选择 1823 选项，在 AP_h 下拉列表框中选择 50 选项，在 BP_h 下拉列表框中选择 40 选项，在 CP_h 下拉列表框中选择 60 选项，其他参数采用系统默认设置。

③ 单击 确定 按钮，完成模架的添加（图 21.3.10）。

Step 9　添加斜销。

（1）显示型芯/型腔部件。单击资源工具条区的 按钮，系统弹出"装配导航器"界面，取消选中 ☑ phone-cover_mold_fs_025 ，将型芯/型腔部件显示出来。

（2）设置坐标原点。

① 选择命令。选择下拉菜单 格式(R) ➡ WCS▸ ➡ ⊾ 原点(O)... 命令，系统弹出"点"对话框。

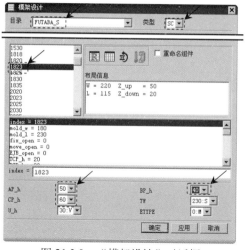

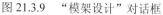

图 21.3.9 "模架设计"对话框 　　　　图 21.3.10 模架

② 定义坐标原点。选取图 21.3.11 所示的边线中点为坐标原点。

③ 单击 确定 按钮，完成设置坐标原点的操作。

（3）旋转坐标系。

① 选择命令。选择下拉菜单 格式(R) ➡ WCS▶ ➡ 旋转(R)... 命令，系统弹出"旋转 WCS 绕…"对话框。

② 定义旋转方式。在弹出的对话框中选择 ⊙ - ZC 轴 单选按钮。

③ 定义旋转角度。在 角度 文本框中输入值 90。

④ 单击 确定 按钮，旋转后的坐标系如图 21.3.12 所示。

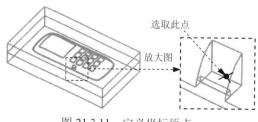

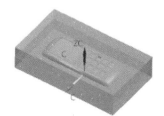

图 21.3.11 定义坐标原点 　　　　图 21.3.12 旋转后的坐标系

（4）添加斜销。

① 在"注塑模向导"工具条中单击"滑块和浮升销库"按钮 ，系统弹出图 21.3.13 所示的"滑块和浮升销设计"对话框。

② 在对话框中的 文件夹视图 区域列表中选择 Lifter 选项，在 成员视图 区域列表中选择 Dowel Lifter 选项，系统弹出信息窗口并显示参数。在详细信息列表中将 cut_width 的值修改为 1.5，按回车键确认；将 riser thk 的值修改为 4，按回车键确认；将 riser top 的值修改为 8，按回车键确认；将 wide 的值修改为 6，按回车键确认。

③ 单击 确定 按钮，完成斜销的添加（图 21.3.14）。

图 21.3.13　"滑块和浮升销设计"对话框　　　　图 21.3.14　斜销

Step 10　参照 Step9 添加另一侧的斜销。

注意：旋转坐标后应使 Y 轴向外，再添加斜销。

21.3.2　斜销的链接

在完成斜销机构的添加后，还需将模仁上的小型芯链接到斜销机构上，构成一体。在 UG NX 8.5 中，一般通过"WAVE 几何链接器"命令来完成斜销的链接。继续以上一节的模型为例来讲解斜销链接的一般步骤。

Step 1　修剪斜销（隐藏型腔和零件）。

（1）在"注塑模向导"工具条中单击"修边模具组件"按钮，系统弹出图 21.3.15 所示的"修边模具组件"对话框。

说明：在选择命令后如果系统弹出"顶杆后处理"对话框，单击 否(N) 按钮。

（2）定义修剪对象。选取两个斜销为修剪对象。

（3）单击 确定 按钮，完成修剪斜销的操作（图 21.3.16）。

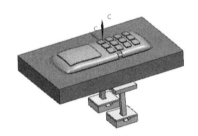

图 21.3.15　"修边模具组件"对话框　　　　图 21.3.16　修剪后的斜销

Step 2 创建斜销的链接。

（1）将斜销转换为工作部件。在图形区双击斜销。

（2）选择命令。选择下拉菜单 **插入(S)** ➡ **关联复制(A)▸** ➡ **WAVE 几何链接器(W)...** 命令，系统弹出图 21.3.17 所示的"WAVE 几何链接器"对话框。

（3）设置对话框参数。在 **设置** 区域中选中 ☑ **关联** 复选框和 ☑ **隐藏原先的** 复选框。

（4）定义链接对象。选取图 21.3.18 所示的小型芯为链接对象。

图 21.3.17　"WAVE 几何链接器"对话框

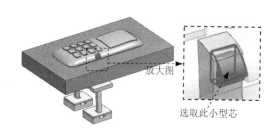

图 21.3.18　定义链接对象

（5）单击 **确定** 按钮，完成斜销链接的创建。

Step 3 创建求和特征 1。

（1）选择命令。选择下拉菜单 **插入(S)** ➡ **组合(B) ▸** ➡ **求和(U)...** 命令，系统弹出"求和"对话框。

（2）定义目标体和工具体。选取斜销为目标体，选取图 21.3.18 所示的实体为工具体。

（3）单击 **确定** 按钮，完成求和特征 1 的创建。

Step 4 参照 Step2～Step3，完成另一侧求和特征的创建。

21.3.3　斜销的后处理

在 UG NX 8.5 中，常常采用"型腔设计"命令对斜销进行后处理，其一般操作步骤如下。

Step 1 将总模型转换成工作部件。单击资源工具条区中的 按钮，系统弹出"装配导航器"界面，在 ☑ **phone-cover_mold_top_000** 选项上右击，在弹出的快捷菜单中选择 **设为工作部件** 命令。

Step 2 显示模架。在"装配导航器"界面中选中 ☑ **phone-cover_mold_fs_025**，将模架显示出来。

Step 3 创建动模板、顶杆固定板和型芯上的斜销机构避开槽。

（1）在"注塑模向导"工具条中单击"腔体"按钮 ，系统弹出"腔体"对话框。

（2）定义目标体。选取图 21.3.19 所示的动模板、顶杆固定板和型芯为目标体，单击中键确认。

（3）定义工具体。选取两个斜销机构为工具体。其他为默认选项。

（4）单击 确定 按钮，完成斜销避开槽的创建，结果如图 21.3.20、图 21.3.21 和图 21.3.22 所示。

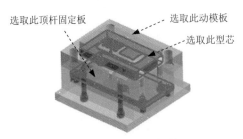

选取此顶杆固定板
选取此动模板
选取此型芯

图 21.3.19　定义目标体

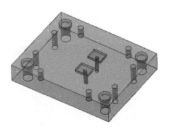

图 21.3.20　动模板避开槽

图 21.3.21　顶杆固定板避开槽

图 21.3.22　型芯避开槽

说明：为了清楚显示动模板、顶杆固定板和型芯上的避开槽，此处隐藏了模架的其他零件。

Step 4　保存文件。选择下拉菜单 文件(F) ➡ 全部保存(V) 命令，保存所有文件。

22

UG NX 的其他模具设计功能

22.1 电极设计

在模具的加工过程中，往往会存在一些复杂的区域很难用普通的切削加工方法进行加工，对于这些很难加工的区域，可采用电火花放电进行加工。在采用电火花放电加工时，首先，应选择电极的材料（一般是铜或石墨）；其次，使用 Mold Wizard 提供的专业设计"电极库"命令 ![icon] 来完成设计；最后，通过设计出的电极来完成那些复杂区域的放电加工。

设计电极的一般思路为：首先进行电极参数的设计，然后定义电极放置点的位置，最后通过"模具修剪"命令完成标准电极的设计。

Step 1 打开文件。选择下拉菜单 文件(F) ➡ 📂 打开(O)... 命令，打开 D:\ug85mo\work\ch22.01\case_cover_mold_top_050.prt。

Step 2 在"注塑模向导"工具条中单击"电极库"按钮 ![icon]，系统弹出图 22.1.1 所示的"电极设计"对话框。

1. 目录 选项卡

该选项卡中包含"类型"列表、标准件预览区和"标准参数"列表等。用户通过该选项卡可以完成标准电极的一些设置。

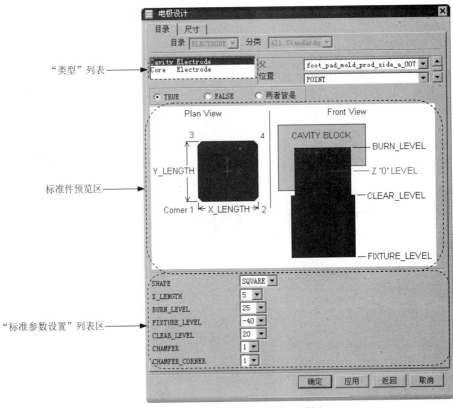

图 22.1.1　"电极设计"对话框

图 22.1.1 所示的"电极设计"对话框中各选项的说明如下：

- "类型"列表：用于确定在型芯上还是在型腔上创建标准电极。列表中有
  `Cavity Electrode`（型腔电极）和 `Core Electrode`（型芯电极）两种选项。

  ☑ `Cavity Electrode` 选项：选取此选项，在"电极设计"对话框的标准件预览区域
  中会显示出型腔电极的形状，如图 22.1.2 所示。

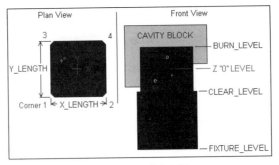

图 22.1.2　型腔电极

  ☑ `Core Electrode` 选项：选取此选项，在"电极设计"对话框的标准件预览区
  域中会显示出型芯电极的形状，如图 22.1.3 所示。

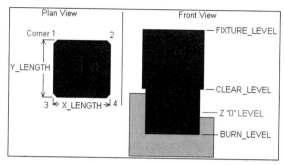

图 22.1.3　型芯电极

- 标准件预览区：用于显示标准电极的基本形状。

- "标准参数设置"列表区：用于定义电极的形状和尺寸。

  ☑ SHAPE 下拉列表框：用于定义电极的形状，包括 SQUARE（正方形）、矩形 和 ROUND

  （圆柱形）3 种。选择不同的电极形状，会在"标准参数设置"列表区中显

  示不同的电极参数，如图 22.1.4 所示。

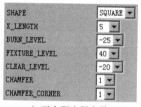

a）正方形电极参数

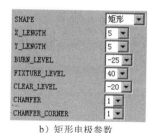

b）矩形电极参数

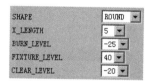

c）圆柱形电极参数

图 22.1.4　电极参数

  ☑ X_LENGTH 下拉列表框：用于定义电极的 X 向的尺寸。

  ☑ Y_LENGTH 下拉列表框：用于定义电极的 Y 向的尺寸。

  ☑ BURN_LEVEL 下拉列表框：用于定义电极的放电高度。

  ☑ FIXTURE_LEVEL 下拉列表框：用于定义电极的安装高度。

  ☑ CLEAR_LEVEL 下拉列表框：用于定义电极余量的高度。

  ☑ CHAMFER 下拉列表框：用于定义电极倒斜角的大小。

  ☑ CHAMFER_CORNER 下拉列表框：用"刀片标准件"设计电极时，系统默认把方形

  电极的四个角用 1、2、3、4 表示，该下拉列表框用于定义斜角放置在哪个

  角上，用户可通过选取下拉列表框中的数字改变斜角的放置位置。

2. 尺寸 选项卡

　　用户可以通过该选项卡中的"尺寸设置"区域来完成标准电极的尺寸定义和更改。

在"电极设计"对话框中单击 尺寸 选项卡，系统显示图 22.1.5 所示的"电极设计"对话

框界面。

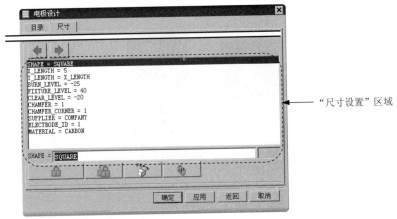

图 22.1.5 "电极设计"对话框

22.2 物料清单（BOM）

在 Mold Wizard 中包含一个与模具标准件信息相关的物料清单。物料清单，又称 BOM（Bill Of Materials）表，用于生成模具上零部件的明细表，以及装配组件或零件的参数。BOM 表能根据用户在产品设计过程中设定的一些特定参数，自动生成符合企业标准的明细表。

首先打开 D:\ug85mo\work\ch22.02\case_cover_mold_top_050.prt 文件。

在"注塑模向导"工具条中，单击"物料清单"按钮 ▦，系统弹出图 22.2.1 所示的"物料清单"对话框。

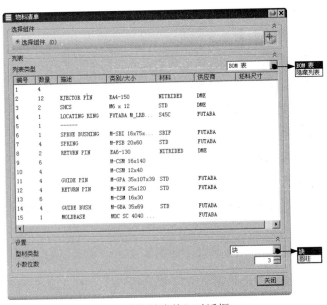

图 22.2.1 "物料清单"对话框

图 22.2.1 所示的"物料清单"对话框中部分选项的说明如下：

- 列表 区域：该区域中的 列表类型 下拉列表框中包括 BOM 表 和 隐藏列表 两个选项。
    - ☑ BOM 表 选项：选择该选项后可在 列表类型 列表中显示所有组件的物料清单。
    - ☑ 隐藏列表 选项：选择该选项后可在 列表类型 列表中隐藏所有组件的物料清单。
- 设置 区域：该区域中包括 型材类型 和 小数位数 两个选项。
    - ☑ 型材类型 选项：该选项的下拉列表框中有 块 和 圆柱 两种类型可供选择。
    - ☑ 小数位数 选项：该选项用于设置数字的小数位数。

22.3　模具图

完成模具的设计后，接下来的工作就是出模具图。在 Mold Wizard 中，模具图包括装配图纸、组件图纸和孔表三种。通过 Mold Wizard 提供的创建模具图命令，可以大大减少设计人员的设计时间，提高设计效率。

22.3.1　装配图纸

使用"装配图纸"命令可以自动化完成模具装配图纸的创建和管理。模具装配图纸的一般创建步骤为：首先，定义出图的单位和图幅大小；其次，定义组件出图的可见性；最后，定义工程图的视图类型。

首先打开 D:\ug85mo\work\ch22.03.01\case_cover_mold_top_050.prt 文件。

1. 图纸 选项卡

图纸 选项卡用于定义图纸的类型、新建图纸的名称、图纸的单位和图幅的大小。

在"注塑模向导"工具条中单击"装配图纸"按钮，系统弹出图 22.3.1 所示的"装配图纸"对话框（一）。

图 22.3.1 所示的"装配图纸"对话框（一）中各选项的说明如下：

- 图纸类型 区域：用于定义装配图纸的类型，包括 ◉ 自包含 和 ○ 主模型 两种类型。
    - ☑ ◉ 自包含 单选按钮：为当前打开的模具创建装配图。
    - ☑ ○ 主模型 单选按钮：打开一个已有的模具创建装配图。

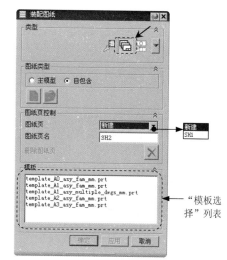

图 22.3.1　"装配图纸"对话框（一）

- **图纸页** 下拉列表框：用于定义创建图纸的方式，可以选择新建一个新的图纸，也可以选择已创建好的图纸。

  - ☑ **新建** 选项：新建一个图纸。选择此选项，**图纸页名** 被激活，在其文本框中输入新建图纸的名称。

  - ☑ **SH1** 选项：选择已有的图纸创建模具装配工程图，**SH1** 是已有的图纸的名称。

- **模板** 区域：用于定义模具装配图纸的模板类型，在"模板选择"列表中双击某一选项，可选择大小不同的模板类型。

2. **可见性** 选项卡

可见性 选项卡用于定义出图的可见性，可定义动模可见、定模可见或某个部件可见。在"装配图纸"对话框中单击 **可见性** 选项卡，系统弹出图 22.3.2 所示的"装配图纸"对话框（二）。

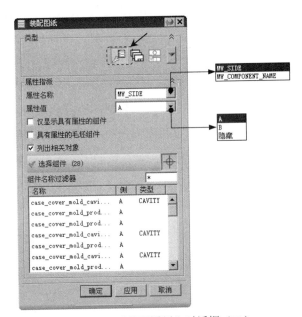

图 22.3.2　"装配图纸"对话框（二）

图 22.3.2 所示的"装配图纸"对话框（二）中部分选项的说明如下：

- **属性名称** 下拉列表框：用于定义模具工程图的出图类型，有 **MW_SIDE** 和 **MW_COMPONENT_NAME** 两个选项。

  - ☑ **MW_SIDE** 选项：用于定义模具的可见侧。

  - ☑ **MW_COMPONENT_NAME** 选项：用于定义模具中某个部件为可见侧。

- **属性值** 下拉列表框：用于定义出图的可见性，有 **A**、**B** 两种选项。

  - ☑ **A** 选项：选择该选项，只出定模侧的工程图。

  - ☑ **B** 选项：选择该选项，只出动模侧的工程图。

3. 视图 选项卡

视图 选项卡用于定义图纸的出图类型、剖切面的类型和控制可见侧。在"装配图纸"对话框中单击 视图 选项卡，系统弹出图 22.3.3 所示的"装配图纸"对话框（三）。

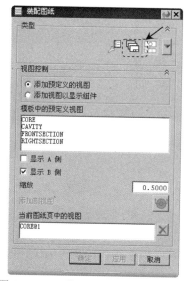

图 22.3.3 "装配图纸"对话框（三）

图 22.3.3 所示的"装配图纸"对话框（三）中部分选项的说明如下：

- "模板中的预定义视图"列表框：用于定义工程图的视图类型和剖视图。
  - ☑ CORE 选项：选择该选项，则创建型芯部分的工程图。
  - ☑ CAVITY 选项：选择该选项，则创建型腔部分的工程图。
  - ☑ FRONTSECTION 选项：选择该选项，则创建纵向的剖视图。
  - ☑ RIGHTSECTION 选项：选择该选项，则创建横向的剖视图。
- ☐显示 A 侧 复选框：选中该复选框，则显示定模侧的工程图。
- ☑显示 B 侧 复选框：选中该复选框，则显示动模侧的工程图。
- 缩放 文本框：用于定义工程图的出图比例。

22.3.2 组件图纸

使用"组件图纸"命令，可以自动完成模具装配组件图纸的创建和管理。组件图纸的一般创建步骤为：首先，进入制图环境；然后，定义图纸的类型和组件。

首先打开 D:\ug85mo\work\ch22.03.02\case_cover_mold_top_050.prt 文件。

选择下拉菜单 ➋ 开始 ➜ ➋ 制图①... 命令，进入制图环境。在"注塑模向导"工具条中单击"组件图纸"按钮 ▦，系统弹出图 22.3.4 所示的"组件图纸"对话框。"组件"列表框用于定义出图的部件。可以在该列表中选取多个要出工程图的组件。

图 22.3.4 "组件图纸"对话框

22.3.3 孔表

使用孔表命令时，系统会自动找到零件中所有的孔，并对它们进行分类和编号，然后在图样上确定其放置原点，系统将自动计算每个孔到坐标原点的距离，把所有的孔编制成一个孔表。创建孔表只能在制图模块下进行。

Step 1 打开 D:\ug85mo\work\ch22.03.03\case_cover_mold_a_plate_122.prt 文件。

Step 2 在"注塑模向导"工具条中单击 按钮，系统弹出图 22.3.5 所示的"孔表"对话框。

图 22.3.5 "孔表"对话框

Step 3 定义坐标原点。选择图 22.3.6 所示的圆弧的中心。

Step 4 选择视图。选取图 22.3.6 所示的视图，然后在合适的位置单击放置表。

Step 5 创建孔表。在"孔表"对话框中单击 确定 按钮，此时系统会出现孔表及注释文字，如图 22.3.7 所示。

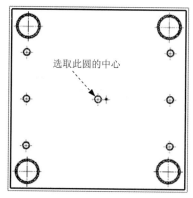

图 22.3.6 定义坐标原点

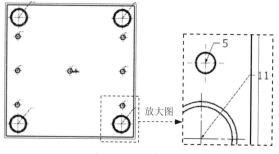

图 22.3.7 注释

Step 6 定义放置位置。将鼠标放在孔表上，此时在孔表的左上方会出现一个拖动按钮，然后直接将其拖动到图 22.3.8 所示的大致位置即可。

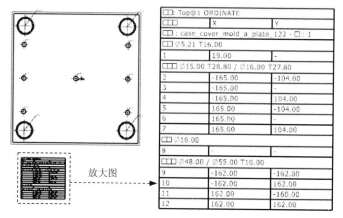

: Top@1 ORDINATE		
	X	Y
: case_cover_mold_a_plate_122 - : 1		
∅5.21 T16.00		
1	19.00	-
∅15.00 T28.80 / ∅16.00 T27.80		
2	-165.00	-104.00
3	-165.00	-
4	-165.00	104.00
5	165.00	-104.00
6	165.00	-
7	165.00	104.00
∅16.00		
8	-	-
∅48.00 / ∅55.00 T10.00		
9	-162.00	-162.00
10	-162.00	162.00
11	162.00	-160.00
12	162.00	162.00

图 22.3.8 孔表

Step 7 选择下拉菜单 文件(F) ➡ 全部保存(V) 命令，即可保存孔表。

23

在UG NX建模环境下设计模具

23.1 概述

在模具设计的过程中除了运用 UG NX 的 Mold Wizard 模块外，用户还可以使用"建模"模块来进行模具设计，使用此模块进行模具设计与使用 MoldWizard 模块进行模具设计相比，主要具有以下两个突出的特点。

（1）对于不会使用 Mold Wizard 模块的用户来说，可以在"建模"模块中完成模具的设计。

（2）在"建模"模块中进行分型面的设计非常灵活、方便，最终只需要通过一个"缝合"命令将所有的分型面合并到一起。

但是，在"建模"模块中进行模具设计是无参数化的，造成模具的修改性差，不能编辑各种特征的参数，与使用 Mold Wizard 模块设计模具相比更为繁琐，重复性操作比较多，并且模具设计的效率不高。

23.2 模具坐标

在 UG NX 8.5 中，常常使用"实用工具"工具条中的命令来修改模具坐标，其一般操作步骤如下。

Step 1 打开文件。打开 D:\ug85mo\work\ch23\cup_cover.prt 文件，单击 OK 按钮，进入建模环境。

Step 2 旋转模具坐标系。选择下拉菜单 格式(R) ➤ WCS▶ ➤ 旋转(R)... 命令，系统弹出图 23.2.1 所示的"旋转 WCS 绕…"对话框，选择 ⊙ - XC 轴：ZC --> YC 单选按钮；在 角度 文本框中输入值 90；单击 确定 按钮，定义后的模具坐标系如图 23.2.2 所示。

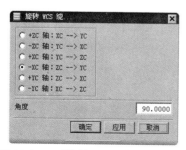

图 23.2.1　"旋转 WCS 绕…"对话框　　　　图 23.2.2　定义后的模具坐标系

23.3　设置收缩率

在 UG NX 8.5 中常常使用"缩放体"命令来设置收缩率。继续以上节的模型为例，其一般操作步骤如下。

Step 1 测量设置收缩率前的模型尺寸。选择下拉菜单 分析(L) ➡ 测量距离(D)...命令，系统弹出"测量距离"对话框；测量图 23.3.1 所示的中心线到零件内表面的距离值为 42；单击 取消 按钮，关闭"测量距离"对话框。

Step 2 设置收缩率。选择下拉菜单 插入(S) ➡ 偏置/缩放(0) ▶ ➡ 缩放体(S)...命令，系统弹出"缩放体"对话框；在"缩放体"对话框 类型 区域的下拉列表框中选择 均匀 选项；选择图 23.3.1 所示的零件为要缩放的体，此时系统自动将缩放点定义在坐标原点上；在 比例因子 区域的 均匀 文本框中输入值 1.006；单击 确定 按钮，完成设置收缩率的操作。

Step 3 测量设置收缩率后的模型尺寸。选择下拉菜单 分析(L) ➡ 测量距离(D)...命令，系统弹出"测量距离"对话框；测量图 23.3.2 所示的中心线到零件内表面的距离值为 42.2520；单击 取消 按钮，关闭"测量距离"对话框。

图 23.3.1　测量设置收缩率前的模型尺寸　　图 23.3.2　测量设置收缩率后的模型尺寸

说明：与前面选择测量的面相同。

Step **4** 检测收缩率。由测量结果可知，设置收缩率前的尺寸值为 42，收缩率为 1.006，所以，设置收缩率后的尺寸值为 42×1.006＝42.2520，说明设置收缩没有错误。

23.4 创建模具工件

在 UG NX 8.5 中，常常使用 "拉伸" 命令来创建模具工件。继续以上节的模型为例，创建模具工件的一般操作步骤如下。

Step **1** 选择命令。选择下拉菜单 插入(S) ➡ 设计特征(E)▶ ➡ 📖 拉伸(E)... 命令，系统弹出图 23.4.1 所示的 "拉伸" 对话框。

Step **2** 定义草图平面。单击 📖 按钮，系统弹出 "创建草图" 对话框；选取 XY 平面为草图平面，选中 ☑ 创建中间基准 CSYS 复选框，单击 确定 按钮，进入草图环境。

Step **3** 绘制草图。绘制图 23.4.2 所示的截面草图；单击 📖 完成草图 按钮，退出草图环境。

Step **4** 定义拉伸方向。在 ✳ 指定矢量 的 📂▾ 下拉列框中选择 ᶻᶜ↑ 选项。

Step **5** 确定拉伸开始值和结束值。在 "拉伸" 对话框的 限制 区域的 开始 下拉列表框中选择 📖 值 选项，并在其下的 距离 文本框中输入值-45，在 结束 下拉列表框中选择 📖 值 选项，并在其下的 距离 文本框中输入值 40；在 布尔 区域的 布尔 下拉列表框中选择 📖 无 选项；其他参数采用系统默认设置。

Step **6** 单击 ＜ 确定 ＞ 按钮，完成图 23.4.3 所示的拉伸特征的创建。

图 23.4.1 "拉伸" 对话框

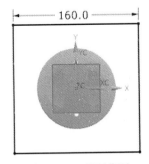

图 23.4.2 截面草图

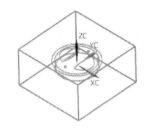

图 23.4.3 拉伸特征

23.5 模型修补

若产品模型上存在破孔，此时就需要通过 "抽取体"、"修剪片体" 和 "扩大" 等命令来完成破孔的修补工作。继续以上节的模型为例，模型修补的一般操作步骤如下。

Step 1 隐藏模具工件。选择下拉菜单 编辑(E) ➡ 显示和隐藏(H)▶ ➡ ◇ 隐藏(H)... 命令，系统弹出"类选择"对话框；选取模具工件为隐藏对象；单击 确定 按钮，完成模具工件隐藏的操作。

Step 2 创建图 23.5.1 所示的抽取特征。选择下拉菜单 插入(S) ➡ 关联复制(A)▶ ➡ ◇ 抽取几何体(E)... 命令，系统弹出图 23.5.2 所示的"抽取几何体"对话框；在 类型 区域的下拉列表框中选择 ◇ 面 选项；在 设置 区域中选中 ☑ 固定于当前时间戳记 复选框和 ☑ 删除孔 复选框，其他参数采用系统默认设置；选取图 23.5.3 所示的面为抽取对象；单击 ＜ 确定 ＞ 按钮，完成抽取特征的创建。

图 23.5.1　抽取特征　　　　图 23.5.2　"抽取几何体"对话框　　　　图 23.5.3　定义抽取面

Step 3 创建图 23.5.4 所示的修剪片体特征 1。

（1）选择命令。选择下拉菜单 插入(S) ➡ 修剪(T)▶ ➡ ◇ 修剪片体(R)... 命令，系统弹出图 23.5.5 所示的"修剪片体"对话框。

（2）定义目标体和边界对象。选取抽取特征 1 为目标体，单击中键确认；选取图 23.5.6 所示的边界对象。

图 23.5.4　修剪片体特征 1　　　　图 23.5.5　"修剪片体"对话框　　　　图 23.5.6　定义边界对象

注意：

- 选取目标体时不要单击有孔的位置，否则修剪结果不同。
- 选取边界对象之前应选中"修剪片体"对话框 边界对象 区域的 □ 允许目标边作为工具对象 复选框。

（3）设置对话框参数。在 区域 区域中，选择 ⊙ 舍弃 单选按钮，其他参数采用系统默认设置。

（4）单击 < 确定 > 按钮，完成修剪片体特征 1 的创建。

23.6 创建模具分型线和分型面

模具分型面一般都要求设在产品外形轮廓的最大断面处，即分型线位于产品外形轮廓的最大断面处。在 UG NX 8.5 中，可以通过抽取轮廓线来完成分型线的创建；通过"抽取面"、"修剪片体"、"拉伸"和"缝合"等命令完成分型面的创建。继续以上节的模型为例，其一般操作步骤如下。

Step 1 抽取最大轮廓线（分型线）。

（1）选择命令。选择下拉菜单 插入(S) ➡ 来自体的曲线(U) ➡ 抽取(E)... 命令，系统弹出图 23.6.1 所示的"抽取曲线"对话框。

（2）定义抽取曲线的类型。单击 轮廓曲线 按钮，系统弹出"轮廓曲线"对话框。

（3）定义抽取轮廓。在"视图"工具条中单击"俯视图"按钮 ，调整视图为俯视图，选取零件实体，系统自动生成图 23.6.2 所示的轮廓曲线，单击 取消 按钮关闭"轮廓曲线"对话框。

图 23.6.1　"抽取曲线"对话框

图 23.6.2　轮廓曲线

Step 2 创建分型面。

（1）创建图 23.6.3 所示的抽取特征。

① 选择命令。选择下拉菜单 插入(S) ➡ 关联复制(A) ➡ 抽取几何体(E)... 命令，系统弹出"抽取几何体"对话框。

② 设置对话框参数。在 **类型** 区域的下拉列表框中选择 **面** 选项；在 **设置** 区域中选中 ☑ **固定于当前时间戳记** 复选框和取消中 ☐ **删除孔** 复选框；其他参数采用系统默认设置。

③ 定义抽取对象。选取图 23.6.4 所示的面（共 8 个）为抽取对象。

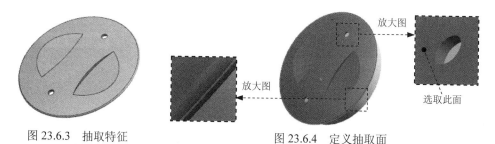

图 23.6.3　抽取特征　　　　图 23.6.4　定义抽取面

④ 单击 **确定** 按钮，完成抽取特征的创建。

说明： 为了清楚显示出抽取的面，图 23.6.3 隐藏了零件、补片和分型线。

（2）创建图 23.6.5b 所示的修剪片体特征 1（隐藏零件）。

① 选择命令。选择下拉菜单 **插入(S)** ➡ **修剪(T)▶** ➡ **修剪片体(R)...** 命令，系统弹出 "修剪片体" 对话框。

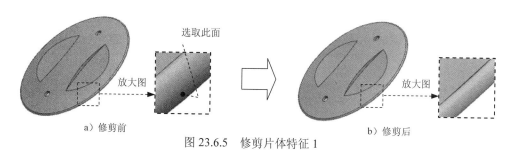

a）修剪前　　　　　　　　　　　　　　　　　　b）修剪后

图 23.6.5　修剪片体特征 1

② 定义目标体和边界对象。选取图 23.6.5a 所示的片体为目标体，单击中键确认；选取分型线为边界对象。

注意： 选取目标体时不要单击分型线以上的位置，否则修剪结果不同。

③ 设置对话框参数。在 **区域** 区域中，选择 ⊙ **舍弃** 单选按钮，其他参数采用系统默认设置。

④ 单击 **< 确定 >** 按钮，完成修剪片体特征 1 的创建。

（3）创建图 23.6.6 所示的拉伸特征 1（显示坐标系）。

① 选择命令。选择下拉菜单 **插入(S)** ➡ **设计特征(E)▶** ➡ **拉伸(E)...** 命令，系统弹出 "拉伸" 对话框。

② 定义草图平面。单击 按钮，系统弹出 "创建草图" 对话框，选取 XZ 基准平面为草图平面，单击 **确定** 按钮，进入草图环境。

③ 绘制草图。绘制图 23.6.7 所示的截面草图，单击 **完成草图** 按钮，退出草图环境。

④ 定义拉伸方向。在 * **指定矢量** 的 下拉列表框中选择 **YC** 选项。

⑤ 确定拉伸开始值和终止值。在"拉伸"对话框的 限制 区域的 开始 下拉列表框中选择 对称值 选项，并在其下的 距离 文本框中输入值 80，其他参数采用系统默认设置。

⑥ 单击 < 确定 > 按钮，完成拉伸特征 1 的创建（隐藏坐标系）。

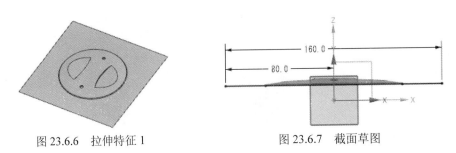

图 23.6.6　拉伸特征 1　　　　　　　　图 23.6.7　截面草图

（4）创建图 23.6.8b 所示的修剪片体特征 2。

① 选择命令。选择下拉菜单 插入(S) ➡ 修剪(T)▶ ➡ 修剪片体(R)... 命令，系统弹出"修剪片体"对话框。

② 定义目标体和边界对象。选取拉伸特征 1 为目标体，单击中键确认；选取分型线为边界对象。

注意：选取边界对象之前应选中 边界对象 区域的 ☑ 允许目标边作为工具对象 复选框。

③ 设置对话框参数。在 区域 区域中选择 ⊙ 保留 单选按钮，其他参数采用系统默认设置。

④ 单击 < 确定 > 按钮，完成修剪片体特征 2 的创建。

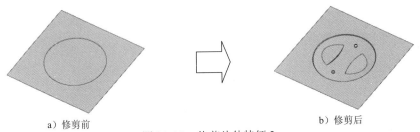

a）修剪前　　　　　　　　　　　　　　　　　　b）修剪后

图 23.6.8　修剪片体特征 2

（5）创建图 23.6.9 所示的拉伸特征 2。选择下拉菜单 插入(S) ➡ 设计特征(E)▶ ➡ 拉伸(E)... 命令，系统弹出"拉伸"对话框；选取图 23.6.10 所示的平面为草图平面，绘制图 23.6.11 所示的截面草图；单击 完成草图 按钮，退出草图环境。在 * 指定矢量 的 下拉列表框中选择 -ZC 选项；在"拉伸"对话框的 限制 区域的 开始 下拉列表框中选择 值 选项，并在其下的 距离 文本框中输入值 0；在 结束 下拉列表框中选择 值 选项，并在其下的 距离 文本框中输入值 25，其他参数采用系统默认设置；单击 < 确定 > 按钮，完成拉伸特征 2 的创建。

（6）创建拔模特征。

① 选择命令。选择下拉菜单 插入(S) ➡ 细节特征(L)▶ ➡ 拔模(T)... 命令，系统弹出图 23.6.12 所示的"拔模"对话框。

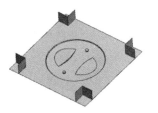

图 23.6.9　拉伸特征 2

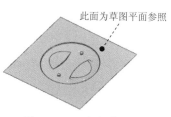

此面为草图平面参照

图 23.6.10　定义草图平面

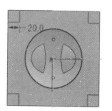

20.0

图 23.6.11　截面草图

图 23.6.12　"拔模"对话框

② 定义拔模类型。在 类型 下拉列表框中选择 从平面或曲面 选项。

③ 定义拔模方向。在 脱模方向 区域 指定矢量 的 下拉列表框中选择 ZC 选项。

④ 定义固定平面。选取图 23.6.13 所示的平面为固定平面。

⑤ 定义拔模面。选取图 23.6.14 所示的两个平面为拔模面。

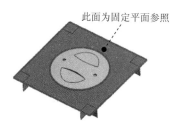

此面为固定平面参照

图 23.6.13　定义固定平面

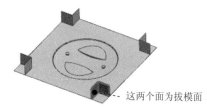

这两个面为拔模面

图 23.6.14　定义拔模面

⑥ 定义拔模角度。在 要拔模的面 区域的 角度 1 文本框中输入值 10，按回车键确认。

⑦ 单击 ＜ 确定 ＞ 按钮，完成拔模特征的创建。

（7）创建其余 3 处拔模特征。参照步骤（6）创建拉伸特征 2 的其余 3 片体的拔模特征。

（8）创建图 23.6.15b 所示的修剪片体特征 3。

① 选择命令。选择下拉菜单 插入 (S) ➡ 修剪 (T) ➡ 修剪片体 (R)... 命令，系统弹出

"修剪片体"对话框。

② 定义目标体和边界对象。选取拉伸特征 1 为目标体，单击中键确认；选取图 23.6.15a 所示的面为边界对象。

a）修剪前   b）修剪后

图 23.6.15 修剪片体特征 3

③ 设置对话框参数。在区域中选择 ⊙ 保留 单选按钮，其他参数采用系统默认设置。

④ 单击 〈 确定 〉 按钮，完成修剪片体特征 3 的创建。

（9）创建图 23.6.16 所示的拉伸特征 3（显示坐标系）。选择下拉菜单 插入(S) ➡ 设计特征(E) ➡ 拉伸(E)... 命令，系统弹出"拉伸"对话框；选取 XZ 基准平面为草图平面，单击 确定 按钮，进入草图环境；绘制图 23.6.17 所示的截面草图；在 ✳ 指定矢量 的 下拉列表框中选择 YC 选项。在"拉伸"对话框的 限制 -区域的 开始 下拉列表框中选择 对称值 选项，并在其下的 距离 文本框中输入值 80，其他参数采用系统默认设置；单击 〈 确定 〉 按钮，完成拉伸特征 3 的创建（隐藏坐标系）。

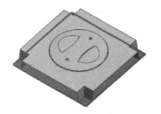   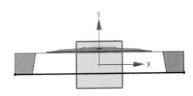

图 23.6.16 拉伸特征 3   图 23.6.17 截面草图

（10）创建图 23.6.18b 所示的修剪片体特征 4。选择下拉菜单 插入(S) ➡ 修剪(T) ➡ 修剪片体(R)... 命令，系统弹出"修剪片体"对话框。选取拉伸特征 3 为目标体，单击中键确认；选取图 23.6.18a 所示的面为边界对象；在 区域 区域中选择 ⊙ 舍弃 单选按钮，其他参数采用系统默认设置；单击 〈 确定 〉 按钮，完成修剪片体特征 4 的创建。

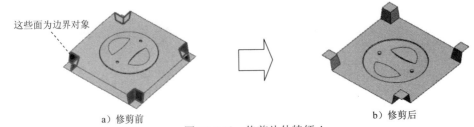

a）修剪前   b）修剪后

图 23.6.18 修剪片体特征 4

（11）创建缝合特征。选择下拉菜单插入(S) ➡ 组合(B) ▸ ➡ 📖 缝合(W)...命令，系统弹出图 23.6.19 所示的"缝合"对话框；在类型区域的下拉列表框中选择 ◆ 片体 选项，其他参数采用系统默认设置；选取图 23.6.20 所示的片体为目标体，选取图 23.6.20 所示的其余所有片体为工具体；单击 确定 按钮，完成曲面缝合特征的创建。

图 23.6.19 "缝合"对话框

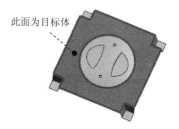

图 23.6.20 定义目标体

（12）创建图 23.6.21b 所示的边倒圆特征 1。在要倒圆的边区域的半径 1 文本框中输入值 5，选取图 23.6.21a 所示的 4 条边为倒圆边。

a）边倒圆前　　　　　　　　　　　　　　　　b）边倒圆后

图 23.6.21 边倒圆特征 1

（13）创建图 23.6.22b 所示的边倒圆特征 2。在要倒圆的边区域的半径 1 文本框中输入值 5，选取图 23.6.22a 所示的 4 条边为倒圆边。

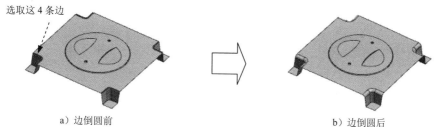

a）边倒圆前　　　　　　　　　　　　　　　b）边倒圆后

图 23.6.22 边倒圆特征 2

23.7 创建模具型芯/型腔

在 UG NX 8.5 中，常常使用"求差"和"拆分"命令来创建型芯/型腔。继续以 23.6
节的模型为例，创建型芯/型腔的一般操作步骤如下。

Step 1 编辑显示和隐藏。

（1）选择命令。选择下拉菜单 编辑(E) ➡ 显示和隐藏(H)▶ ➡ ▶ 显示和隐藏(O)... 命
令，系统弹出图 23.7.1 所示的"显示和隐藏"对话框。

（2）设置显示和隐藏。单击 实体 后的 ✚ 按钮，单击 曲线 后的 ━ 按钮。

（3）单击 关闭 按钮，完成编辑显示和隐藏的操作。

Step 2 创建求差特征。

（1）选择命令。选择下拉菜单 插入(S) ➡ 组合(B)▶ ➡ 求差(S)... 命令，系统弹
出图23.7.2所示的"求差"对话框。

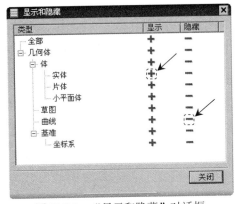

图 23.7.1　"显示和隐藏"对话框

图 23.7.2　"求差"对话框

（2）定义目标体和工具体。选取图 23.7.3 所示的工件为目标体，选取图 23.7.3 所示
的零件为工具体。

（3）设置对话框参数。在 设置 区域中选中 ☑ 保存工具 复选框，其他参数采用系统默认
设置。

（4）单击 ＜ 确定 ＞ 按钮，完成求差特征的创建。

Step 3 拆分型芯/型腔。

（1）选择命令。选择下拉菜单 插入(S) ➡ 修剪(T)▶ ➡ 拆分体(P)... 命令，系统
弹出图 23.7.4 所示的"拆分体"对话框。

（2）选取图 23.7.5 所示的工件为拆分体，选取图 23.7.6 所示的片体为拆分面。

（3）单击 确定 按钮，完成型芯/型腔的拆分操作（隐藏拆分面）。

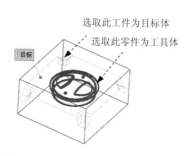

选取此工件为目标体

选取此零件为工具体

目标

图 23.7.3　定义目标体和工具体

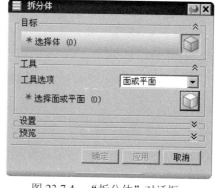

图 23.7.4　"拆分体"对话框

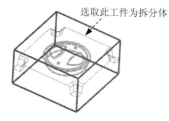

选取此工件为拆分体

图 23.7.5　定义拆分体

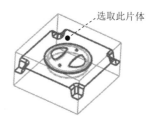

选取此片体

图 23.7.6　定义拆分面

Step 4　移除工件参数。

（1）选择下拉菜单 编辑(E) ➡ 特征(F)▶ ➡ 移除参数(V)... 命令，系统弹出"移除参数"对话框（一）。

（2）定义移除参数对象。选取工件为移除参数对象。

（3）单击 确定 按钮，系统弹出"移除参数"对话框（二）。

（4）单击 是 按钮，完成移除工件参数的操作。

23.8　创建模具分解视图

在 UG NX 8.5 中，常常使用"移动对象"命令来创建模具分解视图。继续以 23.7 节的模型为例，创建模具分解视图的一般操作步骤如下。

Step 1　移动型腔零件。

（1）选择命令。选择下拉菜单 编辑(E) ➡ 移动对象(O)... 命令，系统弹出图 23.8.1 所示的"移动对象"对话框。

（2）定义要移动的对象。选择型腔为要移动的对象。

（3）定义移动类型。在"移动对象"对话框中 变换 区域的 运动 下拉列表框中选择 距离 选项。

（4）定义移动方向和移动距离。在"移动对象"对话框中 变换 区域的 *指定矢量 下拉列

表框中选择 ᶻᶜ 选项；在 距离 文本框中输入值 80，其他参数设置如图 23.8.1 所示。

（5）单击〈 确定 〉按钮，完成移动型腔零件的操作（图 23.8.2）。

Step 2 移动型芯零件。

（1）选择命令。选择下拉菜单 编辑(E) ➡ 移动对象(O)... 命令，系统弹出"移动对象"对话框。

（2）定义要移动的对象。选择型芯为要移动的对象。

（3）定义移动类型。在"移动对象"对话框中 变换 区域的 运动 下拉列表框中选择 距离 选项。

（4）定义移动方向和移动距离。在"移动对象"对话框中 变换 区域的 * 指定矢量 下拉列表框中选择 ᶻᶜ 选项；在 距离 文本框中输入值 80。

（5）单击〈 确定 〉按钮，完成移动型芯零件的操作（图 23.8.3）。

图 23.8.1 "移动对象"对话框

图 23.8.2 移动型腔后

图 23.8.3 移动型芯后

Step 3 保存零件模型。选择下拉菜单 文件(F) ➡ 保存(S) 命令，即可保存零件模型。

24 UG NX 模具设计实际综合应用

24.1 应用1——滑块和斜顶机构的模具设计

24.1.1 概述

进行塑件的模具设计，设计人员首先应了解塑件的形状、使用要求及其材料，检查塑件成型的工艺性，明确注塑机的型号和规格；其次制定成型工艺卡；最后进行模具的结构设计，包括型腔的数目、分型面的选择、浇注系统及冷却系统的确定等。在本应用中，不仅介绍了模具结构设计的一般过程，而且还重点讲解滑块和斜顶机构的设计，在学习本应用时，应注意体会各个机构的设计思路，同时应注意设置相应的参数。

24.1.2 技术要点分析

（1）分型线要设计在最大轮廓处即零件的底面。

（2）采用一模两腔的设计，布局时应采用矩形平衡的方式，这样可以使斜顶都位于模具的两端，体现均衡的思路，同时便于设计。

（3）在分型中采用"体"的方式便于一次性对孔的修补。

（4）在进行斜销设计时，要注意倾斜角的考虑，不能过大或过小，一般在5°至15°。

（5）在进行滑块设计时，运用同步建模中的替换面功能，该命令在模具设计中是比较常用的一种方法。

24.1.3 设计过程

本应用的模具设计结果如图24.1.1所示，以下是具体操作过程。

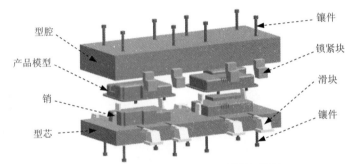

型腔

产品模型

销

型芯

镶件

锁紧块

滑块

镶件

图 24.1.1　带滑块和斜顶机构的模具设计

Task1. 初始化项目

Step 1 加载模型。在"注塑模向导"工具条中单击"初始化项目"按钮 ，系统弹出"打开"对话框，选择 D:\ug85mo\work\ch24.01\box.prt，单击 OK 按钮，调入模型，系统弹出"初始化项目"对话框。

Step 2 定义项目单位。在"初始化项目"对话框的 项目单位 下拉列表框中选择 毫米 选项。

Step 3 设置项目路径和名称。接受系统默认的项目路径；在"初始化项目"对话框的 Name 文本框中输入 box_mold。

Step 4 在该对话框中单击 确定 按钮，完成项目路径和名称的设置。

Task2. 模具坐标系

Step 1 定向坐标系。选择下拉菜单 格式(R) ➡ WCS▶ ➡ 定向(N)... 命令，系统弹出 CSYS 对话框。在 类型 下拉列表框中选择 自动判断 选项，然后选取图 24.1.2 所示的实体表面为参照（选择范围是整个装配）。单击 确定 按钮，完成坐标系的定向。

Step 2 旋转模具坐标系。选择下拉菜单 格式(R) ➡ WCS▶ ➡ 旋转(R)... 命令，系统弹出"旋转 WCS 绕..."对话框，选择 -XC 轴 单选按钮，在 角度 文本框中输入值 180，单击 确定 按钮，定义后的坐标系如图 24.1.2 所示。

Step 3 锁定模具坐标系。在"注塑模向导"工具条中单击"模具 CSYS"按钮 ，系统弹出"模具 CSYS"对话框；选择 当前 WCS 单选按钮；单击 确定 按钮，完成坐标系的定义，如图 24.1.3 所示。

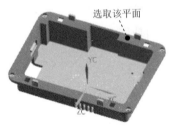

选取该平面

图 24.1.2　定向坐标系

图 24.1.3　锁定后的模具坐标系

Task3. 设置收缩率

Step 1 定义收缩率类型。在"注塑模向导"工具条中单击"收缩率"按钮 ⑦，产品模型高亮显示，同时系统弹出"缩放体"对话框；在 类型 下拉列表框中选择 🔒 均匀 选项。

Step 2 定义缩放体和缩放点。接受系统默认的设置。

Step 3 定义比例因子。在"比例"对话框 比例因子 区域的 均匀 文本框中输入数值 1.006。

Step 4 单击 确定 按钮，完成收缩率的设置。

Task4. 创建模具工件

Step 1 在"注塑模向导"工具条中单击"工件"按钮 ◇，系统弹出"工件"对话框。

Step 2 在"工件"对话框中的 类型 下拉列表框中选择 产品工件 选项，在 工件方法 下拉列表框中选择 用户定义的块 选项，其他参数采用系统默认设置。

Step 3 修改尺寸。单击 定义工件 区域的"绘制截面"按钮 ⬚，系统进入草图环境，然后修改截面草图的尺寸，如图 24.1.4 所示；在"工件"对话框 限制-区域的 开始 和 结束 后的 距离 文本框中分别输入值-30 和 50。

Step 4 单击 ＜确定＞ 按钮，完成创建后的模具工件如图 24.1.5 所示。

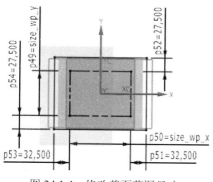

图 24.1.4 修改截面草图尺寸

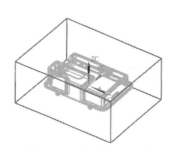

图 24.1.5 创建后的工件

Task5. 创建型腔布局

Step 1 在"注塑模向导"工具条中单击"型腔布局"按钮 ⬚，系统弹出"型腔布局"对话框。

Step 2 定义型腔数和间距。在"型腔布局"对话框中 布局类型 区域选择 矩形 选项和 ⊙ 平衡 单选按钮；在 型腔数 下拉列表框中选择 2 ，并在 缝隙距离 文本框中输入值 0。

Step 3 选取 XC 方向作为布局方向，在 生成布局 区域中单击"开始布局"按钮 ⬚，系统自动进行布局，此时在模型中显示图 24.1.6 所示的布局方向箭头。

Step 4 在 编辑布局 区域单击"自动对准中心"按钮 ⊞，使模具坐标系自动对准中心，布局结果如图 24.1.7 所示，单击 关闭 按钮。

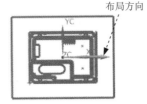

图 24.1.6　选取方向

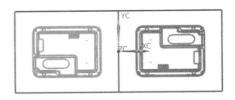

图 24.1.7　布局后

说明：为了表达清晰，此处将视图调整到顶部状态。

Task6. 模具分型

Stage1. 设计区域

Step 1　在"注塑模向导"工具条中单击"模具分型工具"按钮，系统弹出"模具分型工具"工具条和"分型导航器"界面。

Step 2　在"模具分型工具"工具条中单击"检查区域"按钮，系统弹出"检查区域"对话框，并显示图 24.1.8 所示的开模方向。在"检查区域"对话框中选中 ⊙ 保持现有的 单选按钮。

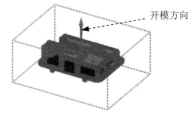

图 24.1.8　开模方向

说明：图 24.1.8 所示的开模方向可以通过"检查区域"对话框中的 ☑ 指定脱模方向 按钮和"矢量对话框"按钮 来更改，本应用在前面定义模具坐标系时已经将开模方向设置好，所以系统会自动识别出产品模型的开模方向。

Step 3　面拆分。

（1）计算设计区域。在"检查区域"对话框中单击"计算"按钮，系统开始对产品模型进行分析计算，单击"检查区域"对话框中的 面 选项卡，可以查看分析结果。

（2）设置区域颜色。在"检查区域"对话框中单击 区域 选项卡，取消选中 □ 内环、□ 分型边 和 □ 不完整的环 三个复选框，然后单击"设置区域颜色"按钮，设置各区域颜色，同时会在模型中以不同的颜色显示出来。

（3）定义型腔区域。在对话框的 未定义的区域 区域中选中 ☑ 交叉竖直面 复选框，此时未定义区域曲面加亮显示，在 指派到区域 区域中选中 ⊙ 型腔区域 单选按钮，单击 应用 按钮。

（4）定义型芯区域。在 未定义的区域 区域中选中 ☑ 未知的面 复选框，此时系统将所有的未知的面加亮显示，在 指派到区域 区域中选中 ⊙ 型芯区域 单选按钮，单击 应用 按钮，此时系统将加亮显示的未定义区域面指派到型芯区域，同时对话框中的 未定义的区域 显示为"0"。

（5）然后在图形区选取图 24.1.9 所示的面，单击 应用 按钮，将选定的区域面指派到型芯区域。

（6）接受系统默认的其他参数设置，单击 取消 按钮，关闭"检查区域"对话框。

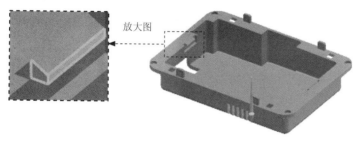

图 24.1.9　定义参照面

Step 4 创建曲面补片。在"模具分型工具"工具条中单击"曲面补片"按钮 ，系统弹出"边缘修补"对话框；在 类型 下拉列表框中选择 ⬡体 选项，然后在图形区中选择产品实体；单击"边缘修补"对话框中的 确定 按钮，系统自动创建曲面补片，结果如图 24.1.10 所示。

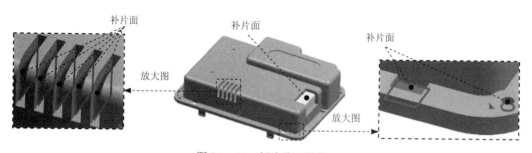

图 24.1.10　创建曲面补片

说明：在图 24.1.10 中并没有完全显示所有的补片面，还有一些相同结构的特征没有显示出来。

Stage2. 创建型腔/型芯区域和分型线

Step 1 在"模具分型工具"工具条中单击"定义区域"按钮 ，系统弹出"定义区域"对话框。

Step 2 在"定义区域"对话框的 设置 区域选中 ☑ 创建区域 和 ☑ 创建分型线 复选框，单击 确定 按钮，完成分型线的创建，创建的分型线结果如图 24.1.11 所示。

Stage3. 创建分型面

Step 1 在"模具分型工具"工具条中单击"设计分型面"按钮 ，系统弹出"设计分型面"对话框。

Step 2 定义分型面创建方法。在对话框中的 创建分型面 区域中单击"有界平面"按钮 。

Step 3 定义分型面长度。在对话框中接受系统默认的公差值，在 设置 区域中的 分型面长度 文本框中输入值 60，然后按回车键。

Step 4 单击 确定 按钮，完成分型面的创建，创建的分型面如图 24.1.12 所示。

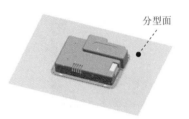

图 24.1.11　创建分型线　　　　　　　图 24.1.12　创建分型面

Stage4. 创建型腔和型芯

Step 1　在"模具分型工具"工具条中单击"定义型腔和型芯"按钮 ，系统弹出"定义型腔和型芯"对话框。

Step 2　在"定义型腔和型芯"对话框中选取 选择片体 区域下的 型腔区域 选项，其他项目接受系统默认参数设置，单击 应用 按钮。

Step 3　此时系统弹出图 24.1.13 所示的"查看分型结果"对话框，接受系统默认的方向。

Step 4　在该对话框中单击 确定 按钮，系统返回至"定义型腔和型芯"对话框，创建型腔结果如图 24.1.14 所示。

图 24.1.13　"查看分型结果"对话框

图 24.1.14　创建型腔

Step 5　在"定义型腔和型芯"对话框中选取 选择片体 区域下的 型芯区域 选项，其他项目接受系统默认参数设置，单击 确定 按钮，系统弹出"查看分型结果"对话框，接受系统默认的方向；单击 确定 按钮，系统返回至"模具分型工具"工具条和"分型导航器"界面，完成型芯零件的创建，如图 24.1.15 所示。

图 24.1.15　创建型芯

Task7. 创建型芯镶件

Stage1. 创建拉伸特征

Step 1　切换窗口。选择下拉菜单 窗口(0) ➡ box_mold_core_006.prt ，将型芯零件显示出来。

Step 2　选择命令。选择下拉菜单 插入(S) ➡ 设计特征(E) ➡ 拉伸(E)... 命令，系统弹出"拉伸"对话框。

Step 3 选取草图平面。选取图 24.1.16 所示的平面为草图平面。

Step 4 进入草图环境，绘制图 24.1.17 所示的截面草图，单击 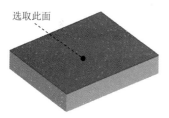 完成草图 按钮，系统返回至 "拉伸" 对话框。

图 24.1.16 草图平面

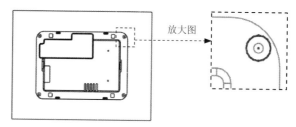

图 24.1.17 截面草图

Step 5 定义拉伸属性。在 "拉伸" 对话框中 **限制-**区域的 **开始** 下拉列表框中选择 **值** 选项，在 **距离** 文本框中输入值 0，在 **限制-**区域的 **结束** 下拉列表框中选择 **直至延伸部分** 选项，然后选取图 24.1.18 所示的平面为拉伸限制面；在 **布尔**区域的下拉列表框中选择 **无** 选项；其他参数采用系统默认设置。

Step 6 单击 **< 确定 >** 按钮，完成图 24.1.19 所示拉伸特征的创建。

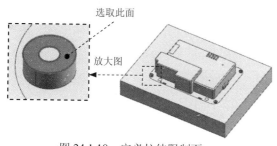

图 24.1.18 定义拉伸限制面

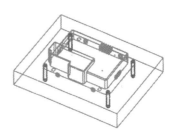

图 24.1.19 创建拉伸特征

Stage2. 创建求差特征

Step 1 选择命令。选择下拉菜单 **插入(S)** ➡ **组合(B)** ▶ ➡ **求差(S)...** 命令，此时系统弹出 "求差" 对话框。

Step 2 选取目标体。选取图 24.1.20 所示的目标体特征。

Step 3 选取工具体。选取图 24.1.20 所示的工具体特征，并选中 **☑ 保存工具** 复选框。

Step 4 单击 **< 确定 >** 按钮，完成求差特征的创建。

Stage3. 将镶件转化为型芯子零件

Step 1 单击资源工具条区中的 **一** 按钮，系统弹出 "装配导航器" 界面，在该界面空白处右击，然后在弹出的快捷菜单中选择 **WAVE 模式** 选项。

Step 2 在 "装配导航器" 界面中右击 ☑ **box_mold_core_006** 图标，在弹出的快捷菜单中选择 **WAVE▶** ➡ **新建级别** 命令，系统弹出 "新建级别" 对话框。

Step 3 在"新建级别"对话框中单击 指定部件名 按钮，在弹出的"选择部件名"对话框的 文件名(N): 文本框中输入 insert_01.prt，单击 OK 按钮，系统返回至"新建级别"对话框。

Step 4 在"新建级别"对话框中单击 类选择 按钮，选择图 24.1.21 所示的 4 个特征，单击 确定 按钮，系统返回至"新建级别"对话框。

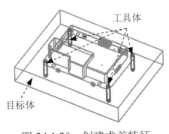

图 24.1.20 创建求差特征

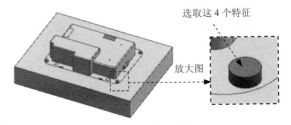

图 24.1.21 选取特征

Step 5 单击"新建级别"对话框中的 确定 按钮，此时在"装配导航器"界面中显示出刚创建的镶件特征。

Stage4. 移动至图层

Step 1 单击资源工具条区中的 按钮，在该界面中隐藏 ☑ ⬡ insert_01 部件。

Step 2 移动至图层。选取图 24.1.21 所示的 4 个镶件特征；选择下拉菜单 格式(R) ➡ ⬛ 移动至图层(M)... 命令，系统弹出"图层移动"对话框。

Step 3 在 目标图层或类别 文本框中输入值 10，单击 确定 按钮，退出"图层移动"对话框。

Step 4 单击资源工具条区中的 按钮，在该界面中选中 ☑ ⬡ insert_01 部件。

Stage5. 创建固定凸台

Step 1 创建拉伸特征。

（1）转化工作部件。在"装配导航器"中右击 ☑ ⬡ insert_01 图标，在弹出的快捷菜单中选择 设为工作部件 命令。

（2）选择命令。选择下拉菜单 插入(S) ➡ 设计特征(E) ➡ ⬛ 拉伸(E)... 命令，系统弹出"拉伸"对话框。

（3）单击对话框中的"绘制截面"按钮 ，系统弹出"创建草图"对话框。

① 定义草图平面。选取图 24.1.22 所示的模型表面为草图平面（选取时将选择范围改为整个装配），单击 确定 按钮。

② 进入草图环境，选择下拉菜单 插入(S) ➡ 来自曲线集的曲线(F) ▶ ➡ 偏置曲线(V)... 命令，系统弹出"偏置曲线"对话框；选取图 24.1.23 所示的曲线为偏置对象（选取时将选择范围改为仅在工作部件内部）；在 偏置 区域的 距离 文本框中输入值 2；单击 < 确定 > 按钮。

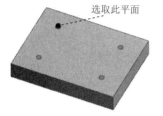

图 24.1.22　草图平面

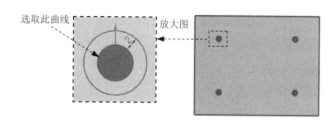

图 24.1.23　选取偏置曲线

③ 单击 完成草图 按钮，退出草图环境。

说明：在选取偏置曲线时，若方向相反，可单击"反向"按钮 ，然后单击 应用 按钮，再选取另一条偏置曲线。

（4）确定拉伸开始值和结束值。在"拉伸"对话框 限制 -区域的 开始 下拉列表框中选择 值 选项，并在其下的 距离 文本框中输入值 0；在 限制 -区域的 结束 下拉列表框中选择 值 选项，并在其下的 距离 文本框中输入值 6，其他参数采用系统默认设置值。

（5）在"拉伸"对话框中单击 < 确定 > 按钮，完成图 24.1.24 所示拉伸特征的创建。

Step 2　创建求和特征。选择下拉菜单 插入 (S) ➡ 组合 (B) ▶ ➡ 求和 (U)... 命令，系统弹出"求和"对话框；选取图 24.1.24 所示的目标体对象；选取图 24.1.24 所示的工具体对象。

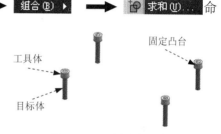

图 24.1.24　创建求和特征

说明：在创建求和特征时，应将图 24.1.24 所示的 4 个凸台分别合并，为了便于操作，可将型芯隐藏。

Step 3　创建固定凸台装配避开位。在"装配导航器"中右击 box_mold_core_006 图标，在弹出的快捷菜单中选择 设为工作部件 命令；在"注塑模向导"工具条中单击"腔体"按钮 ，系统弹出"腔体"对话框；选取型芯为目标体，然后单击中键；在该对话框中 工具类型 下拉列表框中选择 实体 选项，然后选取图 24.1.25 所示的工具体特征，单击 确定 按钮。

说明：观察结果时，可在"装配导航器"中取消选中 insert_01 选项，将镶件隐藏起来，结果如图 24.1.26 所示。

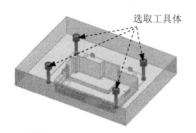

图 24.1.25　选取工具体

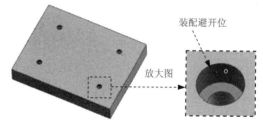

图 24.1.26　固定凸台装配避开位

Task8. 创建型腔镶件

Stage1. 创建拉伸特征

Step 1　切换窗口。选择下拉菜单 窗口(0) ➡ box_mold_cavity_002.prt 命令，切换至型腔操作环境。

Step 2　选择命令。选择下拉菜单 插入(S) ➡ 设计特征(E) ➡ 拉伸(E)... 命令，系统弹出"拉伸"对话框。

Step 3　选取草图平面。选取图 24.1.27 所示的平面为草图平面。

Step 4　进入草图环境，绘制图 24.1.28 所示的截面草图，单击 完成草图 按钮，系统返回至"拉伸"对话框。

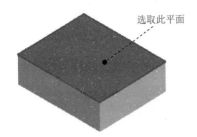

图 24.1.27　选取草图平面

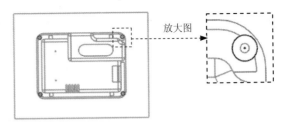

图 24.1.28　截面草图

Step 5　定义拉伸属性。在"拉伸"对话框中 限制-区域的 开始 下拉列表框中选择 值 选项，在 距离 文本框中输入值 0，在 限制-区域的 结束 下拉列表框中选择 直至延伸部分 选项，然后选取图 24.1.29 所示的平面为拉伸限制面。

Step 6　单击 确定 按钮，完成图 24.1.30 所示拉伸特征的创建。

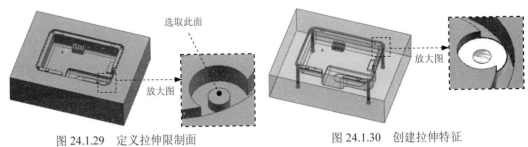

图 24.1.29　定义拉伸限制面　　　　图 24.1.30　创建拉伸特征

Stage2. 创建求交特征

Step 1　选择命令。选择下拉菜单 插入(S) ➡ 组合(B) ▶ ➡ 求交(I)... 命令，系统弹出"求交"对话框。

Step 2　选取目标体。选取图 24.1.31 所示的目标体特征。

Step 3　选取工具体。选取图 24.1.31 所示的工具体特征，并选中 ☑ 保存目标 复选框。

Step 4　单击 < 确定 > 按钮，完成求交特征的创建。

Stage3. 创建求差特征

Step 1 选择命令。选择下拉菜单 插入(S) ➡ 组合(B) ▶ ➡ 求差(S)... 命令，此时系统弹出"求差"对话框。

Step 2 选取目标体。选取图 24.1.32 所示的目标体特征。

Step 3 选取工具体。选取图 24.1.32 所示的工具体特征，并选中 ☑ 保存工具 复选框。

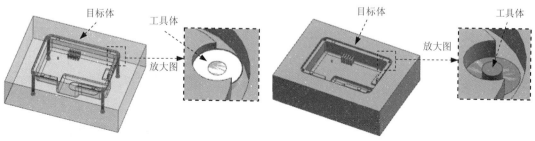

图 24.1.31　创建求交特征　　　　　　图 24.1.32　创建求差特征

Step 4 单击 ＜ 确定 ＞ 按钮，完成求差特征的创建。

Stage4. 将镶件转化为型芯子零件

Step 1 单击资源工具条区中的 按钮，系统弹出"装配导航器"界面，在该界面空白处右击，然后在弹出的快捷菜单中选择 WAVE 模式 选项。

Step 2 在"装配导航器"界面中右击 ☑ box_mold_cavity_002 图标，在弹出的快捷菜单中选择 WAVE▶ ➡ 新建级别 命令，系统弹出"新建级别"对话框。

Step 3 单击"新建级别"对话框中的 指定部件名 按钮，在弹出的"选择部件名"对话框的 文件名(N): 文本框中输入 insert_02.prt，单击 OK 按钮，系统返回至"新建级别"对话框。

Step 4 在"新建级别"对话框中单击 类选择 按钮，选择图 24.1.33 所示的 4 个特征，单击 确定 按钮，系统返回至"新建级别"对话框。

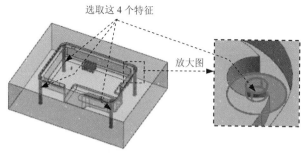

图 24.1.33　选取特征

Step 5 单击"新建级别"对话框中的 确定 按钮，此时在"装配导航器"界面中显示出刚创建的镶件特征。

Stage5. 移动至图层

Step 1 单击资源工具条区中的 ↓ 按钮，在"装配导航器"中隐藏 ☑ 🔲 insert_02 部件。

Step 2 移动至图层。选取图 24.1.33 所示的 4 个镶件特征；选择下拉菜单 格式(R) ➡ 📚 移动至图层(M)... 命令，系统弹出"图层移动"对话框。

Step 3 在 目标图层或类别 文本框中输入值 10，单击 确定 按钮，退出"图层移动"对话框。

Step 4 单击资源工具条区中的 ↓ 按钮，在"装配导航器"中选中 ☑ 🔲 insert_02 部件。

Stage6. 创建固定凸台

Step 1 创建拉伸特征。

（1）转化工作部件。在"装配导航器"中右击 ☑ 🔲 insert_02 图标，在弹出的快捷菜单中选择 🔲 设为工作部件 命令。

（2）选择命令。选择下拉菜单 插入(S) ➡ 设计特征(E) ➡ 🔲 拉伸(E)... 命令，系统弹出"拉伸"对话框。

（3）单击对话框中的"绘制截面"按钮 🔳，系统弹出"创建草图"对话框；选取图 24.1.34 所示的镶件底面为草图平面，选择下拉菜单 插入(S) ➡ 来自曲线集的曲线(F) ▶ ➡ 🔲 偏置曲线(V)... 命令，系统弹出"偏置曲线"对话框；选取图 24.1.35 所示的曲线为偏置对象；在 偏置 区域的 距离 文本框中输入值 2；单击 < 确定 > 按钮；单击 🔳 完成草图 按钮，退出草图环境。

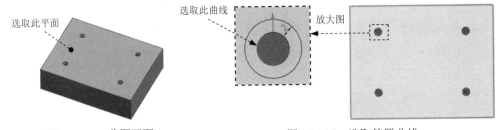

图 24.1.34 草图平面   图 24.1.35 选取偏置曲线

说明：在选取偏置曲线时，若方向相反，可单击"反向"按钮 ✕，然后单击 应用 按钮，再选取另一条偏置曲线。

（4）确定拉伸开始值和结束值。在"拉伸"对话框 限制 区域的 开始 下拉列表框中选择 🔲 值 选项，并在其下的 距离 文本框中输入值 0，在 限制 区域的 结束 下拉列表框中选择 🔲 值 选项，并在其下的 距离 文本框中输入值 6；其他参数采用系统默认设置。

图 24.1.36 创建拉伸特征

（5）在"拉伸"对话框中单击 < 确定 > 按钮，完成图 24.1.36 所示拉伸特征的创建。

Step 2 创建求和特征。选择下拉菜单 插入(S) ➡ 组合(B) ▶ ➡ 求和(U)... 命令，系统弹出"求和"对话框；选取图 24.1.36 所示的目标体对象；选取图 24.1.36 所示的工具体对象。

说明：在创建求和特征时，应将图 24.1.33 所示的 4 个特征分别合并。为了便于操作，可将型腔隐藏。

Step 3 创建固定凸台装配避开位。在"装配导航器"中右击 ☑ box_mold_cavity_002 图标，在弹出的快捷菜单中选择 设为工作部件 命令；在"注塑模向导"工具条中单击"腔体"按钮 ，系统弹出"腔体"对话框；选取型腔为目标体，然后单击中键；在该对话框中的 工具类型 下拉列表框中选择 实体 选项，然后选取图 24.1.37 所示的工具体特征，单击 确定 按钮。

说明：观察结果时，在"装配导航器"中取消选中 ☑ insert_02 选项，将镶件隐藏起来，结果如图 24.1.38 所示。

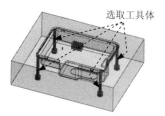

图 24.1.37　选取工具体

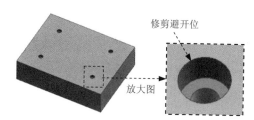

图 24.1.38　固定凸台装配避开位

Task9. 创建销

Stage1. 创建销特征 1

Step 1 切换窗口。选择下拉菜单 窗口(O) ➡ box_mold_core_006.prt 命令，切换至型芯窗口。

Step 2 创建拉伸特征 1。选择下拉菜单 插入(S) ➡ 设计特征(E) ➡ 拉伸(E)... 命令，选取图 24.1.39 所示的模型表面为草图平面，绘制图 24.1.40 所示的截面草图；在"拉伸"对话框 限制 区域的 开始 下拉列表框中选择 值 选项，并在其下的 距离 文本框中输入值 0，在 结束 下拉列表框中选择 直至延伸部分 选项，选取图 24.1.41 所示的面为拉伸终止面；其他参数采用系统默认设置。

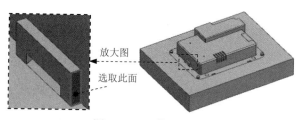

图 24.1.39　草图平面

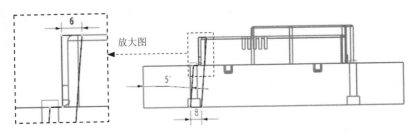

图 24.1.40　截面草图

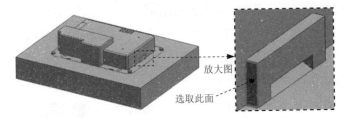

图 24.1.41　拉伸终止面

Step 3　求交特征。选择下拉菜单 插入(S) ➡ 组合(B) ▶ ➡ 求交(I)...命令，系统弹出"求交"对话框；选取图 24.1.42 所示的目标体特征；选取图 24.1.42 所示的工具体特征，并选中 ☑ 保存工具 复选框，同时取消选中 ☐ 保存目标 复选框；单击 < 确定 > 按钮，完成求交特征 1 的创建。

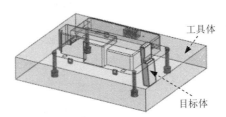

图 24.1.42　选取特征

Step 4　求差特征。选择下拉菜单 插入(S) ➡ 组合(B) ▶ ➡ 求差(S)...命令，此时系统弹出"求差"对话框；选取型芯为目标体；选取 Step3 创建的求交特征为工具体，并选中 ☑ 保存工具 复选框；单击 < 确定 > 按钮，完成求差特征的创建。

Stage2. 创建销特征 2

参照 Stage1，在型芯的另一侧创建销特征 2。

Stage3. 将销特征 1 转化为型芯子零件

Step 1　单击资源工具条区中的 按钮，系统弹出"装配导航器"界面，在该界面空白处右击，然后在弹出的快捷菜单中选择 WAVE 模式 选项。

Step 2　在"装配导航器"界面中右击 ☑ box_mold_core_006 图标，在弹出的快捷菜单中选择 WAVE▶ ➡ 新建级别 命令，系统弹出"新建级别"对话框。

Step 3　在"新建级别"对话框中单击 指定部件名 按钮，在弹出的"选择部件名"

对话框的 文件名(N) 文本框中输入 pin_01.prt，单击 ████ OK ████ 按钮，系统返回至"新
建级别"对话框。

Step 4　在"新建级别"对话框中单击 ████ 类选择 ████ 按钮，系统弹出"WAVE 组件间
的复制"对话框，选择 Step3 创建的求交特征，单击 █ 确定 █ 按钮，系统返回至"新
建级别"对话框。

Step 5　在"新建级别"对话框中单击 █ 确定 █ 按钮。

Stage4. 将销特征 2 转化为型芯子零件

参照 Stage3，将销特征 2 转化为型芯子零件，将销的名称命名为 pin_02.prt。

Stage5. 移动至图层

Step 1　单击资源工具条区中的 █ 按钮，在"装配导航器"中分别取消选中 ☑ ▢ pin_01 和
☑ ▢ pin_02 部件。

Step 2　选择 移动对象。选择 销特征 1 和销特征 2，选择下拉菜单 格式(R) ➡
█ 移动至图层(M)... 命令，系统弹出"图层移动"对话框。

Step 3　在 图层 区域中选择 10，单击 █ 确定 █ 按钮，退出"图层移动"对话框。

Step 4　在"装配导航器"中分别选中 ☑ ▢ pin_01 和 ☑ ▢ pin_02 部件。

Stage6. 完善销特征 1

Step 1　创建偏置特征。

（1）转化工作部件。在"装配导航器"中右击 ☑ ▢ pin_01 图标，在弹出的快捷菜单中
选择 █ 设为工作部件 █ 命令。

（2）选择命令。选择下拉菜单 插入(S) ➡ █ 偏置/缩放(O) ➡ █ 偏置面(F)... 命令，
此时系统弹出"偏置面"对话框。

（3）设置偏置属性。在"偏置面"对话框的 偏置 文本框中输入值 12，选取图 24.1.43
所示的面为要偏置的面。

（4）单击 < 确定 > 按钮，完成偏置特征的创建，结果如图 24.1.44 所示。

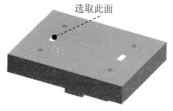

图 24.1.43　选取偏置面

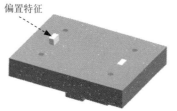

图 24.1.44　创建偏置特征

Step 2　创建拉伸特征。选择下拉菜单 插入(S) ➡ █ 设计特征(E) ➡ █ 拉伸(E)... 命令，
选取图 24.1.45 所示的模型表面为草图平面，绘制图 24.1.46 所示的截面草图。在
"拉伸"对话框 限制 区域的 开始 下拉列表框中选择 █ 对称值 选项，并在其下的 距离 文

Chapter 24

本框中输入值 12；在 布尔 下拉列表框中选择 求差 选项，选择如图 24.1.45 所示的实体为求差的目标对象。在"拉伸"对话框中单击 < 确定 > 按钮，完成拉伸特征的创建，结果如图 24.1.47 所示。

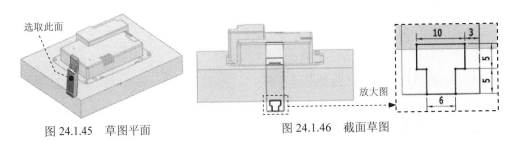

图 24.1.45　草图平面　　　　　图 24.1.46　截面草图

Stage7. 完善销特征 2

参照 Stage6，完善销特征 2。

Task10. 创建滑块

Step 1　设为工作部件。在"装配导航器"中右击 box_mold_core_006 图标，在弹出的快捷菜单中选择 设为工作部件 命令。

Step 2　创建拉伸特征。选择下拉菜单 插入(S) ➡ 设计特征(E) ➡ 拉伸(E)... 命令，系统弹出"拉伸"对话框；选取图 24.1.48 所示的模型表面为草图平面，绘制图 24.1.49 所示的截面草图；在"拉伸"对话框 限制-区域的 开始 下拉列表框中选择 值 选项，在 距离 文本框中输入值 0，在 限制-区域的 结束 下拉列表框中选择 直至延伸部分 选项，选取图 24.1.50 所示的面为拉伸终止面；在 布尔 区域的 布尔 下拉列表框中选择 无 选项；其他参数采用系统默认设置。

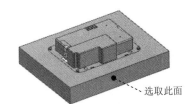

图 24.1.47　创建拉伸特征　　　　　图 24.1.48　草图平面

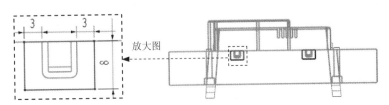

图 24.1.49　截面草图

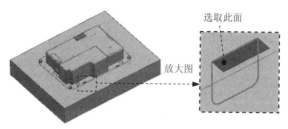

图 24.1.50　拉伸终止面

Step 3 创建求交特征。选择下拉菜单 插入(S) ➡ 组合(B) ▶ ➡ 求交(I)... 命令，系统弹出"求交"对话框；选取型芯为目标体，拉伸特征为工具体，并选中 ☑ 保存目标 复选框，同时取消选中 ☐ 保存工具 复选框；单击 〈 确定 〉按钮，完成求交特征的创建。

Step 4 创建替换面。选择下拉菜单 插入(S) ➡ 同步建模(Y) ➡ 替换面(R)... 命令，系统弹出"替换面"对话框；在图形区选取拉伸体的侧面为要替换的面，如图 24.1.51 所示；单击中键，然后选取图 24.1.52 所示的面为替换面，单击 〈 确定 〉按钮。

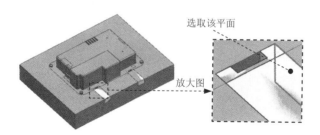

图 24.1.51　选取要替换的面

Step 5 参照 Step4，在另一个拉伸特征上创建替换面。

Step 6 镜像特征。

（1）选择命令。选择下拉菜单 编辑(E) ➡ 变换(M)... 命令，系统弹出"变换"对话框（一）；选取拉伸特征，如图 24.1.53 所示，单击 确定 按钮，系统弹出"变换"对话框（二）。

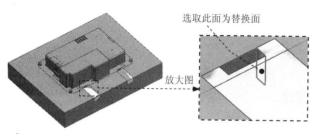

图 24.1.52　选取替换面

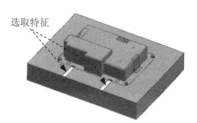

图 24.1.53　选取镜像特征

（2）在"变换"对话框（二）中单击 ▊通过一平面镜像▊ 按钮，此时系统弹出"平面"对话框，在"类型"下拉列表框中选择 ▊ XC-ZC 平面 选项，单击 ▊确定▊ 按钮。

（3）系统弹出"变换"对话框（三），单击 ▊复制▊ 按钮，单击 ▊取消▊ 按钮，完成镜像拉伸特征的创建。

Step 7 求差特征。选择下拉菜单 插入(S) ➡ 组合(B)▸ ➡ ▊求差(S)... 命令，此时系统弹出"求差"对话框；选取型芯为目标体；选取图 24.1.54 所示的工具体特征，并选中 ☑ 保存工具 复选框；单击 ＜确定＞ 按钮，完成求差特征的创建。

Step 8 将图 24.1.55 所示的滑块 1 转化为型芯子零件。

（1）单击资源工具条区中的 ▊ 按钮，系统弹出"装配导航器"界面，在该界面空白处右击，然后在弹出的快捷菜单中选择 WAVE 模式 选项。

说明：若系统已默认选择 WAVE 模式 选项，此步就不需再操作，下同。

（2）在"装配导航器"界面中右击 ☑ housing_mold_core_006 图标，在弹出的快捷菜单中选择 WAVE▸ ➡ 新建级别 命令，系统弹出"新建级别"对话框。

（3）在"新建级别"对话框中单击 ▊指定部件名▊ 按钮，在弹出的"选择部件名"对话框的 文件名(N): 文本框中输入 slide_01.prt，单击 ▊ OK ▊ 按钮，系统返回至"新建级别"对话框。

（4）在"新建级别"对话框中单击 ▊类选择▊ 按钮，系统弹出"WAVE 组件间的复制"对话框，选取图 24.1.55 所示的特征，单击 ▊确定▊ 按钮，系统返回至"新建级别"对话框，单击对话框中的 ▊确定▊ 按钮。

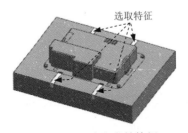

图 24.1.54　选取求差特征

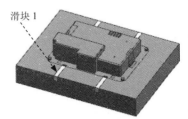

图 24.1.55　选取特征

Step 9 参照 Step8，将其余 3 个滑块转化为型芯子零件，分别命名为 slide_02.prt、slide_03.prt 和 slide_04.prt。

Step 10 移动至图层。

（1）单击资源工具条区中的 ▊ 按钮，在"装配导航器"中分别取消选中 ☑ slide_01、☑ slide_02、☑ slide_03 和 ☑ slide_04 部件。

（2）选择创建的 4 个滑块；选择下拉菜单 格式(R) ➡ ▊移动至图层(M)... 命令，系统弹出"图层移动"对话框；在 图层 区域中选择 10，单击 ▊确定▊ 按钮，退出"图层移动"

对话框。

（3）在"装配导航器"中分别选中 ☑ ⬡ slide_01 、 ☑ ⬡ slide_02 、 ☑ ⬡ slide_03 和
☑ ⬡ slide_04 部件。

Task11. 创建抽芯机构

Stage1. 创建第一个抽芯机构

Step 1 转化工作部件。在"装配导航器"中右击 ☑ ⬡ slide_01 图标，在弹出的快捷菜单中
选择 🔧 **设为工作部件** 命令。

Step 2 创建拉伸特征1。选择下拉菜单 插入(S) ➡ 设计特征(E) ➡ ⬜ 拉伸(E)... 命令，
选取图24.1.56所示的模型表面为草图平面，绘制图24.1.57所示的截面草图。在
"拉伸"对话框 限制-区域的 开始 下拉列表框中选择 ⬆ 值 选项，并在其下的 距离 文
本框中输入值0，在 结束 下拉列表框中选择 ⬆ 值 选项，并在其下的 距离 文本框中输
入值25；在 布尔 下拉列表框中选择 ⬆ 求和 选项；在"拉伸"对话框中单击 < 确定 >
按钮，完成拉伸特征1的创建，结果如图24.1.58所示。

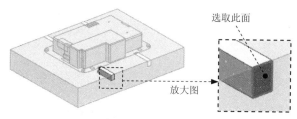

图24.1.56 草图平面

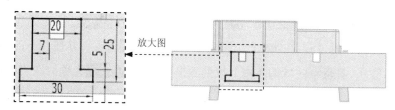

图24.1.57 截面草图

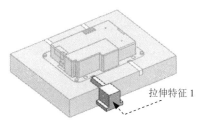

图24.1.58 创建拉伸特征1

Step 3 创建拉伸特征2。选择下拉菜单 插入(S) ➡ 设计特征(E) ➡ ⬜ 拉伸(E)... 命令，
选取图24.1.59所示的模型表面为草图平面，绘制图24.1.60所示的截面草图。在

"拉伸"对话框 限制-区域的 开始 下拉列表框中选择 ⬦ 直至延伸部分 选项，选取图 24.1.61 所示的面，在 结束 下拉列表框中选择 ⬚ 值 选项，并在其下的 距离 文本框中输入值 0；在 布尔 下拉列表框中选择 ⬚ 求差 选项；在"拉伸"对话框中单击 ‹ 确定 › 按钮，完成拉伸特征 2 的创建，结果如图 24.1.62 所示。

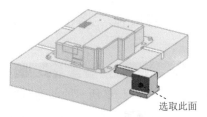

图 24.1.59　草图平面

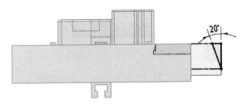

图 24.1.60　截面草图

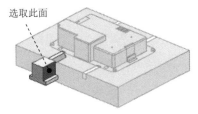

图 24.1.61　草图平面

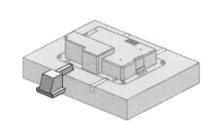

图 24.1.62　创建拉伸特征 2

Step 4　创建拉伸特征 3。选择下拉菜单 插入(S) ➡ 设计特征(E) ➡ 📖 拉伸(E)... 命令，选取图 24.1.63 所示的模型表面为草图平面，绘制图 24.1.64 所示的截面草图；在"拉伸"对话框 限制-区域的 开始 下拉列表框中选择 ⬚ 值 选项，并在其下的 距离 文本框中输入值-15，在 结束 下拉列表框中选择 ⬚ 值 选项，并在其下的 距离 文本框中输入值 0；在 布尔-区域的 布尔 下拉列表框中选择 ⬚ 求差 选项。在"拉伸"对话框中单击 ‹ 确定 › 按钮，完成拉伸特征 3 的创建，结果如图 24.1.65 所示。

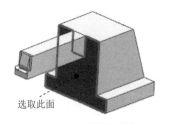

图 24.1.63　草图平面

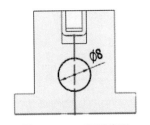

图 24.1.64　截面草图

Stage2. 创建第二、三、四个抽芯机构

参照 Stage1，创建第二、三、四个抽芯机构，最终创建结果如图 24.1.66 所示。

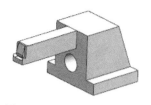

图 24.1.65　创建拉伸特征 3

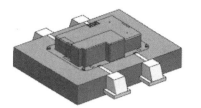

图 24.1.66　创建结果

Task12. 创建滑块锁紧块

Step 1 转化工作部件。在"装配导航器"界面中右击 ☑️🔩 box_mold_core_006 图标，在弹出的快捷菜单中选择 🔧 设为工作部件 命令。

Step 2 在"装配导航器"中右击 ☑️🔩 box_mold_core_006 图标，在弹出的快捷菜单中选择 WAVE▶ ➡ 新建级别 命令，系统弹出"新建级别"对话框。

Step 3 在"新建级别"对话框中单击 指定部件名 按钮，在弹出的"选择部件名"对话框的 文件名(N): 文本框中输入 jaw_01.prt，单击 OK 按钮，系统返回至"新建级别"对话框。

Step 4 在"新建级别"对话框中，不选择任何特征，单击 确定 按钮。

Step 5 在"装配导航器"界面中将 ☑️🔩 jaw_01 转换为工作部件。

Step 6 创建基准坐标系。

（1）选择命令。选择下拉菜单 插入(S) ➡ 基准/点(D) ▶ ➡ 📐 基准 CSYS... 命令，系统弹出"基准 CSYS"对话框。

（2）选取原点。在"基准 CSYS"对话框中单击 操控器 区域的 ➕ 按钮，系统弹出"点"对话框，然后在产品模型中选取图 24.1.67 所示的边线中点，单击 确定 按钮，系统返回至"基准 CSYS"对话框，单击对话框中的 < 确定 > 按钮，完成坐标系的创建。

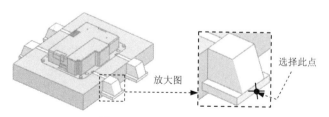

图 24.1.67　选取移动点

Step 7 创建拉伸特征。选择下拉菜单 插入(S) ➡ 设计特征(E) ➡ 📖 拉伸(E)... 命令，选取 YZ 平面为草图平面。绘制图 24.1.68 所示的截面草图，在"拉伸"对话框 限制 区域的 开始 下拉列表框中选择 🔘 对称值 选项，并在其下的 距离 文本框中输入值 10；其他参数采用系统默认设置；在"拉伸"对话框中单击 < 确定 > 按钮，完成拉伸特征的创建，结果如图 24.1.69 所示。

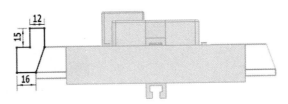

图 24.1.68　截面草图

Step 8　创建基准平面。

（1）选择命令。选择下拉菜单 插入(S) ➡ 基准/点(D) ▸ ➡ □ 基准平面(D)... 命令，系统弹出"基准平面"对话框，在 类型 下拉列表框中选择 🔲 点和方向 选项。

（2）选取原点。在"基准平面"对话框中单击 通过点 区域的 ✛ 按钮，系统弹出"点"对话框，然后在产品模型中选取图 24.1.70 所示的边线中点（在整个装配环境中），单击 确定 按钮，系统返回至"基准平面"对话框。

（3）在 法向 区域的下拉列表框中选择 ✕ᶜ 选项，单击＜ 确定 ＞按钮，完成基准平面的创建。

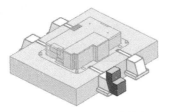

图 24.1.69　创建拉伸特征

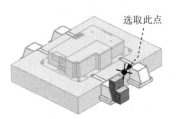

选取此点

图 24.1.70　选取移动点

Step 9　镜像特征 1。选择下拉菜单 插入(S) ➡ 关联复制(A) ➡ 🔳 镜像特征(M)... 命令，选取 Step7 中创建的拉伸特征为要镜像的特征；选取 Step8 中创建的基准平面为镜像平面；单击 确定 按钮，结果如图 24.1.71 所示。

Step 10　镜像特征 2。参照 Step8 和 Step9，将拉伸特征和镜像后的特征镜像，结果如图 24.1.72 所示。

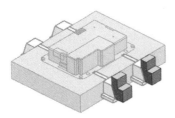

图 24.1.71　镜像拉伸特征 1

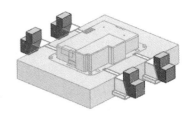

图 24.1.72　镜像特征 2

Task13. 创建模具爆炸视图

Step 1　移动型腔和锁紧块。

（1）选择下拉菜单 窗口(O) ➡ box_mold_top_000.prt ，在"装配导航器"中将部件转换成工作部件。

（2）选择命令。选择下拉菜单 装配(A) ➡ 爆炸图(X) ➡ 新建爆炸图(N)... 命令，系统弹出"新建爆炸图"对话框，接受系统默认的名称，单击 确定 按钮。

（3）选择命令。选择下拉菜单 装配(A) ➡ 爆炸图(X) ➡ 编辑爆炸图(E)... 命令，系统弹出"编辑爆炸图"对话框。

（4）选择对象。选取如图 24.1.73 所示的型腔和锁紧块元件。

（5）在该对话框中选择 ⊙ 移动对象 单选按钮，沿 Z 轴正方向移动 100mm，单击 确定 按钮，结果如图 24.1.74 所示。

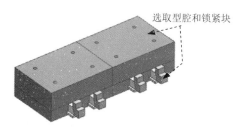

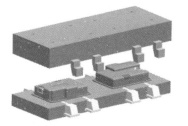

图 24.1.73　选取移动对象　　　　　　　图 24.1.74　型腔和锁紧块移动后

Step 2　移动型芯的一侧滑块。选择下拉菜单 装配(A) ➡ 爆炸图·(X) ➡ 编辑爆炸图(E)... 命令，系统弹出"编辑爆炸图"对话框。选取型芯的一侧滑块，选择 ⊙ 移动对象 单选按钮，沿 Y 轴负方向移动 30，单击 确定 按钮，结果如图 24.1.75 所示。

Step 3　移动型芯的另一侧滑块。参照 Step2，将滑块沿 Y 轴正方向移动 30mm，结果如图 24.1.76 所示。

Step 4　移动产品模型。参照 Step2，将产品模型沿 Z 轴正方向移动 50mm，结果如图 24.1.77 所示。

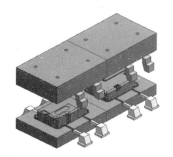

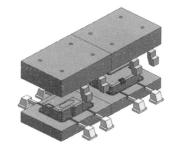

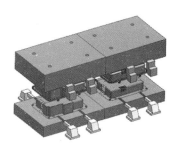

图 24.1.75　型芯的一侧滑块移动后　　图 24.1.76　型芯的另一侧滑块移动后　　图 24.1.77　产品模型移动后

Step 5　移动销 1 和销 2。

（1）选择命令。选择下拉菜单 装配(A) ➡ 爆炸图(X) ➡ 编辑爆炸图(E)... 命令，系统弹出"编辑爆炸图"对话框。

（2）在该对话框中选择 ⊙ 只移动手柄 单选按钮，然后选取绕 Y 轴的旋转点。

（3）在该对话框的 角度 文本框中输入值 5.0，选择 ⊙ 选择对象 单选按钮，然后选取图 24.1.78 所示的两个销。

（4）在该对话框中选择 ⊙ 移动对象 单选按钮，沿 Z 轴正方向移动 20mm，单击 确定 按钮，结果如图 24.1.79 所示。

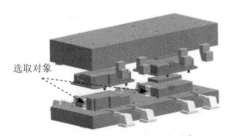
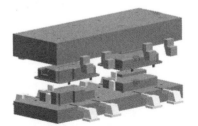

图 24.1.78　选取移动对象　　　　图 24.1.79　销 1 和销 2 移动后

Step 6　移动销 3 和销 4。

参照 Step5，在该对话框的 角度 文本框中输入值-10，将销 3 和销 4 进行移动，结果如图 24.1.80 所示。

Step 7　移动型腔镶件。

（1）在该对话框中选择 ⊙ 只移动手柄 单选按钮，然后选取绕 Y 轴的旋转点。

（2）在该对话框的 角度 文本框中输入值 5.0，然后参照 Step2，将型腔镶件沿 Z 轴正方向移动 40mm，结果如图 24.1.81 所示。

Step 8　移动型芯镶件。

参照 Step2，将型芯镶件沿 Z 轴负方向移动 40mm，结果如图 24.1.82 所示。

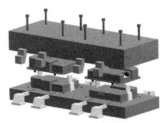
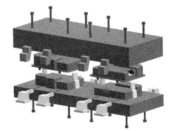

图 24.1.80　销 3 和销 4 移动后　　　图 24.1.81　型腔镶件移动后　　　图 24.1.82　型芯镶件移动后

说明： 将型腔和型芯的镶件移出，是为了显示整个模具的零件。

24.2　应用 2——Mold Wizard 标准模架设计（一）

24.2.1　概述

通过 Mold Wizard 进行模具设计可以简化模具的设计过程，减少不必要的重复性工作，提高设计效率。采用 Mold Wizard 设计模具的主要思路是：首先，进行产品的布局，定义型腔/型芯区域面，并将孔进行修补；其次，进行区域面和分型线的创建；再次，通过创建分型面，完成型腔/型芯的创建；最后，加载模架及标准件，完成浇注系统和顶出系统的设计。在本应用中，不仅介绍了模架设计的一般过程，而且还重点讲解浇注和顶出机构的设计，在学习本应用时，应注意体会各个机构的设计思路，同时应注意参数的设置。

24.2.2 技术要点分析

（1）产品在模具中的开模方向设置。

（2）模具工件使用圆柱形，另外采用一模四穴的布局方式，提高生产效率。

（3）在分型中采用"自动"与"手动"相结合的方式进行片体修补。

（4）在模架选择时，考虑到塑件精度要求一般，所以可将模架中的一些导向结构删除，由复位杆进行代替。

（5）在浇注系统设计时，考虑到均衡的原则，使用了手动创建流道截面矩形浇口式的流道类型。

（6）在创建顶出系统时，考虑到受力的平衡，使用圆周的排列方式。

24.2.3 设计过程

本应用的塑件模型及模具设计结果如图 24.2.1 所示，以下是具体操作过程。

Task1. 初始化项目

Step 1 加载模型。在"注塑模向导"工具条中，单击"初始化项目"按钮，系统弹出"打开"对话框，选择 D:\ug85mo\work\ch24.02\impeller.prt，单击 OK 按钮，载入模型，系统弹出"初始化项目"对话框。

Step 2 定义项目单位。在"初始化项目"对话框的 项目单位 下拉列表框中选择 毫米 选项。

Step 3 设置项目路径和名称。接受系统默认的项目路径；在"初始化项目"对话框的 Name 文本框中，输入 impeller_mold。

Step 4 在"初始化项目"对话框中单击 确定 按钮，完成项目路径和名称的设置。

Task2. 模具坐标系

Step 1 旋转模具坐标系。选择下拉菜单 格式(R) ➡ WCS ➡ 旋转(R)... 命令。系统弹出"旋转 WCS 绕…"对话框。在弹出的对话框中选择 ⊙ -XC 轴 单选按钮，在 角度 文本框中输入值 180。单击 确定 按钮，完成坐标系的旋转。

Step 2 锁定模具坐标系。

（1）在"注塑模向导"工具条中单击"模具 CSYS"按钮，系统弹出"模具 CSYS"对话框。

（2）在"模具 CSYS"对话框中选中 ⊙ 当前 WCS 单选按钮。

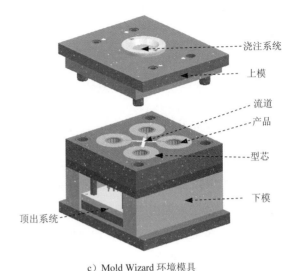

浇注系统

上模

流道

产品

型芯

下模

顶出系统

a）产品方位 1

b）产品方位 2

c）Mold Wizard 环境模具

图 24.2.1　塑件叶轮的模具设计

（3）单击 确定 按钮，完成坐标系的定义，结果如图 24.2.2 所示。

图 24.2.2　锁定后的模具坐标系

Task3. 设置收缩率

Step 1　定义收缩率类型。在"注塑模向导"工具条中，单击"收缩率"按钮 ，产品模型高亮显示，同时系统弹出"缩放体"对话框；在"缩放体"对话框的 类型 下拉列表框中，选择 均匀 选项。

Step 2　定义缩放体和缩放点。接受系统默认的参数设置值。

Step 3　定义比例因子。在"缩放体"对话框 比例因子 区域的 均匀 文本框中输入数值 1.006。

Step 4　单击 确定 按钮，完成收缩率的设置。

Task4. 创建模具工件

Step 1　在"注塑模向导"工具条中，单击"工件"按钮 ，系统弹出"工件"对话框。

Step 2　在"工件"对话框的 类型 下拉列表框中选择 产品工件 选项，在 工件方法 下拉列表框中选择 用户定义的块 选项，其他参数采用系统默认设置值。

Step 3　修改尺寸。单击 定义工件 区域的"绘制截面"按钮 ，系统进入草图环境，然后修改截面草图的尺寸，如图 24.2.3 所示；在"工件"对话框 限制-区域的 开始 下拉列表框中选择 值 选项，并在其下的 距离 文本框中输入数值-45，在 限制-区域的 结束 下拉列表框中选择 值 选项，并在其下的 距离 文本框中输入数值 25。

Step 4　单击 < 确定 > 按钮，完成创建后的模具工件如图 24.2.4 所示。

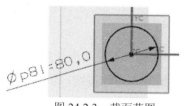

图 24.2.3　截面草图

图 24.2.4　创建后的模具工件

Task5. 创建型腔布局

Step 1　在"注塑模向导"工具条中，单击"型腔布局"按钮 ⬚，系统弹出"型腔布局"对话框。

Step 2　定义型腔数和间距。在"型腔布局"对话框的 布局类型 区域选择 矩形 选项和 ⦿ 平衡 单选按钮；在 型腔数 下拉列表框中选择 4 选项，并在 第一距离 和 第二距离 文本框中输入数值 15。

Step 3　指定矢量。单击 ✔ 指定矢量 区域，在后面的下拉列表框中选择 XC 选项，结果如图 24.2.5 所示，在 生成布局 区域单击"开始布局"按钮 ⬚，系统自动进行布局。

Step 4　在 编辑布局 区域单击"自动对准中心"按钮 ⬚，使模具坐标系自动对准中心，布局结果如图 24.2.6 所示，单击 关闭 按钮。

Task6. 模具分型

Stage1. 设计区域

Step 1　在"注塑模向导"工具条中单击"模具分型工具"按钮 ⬚，系统弹出"模具分型工具"工具条和"分型导航器"界面。

Step 2　在"模具分型工具"工具条中单击"检查区域"按钮 ⬚，系统弹出"检查区域"对话框，同时模型被加亮，并显示开模方向，结果如图 24.2.7 所示。单击"计算"按钮 ⬚，系统开始对产品模型进行分析计算。

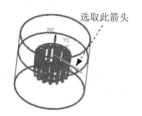

选取此箭头

图 24.2.5　定义型腔布局方向

图 24.2.6　型腔布局

图 24.2.7　开模方向

Step 3　定义区域。

（1）在"检查区域"对话框中单击 区域 选项卡，在该对话框 设置 区域中取消选中 □ 内环 、 □ 分型边 和 □ 不完整的环 三个复选框。

（2）设置区域颜色。在"检查区域"对话框中单击"设置区域颜色"按钮 ，设置区域颜色。

（3）定义型芯区域。在 未定义的区域 区域中选中 ☑ 交叉竖直面 复选框，此时系统将所有的未定义区域面加亮显示；在 指派到区域 区域中选中 ⦿ 型芯区域 单选按钮，单击 应用 按钮，此时系统将前面加亮显示的未定义区域面指派到型芯区域。

（4）其他参数接受系统默认设置值；单击 取消 按钮，关闭"检查区域"对话框，系统返回至"模具分型工具"工具条。

Stage2. 创建曲面补片

Step 1 创建曲面补片。

（1）在"模具分型工具"工具条中单击"曲面补片"按钮 ，系统弹出"边缘修补"对话框。

（2）选择修补对象。在"边缘修补"对话框中的 类型 下拉列表框中选择 ⬛ 体 选项，选择图形区中的实体模型，然后单击 确定 按钮，系统弹出"边缘修补"对话框。单击 确定 按钮，系统返回至"模具分型工具"工具条，结果如图 24.2.8b 所示。

a) 曲面补片前　　　　　　　　　　b) 曲面补片后

图 24.2.8　创建曲面补片

说明：通过图 24.2.8 可以看出，利用自动修补的方式修补破孔，零件侧面上的破孔未全部被修补上，此时则需要将侧面不满足要求的补片删除，然后通过手动的方式来修补这些破孔。

Step 2 手动修补破孔。

（1）创建网格曲面。选择下拉菜单 插入(S) ➡ 网格曲面(M)▶ ➡ ⬛ 通过曲线网格(M)... 命令，系统弹出"通过曲线网格"对话框；选取图 24.2.9 所示的边线 1 和边线 2 为主曲线，并分别单击中键确认；然后再单击中键，选取边线 3 和边线 4 为交叉曲线，并分别单击中键确认；在"通过曲线网格"对话框中单击 确定 按钮，完成曲面的创建。

（2）创建引用几何体特征。

① 选择命令。选择下拉菜单 插入(S) ➡ 关联复制(A)▶ ➡ ⬛ 生成实例几何特征(G)... 命令，系统弹出"实例几何体"对话框。

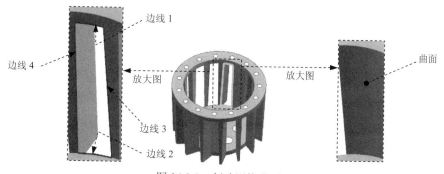

图 24.2.9 创建网格曲面

② 定义参数。在"实例几何体"对话框中的 类型 下拉列表框中选择 旋转 选项。激活 要生成实例的几何特征 区域的 *选择对象 (0)，选取上一步创建的网格曲面为旋转对象；激活 旋转轴 区域的 ✔指定矢量，在其下拉列表框中选择 ZC↑ 选项，激活 ✔ 指定点，选取图 24.2.10 所示的点；在 角度、距离和副本数 区域的 角度 文本框中输入数值 24，在 距离 文本框中输入数值 0，在 副本数 文本框中输入数值 14，其他参数接受系统默认设置值。

③ 在"实例几何体"对话框中单击 < 确定 > 按钮，结果如图 24.2.11 所示。

（3）将曲面转化成系统识别的修补面。在"模具分型工具"工具条中单击"编辑分型面和曲面补片"按钮 ，系统弹出"编辑分型面和曲面补片"对话框；选择图 24.2.12 所示的 14 个曲面，单击 确定 按钮。

图 24.2.10 指定点

图 24.2.11 创建实例几何体

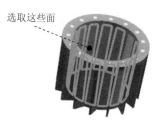

图 24.2.12 添加现有曲面

Stage3. 创建型腔/型芯区域及分型线

Step 1 在"模具分型工具"工具条中单击"定义区域"按钮 ，系统弹出"定义区域"对话框。

Step 2 在"定义区域"对话框中选中 设置 区域的 ☑ 创建区域 和 ☑ 创建分型线 复选框，单击 确定 按钮，完成分型线的创建，系统返回到"模具分型工具"工具条，创建的分型线结果如图 24.2.13 所示。

Stage4. 创建分型面

Step 1 在"模具分型工具"工具条中单击"设计分型面"按钮 ，系统弹出"设计分型面"对话框。

Step 2 定义分型面创建方法。在"设计分型面"对话框中的 创建分型面 区域中单击"有界平面"按钮![icon]，然后单击 ![应用] 按钮，系统返回至"设计分型面"对话框。

Step 3 在"设计分型面"对话框中接受系统默认的公差值；在 ![分型面长度] 文本框中输入数值 150，然后按下回车键，单击 ![确定] 按钮，创建的分型面如图 24.2.14 所示。

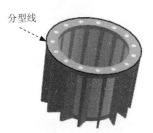

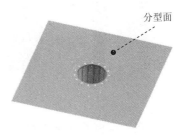

图 24.2.13　创建分型线　　　　　　　　图 24.2.14　创建分型面

Stage5. 创建型腔和型芯

在"模具分型工具"工具条中单击"定义型腔和型芯"按钮![icon]，系统弹出"定义型腔和型芯"对话框。选取 ![选择片体] 区域下的 ![所有区域] 选项，单击 ![确定] 按钮，完成型腔和型芯的创建。型腔零件如图 24.2.15 所示，型芯零件如图 24.2.16 所示。

图 24.2.15　型腔零件　　　　　　　　图 24.2.16　型芯零件

Task7. 创建模架

Step 1 选择下拉菜单 窗口(0) ➡ ![6. impeller_mold_top_000.prt] 命令，系统显示总模型。

Step 2 将总模型转换为工作部件。单击资源工具条区中的 ![+] 按钮，系统弹出"装配导航器"界面，双击 ![☑ impeller_mold_top_010]，将其设置为工作部件。

Step 3 在"注塑模向导"工具条中单击"模架库"按钮![icon]，系统弹出"模架设计"对话框。

Step 4 选择目录和类型。在 ![目录] 下拉列表框中选择![LKM_SG]选项，然后在 ![类型] 下拉列表框中选择![A]选项。

Step 5 定义模架的编号及标准参数。

（1）在模型编号的列表中选择 ![2525]，在标准参数区域中设置图 24.2.17 所示的参数。

（2）在表达式列表中选择 ![EJB_open = 0.0] 选项，并在其下的 ![EJB_open =] 文本框中输入数值-5；选择 ![CP h = 80] 选项，并在其下的 ![CP_h] 文本框中输入数值90；选择 ![BP h = 25] 选项，并在其下的 ![BP_h =] 文本框中输入数值 45；选择 ![U h = 35] 选项，并在其下的 ![U_h =] 文本框中输入数值 20；选择 `supp_pocket = 0` 选项，并在其下的 `supp_pocket =` 文本框中输入数值 1。

注意：应首先在对话框下方的列表中选择参数，然后在参数选项列表框中选择相应参数选项并输入新值，输入新值后要按回车键确认。

Step 6 在"模架设计"对话框中单击 确定 按钮，加载后的模架如图 24.2.18 所示。

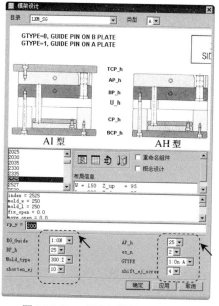

图 24.2.17 "模架设计"对话框

图 24.2.18 加载后的模架

Step 7 移除模架中无用的结构零部件，如图 24.2.19 所示。

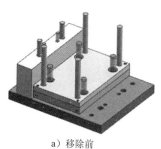

a）移除前

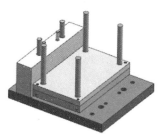

b）移除后

图 24.2.19 移除部分零部件

说明：因为此模架较小，塑件精度要求一般，所以模架中的顶出导向机构在此可以移除，导向机构完全可由复位杆来代替。

（1）隐藏模架中的部分零部件，结果如图 24.2.20 所示。

（2）选取图 24.2.20 所示的八个零件并右击，在系统弹出的快捷菜单中选择 ✕ 删除(D) 命令，在系统弹出的 Delete 对话框中单击 确定(O) 按钮，在系统弹出的"移除组件"对话框中单击 是(Y) 按钮，系统弹出"警报"对话框，提示中断的链接体有哪些。关闭该对话框，结果如图 24.2.21 所示。

（3）双击推杆固定板（图 24.2.22），选取推杆固定板中的四个孔特征（图 24.2.22）并右击，在系统弹出的快捷菜单中选择 ✕ 删除(D) 命令，在系统弹出的"提示"对话框中单击 确定 按钮，结果如图 24.2.23 所示。

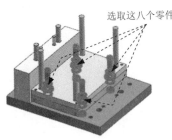

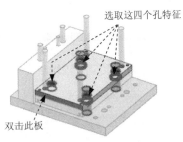

选取这八个零件　　　　　　　　　　　　　选取这四个孔特征

双击此板

图 24.2.20　隐藏后的结果　　　图 24.2.21　删除零件后的结果　　　图 24.2.22　定义删除对象

（4）隐藏推杆固定板（图 24.2.24），双击推板，选取推板中的四个孔特征（图 24.2.24）并右击，在系统弹出的快捷菜单中选择 ✕ 删除(D) 命令，在系统弹出的"提示"对话框中单击 确定 按钮。

注意： 在某个板中删除特征，要将此板设定为工作部件。

（5）隐藏推板（图 24.2.25），双击动模座板，选取动模座板中的四个孔特征（图 24.2.25）并右击，在系统弹出的快捷菜单中选择 ✕ 删除(D) 命令，在系统弹出的"提示"对话框中单击 确定 按钮。

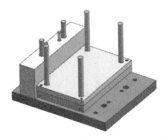

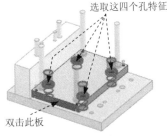

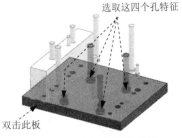

选取这四个孔特征　　　　　　　　　　选取这四个孔特征

双击此板　　　　　　　　　双击此板

图 24.2.23　删除孔特征后的结果　　　图 24.2.24　定义删除对象　　　图 24.2.25　定义删除对象

Step 8　创建型芯固定凸台。

（1）隐藏模架中的部分零部件，结果如图 24.2.26 所示。

（2）选取图 24.2.26 所示的型芯零件并右击，在系统弹出的快捷菜单中选择 设为显示部件 命令，此时系统将型芯零件显示在屏幕中。

（3）创建图 24.2.27 所示的拉伸特征。选择下拉菜单 插入(S) ➡ 设计特征(E) ➡ 拉伸(E)... 命令，选取图 24.2.28 所示的边线为拉伸截面；在 ✔ 指定矢量 下拉列表框中选择 ZC↑ 选项；在"拉伸"对话框 限制 区域的 开始 下拉列表框中选择 值 选项，并在其下的 距离 文本框中输入数值 0，在 结束 下拉列表框中选择 值 选项，并在其下的 距离 文本框中输入数值 10；在 布尔 区域的 布尔 下拉列表框中选择 求和 选项；在 偏置 区域的 偏置 下拉列表框中选择 单侧 选项，在 结束 文本框中输入数值 5。

图 24.2.26　定义显示部件

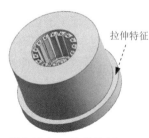

图 24.2.27　拉伸特征

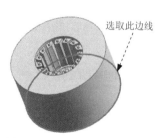

图 24.2.28　定义拉伸截面

（4）选择下拉菜单 窗口(O) —— impeller_mold_top_000.prt 命令，系统显示总模型。

（5）将总模型转换为工作部件。单击资源工具条区中的 按钮，系统弹出"装配导航器"界面，在 impeller_mold_top_000 选项上右击，在系统弹出的快捷菜单中选择 设为工作部件 命令。

Step 9　创建型芯避开槽。

（1）显示模架中的动模板，并将其设为"工作部件"，再将其隐藏，结果如图 24.2.29 所示。

（2）链接面到动模板中。

① 选择命令。选择下拉菜单 插入(S) —— 关联复制(A) ▶ —— WAVE 几何链接器(W)... 命令，系统弹出"WAVE 几何链接器"对话框。

② 在 类型 下拉列表框中选择 面，在 面 区域的 面选项 下拉列表框中选择 单个面，选取图 24.2.29 所示的 12 个面。

③ 单击 < 确定 > 按钮，完成面的链接。

（3）创建曲面缝合特征 1。

① 隐藏型芯零件和产品零件，结果如图 24.2.30 所示。

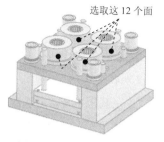

图 24.2.29　定义链接面

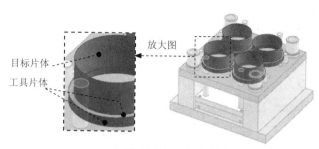

图 24.2.30　缝合特征 1

② 选择命令。选择下拉菜单 插入(S) —— 组合(B) ▶ —— 缝合(W)... 命令，系统弹出"缝合"对话框。

③ 设置对话框参数。在 类型 区域的下拉列表框中选择 ◆ 片体 选项，其他参数采用系统默认设置值。

④ 定义目标体和工具体。选取图 24.2.30 所示的面为目标片体和工具片体。

⑤ 单击 确定 按钮，完成曲面缝合特征 1 的创建。

（4）创建曲面缝合特征 2、3 和 4。参照步骤（3），完成其他 3 个缝合特征的创建。

（5）创建图 24.2.31 所示的修剪体特征。

① 显示动模板，如图 24.2.32 所示。

② 选择命令。选择下拉菜单 插入(S) ➡ 修剪(T)▶ ➡ 修剪体(T)... 命令，系统弹出"修剪体"对话框。

③ 定义目标体和工具面。选取动模板为目标体，选取曲面缝合特征 1 为工具面，修剪方向如图 24.2.32 所示。

图 24.2.31　创建修剪体特征

箭头方向

图 24.2.32　定义修剪方向

④ 单击 ‹ 确定 › 按钮，完成修剪体特征的创建。

⑤ 使用同样的方法创建其他三个修剪体特征。

⑥ 隐藏缝合的片体。

Step 10　创建型腔固定凸台。

（1）在 ☑ impeller_mold_top_000 选项上右击，在系统弹出的快捷菜单中选择 设为工作部件 命令；隐藏模架中的部分零部件，结果如图 24.2.33 所示。

（2）选择图 24.2.33 所示的型腔零件并右击，在系统弹出的快捷菜单中选择 设为显示部件 命令。

（3）创建图 24.2.34 所示的拉伸特征。选择 插入(S) ➡ 设计特征(E) ➡ 拉伸(E)... 命令，选取图 24.2.35 所示的边线为拉伸截面；在 指定矢量 下拉列表框中选择 ZC 选项；在"拉伸"对话框 限制 区域的 开始 下拉列表框中选择 值 选项，并在其下的 距离 文本框中输入数值 0，在 结束 下拉列表框中选择 值 选项，并在其下的 距离 文本框中输入数值 10；在 布尔 区域的 布尔 下拉列表框中选择 求和 选项；在 偏置 区域的 偏置 下拉列表框中选择 单侧 选项，在 结束 文本框中输入数值 5。

（4）选择下拉菜单 窗口(O) ➡ impeller_mold_top_000.prt 命令，系统显示总模型。

  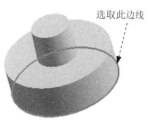

图 24.2.33   定义显示部件　　　图 24.2.34   拉伸特征　　　图 24.2.35   定义拉伸截面

（5）将总模型转换为工作部件。在 ☑🔧 impeller_mold_top_000 选项上右击，在系统弹出的快捷菜单中选择 🔧设为工作部件 命令。

Step 11   创建型腔避开槽。

（1）显示模架中的定模板，并将其设为"工作部件"，再将其隐藏，结果如图 24.2.36 所示。

（2）链接面到定模板中。选择 插入(S) ➡ 关联复制(A) ▶ ➡ 🔷 WAVE 几何链接器(W)... 命令，系统弹出"WAVE 几何链接器"对话框；在 类型 下拉列表框中选择 🔷面 选项，在 面 区域的 面选项 下拉列表框中选择 单个面 选项，选择图 24.2.36 所示的 12 个面；单击 < 确定 > 按钮，完成面的链接。

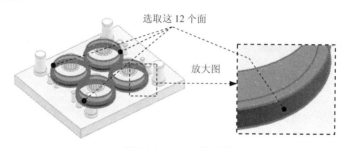

图 24.2.36   定义链接面

说明：若完成面的链接后，发现链接的结果没有显示出来，可在"部件导航器"中将其显示出来。

（3）创建曲面缝合特征 1。

① 隐藏型腔零件，结果如图 24.2.37 所示。

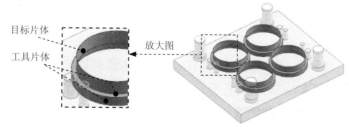

图 24.2.37   缝合特征 1

② 选择命令。选择下拉菜单 插入(S) ➡ 组合(B) ▶ ➡ 📖 缝合(W)... 命令，系统弹

出"缝合"对话框。

③ 设置对话框参数。在 类型 区域的下拉列表框中选择 ⬦ 片体 选项，其他参数采用系统默认设置值。

④ 定义目标体和工具体。选取图 24.2.37 所示的面为目标片体，选取图 24.2.37 所示的面为工具片体。

⑤ 单击 确定 按钮，完成曲面缝合特征 1 的创建。

（4）创建曲面缝合特征 2、3 和 4。参照步骤（3），完成其他三个缝合特征的创建。

（5）创建图 24.2.38 所示的修剪体特征。

① 显示定模板，如图 24.2.39 所示。

② 选择命令。选择下拉菜单 插入(S) ➡ 修剪(T)▶ ➡ ⬦ 修剪体(T)... 命令，系统弹出"修剪体"对话框。

③ 定义目标体和工具面。选取定模板为目标体，选取曲面缝合特征 1 为工具面，修剪方向如图 24.2.39 所示。

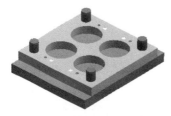

图 24.2.38　创建修剪体特征

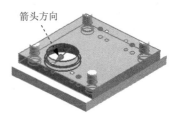

图 24.2.39　定义修剪方向

④ 单击 ‹ 确定 › 按钮，完成修剪体特征的创建。

⑤ 使用同样的方法，创建其他三个修剪体特征。

⑥ 隐藏缝合的片体。

Task8. 添加标准件

Stage1. 加载定位圈

Step 1　单击 按钮，将总装配文件设为工作部件，然后将动模侧模架和模仁组件显示出来。

说明：在"部件导航器"中将模仁的链接体显示即可显示模仁。

Step 2　在"注塑模向导"工具条中单击"标准件库"按钮 ，系统弹出"标准件管理"对话框。

Step 3　选择目录和类别。在"标准件管理"对话框的 文件夹视图 列表区域中展开 ⊞ FUTABA_MM 节点，然后选择 Locating Ring Interchangeable 选项；在 成员视图 列表区域中选择 Locating Ring 选项；系统弹出信息窗口显示定位圈参数信息。

Step 4　定义定位圈类型和参数。在 详细信息 区域中的 TYPE 下拉列表框中选择 M_LRB 选项；在 DIAMETER 下拉列表框中选择 100 选项；在 BOTTOM_C_BORE_DIA 下拉列表框中选择 50 选项。

Step 5　单击 确定 按钮，完成定位圈的添加，如图 24.2.40 所示。

Stage2. 创建定位圈槽

Step 1　在"注塑模向导"工具条中单击"腔体"按钮 ，系统弹出"腔体"对话框；在 模式 下拉列表框中选择 减去材料 选项，在 刀具 区域的 工具类型 下拉列表框中选择 组件 选项。

Step 2　选取目标体。选取定模座板为目标体，然后单击中键。

Step 3　选取工具体。选取定位圈为工具体。

Step 4　单击 确定 按钮，完成定位圈槽的创建。

说明：观察结果时可将定位圈隐藏，结果如图 24.2.41 所示。

图 24.2.40　定位圈

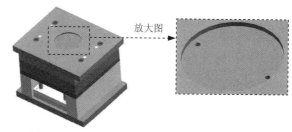

图 24.2.41　创建定位槽后的定模座板

Stage3. 添加浇口套

Step 1　在"注塑模向导"工具条中单击"标准件库"按钮 ，系统弹出"标准件管理"对话框。

Step 2　选择浇口套类型。在"标准件管理"对话框的 文件夹视图 区域的模型树中选择 FUTABA_MM 选项前面的节点；然后选择 Sprue Bushing 选项，选中 成员视图 区域中的 Sprue Bushing，系统弹出"信息"窗口；在 详细信息 区域中的 CATALOG 下拉列表框中选择 M-SBA 选项；在 CATALOG_DIA 下拉列表框中选择 16 选项；选择 CATALOG_LENGTH 选项，在文本框中输入数值 40；在 O 选项下拉列表框中选择 3.5 选项；其他参数采用系统默认设置值。

Step 3　单击 确定 按钮，完成浇口套的添加，如图 24.2.42 所示。

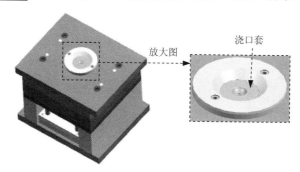

图 24.2.42　添加浇口套

Stage4. 创建浇口套槽

Step 1 隐藏动模、型芯和产品，隐藏后的结果如图 24.2.43 所示。

Step 2 在"注塑模向导"工具条中单击"腔体"按钮，系统弹出"腔体"对话框；在 模式 下拉列表框中选择 减去材料 选项；在 刀具 区域的 工具类型 下拉列表框中选择 组件 选项。

Step 3 选取目标体。选取图 24.2.43 所示的定模板和定模固定板为目标体，然后单击中键。

Step 4 选取工具体。选取浇口套为工具体。

Step 5 单击 确定 按钮，完成浇口套槽的创建。

说明：观察结果时可将浇口套隐藏，结果如图 24.2.44 所示。

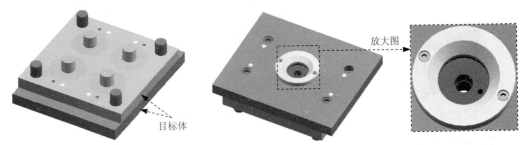

图 24.2.43 隐藏后的结果　　　　图 24.2.44 定模固定板和定模板避开孔

Task9. 创建浇注系统

Stage1. 创建分流道

Step 1 定义模架的显示，结果如图 24.2.45 所示。

Step 2 在"注塑模向导"工具条中单击"流道"按钮，系统弹出"流道"对话框。

Step 3 定义引导线串。

（1）单击"流道"对话框中的"绘制截面"按钮，系统弹出"创建草图"对话框，选中 创建中间基准 CSYS 复选框。

（2）选取图 24.2.45 所示平面为草图平面（将选择范围调整为整个装配）。绘制图 24.2.46 所示的截面草图，单击 完成草图 按钮，退出草图环境。

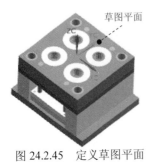

图 24.2.45 定义草图平面

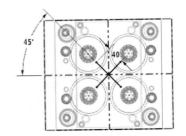

图 24.2.46 创建分流道截面草图

Step 4   定义流道通道。

（1）定义流道截面。在 截面类型 下拉列表框中选择 Semi_Circular 选项。

（2）定义流道截面参数。在 详细信息 区域双击 D 文本框并输入数值 8，按回车键确认；在 Offset 文本框中输入数值 0，并按回车键确认。

Step 5   单击 < 确定 > 按钮，完成分流道的创建。

Stage2. 创建分流道槽

Step 1   在"注塑模向导"工具条中单击"腔体"按钮 🖰，系统弹出"腔体"对话框；在 模式 下拉列表框中选择 减去材料 选项；在 刀具 区域的 工具类型 下拉列表框中选择 🔲实体 选项。

Step 2   选取目标体。选取动模板为目标体，然后单击中键。

Step 3   选取工具体。选取分流道为工具体。

Step 4   单击 确定 按钮，完成分流道槽的创建。

说明：观察结果时可将分流道隐藏，结果如图 24.2.47 所示。

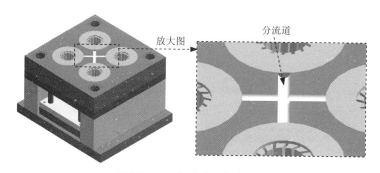

图 24.2.47   创建分流道槽

Stage3. 创建浇口

Step 1   选择命令。在"注塑模向导"工具条中单击 🖿 按钮，系统弹出"浇口设计"对话框。

Step 2   定义浇口属性。在"浇口设计"对话框的 平衡 区域中选中 ⊙ 否 单选按钮；在"浇口设计"对话框的 位置 区域中选中 ⊙ 型芯 单选按钮；在"浇口设计"对话框的 类型 区域中选择 rectangle 选项；在参数列表框中选择 L=5 选项，在 L= 文本框中输入数值 8，并按回车键确认；其他参数采用系统默认设置值。

Step 3   在"浇口设计"对话框中单击 应用 按钮，系统自动弹出"点"对话框。

Step 4   定义浇口位置。在"点"对话框中单击 圆弧中心/椭圆中心/球心 选项，选取图 24.2.48 所示的圆弧 1，系统自动弹出"矢量"对话框。

说明：图 24.2.48 中的模型方位是"正二测视图"方位。

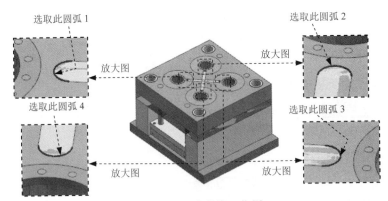

图 24.2.48　定义浇口位置

Step 5 定义矢量。在"矢量"对话框的 类型 下拉列表框中选择 与 XC 成一角度 选项，在 角度 文本框中输入数值 45；然后单击 确定 按钮，系统返回至"浇口设计"对话框。

Step 6 在"浇口设计"对话框中单击 取消 按钮，完成浇口的创建。

Step 7 重复 Step4～Step6 的操作，设置相同的参数，选取图 24.2.48 所示的圆弧 2，设置 "矢量"方向为 与 XC 成一角度 ，角度值为-45。

Step 8 重复 Step4～Step6 的操作，设置相同的参数，选取图 24.2.48 所示的圆弧 3，设置 "矢量"方向为 与 XC 成一角度 ，角度值为-135。

Step 9 重复 Step4～Step6 的操作，设置相同的参数，选取图 24.2.48 所示的圆弧 4，设置 "矢量"方向为 与 XC 成一角度 ，角度值为 135，结果如图 24.2.49 所示。

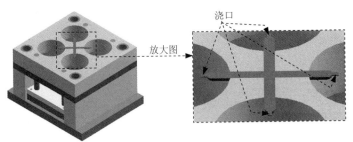

图 24.2.49　创建浇口

Stage4. 创建浇口槽

Step 1 选择命令。选择下拉菜单 插入(S) ➡ 组合(B) ▶ ➡ 装配切割(A)... 命令，系统 弹出"装配切割"对话框。

Step 2 选取目标体。选取图 24.2.50 所示的四个型芯为目标体，然后单击中键。

Step 3 选取工具体。选取四个浇口和两条分流道为工具体。

Step 4 单击 确定 按钮，完成浇口槽的创建。

说明：观察结果时，可将浇口和分流道隐藏，结果如图 24.2.51 所示。

图 24.2.50　定义目标体　　　　　图 24.2.51　创建浇口槽

Task10. 添加顶出系统

Stage1. 创建顶杆定位直线

Step 1 创建直线。选择下拉菜单 插入(S) ➡ 曲线(C) ➡ 直线(L)... 命令，系统弹出"直线"对话框；创建图 24.2.52 所示的直线（直线的端点在相应的临边中点和圆弧边线的中点上）；单击 确定 按钮，完成直线的创建。

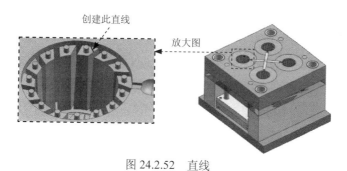

图 24.2.52　直线

Step 2 创建图 24.2.53 所示的实例几何体特征。

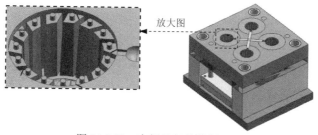

图 24.2.53　实例几何体特征

（1）选择命令。选择下拉菜单 插入(S) ➡ 关联复制(A) ▸ ➡ 生成实例几何特征(G)... 命令，系统弹出"实例几何体"对话框。

（2）定义参数。在"实例几何体"对话框 类型 区域的下拉列表框中选择 旋转 选项；激活 要生成实例的几何特征 区域的 ✔ 选择对象 (1)，选取 Step1 创建的直线为旋转对象；激活 旋转轴 区域的 ✔ 指定矢量，在其下拉列表框中选择 ZC↑ 选项，激活 * 指定点 (0)，选取图 24.2.54 所示的圆弧圆心点；在 角度、距离和副本数 区域的 角度 文本框中输入数值 72，在 距离 文本框中输入数值 0，在 副本数 文本框中输入数值 4，其他参数接受系统默认设置值。

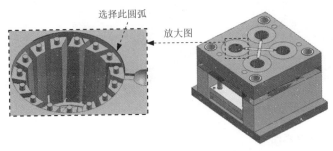

图 24.2.54 定义回转轴和指定点

（3）在"实例几何体"对话框中单击 < 确定 > 按钮。

Stage2. 加载顶杆 01

Step 1 在"注塑模向导"工具条中单击"标准件库"按钮 ，系统弹出"标准件管理"对话框。

Step 2 定义顶杆类型。在"标准件管理"对话框的 文件夹视图 下拉列表框中单击 FUTABA_MM 前面的节点；在模型树中选择 Ejector Pin 选项；在 成员视图 区域中选择 Ejector Pin Straight [EJ, EH, EQ, EA] 选项。

Step 3 修改顶杆尺寸。在 详细信息 区域中的 CATALOG 下拉列表框中选择 EJ 选项；在 CATALOG_DIA 下拉列表框中选择 2.0 选项；在 CATALOG_LENGTH 后的文本框中输入数值 130，并按回车键确认；在 HEAD_TYPE 下拉列表框中选择 1 选项；单击 应用 按钮，系统弹出"点"对话框。

Step 4 定义顶杆放置位置。在"点"对话框的 类型 下拉列表框中选择 控制点 选项，分别选择前面创建的五条直线中点为顶杆放置位置。系统返回"点"对话框。单击 取消 按钮，此时系统返回至"标准件管理"对话框，单击 取消 按钮。

说明：在选取直线中点时，只需单击接近直线中间的位置即可，系统会自动捕捉其中点。

Step 5 完成顶杆放置位置，结果如图 24.2.55 所示。

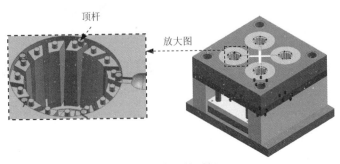

图 24.2.55 加载后的顶杆 01

说明：如果加载完成后有部分顶杆不显示，可以交换隐藏与显示空间，将隐藏的对象显示出来即可。

Stage3. 修剪顶杆 01

Step 1　选择命令。在"注塑模向导"工具条中单击"修边模具组件"按钮 🕀 ，系统弹出"修边模具组件"对话框。

Step 2　选择修剪对象。在"修边模具组件"对话框中的 设置 区域选择 任意 选项；然后选取添加的所有顶杆为修剪目标体，在 修边曲面 下拉列表框中选择 CORE_TRIM_SHEET 选项。

Step 3　在"修边模具组件"对话框中单击 确定 按钮，完成顶杆 01 的修剪，结果如图 24.2.56 所示。

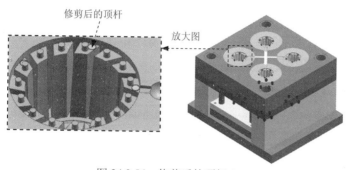

图 24.2.56　修剪后的顶杆 01

Stage4. 创建顶杆 02 定位草图

Step 1　选择命令。选择下拉菜单 插入(S) ➡ 🔲 在任务环境中绘制草图(V)... 命令，系统弹出"创建草图"对话框。

Step 2　定义草图平面。选取图 24.2.57 所示的平面为草图平面，单击 确定 按钮。

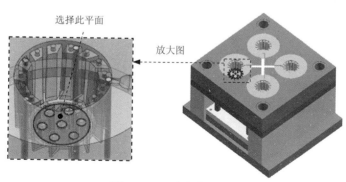

图 24.2.57　定义草图平面

Step 3　进入草图环境，绘制图 24.2.58 所示的截面草图。

Step 4　单击 🎇 完成草图 按钮，退出草图环境。

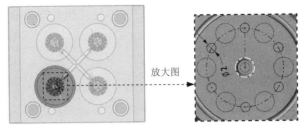

图 24.2.58　截面草图

Stage5. 加载顶杆 02

Step 1　在"注塑模向导"工具条中单击"标准件库"按钮 ，系统弹出"标准件管理"对话框。

Step 2　定义顶杆类型。在"标准件管理"对话框的 文件夹视图 下拉列表框中单击 FUTABA_MM 前面的节点；在模型树中选择 Ejector Pin 选项；在 成员视图 区域中选择 Ejector Pin Straight [EJ, EH, EQ, EA] 选项。

Step 3　修改顶杆尺寸。在 详细信息 区域中的 CATALOG 下拉列表框中选择 EJ 选项；在 CATALOG_DIA 下拉列表框中选择 2.0 选项；在 CATALOG_LENGTH 后的文本框中输入数值 105，并按回车键确认；在 HEAD_TYPE 下拉列表框中选择 1 选项；单击 应用 按钮，系统弹出"点"对话框。

Step 4　定义顶杆放置位置。

（1）在"点"对话框的 类型 下拉列表框中选择 圆弧中心/椭圆中心/球心 选项，分别选择前面草图创建的六个圆的圆心为顶杆放置位置。

说明：在选取圆心时只需单击圆弧的任意位置即可，系统自动捕捉其圆心。

（2）完成顶杆位置的放置后，在"点"对话框中单击 取消 按钮。此时系统返回至"标准件管理"对话框，单击 取消 按钮。

Step 5　完成顶杆放置位置，结果如图 24.2.59 所示（隐藏草图）。

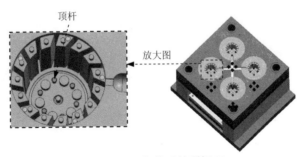

图 24.2.59　加载后的顶杆 02

Stage6. 修剪顶杆 02

Step 1　选择命令。在"注塑模向导"工具条中单击"修边模具组件"按钮 ，系统弹出

"修边模具组件"对话框。

Step 2 选择修剪对象。在"修边模具组件"对话框中的 设置 区域选择 任意 选项；然后选择图 24.2.59 所示的 6 个顶杆为修剪目标体。在 修边曲面 下拉列表框中选择 CORE_TRIM_SHEET 选项。

Step 3 在"修边模具组件"对话框中单击 确定 按钮，完成顶杆 02 的修剪。

Stage7. 创建顶杆腔

Step 1 选择命令。首先激活 ☑🔲 impeller_mold_top_000 ，选择下拉菜单 插入(S) ➡ 组合(B) ▶ ➡ 🔘 装配切割(A)... 命令，系统弹出"装配切割"对话框。

Step 2 选取目标体。选取图 24.2.60 所示的四个型芯、支承板和推杆固定板为目标体，然后单击中键。

Step 3 选取工具体。选取所有的顶杆（44 个）为工具体。

Step 4 单击 确定 按钮，完成顶杆腔的创建。

Step 5 显示所有的零部件，结果如图 24.2.61 所示。

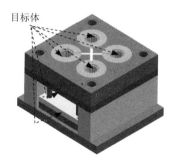

图 24.2.60　选取目标体

图 24.2.61　显示所有零部件

24.3　应用 3——Mold Wizard 标准模架设计（二）

24.3.1　概述

　　Mold Wizard 标准模架库为用户的设计带来了极大的方便，使模具的设计周期缩短。在本应用中，介绍了一副完整的带斜导柱侧抽机构的模具设计，在模具设计中也是比较常见的一种设计，包括了模具的分型、模架的加载、添加标准件、创建浇注系统、添加斜抽机构及顶出机构的创建等，在学习本应用时，应注意体会模具设计的方法和技巧，并能够熟悉在模架中添加各个系统及组件的设计思路。

24.3.2　技术要点分析

　　（1）采用一模两腔的布局方式。

（2）创建分型面时采用引导线的编辑工具。

（3）在模架中添加"滑块和浮升销库"时，要注意坐标系中的 Y 轴的指向，应使 Y 轴的方向与添加组件的方向相反。

（4）在模架中添加浇注系统的一般操作思路。

（5）在添加多根顶杆时，注意顶杆位置点的确定方法。

24.3.3 设计过程

本应用的塑件模型及模具设计结果如图 24.3.1 所示，以下是具体操作过程。

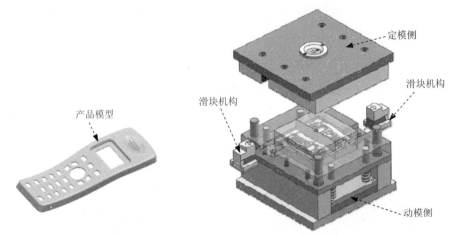

图 24.3.1 手机外壳的模具设计

Task1. 初始化项目

Step 1 加载模型。在工具条按钮区右击 ✔ 应用模块 选项，单击"注塑模向导"按钮 ，系统弹出"注塑模向导"工具条，在"注塑模向导"工具条中，单击"初始化项目"按钮 ，系统弹出"打开"对话框，选择 D:\ug85mo\work\ch24.03\phone_cover.prt，单击 OK 按钮，调入模型，系统弹出"初始化项目"对话框。

Step 2 定义项目单位。在"初始化项目"对话框的 项目单位 下拉列表框中选择 毫米 选项。

Step 3 设置项目路径和名称。接受系统默认的项目路径；在"初始化项目"对话框的 Name 文本框中，输入 phone_cover_mold。

Step 4 设置部件材料。在"初始化项目"对话框的 材料 下拉列表框中选择 ABS+PC 选项。

Step 5 在该对话框中单击 确定 按钮，完成初始化项目的设置。

Task2. 模具坐标系

锁定模具坐标系。在"注塑模向导"工具条中，单击"模具 CSYS"按钮 ，系统弹出"模具 CSYS"对话框；选中 ⊙ 当前 WCS 单选按钮；单击 确定 按钮，完成坐标系的定义，结果如图 24.3.2 所示。

图 24.3.2 定义后的模具坐标系

Task3. 创建模具工件

Step 1 在"注塑模向导"工具条中，单击"工件"按钮 ◆，系统弹出"工件"对话框。

Step 2 在"工件"对话框的 类型 下拉列表框中选择 产品工件 选项，在 工件方法 下拉列表框中选择 用户定义的块 选项，其他参数采用系统默认设置值。

Step 3 修改尺寸。单击 定义工件 区域的"绘制截面"按钮 ，系统进入草图环境，然后修改截面草图的尺寸，如图 24.3.3 所示；在"工件"对话框 限制-区域的 开始 下拉列表框中选择 值 选项，并在其下的 距离 文本框中输入数值-40，在 限制-区域的 结束 下拉列表框中选择 值 选项，并在其下的 距离 文本框中输入数值 30；单击 ⟨ 确定 ⟩ 按钮，完成创建后的模具工件如图 24.3.4 所示。

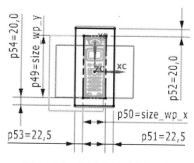

图 24.3.3 修改截面草图尺寸

图 24.3.4 创建后的模具工件

Task4. 创建型腔布局

Step 1 在"注塑模向导"工具条中，单击"型腔布局"按钮 ，系统弹出"型腔布局"对话框。

Step 2 定义型腔数和间距。在"型腔布局"对话框的 布局类型 区域选择 矩形 选项和 ⊙ 平衡 单选按钮；在 型腔数 下拉列表框中选择 2 ，并在 缝隙距离 文本框中输入数值 0。

Step 3 在 布局类型 区域中单击 ＊指定矢量 (0) 使其激活，然后在后面的下拉列表框中选择 XC 方向作为布局方向；在 生成布局 区域中单击"开始布局"按钮 ，系统自动进行布局，此时在模型中显示布局方向箭头。

Step 4 在 编辑布局 区域单击"自动对准中心"按钮 ，使模具坐标系自动对准中心，布局结果如图 24.3.5 所示，单击 关闭 按钮。

Task5. 模具分型

Stage1. 设计区域

Step 1 在"注塑模向导"工具条中单击"模具分型工具"按钮 ⚡，系统弹出"模具分型工具"工具条和"分型导航器"界面。

Step 2 在"模具分型工具"工具条中单击"检查区域"按钮 ⬡，系统弹出"检查区域"对话框，并显示图 24.3.6 所示的开模方向。在"检查区域"对话框中选中 ⦿ 保持现有的 单选按钮。

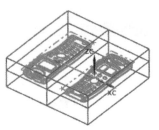

图 24.3.5　创建后的型腔布局

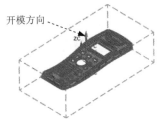

图 24.3.6　开模方向

说明：图 24.3.6 所示的开模方向可以通过"检查区域"对话框中的 ✔ 指定脱模方向 按钮和"矢量对话框"按钮 ↧ 来更改，本应用在前面定义模具坐标系时已经将开模方向设置好，所以系统会自动识别出产品模型的开模方向。

Step 3 拆分面。

（1）计算设计区域。在"检查区域"对话框中单击"计算"按钮 🗐，系统开始对产品模型进行分析计算。单击"检查区域"对话框中的 面 选项卡，可以查看分析结果。

（2）设置区域颜色。在"检查区域"对话框中单击 区域 选项卡，取消选中 ☐ 内环 、☐ 分型边 和 ☐ 不完整的环 三个复选框，然后单击"设置区域颜色"按钮 🖌，设置各区域颜色。

（3）定义型腔区域。在 未定义的区域 区域中选中 ✔ 交叉竖直面 和 ✔ 交叉区域面 复选框，此时系统将所有的未定义区域面加亮显示；在 指派到区域 区域中，选中 ⦿ 型腔区域 单选按钮，单击 应用 按钮，此时系统将加亮显示的未定义区域面指派到型腔区域。

（4）单击 取消 按钮，关闭"检查区域"对话框，结果如图 24.3.7 所示。

图 24.3.7　定义型腔区域

Stage2. 创建区域和分型线

Step 1 创建曲面补片。在"模具分型工具"工具条中单击"曲面补片"按钮 ◈，系统弹出"边缘修补"对话框；在"边缘修补"对话框的 类型 下拉列表框中选择 🔲 体 选项，然后在图形区中选择产品实体；单击"边缘修补"对话框中的 确定 按钮，系统自动创建曲面补片，结果如图 24.3.8 所示。

Step 2　在"模具分型工具"工具条中单击"定义区域"按钮 ⚙，系统弹出"定义区域"对话框。

Step 3　在"定义区域"对话框的 设置 区域选中 ☑ 创建区域 和 ☑ 创建分型线 复选框，单击 确定 按钮，完成分型线的创建。创建分型线的结果如图 24.3.9 所示（已隐藏产品实体和曲面补片）。

图 24.3.8　创建曲面补片

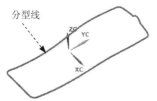

图 24.3.9　创建分型线

Stage3. 创建分型面

Step 1　在"模具分型工具"工具条中单击"设计分型面"按钮 ▧，系统弹出"设计分型面"对话框。

Step 2　在"设计分型面"对话框 编辑分型段 区域中单击"编辑引导线"按钮 ⟍，在系统弹出的"引导线"对话框中的 引导线长度 文本框中输入值 50，然后按回车键确认。

Step 3　创建引导线。选取图 24.3.10 所示的 4 条边线，然后单击 确定 按钮，完成引导线的创建，结果如图 24.3.11 所示，系统返回至"设计分型面"对话框。

图 24.3.10　选取边线

图 24.3.11　引导线结果图

说明：在选取边线时，单击的位置若靠近边线的某一端，则引导线就是以边线那一端的法向进行延伸。

Step 4　拉伸分型面 1。在"设计分型面"对话框中的 设置 区域中接受系统默认的公差值；在 分型段 区域单击 ❗ 分段 1；在 创建分型面 区域的 方法 下拉列表框中选择 ▥ 选项；在 ✔ 拉伸方向 区域的 ↕· 下拉列表框中选择 ˣᶜ 选项；在"设计分型面"对话框中单击 应用 按钮，结果如图 24.3.12 所示。

Step 5　拉伸分型面 2。在"设计分型面"对话框中 创建分型面 区域的 方法 下拉列表框中选择 ▥ 选项；在 ✔ 拉伸方向 区域的 ↕· 下拉列表框中选择 ʸᶜ 选项；在"设计分型面"

对话框中单击 应用 按钮，完成图 24.3.13 所示拉伸分型面 2 的创建。

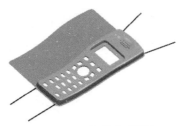

图 24.3.12　拉伸分型面 1

图 24.3.13　拉伸分型面 2

Step 6　拉伸分型面 3。在"设计分型面"对话框中创建分型面区域的方法下拉列表框中选择□选项；在☑拉伸方向区域的↕·下拉列表框中选择XC选项；在"设计分型面"对话框中单击 应用 按钮，完成图 24.3.14 所示拉伸分型面 3 的创建。

Step 7　拉伸分型面 4。在"设计分型面"对话框中创建分型面区域的方法下拉列表框中选择□选项；在☑拉伸方向区域的↕·下拉列表框中选择YC选项；在"设计分型面"对话框中单击 应用 按钮，完成图 24.3.15 所示拉伸分型面 4 的创建。

图 24.3.14　拉伸分型面 3

图 24.3.15　拉伸分型面 4

Step 8　在"设计分型面"对话框中单击 取消 按钮，此时系统返回"分型导航器"界面。

Stage4. 创建型芯和型腔

Step 1　在"模具分型工具"工具条中单击"定义型腔和型芯"按钮🔲，系统弹出"定义型腔和型芯"对话框。

Step 2　在"定义型腔和型芯"对话框中选择选择片体区域下的■所有区域选项，单击 确定 按钮，系统弹出"查看分型结果"对话框，并在图形区显示出创建的型腔，单击"查看分型结果"对话框中的 确定 按钮，系统再一次弹出"查看分型结果"对话框。

Step 3　选择下拉菜单窗口(O) ➡ phone_cover_mold_core_006.prt，显示型芯零件，结果如图 24.3.16 所示；选择下拉菜单窗口(O) ➡ phone_cover_mold_cavity_002.prt，显示型腔零件，结果如图 24.3.17 所示。

图 24.3.16 型芯零件

图 24.3.17 型腔零件

Task6. 创建型腔上的滑块

Step 1 创建拉伸特征 1。选择下拉菜单 插入(S) ➡ 设计特征(E) ➡ 拉伸(E)... 命令，选取图 24.3.18 所示的面为草图平面，绘制图 24.3.19 所示的截面草图，在"拉伸"对话框 限制-区域的 开始 下拉列表框中选择 值 选项，并在其下的 距离 文本框中输入数值 0，在 限制-区域的 结束 下拉列表框中选择 直至延伸部分 选项；选取图 24.3.20 所示的面为拉伸延伸面；在 布尔 下拉列表框中选择 无 选项。单击 <确定> 按钮，完成拉伸特征 1 的创建，结果如图 24.3.21 所示（已隐藏型腔实体）。

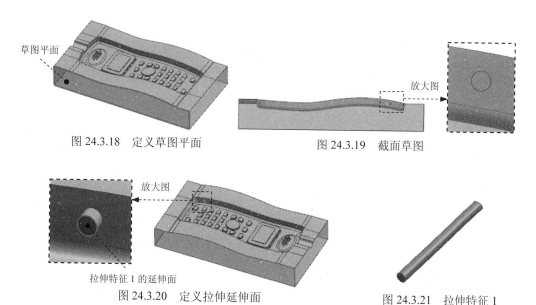

图 24.3.18 定义草图平面　　　图 24.3.19 截面草图

图 24.3.20 定义拉伸延伸面

图 24.3.21 拉伸特征 1

Step 2 创建拉伸特征 2。选择下拉菜单 插入(S) ➡ 设计特征(E) ➡ 拉伸(E)... 命令，选取图 24.3.18 所示的面为草图平面，绘制图 24.3.22 所示的截面草图，在"拉伸"对话框 限制-区域的 开始 下拉列表框中选择 值 选项，并在其下的 距离 文本框中输入数值 0，在 限制-区域的 结束 下拉列表框中选择 值 选项，并在其下的 距离 文本框中输入数值 5；在 布尔 下拉列表框中选择 求和 选项，选择拉伸特征 1 为求和对象。单击 <确定> 按钮，完成拉伸特征 2 的创建，结果如图 24.3.23 所示。

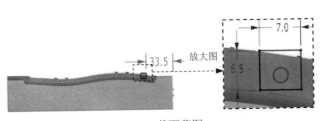

图 24.3.22　截面草图

图 24.3.23　拉伸特征 2

Step 3 创建求交特征。选择下拉菜单 插入(S) ➡ 组合(B) ▶ ➡ 🔷 求交(I)... 命令，
系统弹出"求交"对话框，在对话框的 设置 区域选中 ☑ 保存目标 复选框，取消选中
☐ 保存工具 复选框。选取型腔实体为目标体，选取拉伸特征 2 为工具体，单击
< 确定 > 按钮，完成创建实体求交特征的操作。

Step 4 创建求差特征。选择下拉菜单 插入(S) ➡ 组合(B) ▶ ➡ 🔷 求差(S)... 命令，
系统弹出"求差"对话框。选取型腔为目标体，相交实体为工具体。在 设置 区域
中选中 ☑ 保存工具 复选框，其他参数采用系统默认设置值。单击 < 确定 > 按钮，完
成求差特征的创建。

Step 5 将滑块转化为型腔子零件。在"装配导航器"界面中右击，在系统弹出的快捷菜单
中选择 WAVE 模式 命令，右击 ☑ 🔷 phone_cover_mold_cavity_002 图标，在系统弹出的快捷菜
单中选择 WAVE▶ ➡ 新建级别 命令，单击 指定部件名
按钮，系统弹出"选择部件名"对话框，在 文件名(N): 文本框中输入部件名称
phone_cover_slide，在图形区选取求交特征，在"新建级别"对话框中单击 确定
按钮。在"装配导航器"中会显示刚创建的组件名称 ☑ 🔷 phone_cover_slide 。

Step 6 移动至图层。在"装配导航器"中取消选中 ☑ 🔷 phone_cover_slide 部件。选取前面创
建的滑块，然后选择下拉菜单 格式(R) ➡ 移动至图层(M)... 命令，在系统弹出的
"图层移动"对话框的 目标图层或类别 文本框中输入值 10，单击 确定 按钮，退出"图
层移动"对话框。然后在"装配导航器"中选中 ☑ 🔷 phone_cover_slide 部件。

Task7. 创建型芯上的镶件零件

Step 1 切换窗口。选择下拉菜单 窗口(O) ➡ phone_cover_mold_core_006.prt 命令，系统显示
总模型。

Step 2 创建拉伸特征 1。选择下拉菜单 插入(S) ➡ 设计特征(E) ➡ 🔷 拉伸(E)... 命令，
选取图 24.3.24 所示的平面为草图平面。绘制图 24.3.25 所示的截面草图；在 限制
区域的 开始 下拉列表框中选择 🔷 值 选项，在 距离 文本框中输入值 0，在 限制 区域
的 结束 下拉列表框中选择 🔷 值 选项，在 距离 文本框中输入值 40；在 布尔 下拉列表
框中选择 🔷 无 选项，单击 确定 按钮，完成图 24.3.26 所示拉伸特征 1 的创建。

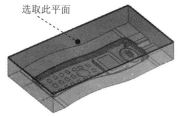

选取此平面

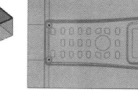

放大图

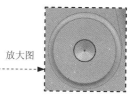

图 24.3.24 选取草图平面

图 24.3.25 截面草图

图 24.3.26 创建拉伸特征 1

Step 3 创建拉伸特征 2。选择下拉菜单 插入(S) ➡ 设计特征(E) ➡ 拉伸(E)... 命令，选取图 24.3.24 所示的平面为草图平面。绘制图 24.3.27 所示的截面草图；在 限制-区域的 开始 下拉列表框中选择 值 选项，在 距离 文本框中输入值 0，在 限制-区域的 结束 下拉列表框中选择 值 选项，在 距离 文本框中输入值 5；在 布尔 下拉列表框中选择 无 选项，单击 确定 按钮，完成图 24.3.28 所示拉伸特征 2 的创建。

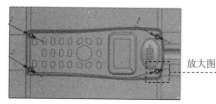

放大图

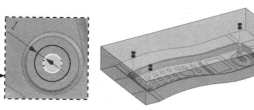

图 24.3.27 截面草图

图 24.3.28 创建拉伸特征 2

Step 4 创建求和特征。选择下拉菜单 插入(S) ➡ 组合(B) ▶ ➡ 求和(U)... 命令，选取图 24.3.29 所示的目标体对象；选取图 24.3.29 所示的工具体对象。

说明：在创建求和特征时，应将图 24.3.29 所示的 4 个凸台分别合并，为了便于操作，可将型芯隐藏。

Step 5 创建求交特征。选择下拉菜单 插入(S) ➡ 组合(B) ▶ ➡ 求交(I)... 命令，系统弹出"求交"对话框；选取型芯为目标体，分别选择 4 个求和特征为工具体进行求交，并选中 ☑ 保存目标 复选框，同时取消选中 ☐ 保存工具 复选框；单击 ＜ 确定 ＞ 按钮，完成求交特征的创建。

Step 6 创建求差特征。选择下拉菜单 插入(S) ➡ 组合(B) ▶ ➡ 求差(S)... 命令，选取图 24.3.30 所示的型芯为目标体，选取图 24.3.30 所示的 4 个求交特征为工具体，并选中 ☑ 保存工具 复选框；单击 < 确定 > 按钮，完成求差特征的创建。

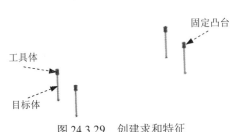

图 24.3.29　创建求和特征

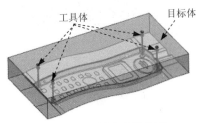

图 24.3.30　创建求差特征

Step 7　将镶件特征转化为型芯子零件。

（1）单击资源工具条区中的 按钮，系统弹出"装配导航器"界面，在该界面空白处右击，然后在弹出的快捷菜单中选择 WAVE 模式 选项。

（2）在"装配导航器"界面中右击 ☑ phone_cover_mold_core_006 图标，在弹出的快捷菜单中选择 WAVE▶ ➡ 新建级别 命令，系统弹出"新建级别"对话框。

（3）在"新建级别"对话框中单击 指定部件名 按钮，在弹出的"选择部件名"对话框的 文件名(N): 文本框中输入 phone_cover_insert，单击 OK 按钮，系统返回至"新建级别"对话框。

（4）在"新建级别"对话框中单击 类选择 按钮，系统弹出"WAVE 组件间的复制"对话框，选择 Step5 创建的求交特征，单击 确定 按钮，系统返回至"新建级别"对话框。

（5）在"新建级别"对话框中单击 确定 按钮。

Step 8　移动至图层。单击资源工具条区中的 按钮，系统弹出"装配导航器"界面，在该界面中取消选中 ☑ phone_cover_insert 部件。在图形区选择 Step6 创建的求差实体特征，选择下拉菜单 格式(R) ➡ 移动至图层(M). 命令，系统弹出"图层移动"对话框。在 图层 区域中选择 100，单击 确定 按钮，退出"图层移动"对话框。在"装配导航器"中选中 ☑ phone_cover_insert 部件。

Task8. 添加及完善模架

Stage1. 模架的加载和编辑

Step 1　切换窗口。选择下拉菜单 窗口(0) ➡ phone_cover_mold_top_000.prt 命令，系统显示总模型。

Step 2　将总模型转换为工作部件。单击资源工具条区中的 按钮，系统弹出"装配导航器"界面，在 ☑ phone_cover_mold_top_000 选项上双击，即将总模型转换为工作部件。

Step 3　添加模架。在"注塑模向导"工具条中单击"模架库"按钮 ，系统弹出"模架设计"对话框。在 目录 下拉列表框中选择 FUTABA_S 选项；在 类型 下拉列表框中选择 SA 选项；在长宽大小型号列表中选择 3540 选项；在表达式列表区选择 U_h = 40:V 选项，在 U_h = 文本框中输入数值 20，并按 Enter 键确认，然后在 AP_h 下拉列表框中选择 60 选项，在 BP_h 下拉列表框中选择 50 选项，在 CP_h 下拉列表框中选择 100 选项，其他采用系统默认设置。单击"模架设计"对话框中的 应用 按钮，此时系统开始加载模架，并且在加载模架的过程中，系统会弹出"消息"对话框，在该对话框中单击 确定 按钮，添加模架结果如图 24.3.31 所示。

Stage2. 创建模仁腔体

Step 1　在"注塑模向导"工具条中，单击"型腔布局"按钮 ，系统弹出"型腔布局"对话框。

Step 2　在"型腔布局"对话框中单击"编辑插入腔"按钮 ，此时系统弹出"插入腔体"对话框。

Step 3　在"插入腔体"对话框的 R 下拉列表框中选择 5 选项，然后在 type 下拉列表框中选择 2 选项，单击 确定 按钮；系统重新弹出"型腔布局"对话框，单击 关闭 按钮，完成插入腔体的创建，如图 24.3.32 所示。

图 24.3.31　添加的模架

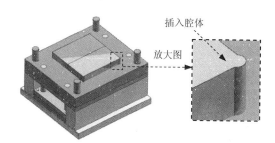

图 24.3.32　创建的插入腔体

Stage3. 创建新腔体

Step 1　在"注塑模向导"工具条中单击"腔体"按钮 ，系统弹出"腔体"对话框；在 模式 下拉列表框中选择 减去材料 选项，在 刀具 区域的 工具类型 下拉列表框中选择 组件 选项。

Step 2　定义目标体和工具体。选取图 24.3.33 所示的动模板和定模板为目标体，选取图 24.3.34 所示的插入腔体为工具体。

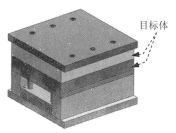

图 24.3.33　定义目标体

图 24.3.34　定义工具体

Step 3 单击"腔体"对话框中的 确定 按钮，完成腔体的创建，结果如图 24.3.35 所示。

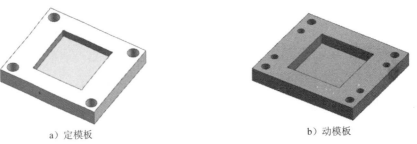

a）定模板   b）动模板

图 24.3.35　创建腔体后的动模板、定模板

Stage4. 添加滑块组件

Step 1 设置坐标系（隐藏定模侧、导柱、动模板和插入腔体）。选择下拉菜单 格式(R) ➡ WCS▶ ➡ 动态(D)...命令，选取图 24.3.36 所示边线的中点为新坐标系的原点，完成坐标系的定位。

Step 2 旋转模具坐标系。选择下拉菜单 格式(R) ➡ WCS▶ ➡ 旋转(R)...命令，系统弹出"旋转 WCS 绕..."对话框。在弹出的对话框中选择 +ZC 轴 单选按钮，在 角度 文本框中输入值 90。单击 确定 按钮，定义后的坐标系如图 24.3.37 所示。

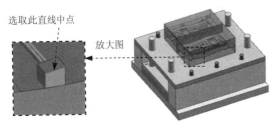

选取此直线中点　放大图

图 24.3.36　定义坐标系原点

重新设置的坐标系

图 24.3.37　设置完成的坐标系

说明： 此处坐标系 Y 轴指向为后面要添加的滑块组件生成的反方向。

Step 3 添加滑块组件。

（1）在"注塑模向导"工具条中，单击"滑块和浮升销库"按钮 ，系统弹出"滑块和浮升销设计"对话框。在 文件夹视图 区域的模型树中选中 Slide 文件夹，在 成员视图 列表中选择 Single Cam-pin Slide 选项，系统弹出信息窗口。

（2）在 详细信息 区域中选择 travel 选项，将 travel 的值修改为 11，按 Enter 键确认；将 gib_long 的值修改为 68.3，按 Enter 键确认；将 gib_top 的值修改为 0，按 Enter 键确认；将 heel_back 的值修改为 18.3，按 Enter 键确认；将 heel_tip_lvl 的值修改为-10，按 Enter 键确认；将 slide_bottom 的值修改为-15，按 Enter 键确认。

（3）对话框中的其他参数保持系统默认值，单击 确定 按钮，完成滑块组件的添加，如图 24.3.38 所示。

Step 4 创建腔体（显示定模侧和动模板）。在"注塑模向导"工具条中单击"腔体"按钮 ，系统弹出"腔体"对话框；在 模式 下拉列表框中选择 减去材料 选项；在 刀具 区域的 工具类型 下拉列表框中选择 组件 选项；选取图 24.3.39 所示的动模板、定模板为目标体；选取滑块组件（两个）为工具体，单击"腔体"对话框中的 确定 按钮，完成腔体的创建。

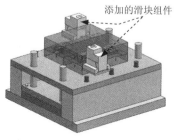

图 24.3.38 添加滑块组件

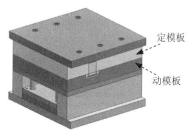

图 24.3.39 定义目标体

Step 5 创建滑块的链接（将模架隐藏）。

（1）将滑块转换为工作部件。在"装配导航器"中依次单击 ☑ phone_cover_mold_prod_003 ➡ ☑ phone_cover_mold_sld_048 前的节点，然后选中其节点下的 ☑ phone_cover_mold_bdy_049 并右击，在系统弹出的快捷菜单中选择 设为工作部件 命令。

（2）显示组件。在"装配导航器"中取消选中 ☑ phone_cover_mold_cavity_002，再单击 ☑ phone_cover_mold_cavity_002 前的节点，在展开的组件中选中 ☑ phone_cover_slide，将其显示出来。

（3）选择命令。选择下拉菜单 插入(S) ➡ 关联复制(A)▶ ➡ WAVE 几何链接器(W)... 命令，系统弹出"WAVE 几何链接器"对话框。

（4）设置对话框参数。在 类型 下拉列表框中选择 体 选项，并在区域中选中 ☑ 关联 复选框和 ☑ 隐藏原先的 复选框。

（5）定义链接对象。选取图 24.3.40 所示的小滑块为链接对象。

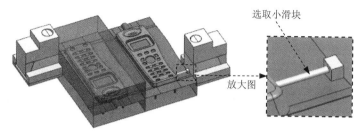

选取小滑块

放大图

图 24.3.40 定义链接对象

（6）单击 < 确定 > 按钮，完成滑块的链接。

Step 6 创建求和特征。选择下拉菜单 插入(S) ➡ 组合(B) ▶ ➡ 求和(U)... 命令，选取滑块组件为目标体，选取小型芯为工具体；单击 < 确定 > 按钮，完成求和特征的创建，链接后的滑块如图 24.3.41 所示。

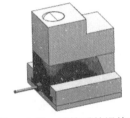

图 24.3.41　链接后的滑块组件

Step 7　设置工作部件。在"装配导航器"中选中 ☑ phone_cover_mold_top_000 并右击，在系统弹出的快捷菜单中选择 设为工作部件 命令。

Stage5. 添加斜顶组件

Step 1　设置坐标系。

（1）移动坐标系。选择下拉菜单 格式(R) ➡ WCS▶ ➡ 原点(O) 命令，在 类型 下拉列表框中选择 点在曲线/边上 选项，选取图 24.3.42 所示的边线，在 曲线上的位置 区域的 位置 下拉列表框中选择 弧长百分比 选项，在 弧长百分比 文本框中输入 50，单击 确定 按钮，完成设置坐标原点的操作。

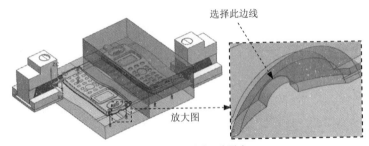

图 24.3.42　定义坐标系原点

（2）旋转坐标系。选择下拉菜单 格式(R) ➡ WCS▶ ➡ 旋转(R) 命令，系统弹出"旋转 WCS 绕…"对话框，选中 ⊙ + ZC 轴 单选按钮，在 角度 文本框中输入数值 -90。

（3）单击"旋转 WCS 绕…"对话框中的 确定 按钮，完成坐标系的设置，如图 24.3.43 所示。

Step 2　添加斜顶组件 1。

（1）在"注塑模向导"工具条中单击 按钮，系统弹出"滑块和浮升销设计"对话框。在 文件夹视图 区域的模型树中选中 ⊞ SLIDER/RISER 节点下的 Lifter 选项，在 成员视图 列表中选择 Dowel Lifter 选项。

（2）在 详细信息 区域中将 riser_angle 的值修改为 8，按 Enter 键确认；将 cut_width 的值修改为 1，按 Enter 键确认；将 riser_top 的值修改为 10，按 Enter 键确认；将 wide 的值修改为 14，按 Enter 键确认。

（3）对话框中的其他参数保持系统默认值，单击 确定 按钮，完成斜顶组件 1 的添加，如图 24.3.44 所示。

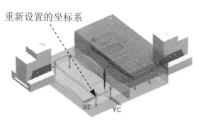

图 24.3.43 设置完成的坐标系

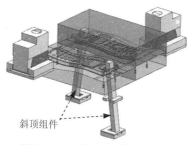

图 24.3.44 添加的斜顶组件

Step **3** 修剪斜顶组件 1。

（1）在"注塑模向导"工具条中单击 ▟ 按钮，系统弹出"修边模具组件"对话框，选取图 24.3.45 所示的斜顶为修剪目标体。

（2）修改系统修剪方向，在 修边曲面 下拉列表框中选择 CORE_TRIM_SHEET 选项，单击 确定 按钮，完成斜顶组件 1 的修剪。

Step **4** 创建腔体。在"注塑模向导"工具条中单击 按钮，系统弹出"腔体"对话框；在 模式 下拉列表框中选择 减去材料 选项，在 刀具 区域的 工具类型 下拉列表框中选择 组件 选项，选取图 24.3.45 所示的模板及型芯部件为目标体，选取斜顶组件（图 24.3.46 所示的 2 个部件）为工具体；单击 确定 按钮，完成腔体的创建。

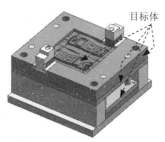

图 24.3.45 定义目标体

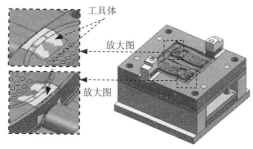

图 24.3.46 定义工具体

Stage6. 添加浇注系统

Step **1** 添加定位圈（显示模架并激活）。

（1）在"注塑模向导"工具条中，单击"标准件库"按钮 ▥，系统弹出"标准件管理"对话框。

（2）选择定位圈类型。在 文件夹视图 区域的模型树中选择 ⊞ ▢ FUTABA_MM 节点下的 ▢ Locating Ring Interchangeable 选项，在 成员视图 列表中选择 Locating Ring 选项，系统弹出信息窗口。

（3）定义参数。在 详细信息 区域中的 TYPE 下拉列表框中选择 M_LRB 选项；在 BOTTOM_C_BORE_DIA 下拉列表框中选择 50 选项；选择 SHCS_LENGTH 选项，在 SHCS_LENGTH 文本框中输入数值 18，并按 Enter 键确认。

（4）加载定位圈。对话框中的其他参数保持系统默认值，单击 确定 按钮，完成定位圈的添加，如图 24.3.47 所示。

（5）创建腔体。在"注塑模向导"工具条中单击"腔体"按钮 ，系统弹出"腔体"对话框；在 模式 下拉列表框中选择 减去材料 选项；在 刀具 区域的 工具类型 下拉列表框中选择 组件 选项，选取图 24.3.48 所示的面板为目标体，单击中键确认；选取加载后的定位圈为工具体；单击"腔体"对话框中的 确定 按钮，完成腔体的创建。

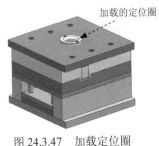

图 24.3.47　加载定位圈

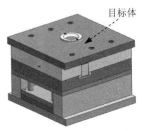

图 24.3.48　定义目标体

Step 2　添加浇口套

（1）在"注塑模向导"工具条中，单击"标准件库"按钮 ，系统弹出"标准件管理"对话框。

（2）选择浇口套类型。在 文件夹视图 区域的模型树中选择 FUTABA_MM 节点下的 Sprue Bushing 选项。在 成员视图 列表中选择 Sprue Bushing 选项，系统弹出"信息"窗口。

（3）在 详细信息 区域中选中 CATALOG_LENGTH 选项，在 CATALOG_LENGTH 文本框中输入数值 90，并按 Enter 键确认。

（4）添加浇口套。"标准件管理"对话框中的其他参数保持系统默认值，单击 确定 按钮，完成浇口套的添加，如图 24.3.49 所示。

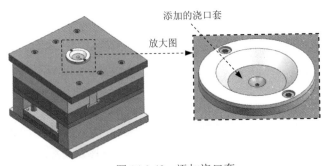

图 24.3.49　添加浇口套

（5）创建腔体。在"注塑模向导"工具条中单击"腔体"按钮 ，系统弹出"腔体"对话框；在 模式 下拉列表框中选择 减去材料 选项，在 刀具 区域的 工具类型 下拉列表框中选择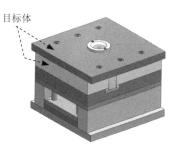组件选项，选取图24.3.50所示的两个实体和型腔
为目标体，单击中键确认；选取加载后的浇口套为工具
体。单击"腔体"对话框中的 确定 按钮，系统弹出
"腔体"消息窗口，单击 确定(0) 按钮，关闭对话框，
完成腔体的创建。

图24.3.50　定义目标体

Step 3 设置坐标系（隐藏固定板、定模板、产品和型
腔）。选择下拉菜单 格式(R) ➡ WCS▶ ➡

动态(D)...命令，选取图 24.3.51所示边线的圆心为新坐标系的原点。完成坐
标系的设置，如图24.3.52所示。

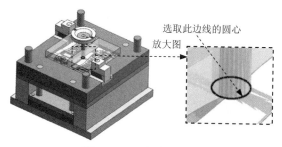

图24.3.51　定义坐标原点

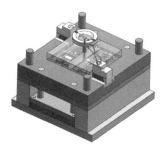

图24.3.52　定义后的坐标系

Step 4 创建流道。

（1）在"注塑模向导"工具条中单击"流道"按钮，系统弹出"流道"对话框。

（2）单击对话框中的"绘制截面"按钮，系统弹出"创建草图"对话框，选中
☑ 创建中间基准 CSYS 复选框。单击 确定 按钮，进入草图环境。

（3）绘制图24.3.53所示的截面草图，单击 完成草图 按钮，退出草图环境。

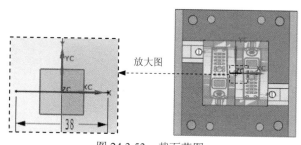

图24.3.53　截面草图

（4）定义流道通道。在 截面类型 下拉列表框中选择 Circular 选项。在 详细信息 区域双击 D
文本框，并输入数值8，并按Enter键确认。

（5）单击 ＜ 确定 ＞ 按钮，完成分流道的创建，结果如图24.3.54所示。

（6）在"装配导航器"中显示型腔，在"注塑模向导"工具条中单击"腔体"按钮，
系统弹出"腔体"对话框；在 模式 下拉列表框中选择 减去材料 选项，在 刀具 区域的 工具类型

下拉列表框中选择 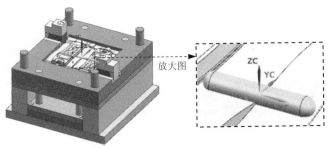 实体 选项；选取型芯、型腔和浇口套为目标体，选取流道体为工具体，单击 确定 按钮，完成流道通道的创建（隐藏型腔）。

图 24.3.54　创建流道

Step 5　创建浇口。

（1）在"注塑模向导"工具条中，单击"浇口库"按钮，系统弹出"浇口设计"对话框。

（2）定义位置。在"浇口设计"对话框的 位置 区域中选中 ⊙ 型腔 单选按钮。

（3）选择类型。在"浇口设计"对话框的 类型 下拉列表框中选择 rectangle 选项。

（4）定义尺寸。分别将"L"、"H"、"B"和"OFFSET"的参数值修改为 10、1、5 和 0，并分别按 Enter 键确认，单击 应用 按钮，系统弹出"点"对话框。

（5）定义浇口起始点。在"点"对话框的 类型 下拉列表框中选择 圆弧中心/椭圆中心/球心 选项，选取图 24.3.55 所示的圆弧边线。

（6）在系统弹出的"矢量"对话框中的 类型 下拉列表框中选择 XC 轴 选项，单击 按钮，然后单击 确定 按钮。

（7）在流道末端创建的浇口体特征如图 24.3.56 所示，在"浇口设计"对话框中单击 取消 按钮，退出"浇口设计"对话框。

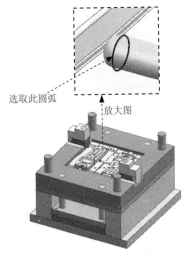

图 24.3.55　定义浇口位置

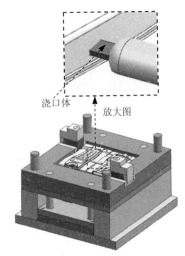

图 24.3.56　添加浇口体

（8）创建浇口腔体。

① 在"注塑模向导"工具条中单击"腔体"按钮 ，系统弹出"腔体"对话框；在 模式 下拉列表框中选择 减去材料 选项，在 刀具 区域的 工具类型 下拉列表框中选择 组件 选项。

② 选取目标体。选取型腔为目标体，然后单击中键。

③ 选取工具体。选取浇口组件为工具体，单击 确定 按钮，完成浇口的创建（隐藏型腔）。

Stage7. 加载顶杆

Step 1 在"注塑模向导"工具条中，单击"标准件库"按钮 ，系统弹出"标准件管理"对话框。

Step 2 定义顶杆类型。在 文件夹视图 区域的模型树中选中 DME_MM 节点下的 Ejection 选项，在 成员视图 列表中选择 Ejector Pin [Straight] 选项，系统弹出信息窗口。

Step 3 在 详细信息 区域中的 MATERIAL 下拉列表框中选择 NITRIDED 选项；在 CATALOG_DIA 下拉列表框中选择 4 选项；在 HEAD_TYPE 下拉列表框中选择 3 选项；在 CATALOG_LENGTH 下拉列表框中选择 160 选项，并按 Enter 键确认。

Step 4 "标准件管理"对话框中的其他选项保持系统默认值，单击 确定 按钮，系统弹出"点"对话框。

Step 5 定义顶杆的位置。

在"点"对话框的 XC 文本框中输入数值 32，在 YC 文本框中输入数值 56，单击 确定 按钮，系统添加第 1 个顶杆并重新弹出"点"对话框。

在"点"对话框的 XC 文本框中输入数值 74，在 YC 文本框中输入数值 56，单击 确定 按钮，系统添加第 2 个顶杆并重新弹出"点"对话框。

在"点"对话框的 XC 文本框中输入数值 33，在 YC 文本框中输入数值-1，单击 确定 按钮，系统添加第 3 个顶杆并重新弹出"点"对话框。

在"点"对话框的 XC 文本框中输入数值 74，在 YC 文本框中输入数值-1，单击 确定 按钮，系统添加第 4 个顶杆并重新弹出"点"对话框。

在"点"对话框的 XC 文本框中输入数值 34，在 YC 文本框中输入数值-66.5，单击 确定 按钮，系统添加第 5 个顶杆并重新弹出"点"对话框。

在"点"对话框的 XC 文本框中输入数值 72，在 YC 文本框中输入数值-66.5，单击 确定 按钮，系统添加第 6 个顶杆并重新弹出"点"对话框，单击 取消 按钮，退出"点"对话框，并完成顶杆的加载，结果如图 24.3.57 所示。

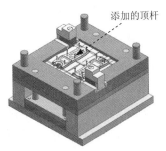

图 24.3.57　添加顶杆

Step 6　修剪顶杆。

（1）在"注塑模向导"工具条中单击"修边模具组件"按钮 ，系统弹出"修边模具组件"对话框。

（2）在图形区选取图 24.3.58a 所示的顶杆（6 个），"修边模具组件"对话框中的设置保持系统默认值，单击 确定 按钮，完成顶杆的修剪，如图 24.3.58b 所示。

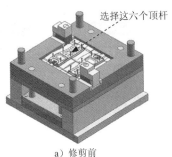

a）修剪前

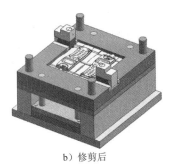

b）修剪后

图 24.3.58　修剪顶杆

Step 7　创建腔体。在"注塑模向导"工具条中单击"腔体"按钮 ，系统弹出"腔体"对话框；在 模式 下拉列表框中选择 减去材料 选项，在 刀具 区域的 工具类型 下拉列表框中选择 组件 选项，选取图 24.3.59 所示的实体为目标体，单击中键确认；选取加载后的顶杆（12 个）为工具体。单击"腔体"对话框中的 确定 按钮，完成腔体的创建（隐藏定位圈、浇口衬套和流道）。

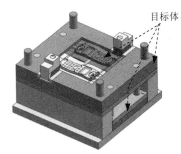

图 24.3.59　定义目标体

Stage8．加载拉料杆

Step 1　在"注塑模向导"工具条中单击"标准件库"按钮 ，系统弹出"标准件管理"对话框。

Step 2　定义拉料杆类型。在 文件夹视图 区域的模型树中选中 DME_MM 节点下的 Ejection 选项，在 成员视图 列表中选择 Ejector Pin [Straight] 选项，系统弹出信息窗口。

Step 3 在 详细信息 区域中的 MATERIAL 下拉列表框中选择 NITRIDED 选项；在 CATALOG_DIA 下拉列表框中选择 6 选项；将 CATALOG_LENGTH 的值修改为 145。

Step 4 加载拉料杆。"标准件管理"对话框中的其他选项保持系统默认值，单击 确定 按钮，系统弹出"点"对话框，定义坐标原点为拉料杆加载位置。在"点"对话框中单击 取消 按钮，完成拉料杆的加载，如图 24.3.60 所示。

Step 5 创建腔体。在"注塑模向导"工具条中单击"腔体"按钮 ，系统弹出"腔体"对话框；在 模式 下拉列表框中选择 减去材料 选项，在 刀具 区域的 工具类型 下拉列表框中选择 组件 选项，选取图 24.3.61 所示的实体为目标体，单击中键确认；选取加载后的拉料杆为工具体；单击"腔体"对话框中的 确定 按钮，完成腔体的创建。

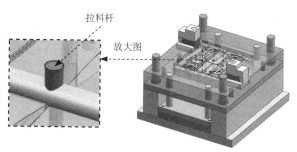

图 24.3.60　加载拉料杆

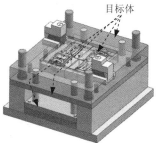

图 24.3.61　定义目标体

Step 6 修整拉料杆。

（1）在图形区中的拉料杆上右击，在系统弹出的快捷菜单中选择 设为显示部件 命令，系统将拉料杆在单独窗口中打开。

（2）选择下拉菜单 插入(S) ➡ 设计特征(E) ➡ 拉伸(E)... 命令；选择 YZ 基准平面为草图平面，绘制图 24.3.62 所示的截面草图。

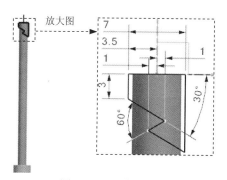

图 24.3.62　截面草图

（3）在 限制 区域的 开始 下拉列表框中选择 对称值 选项，并在其下的 距离 文本框中输入数值 5；在 布尔 区域的下拉列表框中选择 求差 选项，然后选取拉料杆为求差对象。

（4）"拉伸"对话框的其他参数保持系统默认值，单击 < 确定 > 按钮，完成拉料杆的修整，如图 24.3.63 所示。

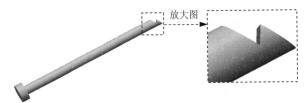

放大图

图 24.3.63 修整后的拉料杆

Step 7 转换显示模型。在"装配导航器"界面中的 ☑🗔 phone_cover_mold_ej_pin_071 节点上右击，在系统弹出的快捷菜单中选择 显示父项 ▶ 命令下的 phone_cover_mold_top_000 子命令，并在"装配导航器"界面中的 ☑🗋 phone_cover_mold_top_000 上双击，使整个装配部件转换为工作部件。

Stage9．加载弹簧

Step 1 在"注塑模向导"工具条中，单击"标准件库"按钮🗔，系统弹出"标准件管理"对话框。

Step 2 定义弹簧类型。在 文件夹视图 区域的模型树中选中 ⊞🗀 FUTABA_MM 节点下的 🗀 Springs 选项，在 成员视图 列表中选择 🗔 Spring [M-FSB] 选项，系统弹出信息窗口。在 详细信息 区域中选择 DIAMETER 选项，在后面的下拉列表框中选择 32.5 选项；在 CATALOG_LENGTH 下拉列表框中选择 60 选项；在 DISPLAY 下拉列表框中选择 DETAILED 选项。

Step 3 定义放置面。在 放置 区域激活 ✳ 选择面或平面 (0)，选取图 24.3.64 所示的面为放置面，单击 确定 按钮。系统弹出"点"对话框。在 类型 区域的下拉列表框中选择 ◉ 圆弧中心/椭圆中心/球心 选项，（将选择范围调整为"整个装配"）选取图 24.3.65 所示的圆弧 1，系统返回至"点"对话框；选取图 24.3.65 所示的圆弧 2，系统返回至"点"对话框；选取图 24.3.65 所示的圆弧 3，系统返回至"点"对话框；选取图 24.3.65 所示的圆弧 4，系统返回至"点"对话框；单击 取消 按钮，结果如图 24.3.66 所示。

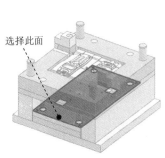

选择此面

图 24.3.64 选择放置面

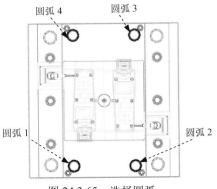

圆弧 4　圆弧 3

圆弧 1　圆弧 2

图 24.3.65 选择圆弧

Step 4 创建腔体。在"注塑模向导"工具条中单击"腔体"按钮 ，系统弹出"腔体"
对话框；在 模式 下拉列表框中选择 减去材料 选项，在 刀具 区域的 工具类型 下拉
列表框中选择 组件 选项，选取图 24.3.67 所示的实体为目标体，单击中键确认；
选取加载后的弹簧（4 个）为工具体；单击"腔体"对话框中的 确定 按钮，完
成腔体的创建。

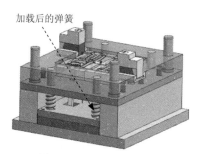

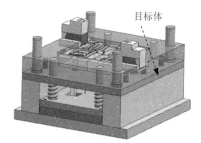

图 24.3.66　加载弹簧　　　　　　　图 24.3.67　定义目标体

Task9. 保存零件模型

至此，标准件的添加及修改已经完成。选择下拉菜单 文件(F) ➡ 全部保存(V) 命令，
即可保存零件模型。

24.4　应用 4——Mold Wizard 标准模架设计（三）

24.4.1　概述

本应用仍为一个 Mold Wizard 标准模架设计，与前面两个 Mold Wizard 模架设计最大
的区别是产品内部带有内螺纹，有内螺纹产品的设计思路是将产品模型中的内螺纹在圆周
上平分为三个局部段，从而在这三个局部段处创建三个内侧抽滑块；并且在设计滑块后还
添加了标准模架及浇注系统的设计，在学习本应用时，应注意体会内螺纹模具设计的方法
和技巧，熟悉在模架中添加各个系统及组件的设计思路。

24.4.2　技术要点分析

（1）采用一模四穴的布局方式。

（2）在型芯零件中添加固定凸台及滑块的创建。

（3）在浇注系统设计时，考虑到均衡的原则，使用了手动创建流道截面点浇口式的
流道类型。

（4）在模架中添加顶杆及处理的方法，从而使其与其他部件相连，并能使其定位。

（5）在添加多根顶杆时，注意顶杆位置点的确定方法。

24.4.3　设计过程

本应用的塑件模型及模具设计结果如图 24.4.1 所示，以下是具体操作过程。

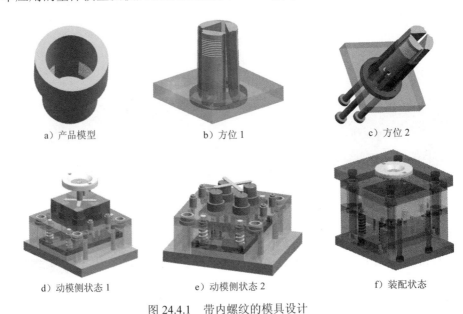

a）产品模型　　　　　　　b）方位 1　　　　　　　c）方位 2

d）动模侧状态 1　　　　e）动模侧状态 2　　　　f）装配状态

图 24.4.1　带内螺纹的模具设计

Task1.　初始化项目

`Step 1` 在"注塑模向导"工具条中，单击"初始化项目"按钮 ，系统弹出"打开"对话框，选择 D:\ug85mo\work\ch24.04\cover.prt，单击 OK 按钮，加载模型，系统弹出"初始化项目"对话框。

`Step 2` 定义项目单位。在"初始化项目"对话框的 项目单位 下拉列表框中选择 毫米 选项。

`Step 3` 设置项目路径、名称和材料。接受系统默认的项目路径；在"初始化项目"对话框的 Name 文本框中输入 cover_mold。

`Step 4` 在该对话框中单击 确定 按钮，完成项目路径和名称的设置。

Task2.　模具坐标系

`Step 1` 在"注塑模向导"工具条中，单击"模具 CSYS"按钮 ，系统弹出"模具 CSYS"对话框。

`Step 2` 在"模具 CSYS"对话框中选中 ⊙ 当前 WCS 单选按钮。

`Step 3` 单击 确定 按钮，完成坐标系的定义。

Task3.　创建模具工件

`Step 1` 在"注塑模向导"工具条中，单击"工件"按钮 ，系统弹出"工件"对话框。

`Step 2` 在"工件"对话框的 类型 下拉列表框中选择 产品工件 选项，在 工件方法 下拉列表框

中选择 用户定义的块 选项，其他参数采用系统默认设置值。

Step 3 修改尺寸。单击 定义工件 区域的"绘制截面"按钮 🖺，系统进入草图环境，然后修改截面草图的尺寸，如图 24.4.2 所示；在"工件"对话框 限制-区域的 开始 下拉列表框中选择 值 选项，并在其下的 距离 文本框中输入数值-10，在 限制-区域的 结束 下拉列表框中选择 值 选项，并在其下的 距离 文本框中输入数值 50。

Step 4 单击 ＜ 确定 ＞ 按钮，完成创建后的模具工件如图 24.4.3 所示。

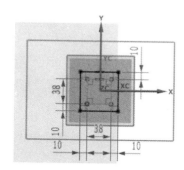

图 24.4.2　截面草图

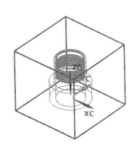

图 24.4.3　创建后的模具工件

Task4. 创建型腔布局

Step 1 在"注塑模向导"工具条中，单击"型腔布局"按钮 🔃，系统弹出"型腔布局"对话框。

Step 2 定义型腔数和间距。在"型腔布局"对话框的 布局类型 区域选择 矩形 选项和 ⊙ 平衡 单选按钮；在 型腔数 下拉列表框中选择 4 选项，并在 第一距离 和 第二距离 文本框中输入数值 0。

Step 3 单击 ＊指定矢量 (0) 区域，此时在模型中显示图 24.4.4 所示的布局方向箭头，选取 X 轴正方向的箭头，单击 生成布局 区域中的"开始布局"按钮 🔃，系统自动进行布局。

Step 4 在 编辑布局 区域单击"自动对准中心"按钮 ⊞，使模具坐标系自动对准中心，布局结果如图 24.4.5 所示，单击 关闭 按钮。

图 24.4.4　定义型腔布局方向

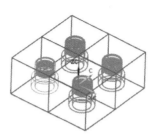

图 24.4.5　型腔布局

Task5. 模具分型

Stage1. 设计区域

Step 1 在"注塑模向导"工具条中单击"模具分型工具"按钮 ▨，系统弹出"模具分型工具"工具条和"分型导航器"界面。

Step 2 在"模具分型工具"工具条中单击"检查区域"按钮，系统弹出"检查区域"
对话框，并显示图 24.4.6 所示的开模方向，选中 ⊙ 保持现有的 单选按钮。

Step 3 计算设计区域。在"检查区域"对话框中单击"计算"按钮，系统开始对产品
模型进行分析计算。单击"检查区域"对话框中的 面 选项卡，可以查看分析结
果。设置区域颜色。在"检查区域"对话框中单击 区域 选项卡，取消选中 □ 内环、
□ 分型边 和 □ 不完整的环 三个复选框，然后单击"设置区域颜色"按钮，设置各区
域颜色。在 未定义的区域 区域中选中 ☑ 交叉竖直面 复选框，此时系统将所有的未定义
区域面加亮显示；在 指派到区域 区域中选中 ⊙ 型腔区域 单选按钮，单击 应用 按钮，
此时系统将前面加亮显示的未定义区域面指派到型腔区域。单击 取消 按钮，
退出"检查区域"对话框。

Step 4 在"模具分型工具"工具条中单击"定义区域"按钮，系统弹出"定义区域"
对话框。

Step 5 在"定义区域"对话框的 设置 区域选中 ☑ 创建区域 和 ☑ 创建分型线 复选框，单击 确定
按钮，完成分型线的创建，如图 24.4.7 所示。

Stage2. 创建分型面

Step 1 在"模具分型工具"工具条中单击"设计分型面"按钮，系统弹出"设计分型
面"对话框。

Step 2 定义分型面创建方法。在对话框中的 创建分型面 区域中单击"有界平面"按钮。

Step 3 在"设计分型面"对话框中接受系统默认的公差值 0.01；在图形区分型面上有四
个方向的拉伸控制球，可以调整分型面大小，拖动控制球使分型面大于工件，单
击 确定 按钮，完成图 24.4.8 所示的分型面的创建。

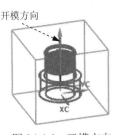

图 24.4.6 开模方向

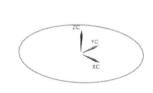

图 24.4.7 分型线

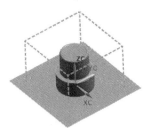

图 24.4.8 分型面

Stage3. 创建型腔和型芯

Step 1 在"模具分型工具"工具条中单击"定义型腔和型芯"按钮，系统弹出"定义
型腔和型芯"对话框。

Step 2　创建型腔和型芯。

（1）在"定义型腔和型芯"对话框中，选取 选择片体 区 域 下 的 所有区域 选 项，单击 确定 按钮，系统弹出"查看分型结果"对话框，并在图形区显示出创建的型腔，单击"查看分型结果"对话框中的 确定 按钮，系统再一次弹出"查看分型结果"对话框。

（2）在"查看分型结果"对话框中单击 确定 按钮，关闭对话框。

Step 3　选择下拉菜单 窗口(0) ➡ cover_mlod_cavity_002.prt 命令，系统显示型腔工作零件，如图 24.4.9 所示；选择下拉菜单 窗口(0) ➡ cover_mlod_core_006.prt 命令，系统显示型芯工作零件，如图 24.4.10 所示。

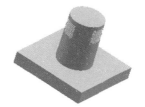

图 24.4.9　型腔工作零件　　　　　　　图 24.4.10　型芯工作零件

Task6. 创建型芯镶件

Step 1　创建拉伸特征。选择下拉菜单 插入(S) ➡ 设计特征(E) ➡ 拉伸(E)... 命令；选取图 24.4.11 所示的边为拉伸截面曲线；在 限制 区域的 开始 下拉列表框中选择 直至延伸部分 选项，选取图 24.4.12 所示的型芯上表面为拉伸开始面，在 限制 区域的 结束 下拉列表框中选择 直至延伸部分 选项，选取图 24.4.13 所示的型芯下表面为拉伸终止面；并在 布尔 下拉列表框中选择 无 选项。

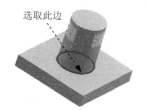
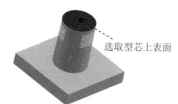
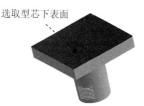

图 24.4.11　定义拉伸截面曲线　　图 24.4.12　选取拉伸开始面　　图 24.4.13　选取拉伸终止面

Step 2　创建求交特征。选择下拉菜单 插入(S) ➡ 组合(B) ▶ ➡ 求交(I)... 命令，系统弹出"求交"对话框。选取图 24.4.14 所示的目标体和工具体，并选中 ☑ 保存目标 复选框。单击 ＜ 确定 ＞ 按钮，完成求交特征的创建。

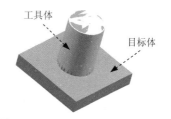

图 24.4.14　选取目标体和工具体

Step 3　求差特征。选择下拉菜单 插入(S) ➡ 组合(B) ▶ ➡ 求差(S)... 命令，此时系统弹出"求差"对话框；选取型芯为目标体；选取 Step2 中创建的求交特征为工具体，并选中 ☑ 保存工具 复选框；单击 < 确定 > 按钮，完成求差特征的创建。

Step 4 将镶件转化为型芯的子零件。

（1）单击资源工具条区中的 Ⅰ▪ 按钮，系统弹出"装配导航器"界面，在该界面中空白处右击，然后在系统弹出的快捷菜单中选择 WAVE 模式 选项。

（2）在"装配导航器"界面中右击 ☑ 🗀 cover_mlod_core_006，在系统弹出的快捷菜单中选择 WAVE▸ ━➤ 新建级别 命令，系统弹出"新建级别"对话框。

（3）在"新建级别"对话框中单击 指定部件名 按钮，在系统弹出的"选择部件名"对话框的 文件名(N) 文本框中输入 cover_mold_insert，单击 OK 按钮，系统返回至"新建级别"对话框。

（4）在"新建级别"对话框中单击 类选择 按钮，选取图 24.4.14 所示的工具体，单击两次 确定 按钮。

Step 5 移动至图层。

（1）单击"装配导航器"中的 ☑ 🗀 cover_mold_insert 部件。

（2）在图形区选取创建的求差实体；选择下拉菜单 格式(R) ━➤ ▧ 移动至图层(M)... 命令，系统弹出"图层移动"对话框；在 图层 区域中选择 10，单击 确定 按钮，退出"图层移动"对话框。设置第 10 层不可见。

（3）在"装配导航器"中选中 ☑ 🗀 cover_mold_insert 部件（注意隐藏模型中的片体）。

Step 6 将镶件转换为显示部件。在"装配导航器"中的 ☑ 🗀 cover_mold_insert 选项上右击，在系统弹出的快捷菜单中选择 🗀 设为显示部件 命令。

Step 7 创建固定凸台。选择下拉菜单 插入(S) ━➤ 设计特征(E) ━➤ ⑪ 拉伸(E)... 命令；选取图 24.4.15 所示的模型表面为草图平面。绘制图 24.4.16 所示的截面草图（在用偏置曲线命令时，将选择范围修改为 仅在工作部件内 ▾ ，然后选取）；在"拉伸"对话框 限制-区域的 开始 下拉列表框中选择 ⑪ 值 选项，并在其下的 距离 文本框中输入数值 0，在 限制-区域的 结束 下拉列表框中选择 ⑪ 值 选项，并在其下的 距离 文本框中输入数值 5；单击 ✕ 按钮，方向指向 Z 轴正方向；其他参数采用系统默认设置值；在 布尔 区域的 布尔 下拉列表框中选择 ❀ 求和 选项；单击 < 确定 > 按钮，完成固定凸台的创建。

Step 8 保存零件。选择下拉菜单 文件(F) ━➤ 🖫 保存(S) 命令，保存零件。

Step 9 选择窗口。选择下拉菜单 窗口(O) ━➤ cover_mlod_core_006.prt 命令，系统显示型芯零件。

Step 10 将型芯转换为工作部件。单击资源工具条区中的 Ⅰ▪ 按钮，系统弹出"装配导航器"界面。在 ☑ 🗀 cover_mlod_core_006 选项上右击，在系统弹出的快捷菜单中选择 🗀 设为工作部件 命令。

Step 11　创建镶件避开槽。在"注塑模向导"工具条中单击"腔体"按钮，系统弹出"腔体"对话框；选取型芯零件为目标体，单击中键确认；在 **工具类型** 下拉列表框中选择 **实体** 选项，然后选取镶件为工具体；单击 **确定** 按钮，完成镶件避开槽的创建，如图 24.4.17 所示（为了便于观察，将镶件隐藏）。

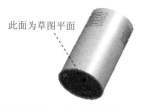

图 24.4.15　定义草图平面

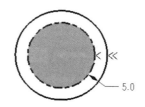

图 24.4.16　截面草图

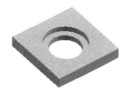

图 24.4.17　镶件避开槽

Step 12　保存型芯模型。选择下拉菜单 **文件(F)** ➡ **保存(S)** 命令，保存文件。

Task7. 创建型芯滑块

Step 1　选择窗口。选择下拉菜单 **窗口(O)** ➡ **cover_mold_insert.prt** 命令，系统显示镶件零件。

Step 2　创建草图 1。选择下拉菜单 **插入(S)** ➡ **在任务环境中绘制草图(V)...** 命令，系统弹出"创建草图"对话框；选取图 24.4.18 所示的模型表面为草图平面，单击 **确定** 按钮；绘制图 24.4.19 所示的草图 1。

图 24.4.18　定义草图平面

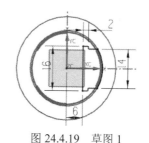

图 24.4.19　草图 1

Step 3　创建草图 2。选取图 24.4.20 所示的模型表面为草图平面，绘制图 24.4.21 所示的草图 2。

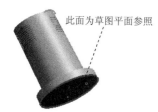

图 24.4.20　定义草图平面

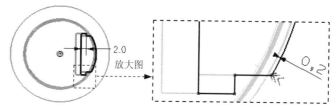

图 24.4.21　草图 2

Step 4　创建图 24.4.22 所示的直纹面特征 1。

注意：创建直纹面前，选择下拉菜单 首选项(P) ➡ 建模(G)... 命令，系统弹出"建模首选项"对话框，在"建模首选项"对话框的 体类型 区域中选中 ⊙ 实体 单选按钮，这样创建出来的直纹面为实体。

（1）选择命令。选择下拉菜单 插入(S) ➡ 网格曲面(M)▶ ➡ 直纹(R)... 命令，系统弹出"直纹"对话框。

（2）定义截面线串 1 和截面线串 2。选取草图 1 为截面线串 1，单击中键确认；选取草图 2 为截面线串 2。

（3）单击 〈确定〉 按钮，完成直纹面特征 1 的创建。

注意：创建直纹面时，如果创建的直纹面特征发生扭曲，可在"直纹"对话框中将对齐方式设置为"根据点"，以消除扭曲。

Step 5 创建图 24.4.23 所示的移动对象特征 1。

图 24.4.22　直纹面特征 1

图 24.4.23　移动对象特征 1

（1）选择命令。选择下拉菜单 编辑(E) ➡ 移动对象(O)... 命令，系统弹出"移动对象"对话框。

（2）定义要移动的对象。选择直纹面特征 1 为要移动的对象。

（3）定义变换类型。在 变换 区域下选择 运动 下拉列表框的 角度 选项，然后选择 Z 轴为旋转中心轴，选择镶块零件的上端面圆心为轴点。

（4）定义变换角度。在 变换 区域下的 角度 文本框中输入数值 120；在 结果 区域先选中 ⊙ 复制原先的 单选按钮，然后在 非关联副本数 文本框中输入数值 2。

（5）单击 〈确定〉 按钮，完成移动对象特征 1 的创建。

Step 6 创建求交特征 1。选择下拉菜单 插入(S) ➡ 组合(B) ▶ ➡ 求交(I)... 命令，系统弹出"求交"对话框；选取镶块零件为目标体，选取图 24.4.22 所示的实体（直纹面特征 1）为工具体；在 设置 区域选中 ☑ 保存目标 复选框；单击 〈确定〉 按钮，完成求交特征 1 的创建。

Step 7 创建求差特征 1。选择下拉菜单 插入(S) ➡ 组合(B) ▶ ➡ 求差(S)... 命令，系统弹出"求差"对话框；选取型芯镶件为目标体，选取求交特征 1 为工具体；在 设置 区域选中 ☑ 保存工具 复选框；单击 〈确定〉 按钮，完成求差特征 1 的创建。

Step 8 参照 Step6～Step7，创建变换特征 1 的求交特征和求差特征。

Step 9 创建图 24.4.24 所示的拉伸特征 1。

（1）创建基准坐标系。选择下拉菜单 插入(S) ➡ 基准/点(D) ▸ ➡ 基准 CSYS... 命令，系统弹出"基准 CSYS"对话框，单击 < 确定 > 按钮，完成基准坐标系的创建。

（2）选择命令。选择下拉菜单 插入(S) ➡ 设计特征(E) ➡ 拉伸(E)... 命令；选取 YZ 基准平面为草图平面；绘制图 24.4.25 所示的截面草图；在"拉伸"对话框的 限制 区域的 开始 下拉列表框中选择 值 选项，并在其下的 距离 文本框中输入数值 0，在 限制 区域的 结束 下拉列表框中选择 值 选项，并在其下的 距离 文本框中输入数值 15；在 布尔 下拉列表框中选择 无 选项；其他采用系统默认设置值。

图 24.4.24　拉伸特征 1

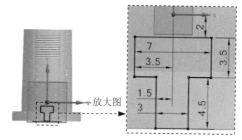

图 24.4.25　截面草图

Step 10 创建图 24.4.26 所示的移动对象特征 2。选择下拉菜单 编辑(E) ➡ 移动对象(O)... 命令，系统弹出"移动对象"对话框；选择拉伸特征 1 为要移动的对象；在 变换 区域中 运动 下拉列表框中选择 角度 选项，然后选择 Z 轴为旋转中心轴，选择镶块上端面圆心为轴点，在 变换 区域中的 角度 文本框中输入数值 120；在 结果 区域先选中 ⊙ 复制原先的 单选按钮，然后在 非关联副本数 文本框中输入数值 2；单击 < 确定 > 按钮，完成移动对象特征 2 的创建。

Step 11 创建求差特征 2。选择下拉菜单 插入(S) ➡ 组合(B) ▸ ➡ 求差(S)... 命令，系统弹出"求差"对话框；选取图 24.4.27 所示的实体分别为目标体和工具体；在 设置 区域取消选中 □ 保存工具 复选框。

图 24.4.26　移动对象特征 2

此为目标体

此为工具体

图 24.4.27　定义目标体和工具体

Step 12 参照 Step11，创建其他两个相同的求差特征。

Step 13 将滑块转化为镶件的子零件。

（1）单击资源工具条区中的 **⊢** 按钮，系统弹出"装配导航器"界面，在该界面中空白处右击，然后在系统弹出的快捷菜单中选择 **WAVE 模式** 选项。

（2）在"装配导航器"界面中右击 **☑ ⬡ cover_mold_insert** ，在系统弹出的快捷菜单中选择 **WAVE▶** ➡ **新建级别** 命令，系统弹出"新建级别"对话框。

（3）在"新建级别"对话框中单击 **指定部件名** 按钮，在系统弹出的"选择部件名"对话框的 **文件名(N):** 文本框中输入 cover_mold_slide_01.prt，单击 **OK** 按钮，系统返回至"新建级别"对话框。

（4）在"新建级别"对话框中单击 **类选择** 按钮，选取三个滑块中的一个滑块为复制对象，单击 **确定** 按钮。

（5）单击"新建级别"对话框中的 **确定** 按钮，此时在"装配导航器"界面中显示出刚创建的滑块特征。

Step 14 移动至图层。

（1）单击资源工具条区中的 **⊢** 按钮，系统弹出"装配导航器"界面，在该界面中取消选中 **☑ ⬡ cover_mold_slide_01** 部件。

（2）移动至图层。选取上一步骤的复制对象；选择下拉菜单 **格式(R)** ➡ **✎ 移动至图层(M)...** 命令，系统弹出"图层移动"对话框。

（3）在 **目标图层或类别** 文本框中输入数值 10，单击 **确定** 按钮，退出"图层移动"对话框。将图层 10 设为不可见。

（4）单击选中"装配导航器"中的 **☑ ⬡ cover_mold_slide_01** 部件。

Step 15 参照 Step13～Step14，将其他两个滑块转化为镶件的子零件，其部件名分别为 cover_mold_slide_02.prt 和 cover_mold_slide_03.prt。

Step 16 保存文件。选择下拉菜单 **文件(F)** ➡ **全部保存(V)** 命令，保存所有文件。

Task8. 创建模架

Step 1 选择窗口。选择下拉菜单 **窗口(O)** ➡ **cover_mlod_top_000.prt** 命令，系统显示总模型。

Step 2 将总模型转换为工作部件。单击资源工具条区中的 **⊢** 按钮，系统弹出"装配导航器"界面，在 **☑ ⬡ cover_mlod_top_000** 选项上右击，在系统弹出的快捷菜单中选择 **✎ 设为工作部件(W)** 命令。

Step 3 添加模架。

（1）在"注塑模向导"工具条中，单击"模架库"按钮 **▤** ，系统弹出"模架设计"对话框。

（2）在 **目录** 下拉列表框中选择 **FUTABA_FG** 选项，在 **类型** 下拉列表框中选择 **FC** 选项，在长宽大小型号列表中选择 **2020** 选项，在列表框中选择 **AP_h = 20** 选项，在 **AP_h =** 文本框中输入数值 50，然后按回车键，在列表框中选择 **BP_h = 20** 选项，在 **BP_h =** 文本框中输入数值 20，然后按回车键，在列表框中选择 `CP_h = 50` 选项，在 `CP_h =` 文本框中输入数值 60，然后按回车键。

（3）单击 确定 按钮，完成模架的添加，如图 24.4.28 所示。

Task9. 添加浇注系统

Step 1 添加定位圈。

（1）在"注塑模向导"工具条中单击"标准件库"按钮，系统弹出"标准件管理"对话框。

（2）选择定位圈类型。在 文件夹视图 区域的模型树中选中 `FUTABA_MM` 节点下的 `Locating Ring Interchangeable` 选项，在 成员视图 列表中选择 `Locating Ring` 选项，系统弹出信息窗口。

（3）定义参数。在 详细信息 区域中的 `TYPE` 下拉列表框中选择 `M_LRB` 选项；在 `BOTTOM_C_BORE_DIA` 下拉列表框中选择 `50` 选项；选择 `SHCS_LENGTH` 选项，在 `SHCS_LENGTH` 文本框中输入数值 16，并按回车键确认。

（4）加载定位圈。对话框中的其他参数保持系统默认值，单击 确定 按钮，完成定位圈的添加，如图 24.4.29 所示。

图 24.4.28 模架

图 24.4.29 定位圈

Step 2 创建定位圈避开槽。

（1）在"注塑模向导"工具条中，单击"腔体"按钮，系统弹出"腔体"对话框。

（2）定义目标体。选取定模座板为目标体，单击中键确认。

（3）定义工具体。在 工具类型 下拉列表框中选择 组件 选项，选取定位圈为工具体。

（4）单击 确定 按钮，完成定位圈避开槽的创建。

Step 3 添加浇口衬套。

（1）在"注塑模向导"工具条中单击"标准件库"按钮，系统弹出"标准件管理"对话框。

（2）选择浇口衬套类型。在 文件夹视图 区域的模型树中选择 `FUTABA_MM` 节点下的 `Sprue Bushing` 选项。在 成员视图 列表中选择 `Sprue Bushing` 选项，系统弹出信息窗口。

（3）单击 确定 按钮，完成浇口衬套的添加，如图 24.4.30 所示。

Step 4 创建浇口衬套避开槽。

（1）在"注塑模向导"工具条中单击"腔体"按钮，系统弹出"腔体"对话框。

（2）定义目标体。选取定模座板和拉料板为目标体，单击中键确认。

（3）定义工具体。在 工具类型 下拉列表框中选择 组件 选项，选取浇口衬套为工具体。

（4）单击 确定 按钮，完成浇口衬套避开槽的创建，如图 24.4.31 所示。

图 24.4.30 浇口衬套

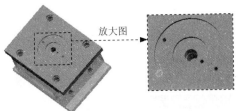
图 24.4.31 浇口衬套避开槽

Step 5 创建型腔刀槽（隐藏定模座板、拉料板、定位圈和浇口衬套）。

（1）在"注塑模向导"工具条中单击"型腔布局"按钮，系统弹出"型腔布局"对话框。

（2）单击"编辑插入腔"按钮，系统弹出"插入腔体"对话框。

（3）设置参数。在 R 下拉列表框中选择 5 选项，在 type 下拉列表框中选择 2 选项。

（4）单击 确定 按钮，完成型腔刀槽的创建（图 24.4.32），同时系统弹出"型腔布局"对话框。

（5）单击 关闭 按钮，关闭"型腔布局"对话框。

Step 6 创建刀槽避开槽。

（1）在"注塑模向导"工具条中单击"腔体"按钮，系统弹出"腔体"对话框。

（2）定义目标体。选取定模板和动模板为目标体，单击中键确认。

（3）定义工具体。在 工具类型 下拉列表框中选择 组件 选项，选取刀槽为工具体。

（4）单击 确定 按钮，完成刀槽避开槽的创建，如图 24.4.33 所示。

图 24.4.32 型腔刀槽

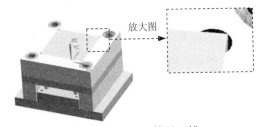
图 24.4.33 刀槽避开槽

Step 7 创建流道。

（1）在"注塑模向导"工具条中单击"流道"按钮，系统弹出"流道"对话框。

（2）定义引导线串。

① 单击"流道"对话框中的"绘制截面"按钮，系统弹出"创建草图"对话框，将选择范围调整为"整个装配"，选中 ☑ 创建中间基准 CSYS 复选框。选取图 24.4.34 所示的平面

为草图平面，单击 确定 按钮，进入草图环境。

② 绘制图 24.4.35 所示的截面草图（分别捕捉四个型芯的圆弧中心绘制直线），单击 完成草图 按钮，退出草图环境。

（3）定义流道通道。在 截面类型 下拉列表框中选择 Semi_Circular 选项；在 详细信息 区域双击 D 文本框，并输入数值 10，并按回车键确认。

（4）单击 < 确定 > 按钮，完成分流道的创建，结果如图 24.4.36 所示。

图 24.4.34　草图平面

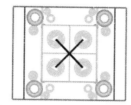
图 24.4.35　流道截面草图

图 24.4.36　流道实体

Step 8　创建点浇口（显示模型如图 24.4.37 所示）。

（1）在"注塑模向导"工具条中单击"浇口库"按钮 ，系统弹出"浇口设计"对话框。

（2）在 位置 区域选中 型芯 单选按钮；在 类型 下拉列表框中选择 pin point 选项，在相关的尺寸列表中将 d2 的值修改为 5，按回车键确认；将 BHT 的值修改为 10，按回车键确认；将 A 的值修改为 12，按回车键确认；将 OFFSET 的值修改为 1，按回车键确认；单击 应用 按钮，系统弹出"点"对话框。

（3）在 类型 区域的下拉列表框中选择 圆弧中心/椭圆中心/球心 选项，选取图 24.4.37 所示的圆弧，系统弹出"矢量"对话框。

注意：此时选取的圆弧为加亮的型腔区域。

（4）在 类型 区域的下拉列表框中选择 -ZC 轴 选项，单击 确定 按钮，完成浇口的创建（图 24.4.38），同时系统返回至"浇口设计"对话框。

图 24.4.37　定义浇口位置

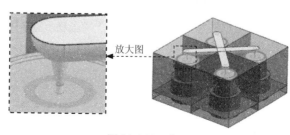
图 24.4.38　浇口

（5）单击 取消 按钮，关闭该对话框。

Step 9　创建浇口和流道避开槽。

（1）在"注塑模向导"工具条中单击"腔体"按钮 ，系统弹出"腔体"对话框。

（2）定义目标体。选取型腔为目标体，单击中键确认。

（3）定义工具体。选取浇口和流道为工具体。

（4）单击 确定 按钮，完成浇口避开槽的创建，如图 24.4.39 所示。

Step 10 旋转型腔 1。

（1）在"注塑模向导"工具条中单击"型腔布局"按钮 ，系统弹出"型腔布局"对话框。

（2）定义要旋转的型腔。选取图 24.4.40 所示的型腔。

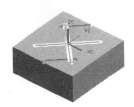

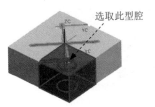

图 24.4.39　浇口和流道避开槽　　　　　　　图 24.4.40　定义要旋转的型腔

注意：单击"型腔布局"按钮 后，系统会自动选中一个腔体，可以将鼠标移到该腔体上，当腔体呈加亮显示状态时按住 Shift 键，单击鼠标可将系统自动选中的腔体取消选中。

（3）单击"变换"按钮 ，系统弹出"变换"对话框；在"变换"对话框的 变换类型 下拉列表框中选择 旋转 选项。

（4）定义旋转点。单击以激活 指定枢轴点 (0) 区域，然后选中该腔体上部圆锥形浇口上端面的圆心作为枢轴点。

（5）设置对话框参数。在"旋转型腔"对话框中，选中 移动原先的 单选按钮，在"角度"文本框中输入数值-90，单击 确定 按钮，完成型腔 1 的旋转操作（图 24.4.41），同时系统返回至"型腔布局"对话框。

（6）单击 关闭 按钮，关闭该对话框。

Step 11 旋转型腔 2。选取图 24.4.42 所示的型腔；选中该腔体上部圆锥形浇口上端面的圆心作为枢轴点；在"旋转型腔"对话框中选中 移动原先的 单选按钮，在"角度"文本框中输入数值-90，单击 确定 按钮，完成型腔 2 的旋转操作（图 24.4.43），同时系统返回至"型腔布局"对话框；单击 关闭 按钮，关闭该对话框（隐藏浇口和流道）。

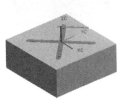

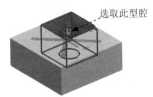

图 24.4.41　旋转型腔 1　　　　图 24.4.42　定义要旋转的型腔　　　　图 24.4.43　旋转型腔 2

Task10. 添加顶杆

Step 1 创建直线（显示型芯、型腔和产品）。

（1）将图 24.4.44 所示的滑块转换为工作部件。选中图 24.4.44 所示的滑块右击，在系统弹出的快捷菜单中选择 设为工作部件(W) 命令（或双击鼠标）。

（2）选择命令。选择下拉菜单插入(S) ➡ 曲线(C) ➡ / 直线(L)... 命令，系统弹出"直线"对话框。

（3）创建图 24.4.45 所示的直线（直线的端点在相应的临边中点上）。

（4）单击< 确定 >按钮，完成直线的创建。

图 24.4.44 滑块

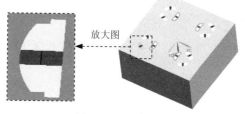

图 24.4.45 直线

Step 2 创建图 24.4.46 所示的另两条直线。

Step 3 添加顶杆。

（1）将总模型转换为工作部件。单击资源工具条区中的 按钮，系统弹出"装配导航器"界面，在 ☑ cover_mlod_top_000 选项上右击，在系统弹出的快捷菜单中选择 设为工作部件 命令。

（2）在"注塑模向导"工具条中单击"标准件库"按钮 ，系统弹出"标准件管理"对话框。

（3）在 文件夹视图 区域的模型树中选中 DME_MM 节点下的 Ejection 选项，在 成员视图 列表中选择 Ejector Pin [Straight] 选项，系统弹出信息窗口，在 详细信息 区域中选择 CATALOG_DIA 选项，在后面的下拉列表框中选择 5 选项；选择 CATALOG_LENGTH 选项，在 CATALOG_LENGTH 后的文本框中输入数值 63，按回车键确认，单击 确定 按钮，系统弹出"点"对话框。

（4）在"点"对话框 类型 区域的下拉列表框中选择 自动判断的点 选项，选取图 24.4.47 所示的三个直线的中点，系统自动创建顶杆并返回至"点"对话框。

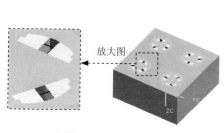

图 24.4.46 两条直线

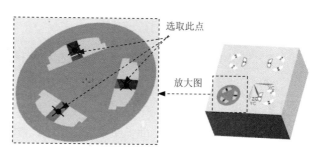

图 24.4.47 定义顶杆中点

24
Chapter

（5）单击 取消 按钮，完成顶杆的添加。

说明： 系统会自动创建另外三个型芯的顶杆。

Step 4 创建拉伸特征 1。

（1）创建基准坐标系。选择下拉菜单 插入(S) ➡ 基准/点(D) ▶ ➡ 基准 CSYS... 命令，系统弹出"基准 CSYS"对话框，单击 < 确定 > 按钮，完成基准坐标系的创建。

（2）选择命令。选择下拉菜单 插入(S) ➡ 设计特征(E) ➡ 拉伸(E)... 命令；单击 按钮，系统弹出"创建草图"对话框；选取 XZ 基准平面为草图平面；绘制图 24.4.48 所示的截面草图；在 指定矢量(1) 下拉列表框中选择 YC 选项；在"拉伸"对话框 限制 区域的 开始 下拉列表框中选择 值 选项，并在其下的 距离 文本框中输入数值 0，在 结束 下拉列表框中选择 值 选项，并在其下的 距离 文本框中输入数值 25；在 布尔 下拉列表框中选择 无 选项；其他参数采用系统默认设置值；单击 < 确定 > 按钮，完成图 24.4.49 所示的拉伸特征 1 的创建。

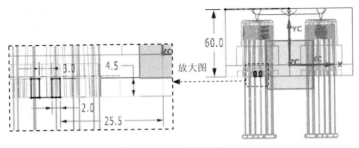

图 24.4.48　截面草图

Step 5 创建顶杆的滑块避开槽 1。

（1）在"注塑模向导"工具条中单击"腔体"按钮 ，系统弹出"腔体"对话框。

（2）定义目标体。选取图 24.4.50 所示的顶杆为目标体，单击中键确认。

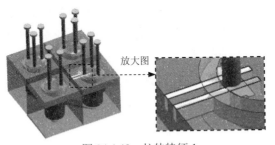

图 24.4.49　拉伸特征 1

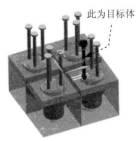

图 24.4.50　定义目标体

（3）定义工具体。在 工具类型 下拉列表框中选择 实体 选项，选取拉伸特征 1 为工具体。

（4）单击 < 确定 > 按钮，完成顶杆的滑块避开槽 1 的创建。

Step 6 创建基准平面 1。选择下拉菜单 插入(S) ➡ 基准/点(D)▶ ➡ 基准平面(D)... 命令，系统弹出"基准平面"对话框；在 类型 区域的下拉列表框中选择 成一角度 选项；选取 XZ 基准平面为参考平面，选取 ZC 轴为通过轴；在 角度 区域的 角度选项 下拉列表框中选择**值**选项，在**角度**文本框中输入数值 60；单击**< 确定 >**按钮，完成图 24.4.51 所示的基准平面 1 的创建。

Step 7 创建拉伸特征 2。选择下拉菜单 **插入(S)** ➡ **设计特征(E)** ➡ **⊞ 拉伸(E)...** 命令；选取基准平面 1 为草图平面；绘制图 24.4.52 所示的截面草图。单击**✕**按钮调整拉伸方向，调整后的效果如图 24.4.53 所示；在"拉伸"对话框**限制-区域**的**开始**下拉列表框中选择**值**选项，并在其下的**距离**文本框中输入数值-5，在**结束**下拉列表框中选择**值**选项，并在其下的**距离**文本框中输入数值 15；其他参数采用系统默认设置值；单击**< 确定 >**按钮，完成图 24.4.53 所示的拉伸特征 2 的创建。

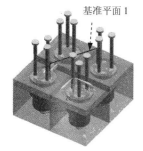

图 24.4.51　基准平面 1

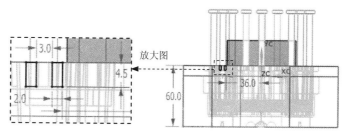

图 24.4.52　截面草图

Step 8 创建顶杆的滑块避开槽 2。

（1）在"注塑模向导"工具条中单击"腔体"按钮 ，系统弹出"腔体"对话框。

（2）定义目标体。选取图 24.4.54 所示的顶杆为目标体，单击中键确认。

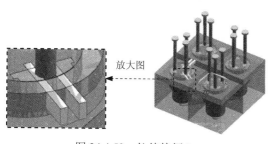

图 24.4.53　拉伸特征 2

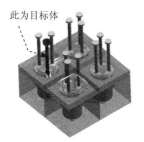

图 24.4.54　定义目标体

（3）定义工具体。在**工具类型**下拉列表框中选择 **实体**选项，选取拉伸特征 2 为工具体。

（4）单击**< 确定 >**按钮，完成顶杆的滑块避开槽 2 的创建。

Step 9 创建基准平面 2。选择下拉菜单**插入(S)** ➡ **基准/点(D)▶** ➡ **□ 基准平面(D)...** 命令，系统弹出"基准平面"对话框；在**类型**区域的下拉列表框中选择 **成一角度**选项；选取 YZ 基准平面为参考平面，选取 ZC 轴为通过轴；在**角度**区域的**角度选项**下拉列表框中选择**值**选项，在**角度**文本框中输入数值 30；单击**< 确定 >**按钮，完成图 24.4.55 所示的基准平面 2 的创建。

Step 10 创建拉伸特征 3（显示坐标系）。选择下拉菜单 插入(S) ➡ 设计特征(E) ➡ 拉伸(E)... 命令；选取基准平面 2 为草图平面；绘制图 24.4.56 所示的截面草图；单击 ✕ 按钮调整拉伸方向，调整后的效果如图 24.4.57 所示；在"拉伸"对话框 限制 区域的 开始 下拉列表框中选择 值 选项，并在其下的 距离 文本框中输入数值-70，在 结束 下拉列表框中选择 值 选项，并在其下的 距离 文本框中输入数值-45；其他参数采用系统默认设置值；单击 < 确定 > 按钮，完成图 24.4.57 所示的拉伸特征 3 的创建。

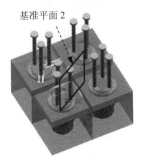

图 24.4.55 基准平面 2

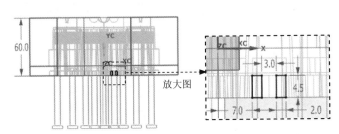

图 24.4.56 截面草图

Step 11 创建顶杆的滑块避开槽 3。

（1）在"注塑模向导"工具条中单击"腔体"按钮 ，系统弹出"腔体"对话框。

（2）定义目标体。选取图 24.4.58 所示的顶杆为目标体，单击中键确认。

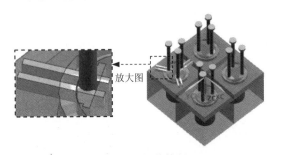

图 24.4.57 拉伸特征 3

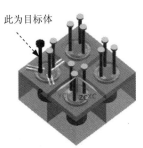

图 24.4.58 定义目标体

（3）定义工具体。在 工具类型 下拉列表框中选择 实体 选项，选取拉伸特征 3 为工具体。

（4）单击 < 确定 > 按钮，完成顶杆的滑块避开槽 3 的创建。

Step 12 移动至图层。

（1）定义移动对象。选取拉伸特征 1、拉伸特征 2 和拉伸特征 3 为移动对象。

（2）移动至图层。选择下拉菜单 格式(R) ➡ 移动至图层(M)... 命令，系统弹出"图层移动"对话框。

（3）在 目标图层或类别 文本框中输入数值 10，单击 确定 按钮，退出"图层移动"对话框。

Step 13 创建顶杆避开槽（显示所有组件）。

（1）在"注塑模向导"工具条中单击"腔体"按钮 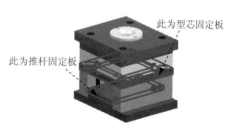 ，系统弹出"腔体"对话框。

（2）定义目标体。选取图 24.4.59 所示的型芯固定板和推杆固定板为目标体，单击中键确认。

此为型芯固定板

此为推杆固定板

（3）定义工具体。选取所有顶杆为工具体。

（4）单击 确定 按钮，完成顶杆避开槽的创建。

图 24.4.59　定义目标体

Task11. 模具后处理

Step 1　添加弹簧（显示所有的组件）。

（1）在"注塑模向导"工具条中单击"标准件库"按钮 ，系统弹出"标准件管理"对话框。在 文件夹视图 区域的模型树中选中 FUTABA_MM 节点下的 Springs 选项，在 成员视图 列表中选择 Spring [M-FSB] 选项，系统弹出信息窗口。在 详细信息 区域中选择 DIAMETER 选项，在后面的下拉列表框中选择 21.5，在 CATALOG_LENGTH 下拉列表框中选择 40 选项，在 DISPLAY 下拉列表框中选择 DETAILED 选项，取消选中 □ 关联位置 复选框。

（2）定义放置面。在 放置 区域激活 ✳ 选择面或平面 (0) ，选取图 24.4.60 所示的面为放置面，单击 确定 按钮，系统弹出 "点" 对话框。在 类型 区域的下拉列表框中选择 ◉ 圆弧中心/椭圆中心/球心 选项，选取图 24.4.61 所示的 4 个圆弧，系统返回至 "点" 对话框。

（3）单击 取消 按钮，完成弹簧的添加，如图 24.4.62 所示。

选取此面

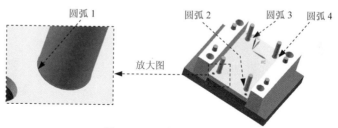

圆弧 1

放大图

圆弧 2　圆弧 3　圆弧 4

图 24.4.60　定义放置面

图 24.4.61　定义弹簧中心

Step 2　创建弹簧避开槽（显示所有零件）。

（1）在"注塑模向导"工具条中单击"腔体"按钮 ，系统弹出"腔体"对话框。

（2）定义目标体。选取图 24.4.63 所示的型芯固定板为目标体，单击中键确认。

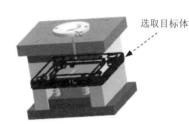

选取目标体

图 24.4.62　弹簧

图 24.4.63　选择目标体

（3）定义工具体。在 工具类型 下拉列表框中选择 组件 选项，选取所有弹簧（共 4 个）为工具体。

（4）单击 确定 按钮，完成弹簧避开槽的后处理。

Step 3 添加开闭器。

（1）在"注塑模向导"工具条中单击"标准件库"按钮 ，系统弹出"标准件管理"对话框。在 文件夹视图 区域的模型树中选择 FUTABA_MM 节点下的 Pull Pin 选项，在 成员视图 列表中选择 M-PLL 选项，系统弹出信息窗口，在 详细信息 区域中选择 DIAMETER 选项，在后面的下拉列表框中选择 16 选项，取消选中 关联位置 复选框。

（2）定义放置面。在 放置 区域激活 选择面或平面 (0)，选取图 24.4.64 所示的面为放置面，单击 确定 按钮，系统弹出"点"对话框。

（3）在 输出坐标 区域的 XC、YC 和 ZC 文本框中分别输入数值-80、30 和 0，单击 确定 按钮，系统重新弹出"点"对话框；在 输出坐标 区域的 XC、YC 和 ZC 文本框中分别输入数值 -80、-30 和 0，单击 确定 按钮，系统重新弹出"点"对话框；在 输出坐标 区域的 XC、YC 和 ZC 文本框中分别输入数值 80、-30 和 0，单击 确定 按钮，系统重新弹出"点"对话框；在 输出坐标 区域的 XC、YC 和 ZC 文本框中分别输入数值 80、30 和 0，单击 确定 按钮，系统重新弹出"点"对话框。

（4）单击 取消 按钮，完成开闭器的添加，如图 24.4.65 所示。

图 24.4.64 定义放置面

图 24.4.65 开闭器

Step 4 创建开闭器避开槽（显示所有零件）。

（1）在"注塑模向导"工具条中单击"腔体"按钮 ，系统弹出"腔体"对话框。

（2）定义目标体。选取图 24.4.66 所示的型芯固定板和型腔固定板为目标体，单击中键确认。

（3）定义工具体。选取四个开闭器为工具体。

（4）单击 确定 按钮，完成开闭器避开槽的创建。

Step 5 保存文件。选择下拉菜单 文件(F) ➡ 全部保存(V) 命令，保存所有文件。

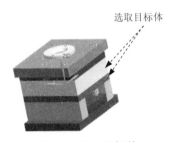
图 24.4.66 目标体

24.5 应用 5——一模两件模具设计

24.5.1 概述

一模两件模具设计是比较巧妙的方法，通过这种方法可以实现只开一次模具就得到两款不同的产品。这样就可以节省一套模具的设计成本。在本应用中，不仅介绍了模具结构设计的一般过程，而且还介绍了抽芯机构的设计，并详细讲解了一模两件模具的设计思路，在学习本应用时，应认真体会一模两件模具设计的方法和技巧。

24.5.2 技术要点分析

（1）两种不同产品的加载。

（2）两种不同产品的收缩率、坐标系、工件及分型的操作。

（3）在创建分型面时，编辑分型段中"选择过渡曲线"的运用方法。

（4）S 形流道的设计方法及矩形浇口的创建。

（5）在模架中添加滑块与斜导柱的参数设置。

24.5.3 设计过程

本应用的塑件模型及模具设计结果如图 24.5.1 所示，以下是具体操作过程。

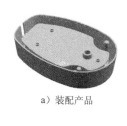

a）装配产品

b）产品上壳

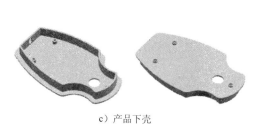

c）产品下壳

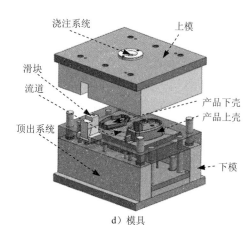

d）模具

图 24.5.1 一模两件模具设计

Task1. 引入产品上壳

Step 1 加载模型。在"注塑模向导"工具条中单击"初始化项目"按钮 ，系统弹出"打开"对话框，选择 D:\ug85mo\work\ch24.05\base_top_cover.prt 文件，单击 OK 按钮，调入模型，系统弹出"初始化项目"对话框。

Step 2 定义项目单位。在"初始化项目"对话框的 设置 区域的 项目单位 下拉列表框中选择 毫米 选项。

Step 3 设置项目路径和名称。接受系统默认的项目路径；在"初始化项目"对话框的 项目设置 区域的 Name 文本框中输入 Bottle_mold。

Step 4 在该对话框中单击 确定 按钮，结果如图 24.5.2 所示。

Task2. 引入产品下壳

在"注塑模向导"工具条中单击"初始化项目"按钮 ，系统弹出"打开"对话框，选择 D:\ug85mo\work\ch24.05\base_down_cover.prt 文件，单击 OK 按钮，系统弹出"部件名管理"对话框，单击 确定 按钮。加载后的下壳如图 24.5.3 所示。

图 24.5.2　引入产品上壳

图 24.5.3　引入产品下壳

Task3. 设置收缩率

Step 1 设置活动部件。单击"注塑模向导"工具条中的"多腔模设计"按钮 ，此时系统弹出图 24.5.4 所示的"多腔模设计"对话框；在该对话框中选择 base_top_cover ，单击 确定 按钮。

Step 2 定义产品上壳收缩率。在"注塑模向导"工具条中单击"收缩率"按钮 ，产品模型高亮显示，同时系统弹出"缩放体"对话框；在"缩放体"对话框的 类型 下拉列表框中选择 均匀 选项；在 比例因子 区域的 均匀 文本框中输入数值 1.006；单击 确定 按钮，完成产品上壳收缩率的设置。

图 24.5.4　"多腔模设计"对话框

Step 3 设置活动部件。单击"注塑模向导"工具条中的"多腔模设计"按钮 ，系统弹出"多腔模设计"对话框，在该对话框中选择 base_down_cover ，单击 确定 按钮。

Step 4 定义产品下壳收缩率。在"注塑模向导"工具条中单击"收缩率"按钮 ，系统弹出"缩放体"对话框，在该对话框的 类型 下拉列表框中选择 均匀 选项，在"比例"对话框 比例因子 区域的 均匀 文本框中输入数值 1.006，单击 确定 按钮，完成产品下壳收缩率的设置。

Task4. 模具坐标系

Step 1 参照 Task3 中的 Step1 的操作步骤，确定当前活动部件为 base_top_cover 零件。

Step 2 定向坐标系。选择下拉菜单 格式(R) ➡ WCS▶ ➡ 定向(N)... 命令，系统弹出 CSYS 对话框。在 类型 下拉列表框中选择 自动判断 选项，然后选取图 24.5.5 所示的实体表面为参照（选择范围是整个装配）。单击 确定 按钮，完成坐标系的定向。

Step 3 旋转模具坐标系。选择下拉菜单 格式(R) ➡ WCS▶ ➡ 旋转(R)... 命令，系统弹出"旋转 WCS 绕..."对话框，选择 ⊙ +YC 轴 单选按钮，在 角度 文本框中输入值 180，单击 确定 按钮，定义后的坐标系如图 24.5.6 所示。

Step 4 锁定模具坐标系。在"注塑模向导"工具条中单击"模具 CSYS"按钮 ，系统弹出"模具 CSYS"对话框，选择 ⊙ 当前 WCS 单选按钮，单击 确定 按钮，完成坐标系的定义。

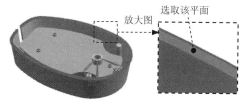

图 24.5.5 定向坐标系

图 24.5.6 旋转后的模具坐标系

Step 5 确定当前活动部件为 base_down_cover 零件。

Step 6 定向坐标系。选择下拉菜单 格式(R) ➡ WCS▶ ➡ 定向(N)... 命令，系统弹出 CSYS 对话框。在 类型 下拉列表框中选择 自动判断 选项，然后选取图 24.5.7 所示的实体表面为参照（选择范围是整个装配）。单击 确定 按钮，完成坐标系的定向。

Step 7 旋转模具坐标系。选择下拉菜单 格式(R) ➡ WCS▶ ➡ 旋转(R)... 命令，系统弹出"旋转 WCS 绕..."对话框。在弹出的对话框中选择 ⊙ +YC 轴 单选按钮，在 角度 文本框中输入值 180。单击 确定 按钮，定义后的坐标系如图 24.5.8 所示。

图 24.5.7 定向坐标系

图 24.5.8 旋转后的模具坐标系

Step 8 锁定模具坐标系。在"注塑模向导"工具条中单击"模具 CSYS"按钮 ，系统弹出"模具 CSYS"对话框，选择 ⊙ 当前 WCS 单选按钮，单击 确定 按钮，完成坐标系的定义。

Task5. 创建模具工件

Step 1 设置活动部件。确定当前活动部件为 base_top_cover 零件。

Step 2 创建产品上壳零件的工件。

（1）在"注塑模向导"工具条中单击"工件"按钮 ◇，系统弹出"工件"对话框。

（2）单击对话框中的"绘制截面"按钮 ⬚，进入草图环境，修改草图尺寸如图 24.5.9 所示。

（3）定义限制尺寸。在"工件"对话框 限制-区域 开始 和 结束 下的 距离 文本框中分别输入值-20 和 70；单击 < 确定 > 按钮，完成产品上壳零件工件的创建。

Step 3 设置活动部件。将活动部件更改为 base_down_cover 。

Step 4 创建产品下壳零件的工件。

（1）在"注塑模向导"工具条中单击"工件"按钮 ◇，系统弹出"工件"对话框。

（2）单击对话框中的 ⬚ 按钮，进入草图环境，修改草图尺寸如图 24.5.10 所示。

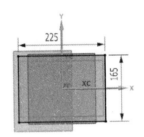

图 24.5.9　修改上壳工件草图尺寸

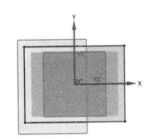

图 24.5.10　修改下壳工件草图尺寸

（3）定义限制尺寸。在"工件"对话框 限制-区域 开始 和 结束 下的 距离 文本框中分别输入值-20 和 70；单击 < 确定 > 按钮，完成产品下壳零件工件的创建，结果如图 24.5.11 所示。

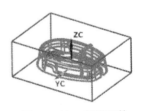

图 24.5.11　产品工件

Task6. 定位工件

Step 1 在"注塑模向导"工具条中单击"型腔布局"按钮 🔲，系统弹出"型腔布局"对话框，此时图形区高亮显示被激活的工件。

Step 2 定位工件。单击"型腔布局"对话框中的"变换"按钮 ⬚，此时系统弹出"变换"对话框；在该对话框的 结果 区域中选择 ⊙ 移动原先的 单选按钮；在 变换类型 下拉列表框中选择 点到点 选项；再选择图 24.5.12 所示的点 1 和点 2；单击 < 确定 > 按钮，此时系统回到"型腔布局"对话框；再单击"自动对准中心"按钮 🔳；结果如图 24.5.13 所示。单击 关闭 按钮，退出"型腔布局"对话框。

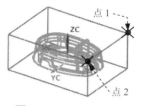

图 24.5.12　定义移动点

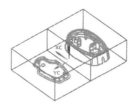

图 24.5.13　定位工件后

Task7. 分型产品上壳零件

Stage1. 检查区域

Step 1　设置活动部件。确定当前活动部件为 base_top_cover 零件。

Step 2　在"注塑模向导"工具条中单击"模具分型工具"按钮 🛠️，系统弹出"模具分型工具"工具条和"分型导航器"界面。

Step 3　在"模具分型工具"工具条中单击"检查区域"按钮 △，系统弹出"检查区域"对话框,并显示图 24.5.14 所示的开模方向。在"检查区域"对话框中选中 ⊙ 保持现有的 单选按钮。

Step 4　计算设计区域。在"检查区域"对话框中单击"计算"按钮 目，系统开始对产品模型进行分析计算。单击"检查区域"对话框中的 面 选项卡,可以查看分析结果。

Step 5　设置区域颜色。在"检查区域"对话框中单击 区域 选项卡,取消选中 □ 内环、□ 分型边 和 □ 不完整的环 三个复选框,然后单击"设置区域颜色"按钮 🎨,设置各区域颜色。

Step 6　定义型腔区域。在对话框的 未定义的区域 区域中选中 ☑ 交叉竖直面 复选框,此时交叉竖直面区域加亮显示,在 指派到区域 区域中选中 ⊙ 型腔区域 单选按钮,单击 应用 按钮。

Step 7　单击 取消 按钮,关闭"检查区域"对话框。

Step 8　创建曲面补片。在"模具分型工具"工具条中单击"曲面补片"按钮 ◇,系统弹出"边缘修补"对话框。在 类型 下拉列表框中选择 🔘 体 选项,然后在图形区中选择产品实体。单击 确定 按钮,系统自动创建曲面补片,结果如图 24.5.15 所示。

说明:如果在曲面修补时,曲面补片未满足要求,这时可将其删除,然后重新修补时单击"切换面侧"按钮 ✕ 即可。

Stage2. 创建区域和分型线

Step 1　在"模具分型工具"工具条中单击"定义区域"按钮 ✕,系统弹出"定义区域"对话框。

Step 2　在"定义区域"对话框的 设置 区域选中 ☑ 创建区域 和 ☑ 创建分型线 复选框,单击 确定 按钮,完成分型线的创建,如图 24.5.16 所示。

说明:图 24.5.16 在显示分型线时已在"分型导航器"中将 □ 🔲 工件线框 与 □ 🔲 产品实体 取消选中。

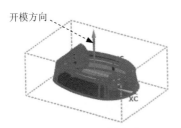

图 24.5.14　开模方向

图 24.5.15　创建曲面补片

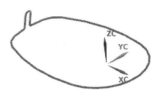

图 24.5.16　创建分型线

Stage3. 创建分型面

Step 1　在"模具分型工具"工具条中单击"设计分型面"按钮，系统弹出"设计分型面"对话框。

Step 2　选取过渡对象。在"设计分型面"对话框 编辑分型段 区域单击"选择过渡曲线"按钮，选取图 24.5.17 所示的圆弧作为过渡对象。单击 应用 按钮，完成分型段的定义。

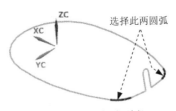

图 24.5.17　定义分型段

Step 3　在"设计分型面"对话框的 设置 区域中接受系统默认的公差值；在图 24.5.18a 中单击"延伸距离"文本，然后在活动的文本框中输入数值 100 并按 Enter 键，结果如图 24.5.18b 所示。

a）修改前　　　　　　　　　　　　　　　　b）修改后

图 24.5.18　延伸距离

Step 4　创建分型面 1。在"设计分型面"对话框中 创建分型面 区域的 方法 下拉列表框中选择 选项，在 拉伸方向 区域的 下拉列表框中选择 XC 选项，在"设计分型面"对话框中单击 应用 按钮，系统返回至"设计分型面"对话框，结果如图 24.5.19 所示。

Step 5　创建分型面 2。在"设计分型面"对话框中 创建分型面 区域的 方法 下拉列表框中选择 选项，然后单击 应用 按钮，系统返回至"设计分型面"对话框，完成图 24.5.20 所示分型面 2 的创建。

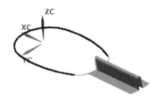

图 24.5.19　创建分型面 1

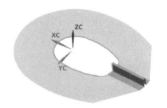

图 24.5.20　创建分型面 2

Stage4. 创建型腔和型芯

Step 1　在"模具分型工具"工具条中单击"定义型腔和型芯"按钮🔲，系统弹出"定义型腔和型芯"对话框。

Step 2　在"定义型腔和型芯"对话框的 选择片体 区域中选择 所有区域，如图 24.5.21 所示，单击 确定 按钮。

图 24.5.21　"定义型腔和型芯"对话框

Step 3　系统弹出"查看分型结果"对话框，并在图形区中显示型腔，如图 24.5.22 所示，单击 确定 按钮；系统再次弹出"查看分型结果"对话框，并在图形区中显示型芯，如图 24.5.23 所示，单击 确定 按钮。

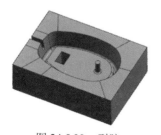

图 24.5.22　型腔

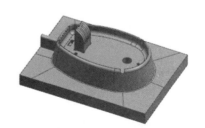

图 24.5.23　型芯

说明：查看型芯型腔的另外一种方法是：选择下拉菜单 窗口(0) ➡ Bottle_mold_core_006.prt，显示型芯零件；选择下拉菜单 窗口(0) ➡ Bottle_mold_cavity_002.prt，显示型腔零件。

Task8. 分型产品下壳零件

Stage1. 设计区域

Step 1　设置活动部件。单击"注塑模向导"工具条中的"多腔模设计"按钮🔯，此时系统弹出"多腔模设计"对话框；在该对话框中选择 base_down_cover，单击 确定 按钮。

Step 2　在"注塑模向导"工具条中单击"模具分型工具"按钮🔩，系统弹出"模具分型工具"工具条和"分型导航器"界面。

Step 3　在"模具分型工具"工具条中单击"检查区域"按钮🔺，系统弹出"检查区域"

对话框，同时模型被加亮，并显示开模方向，如图
24.5.24 所示。在"检查区域"对话框中选中
⦿ 保持现有的 单选按钮。

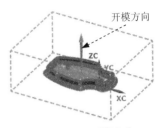

图 24.5.24 开模方向

说明：如图 24.5.24 所示的开模方向，可以通过单击"检
查区域"对话框中的"矢量对话框"按钮 来更改，本应
用由于在建模时已经确定了坐标系，所以系统会自动识别出
产品模型的开模方向。

Step 4 计算设计区域。在"检查区域"对话框中单击"计算"按钮 ，系统开始对产品
模型进行分析计算。可以单击"检查区域"对话框中的 面 选项卡，查看分析结果。

Step 5 设置区域颜色。在"检查区域"对话框中单击 区域 选项卡，取消选中□ 内环、
□ 分型边 和 □ 不完整的环 三个复选框，然后单击"设置区域颜色"按钮 ，设置各区
域颜色。

Step 6 定义型腔区域。在图形区选中如图 24.5.25 所示的模型侧面（共 14 个），在
指派到区域 区域中选中 ⦿ 型腔区域 单选按钮，单击 应用 按钮。将选定的区域面指
派到型腔区域。

Step 7 定义型芯区域。在图形区选中如图 24.5.26 所示的面（共 8 个），在 指派到区域 区域
中选中 ⦿ 型芯区域 单选按钮，单击 应用 按钮。将选定的区域面指派到型芯区域。

Step 8 单击 取消 按钮，关闭"检查区域"对话框。

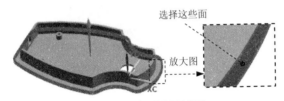

图 24.5.25 定义型腔区域面

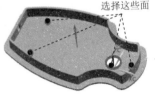

图 24.5.26 定义型芯区域面

Stage2. 创建曲面补片

Step 1 在"模具分型工具"工具条中单击"曲面补片"按钮 ，系统弹出"边缘修补"
对话框。

Step 2 在"边缘修补"对话框的 类型 下拉列表框中选择 体 选项，然后在图形区中选
择产品实体。

Step 3 单击"边缘修补"对话框中的 确定 按钮，系统自动创建曲面补片，结果如图
24.5.27 所示。

Stage3. 创建区域和分型线

Step 1 在"模具分型工具"工具条中单击"定义区域"按钮 ，系统弹出"定义区域"

对话框。

Step 2 在"定义区域"对话框的 设置 区域选中 ☑ 创建区域 和 ☑ 创建分型线 复选框,单击 确定 按钮,完成分型线的创建,如图 24.5.28 所示。

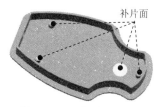

图 24.5.27 创建曲面补片

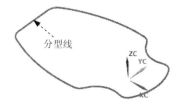

图 24.5.28 创建分型线

说明:图 24.5.28 在显示分型线时已在"分型导航器"中将 □ 工件线框 与 □ 产品实体 取消选中。

Stage4. 创建分型面

Step 1 在"模具分型工具"工具条中单击"设计分型面"按钮,系统弹出"设计分型面"对话框。

Step 2 选取过渡对象。在"设计分型面"对话框 编辑分型段 区域中单击"选择过渡曲线"按钮,选取图 24.5.29 所示的圆弧作为过渡对象。

Step 3 在"设计分型面"对话框中单击 应用 按钮,完成分型段的定义。

Step 4 拉伸分型面 1。在"设计分型面"对话框中 创建分型面 区域的 方法 下拉列表框中选择 □ 选项,在 ☑ 拉伸方向 区域的 ⬇· 下拉列表框中选择 XC 选项,在"设计分型面"对话框中单击 应用 按钮,结果如图 24.5.30 所示。

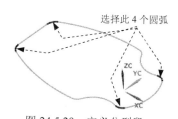

图 24.5.29 定义分型段

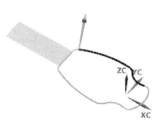

图 24.5.30 拉伸分型面 1

说明:拉伸分型面时,注意延伸的距离值要超出工件的大小。

Step 5 拉伸分型面 2。在 ☑ 拉伸方向 区域的 ⬇· 下拉列表框中选择 YC 选项,在"设计分型面"对话框中单击 应用 按钮,完成图 24.5.31 所示拉伸分型面 2 的创建。

Step 6 拉伸分型面 3。在 ☑ 拉伸方向 区域的 ⬇· 下拉列表框中选择 XC 选项,在"设计分型面"对话框中单击 应用 按钮,完成图 24.5.32 所示拉伸分型面 3 的创建。

Step 7 拉伸分型面 4。在 ☑ 拉伸方向 区域的 ⬇· 下拉列表框中选择 YC 选项,在"设计分型面"对话框中单击 应用 按钮,完成图 24.5.33 所示拉伸分型面 4 的创建。

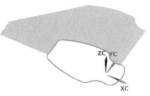

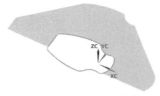

图 24.5.31　拉伸分型面 2　　　　图 24.5.32　拉伸分型面 3　　　　图 24.5.33　拉伸分型面 4

Step 8　在"设计分型面"对话框中单击 取消 按钮，此时系统返回"模具分型工具"
工具条。

Stage5.　创建型腔和型芯

Step 1　在"模具分型工具"工具条中单击"创建型腔和型芯"按钮 ，系统弹出"定义
型腔和型芯"对话框。

Step 2　在"定义型腔和型芯"对话框的 选择片体 区域中选择 所有区域 ，单击 确定 按钮。

Step 3　系统弹出"查看分型结果"对话框，并在图形区中显示型腔，如图 24.5.34 所示，
单击 确定 按钮；系统再次弹出"查看分型结果"对话框，并在图形区中显示
型芯，如图 24.5.35 所示，单击 确定 按钮。

图 24.5.34　型腔零件　　　　　　　　　　图 24.5.35　型芯零件

Step 4　查看型芯和型腔的另外一种方法是：选择下拉菜单 窗口(O) ➡ Bottle_mold_core_028.prt ，
显示型芯零件；选择下拉菜单 窗口(O) ➡ Bottle_mold_cavity_026.prt ，显示型腔零件。

Task9.　创建型腔滑块

Step 1　选择下拉菜单 窗口(O) ➡ Bottle_mold_cavity_026.prt ，系统在图形区中显示出型腔
工作零件。

Step 2　创建拉伸特征。选择下拉菜单 插入(S) ➡ 设计特征(E) ➡ 拉伸(E)... 命令；
选取图 24.5.36 所示的模型表面为草图平面；绘制图 24.5.37 所示的截面草图。在
"拉伸"对话框 限制 区域的 开始 下拉列表框中选择 值 选项，并在其下的 距离 文
本框中输入值 0，在 结束 下拉列表框中选择 直至延伸部分 选项，然后选择图 24.5.38
所示的面为参照；在 布尔 区域的 布尔 下拉列表框中选择 无 选项；其他参数采
用系统默认设置；在"拉伸"对话框中单击 <确定> 按钮，完成拉伸特征的创建，
结果如图 24.5.39 所示。

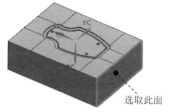

图 24.5.36　定义草图平面

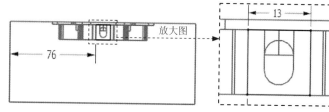

图 24.5.37　截面草图

Step 3　创建求交特征。选择下拉菜单 插入(S) ➡ 组合(B) ▶ ➡ 求交(I)... 命令，系统弹出"求交"对话框；选取型腔为目标体；选取图 24.5.39 所示的特征为工具体，并选中 ☑ 保存目标 复选框，同时取消选中 ☐ 保存工具 复选框；单击 〈 确定 〉 按钮，完成求交特征的创建。

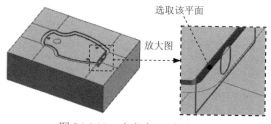

图 24.5.38　定义参照平面

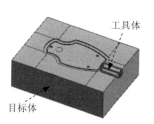

图 24.5.39　选取特征

Step 4　求差特征。选择下拉菜单 插入(S) ➡ 组合(B) ▶ ➡ 求差(S)... 命令，此时系统弹出"求差"对话框；选取型腔为目标体；选取 Step3 中创建的求交特征为工具体，并选中 ☑ 保存工具 复选框；单击 〈 确定 〉 按钮，完成求差特征的创建。

Step 5　将滑块转化为型腔子零件。

（1）单击资源工具条区中的 ┠ 按钮，系统弹出"装配导航器"界面，在该界面空白处右击，然后在弹出的快捷菜单中选择 WAVE 模式 选项。

（2）在"装配导航器"界面中右击 ☑ ⬡ Bottle_mold_cavity_026 图标，在弹出的快捷菜单中选择 WAVE▶ ➡ 新建级别 命令，系统弹出"新建级别"对话框。

（3）在"新建级别"对话框中单击 指定部件名 按钮，在弹出的"选择部件名"对话框的 文件名(N): 文本框中输入 Bottle_mold_slide.prt，单击 OK 按钮，系统返回至"新建级别"对话框。

（4）在"新建级别"对话框中单击 类选择 按钮，选择图形区中的滑块，单击两次 确定 按钮。

Step 6　移动至图层。在"装配导航器"中取消选中滑块零件 ☑ ⬡ Bottle_mold_slide，在图形区中选择刚创建的滑块；选择下拉菜单 格式(R) ➡ 移动至图层(M)... 命令，系统弹出"图层移动"对话框；在 图层 区域中选择 100，单击 确定 按钮，退出"图层移动"对话框；在"装配导航器"中显示隐藏的滑块零件 ☑ ⬡ Bottle_mold_slide。

24
Chapter

Task10. 创建型芯镶件

Step 1　切换窗口。选择下拉菜单 窗口(0) ➡ Bottle_mold_core_028.prt ，显示型芯零件。

Step 2　创建拉伸特征 1。选择下拉菜单 插入(S) ➡ 设计特征(E) ➡ 📖 拉伸(E)... 命令，系统弹出"拉伸"对话框；选取图 24.5.40 所示的模型表面为草图平面；选择下拉菜单 插入(S) ➡ 处方曲线(U) ▶ ➡ 📉 投影曲线(I)... 命令，系统弹出"投影曲线"对话框；选取图 24.5.41 所示的圆弧为投影对象；单击 确定 按钮完成投影曲线；在"拉伸"对话框 限制 区域的 开始 下拉列表框中选择 📉 值 选项，并在其下的 距离 文本框中输入值 0，在 限制 区域的 结束 下拉列表框中选择 ◆ 直至延伸部分 选项，选取图 24.5.42 所示的面为延伸对象；在 布尔 区域的 布尔 下拉列表框中选择 📉 无 选项；在"拉伸"对话框中单击 < 确定 > 按钮，完成拉伸特征 1 的创建。

图 24.5.40　草图平面　　　　　　　　图 24.5.41　选取投影曲线

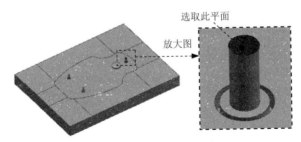

图 24.5.42　定义延伸面

Step 3　创建拉伸特征 2。选择下拉菜单 插入(S) ➡ 设计特征(E) ➡ 📖 拉伸(E)... 命令，选取图 24.5.42 所示的模型表面为草图平面，绘制图 24.5.43 所示的截面草图；在"拉伸"对话框 限制 区域的 开始 下拉列表框中选择 📉 值 选项，并在其下的 距离 文本框中输入值 0，在 限制 区域的 结束 下拉列表框中选择 📉 值 选项，并在其下的 距离 文本框中输入值 4；单击 ✗ 按钮，在 布尔 区域的下拉列表框中选择 📉 无 选项；在"拉伸"对话框中单击 < 确定 > 按钮，完成拉伸特征 2 的创建。

Step 4　创建求和特征 1。选择下拉菜单 插入(S) ➡ 组合(B) ▶ ➡ 📉 求和(U)... 命令，系统弹出"求和"对话框；选取图 24.5.44 所示的目标体对象；选取图 24.5.44 所示的工具体对象。

说明：在创建求和特征时，应分别合并 3 次；为了便于操作，可将型芯隐藏。

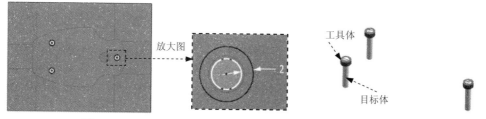

图 24.5.43　截面草图　　　　　　　　　　图 24.5.44　创建求和特征 1

Step 5 创建求交特征 1。选择下拉菜单 插入(S) ➡ 组合(B) ▸ ➡ 🔂 求交(I)... 命令，系统弹出"求交"对话框；选取图 24.5.45 所示的目标体特征；选取上步创建的求和特征 1 为工具体，并选中 ☑ 保存目标 复选框；单击 < 确定 > 按钮，完成求交特征 1 的创建，隐藏目标体结果如图 24.5.46 所示。

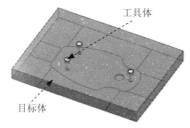

图 24.5.45　创建求交特征 1

图 24.5.46　求交结果

Step 6 参照 Step5 的操作步骤创建其余两个求交特征。

Step 7 创建求差特征 1。选择下拉菜单 插入(S) ➡ 组合(B) ▸ ➡ 🔂 求差(S)... 命令，系统弹出"求差"对话框；选取型芯为目标体，选择图 24.5.47 所示的 3 个对象为工具体；在设置区域选中 ☑ 保存工具 复选框；单击 确定 按钮完成求差特征 1 的创建。参照前面的操作步骤创建其余两个求差特征。

Step 8 将镶件转化为型芯子零件。

（1）单击资源工具条区中的 📄– 按钮，系统弹出"装配导航器"界面，在该界面空白处右击，然后在弹出的快捷菜单中选择 WAVE 模式 选项。

（2）在"装配导航器"界面中右击 ☑ 🗂 Bottle_mold_core_028 图标，在弹出的快捷菜单中选择 WAVE▸ ➡ 新建级别 命令，系统弹出"新建级别"对话框。

（3）在"新建级别"对话框中单击 指定部件名 按钮，在弹出的"选择部件名"对话框的 文件名(N): 文本框中输入 Bottle_mold_insert01.prt，单击 OK 按钮，系统返回至"新建级别"对话框。

（4）在"新建级别"对话框中单击 类选择 按钮，选择图 24.5.48 所示的镶件 01，单击两次 确定 按钮。

（5）用同样的方法添加其余两个镶件。

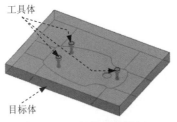

图 24.5.47 创建求差特征 1

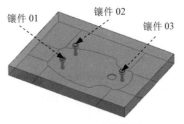

图 24.5.48 选取镶件

Step 9 移动至图层。在"装配导航器"界面中取消选中镶件零件，如图 24.5.49 所示，再在图形区中选择创建的三个镶件；选择下拉菜单 格式(R) ➡ 移动至图层(M)... 命令，系统弹出"图层移动"对话框；在 图层 区域中选择 100，单击 确定 按钮，退出"图层移动"对话框；再在"装配导航器"界面中选择镶件零件，如图 24.5.50 所示。

📁 截面
└─ ☑ Bottle_mold_core_028
　　├─ ☑ Bottle_mold_insert01
　　├─ ☑ Bottle_mold_insert02
　　└─ ☑ Bottle_mold_insert03

图 24.5.49 取消选中镶件

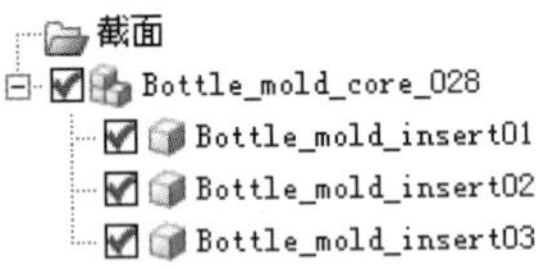

📁 截面
└─ ☑ Bottle_mold_core_028
　　├─ ☑ Bottle_mold_insert01
　　├─ ☑ Bottle_mold_insert02
　　└─ ☑ Bottle_mold_insert03

图 24.5.50 选择镶件

Task11. 创建上壳型芯镶件

Step 1 确定当前活动部件为 base_top_cover 零件。选择下拉菜单 窗口(O) ➡ Bottle_mold_core_006.prt，系统在图形区中显示出型芯工作零件。

Step 2 创建拉伸特征 1。选择下拉菜单 插入(S) ➡ 设计特征(E) ➡ 拉伸(E)...命令，系统弹出"拉伸"对话框；选取图 24.5.51 所示的模型表面为草图平面，单击 确定 按钮；选择下拉菜单 插入(S) ➡ 处方曲线(U) ▶ ➡ 投影曲线(J)...命令，系统弹出"投影曲线"对话框；选取图 24.5.52 所示的圆弧为投影对象；单击 确定 按钮完成投影曲线；在"拉伸"对话框 限制-区域的 开始 下拉列表框中选择 值 选项，并在其下的 距离 文本框中输入值 0，在 限制-区域的 结束 下拉列表框中选择 直至延伸部分 选项，选取图 24.5.53 所示的面为延伸对象；在 布尔 区域的 布尔 下拉列表框中选择 无 选项；在"拉伸"对话框中单击〈确定〉按钮，完成拉伸特征 1 的创建。

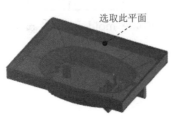

图 24.5.51 草图平面

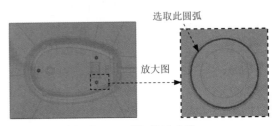

图 24.5.52 选取投影曲线

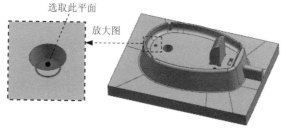

图 24.5.53　定义延伸面

Step 3　创建拉伸特征 2。选择下拉菜单 插入(S) ➡ 设计特征(E) ➡ 拉伸(E)... 命令，选取图 24.5.54 所示的模型表面为草图平面，绘制图 24.5.55 所示的截面草图；在"拉伸"对话框 限制-区域的 开始 下拉列表框中选择 值 选项，并在其下的 距离 文本框中输入值 0，在 限制-区域的 终点 下拉列表框中选择 值 选项，并在其下的 距离 文本框中输入值-10；其他参数采用系统默认设置；在"拉伸"对话框中单击 < 确定 > 按钮，完成拉伸特征 2 的创建。

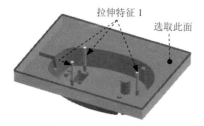

图 24.5.54　拉伸特征 1

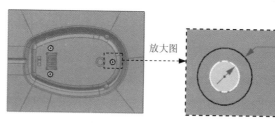

图 24.5.55　截面草图

Step 4　创建求和特征。选择下拉菜单 插入(S) ➡ 组合(B) ▸ ➡ 求和(U)... 命令，系统弹出"求和"对话框；选取图 24.5.56 所示的目标体对象；选取图 24.5.56 所示的工具体对象。

图 24.5.56　创建求和特征

说明： 在创建求和特征时，应分别合并 3 次；为了便于操作，可将型芯隐藏。

Step 5　创建求交特征 1。选择下拉菜单 插入(S) ➡ 组合(B) ▸ ➡ 求交(I)... 命令，系统弹出"求交"对话框；选取图 24.5.57 所示的目标体特征；选取图 24.5.57 所示的工具体特征，并选中 ☑ 保存目标 复选框；单击 < 确定 > 按钮，完成求交特征 1 的创建，隐藏目标体，结果如图 24.5.58 所示。

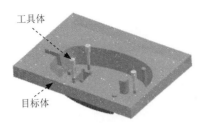

图 24.5.57　创建求交特征

图 24.5.58　求交结果

Step 6　参照 Step5 的操作步骤创建其余两个求交特征。

Step 7　创建求差特征 1。选择下拉菜单 插入(S) ➡ 组合(B) ▸ ➡ 求差(S)... 命令，系统弹出"求差"对话框；选择型芯为目标体，选择图 24.5.59 所示的工具体对象；在 设置 区域选中 ☑ 保存工具 复选框；单击 < 确定 > 按钮完成求差特征 1 的创建。参照前面的操作步骤创建其余两个求差特征。

Step 8　将镶件转化为型芯子零件。

（1）单击资源工具条区中的 按钮，系统弹出"装配导航器"界面，在该界面空白处右击，然后在弹出的快捷菜单中选择 WAVE 模式 选项。

（2）在"装配导航器"界面中右击 ☑ Bottle_mold_core_006 图标，在弹出的快捷菜单中选择 WAVE▸ ➡ 新建级别 命令，系统弹出"新建级别"对话框。

（3）在"新建级别"对话框中单击 指定部件名 按钮，在弹出的"选择部件名"对话框的 文件名(N): 文本框中输入 Bottle_mold_insert04.prt，单击 OK 按钮，系统返回至"新建级别"对话框。

（4）在"新建级别"对话框中单击 类选择 按钮，选择图 24.5.60 所示的镶件 1，单击两次 确定 按钮。

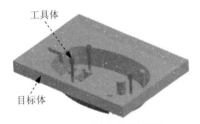

图 24.5.59　创建求差特征

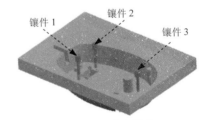

图 24.5.60　选取镶件 1

（5）用同样的方法添加其余两个镶件。

Step 9　移动至图层。在"装配导航器"界面取消选中镶件零件，如图 24.5.61 所示，再在图形区中选择创建的 3 个镶件；选择下拉菜单 格式(R) ➡ 移动至图层(M)... 命令，系统弹出"图层移动"对话框；在 图层 区域中选择 100，单击 确定 按钮，退出"图层移动"对话框；再在"装配导航器"中选择镶件零件，如图 24.5.62 所示。

```
截面                                    截面
☑ Bottle_mold_core_006              ☑ Bottle_mold_core_006
   ☐ Bottle_mold_insert04              ☑ Bottle_mold_insert04
   ☐ Bottle_mold_insert05              ☑ Bottle_mold_insert05
   ☐ Bottle_mold_insert06              ☑ Bottle_mold_insert06
```

图 24.5.61　取消选中镶件　　　　　　　图 24.5.62　选择镶件

Task12. 创建上壳型腔镶件

Step 1　选择下拉菜单 窗口(U) ➡ Bottle_mold_cavity_002.prt ，系统在图形区中显示出型腔工作零件。

Step 2　创建拉伸特征 1。选择下拉菜单 插入(S) ➡ 设计特征(E) ➡ 拉伸(E)...命令，选取图 24.5.63 所示的模型表面为草图平面，选择下拉菜单 插入(S) ➡ 处方曲线(U) ▶ ➡ 投影曲线(I)...命令，系统弹出"投影曲线"对话框；选取图 24.5.64 所示的圆弧为投影对象；单击 确定 按钮完成投影曲线；在"拉伸"对话框限制-区域的开始下拉列表框中选择 值 选项，并在其下的距离文本框中输入值 0，在限制-区域的结束下拉列表框中选择 直至延伸部分 选项，选取图 24.5.65 所示的面为延伸对象；在布尔区域的布尔下拉列表框中选择 无 选项；在"拉伸"对话框中单击 < 确定 > 按钮，完成拉伸特征 1 的创建。

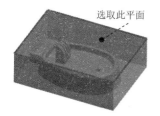

图 24.5.63　草图平面

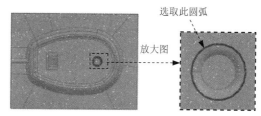

图 24.5.64　选取投影曲线

Step 3　创建拉伸特征 2。选择下拉菜单 插入(S) ➡ 设计特征(E) ➡ 拉伸(E)...命令，选取图 24.5.65 所示的模型表面为草图平面，绘制图 24.5.66 所示的截面草图。在"拉伸"对话框限制-区域的开始下拉列表框中选择 值 选项，并在其下的距离文本框中输入值 0，在限制-区域的终点下拉列表框中选择 值 选项，并在其下的距离文本框中输入值-10；在布尔区域的布尔下拉列表框中选择 求和 选项，选取拉伸特征 1 为求和对象；在"拉伸"对话框中单击 < 确定 > 按钮，完成拉伸特征 2 的创建。

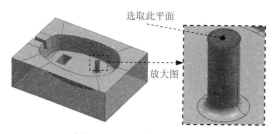

图 24.5.65　定义延伸面

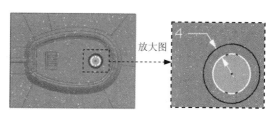

图 24.5.66　截面草图

Step 4　创建求交特征 1。选择下拉菜单 插入(S) ➡ 组合(B) ▶ ➡ 求交(I)... 命令，系统弹出"求交"对话框；选取图 24.5.67 所示的目标体特征；选取图 24.5.67 所示的工具体特征，并选中 ☑ 保存目标 复选框；单击 < 确定 > 按钮，完成求交特征 1 的创建，隐藏目标体，结果如图 24.5.68 所示。

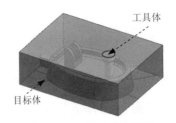

图 24.5.67　创建求交特征

图 24.5.68　求交结果

Step 5　创建求差特征 1。选择下拉菜单 插入(S) ➡ 组合(B) ▶ ➡ 求差(S)... 命令，系统弹出"求差"对话框；选择型芯为目标体，选择图 24.5.69 所示的工具体对象；在 设置 区域选中 ☑ 保存工具 复选框；单击 < 确定 > 按钮完成求差特征 1 的创建。

Step 6　将镶件转化为型芯子零件。

（1）单击资源工具条区中的 按钮，系统弹出"装配导航器"界面，在该界面空白处右击，然后在弹出的快捷菜单中选择 WAVE 模式 选项。

（2）在"装配导航器"界面中右击 ☑ Bottle_mold_cavity_002 图标，在弹出的快捷菜单中选择 WAVE▶ ➡ 新建级别 命令，系统弹出"新建级别"对话框。

（3）在"新建级别"对话框中单击 指定部件名 按钮，在弹出的"选择部件名"对话框的 文件名(N): 文本框中输入 Bottle_mold_insert07.prt，单击 OK 按钮，系统返回至"新建级别"对话框。

（4）在"新建级别"对话框中单击 类选择 按钮，选择图 24.5.70 所示的镶件，单击两次 确定 按钮。

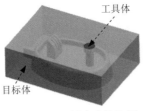

图 24.5.69　创建求差特征

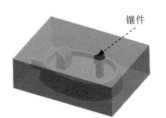

图 24.5.70　选取镶件

Step 7　移动至图层。在"装配导航器"界面取消选中镶件零件 ☑ Bottle_mold_insert07 的显示，再在图形区中选择创建的镶件；选择下拉菜单 格式(R) ➡ 移动至图层(M)... 命令，系统弹出"图层移动"对话框；在 图层 区域中选择 100，单击 确定 按钮，退出"图层移动"对话框；再在"装配导航器"中选择镶件零件☑️⬜Bottle_mold_insert07。

Task13. 添加模架

Stage1. 模架的加载和编辑

Step 1　选择下拉菜单 窗口(O) ➡️ Bottle_mold_top_000.prt 命令，在"装配导航器"界面中将部件转换成工作部件。

Step 2　在"注塑模向导"工具条中单击"模架库"按钮▤，系统弹出"模架设计"对话框。

Step 3　选择目录和类型。在 目录 下拉列表框中选择 LKM_SG 选项，然后在 类型 下拉列表框中选择 C 选项。

Step 4　定义模架的编号及标准参数。在模型编号的列表中选择 3545；在标准参数区域中选择相应的参数，结果如图 24.5.71 所示。

Step 5　在"模架设计"对话框中，单击 确定 按钮，加载后的模架如图 24.5.72 所示。

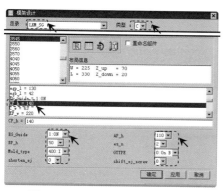

图 24.5.71　"模架设计"对话框

图 24.5.72　模架加载后

Stage2. 创建模仁腔体

Step 1　在"注塑模向导"工具条中单击"型腔布局"按钮 🔳，系统弹出"型腔布局"对话框。

Step 2　在"型腔布局"对话框中单击"编辑插入腔"按钮◈，此时系统弹出"插入腔体"对话框。

Step 3　在"插入腔体"对话框的 R 下拉列表框中选择 5，然后在 type 下拉列表框中选择 1，单击 确定 按钮；返回至"型腔布局"对话框，单击 关闭 按钮，完成模仁腔体的创建，结果如图 24.5.73 所示。

腔体

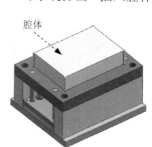

图 24.5.73　创建模仁腔体

Stage3. 在动模板上开槽

Step 1　单击资源工具条区中的 ⬚ 按钮，在展开的"装配导航器"界面中单击☑️⬜Bottle_mold_moldbase_mm_036 图标前的节点。

Step 2　在展开的组件中取消选中☑️⬜Bottle_mold_fixhalf_039 选项，将定模侧模架组件隐藏。

Step 3 在"注塑模向导"工具条中单击"腔体"按钮 ，系统弹出"腔体"对话框；在 模式 下拉列表框中选择 减去材料 选项，在 刀具 区域的 工具类型 下拉列表框中选择 组件 ，选取图 24.5.74 所示的动模板为目标体，然后单击中键；最后选取图 24.5.74 所示的腔体为工具体，单击 确定 按钮。

说明：观察结果时，可将模仁和腔体隐藏起来，结果如图 24.5.75 所示。

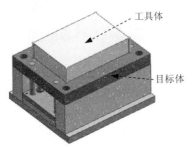

图 24.5.74　定义选取特征

图 24.5.75　动模板开槽

Stage4. 在定模板上开槽

Step 1 展开"装配导航器"界面，单击 ☑ Bottle_mold_moldbase_mm_036 图标前的节点。

Step 2 在展开的组件中选中 ☑ Bottle_mold_fixhalf_039 选项，将定模侧模架组件显示出来，同时在展开的组件中取消选中 ☑ Bottle_mold_movehalf_043 选项，将动模侧模架组件隐藏。

Step 3 在"注塑模向导"工具条中单击"腔体"按钮 ，系统弹出"腔体"对话框；在 模式 下拉列表框中选择 减去材料 选项，在 刀具 区域的 工具类型 下拉列表框中选择 组件 选项；选取图 24.5.76 所示的定模板为目标体，然后单击中键；然后选取图 24.5.76 所示的腔体为工具体，单击 确定 按钮。

说明：观察结果时，可将模仁和腔体隐藏起来，结果如图 24.5.77 所示。

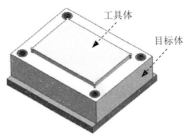

图 24.5.76　定义选取特征

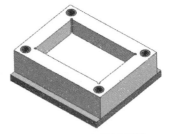

图 24.5.77　定模板开槽

Task14. 添加标准件

Stage1. 加载定位圈

Step 1 将动模侧模架和模仁组件显示出来。

Step 2 在"注塑模向导"工具条中单击"标准件库"按钮 ，系统弹出"标准件管理"

对话框，如图 24.5.78 所示。

Step 3　定义定位圈类型和参数。在"标准件管理"对话框的 文件夹视图 列表区域中展开
　　　　⊞ FUTABA_MM 节点，然后选择 Locating Ring Interchangeable 选项；在 成员视图 列表
　　　　区域中选择 Locating Ring 选项；系统弹出图 24.5.79 所示的"信息"窗口，在 TYPE
　　　　下拉列表框中选择 M_LRB 选项，在 DIAMETER 下拉列表框中选择 100 选项，在
　　　　BOTTOM_C_BORE_DIA 下拉列表框中选择 36 选项。

Step 4　其他参数保持系统默认设置，单击 确定 按钮，加载定位圈后结果如图 24.5.80
　　　　所示。

图 24.5.78　"标准件管理"对话框

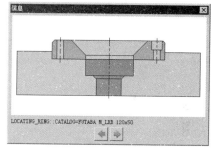

图 24.5.79　"信息"窗口

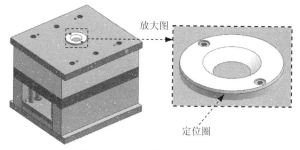

图 24.5.80　加载定位圈

Stage2. 创建定位圈槽

Step 1　在"注塑模向导"工具条中单击"腔体"按钮，系统弹出"腔体"对话框；在
　　　　模式 下拉列表框中选择 减去材料 选项，在 刀具 区域的 工具类型 下拉列表框中选择
　　　　组件 选项。

Step **2**   选取目标体。选取图 24.5.81 所示的定模座板为目标体，然后单击中键。

Step **3**   选取工具体。选取图 24.5.81 所示的定位圈为工具体。

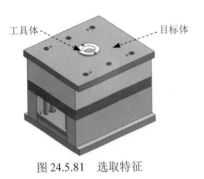

工具体   目标体

图 24.5.81   选取特征   图 24.5.82   创建定位槽后的定模座板

Step **4**   单击 确定 按钮，完成定位圈槽的创建。

说明：观察结果时可将定位圈隐藏，结果如图 24.5.82 所示。

Stage3. 添加浇口套

Step **1**   在"注塑模向导"工具条中单击"标准件库"按钮 ，系统弹出"标准件管理"对话框。

Step **2**   选择浇口套类型。在"标准件管理"对话框的 文件夹视图 区域的模型树中选择 FUTABA_MM 选项前面的节点；然后选择 Sprue Bushing 选项；选中 成员视图 区域中的 Sprue Bushing，系统弹出图 24.5.83 所示的"信息"窗口。在 详细信息 区域中的 CATALOG 下拉列表框中选择 M-SBI 选项；在 CATALOG_DIA 下拉列表框中选择 25 选项；在 0 下拉列表框中选择 3.5 选项；在 R 下拉列表框中选择 12 选项；在 TAPER 下拉列表框中选择 1 选项；选择 CATALOG_LENGTH 选项，在文本框中输入值 120，并按回车键确认。

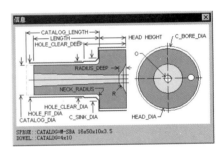

图 24.5.83   "信息"窗口

说明：若读者使用的 Mold Wizard 插件中没有合适的尺寸，可通过单击"标准件管理"对话框 设置 区域中的 编辑数据库 后的 按钮，在弹出的 Microsoft Excel 对话框中单击 确定 按钮，然后在 Excel 表格中 "M-SBI" 项目的第 2 行中将数值范围由 "30.0~150.0" 改为 "30.0~250.0"，保存并关闭 Excel 表格。加载浇口套后可通过编辑，重新对其长度进行修改（在"注塑模向导"工具条中单击"标准件库"按钮 ，然后选中浇口套，在"标准件管理"对话框中的 详细信息 区域列表中选择 CATALOG_LENGTH 选项，重新在文本框中输入值，并按回车键确认即可）。

Step **3**   单击 确定 按钮，完成浇口套的添加，如图 24.5.84 所示。

Stage4. 创建浇口套槽

Step 1 隐藏动模、型芯和产品，隐藏后的结果如图 24.5.85 所示。

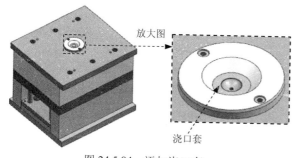

放大图

浇口套

图 24.5.84 添加浇口套

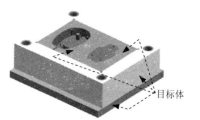

目标体

图 24.5.85 隐藏后的结果

Step 2 在"注塑模向导"工具条中单击"腔体"按钮 ，系统弹出"腔体"对话框；在 模式 下拉列表框中选择 减去材料 选项，在 刀具 区域的 工具类型 下拉列表框中选择 组件 选项。

Step 3 选取目标体。选取图 24.5.85 所示的定模仁、定模板和定模固定板为目标体，然后单击中键。

Step 4 选取工具体。选取浇口套为工具体。

Step 5 单击 确定 按钮，系统弹出"腔体"对话框，单击 确定 按钮，完成浇口套槽的创建。

说明：观察结果时可将浇口套隐藏，结果如图 24.5.86 和图 24.5.87 所示。

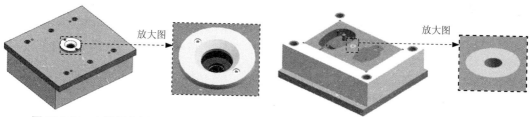

图 24.5.86 定模固定板和定模板避开孔

图 24.5.87 定模仁避开孔

Task15. 创建浇注系统

Stage1. 创建分流道

Step 1 在"注塑模向导"工具条中单击"流道"按钮 ，系统弹出"流道"对话框。

Step 2 定义引导线串。

（1）单击"流道"对话框中的"绘制截面"按钮 ，系统弹出"创建草图"对话框，选中 ☑ 创建中间基准 CSYS 复选框。

（2）选取图 24.5.88 所示平面为草图平面。绘制图 24.5.89 所示的截面草图，单击 完成草图 按钮，退出草图环境。

图 24.5.88　选取草图平面

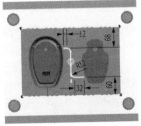

图 24.5.89　引导线串草图

Step 3　定义流道通道。在 截面类型 下拉列表框中选择 Circular 选项；在 详细信息 区域双击 D 文本框并输入值 4，并按回车键确认。

Step 4　单击〈 确定 〉按钮，完成分流道的创建，结果如图 24.5.90 所示。

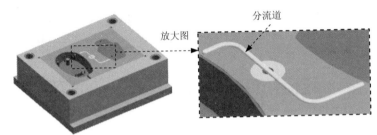

图 24.5.90　创建分流道

Stage2. 创建分流道槽

Step 1　显示动模仁。

说明：要显示两组动模模仁。

Step 2　在"注塑模向导"工具条中单击"腔体"按钮，系统弹出"腔体"对话框；在 模式 下拉列表框中选择 减去材料 选项，在 刀具 区域的 工具类型 下拉列表框中选择 实体 选项。

Step 3　选取目标体。选取定模仁、动模仁和浇口套为目标体，然后单击中键。

Step 4　选取工具体。选取分流道为工具体。

Step 5　单击 确定 按钮，完成分流道槽的创建。

说明：观察结果时可将分流道隐藏，结果如图 24.5.91 和图 24.5.92 所示。

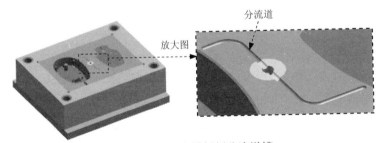

图 24.5.91　定模板侧分流道槽

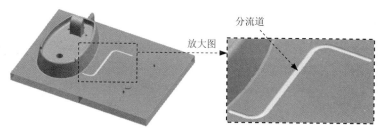

图 24.5.92 动模板侧分流道槽

Stage3. 创建浇口

Step 1 只显示定模，结果如图 24.5.93 所示。

Step 2 选择命令。在"注塑模向导"工具条中单击 ![icon] 按钮，系统弹出"浇口设计"对话框。

Step 3 定义浇口属性。

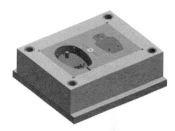

图 24.5.93 定义显示结果

（1）定义平衡。在"浇口设计"对话框的 平衡 区域中选择 ⊙ 是 单选按钮。

（2）定义位置。在"浇口设计"对话框的 位置 区域中选择 ⊙ 型腔 单选按钮。

（3）定义类型。在"浇口设计"对话框的 类型 区域中选择 rectangle 选项。

（4）定义参数。在参数列表框中选择 L=5 选项，在 L= 文本框中输入值 8，并按回车键确认；其他参数采用系统默认设置。

Step 4 在"浇口设计"对话框中单击 应用 按钮，系统自动弹出"点"对话框。

Step 5 定义浇口位置。选取图 24.5.94 所示的圆弧 1，系统自动弹出"矢量"对话框。

图 24.5.94 定义浇口位置

Step 6 定义矢量。在"矢量"对话框的 类型 下拉列表框中选择 YC 轴 选项，然后单击 确定 按钮，系统返回至"浇口设计"对话框。

Step 7 在"浇口设计"对话框中单击 取消 按钮，完成浇口的创建。

Step 8 重复 Step5～Step7 的操作，设置相同的参数，选取图 24.5.94 所示的圆弧 2，设置矢量方向为 -YC 轴，创建浇口，结果如图 24.5.95 所示。

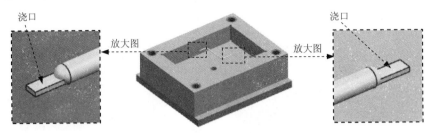

图 24.5.95　创建浇口

Stage4. 创建浇口槽

`Step 1` 在"注塑模向导"工具条中单击"腔体"按钮 ，系统弹出"腔体"对话框；在 模式 下拉列表框中选择 减去材料 选项，在 刀具 区域的 工具类型 下拉列表框中选择 组件 选项。

`Step 2` 选取目标体。选取定模仁中的两个型腔为目标体，然后单击中键。

`Step 3` 选取工具体。选取浇口为工具体。

`Step 4` 单击 确定 按钮，完成浇口槽的创建。

说明：观察结果时可将浇口隐藏，结果如图 24.5.96 所示。

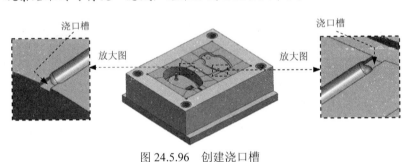

图 24.5.96　创建浇口槽

Task16. 添加滑块和斜导柱

Stage1. 设置坐标系

`Step 1` 设置模型显示结果如图 24.5.97 所示。

`Step 2` 移动模具坐标系。

（1）选择命令。选择下拉菜单 格式(R) ➡ WCS ➡ 原点(O)... 命令，系统弹出"点"对话框。

图 24.5.97　显示结果

（2）定义点位置。在模型中选取图 24.5.98 所示的点（即线段的中点），然后单击 确定 按钮，完成坐标的移动。

`Step 3` 旋转模具坐标系。选择下拉菜单 格式(R) ➡ WCS ➡ 旋转(R)... 命令，系统弹出"旋转 WCS 绕..."对话框。在弹出的对话框中选择 -ZC 轴 单选按钮，在 角度 文本框中输入值 90，单击 确定 按钮，定义后的坐标系如图 24.5.99 所示。

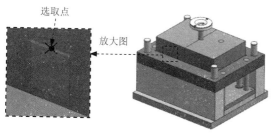

图 24.5.98　选取点

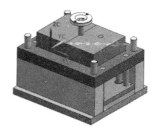

图 24.5.99　旋转后的坐标系

Stage2. 加载滑块和斜导柱

Step 1　在"注塑模向导"工具条中单击"滑块和浮升销库"按钮，系统弹出"滑块和浮升销设计"对话框。

Step 2　选择类型。在"滑块和浮升销设计"对话框的 文件夹视图 列表中选择 Slide ，然后在 成员视图 区域中选择 Single Cam-pin Slide 选项，系统弹出信息窗口显示参数。

Step 3　修改滑块参数尺寸，参照图 24.5.100 所示修改滑块参数尺寸。

Step 4　单击 确定 按钮，完成滑块和斜导柱的加载，如图 24.5.101 所示。

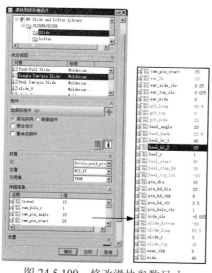

图 24.5.100　修改滑块参数尺寸

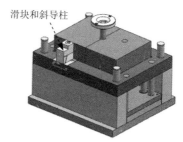

图 24.5.101　加载滑块和斜导柱

Stage3. 创建滑块和斜导柱腔

Step 1　显示定模侧。

Step 2　在"注塑模向导"工具条中单击"腔体"按钮，系统弹出"腔体"对话框；在 模式 下拉列表框中选择 减去材料 选项，在 刀具 区域的 工具类型 下拉列表框中选择 组件 选项。

Step 3　选取目标体。选取定模板和动模板为目标体，然后单击中键。

Step 4　选取工具体。选取滑块和斜导柱为工具体。

Step 5　单击 确定 按钮，完成滑块和斜导柱腔的创建。

说明：观察结果时可将滑块和斜导柱隐藏，结果如图 24.5.102 所示。

Stage4. 创建连接体

Step 1　隐藏模架和型腔，结果如图 24.5.103 所示。

Step 2　设为工作部件。选择图 24.5.103 所示的部件并设为工作部件。

图 24.5.102　创建滑块和斜导柱腔

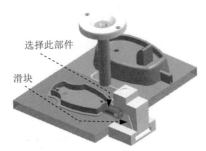

选择此部件

滑块

图 24.5.103　模架和型腔隐藏后

Step 3　选择命令。选择下拉菜单 开始 ➡ 装配(L) 命令，进入到装配环境中。若已进入装配此步骤可不用做。

Step 4　选择命令。选择下拉菜单 插入(S) ➡ 关联复制(A) ➡ WAVE 几何链接器(W)... 命令，系统弹出"WAVE 几何链接器"对话框。

Step 5　在弹出的"WAVE 几何链接器"对话框中的 类型 下拉列表框中选择 体 选项，单击 设置 选项，在弹出的区域中选中 ☑ 关联 和 ☑ 隐藏原先的 复选框。

Step 6　选取复制体。选取如图 24.5.103 所示的滑块作为复制体。

Step 7　单击 < 确定 > 按钮，完成连接体的创建。

Step 8　创建求和特征。选取图 24.5.103 所示的滑块和部件分别为目标体和工具体。

Task17. 添加顶出系统

Stage1. 添加下壳零件上的顶杆

Step 1　隐藏和显示组件，结果如图 24.5.104 所示。

Step 2　设置活动部件。确定当前活动部件为 base_down_cover 零件。

Step 3　在"注塑模向导"工具条中单击"标准件库"按钮 ，系统弹出"标准件管理"对话框。

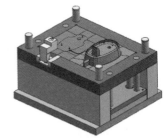

图 24.5.104　隐藏和显示组件后

Step 4　定义顶杆类型。在"标准件管理"对话框的 文件夹视图 下拉列表框中单击 FUTABA_MM 前面的节点；在下拉模型树中选择 Ejector Pin 选项；在 成员视图 区域选择 Ejector Pin Straight [EJ, EH, EQ, EA] 选项。

Step 5　修改顶杆尺寸。在 详细信息 区域中的 CATALOG 下拉列表框中选择 EJ 选项；在 CATALOG_DIA

下拉列表框中选择 `8.0` 选项；在 `HEAD_TYPE` 下拉列表框中选择 `4` 选项；在 `CATALOG_LENGTH` 下拉列表框中选择 `200` 选项；单击 `应用` 按钮，系统弹出"点"对话框。

Step 6 定义顶杆放置位置。设置坐标系 1。在 `XC` 文本框中输入值 15，在 `YC` 文本框中输入值 110，在 `ZC` 文本框中输入值 0，单击 `确定` 按钮，此时系统返回至"点"对话框，单击 `取消` 按钮。此时系统返回至"标准件管理"对话框，单击 `< 确定 >` 按钮。

Step 7 创建剩下的顶杆。参照 Step3～Step6 及设置坐标系 1 的方式，坐标尺寸分别为：

（1）设置坐标系 2。在 `XC` 文本框中输入值 15，在 `YC` 文本框中输入值 55，在 `ZC` 文本框中输入值 0。

（2）设置坐标系 2。在 `XC` 文本框中输入值-30，在 `YC` 文本框中输入值 110，在 `ZC` 文本框中输入值 0。

（3）设置坐标系 3。在 `XC` 文本框中输入值-30，在 `YC` 文本框中输入值 55，在 `ZC` 文本框中输入值 0。

（4）设置坐标系 4。在 `XC` 文本框中输入值-62，在 `YC` 文本框中输入值 65，在 `ZC` 文本框中输入值 0。

（5）设置坐标系 5。在 `XC` 文本框中输入值-62，在 `YC` 文本框中输入值 100，在 `ZC` 文本框中输入值 0。

（6）设置坐标系 6。在 `XC` 文本框中输入值 55，在 `YC` 文本框中输入值 65，在 `ZC` 文本框中输入值 0。

（7）设置坐标系 7。在 `XC` 文本框中输入值 55，在 `YC` 文本框中输入值 100，在 `ZC` 文本框中输入值 0。

Step 8 完成顶杆放置位置的定义，结果如图 24.5.105 所示。

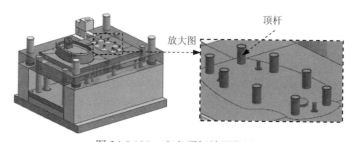

图 24.5.105　定义顶杆放置位置

Stage2. 修剪下壳零件上的顶杆

Step 1 选择命令。在"注塑模向导"工具条中单击"修边模具组件"按钮，系统弹出"修边模具组件"对话框。

Step 2 选择修剪对象。在该对话框中 `设置` 区域选择 `任意` 选项；然后选择添加的所有顶杆为修剪目标体。

Step 3 在"修边模具组件"对话框中单击 确定 按钮，完成顶杆的修剪结果如图 24.5.106 所示。

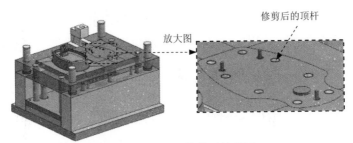

图 24.5.106　修剪后的顶杆

Stage3. 创建下壳零件上的顶杆腔

Step 1 在"注塑模向导"工具条中单击"腔体"按钮 ，系统弹出"腔体"对话框；在 模式 下拉列表框中选择 减去材料 选项，在 刀具 区域的 工具类型 下拉列表框中选择 组件 选项。

Step 2 选取目标体。选取动模板、推杆固定板和型芯为目标体，如图 24.5.107 所示，然后单击中键。

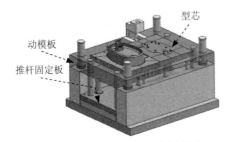

图 24.5.107　选取目标体

Step 3 选取工具体。选取 Stage1 创建的所有顶杆为工具体。

Step 4 单击 确定 按钮，完成顶杆腔的创建。

Stage4. 添加上壳零件上的顶杆

Step 1 设置活动部件。设置当前的活动部件为 base_top_cover 零件。

Step 2 在"注塑模向导"工具条中单击"标准件库"按钮 ，系统弹出"标准件管理"对话框。

Step 3 定义顶杆类型。在"标准件管理"对话框的 文件夹视图 下拉列表框中单击 FUTABA_MM 前面的节点；在下拉模型树中选择 Ejector Pin 选项；在 成员视图 区域选择 Ejector Pin Straight [EJ, EH, EQ, EA] 选项。

Step 4 修改顶杆尺寸。在 详细信息 区域中的 CATALOG 下拉列表框中选择 EJ 选项；在 CATALOG_DIA

下拉列表框中选择 8.0 选项；在 HEAD_TYPE 下拉列表框中选择 4 选项；在 CATALOG_LENGTH 下拉列表框中选择 200 选项；单击 应用 按钮，系统弹出"点"对话框。

Step 5　定义顶杆放置位置。设置坐标系 1。在 XC 文本框中输入值-56，在 YC 文本框中输入值-66，在 ZC 文本框中输入值 0，单击 确定 按钮，此时系统返回至"点"对话框，单击 取消 按钮，此时系统返回至"标准件管理"对话框，单击 < 确定 > 按钮。

Step 6　创建剩下的顶杆。参照 Step5 中设置坐标系 1 的操作，输入坐标尺寸分别为：

（1）设置坐标系 2。在 XC 文本框中输入值-56，在 YC 文本框中输入值-99，在 ZC 文本框中输入值 0。

（2）设置坐标系 3。在 XC 文本框中输入值-20，在 YC 文本框中输入值-108，在 ZC 文本框中输入值 0。

（3）设置坐标系 4。在 XC 文本框中输入值-20，在 YC 文本框中输入值-57，在 ZC 文本框中输入值 0。

（4）设置坐标系 5。在 XC 文本框中输入值 20，在 YC 文本框中输入值-108，在 ZC 文本框中输入值 0。

（5）设置坐标系 6。在 XC 文本框中输入值 20，在 YC 文本框中输入值-57，在 ZC 文本框中输入值 0。

（6）设置坐标系 7。在 XC 文本框中输入值 50，在 YC 文本框中输入值-62，在 ZC 文本框中输入值 0。

（7）设置坐标系 8。在 XC 文本框中输入值 50，在 YC 文本框中输入值-103，在 ZC 文本框中输入值 0。

Step 7　完成顶杆放置位置的定义，结果如图 24.5.108 所示。

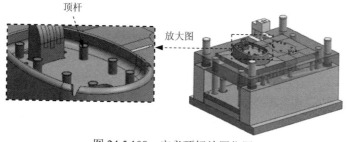

图 24.5.108　定义顶杆放置位置

Stage5. 修剪上壳零件上的顶杆

Step 1　选择命令。在"注塑模向导"工具条中单击"修边模具组件"按钮 ，系统弹出"修边模具组件"对话框。

Step 2　选择修剪对象。在该对话框中 设置 区域选择 任意 选项；然后选择添加的所有顶杆为修剪目标体。

Step 3 在"修边模具组件"对话框中单击 确定 按钮，完成顶杆的修剪，结果如图 24.5.109 所示。

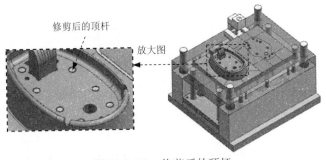

修剪后的顶杆

放大图

图 24.5.109 修剪后的顶杆

Stage6. 创建上壳零件上的顶杆腔

Step 1 在"注塑模向导"工具条中单击"腔体"按钮，系统弹出"腔体"对话框；在 模式 下拉列表框中选择 减去材料 选项，在 刀具 区域的 工具类型 下拉列表框中选择 组件 选项。

Step 2 选取目标体。选取动模板、推杆固定板和 型芯为目标体，如图 24.5.110 所示，然后 单击中键。

型芯

动模板

推杆固定板

Step 3 选取工具体。选取 Stage4 创建的所有顶杆 为工具体。

Step 4 单击 确定 按钮，完成顶杆腔的创建。

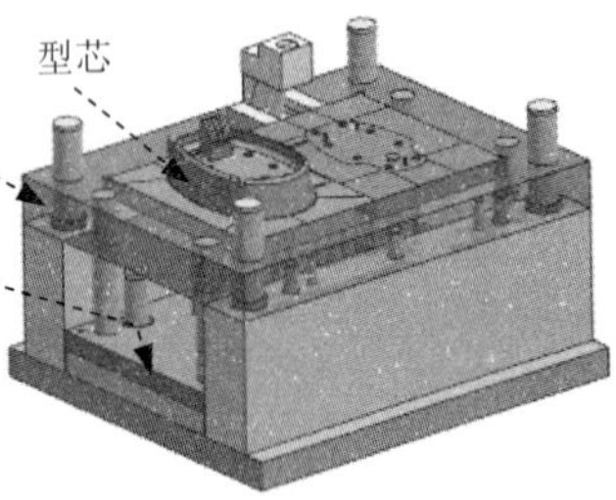

图 24.5.110 选取目标体

Task18. 添加拉料杆

Step 1 在"注塑模向导"工具条中单击"标准件库"按钮，系统弹出"标准件管理"对话框。

Step 2 定义拉料杆类型。在"标准件管理"对话框的 文件夹视图 下拉列表框中单击 DME_MM 前面的节点；在下拉模型树中选择 Ejection 选项；在 成员视图 区域选择 Ejector Pin [Straight] 选项。

Step 3 修改拉料杆尺寸。在 详细信息 区域中的 MATERIAL 下拉列表框中选择 NITRIDED 选项；在 CATALOG_DIA 下拉列表框中选择 5 选项；在 CATALOG_LENGTH 文本框中输入值 180，并按 回车键确认；其他参数采用系统默认设置，单击 确定 按钮，系统弹出"点"对话框。

Step 4 定义拉料杆放置位置。在 XC 文本框中输入值 0，在 YC 文本框中输入值 0，在 ZC 文本框中输入值 0，单击 确定 按钮，系统返回至"点"对话框，单击 取消 按钮，完成拉料杆的放置位置的定义。

说明：观察结果时，可将动模型腔隐藏，结果如图 24.5.111 所示。

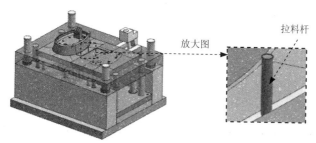

图 24.5.111　添加拉料杆

Step 5　创建拉料杆腔。在"注塑模向导"工具条中单击"腔体"按钮 🔧 ，系统弹出"腔体"对话框；在 **模式** 下拉列表框中选择 **减去材料** 选项，在 **刀具** 区域的 **工具类型** 下拉列表框中选择 **组件** 选项；选取动模板、型芯和推杆固定板为目标体，然后单击中键；选取拉料杆为工具体；单击 **确定** 按钮，完成拉料杆腔的创建。

Step 6　修整拉料杆。

（1）在图形区的拉料杆上右击，在弹出的快捷菜单中选择 **设为显示部件(D)** 命令，系统将拉料杆在单独窗口中打开。

（2）选择下拉菜单 **插入(S)** ➡ **设计特征(E)** ➡ **拉伸(E)** 命令，系统弹出"拉伸"对话框，选取 ZX 基准平面为草图平面，在"创建草图"对话框中取消选中 □ **创建中间基准 CSYS** 复选框，绘制图 24.5.112 所示的截面草图。

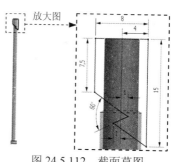

（3）在"拉伸"对话框 **限制** 区域的 **开始** 下拉列表框中选择 **对称值** 选项，并在其下的 **距离** 文本框中输入值 10；在 **布尔** 区域的下拉列表框中选择 **求差** 选项，选择拉料杆为目标体。

图 24.5.112　截面草图

（4）"拉伸"对话框的其他参数设置保持系统默认，单击 **〈 确定 〉** 按钮，完成拉料杆的修整，结果如图 24.5.113 所示。

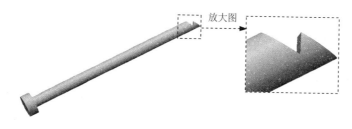

图 24.5.113　修整后的拉料杆

Step 7　转换显示模型。回到总装配环境下并进行保存。

24.6 应用 6——建模环境下的一模多穴模具设计

24.6.1 概述

在建模环境下设计模具的一般思路是：首先，确定产品的开模方向，对产品进行型腔布局；其次，创建模具分型面和浇注系统；最后，用最大分型面将工件分割为型腔和型芯两部分。在本应用中，不仅详细介绍了建模环境下模具设计的一般过程，而且还采用了一种虎口的设计结构，从而保证型腔与型芯的定位。在学习本应用时，应认真体会建模环境下模具设计的方法和技巧。

24.6.2 技术要点分析

（1）模型产品的布局采用了阵列的方式。

（2）分型面的设计要结合曲面中的拉伸、修剪等命令的使用。

（3）虎口的典型设计方法。

（4）在进行模具分解时应进行参数的移除。

24.6.3 设计过程

本应用的塑件模型及模具设计结果如图 24.6.1 所示，以下是具体操作过程。

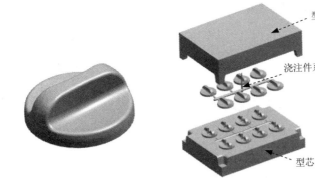
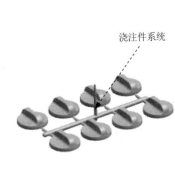

图 24.6.1 旋钮的模具设计

Stage1. 模具坐标

Step 1 打开文件。打开 D:\ug85mo\work\ch24.06\knob.prt 文件，单击 OK 按钮，进入建模环境。

Step 2 旋转模具坐标系。选择下拉菜单 格式(R) ➡ WCS ➡ 旋转(R)... 命令。系统弹出"旋转 WCS 绕..."对话框。在弹出的对话框中选择 -XC 轴 单选按钮，在 角度

文本框中输入值 90。单击 确定 按钮，定义后的坐
标系如图 24.6.2 所示。

图 24.6.2　设置坐标系

Stage2．设置收缩率

Step 1　选择命令。选择下拉菜单 插入(S) ➡ 偏置/缩放(O)▶
➡ 缩放体(S)... 命令，系统弹出"缩放体"对
话框。

Step 2　定义类型。在 类型 下拉列表框中选择 均匀 选项。

Step 3　定义缩放体。选择原始零件为缩放体对象。

Step 4　定义比例因子。在 均匀 文本框中输入数值 1.006，单击 确定 按钮，完成设置收
缩率的操作。

Stage3．创建模型零件

Step 1　选择命令。选择下拉菜单 插入(S) ➡ 关联复制(A)▶ ➡ 生成实例几何特征(G)... 命
令，系统弹出"实例几何体"对话框。

Step 2　在对话框中的 类型 下拉列表框中选择 平移 选项，选择现有零件为要生成实例
的几何体。

Step 3　定义回转轴。选择 XC 为矢量方向，选择之前创建的坐标原点为指定点。

Step 4　定义距离和副本数。在 距离 文本框中输入值 80，在 副本数 文本框中输入值 3，其他
参数为系统默认设置。单击 应用 按钮，完成模型零件的创建（图 24.6.3）。

Step 5　然后选中图形区中的四个旋钮零件，选择 YC 为矢量方向，在 距离 文本框中输入值
120，在 副本数 文本框中输入值 1，其他参数为系统默认设置。单击 〈 确定 〉按钮，
完成模型零件的创建（图 24.6.4）。

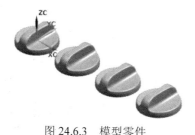

图 24.6.3　模型零件

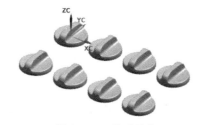

图 24.6.4　模型零件

Stage4．创建模具工件

Step 1　选择命令。选择下拉菜单 插入(S) ➡ 设计特征(E)▶ ➡ 拉伸(E)... 命令，系统
弹出"拉伸"对话框。

Step 2　定义草图平面。单击"拉伸"对话框中的"绘制截面" 按钮，系统弹出"创建草
图"对话框；选取 XZ 基准平面为草图平面，取消选中 设置 区域的 ☑ 创建中间基准 CSYS
复选框，单击 确定 按钮，进入草图环境。

Step 3 绘制草图。绘制图 24.6.5 所示的截面草图；单击 ✂ 完成草图 按钮，退出草图环境。

Step 4 定义拉伸方向。在 ✔ 指定矢量 下拉列表框中选择 ᶻᶜ↑ 选项。

Step 5 确定拉伸开始值和结束值。在"拉伸"对话框 限制 区域的 开始 下拉列表框中选择 📦 值 选项，并在其下的 距离 文本框中输入数值 80；在 结束 下拉列表框中选择 📦 值 选项，并在其下的 距离 文本框中输入数值-70；在 布尔 区域的下拉列表框中选择 ❌ 无 选项；其他参数采用系统默认设置。

Step 6 单击 < 确定 > 按钮，完成图 24.6.6 所示的模具工件的创建。

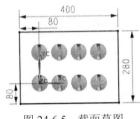

图 24.6.5　截面草图

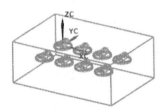

图 24.6.6　模具工件

Stage5. 创建分型面

Step 1 隐藏模具工件。

（1）选择命令。选择下拉菜单 编辑(E) ➡ 显示和隐藏(H)▶ ➡ 🔷 隐藏(H)... 命令，系统弹出"类选择"对话框。

（2）定义隐藏对象。选取模具工件为隐藏对象。

（3）单击 确定 按钮，完成模具工件隐藏的操作。

Step 2 创建图 24.6.7 所示的拉伸特征 1（显示坐标系）。选择下拉菜单 插入(S) ➡ 设计特征(E)▶ ➡ 🔳 拉伸(E)... 命令，单击"拉伸"对话框中的"绘制截面"按钮 📐，系统弹出"创建草图"对话框；选取 XY 基准平面为草图平面，取消选中 设置 区域的 ☑ 创建中间基准 CSYS 复选框，单击 确定 按钮，进入草图环境；绘制图 24.6.8 所示的截面草图；单击 ✂ 完成草图 按钮，退出草图环境；在 ✔ 指定矢量 下拉列表框中选择 ᵞᶜ 选项；在"拉伸"对话框 限制 区域的 开始 下拉列表框中选择 📦 值 选项，并在其下的 距离 文本框中输入数值 80，在 结束 下拉列表框中选择 📦 值 选项，并在其下的 距离 文本框中输入数值-200；在 布尔 区域的下拉列表框中选择 ❌ 无 选项；其他参数采用系统默认设置。

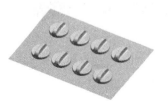

图 24.6.7　拉伸特征 1

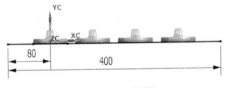

图 24.6.8　截面草图

Step **3** 创建图 24.6.9 所示的修剪片体特征 1。选择下拉菜单 插入(S) ➡ 修剪(T)▶ ➡ 修剪片体(R)... 命令，选取拉伸特征 1 为目标体，单击中键确认；选取图 24.6.10 所示的边为边界对象；在 区域 区域中选择 ⊙ 保留 单选按钮，其他参数采用系统默认设置；单击 确定 按钮，完成修剪片体特征 1 的创建。

图 24.6.9　修剪片体特征 1

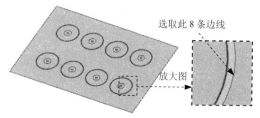

选取此 8 条边线

放大图

图 24.6.10　定义边界对象

Step **4** 创建图 24.6.11 所示的拉伸特征 2。选择下拉菜单 插入(S) ➡ 设计特征(E) ➡ 拉伸(E)... 命令，系统弹出"拉伸"对话框；选取图 24.6.12 所示的平面为草图平面；绘制图 24.6.13 所示的截面草图；在 ✔ 指定矢量 下拉列表框中选择 -ZC 选项；在"拉伸"对话框 限制 区域的 开始 下拉列表框中选择 值 选项，并在其下的 距离 文本框中输入值 0，在 结束 下拉列表框中选择 值 选项，并在其下的 距离 文本框中输入值 35；其他参数采用系统默认设置。

图 24.6.11　拉伸特征 2

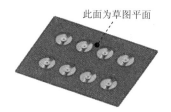

此面为草图平面

图 24.6.12　定义草图平面

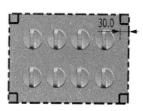

30.0

图 24.6.13　截面草图

Step **5** 创建拔模特征 1。选择下拉菜单 插入(S) ➡ 细节特征(L)▶ ➡ 拔模(T)... 命令，系统弹出"拔模"对话框；在 类型 下拉列表框中选择 从平面或曲面 选项；在 脱模方向 区域的 ✔ 指定矢量 下拉列表框中选择 -ZC 选项；选取图 24.6.14 所示的平面为固定平面；选取图 24.6.15 所示的平面为拔模面；在 要拔模的面 区域的 角度 1 文本框中输入值 10，按回车键确认；单击 < 确定 > 按钮，完成拔模特征 1 的创建。

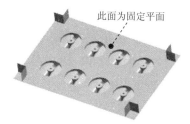

此面为固定平面

图 24.6.14　定义固定平面

此面为拔模面

图 24.6.15　定义拔模面

说明：若方向相反则单击"反向"按钮 ⚞。

Step 6 创建其余三处拔模特征。参照 Step5 创建拉伸特征 1 的其余三片体的拔模特征。

说明：Step5 和 Step6 创建的拔模角度均朝内侧。

Step 7 创建图 24.6.16b 所示的修剪片体特征 2。选择下拉菜单 插入(S) ➡ 修剪(T)▶

➡ 🌑 修剪片体(R)... 命令，系统弹出"修剪片体"对话框；选取修剪片体特征

1 创建的片体为目标体，单击中键确认；选取图 24.6.16a 所示的面为边界对象。

在 区域 区域中选择 ⊙ 保留 单选按钮，其他参数采用系统默认设置；单击 确定 按

钮，完成修剪片体特征 2 的创建。

a）修剪前　　　　　　　　　　　b）修剪后

图 24.6.16　修剪片体特征 2

Step 8 创建图 24.6.17 所示的拉伸特征 3（显示坐标系）。选择下拉菜单 插入(S) ➡

设计特征(E) ➡ 🔲 拉伸(E)... 命令，系统弹出"拉伸"对话框；单击 🗐 按钮，系

统弹出"创建草图"对话框；选取 XY 基准平面为草图平面；绘制图 24.6.18 所

示的截面草图；单击 🎇 完成草图 按钮，退出草图环境；在 ✔ 指定矢量 下拉列表框中

选择 ᵞᶜ 选项；在"拉伸"对话框 限制-区域的 开始 下拉列表框中选择 ⫶ 值 选项，并

在其下的 距离 文本框中输入数值 80，在 结束 下拉列表框中选择 ⫶ 值 选项，并在其

下的 距离 文本框中输入数值-200；其他参数采用系统默认设置；单击 < 确定 > 按钮，

完成拉伸特征 3 的创建（隐藏坐标系）。

图 24.6.17　拉伸特征 3

图 24.6.18　截面草图

Step 9 创建图 24.6.19b 所示的修剪片体特征 3。选择下拉菜单 插入(S) ➡ 修剪(T)▶

➡ 🌑 修剪片体(R)... 命令，系统弹出"修剪片体"对话框；选取拉伸特征 3 为

目标体，单击中键确认；选取图 24.6.19a 所示的面为边界对象；在 区域 区域中选

择 ⊙ 舍弃 单选按钮，其他参数采用系统默认设置；单击 < 确定 > 按钮，完成修剪片

体特征 3 的创建。

a）修剪前　　　　　　　　　　　　　b）修剪后

图 24.6.19　修剪片体特征 3

Step 10　创建缝合特征。选择下拉菜单 插入(S) ➡ 组合(B) ▶ ➡ 缝合(W)... 命令，系统弹出"缝合"对话框；在 类型 区域的下拉列表框中选择 片体 选项，其他参数采用系统默认设置；选取图 24.6.20 所示的片体为目标体，选取图 24.6.20 所示的其余所有片体为工具体；单击 确定 按钮，完成曲面缝合特征的创建。

Step 11　创建图 24.6.21b 所示的边倒圆特征 1。在 要倒圆的边 区域的 半径 1 文本框中输入值 8，选取图 24.6.21a 所示的 4 条边为倒圆边。

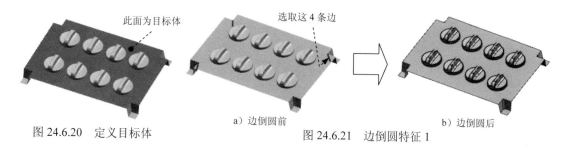

图 24.6.20　定义目标体

a）边倒圆前　　　　　　　　　　　b）边倒圆后

图 24.6.21　边倒圆特征 1

Step 12　创建图 24.6.22b 所示的边倒圆特征 2。在 要倒圆的边 区域的 半径 1 文本框中输入值 8，选取图 24.6.22a 所示的 4 条边为倒圆边。

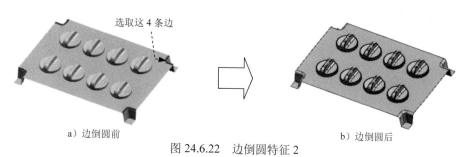

a）边倒圆前　　　　　　　　　　　b）边倒圆后

图 24.6.22　边倒圆特征 2

Stage6．创建流道及浇口

Step 1　创建图 24.6.23 所示的回转特征 1。选择下拉菜单 插入(S) ➡ 设计特征(E) ➡ 回转(R)... 命令；选取图 24.6.23 所示的平面为草图平面，绘制图 24.6.24 所示的截面草图，在图形区选择图 24.6.24 所示的边线为回转轴，单击 〈确定〉 按钮，完成回转特征 1 的创建。

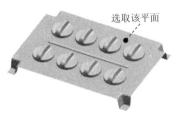

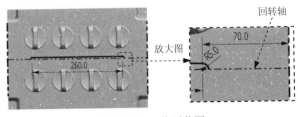

图 24.6.23　回转特征 1　　　　　　　　　　图 24.6.24　截面草图

Step 2 创建图 24.6.25 所示的回转特征 2。选择下拉菜单 插入(S) ➡ 设计特征(E) ➡ 回转(R)... 命令，选取图 24.6.23 所示的平面为草图平面，绘制图 24.6.26 所示的截面草图，在图形区选择图 24.6.26 所示的边线为回转轴；在 布尔 区域的 布尔 下拉列表框中选择 求和 选项，选择回转特征 1 为求和对象，单击 < 确定 > 按钮，完成回转特征 2 的创建。

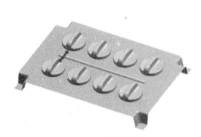

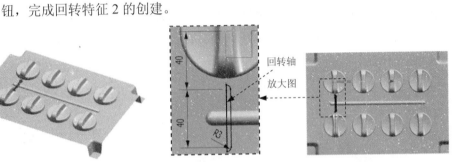

图 24.6.25　回转特征 2　　　　　　　　　　图 24.6.26　截面草图

Step 3 创建图 24.6.27 所示的阵列特征。选择下拉菜单 插入(S) ➡ 关联复制(A)▶ ➡ 阵列特征(A)... 命令，在图形区选取图 24.6.25 所示的回转特征 2 为要形成图样的特征。在"对特征形成图样"对话框中 阵列定义 区域的 布局 下拉列表框中选择 线性 选项；在 方向 1 区域中的 *指定矢量 下拉列表框中选择 XC 选项；在"对特征形成图样"对话框中 间距 区域的下拉列表框中选择 数量和节距 选项，在 数量 文本框中输入值 4，在 节距 文本框中输入值 80；其他设置保持系统默认；单击 < 确定 > 按钮，完成阵列特征的创建。

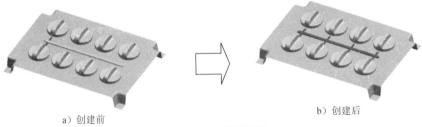

a）创建前　　　　　　　　　　　　　　　　b）创建后

图 24.6.27　阵列特征

Step 4 创建图 24.6.28 所示的基准坐标系。选择下拉菜单 插入(S) ➡ 基准/点(D)▶ ➡ 基准 CSYS... 命令，系统弹出"基准 CSYS"对话框；在 类型 区域的下拉列表框中

选择 **动态** 选项，然后选择图 24.6.29 所示的圆心为参照；单击 **< 确定 >** 按钮，完成基准坐标系的创建。

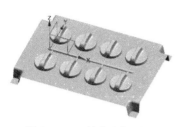

图 24.6.28　基准坐标系

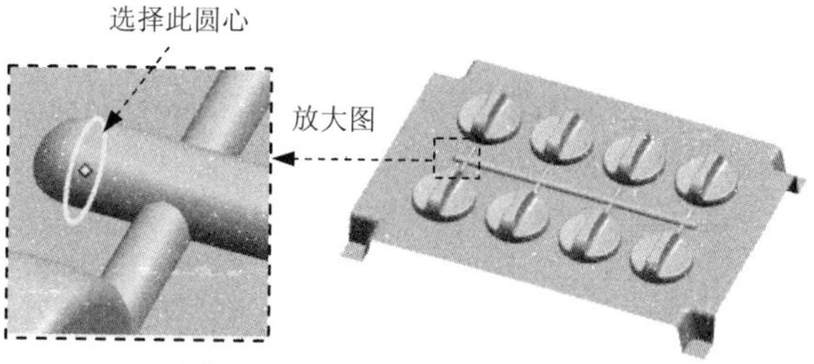

图 24.6.29　选择参照对象

Step 5　创建图 24.6.30 所示的拉伸特征 1。选择下拉菜单 **插入(S)** ➡ **设计特征(E)** ➡ **拉伸(E)...** 命令；选取创建的基准坐标系中的 XZ 基准平面为草图平面，绘制图 24.6.31 所示的截面草图；在 **指定矢量** 下拉列表框中选择 **YC** 选项；在"拉伸"对话框 **限制** 区域的 **开始** 下拉列表框中选择 **对称值** 选项，并在其下的 **距离** 文本框中输入值 28；在 **布尔** 区域的 **布尔** 下拉列表框中选择 **求和** 选项，选择回转特征 2 为求和对象；其他参数采用系统默认设置。

图 24.6.30　拉伸特征 1

图 24.6.31　截面草图

Step 6　创建图 24.6.32 所示的阵列特征。选择下拉菜单 **插入(S)** ➡ **关联复制(A)▶** ➡ **阵列特征(A)...** 命令，在图形区选取图 24.6.30 所示的拉伸特征 1 为要形成图样的特征。在"对特征形成图样"对话框中 **阵列定义** 区域的 **布局** 下拉列表框中选择 **线性** 选项；在 **方向 1** 区域的 **指定矢量** 下拉列表框中选择 **XC** 选项；在"对特征形成图样"对话框中 **间距** 区域的下拉列表框中选择 **数量和节距** 选项，在 **数量** 文本框中输入值 4，在 **节距** 文本框中输入值 80；其他设置保持系统默认；单击 **< 确定 >** 按钮，完成阵列特征的创建。

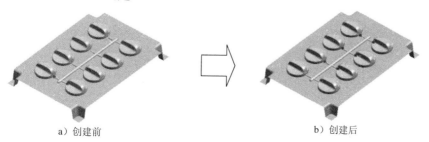

a）创建前

b）创建后

图 24.6.32　阵列特征

Step 7 创建图 24.6.33 所示的回转特征 3。选择下拉菜单 插入(S) ➡ 设计特征(E) ➡
🔲 回转(R)... 命令；选取 XZ 基准平面为草图平面，绘制图 24.6.34 所示的截面草
图，在图形区选择图 24.6.34 所示的边线为回转轴；在 布尔 区域的 布尔 下拉列表框
中选择 🔹 无 选项，单击 < 确定 > 按钮，完成回转特征 3 的创建。

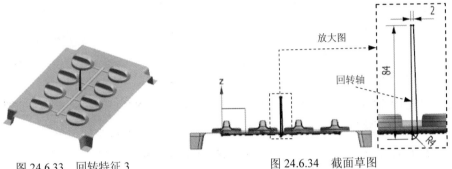

图 24.6.33　回转特征 3　　　　　　图 24.6.34　截面草图

说明：图 24.6.34 所示的截面草图中的竖直直线约束在零件的中心线上。

Step 8 创建求和特征。选择下拉菜单 插入(S) ➡ 组合(B) ▶ ➡ 🔲 求和(U)... 命令，
系统弹出"求和"对话框。选取上步创建的回转特征 3 为目标体，选取除工件以
外的其他实体为工具体。

注意：选取工具体时，应由里向外依次选取。

Stage7. 创建模具型芯/型腔

Step 1 显示工件。选择下拉菜单 编辑(E) ➡ 显示和隐藏(H)▶ ➡ 🔲 显示和隐藏(O)... 命令，
系统弹出"显示和隐藏"对话框。单击 实体 后的 **+** 按钮；单击 关闭 按钮，完
成显示工件的操作。

Step 2 创建求差特征。选择下拉菜单 插入(S) ➡ 组合(B) ▶ ➡ 🔲 求差(S)... 命令，
系统弹出"求差"对话框；选取图 24.6.35 所示的工件为目标体，选取图 24.6.35
所示的零件为工具体；在 设置 区域中选中 ☑ 保存工具 复选框；其他参数采用系统默认
设置；单击 < 确定 > 按钮，完成求差特征的创建。

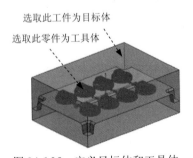

选取此工件为目标体
选取此零件为工具体

图 24.6.35　定义目标体和工具体

Step 3 拆分型芯/型腔。选择下拉菜单 插入(S) ➡ 修剪(T)▸ ➡ 拆分体(P)... 命令，系统弹出"拆分体"对话框；选取图 24.6.36 所示的工件为目标体；在"工具选项"下拉列表框中选取 面或平面，选取图 24.6.37 所示的片体为 ✳ 选择面或平面；单击 确定 按钮，完成型芯/型腔的拆分操作（隐藏拆分面）。

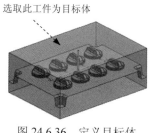

选取此工件为目标体

图 24.6.36　定义目标体

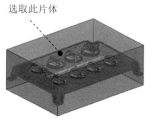

选取此片体

图 24.6.37　定义拆分面

Step 4 移除拆分体参数。选择下拉菜单 编辑(E) ➡ 特征(F)▸ ➡ 移除参数(V)... 命令，系统弹出"移除参数"对话框；选取拆分体为移除参数对象；单击 确定 按钮，系统再次弹出"移除参数"对话框；单击 是 按钮，完成移除拆分体参数的操作。

Stage8. 创建模具分解视图

Step 1 移动型腔零件。选择下拉菜单 编辑(E) ➡ 移动对象(O)... 命令，系统弹出图 24.6.38 所示的"移动对象"对话框；选择型腔为要移动的对象；在"移动对象"对话框 变换 区域的 运动 下拉列表框中选择 距离 选项，在"移动对象"对话框中 变换 区域的 ✳ 指定矢量 下拉列表框中选择 ZC↑ 选项，在 距离 文本框中输入值 180；其他参数设置如图 24.6.38 所示；单击 < 确定 > 按钮，完成移动型腔零件的操作（图 24.6.39 所示）。

图 24.6.38　"移动对象"对话框

图 24.6.39　移动型腔后

Step 2 移动型芯零件。选择下拉菜单 编辑(E) ➡ 移动对象(O)... 命令，系统弹出"移动对象"对话框；选择型芯为要移动的对象；在"移动对象"对话框 变换 区域的 运动 下拉列表框中选择 距离 选项，在"移动对象"对话框中 变换 区域的 * 指定矢量 下拉列表框中选择 ZC 选项，在 距离 文本框中输入值 180；单击 < 确定 > 按钮，完成移动型芯零件的操作（图 24.6.40）。

图 24.6.40　移动型芯后

Step 3 保存零件模型。选择下拉菜单 文件(F) ➡ 保存(S) 命令，即可保存零件模型。

读者意见反馈卡

尊敬的读者:

感谢您购买中国水利水电出版社的图书!

我们一直致力于 CAD、CAPP、PDM、CAM 和 CAE 等相关技术的跟踪,希望能将更多优秀作者的宝贵经验与技巧介绍给您。当然,我们的工作离不开您的支持。如果您在看完本书之后,有好的意见和建议,或是有一些感兴趣的技术话题,都可以直接与我联系。

策划编辑: 杨庆川、杨元泓

注: 本书的随书光盘中含有该"读者意见反馈卡"的电子文档,您可将填写后的文件采用电子邮件的方式发给本书的责任编辑或主编。

E-mail: 展迪优 zhanygjames@163.com; 杨元泓: yyhletter@126.com。

请认真填写本卡,并通过邮寄或 E-mail 传给我们,我们将奉送精美礼品或购书优惠卡。

书名:《UG NX 模具工程师宝典 (适合 8.5/8.0 版)》

1. 读者个人资料:

姓名: _____ 性别: ___ 年龄: ___ 职业: _____ 职务: _____ 学历: ___

专业: _____ 单位名称: _____ 电话: _____ 手机: _____

邮寄地址: _____ 邮编: _____ E-mail: _____

2. 影响您购买本书的因素 (可以选择多项):

□内容   □作者   □价格

□朋友推荐   □出版社品牌   □书评广告

□工作单位 (就读学校) 指定 □内容提要、前言或目录   □封面封底

□购买了本书所属丛书中的其他图书   □其他 _____

3. 您对本书的总体感觉:

□很好   □一般   □不好

4. 您认为本书的语言文字水平:

□很好   □一般   □不好

5. 您认为本书的版式编排:

□很好   □一般   □不好

加微信即可获取电子版
读者意见反馈卡

6. 您认为 UG 其他哪些方面的内容是您所迫切需要的?

7. 其他哪些 CAD/CAM/CAE 方面的图书是您所需要的?

8. 您认为我们的图书在叙述方式、内容选择等方面还有哪些需要改进的?

如若邮寄,请填好本卡后寄至:

北京市海淀区玉渊潭南路普惠北里水务综合楼 401 室 中国水利水电出版社万水分社

杨元泓 (收) 邮编: 100036 联系电话: (010) 82562819 传真: (010) 82564371

如需本书或其他图书,可与中国水利水电出版社网站联系邮购:

http://www.waterpub.com.cn   咨询电话: (010) 68367658